Christian Niemeyer
Nietzsches andere Vernunft

Christian Niemeyer

Nietzsches andere Vernunft

Psychologische Aspekte in Biographie und Werk

Wissenschaftliche Buchgesellschaft
Darmstadt

Die Deutsche Bibliothek – CIP-Einheitsaufnahme

Niemeyer, Christian:
Nietzsches andere Vernunft: psychologische Aspekte in Biographie und Werk / Christian Niemeyer. –
Darmstadt: Wiss. Buchges., 1998
ISBN 3-534-13882-1

Bestellnummer 13882-1

Gedruckt auf säurefreiem und alterungsbeständigem Offsetpapier
Satz: Setzerei Gutowski, Weiterstadt
Druck und Einband: Frotscher Druck GmbH, Darmstadt
Printed in Germany
Schrift: Linotype Times, 9.5/11

ISBN 3-534-13882-1

Kein Entschuld'gen! Kein Verzeihen!
Gönnt ihr Frohen, Herzens-Freien
Diesem unvernünft'gen Buche
Ohr und Herz und Unterkunft!
Glaubt mir, Freunde, nicht zum Fluche
Ward mir meine Unvernunft!

Was *ich* finde, was *ich* suche –,
Stand das je in einem Buche?
Ehrt in mir die Narren-Zunft!
Lernt aus diesem Narrenbuche,
Wie Vernunft kommt – „zur Vernunft"!

(Friedrich Nietzsche, 1878)

Inhalt

Teil II
Nietzsches Absichten: „Philosophie der Zukunft“

Vorwort

Der Titel der vorliegenden Arbeit ist möglicherweise dem Pädagogen und Philosophen zu psychologisch und dem Psychologen zu fremd. Denn nur die wenigsten Fachvertreter der Psychologie wissen Näheres über den Reichtum von Nietzsches Psychologie, und ihn gar als Klassiker ihrer Disziplin gelten zu lassen, würden sie als eine arge Zumutung betrachten. Unbestrittener schon ist Nietzsches Stellung als eines Klassikers der Philosophie und Pädagogik. Aber ihn als einen solchen psychologisch zu befragen, mag Unbehagen auslösen. Dabei ist eine derartige Fragestellung nicht ohne Vorbild, und zwar sowohl in der Nietzsche-Forschung als auch außerhalb von ihr. Das *Andere der Vernunft* betitelt sich beispielsweise ein populär gewordenes Unternehmen aus neuerer Zeit, mit dem der Nachweis zu führen versucht wurde, daß die Aufklärung des 18. Jahrhunderts ihre Plausibilität auf Ausgrenzung vermeintlich irrationaler Aspekte des Denkens und Handelns gründete (Böhme/Böhme 1985). Dem eingefügt war folgerichtig eine Pathographie Kants, die zu dem Ergebnis gelangte, daß dieser gute Gründe hatte, einen Blick auf das Andere seiner eigenen Vernunft nicht zu riskieren. Daß dieser Blick mit den Mitteln Freuds zu inszenieren ist, schien dabei selbstverständlich. Die Philosophie müsse die von Freud vorangetriebene „Entthronung des Ich" (Böhme 1986: 236) gedanklich realisieren, lautete denn auch die Folgedevise.

Man hätte, so das Argument des folgenden, diese Devise auch mit Nietzsche begründen können. Dies mag vorerst sein hier vorangestelltes Gedicht *Unter Freunden* belegen. Nietzsche ließ mit ihm sein allererstes 'Narrenbuch' *Menschliches, Allzumenschliches I* ausklingen. In ihm hatte er sich, wie es im Gedicht heißt, auf die Suche nach jener Vernunft gemacht, deren er in Werken anderer nicht ansichtig zu werden vermochte. „Die Grenzen der Vernunft begreifen – *das* erst ist wahrhaft Philosophie ..." (KSA 6: 238f.), wird es dazu Jahre später im *Antichrist*, also in einem der letzten Werke Nietzsches, heißen. Nietzsche blieb also dieser Programmatik über die zentralen Jahre seiner denkerischen Entwicklung hinweg verhaftet. Er operierte dabei mit Denkmitteln, die ihrerseits mitunter den Eindruck erwecken, in ihm selbst sei eine *andere Vernunft* wirksam geworden. Die folgende Analyse macht sich auf die Suche nach dieser anderen Vernunft Nietzsches. Dabei wird ernst genommen, daß dabei immer auch beides zu leisten ist: der Blick auf das Problem der Philosophie, Pädagogik und Psychologie Nietzsches und der Blick auf die Probleme des Philosophen, Pädagogen und Psychologen Nietzsche.

Wenn dieser Blick hinter die Kulissen in jüngerer Zeit zunehmend unterbleibt, dann gewiß auch, weil das unmittelbar nach Nietzsches spektakulärem geistigen Zusammenbruch einsetzende lawinenartige Interesse an dem bisher Mißachteten und über Jahrzehnte hinweg nur unzureichend Edierten von einer Sensationsgier und Deutungssucht geprägt war, die mitunter zur psychologisierenden Auflösung der philosophischen Absichten Nietzsche beitrug. Der Beschluß bestand entsprechend darin, in Gestalt der Kritischen Gesamtausgabe durch Giorgio Colli und Mazzino Montinari für eine exakte Textgrundlage Sorge zu tragen und bei deren Auslegung den Zusammenhang von Leben und Werk nicht zu eng zu führen, und zwar auch für das Risiko des Vorwurfs einer „Historisierung und Philologisierung seiner Philosophie" (Montinari 1981/82: 7). Der Preis für diesen Beschluß ist zu entrichten in Form einer eher langweiligen Nietzsche-Philologie. Denn wenn früher zu viel und zu rasch interpretiert wurde, dann geschieht dies heute eher zu wenig. Ein Satz wie: „Das steht hier aber nicht!" verkommt in Diskussionen über Nietzsche häufig zur gleichsam stehenden Rede, als gelte es nicht, wie gerade Nietzsche beständig verdeutlichte, die Gedanken zu erfassen und nicht nur die Worte. Was bei Absehung von diesem Gebot dann resultiert, sind entweder paraphrasenhafte Episteln oder langatmige Abhandlungen über Marginalien, die je für sich unerörtert lassen, warum man, im ersten Fall, als Leser nicht besser gleich zum Original greift und, im zweiten Fall: warum die Klärung der Marginalien eigentlich Vorrang haben soll, wenn in der Hauptsache noch so viel unklar ist. Dabei sind selbst die Selektionskriterien derer, die da meinen, alles könne ja irgendwann einmal interessant und wichtig werden, der Diskussion bedürftig. Über Albert Brenner, um nur ein Beispiel zu nennen, sind wir heutzutage detailgenau unterrichtet, der Name Irma Regner v. Bleylebens hingegen dürfte selbst dem Nietzsche-Experten kaum fehlerlos über die Lippen gehen, obgleich ihre Briefe an Nietzsche zu den anrührendsten und psychologisch interessantesten gehören, die er bekam. Auf der anderen Seite dieses ganzen unerfreulichen Geschehens hat man es nach wie vor mit jenen (postmodernen) Leichtgewichten zu tun, die sich von philologischen Zwängen gänzlich dispensieren, weil sie diese nur als genialitätsbehindernd erleben. Gegenüber derartigen Produkten entsteht dann doch rasch beim Leser die Sehnsucht, einen Text der Nietzsche-Forschung im engeren Sinn (etwa aus den beiden Periodika *Nietzsche-Studien* oder *Nietzscheforschung*) in die Hand zu nehmen, weil er hier in der Regel zumindest über Detailprobleme triftig informiert wird.

Angesichts des geschilderten Unbehagens soll das hier Vorgelegte für den Versuch stehen, einen Kompromiß zu finden zwischen philologischer Exaktheit einerseits und Mut zur etwas tiefergehenden Lektüre andererseits. Die psychologischen Hintergründe der geistigen Entwicklung Nietzsches sowie einzelner seiner ansonsten mißverständlichen psychologischen, pädagogischen und philosophischen Einzelannahmen und Grundpositionen bilden dabei den Auftakt der Untersuchung. Das von Nietzsche übernommene Leitmotiv lautet dabei, daß jede Philosophie als 'Biographie einer Seele' lesbar gemacht werden kann. Aufbauend auf diesen werkanalytischen Erträgen, aber unter weitgehendem Verzicht auf einen erneuten Rekurs auf biographische Motive, soll dann Nietzsches Philosophie als eine Philosophie im Zeichen des Anderen der Vernunft rekonstruiert werden. Summarisch gesprochen soll die vorliegende Arbeit weder an die Stelle irgendeiner Nietzsche-Biographie noch an die irgendeiner Nietzsche-Einführung treten. Sie will aber ein Stück weit beides zugleich sein und vielleicht auch noch ein Drittes: eine Erörterung, die auch dem Experten Neues bringt und die Augen öffnet für die Bedeutung, die einer Auseinandersetzung mit der Psychologie Nietzsches zukommt.

Hinweis zur Zitation: Kursivsetzungen in Zitaten geben in der Regel – abgesehen vom Sperrdruck, der auf Fettdruck im Original verweist – gesperrt gesetzte Hervorhebungen aus dem Original wieder. Nicht beibehaltene Hervorhebungen werden nicht vermerkt, im Gegensatz zu eigenen Hervorhebungen. Im gegebenen Fall folgt im Literaturverzeichnis nach der Titelnennung in Klammern das – dann auch für die Zitation maßgebliche – Jahr des Erstabdrucks. Nietzsche wird in der Regel nach der KSA-/KSB-Ausgabe zitiert, deren weite Verbreitung eine Auflistung der gängigen Siglen für Nietzsches Schriften sowie eine Zitation entsprechend dieser Siglen entbehrlich macht.

Danksagung: Für wichtige Hinweise zur Erstfassung dieser Arbeit oder zu einzelnen ihrer Teile danke ich Dieter Lenzen, Jörg Salaquarda und, vor allem, Hermann Josef Schmidt. Neues lernte ich immer wieder aus Diskussionen mit Wolfgang Schröer. Claudia Spieweg las mit großer Präzision und Ausdauer immer neue Versionen Korrektur. Lorenz v. Pogrell übernahm die Endkorrektur, und Elisabeth Münch half mir über Jahre hinweg und besorgte das Schreiben einer Vorabfassung. Mein Dank gilt auch den Kolleginnen und Kollegen sowie den Studierenden der TU Dresden, die durchaus mitunter Anlaß hatten, sich als Opfer meiner Nietzsche-Euphorie zu fühlen.

Berlin, im Juli 1997 Christian Niemeyer

Methodologische Vorüberlegungen

Schon immer war Nietzsche ein wohlfeiles Objekt schlagkräftiger Attribute, die sich untereinander nicht gut vertrugen. Darüber klagte er bereits selbst: „Bald“, so berichtete er seiner Mutter im Oktober 1887, „werde ich als ‘Philosoph der junkerlichen Aristokratie’ verherrlicht, bald als zweiter Edmund von Hagen verhöhnt, bald als Faust des neunzehnten Jahrhunderts bemitleidet, bald als ‘Dynamit’ und Unmensch vorsichtig bei Seite gethan“ (KSB 8: 165). Insbesondere im historischen Verlauf nimmt sich die Attributionswut der Nietzsche-Interpreten wunderlich aus. So ist es vom „Philosophen des Kapitalismus“ (Tönnies 1893: 103) bis hin zur „Vaterfigur der Postmoderne“ (Welsch 1994: 8) fürwahr ein weiter und dorniger Weg. Die sich in derlei Fragwürdigkeiten aussprechenden Schwierigkeiten der Nietzsche-Interpretation sind also beträchtlich und werden auch seit einem Jahrhundert immer wieder herausgestellt. Wilhelm Bölsche etwa erklärte schon 1894 den mit der Nachricht von Nietzsches Geisteserkrankung rasch einsetzenden Erfolg damit, „dass Jeder ihn äusserlich verstand, auch der, dem innerlich ganz und gar das Zeug dazu fehlte“ (Bölsche 1894: 1024). Vierzig Jahre später stellte Karl Jaspers seinem Nietzsche-Buch den als Mahnung gemeinten Satz voran: „Nietzsche zu lesen gilt manchem als leicht; wo man ihn aufschlägt, kann man ihn unmittelbar verstehen; fast auf jeder Seite ist er interessant; seine Urteile faszinieren, seine Sprache berauscht; die kürzeste Lektüre belohnt“ (Jaspers 1936: V). Und noch Walter Kaufmann brachte die nämliche Erwägung auf die kurze Formel: „Nietzsches Bücher lassen sich leichter lesen, aber schwerer verstehen, als die Bücher fast jedes anderen Denkers“ (Kaufmann 1988: 84). Im Fall Nietzsche, so darf man also diesen drei mühelos aktualisierbaren Wortmeldungen entnehmen, besteht die beharrlich beklagte große Gefahr, daß auch Unberufene meinen mitreden zu dürfen, die den Weg von der Verständlichkeit des Gelesenen zum Verstehen des Gemeinten nicht zu bewältigen vermögen.

Ebenso lange währt der Streit darum, ob man es im Fall Nietzsche überhaupt mit einem ernstzunehmenden Philosophen oder jedenfalls doch systematischen Denker zu tun habe. Otto Hartleben, der entschieden der Meinung war, daß sich der Versuch, eines systematischen Nietzsche habhaft zu werden, als ein dem Geist des zu Interpretierenden widersprechendes Unterfangen ausweisen lasse, hatte 1890 gleichwohl eine Zeit kommen sehen, „in der man diesen graziösen 'Tänzer' mit plumpen Händen greifen und auf das Prokrustesbett der ernsthaftesten 'Philosophie', der grausamsten Systematisiererei zu fesseln versuchen wird" (Hartleben 1906: 118). Spätestens 1906 war es dann soweit: Wilhelm Dilthey rechnete Nietzsche einer Reihe moderner Denker zu, für die sich noch nicht einmal „irgendeine Beziehung zur systematischen Philosophie" aufweisen lasse und für die „folgerichtig ..." gelte, daß hier „jede Verbindung mit Philosophie als Wissenschaft aufgehoben" (Dilthey 1921: 27) sei. In der Quintessenz bestärkte Dilthey hiermit das im Fall Nietzsche längst schon bereitliegende Urteil vom „Modephilosophen" (Ernst 1890: 617). Dabei gab Nietzsches Freund Paul Deussen kräftig Schützenhilfe: „Ein systematischer Philosoph ist er nie gewesen; die großen Probleme der Erkenntnistheorie und Psychologie, der Ästhetik und Ethik werden nur im Vorübergehen berührt" (Deussen 1901: 99). Warum aber dann, so wollte Deussen damit offenbar sagen, *große* Philosophie erwarten von einem, der noch nicht einmal ein *systematischer* Philosoph war? Wenn Philosophen sich mithin, entsprechend ihrer ihnen von Haus aus obliegenden Verantwortung für das Ganze, auf Nietzsches Hauptwerk, den *Zarathustra*, konzentrierten, blieben sie erkennbar gebremst durch die Beruhigung, daß man es bei diesem Werk 'nur' mit Dichtung und bei Nietzsche, diesem „enfant terrible der deutschen Philosophiegeschichte" (Hesse 1993: 903), 'nur' mit einem philosophischen Autodidakten zu tun habe.

Gestärkt wurden derlei Negativattribute auch durch jene, die weniger das Außenkriterium der systematischen Philosophie in Anschlag brachten denn auf Probleme in der Geschlossenheit der für Nietzsche typischen Argumentationsführung verwiesen. Sein „Ideenkreis", so lesen wir etwa bei Traugott Oesterreich, „war ... von umfassender Art, aber doch zu wenig fundiert und auch zu sprunghaft abgerissen, als daß er ein wirkliches System hätte schaffen können" (Oesterreich 1921: 355). Dieses Urteil nahm seine eigentliche Karriere infolge des nicht zuletzt durch das Nietzsche-Archiv in nationalsozialistischer Zeit beförderten Versuchs, das Systematische des Denkens Nietzsches um jene fragwürdige Weltanschauung zu gruppieren, die sich schon in dem Schlagwort seines angeblichen, unzulässigerweise aus dem Nachlaß kompilierten Hauptwerks *Der Wille zur Macht* ankündige. Es ist dieser Hintergrund, der Ludwig Carrières offenbar gegen Thomas Mann (1947: 706) gerichteten Einspruch in gewisser Hinsicht verständlich macht, wonach man Nietzsche „bitterstes Unrecht" tue, „wenn man ihn als Philosophen und Systematiker hinstellt" (Carrière 1949/50: 127).

Auch wenn heutzutage über den Systemgedanken in Nietzsches Œuvre wieder unbefangener gestritten werden darf (Kaufmann 1988: 92 ff.), sieht man sich immer wieder konfrontiert mit Vorschlägen, im Fall Nietzsche „so wenig wie möglich (zu) deduzieren oder (zu) rekonstruieren", denn: „Es gibt bei ihm keinen dominierenden Gedanken, kein System oder Prinzip, zu dessen Mitteilung der Text dient"; vielmehr sei „'Text' ... das Gewebe, mit dem sich Nietzsche nicht nur zeigt und schmückt, sondern auch verhüllt, und das er auch deshalb so ausdrücklich produziert, weil er meint, daß es den Gedanken 'hinter' dem Text gar nicht gibt" (Gerhardt 1992b: 62). Noch weitergehender ist der Versuch, Nietzsches angeblichen „'Mangel' an System" als (geheime) „Strategie" lesbar zu machen, insofern „Nietzsches fragmentarischer, häufig Art und Richtung der Beleuchtung wechselnder Stil (...) mit seinem erkenntniskritischen Perspektivismus koinzidiert" (Hebel/Porath 1989: 211). Daß diese Nietzsche-Lesart vornehmlich dem Nietzsche-Interpreten Vorteile bringt, liegt auf der Hand. Deutlicher aber noch ist: Der 1890 von Otto Hartleben gleichsam unter Artenschutz gestellte „graziöse 'Tänzer'" Nietzsche steht gegenwärtig wieder hoch im Kurs.

Das nüchternste Ergebnis aus diesem gerafften Überblick besteht wohl darin, daß Nietzsche, in erster Linie wegen der Eigentümlichkeit der von ihm hinterlassenen rhetorischen resp. metaphorischen Textstruktur (Kositzke 1994: 192ff.), die von der Abhandlung über den Aphorismus bis hin zur Lyrik fast alle Darstellungsformen kennt, immer schon bevorzugtes Objekt eines methodologischen Grundlagenstreits war. Was die Gegenwart angeht, stehen sich in diesem Vertreter der dekonstruktiv angelegten strukturalen Analyse und solche der eher rekonstruktiv orientierten klassischen Hermeneutik gegenüber (vgl. Behler 1988: 147ff.). Der Ertrag derartiger Debatten scheint allerdings nur selten den dabei betriebenen Aufwand zu rechtfertigen. Man kann sich, anders gesagt, mitunter nicht ganz des Eindrucks entziehen, als würde der jeweilige Autor die Zügel, die er in der Einleitung seinem Geist anzulegen versprach, im Zuge seiner Interpretationseuphorie abwerfen. Dieses Argument kann zwar nicht als Entlastung dienen, weist aber auf die Gefahr der Ritualisierung hin, die in aufwendig angestellten methodologischen Vorüberlegungen verborgen ist.

Eine Abkürzung dieser Vorüberlegungen ist aber auch jenseits des Kalküls auf diese Gefahr möglich. Denn der Strukturalismus (vgl. Blondel 1980/81) kommt für eine Arbeit wie die vorliegende, die einer interpretationsleitenden Fragestellung nachgeht, ohnehin nicht in Frage. Daraus folgt auch, daß der Ausdruck 'Dekonstruktion', der im Strukturalismus zum Begriff gedieh und der uns im folgenden gelegentlich begegnen wird, im hier bevorzugten Sprachgebrauch keinerlei methodologische Konnotationen aufweist. Dies meint zugleich, daß die Frage, ob Nietzsche im Sinne des methodologischen Implikats des Begriffs Dekonstruktivist war oder 'nur' Konstruktivist (vgl. Jordan 1994), hier nicht thematisch ist. Wir begnügen uns mit der Annahme, daß Nietzsche tradierte Welt- und Sinnordnungsoperationen erschütterte sowie neue benötigte und in diesem Sinn 'dekonstruierte' und 'konstruierte'. Mit dieser Annahme soll zugleich auch ein Beitrag zur Normalisierung der Methodologiedebatte geleistet werden, der helfen könnte, Nietzsche aus der Position seiner Vereinnahmbarkeit für bestimmte schulenbildende Weltsichten, zumal postmoderner Provenienz, herauszuhalten. Der Umstand beispielsweise, daß sich die postmoderne Nietzsche-Rezeption einen „dekonstruktiven Nietzsche" und mithin einen „Nietzsche ohne Zarathustra" (Behler 1985: 104) und ohne den Übermenschen und den Wiederkunftsgedanken wünscht, kann kein Anlaß sein, den 'rekonstruktiven Nietzsche' zu übersehen und Nietzsches Ideologiedekonstruktion pars pro toto zu nehmen oder gar in Richtung einer bestimmten Methodologie aufzusteigern. Insoweit sei auch Lothar Jordan zugestimmt mit seinem Urteil, die Dekonstruktivisten liefen in Sachen Nietzsche „in die Falle der Substantialisierung seiner Negationen" (Jordan 1994: 232).

Diese Gesichtspunkte geben insgesamt Anlaß, die methodologischen Überlegungen Nietzsches zum Ausgangspunkt der Begründung des eigenen Vorgehens zu machen. Dies ist in der Nietzsche-Forschung nicht ungewöhnlich (vgl. etwa Müller 1995: 55) und durchaus rechtfertigungsfähig. Ulrich Willers etwa begründet sein diesbezüglich analoges Vorgehen mit dem Autor/Leser-Schema und mithin mit dem Argument, daß man auf diese Weise zu dem Leser werde, den der Autor „sich erwünscht und erwirken will" (Willers 1988: 34). Dabei scheinen Nietzsches Wünsche allerdings, jedenfalls auf den ersten Blick betrachtet, äußerst bescheiden gewesen zu sein. So wünschte er sich beispielsweise einen Leser, der in der Lage ist, „ordentlich zu lesen" (KSA 8: 411). Er empfahl also etwas an, „zu dem man beinahe Kuh und jedenfalls nicht 'moderner Mensch' sein muss: das Wiederkäuen ..." (KSA 5: 256). Folgerichtig sang Nietzsche denn auch sein Loblied auf den 'guten Leser', einen Leser, „wie ich ihn verdiene, der mich liest, wie gute alte Philologen ihren Horaz lasen" (KSA 6: 305). Und er legte Verwahrung ein gegen die 'schlechtesten Leser', die „wie plündernde Soldaten verfahren" (KSA 2: 436). Entsprechend definierte Nietzsche noch im *Antichrist* ausgesprochen schulmäßig: „Unter Philologie soll hier, in einem sehr allgemeinen Sinne, die Kunst, gut zu lesen, verstanden werden, – Thatsachen ablesen können, *ohne* sie durch Interpretation zu fälschen, *ohne* im Verlangen nach Verständniss die Vorsicht, die Geduld, die Feinheit zu verlieren" (KSA 6: 233). Bis zuletzt also blieben dies für Nietzsche achtbare Tugenden, wobei hier zunächst außer Betracht bleiben soll, ob Nietzsche selbst sich immer an ihnen orientierte.

Über das Bekenntnis zu philologischer Solidität führt Nietzsche dort hinaus, wo er den Typus des 'vollkommenen Lesers' in den Blick nahm und definierte als „ein Unthier von Mut und Neugierde (…), ein geborner Abenteurer und Entdecker" (KSA 6: 303). Denn damit ist ein sehr viel stärker die Aktivität des Interpreten fordernder Deutungstypus angesprochen, der sich im Fall Nietzsche vor allem auch deswegen nahelegt, als er sich selbst mit Vorliebe als einen „geborenen Räthselrather" (KSA 3: 574), „Seelen-Errather" (KSA 5: 222) oder gar „Nussknacker der Seele" (KSA 5: 358) sah. Diesem nämlich scheint nur jemand gewachsen zu sein, der sich mit seiner Abenteurer- und Entdeckerfreude in die Komplementärrolle zu begeben weiß, also dem Modus des 'Erratens' (vgl. Brotbeck 1990) folgend in Sachen Nietzsche in Erscheinung tritt. Ein Exempel hierfür lieferte Pia Daniela Volz (1990: 254ff.) mit ihrem Versuch der Sinnzuschreibung auch für die vermeintlichen 'Wahnsinnsbriefe' Nietzsches sowie für die von Dritten überlieferten Äußerungen Nietzsches aus der Zeit seiner geistigen Umnachtung. Auch wenn diese Deutungspraxis in postmodernen Zeiten eher anrüchige Vorstellungen auslösen mögen – Rätsel kennen in der Regel nur eine einzige richtige Lösung –, ist das Modell, aus dem richtig gelöste Rätsel ihre Geltung gewinnen, nicht ohne Vorbildcharakter. Zu suchen wäre dann nämlich nach dem besten Weg, das sinnvolle Ganze aus den zunächst unverständlichen einzelnen Bruchstücken zu bilden. Dieser Grundsatz dürfte bei einem über weite Strecken so aphoristischen und metaphorischen Werk wie jenem Nietzsches wohl nicht ganz verfehlt sein. Dies gilt um so mehr, als sich Nietzsche selbst jenen „gewitzte(n) Interpreten und Zeichendeuter(n)" zurechnete, „denen das Schicksal aufgespart blieb, (…) vor einen *geheimnißvollen* und ungelesenen Text hingestellt zu sein: der sich uns mehr und mehr verräth" (KSA 12: 175). Denn nichts spricht dagegen, die hier umschriebene Attitüde auch als Nietzsche-Interpret einzunehmen.

Ein durch einen derart klassischen texthermeneutischen Grundsatz vorangetriebenes Anliegen muß die Auseinandersetzung mit denen suchen, die, im Sinne Otto Hartlebens, Nietzsche eher als graziösen Tänzer aufzubereiten suchen und mithin die Vorstellung einer sukzessiven Annäherung an das Ganze schon deswegen bestreiten, weil sie meinen, Nietzsches Werk könne nur genommen werden als eines, das „in zahllose Aphorismen zersplittert ist, die gleichermaßen von schriftstellerischer Brillanz wie von sachlicher Mehrdeutigkeit funkeln, die allesamt auf ein Ganzes abzielen, zu dem sie sich dennoch nicht fügen" (Türcke 1989: 13). Diese deutliche und in Mode kommende (vgl. Meuthen 1994: 128) Opposition gegen den gegenläufigen Versuch etwa eines Karl Löwith, „Nietzsches Aphorismen im verborgenen Ganzen ihrer eigentümlichen Problematik nach ihrem philosophischen Grundriß zu begreifen" (Löwith 1935/1955: 104), bleibt offenbar völlig unbekümmert um Nietzsches Protest gegen den auch ihm schon wohlbekannten Vorwurf, wonach er als „neuer unmöglicher unvollständiger aphoristischer Philosophus" (KSB 6: 124) gelten müsse, dessen Werken „ein Durcheinander von hundert beliebigen Paradoxien und Heterodoxien" (KSB 8: 228) unterläge. Angesichts dieser bitteren Erfahrung hatte Nietzsche seinen Interpreten noch unter die Arme gegriffen mit dem Hinweis: „Wenn der Mensch sich noch so stark fortentwickelt und aus einem Gegensatz in den andern überzuspringen scheint: bei genaueren Beobachtungen wird man doch die *Verzahnungen* auffinden, wo das neue Gebäude aus dem älteren herauswächst. Diess ist die Aufgabe des Biographen: er muss nach dem Grundsatze über das Leben denken, dass keine Natur Sprünge macht" (KSA 2: 641). Entsprechend hatte der Nietzsche-Intimus Heinrich Köselitz 1883 der ihm bekannt gewordenen Bitte eines Lesers an Nietzsche, dieser möge seine Gedanken in ein System bringen, entgegengehalten, daß der, der sich mit Nietzsche auseinandersetze, dies schon selber tun würde; und, so setzte er noch Nietzsche gegenüber hinzu, „es sei System genug, daß sie als Autor Eine Person" (KGB III/2: 370) sind.

Ähnlich hätte auch Nietzsche die Sache gesehen, wenngleich ihm wohl eine Differenzierung wesentlich gewesen wäre, die sich dem Nachlaß von 1885 entnehmen läßt. Hier nämlich gab er zu bedenken: „Wenn *ich* etwas von einer Einheit in mir habe, so liegt sie gewiß nicht in dem bewußten Ich und in dem Fühlen Wollen Denken, sondern wo anders: in der erhaltenden aneignenden ausscheidenden Klugheit meines ganzen Organismus, von dem mein bewußtes Ich nur ein Werkzeug ist" (KSA 11: 434). Mit dieser Betonung der prozessuralen gegenüber den strukturellen Aspekten gerät die Autor-Kategorie nicht außer Betracht, sondern wird nur einem dynamisch angelegten Subjektmodell eingefügt. Ansonsten aber lobte Nietzsche Köselitz 1887 ausdrücklich mit dem Ausruf: „Sie empfinden, wovon meine sonstigen Leser keine Ahnung haben, 'das Ganze'" (KSB 8: 55). Dieser Empfindung hatte Köselitz schon 1881 Ausdruck verliehen, als er eine Oper konzipierte, in der, wie Nietzsche sogleich freudig kolportierte, seine „Philosophie und Denkweise (...) in Tönen zu erklingen beginne" (KSB 6: 124). 1888, nach dem Mißerfolg dieser Oper, tröstete Nietzsche Köselitz mit den Worten, dessen Werk entstamme, im Gegensatz zu seinem eigenen publizistischen Œuvre, „der Welt des Vollkommenen und Glücklichen", liege „ruhig in seinem eigenen Lichte" und winke nicht, „wie Alles bei mir, über sich hinweg" (KSB 8: 251). Den interpretativen Zugriff auf die über sein Werk 'hinwegwinkenden' Bedeutungsgehalte hat Nietzsche mit dieser unterschwelligen Anrufung 'fremden Lichts' für sein eigenes Œuvre zur conditio sine qua non eines jeden Versuchs erhoben, der Systematik seines Denkens gerecht werden zu wollen. Dem eingefügt war ein unausgesprochener Tadel gegenüber jenen Nietzsche-Interpreten, die sich mit der zusammenhangsblinden Ausdeutung einzelner Aphorismen begnügen und damit aus dem Blick verlieren, daß Nietzsche, der sich im Gegensatz zu Köselitz nicht der 'Welt des Vollkommenen und Glücklichen' zurechnen konnte, diese Formgestalt in der Hauptsache nur seiner Augenschwäche wegen präferierte. Nietzsches scheinbar gegenläufig zu diesem Systemanspruch angelegtes Wort: „Ich mißtraue allen Systematikern (...). Der Wille zum System ist, *für einen Denker wenigstens*, etwas, das compromittirt, eine Form der Unmoralität ..." (KSA 13: 189; Hervorhebung C. N.), signalisiert mittels der hervorgehobenen Einschränkung, daß Nietzsche nicht dem Systemgedanken als solchem abhold war, sondern lediglich ein Verständnis von Systematik kritisierte, das der denkerischen Weiterentwicklung gegenüber nicht offensteht. Positiv reformuliert: Einem Verständnis von Systematik, das auf eine durch die Kreativität seines Autors verantwortete Geordnetheit entwicklungsoffener Argumentationsfolgen hinzielt, hat sich Nietzsche nicht widersetzt. Dies belegt auch die Fortführung des – offenbar auf das geplante Buch *Der Wille zur Macht* hin konzipierten – Zitats: „Vielleicht erräth man bei einem Blick unter und hinter dies Buch, welchem Systematiker es selbst mit Mühe ausgewichen ist – mir selber ..." (KSA 13: 189).

Diese Pointe zeigt die Richtung an, der hier gefolgt wird: Unterstellt wird die Nachvollziehbarkeit der in Nietzsches Art der Weltaneignung sich konfundierenden und artikulierenden Selbstauslegung, die jenes Ganze seines Œuvre abzugeben vermag, auf das die Suche nach dem Sinn für das einzelne zuzulaufen hat. Der beste Zeuge für dieses Argument ist wiederum Nietzsche selbst. Die dritte Abhandlung der *Genealogie der Moral* beispielsweise ist zu lesen als eine, die ausschließlich der Auslegung eines einzigen Satzes aus dem *Zarathustra* dient. Auch von der Schrift *Jenseits von Gut und Böse* erwartete Nietzsche, daß sie „ein paar erhellende Lichter auf meinen Zarathustra zu werfen" (KSB 7: 223) vermag. Gleiches galt für den *Antichrist*, den Nietzsche im Vorwort als ein Buch auswies, das sich an Leser wende, „welche meinen Zarathustra verstehn" (KSA 6: 167). Entsprechend war es nur folgerichtig, daß Nietzsche auch zwei der als Aphorismen-Sammlungen konzipierten Arbeiten seiner 'mittleren' Schaffensperiode, nämlich die *Morgenröthe* sowie *Die fröhliche Wissenschaft*, aus der Perspektive des *Zarathustra* als deren „Commentar" (KSB 6: 496) las. Nietzsches schon an die *Morgenröthe* geknüpfte Erwartung, er könne nun seine „arme stückweise Philosophie" (KSB 6: 124) vergessen, trat mithin mit dem *Zarathustra* vollends in ihr Recht: Seine „ganze Philosophie", so erfuhr sein Freund Carl v. Gersdorff, stünde „hinter all den schlichten und seltsamen Worten" (KSB 6: 386) und mithin hinter Ausdrücken, die, nicht zuletzt ihrer Formgestalt wegen, der Auslegung, vor allem unter Rückgriff auf das übrige Œuvre, bedürftig waren. Mit dem *Zarathustra* huldigte Nietzsche mithin einem Motto, dem er schon 1876 Reverenz erwies: „Fast jeder gute Schriftsteller schreibt nur Ein Buch. Alles Andere sind nur Vorreden, Vorversuche, Erklärungen, Nachträge dazu“ (KSA 8: 321). Vier Jahre später, noch vor Erscheinen des *Zarathustra*, ergänzte Nietzsche: „Werden sich meine Leser einen einzigen Gedanken und diesen in hundert und aberhundert Wendungen und Beleuchtungen gefallenlassen?“ (KSA 9: 179). Man darf diese Frage, wenn man die Wirkungsgeschichte bedenkt, wohl verneinen. Gleichwohl blieb Nietzsche diesem seinem Insistieren auf einem die Formgestalt seiner Schriften übergreifenden Grundgedankengang treu, und er fand dafür auch noch eine didaktische Rechtfertigung: „Die Meisten brauchen eine plumpe Ausführlichkeit des Geschehens und hundertmalige Wiederholungen, und Einige haben Keulenschläge nöthig, um da hinter ein Erlebniß zu kommen und aufmerksam zu werden“ (KSA 12: 64).

Diese durchaus auffällige Inanspruchnahme einer in sich weitgehend geschlossenen und sich wechselseitig erläuternden Argumentationsführung, die mit einer deutlichen Vorrangerteilung für den *Zarathustra* Hand in Hand geht, bedeutet zugleich, daß man dem von Nietzsche intendierten und den Leser auf dessen ‘einen einzigen Gedanken’ führenden Leseerlebnis nur dann nahekommt, wenn man nahezu jedes seiner Werke als Kommentar jenes von Nietzsche unterstellten einheitlichen Sinnzusammenhangs zu lesen sucht. Dies gilt in ähnlicher Form auch für jeden einzelnen Aphorismus und jede flüchtige Nachlaßnotiz, denn, wiederum mit Nietzsche gesprochen: der „Grundgedanke einer Philosophie“ ist nicht als Effekt eines „Gnadenschein(s) vom Himmel“ zu deuten, sondern als Ergebnis der mühsamen Ausscheidung des „Gute(n), Mittelmässige(n) und Schlechte(n)“ (KSA 2: 146).

Darum also ist es im folgenden zu tun: Um die Scheidung dessen, was auf die – ihrem Sinnzusammenhang nach im *Zarathustra* entfaltete – Sache geht, von dem, was das Vorbereitungs- oder Experimentierstadium nicht überschritten hat. Argumentführend wird dabei das Bemühen sein, Nietzsches von ihm expressis verbis nie benannten ‘einen einzigen Gedanken’ einer behutsamen Deutung zuzuführen. Sie hat zum Kern, daß Nietzsches Grundgedankengang geprägt ist durch seine beharrliche, sich allerdings erst im Spätwerk deutlich zuspitzende Frage nach der Möglichkeit der Sinngebung in einer Welt ohne Gott und ohne das Vertrauen auf die einheitstiftende Macht einer Vernunft, die sich jenseits der Zurkenntnisnahme ihrer anderen, dunklen Seite meint einrichten zu dürfen.

Irritierend für das insoweit begründete Vorgehen mag indes ein Satz Nietzsches sein wie der folgende: „Die Herkunft eines Werkes geht die Physiologen und Vivisektoren des Geistes an: nie und nimmermehr die ästhetischen Menschen, die Artisten!“ (KSA 5: 343) Denn dieser Formulierung unterliegt eine gewisse Geringschätzung jener Rolle, der auch der

Autor der vorliegenden Arbeit nachzufolgen sucht. In der breiten Nietzsche-Literatur der Gegenwart sind denn auch – und das erwähnte Argument Otto Hartlebens ließ dies erwarten – mitunter eher gegenläufige, auf den 'Artisten' abhebende Selbstzuordnungen beobachtbar. Dabei sieht man sich als Leser, wie etwa das Beispiel der höchst fragwürdigen Nietzsche-Lektüre Paul de Mans belegt (vgl. Vickers 1994), mitunter in einige Zweifel gestürzt hinsichtlich der Frage, was denn nun zu diskutieren ist, Nietzsche oder der ihn je begleitende 'Artist'. Befördert wird dieser Zweifel vor allem im Rahmen postmoderner Nietzsche-Kommentare. Bernard Pautrat etwa urteilt: „jeder hat schon gesagt, was über Nietzsche zu sagen er Lust hat, und es ist ein Kompromiß zwischen all diesen Lüsten kaum möglich"; die Schlußfolgerung steht für Pautrat außer Zweifel: „Ich werde ..., ohne weitere Umstände, von dem, was mich interessiert, reden und meine Begierde an der Lektüre realisieren" (Pautrat 1973: 113). Neueren Datums ist dieser hedonistische Redeanarchismus allerdings nicht. Schon 1910 etwa hatte ein Nietzsche-Interpret deklariert, daß ihm Nietzsches „aphoristische Denkart nicht eine systematisch zusammenhängende Darstellung" abverlange, diese These mit der Pointe besiegelnd: „Ich knüpfe daher in seiner Weise an, wo es mir interessant erscheint, und lasse den Faden fallen, wo es nichts mehr nach meiner Anschauung zu weben gibt. Auch Wiederholungen, Widersprüche werden bei mir nicht ausgeschlossen sein; die Berechtigung dazu schöpfe ich aus Nietzsche selbst" (Fischer 1910: 2). Diese kaum noch verborgene Identifizierung mit dem heimlichen Selbstideal operiert zugleich mit der Vorstellung, daß, weil nichts mehr gewiß sei, den Leser doch immerhin interessieren könne, wie man sich selbst seinen höchst privaten Nietzsche zurechtbastele. Im Gegenzug zu derlei Narzißmen wird der Autor der vorliegenden Arbeit Nietzsche (wieder) der öffentlichen Rede zuzuführen suchen.

Teil I

Nietzsches Hintergründe: Philosophie als „Biographie einer Seele“

> So lernte ich bei Zeiten schweigen, so wie, daß ich reden lernen müsse, um recht zu schweigen: daß ein Mensch mit Hintergründen Vordergründe nöthig habe, sei es für Andere, sei es für sich selber: denn die Vordergründe sind einem nöthig, um von sich selber sich zu erholen, und um es Anderen möglich zu machen, mit uns zu leben.
>
> *(Friedrich Nietzsche, 1885)*

Die Geschichte der Erforschung der Psychologie Nietzsches begann bereits im Jahre 1893. „Für den Psychologen", so Wilhelm Weigand damals, „bedeutet das 'Problem Nietzsche' einen Glücksfall der allerseltensten Art: aus diesem hochgespannten Geiste reden die geheimsten modernen Wünsche und Begierden ihre bezauberndste Sprache; in seinen Ausbrüchen finden wir Alles, was die widerspruchsvolle moderne Seele peinigt und beglückt" (Weigand 1893: 6). Wenig später begann sich dieser 'Glücksfall' eher in einen Trauerfall zu verwandeln. Instruktiv ist in dieser Hinsicht nach wie vor der Beitrag von Paul Möbius als des ersten und prominentesten Psychologisierers in der Geschichte der Nietzsche-Interpretation. Möbius hatte seinen Forschungsschwerpunkt in dem Aufweis der Geschwisterschaft von Genie und Wahnsinn und wähnte sich wohl deshalb zu Grenzüberschreitungen ermutigt, für die sein Genius als Mediziner indes weniger Haftung zu übernehmen in der Lage war denn sein Wahn, der Fall Nietzsche sei seiner Lieblingshypothese dienlich. Entsprechend sezierte er einzelne, ihm unverständliche und mithin, seiner Auffassung nach, unverstehbare und nur noch als Indikatoren für den Wahnsinn des Autors zeugende Aphorismen und Lieder des *Zarathustra* – obgleich doch dieses Werk zumindest auch, wie im übrigen viele Passagen des nietzscheianischen Œuvre, als Kunstwerk verstanden sein will, für das entsprechend ästhetische Kriterien zu gelten haben, nicht aber die, die Möbius allein zu handhaben verstand: ethische. Was Möbius, ausgestattet mit dieser Sehhilfe und mithin ungebrochen getragen von dem christlich geprägten Wertekanon, den zu entlarven Nietzsches Absicht war, vornehmlich im späten Nietzsche zu identifizieren wußte, waren folglich nur noch 'widerwärtige' „Lästerung(en)", „wüste(s) Schimpfen" (Möbius 1909: 125) und – auch dies ein Thema in der beharrlich entsexualisierten Epoche des durch die viktorianische Sexualmoral geprägten Bürgertums, mit der sich dann zeitgleich auch Freud konfrontiert sah – 'schlüpfriger' „Wortsalat" (Möbius 1909: 126). Dabei war Möbius, der in diesem Zusammenhang den gewiß jeden Erotomanen zufriedenstellenden Abschnitt *Unter Töchtern der Wüste* aus den *Dionysos-Dithyramben* konsultierte, seinem Eigendafürhalten zufolge Psychiater genug, um sich auch schon sein zur Verteidigung Nietzsches nutzbares Plädoyer in wesentlichen Zügen vorzuprägen: „Gewissermassen ist es ein Trost, dass der hässlichste Zug im Bilde Nietzsches, seine gassenjungenhaften Schmähungen christlicher Lehren und Einrichtungen, ganz der Gehirnkrankheit Schuld gegeben werden kann“ (Möbius 1909: 125). Dies war zwar dem Deutsch nach holperig, der Sache nach aber klar: Erst die Psychiatrisierung Nietzsches eröffnete einen Weg zur gefahrlosen Tradierung der durch die Pathologie unversehrten Bestandteile seines Œuvre.

Den umgekehrten Weg, den der Heiligsprechung ihres Bruders als eines allen Weltgenüssen gegenüber verschlossenen Wesens, beschritt Nietzsches Schwester. Diese ihre Absicht skandalisierte vor allem Erich Podach in einem 1963 vorgelegten Buch mit dem vielversprechend-voyeuristischen Titel *Ein Blick in Nietzsches Notizbücher*. Podach war neben seinem großen Konkurrenten Karl Schlechta einer der ersten Nietzsche-Forscher, die die von Nietzsches Schwester lange Jahre dominierte, im Nietzsche-Archiv betriebene Legendenbildung um Nietzsche demaskierten. Im Zuge dieses Bestrebens suchte er in der ihm eigenen unkonventionellen Darstellungsweise und unter Nutzung zumeist weniger bekannter Nietzsche-Texte u. a. der These Raum zu geben, daß Nietzsche entgegen der von seiner Schwester bevorzugten Auslegung nicht als „Heiliger“ gelten könne, „der im Gegensatz zu anderen keinerlei Anfechtungen durch gewisse sündige Gedanken ausgesetzt war“ (Podach 1963: 193). Skandalöser aber wohl als diese These war die Art, in der Podach sein – von Förster-Nietzsche (1912: 110f.) nur unwillig erwähntes – Hauptbeweisstück, nämlich das *Euphorion*-Fragment vom Juli 1862, präsentierte. Podach nämlich versah diese kleine, schon von Nietzsche rasch als ‘widerwärtig’ (KSB 1: 217) bezeichnete Novelle, die wohl nur durch Zufall (vgl. Förster-Nietzsche 1912: 110f.) der späteren Säuberungsaktion seiner Schwester entging, mit dem lakonischen Kommentar: „Das Schriftstück erweist seinen Urheber als einen hervorragend begabten, phantasiereichen Pornographen sadistischen Einschlags“ (Podach 1963: 193). Es war dieser kleine, keinesfalls fehlgehende Kommentar, der damals, auf dem Höhepunkt einer sich gerade erst wieder konsolidierenden seriösen Nietzsche-Forschung, provozieren mußte und Eckhard Heftrich (1964) dazu veranlaßte, in rigider Form die Grenzen der psychologischen Nietzsche-Erklärung zu ziehen und damit deutlich zu machen, daß man nun genug habe von denen, die ‘die geheimsten Wünsche und Begierden’ Nietzsches aufzudecken sich anheischig machten.

Dabei war Podachs Hauptanliegen weit weniger anstößig als der Eindruck, der nach Präsentation dieser Marginalie entstanden sein mag. Denn in erster Linie ging es ihm um das Bemühen, nach dem im ‘Dritten Reich’ getriebenen Mißbrauch mit einem Nietzsche, dessen systematischer Anspruch angeblich in der Beschwörung des Willens zur Macht kulminiere, wieder zu einem Nietzsche-Bild zu gelangen, das auch Platz für Brüche ließ. Dabei gewährte Podach in seiner gegenwirkenden Absicht dem moral- und aufklärungskritischen mittleren, aphoristischen Nietzsche ungebührlich viel Raum. Die von Heftrich gegen Podach vorgebrachten Bedenken, die in allgemeine Einwände gegen die Gefahr einer psychologisierenden Auflösung des von Nietzsche Intendierten ausliefen, waren insoweit nicht ganz unberechtigt, erweckten indes insgesamt den Eindruck, als sei Psychologienutzung in der Nietzsche-Forschung immer identisch mit Auflösung des systematischen Nietzsche. Als einzig ernsthafter Ertrag dieser traurigen Angelegenheit verbleibt, daß man im Fall Nietzsche beides zu vermeiden hat: die (1) Opferung des Werkes unter Verweis auf die décadence, die sich im vom Autor erfolglos verborgen gehaltenen Anderen seiner Vernunft deutlich genug bekunde; und die (2) Rettung des Werkes durch unbedingte Heroisierung des Autors, dessen Verlieren im Menschlich-Allzumenschlichen der schlichten Leugnung anheimfällt.

Wenn dieser Vorgang gleich eingangs so ausführlich referiert wird, dann, weil er nicht ganz unwichtig ist für den Nachvollzug der Einwände, die jene auf sich ziehen, die heutzutage erneut auf bisher Verschwiegenes meinen hinweisen zu müssen. Weitgehend abseits vom Mainstream ist nämlich gegenwärtig wieder eine gewisse Konjunktur für Untersuchungen zu verzeichnen, die dic psychologischen Hintergründe Nietzsches oder einzelner seiner Werke in den Blick nehmen. Als erstes – abgesehen von Rudolf Kreis (1986; 1991) – zu nennen wäre hier Hermann Josef Schmidt (1991; 1993; 1994a, b). Er nahm Nietzsches 1994 erneut edierte *Frühe Schriften*, die seit 1995 in neuer Gestalt und erweiterter Form auch in der Kritischen Gesamtausgabe zum Abdruck kommen (vgl. Figl 1995a), zum Anlaß für ein überaus extensives Lesartenangebot hinsichtlich der Art und Weise, in der Nietzsche die Erziehungs- und Bildungsverhältnisse, denen er unterworfen war, literarisch verarbeitet hat. Im Zuge dessen führte Schmidt auch das schon von Podach herausgestellte *Euphorion*-Fragment einer Deutung zu (vgl. Schmidt 1994a: 149ff.). Weitergehender noch ist der Anspruch von Jørgen Kjaer (1990), der die gesamte Philosophie Nietzsches als eine in selbsttherapeutischer Absicht geschriebene liest und dabei, im Gegensatz zu Schmidt (1995b), seine Ausgangsfragestellung eher von Nietzsches Verhältnis zu seiner Mutter hernimmt (vgl. Kjaer 1995). Bemerkenswert sind auch die stilistisch brillanten Arbeiten von Joachim Köhler, der in seiner *Zarathustra*-Studie (vgl. Köhler 1989) u. a. die – in der Sache freilich kaum weiterführende – These über Nietzsches homosexuelle Veranlagung zu belegen suchte und sich neuerdings den psychologischen Aspekten des Cosima Wagner/Nietzsche-Verhältnisses zugewandt hat (vgl. Köhler 1996). Erwähnt sei schließlich noch Nietzsches Krankengeschichte von Pia Daniela Volz (1990), zumal in einer neueren Arbeit von ihr der (tiefen-)psychologische Akzent deutlicher heraustritt (vgl. Volz 1995).

Zumal angesichts ähnlich gerichteter, allerdings kaum durch Nietzsche-Kenntnisse getrübter Vorhaben, wie etwa jenem von Alice Miller (1988), hat die offiziöse Nietzsche-Forschung durchaus Anlaß, auf das neu erwachte Interesse an Nietzsches Biographie und auf biographisch orientierte Werkanalysen distanziert zu reagieren (vgl. Figl 1991/92; 1992: 228ff.; 1994a, b; Hödl 1994). Diese Distanz hat vermutlich auch Anacleto Verrecchias (1986) indiskutabler Versuch gefördert, seine weitgehend psychologie-, aber auch ergebnisfreie Studie über Nietzsches Turiner Zusammenbruch einer im Boulevardstil abgefaßten Schelte der neueren Nietzsche-Philologie einzufügen. In einiger Analogie zur Argumentationsstrategie und -qualität Verrecchias hat neuerlich auch Lutz Gentsch der vom Turiner Zusammenbruch gekennzeichneten Lebensphase Nietzsches Vernunftgeltung zuzusprechen versucht und dem eine Philippika der Nietzsche-Literatur angeschlossen, insofern hier das Werk Nietzsches als „verrückt und 'wüst'" gelte, womit die Nietzsche-Exegese resp. die Philosophie in den Rang einer „medizinischen Hilfswissenschaft" geraten und zum „journalistischen Dilletantismus (sic!)" (Gentsch 1995: 496) gegenüber Nietzsches Werk degeneriert sei. Gerade aber weil dieses Urteil – ebenso wie jenes Verrecchias oder Millers – eher den je Urteilenden denn die Beurteilten resp. die Sache, um die es geht, diskreditiert, bleiben psychologisch orientierte Autor- und Textexegesen auch und gerade im Fall Nietzsche legitim.

Dies gilt um so mehr, als sich die Rechtfertigung und Maßgabe dafür weitgehend aus Nietzsche selbst beziehen läßt. Gedacht ist etwa an seine Aussage, ein Mensch mit Hintergründen brauche Vordergründe, „um von sich selber sich zu erholen, und um es Anderen möglich zu machen, mit uns zu leben" (KSA 11: 498). Hieraus scheint zu folgen, daß der, der nur Nietzsches Vordergründe sieht, zwar sein Nietzsche-Bild intakt hält, aber an der Aufgabe einer Nietzsche angemessenen Interpretation scheitern muß. Wer indes Nietzsches Hintergründe zu dechiffrieren weiß – so ließe sich weiter ableiten –, braucht Zeit und Kraft, um wieder mit diesem Denker leben zu können. In einer Epoche wie der jetzigen, die so sehr vorbereitet ist auf die Lektüre des Anderen der Vernunft, mag dieser Zeit- und Kraftverbrauch sich freilich in Grenzen halten. Auch dies schien Nietzsche schon antizipiert zu haben. Denn er verband die Einsicht in sein Los, sich „nur unter Masken" (KSB 7: 26) zeigen zu können, mit der auf das Jahr 1985 hin projektierten Hoffnung auf „irgend ein Genie von Menschenkenner, welches Herrn F. N. ausgräbt" (KSB 7: 27). Gibt es aber Vorgaben für ein derartiges „Genie", ausführlicher und weniger ambitioniert gefragt: Gibt es Vorgaben für eine Archäologie des Anderen der Vernunft speziell

Nietzsches, die eventuell sogar aus Nietzsches anderer Vernunft, also aus einer für sein Gesamtargument unverzichtbaren Sensibilität für die Lektüre der Hintergründe des je anderen, zu schöpfen wären?

Für eine Antwort kann man den Einstieg suchen über den Umstand, daß Nietzsches Hinweis, wonach man bei ihm Vordergründe und Hintergründe unterscheiden müsse, unmittelbar der Mitteilung folgt: „Als ich jung war, bin ich einer gefährlichen Gottheit begegnet, und ich möchte Niemandem das wieder erzählen, was mir damals über die Seele gelaufen ist – sowohl von guten als von schlimmen Dingen“ (KSA 11: 498). Von welcher 'gefährlichen Gottheit' hier die Rede ist, läßt sich nur vermuten. Einige denken an den für Nietzsche in seiner Pfortenser Zeit wichtigen Byron-Übersetzer Ernst Ortlepp (Köhler 1996: 23), andere an Wagner (Eger 1988: 108). Die letztgenannte Vermutung scheint plausibler. Denn davon, daß ihm „manche seltsame und nicht ungefährliche Geister über den Weg gelaufen“ (KSA 5: 237f.) seien, spricht Nietzsche auch an einer Stelle, die als Anspielung auf Wagner gedeutet werden kann. Verläßlicher aber als dies ist die Feststellung, daß sich die besonderen Anforderungen an die Nietzsche-Interpretation aus Konsequenzen ergeben, die Nietzsche aus einer von ihm als problematisch empfundenen Erfahrung für seine Sprech- und Darstellungsweise zog. Dies ist aber nicht so zu verstehen, als gelte es, in Analogie zu Hermann Josef Schmidt (1991; 1993; 1994a, b), das hintersinnig Verschleierte zu ermitteln, um der kontrollierten Rede gleichsam im Nachgang jenen ganzen Text vorzuhalten, auf den hin sie sich in ihrer Kontrollfunktion begründete. Ein derartiger Beweisgang mit angeschlossener Konfrontationstechnik würde weder das psychoanalytische Procedere richtig wiedergeben, noch wäre viel für die Nietzsche-Interpretation und ihre Methodologie gewonnen. Denn der ganze Text dürfte nur noch in den seltensten Fällen zu rekonstruieren sein, wobei selbst diese Rekonstruktion immer nur eine aus der Perspektive des Interpreten sein kann, der weitergehende Rechte allein dann begründen könnte, wenn sich die Unterstellung seines Wissens um einen mit bestimmter Zielsetzung auftretenden Redekontrolleur in den Rang einer intersubjektiven Gewißheit aufsteigern ließe. Derartiges mag zwar für den Kind- und Jugendautor Nietzsche unter bestimmten, sehr voraussetzungsreichen Bedingungen erreichbar sein (vgl. Hödl 1994: 306). Der Erwachsenenautor Nietzsche indes, um den es in der vorliegenden Arbeit in der Hauptsache geht, läßt derart konkrete Unterstellungen nicht zu und macht eine sehr viel sparsamere Vorannahme sinnvoll. Sie lautet in ihrer schlichtesten Form, daß man wachsam zu sein hat gegenüber der Gefahr des Wörtlichnehmens einer möglicherweise kontrollierten Rede wie jener Nietzsches, die ihr Geheimnis vielfach erst dann enthüllt, wenn man sie mit Hilfe biographischen Wissens kontextualisiert. In diesem Sinne gilt uns beispielsweise, wie noch zu zeigen sein wird, Nietzsches frühe Bildungs- und Kulturkritik, aber auch sein früher Antisemitismus als nicht immer wörtlich zu nehmen und mithin als teilweise oder gar weitgehend rhetorisch.

Von Bedeutung ist in diesem Zusammenhang Nietzsches Hinweis, daß es „auch bei den großen Philosophen diese Unschuld (giebt): sie sind sich nicht bewußt, *daß sie von sich reden* – sie meinen, es handle sich 'um die Wahrheit' – aber es handelt sich im Grunde um sie" (KSA 10: 262). Die von Nietzsche praktizierte kontrollierte Rede läßt sich hiermit einem literaturpsychologischen Erkenntnisinteresse zuführen. Nietzsche seinerseits ist mit einem derartigen Interesse an Byron, Musset, Poe oder Kleist herangetreten, die er insgesamt nur als „Idealisten aus der Nähe des Sumpfes" zu sehen vermochte und auf die „innere Besudelung" (KSA 6: 434) hin befragte, für die sie mit ihrem Werk Rache nähmen. Für derlei Rachenahme legt auch Rousseaus Autobiographie (*Confessions*) Zeugnis ab, ebenso etwa wie jene von Karl Philipp Moritz (*Anton Reiser*). Beide Werke zeigen, daß der Mensch in keiner anderen Lebensphase als der der Kindheit derart sensibel reagiert auf das, was 'innere Besudelung' hier in erster Linie meint: nämlich Verletzung dessen, was sich im Kind schon an einer ihm eigenen Empfindungs- und Wertungsweise entwickelt hat. Es war denn wohl auch dieser Hintergrund, der Nietzsche Anlaß gab, u. a. den von ihm ansonsten nicht sonderlich geschätzten Rousseau gegen Kant und Schopenhauer ins Feld zu führen, und zwar weil es bei letzteren „keinen Roman, keine Krisen, Katastrophen und Todesstunden zu errathen" gäbe, weil also ihr Denken nicht zugleich für eine unwillkürliche „Biographie einer Seele" (KSA 3: 285f.) Zeugnis ablege. Nietzsches Briefe, seine Schüler- und Jugendschriften und seine autobiographischen Skizzen scheinen zwar längst nicht so auskunftsträchtig wie Rousseaus Autobiographie. Aber sie legen doch deutlich dar, daß auch Nietzsche als 'Idealist aus der Nähe des Sumpfes' beschrieben werden darf, in dessen sich allmählich entfaltendem Denken die 'Biographie einer Seele' zur Sprache drängt. Nietzsches Philosophie ist von da aus zu lesen als eine, die für Befreiung zeugt und auf das Plädoyer für Befreiung hinausläuft. Es ist eine Philosophie, in der sich das Plädoyer ihres Urhebers für eine andere Vernunft ebenso artikuliert wie das Interesse an Freisetzung des Anderen der Vernunft. Nietzsches Befreiung selbst, so soll im folgenden gezeigt werden, wurde dabei zusammengehalten durch seine Suche nach Ersatz für das als 'besudelnd' Erfahrene und folglich Aufzugebende. Es war die Suche nach einem Muttersatz (vgl. I.1), einem Schwesterersatz (vgl. I.2) und schließlich und vor allem die nach einem Vaterersatz (vgl. I.3).

1. Nietzsches Muttersuche: „Erziehung ist Umtaufen-lernen oder Anders-fühlen lernen"

Nietzsches Selbstgelöbnis von 1874: „Ich kenne auch für mich kein höheres Ziel, als irgend wie einmal 'Erzieher' in einem grossen Sinne zu werden" (KSB 4: 224), klingt so, als rede hier einer, der sich der Pädagogenprofession zuzurechnen wünscht. Tiefere (bildungs-)philosophische Ansprüche scheinen jedoch mit dieser Rede nicht verbunden. Und auch die Formel Nietzsches von 1875: „Es wird irgendwann einmal gar keinen Gedanken geben als *Erziehung*" (KSA 8: 45), klingt lediglich so, als wolle hier jemand in Zukunft den Erziehungsgedanken stärker betont wissen, vielleicht, weil er in diesem Bereich ein Theorie- und Forschungsdesiderat ausgemacht hat. Daß Nietzsche derartige Beobachtungen als Philosoph anstellte, scheint mithin keine Rolle zu spielen. Die Pädagogik entschloß sich bis heute eher für diese zurückhaltende Lesart des auf sie gekommenen Nietzsche-Problems – und ließ den Philosophen Nietzsche weitgehend auf sich beruhen, ganz zu schweigen von dem von ihr kaum als solchen dechiffrierten Psychologen.

Dies hinderte die klügsten Standesvertreter indes nicht an der Einbringung der Ernte des Philosophen. Dazu gehört auch die in dieser Disziplin verbreitete Danksagung an Nietzsche für seine Wegbahnung von Reformpädagogik und Jugendbewegung. Besonderes Interesse zog dabei Nietzsches Schrift *Vom Nutzen und Nachteil der Historie für das Leben* auf sich. Am Schluß dieser Schrift, so beispielsweise Herman Nohl in seinem 1933 zunächst in zwei Teilen vorgelegtem Hauptwerk *Die pädagogische Bewegung in Deutschland und ihre Theorie*, werde „schon das ganze Programm der Jugendbewegung" (Nohl 1933: 17) sichtbar. Gedacht haben dürfte Nohl bei diesem Urteil an Nietzsches – an anderer Stelle von ihm auch zitiertes (Nohl 1933: 119) – Wort von der Mission der Jugend, „jenes ersten Geschlechtes von Kämpfern und Schlangentödtern, das einer glücklicheren und schöneren Bildung und Menschlichkeit voranzieht" (KSA 1: 331), bei der das Leben wieder über das Erkennen gestellt sei. Man müsse, so heißt es bei Nietzsche wenig später, in einer gleichfalls von Nohl paraphrasierten Wendung (Nohl 1933: 119), wieder lernen, ähnlich wie dies die Griechen taten, „das Chaos in sich zu organisieren", wenn man nicht länger „Erbe ... und Epigone ...“ bleiben, sondern „Bereicherer und Mehrer des ererbten Schatzes“ sowie „Erstling ... und Vorbild ... aller kommenden Culturvölker“ (KSA 1: 333) werden wolle.

Wirkungsgeschichtlich folgenreich für die Pädagogik waren auch die frühen Vorträge Nietzsches *Über die Zukunft unserer Bildungsanstalten*. Namentlich die Karriere dieser breit rezipierten Vorträge dokumentiert dabei eine erstaunliche Unbesorgtheit um das Verdikt, das Nietzsche selbst über diese erst 1893/ 94 veröffentlichten Texte verhängt hatte. Sie gingen „nicht genug in die Tiefe“ (KSB 4: 83) und seien deshalb nicht zur Publikation bestimmt, im übrigen: „Man bekommt einen trockenen Hals bei dieser Lektüre und zuletzt nichts zu trinken!“ (KSB 4: 104) Dieses Verdikt Nietzsches delegitimiert natürlich nicht als solches pädagogische Wertschätzungen, sofern sie an diesem Text festzumachen sind. Zu beachten bleibt dabei aber, ob und in welchem Ausmaß hier Nietzsche redet oder nur bzw. in der Hauptsache der von ihm verarbeitete zeitgenössische Pädagogikdiskurs (vgl. Schneider 1992) resp. Wagner. So bleibt unter dem Strich der Verdacht einer um diesen Kontext ebenso wie um Nietzsches Selbsturteil unbesorgten Wirkungsgeschichte. Sie begünstigte das verbreitete Urteil über Nietzsche als einen Autor, der als elitärer Bildungsphilosoph seine Zeit gehabt habe und für die Zwecke einer systematischen Pädagogik jedenfalls nicht mehr in Betracht komme.

Vorgearbeitet hatte dem schon Erich Weniger. Ihm nämlich ging es darum, Nietzsche, im Gegensatz etwa zu Natorp, Eucken oder auch Wundt, zu bestreiten, „aus philosophischer Systematik pädagogische Folgerungen“ (Weniger 1929: 45) gezogen zu haben. Der Vorteil dieses Nietzsche-Bildes lag seinerzeit auf der Hand: Ausgehend von dem Streben der geisteswissenschaftlichen Pädagogik nach Autonomie war für einen Pädagogen dieser Richtung ein pädagogisch urteilender unsystematischer Philosoph wie Nietzsche ein weit angenehmerer Gefährte als ein systematischer Philosoph, der, wie etwa Natorp, seine pädagogischen Lehrsätze aus seiner dazu auch noch abstrakten, weil neukantianischen Philosophie zu deduzieren schien. Die auf Nietzsche bezügliche Prämisse hatte Weniger dabei offenbar von Wilhelm Dilthey übernommen, der von Wenigers Lehrer und älterem Kollegen, dem Dilthey-Schüler Herman Nohl, zum Stammvater der geisteswissenschaftlichen Pädagogik erhoben worden war. Dilthey indes folgte mit seiner bereits eingangs erwähnten Ausgrenzung Nietzsches aus dem Corpus jener, die „Philosophie als Wissenschaft“ (Dilthey 1921: 27) betrieben, lediglich dem fachphilosophischen Mainstream jener Zeit, der über den philosophischen Gehalt der Werke beispielsweise Natorps ebenso aufgeklärt war wie über den angeblichen Mangel an philosophischer Systematik im nietzscheianischen Œuvre. Entsprechend meinte man sich in der pädagogischen Nietzsche-Rezeption bis heute, ungeachtet der Kritik aus dem Bereich philosophischer Nietzsche-Forschung (vgl. Löw 1984: 147ff.) sowie vereinzelter Hinweise von Pädagogen (vgl. Hebel/Porath 1989: 242), auf das Einbringen der gleichsam pädagogischen Fingerzeige eines eigenwilligen Philosophen beschränken zu dürfen, ohne daß man dabei um das Ganze des von Nietzsche Intendierten wissen müsse. So konnte man erst kürzlich wieder lesen, Nietzsche habe „den entscheidenden Anstoß zur Auflehnung gegen die Autorität“ (Rosenow 1992: 15) gegeben. Dieses Urteil ist nicht falsch, aber es unterläuft bei weitem doch das, was man der Pädagogik als Wissenschaft heutzutage über Nietzsche an Einsichten abverlangen müßte.

Dem in diesem Teil der Arbeit verfolgten Zweck genügt es vollkommen, unter Beachtung dieses Vorbehalts den psychologischen Hintergründen nachzugehen, die Nietzsche zu seiner Impulsgebung im Felde der Infragestellung erzieherischer Autorität Anlaß gaben. Diesem Vorhaben unterliegt die Annahme eines besonderen Desiderats der pädagogischen Nietzsche-Rezeption. Pädagogen haben es nämlich bis heute unterlassen, den psychologischen und biographischen Hintergründen für Nietzsches Erziehungs- und Bildungskritik gründlich nachzugehen. Dies aber ließ sie möglicherweise auch die psychologischen Implikate und Absichten seiner pädagogischen Positionen übersehen, ganz zu schweigen von einer dann unvermeidlichen Verwechslung dessen, was sich ihnen als praktisch-philosophische oder bildungsphilosophische Position Nietzsches aufdrängte, mit dem, was sich in ihr noch als Erbe einer biographischen Verstrickung darlegt, die Nietzsche nie hinreichend reflexiv übergriffen hat. Beispielhaft ist hier zu denken an die in der Pädagogik gängige Gleichsetzung der genieästhetisch orientierten bildungsphilosophischen Absicht des frühen Nietzsche mit dem Ganzen des von Nietzsche im Bereich der Bildungsphilosophie Intendierten, eine Gleichsetzung, die dann unvermeidlich ist, wenn man die psychologische Dimension der frühen Wagner-Verehrung Nietzsches nicht zu würdigen weiß. Im Vergleich dazu ist der in diesem Kapitel zu erwartende Ertrag gewiß bescheidener: Es geht darum, dem gängigen Diagnostizieren von Nietzsche angeblich eigenen Idiosynkrasien entgegenzutreten, indem zu zeigen versucht wird, in welcher Hinsicht Nietzsches Erziehungsbegriff Erbe einer pädagogischen Erfahrung ist, die ihm seine Mutter offerierte (vgl. auch Niemeyer 1996b).

1.1 Die pädagogische Erfahrung

In der Nietzsche-Forschung genießt Nietzsches Mutter Franziska, eine Pastorentochter ohne reguläre Schulbildung, die wegen des frühen Todes ihres Mannes, eines Pastors, die Hauptverantwortung für Nietzsches Erziehung trug, kein sonderlich hohes Ansehen. Sie gilt in aller Regel als wenig begabt und als wenig verständnisvoll im Hinblick auf das, was ihren Sohn in philosophischer Hinsicht umtrieb. „Ich halte mich bei Dir an den Theologen der in Dir steckt, denn was verstehen wir Frauen einen Philosophen!" (KGB III/6: 133) lautet denn auch ihre hoffnungsfroh auf die Spuren seines theologischen Erbes zurechnende diesbezügliche Position in einem ihrer Briefe an den Sohn. Überhaupt vermitteln diese insgesamt doch eher spärlichen Briefe kein sehr günstiges Bild: Die Mutter lamentiert häufig, tadelt oft und vergißt auch schon einmal den Geburtstag ihres Sohnes oder weigert sich gar aus Ärger über ihn, seine Briefe anzunehmen. Insgesamt scheint sie dabei eher in der Vergangenheit zu leben, in der ihr ihr Mann noch gehörte, denn in der Zukunft, die ihr Sohn mit seinen Werken zu gestalten im Begriff steht. „Du betrachtest die Leute zu sehr vom Standpunkt Deiner eigenen Tugenden" (KSB 3: 50), ließ der Sohn sie denn auch einmal wissen, um in einer Vorstufe des *Ecce homo*, im Zusammenhang der von ihm geliebten Mutmaßung, seine Vorfahren seien „polnische Edelleute", vieldeutig nachzutragen: „Aber meine Mutter (...) ist jedenfalls etwas sehr Deutsches" (KSA 14: 472). Für den älter werdenden Nietzsche wurde es also zunehmend zum Rätsel, sich ausgerechnet mit dieser Frau verwandt zu wissen. Zumal angesichts der These seines Jugendidols Schopenhauer, wonach nur in seltenen Fällen „ein hochbegabter Sohn keine geistig ausgezeichnete Mutter gehabt hätte" (SW II: 611), mußte ihm dies zu einigen Irritationen Anlaß geben, die ihm, so die These des folgenden, Anlaß seiner Muttersuche wurden.

Selbst Nietzsches Schwager empfand schon bald, seine Schwiegermutter habe „etwas Bedrückendes" und verändere „die Dimensionen der Erlebniße: Großes erschiene klein und Kleines groß" (KGB III/4: 81). Die schärfsten Worte für die Mutter fand allerdings Nietzsches Schwester. Sie habe, so lesen wir in einem freilich auf bewußte Diffamierung angelegten Brief an den Arzt der Mutter, nichts eigentlich Wahres, sondern alles sei nur Schauspielerei gewesen, „für andere Leute berechnet. Das hat uns grenzenlosen Kummer bereitet, zum Beispiel unserer Mutter Christentum, was für eine jämmerliche Tuerei und Spiegelfechterei, Augen-Aufschlagen etc. etc. und da wundert man sich, daß Fritz zum Antichrist geworden ist" (zit. n. Peters 1983: 202). Mit letzterem konnte sich Nietzsches Mutter tatsächlich am schlechtesten arrangieren. Nach der Erkrankung ihres Sohnes soll sie gar beabsichtigt haben, seine „gottlose Schriften", gleichsam als Sühneopfer, zu verbrennen (vgl. Podach 1932: 31). Verbrannt haben wollte sie am liebsten aber auch jeweils ihre Briefe an den Sohn, denn er ließe sie, wie sie ihm im September 1871 tadelnd mitteilte, immer offen liegen und so sei für sie „kein tiefres Eingehen möglich" (KGB II/4: 651). Schon aus diesen wenigen Hinweisen entsteht das Bild einer einfachen, frömmelnd-paranoiden Frau, die der Aufgeklärtheit und Wahrhaftigkeit ebenso entbehrte wie der ungeteilten Fähigkeit zur Mutterliebe. Irritierend war dabei für sie möglicherweise schon der Umstand, daß sie Nietzsche, im Vergleich zu seinen jüngeren Geschwistern, nicht abzustillen vermocht hatte. Jedenfalls strich sie in Briefentwürfen an Dritte aus den Jahren 1846/47 ausgerechnet jene Passagen, denen eine deutlich größere Sympathie für ihre sich insgesamt als pflegeleichter erweisende Tochter zu entnehmen war (vgl. Schmidt 1995a: 44ff.).

Einem positiveren Bild von Nietzsches Mutter hatte schon Erich Podach (1932: 7ff.) vorgearbeitet. Einige Jahre später veröffentlichte Adalbert Oehler eine Biographie der Mutter, die in den pathetischen Schlußbefund einmündete: „Selten hat eine Frau die Krone, die ihr verliehen wurde, die Krone ihrer Mutterschaft, unwandelbarer durch die Anfechtungen eines langen Lebens hindurchgetragen als diese treueste der Mütter, deren Name unvergänglich bleiben wird, so lange sich die Menschheit vor dem Mysterium der Mutterliebe in Ehrfurcht beugt" (Oehler 1940: 176). Über den wissenschaftlichen Wert dieser Biographie streitet heute wohl niemand mehr, war Oehler doch der Neffe der Mutter und folglich wohl der Meinung, einer in familienpolitischer Absicht betriebenen Signalgebung sei die Zeit des damals mancherorts betriebenen 'braunen' Nietzsche-Kultes günstig. Ungeachtet dessen gehört der jüngst vorgelegte Briefwechsel zwischen ihm und seiner Tante (vgl. Gabel/Jagenberg 1994) zu einem durchaus anrührenden Dokument, das ein positiveres Mutterbild begründen hilft und deutlich macht, welchen gravierenden Intrigen die Mutter in ihren letzten Lebensjahren seitens ihrer Tochter ausgesetzt war.

Unter Nutzung derartiger und weiterer, teilweise bisher unbekannter Quellen sowie mit gebührender Distanz gegenüber der verunglückten Darstellung Adalbert Oehlers suchte jüngst Klaus Goch, einer positiveren Sicht von Nietzsches Mutter Geltung zu verleihen. Diese Absicht ist nicht illegitim, nur leidet ihre Ausführung unter einer recht weitgehenden Unkenntnis der biographischen Kontexte des nietzscheianischen Œuvre. Die Folge dessen ist eine Art Psychiatrisierung Nietzsches namentlich dort, wo dieser sich abfällig über Mutter wie Schwester äußerte, wie beispielsweise im *Ecce homo*. Diese Schrift liest Goch als eine „vielleicht schon vom Wahnsinn gezeichnete Selbst-Monumentalisierung, unter deren Einfluß dann auch von Herkunft, Elternhaus und Familie nur ein verzerrtes, mit biographischer Wahrheit und Wirklichkeit kaum noch in Einklang zu bringendes Bild entsteht" (Goch 1994: 11). Der Beweis für diese starke These wird indes nicht erbracht, im Gegenteil: Es ist Goch selbst, der die von Nietzsches „junge(r), fürsorgliche(r) Mutter" (Goch 1994: 174) praktizierte „christliche Erziehung" in der Hauptsache unter dem Stichwort der „allumfassende(n), kontrollierende(n) Herrschaft über das Kind und dessen zunächst verborgenen Raum der innersten Emotionen und Triebe" (Goch 1994: 167) abhandelt. Im Resümee gibt Goch gar dem Wort Raum von „dem mütterlichen Liebesgespinst, in dessen Fäden jede juvenile Revolte als bösartiger Anschlag auf die Würde und den Lebenssinn der Mutter gedeutet werden könnte" (Goch 1994: 26). Besser hätte wohl auch Nietzsche den Kern des Problems nicht auszudrücken vermocht, mit einem kleinen Unterschied: den Konjunktiv hätte er fortgelassen, war er doch der in der Sache Erfahrene.

Auf den Kern der im engeren Sinn pädagogischen Erfahrung Nietzsches geht dabei das Wort seiner Schwester, „daß jetzt nirgends Kinder so streng erzogen werden wie wir es wurden" (Förster-Nietzsche 1935: 35). Dies damals zu schreiben, zu Beginn der das Autoritätsprinzip par excellence repräsentierenden Nazi-Diktatur, wollte schon etwas heißen. Der Begriff der 'Strenge' steht dabei allerdings für mehr als nur dafür, daß in Nietzsches Elternhaus im gegebenen Fall hart gestraft und sehr auf Leistung, Korrektheit und Christengläubigkeit geachtet wurde (vgl. Bohley 1987; 1989; Schmidt 1995a). Nietzsches offenkundig nicht nur in theoretischer Absicht vorgenommene Definition aus dem Jahre 1881, Erziehung sei „Umtaufen-lernen oder Anders-fühlen lernen" (KSA 9: 479), lehrt hier etwas anderes: Ein weitgehend vaterlos aufgewachsener Pastorensohn klagt rückblickend über die – in der Hauptsache von der Mutter zu verantwortende – 'innere Besudelung' seiner ihm höchst eigenen Wertungs- und Empfindungsweise. „Die Werthschätzungen sind angeboren", ruft Nietzsche denn auch 1885/86 aus, gegen John Lockes pädagogisches tabula-rasa-Argument angehend und zugleich seine Eltern in die Verantwortung für seine Art der Umwertung der Werte hineinziehend, um anzufügen: „Welche Marter für ein Kind, immer im Gegensatz zu seiner Mutter sein Gut und Böse anzusetzen und dort, wo es verehrt, gehöhnt und verachtet zu werden!" (KSA 12: 15).

Bemerkenswert an dieser späten Nachlaßpassage ist, daß in ihr offiziell zwar nur von Kindern und im übrigen noch nicht einmal von Nietzsche die Rede ist; der Diktion nach begegnet dem Leser allerdings ähnliches in einem im Januar 1888 verfaßten Briefentwurf an die Mutter, mit dem Nietzsche, er ist nun immerhin ein strammer Mitvierziger, in eigener Sache tätig wird: „Ich wünsche durchaus, mich nicht wieder der Gefahr auszusetzen, in einem Augenblick, wo ich stolz darauf bin, etwas Unsterbliches getan zu haben, beschimpft, beschmutzt, verhöhnt zu werden – dergleichen vergißt man nie: und so wie jetzt Alles steht, ist nichts mehr wieder gut zu machen" (KSB 8: 236). Die Mutter also, so darf man hieraus entnehmen, hat ihre Marter, jedenfalls im Erleben ihres Sohnes und ungeachtet ihrer nach der Verheiratung ihrer Tochter deutlich intensiveren brieflichen Bemühungen um ein engeres Verhältnis, keineswegs eingestellt. Dies bezeugt auf ergreifende Weise Nietzsches Stoßseufzer in einem Brief an seinen Baseler Freund und Ex-Kollegen Franz Overbeck vom November 1887: „Weiß eigentlich irgend jemand, was mich krankmachte, was mich jahrelang in der Nähe des Todes und im Verlangen nach dem Tode festhielt? Es scheint mir nicht so (…); ich war … schon als Kind allein, ich bin es heute noch, in meinem 44ten Lebensjahre“ (KSB 8: 196). Nicht die Mutter scheint hier in erster Linie angeklagt; und doch ist sie es, die für das Gefühl ihres Kindes, allein zu sein, die allererste Verantwortung trägt und die damit ein Muster hinterläßt, dem spätere Erfahrungen der Vereinsamung und der Mißachtung einfügbar sind. Entsprechend auch hat Nietzsche nur einen Monat vor dem Overbeck-Brief den vereinsamt dastehenden Geburtstagsglückwunsch seiner Mutter ihr gegenüber mit den vieldeutigen Worten kommentiert: „Seit meiner Kindheit nie ein tiefes und verständnißvolles Wort gehört zu haben – das gehört zu meinem Loos“ (KSB 8: 170).

Auf derlei Klagemotive hätte Nietzsche gewiß einen vielstimmigen Refrain anstimmen können. „‘Liebe Mutter ich wünsche Dir Glück, und mir einen freundlichen Blick’“ (zit. n. Schmidt 1995a: 45), hatte schon der gerade Zweieinvierteljährige zum 21. Geburtstag seiner Mutter auf Vorgabe seiner Tante Rosalie aufgesagt, damit zugleich das erste und beklemmendste Zeugnis hinterlassend für die von der Tante sensibel registrierte Vereinsamung eines Kindes, das nicht ganz einfach war und seitens der Mutter offenbar vor allem mit Liebesentzug bestraft wurde, obwohl oder, besser, weil seine „geistige Lebendigkeit“ schon im Alter von fünf Monaten vom Vater als „ganz außerordentlich“ (zit. n. Schmidt 1995a: 43) verbucht wurde. Es ist diese geistige Lebendigkeit gewesen, die der Mutter wohl die meiste Sorge bereitete, monierte sie doch nach Erinnerung der Schwester bezüglich des inzwischen Sechsjährigen vor allem, daß er „über alle Dinge seine eigenen Gedanken (habe), die mit denen andrer Leute garnicht übereinstimmten“ (Förster-Nietzsche 1912: 33). Zehn Jahre später, Ostern 1861, kam es zwischen Mutter und Sohn zu ersten Auseinandersetzungen in Glaubensdingen (vgl. Janz 1981a: 93). Noch aber wußte Nietzsche nichts anderes zu tun als Abbitte zu erflehen: „Verzeihe mir doch ja liebe Mamma, aber dann bitte ich dich, nie mehr dieser Ereignisse zu gedenken, sondern sie als ungeschehen zu betrachten“ (KSB 1: 155). Im Jahre 1862, in dessen Verlauf die Mutter erneut Anlaß hatte, den Sohn dafür zu tadeln, „immer etwas anderes zu thun als die Anderen“ (KGB I/1: 388), ahnte Nietzsche zumindest etwas von den Hintergründen dieser seiner Bereitschaft zum Kompromiß: „wir sind durch die Eindrücke unserer Kindheit, die Einflüsse unserer Eltern, unserer Erziehung so im Innersten bestimmt, daß … tief eingewurzelte … Vorurtheile sich nicht so leicht durch Vernunftgründe oder bloßen Willen herausreißen lassen“ (BAW 2:

55). Aber erst Jahre später folgte die Analyse dessen, was damals und wohl eben auch schon seit seinem zweiten Lebensjahr wirklich in ihm vorging: „Ein kalter Blick, ein verzogener Mund von Seiten Derer, unter denen und für die man erzogen ist, wird auch vom Stärksten noch gefürchtet. Was wird da eigentlich gefürchtet? Die Vereinsamung! als das Argument, welches auch die besten Argumente für eine Person oder Sache niederschlägt! – So redet der Heerden-Instinct aus uns" (KSA 3: 415).

Daß Nietzsche hier die pädagogische Erfahrung einer ganzen Generation zum Ausdruck brachte, belegen die Briefe Irma Regner v. Bleylebens, die mit Nietzsche zwischen 1877 und 1879 in Korrespondenz stand. „Ich erfahre es immer wieder von neuem", so schrieb sie Nietzsche beispielsweise im April 1878, „daß die Menge es nie verzeihen kann, wenn man anders denkt und handelt wie sie" (KGB II/6, 2: 830). Wenige Zeilen später folgt als Resümee, das zugleich das Attribut „Opfer der Erziehung" plausibilisieren soll: „Ein Schatten, der auf den Weg des Kindes fällt, lässt sich nie ganz verscheuchen, der jahrelange Druck, der auf meiner Kinderseele gelastet und sie tief in mein Innerstes zurücktrieb, liegt oft noch erstickend auf mir. Ich bin ganz und gar machtlos gegen feindliche Gesinnungen, ich kann nichts thun, als was ich als Kind gethan habe: mich flüchten (...). Nicht einmal einen Tag hindurch bin ich im Stande so zu sein, wie ich sein will" (KGB II/6, 2: 830). Leider sind die Antworten Nietzsches auf diese bewegenden Briefe nicht überliefert, aber man geht nach dem bisher Berichteten wohl nicht fehl in der Annahme, daß sie sich, wegen der Gleichgerichtetheit der pädagogischen Erfahrung, in seinen Werken spiegeln. Dies gilt namentlich für sein Wort von dem „Heerden-Instinct", das als elaborierte Variante jener durch v. Bleyleben – nomen est omen – beklagten 'feindlichen Gesinnungen' gelesen werden darf. Die für diese noch unausweichliche Bedürftigkeit, der Liebe anderer nicht verlustig zu gehen, lernt Nietzsche allmählich zum Schweigen zu bringen. Aber erst der Nietzsche der Post-*Zarathustra*-Ära wird so recht Einblick gewinnen in das Fatale dieser Suche des durch Ablehnung vereinsamten Starken nach Geborgenheit ausgerechnet im Kreis derer, die in ihrer Nivellierung des Fremden, ihrer „gemeinsame(n) Bekriegung alles Seltenen, Fremden, Bevorrechtigten" (KSA 5: 147) ihre Freude finden. Und er wird in der Lage sein, die Geborgenheitssehnsucht des einzelnen neu zu orientieren: nämlich hin auf eine 'Gemeinschaft freier Einzelner'.

Auf dem Weg zu dieser Perspektive weigert sich Nietzsche 1865 erstmals, die Mutter zum Abendmahl zu begleiten. Auch dürfte es bei diesem Anlaß zu theologischen Streitigkeiten um das von Nietzsche geschätzte Buch *Das Leben Jesu* des liberalen Theologen David Friedrich Strauß gekommen sein (vgl. KGB I/4: 356). Diesmal jedoch ist es die Mutter, die im Verlauf der nachfolgenden Auseinandersetzungen den Wunsch ausspricht,

„daß von allen diesen Schwierigkeiten nicht mehr geredet werde dürfe" (Förster-Nietzsche 1912: 154). Die Schwester kommentiert: „Von da an hatte sie beständig die Befürchtung, wir beide wären zu unabhängig, zu ideal gesinnt und war bemüht, uns mit allen Kräften zur Beachtung der praktischen Seite und zur Rücksicht auf die Meinung anderer Menschen zurückzuführen" (zit. n. Gilman 1985: 62). Daß die Sorge der Mutter dabei vor allem dem Sohn galt, steht außer Frage. Im November 1865 hat sie erneuten Anlaß zur Intervention: „Hoffentlich bist du ganz wohl mein lieber Fritz", meldet die Mutter in heller Aufregung nach Leipzig, nachdem Nietzsche ihr und seiner Schwester seine durch Schopenhauer-Lektüre aktualisierten Glaubenszweifel in verschlüsselter Form erneut bekundet hatte, und sie unterläßt es auch nicht, ihn an die Verpflichtung zu gemahnen, der er als Sohn seines Vaters unterläge: „Hast du doch vor Allen rechte Ursache zur Zufriedenheit, wie der gute Gott nach so schweren Verlust, noch Alles so gnädig mit dir und uns Allen geleitet und geführt hat und muß nicht vor Allen die Jugend dafür recht empfänglich und dankbar sein?" (KGB I/3: 62) Noch unverblümter aber fast wirkt der Nachsatz, daß ihm als des möglicherweise zukünftig einzigen Ernährers „die Lebensaufgabe" zukomme, seiner Mutter „eine gute Stütze zu sein", sowie – und dies mit einem zornigen Seitenblick auf die bisher alle Avancen ihrer Verehrer abweisenden Tochter – „vielleicht auch Deiner Schwester" (KGB I/3: 62f.).

Nietzsches Reaktion auf diese unmißverständliche Engführung seiner eigenen Ambitionen in Richtung eines bloßen 'Brotstudiums' ist konsequent: Er privatisiert weitgehend das sich in ihm entwickelnde Problembewußtsein und führt fortan ein Doppelleben „als radikaler Philosoph und als rücksichtsvoller Sohn" (Kjaer 1990: 179). Dieses Motiv sollte Nietzsche später weiter entfalten. Immer wieder jedenfalls findet man im weiteren Fortgang Charakterisierungen Nietzsches wie jene von Ludwig Stein, wonach er immer für beides gestanden habe: „im bürgerlichen Leben voll besonnenster Rücksichtnahme, am Schreibtisch von verwegenster Unerschrockenheit" (zit. n. Gilman 1985: 202). Im Vorgriff auf dieses Muster beendet Nietzsche im Mai 1866 einen Brief an Mutter wie Schwester mit dem Argument, daß er nichts mehr zu schreiben wisse, denn „meine philologischen Ergebnisse interessiren Euch nicht, philosophische Erörterungen liebt Ihr nicht" (KSB 2: 132). Zugleich aber, und sei es nur infolge der Gerüchte, die über den immer radikaler philosophierenden Sohn nach Naumburg dringen, bekommt Nietzsche zu spüren, daß seine Mutter ihre Interventionsbemühungen keineswegs einstellt.

Dies hatte auch psychologische Gründe. „Ich lebe überhaupt mehr in meinen Kindern als sonst wie, denn Ihr macht meine ganze Glückseligkeit aus, wenn Ihr recht hübsch artig und folgsam seid" (KGB II/2: 264), so läßt sich die zu Depressionen neigende, dem Andenken ihres Mannes huldigende und die Wiedervereinigung mit diesem herbeisehnende Pastorenwitwe im November 1870 gegenüber ihrem Sohn vernehmen. Der, den sie so anspricht, als sei er noch ein kleines Kind, ist immerhin seit eineinhalb Jahren Professor. Die Mutter interessiert indes nur, daß er ihr Sohn ist. „Gewöhnlich liebt eine Mutter *sich* mehr in ihrem Sohn, als den Sohn selber“ (KSA 2: 266), lautet ein Aphorismus aus *Menschliches, Allzumenschliches I*, mit dem Nietzsche die perfide Dialektik dieser besitzergreifenden Mutterliebe umreißt. Zwei Jahre danach hält Nietzsche fest, daß jede Mutter das für moralisch hält, „was ihr Ansehen mehrt“ (KSA 9: 138), um sechs Jahre später nachzutragen: „Keine Mutter zweifelt im Grunde ihres Herzens daran, am Kinde sich ein Eigenthum geboren zu haben“ (KSA 5: 116). Wie sehr bei diesen Notizen auch eigene Erfahrungen Regie führten, bezeugt fast jeder der Briefe der Mutter. Als sie beispielsweise das Gefühl entwickelt, ihr Sohn könne ob seiner frühen Erfolge zu übermütig werden, bekommt dieser, zur Jahreswende 1871/72, mahnend zu hören, daß auch seine geistigen Gaben „doch aus einer höheren Hand“ (KGB II/2: 490) kämen.

Zehn Jahre zuvor hätte Nietzsche diesen Hinweis sehr wohl akzeptiert und verstanden: „Wenn man bedenkt, daß Byron frei von aller Religiösität, ja überhaupt von allen Gottesglauben ist“, so rätselte der damals Siebzehnjährige noch über das Geheimnis des revolutionären englischen Romantikers, „so muß man wahrhaftig die überaus große Genialität seines Geistes anstaunen“ (BAW 2: 13f.). Nun aber fällt bei ihm die Annahme, daß Genialität Gottesgabe ist und Gläubigkeit voraussetzt, nicht mehr auf fruchtbaren Boden. Das einzige noch, was er dem Argument seiner Mutter hätte entnehmen können, ist, daß Undank gegenüber seinem leiblichen Vater sowie ein Stück Blasphemie vorläge, falls er sich mit seinen Theorien gegen seinen Schöpfer wende. Aber dieser Vorwurf gerät doch zunehmend zu einem ihm äußerlich bleibenden. So notierte er sich beispielsweise um eben diese Zeit (1862): „Wenn wir erst erkennen, daß wir nur uns selbst verantwortlich sind, daß ein Vorwurf über verfehlte Lebensbestimmung nur uns, nicht irgend welchen höhern Mächten gelten kann, dann erst werden die Grundideen des Christentums ihr äußeres Gewand ablegen und in Mark und Blut übergehn“ (BAW 2: 63). Dies ist noch scheinbar argumentiert aus der Sorge um eine Glaubensvermittlung, die nicht zum Kern der Sache durchdringe. Dahinter aber verbirgt sich schon der Ausblick auf eine Lebensbestimmung jenseits des Christentums und mithin jenseits der Rechtfertigungsbedürftigkeit gegenüber Dritten. Und so gerät denn auch der Sohn, summarisch gesprochen, zunehmend zum Ärgernis der Mutter. Gegenwirkend regt sich bei ihm immer wieder das Bedürfnis, der Mutter nicht allzu große Sorgen zu bereiten. So berichtet beispielsweise Nietzsches Schwester von ihres Bruders Versuch im Herbst 1879, der Mutter anläßlich seines Aufenthalts in Naumburg ein Vorwort zu seiner 1873 liegengebliebenen Schrift *Die Philosophie im tragischen Zeitalter der Griechen* zu diktieren. Anlaß hierfür habe die Klage der Mutter gegeben, daß er sich mit Ideen beschäftige, „die ihm nur Feinde machen konnten“, vor allem aber ihr Ausruf: „Ach, bleib doch bei Deinen Griechen!“ (zit. n. Förster-Nietzsche 1914: 103). Dies freilich ist nur noch ein harmloses Nachklappern einer Erziehungsstrategie, die im Fall dieses Sohnes endgültig gescheitert ist.

Die Bilanz aus dieser pädagogischen Erfahrung zieht Nietzsche, unter der Überschrift *Tragödie der Kindheit*, in *Menschliches, Allzumenschliches I*: „Es kommt vielleicht nicht selten vor, dass edel- und hochstrebende Menschen ihren härtesten Kampf in der Kindheit zu bestehen haben (...). Hat man so Etwas erlebt, so wird man sein Leben lang es nicht verschmerzen, zu wissen, wer Einem eigentlich der grösste, der gefährlichste Feind gewesen ist“ (KSA 2: 277). Mit analoger Tendenz, aber theoriegeladenerer Ambition heißt es wenige Jahre später in der *Morgenröthe*: „Jede individuelle Handlung, jede individuelle Denkweise erregt Schauder; es ist gar nicht auszurechnen, was gerade die seltneren, ausgesuchteren, ursprünglicheren Geister im ganzen Verlauf der Geschichte dadurch gelitten haben müssen, dass sie immer als die bösen und gefährlichen empfunden wurden, ja dass sie sich selber so empfanden“ (KSA 3: 24). Noch beklemmender aber ist das Wort Zarathustras: „Fast in der Wiege giebt man uns schon schwere Worte und Werthe mit: ‘gut’ und ‘böse’ – so heisst sich diese Mitgift. Um derentwillen vergiebt man uns, dass wir leben. /Und dazu lässt man die Kindlein zu sich kommen, dass man ihnen bei Zeiten wehre, sich selber zu lieben: also schafft es der Geist der Schwere“ (KSA 4: 242). Die hier genutzte Schweremetapher hatte Nietzsche schon in *Vom Nutzen und Nachteil der Historie für das Leben* in einen Zusammenhang gestellt mit „Dummheit, Nachäfferei, Liebe und Hunger“ (KSA 1: 320). Die Ausdrücke waren mit Bedacht gewählt worden, umgreifen sie doch einerseits die Ängstlichkeit der konventionsgebundenen Mutter („Dummheit“, „Nachäfferei“), andererseits den „Heerden-Instinkt“ („Liebe“, „Hunger“) des Sohnes, der ihn anfänglich immer wieder das Einvernehmen mit der Mutter suchen ließ. Der Logik dieser Metaphernverwendung gehorcht auch Nietzsches Urteil über die Deutschen aus dem Jahre 1872: „Will sie Einer über sie hinaus ins Erhabene tragen, so machen sie sich schwer wie Blei, und als solche Bleigewichte hängen sie an ihren wahrhaft Großen, um diese aus dem Aether zu sich und zu ihrer dürftigen Bedürftigkeit herabzuziehen“ (KSA 1: 779). Die Mutter ist also nur ein Teil dieser ‘dürftigen Bedürftigkeit’; und Nietzsche ist nur ein Teil derer, die an sich zum Aufschwung in das Erhabene prädestiniert sind – und die in Wagner ihr eigentliches Vorbild hatten. Denn an ihn und an das, was die Deutschen diesem, in Verkennung von dessen Genius, an Geringschätzung angetan hatten und an Achtung nach wie vor vorenthielten, dachte Nietzsche zu dieser Zeit beständig, wenn er nach Zeugnissen für das größte Verbrechen des 'Geistes der Schwere' Ausschau hielt.

Damit war aber nun zugleich auch ein Zugang zur Definition real existierender Erziehung und Bildung gesetzt. Beide nämlich gehorchten, der Schweremetapher folgend, dem Imperativ der Einebnung dessen, was zu sich selbst drängt. „Die Jugend-Erziehung durch Andere", so denn auch Nietzsche 1880, „ist (...) eine grundsätzliche Nivellirung, um das neue Wesen, welches es auch sei, den Gewohnheiten und Sitten, welche herrschen, gemäss zu machen" (KSA 2: 667f.). Und 1888 folgt, gleichsam als nun komplettes Resümee: „Erziehung: ein System von Mitteln, um die Ausnahmen zu Gunsten der Regel zu ruiniren. Bildung: ein System von Mitteln, um den Geschmack gegen die Ausnahme zu richten, zu Gunsten der Durchschnittlichen. So ist es hart; aber, ökonomisch betrachtet, vollkommen vernünftig" (KSA 13: 484). Auf dem Altar dieser (bildungs-)ökonomischen Vernunft also, so darf man Nietzsche mithin verstehen, hat man auch ihn in seiner Kindheit und Jugend zu opfern versucht. Dies tat man, indem man ihn durch Erziehung 'zu Gunsten der Regel' und durch Bildung 'zu Gunsten der Durchschnittlichen' 'ruinierte'.

„So wie man uns jetzt erzieht", lautet die Variation dieser Einsicht in der *Morgenröthe*, „bekommen wir zuerst eine *zweite Natur*: und wir haben sie, wenn die Welt uns reif, mündig, brauchbar nennt. Einige Wenige sind Schlangen genug, um diese Haut eines Tages abzustossen: dann, wenn unter ihrer Hülle ihre *erste Natur* reif geworden ist" (KSA 3: 275). Deswegen auch hatte Nietzsche in *Schopenhauer als Erzieher* eine Art Selbsterziehung gefordert gemäß des Mottos: „Behüte mich vor mir, nämlich vor der mir bereits anerzognen Natur" (KSA 1: 328). Diese Variante macht vielleicht noch deutlicher, daß Nietzsche bei seiner Schlangenmetapher keinen anderen als sich im Kopf hatte. Denn er war es, der sich zu häuten und, beispielsweise, hinter der zweiten Natur des Philologen die erste Natur des Philosophen freizulegen hatte. Er war es, der sich mühsam selbst zu erziehen hatte und der dann – in Schopenhauer, in Wagner – jene zu Hilfe rief, die, als wiedergewonnene erste Naturen, jene Erfahrung hatten, derer er bedurfte. „Deine Erzieher vermögen nichts zu sein als deine Befreier" (KSA 1: 341), heißt es dann auch in *Schopenhauer als Erzieher*, und Schopenhauer gelangte in diesen Rang auch nur, weil er zu den „Selbst-Erzogenen, der Erfahrung hat" (KSA 2: 668), gehörte, weil er also lehrte, „uns gegen unsre Zeit (zu) erziehen" (KSA 1: 363), was in diesem Zusammenhang meint: weil er den Prozeß der 'Häutung', des Ablegens also der 'zweiten Natur', gegen den Geist der Zeit, der anderes will, zu unterstützen versprach.

Damit nun wird noch deutlicher, daß Nietzsches Ideal von Bildung sowie Erziehung deutbar ist als Kindheits- und Jugendfolge. Beiden, Bildung wie Erziehung, legt Nietzsche eine Zurückhaltung eigener Art auf. „Ringen wir nicht im directen Kampfe! – und das ist auch alles Tadeln, Strafen und Bessernwollen. Sondern erheben wir uns selber um so höher! Geben wir unserm Vorbilde immer leuchtendere Farben! Verdunkeln wir den Andern durch unser Licht! Nein! Wir wollen nicht um seinetwillen selber *dunkler* werden, gleich allen Strafenden und Unzufriedenen! Gehen wir lieber bei Seite! Sehen wir weg!" (KSA 3: 552). Der recht verstandene Begriff der Bildung ist dann der folgende: „Befreiung ist sie, Wegräumung allen Unkrauts, Schuttwerks, Gewürms, das die zarten Keime der Pflanzen antasten will, Ausströmung von Licht und Wärme, liebevolles Niederrauschen nächtlichen Regens, sie ist Nachahmung und Anbetung der Natur, wo diese mütterlich und barmherzig gesinnt ist, sie ist Vollendung der Natur, wenn sie ihren grausamen und unbarmherzigen Anfällen vorbeugt und sie zum Guten wendet, wenn sie über die Äusserungen ihrer stiefmütterlichen Gesinnung und ihres traurigen Unverstandes einen Schleier deckt" (KSA 1: 341). Daß es Nietzsche ist, der sich die Vollendung *seiner* Natur gegen die Widrigkeit von derlei Fremdeinfluß zurechnet, belegt das Wort Zarathustras: „Der aber hat sich selber entdeckt, welcher spricht: Das ist *mein* Gutes und Böses" (KSA 4: 243), eine Position, die einem bezeichnenderweise auch in einer Variante begegnet, in die wiederum die Mutter-Metaphorik eingearbeitet ist: „Dass euer Selbst in der Handlung sei, wie die Mutter im Kinde: das sei mir euer Wort von Tugend!" (KSA 4: 123). Damit ist die Mutter endgültig aus der von ihr immer wieder reklamierten Position als Moralbegründungsinstanz entfernt und durch das zu sich selbst gekommene Ex-Kind Nietzsche ersetzt.

1.2 Der psychologische Hintergrund

Angesichts des Geschilderten will es fast unglaublich scheinen, daß Nietzsche noch als Dreißigjähriger seiner Mutter einen auf den ersten Blick geradezu rührenden Geburtstagsbrief schreibt. Wenn die Mutter weiterhin, so heißt es hier, so jung aussehe und er selbst hingegen im bisherigen Ausmaß altere, könne sie in zehn Jahren jünger wirken als er. Und irgendwann würde ihn dann jeder, der es nicht besser wisse, „für den älteren Bruder halten (und Lisbeth vielleicht, wenn sie sich so fort in ihrer Jugend einmumisiert) für unser Enkelchen" (KSB 5: 14). Nietzsche kommentiert diesen in der Gestalt eines braven Kompliments an die Mutter daherkommenden Brief mit den Worten: „Das wird eine schöne verkehrte Welt abgeben!" (KSB 5: 14). Mit Freud hätte man nun allerdings eher Anlaß zu kommentieren, daß hier eine schöne ödipale Phantasie vorliegt. Denn Nietzsches Fiktion seiner selbst als eines Wesens, das rascher altere als die Mutter, bedeutet nichts anderes, als daß er sich zugleich auch als Partnerersatz für den verstorbenen Vater fingieren kann – mit seiner Schwester („Lisbeth") in der Rolle des „Enkelchens" und mithin in der Funktion des leibhaftigen Zeugnisses für diese unheilige Allianz.

Nun mag dies an sich noch nicht viel besagen. Denn der psychoanalytischen Theorie zufolge ist eine ödipale Phantasie entwicklungsnotwendig. Auffällig ist nur der Umstand, daß Nietzsche diese Phantasie nicht als kleiner, mit dem Vater konkurrierender Junge entwickelt, sondern in einem Alter, das ungefähr dem seines Vaters entsprach zu dem Zeitpunkt, zu dem Nietzsche ein kleiner Junge war. Dies könnte ein Hinweis darauf sein, daß Nietzsches Geburtstags-Vision ihr zwingendes Motiv weniger aus der Attraktion der Mutter als Liebesobjekt bezog denn aus dem Umstand, daß sich Nietzsche als Vater-Reinkarnation erprobte. Damit aber gewönnen auch die anderen zahlreichen ödipalen Phantasien, denen Nietzsche, wie wir noch genauer sehen werden, in diesem Lebensalter Raum gibt, ein anderes Gewicht. Denn üblicherweise lassen sich derartige Phantasien, wie etwa im Fall Rousseau (vgl. Niemeyer 1992), der These einfügen, die Anhänglichkeit des derart Phantasierenden an die eigene Mutter sei so groß, daß andere Liebesobjekte nur im Blick auf diese Vorlage diskutabel werden. Im Fall Nietzsche aber bezeugen derartige Phantasien und die sich in ihnen aussprechende Muttersuche nicht die Sehnsucht nach dem positiv erlebten Mütterlichen in anderen Frauen, sondern die Sehnsucht nach dem, wie die eigene Mutter im Idealfall hätte sein sollen. Diese Pointe aber würde uns nun nicht mehr überraschen – zumal im Zusammenhang mit Nietzsches bereits eingangs angesprochener Mutmaßung, daß die Besonderheit seines Wesens und seines Talents bei einer Mutter wie der seinigen nicht eigentlich erklärt werden könne.

Einen weiteren Hinweis in dieser Sache gibt Nietzsches Wort, daß jedermann „ein Bild des Weibes von der Mutter her in sich (trägt): davon wird er bestimmt, die Weiber überhaupt zu verehren oder sie geringzuschätzen oder gegen sie im Allgemeinen gleichgültig zu sein" (KSA 2: 265). Das Bild, das Nietzsche von seiner Mutter her in sich trug, läßt sich nur indirekt bestimmen. Demnach darf man auf helle Stellen im Bereich der mütterlichen Sorge sowie dunkle Stellen im Zusammenhang mit der mangelnden Intellektualität der Mutter sowie aufgrund der von der Mutter vermittelten Glaubenshaltung und Sozialkontrolle schließen. Was Nietzsche vor diesem Hintergrund erhoffte, war eine Art Übermutter, eine Frau also, die des Intellekts und ihrer Verwahrung gegen die gesellschaftlichen Gepflogenheiten ebensowenig ledig war wie der Bereitschaft zur selbstlosen Mutterliebe. Entsprechend ist seine Definition des 'Weibes' als „ein(es) kleine(n) Feuer-Herd(es) zwischen viel Rauch und Lüge" (KSA 12: 498) sowie sein Einspruch gegen die „Litteratur-Weibchen" mit ihren „krankhaften Geschlechtswerkzeugen und Tintenklexen an den Fingern" (KSA 12: 320) zu verstehen: Es ist ein Einspruch gegen die Überbetonung nur der einen Seite seiner erträumten Übermutter, der jeweils dem Muster der offiziellen Abwehr des inoffiziell Ersehnten folgt.

Deutlich macht dies vor allem Nietzsches Vorbehalt gegen Schopenhauers diesem auf „fürchterliche Weise" nahetretende „eitel(e) und schöngeisterische ... Mutter", die damit ein Zeugnis hinterlassen habe für die „Verschrobenheit" (KSA 1: 408) der damaligen (Goethe-)Zeit. Denn dahinter verbirgt sich zugleich doch auch die Klage darüber, eine so schöngeistige Mutter, wie es die Schriftstellerin Johanna Schopenhauer zweifellos war, nicht gehabt zu haben. Bezieht man diesen Hintergrund mit ein, ist es durchaus nicht mehr des Erstaunens wert, daß Nietzsche, dem die Frau nach der gänzlich unzulässig pointierten Meinung von Klaus Goch am Ende nur noch „als Züchtungsmaterial und Regenerationsinstanz" für die „Herren- und Kriegerrasse" (ÜF: 198) erschien, ausgerechnet den gebildeten, intelligenten und emanzipierten Frauen besonderes Interesse entgegenbrachte. Denn Nietzsches unbestreitbares Ressentiment im Blick auf die Frauenemanzipation versuchte dieser nicht eigentlich irgend etwas abzusprechen, als vielmehr einer höchst privaten Sehnsucht nach jener ihm bisher vorenthaltenen Über-Mütterlichkeit Ausdruck zu verleihen, um deren Entwicklungschance er angesichts des Frauentyps, den die bürgerliche Frauenbewegung hervorzubringen schien, meinte fürchten zu müssen. Daß in den emanzipations- wie frauenfeindlichen Äußerungen Nietzsches kein theoretisch ernstgemeintes Argument, sondern nur *seine* biographisch gewachsene 'Wahrheit' verborgen ist, macht im übrigen sein fast entschuldigend gemeinter Nachsatz aus *Jenseits von Gut und Böse* deutlich, wonach trotz aller Euphorie über die Fähigkeit des Menschen, Neues zu lernen, bei „jedem kardinalen Probleme ... ein unwandelbares 'das bin ich' (redet); über Mann und Frau zum Beispiel kann ein Denker nicht umlernen, sondern nur auslernen, – nur zu Ende entdecken, was darüber bei ihm 'feststeht'" (KSA 5: 170).

In diesem Sinne war für Nietzsche vor allem Cosima Wagner ein Objekt des 'Auslernens'. Denn sie repräsentierte am ehesten den von ihm ersehnten Typus emanzipierter Übermütterlichkeit. Cosima, so auch Manfred Eger, war in Nietzsches Sicht „die Frau, die einem andern Mann trotz vieler Widerstände buchstäblich mit Leib und Seele zur rückhaltlos liebenden Geliebten geworden war; zur Mutter seiner Kinder, seines Sohnes; zum Ruhepol und Schutzschild gegen die Außenwelt; zur seelisch-geistigen Partnerin, die seine Bedeutung und die seiner Pläne bewundernd erkannt hatte, ihm und seinem Werk mit einer selbstverleugnenden Hingabe diente, loyal bis ins Innerste und Äußerste“ (Eger 1988: 219). Dies meint allerdings nicht, Nietzsche sei blind gewesen für die dunkle Seite Cosimas oder er habe sie geliebt oder gar begehrt. Wer ersteres außer Betracht läßt und letzteres annimmt, übersieht die Funktion Cosimas für Nietzsche in seinem Verhältnis zu Wagner. Wenn Nietzsche beispielsweise in einer unterdrückten Textvariante zu *Ecce homo* Cosimas Ehe mit Wagner als „Ehebruch“ (KSA 14: 473) bezeichnete – Ehebruch wohlgemerkt mit Blick auf sich selbst als des eigentlich Betrogenen –, dann, um mittels dieser ödipalen Phantasie in Richtung auf das in Cosima präsente Über-Mütterliche die Herausforderung zu vollenden, die er unmittelbar zuvor in *Der Fall Wagner* seinem von ihm zunächst als Ersatzvater Auserkorenen nachrief.

Dabei überrascht es nicht unbedingt, daß sich diese Phantasie erst so spät Bahn brach, zunächst also noch auf andere Objekte des Begehrens im Wagner-Umfeld gerichtet war: Nietzsche mußte erst die Scheu ablegen, die massivste Form der Herausforderung Wagners zuzulassen. Auffällig jedenfalls ist es schon, daß Nietzsches ödipale Phantasien in den Jahren 1875/76, in den Jahren also seiner Loslösung von Wagner, ihren Höhepunkt erreichen. Geradezu klassisch ist dabei der Fall der Louise Ott, die ohne Mühe geoutet werden darf als jene „charmante Pariserin“, die ihn, wie Nietzsche in *Ecce homo* schreibt, 1876 während der ihn enttäuschenden Bayreuth-Festspiele „zu trösten suchte“ (KSA 6: 324). Mehr allerdings wird nicht daraus: In Paris wartet ein Monsieur Ott und ein kleines Söhnchen namens Marcel – Umstände, die Nietzsche indes nicht sonderlich zu bedrücken scheinen. Denn nun kann er wieder einmal seinen ödipalen Motiven Raum geben: Er denke, schreibt er der als „Ihre neue Schwester Louise“ (KGB II/6, 1: 383) zeichnenden Madame Ott nach Paris, „mit einer solchen brüderlichen Herzlichkeit an Sie, dass ich Ihren Gemahl lieben könnte, weil er *Ihr* Gemahl ist; und werden Sie es glauben, dass Ihr kleiner Marcel mir zehnmal des Tages in den Sinn gekommen ist?“ (KSB 5: 184). Man kann dies durchaus glauben: Wer sich in der Realität auf die Bruder/Schwester-Relation herabgedrückt sieht, aber immerhin doch noch in der Phantasie mit Madame vereinigen und Monsieur auf der Strecke lassen kann, hat auch Verantwortung zu übernehmen für den Sohn. Und auch hier wird man wohl kaum auf die Idee kommen, in Madame Ott – einer jungen, musikalischen, attraktiven und von einzelnen gar als kokett empfundenen Deutschbaltin adliger Herkunft (vgl. Ross 1984: 471) – das Abbild der Mutter Nietzsches sehen zu wollen. Wahrscheinlicher schon ist, daß Monsieur Ott als, mit Freud gesprochen, ‘geschädigter Dritter’ (GW VIII: 66) für Nietzsches Vater ebenso einzustehen hatte wie für Wagner bei diesem von Nietzsche in der Phantasie eröffneten Rennen um die neue Übermutter, die der Substanz nach durch Cosima präsentiert wird.

Angefangen hatte dabei wohl alles mit der Mutter von Nietzsches Studenten Adolf Baumgartner, die Nietzsche 1874 ihr Heim als „Elternhaus" (KGB II/4: 588) anbot, um ihm 1875 zu offenbaren, daß in ihrem Herzen „zu Zeiten eine ganz eigenthümliche und doch so natürliche Verwechslung und Vermischung von Ihnen und Adolf vor(kommt)" (KGB II/6, 1: 127). Von einer nicht weniger problematischen Verwechslung wußte auch Nietzsche sich mitunter nicht frei, etwa wenn er Adolf gegenüber seinem Freund Erwin Rohde unter der Chiffre „mein lieber Sohn" (KSB 5: 16) annonciert, damit zugleich unterschwellig dessen Mutter Marie Baumgartner als seine Gattin aufbereitend. Ansonsten aber nimmt Nietzsche das verdeckte Angebot Maries, das beiden Beteiligten das Gefühl nimmt, der Umgang zwischen ihnen habe etwas Anrüchiges, dankbar an: Marie Baumgartner, so erfährt Rohde, sei „die beste Mutter, die ich kenne" (KSB 5: 93), ein Ritterschlag, den er auch ihr gegenüber offiziell macht: „Sie müssen nicht glauben, dass ich je in meinem Leben durch Liebe verwöhnt worden sei (...). Etwas Resignirtes trage ich von der frühesten Kindheit in dieser Beziehung mit mir herum. Aber es mag sein, dass ich es nie besser verdient habe" (KSB 5: 95). Zum Ausdruck gelangt in diesen Worten der psychologische Hintergrund, der ihn überhaupt erst einen Ersatz für seine Mutter suchen ließ und der ihn immer nur in die Arme oder, weil dies im Fall Nietzsche wohl zu viel gesagt sein dürfte, unter die Fittiche von mütterlichen Frauen führte, die allerdings emanzipiert sein mußten.

Dieser Kategorie gehörte auch und vor allem Malwida v. Meysenbug zu, der gegenüber Nietzsche sich 1876, im Anschluß an ein Lob ihrer Mutterliebe, zu dem etwas peinlich berührenden Ausruf hinreißen läßt: „Schenken Sie mir etwas von dieser Liebe (...) und sehen Sie in mir einen, der als Sohn einer solchen Mutter bedarf, ach so sehr bedarf!" (KSB 5: 149) Ähnlich wie im Fall Baumgartner darf sich Nietzsche auch dieses Muttersurrogats sicher sein: „Wie sehr aber theile ich den Wunsch (...), dass ich Ihnen die Liebe und Treue einer Mutter beweisen könnte" (KGB II/6, 1: 317), läßt ihn die großmütterlich wirkende unverheiratete Adelige im Mai 1876 aus ihrem freiwilligen römischen Exil wissen, nachdem sie ihn schon 1874, allerdings eher en passant, als Ersatz für eine ihrer Obhut durch Heirat entschwundene Pflegetochter ins Auge gefaßt hatte (vgl. KGB II/4: 434).

Nietzsches Muttersuche oder, wie sich nun der Deutlichkeit halber vielleicht auch sagen ließe, seine Übermuttersuche endete erst im März 1889 mit seiner in der Jenaer Irrenanstalt geäußerten Überzeugung: „Meine Frau Cosima Wagner hat mich hierher gebracht" (zit. n. Volz 1990: 397). Dies allerdings war lediglich ein Sieg (auch über Wagner) in der Fiktion, dem sogleich die von Nietzsche freilich nicht mehr registrierte Niederlage in der Wirklichkeit nachfolgte: indem sich nicht die ersehnte Übermutter, sondern die verachtete Mutter seiner bemächtigte. Sie, die die Pflege ihres im Januar 1889 in Turin zusammengebrochenen und zuerst nach Basel und dann nach Jena verbrachten geisteskranken Sohnes ab Mai 1890 in Naumburg übernommen hatte, ließ an dieser besonderen Tragik ihres Sohnes jedenfalls keinen Zweifel, wenn sie Overbeck über ihren neuen, mühevollen Alltag berichtete, um fortzufahren: „Und doch bin ich selig in mir, daß er mit meiner Pflege zufrieden ist, wie neulich, wo ich sagte, 'Du müßtest doch jemand Gelehrtes um Dich haben', meint er, 'so wie wir zusammen leben, gibt es einfach für Dich keinen Ersatz, mein liebes Mutterchen'" (zit. n. Podach 1937: 83). Nun also, vermittelt über diese Pose der resignativen Hinnahme des eigenen Untergangs, ist die Mutter wieder am Zuge und als eine Art Sozialpädagogin gefordert. Aber selbst noch in dem, was sie daraus macht, bestätigt sie ungewollt das Ungenügen, das Nietzsche ihr, ihrer Erziehungslogik und seiner Epoche zusprach.

1.3 Der sozialpädagogische Epilog

Zwischen Nietzsche und der Sozialpädagogik sieht man gemeinhin wenig Verbindungen. Und tatsächlich hätte Nietzsche, würde er heute leben, wohl einiges zu sagen zu einem Geschäft, das, als säkularisierte Form christlicher Nächstenliebe, jene Tugenden berufsförmig auszugestalten sucht, als deren schärfster Kritiker niemand anders als Nietzsche anzusehen ist. Doch die Ironie der Geschichte wollte es, daß er nach seinem geistigen Zusammenbruch eben auf jene von ihm kritisierten Tugenden angewiesen war, sowohl in berufsförmiger Gestalt als auch in Form seiner Mutter: Sie war es, die ihn im Januar 1889 in Basel abholte und nach Jena überführte. Der Beginn dieser ganz neuen Form einer unter sozialpädagogischen Vorzeichen verlaufenden – und mithin weniger unter dem Signum der Erziehung denn unter dem der Hilfe stehenden – Mutter/Kind-Beziehung waren alles andere als ermutigend: Nietzsche bekam, wie die Mutter an Overbeck schrieb, noch im Zug via Jena einen Wutanfall auf sie, „nur von einer Minute etwa, aber schrecklich anzusehen und zu hören" (zit. n. Podach 1937: 3f.). In der Konsequenz dieses Vorfalls sieht die Mutter ein, daß eine Anstaltsunterbringung, wie von Overbeck prognostiziert, unumgänglich sein wird.

Immerhin gab es aber auch Gesichtspunkte, denen die Mutter gewiß Beruhigendes abgewonnen hat. In des Sohnes Gesundheit etwa hatte sich für sie immer auch der auf bedrohliche und sie bedrohende Weise atheistisch argumentierende und insoweit verlorene Sohn offenbart, in dessen

Abwendung vom christlichen Glauben sie, wie sich ein Gesprächspartner 1892 notierte, „die Ursache seines schweren Leidens zu erblicken schien" (zit. n. Gilman 1985: 668). Des Sohnes Krankheit stand insoweit aus der Sicht der Mutter für ein Stück Gottesstrafe, aber auch für ein Stück Erlösung. Insbesondere auf den zuletzt genannten Aspekt spricht Thomas Mann an, wenn er in seinem Roman *Doktor Faustus* den Erzähler angesichts des komplementären Geschehens um seinen Romanhelden Adrian Leverkühn sagen läßt: „Einer Mutter ist der Ikarusflug des Helden-Sohnes, das steile Mannesabenteuer des ihrer Hut Entwachsenen, im Grunde eine so sündliche wie unverständliche Verwirrung, aus der sie auch immer das entfremdet-geistesstrenge 'Weib, was habe ich mit dir zu schaffen!' mit heimlicher Kränkung vernimmt, und den Gestürzten, Vernichteten, das 'arme, liebe Kind', nimmt sie, alles verzeihend, in ihren Schoß zurück, nicht anders meinend, als daß er besser getan hätte, sich nie daraus zu lösen" (Mann 1990: 667). Auch Nietzsches Mutter dürfte, so läßt sich hieraus entnehmen, zumindest unbewußt den geistigen Zusammenbruch ihres Sohnes „nicht ohne Genugtuung, nicht ohne Zufriedenheit" (Mann 1990: 667) registriert haben. Denn nun konnte sie ihm, bar aller Sorgen um das, was da noch aus seiner Feder fließen möge, die bisher vorenthaltene Unbedingtheit ihrer Mutterliebe zurückgeben und ihr diesbezügliches Schuldgefühl kompensieren.

Irritierend wirkte nun noch allenfalls das, was ihr bisher unbekannt war. Als beispielsweise 1891, gegen ihren heftigen Widerspruch, auch noch der von vielen als besonders blasphemisch wahrgenommene und bisher nur als Privatdruck kursierende vierte Teil des *Zarathustra* erscheint, kann sie sich nicht enthalten, Overbeck mitzuteilen, daß sie sich nicht zur Lektüre entschließen könne: „es greifen mich derartige Sachen so an, indem es die Grundfesten unseres Glaubens erschüttert und am Ende selbst die Liebe zu einem so edlen lieben und geliebten Kinde beeinträchtigen könnte" (zit. n. Podach 1937: 119f.). Damit nun läßt sich zugleich auch Nietzsches beharrliche Suche nach einem Muttterersatz erklären. Denn er blieb, als verlorener Sohn, einer Frau bedürftig, die, anders als seine leibliche Mutter, ihn auch *trotz* seiner Werke und Gedanken – und nicht erst *wegen* seiner ihn zum endgültigen Schweigen verdammenden Krankheit – liebte.

Der Liebesdienst der Mutter, die den Sohn ab Mai 1890 bis zu ihrem Tod im April 1897 in ihrem Haus in Naumburg pflegte, gewinnt also, wenn man die tatsächlichen Motive in den Blick nimmt, etwas überaus Beklemmendes. Untergründig wirksam ist dabei ein Prinzip, das schon Marie Baumgartner 1875 grob skizziert hatte. Denn in dem Brief, mit dem sie Nietzsche als den von ihr so sehr geliebten Ersatzsohn aufbereitete, gab sie zugleich eine Erklärung dafür, warum sie ihm ihre Liebe nicht so recht zeigen könne. Zumeist nämlich, so lesen wir hier, schüchtere er sie, in seiner Professorenrolle, eher ein – außer eben dann nicht, wenn er krank sei, „wo dann die Angst und das Mitleid alle Rücksichten verdrängen" (KGB II/6, 1: 127). Eben diese Erfahrung wird später auch Nietzsches Mutter machen: Erst die Angst um ihren Sohn und das Mitleid mit ihm verdrängten jene Rücksichten, die ihr aus seinem sie so sehr irritierenden Denken erwuchsen.

In Geltung freilich blieb zunächst der Teil der Rücksichten, den sie meinte professoraler Autorität und der Öffentlichkeit schuldig sein zu müssen. Dem Drängen Overbecks etwa und auch Otto Binswangers als des Leiters der Jenaer Irrenanstalt, am besten gleich Nietzsches ganze Pension nach Jena zu schicken und folglich auch ihres Sohnes Dauerunterbringung dortselbst zuzustimmen (vgl. Podach 1937: 13), wußte sie sich kaum zu erwehren, zumal ihr Naumburg als Aufenthaltsort aus vielerlei Gründen ungeeignet schien. „Nach Naumburg gehen", so schreibt sie etwa noch im März 1890, ihren Sohn als Zeugen aufrufend, „davon will er nicht recht etwas wissen, auch habe ich erwogen, was es für einen Kampf täglich geben würde, wenn ich ihn nicht in sein Kabinett mit seinen Büchern ließe" (zit. n. Podach 1937: 72). Daß sich hinter diesem banalen Einwand sehr viel gravierendere, aber nicht recht eingestandene Ängste verbargen, wußten Außenbeobachter durchaus wahrzunehmen.

Julius Langbehn beispielsweise, der sich in das Vertrauen der Mutter einschmeicheln konnte und vorübergehend auch Nietzsches Schüler und Freund Köselitz auf seiner Seite wußte, hatte schon im Herbst 1889 den von Köselitz kolportierten Verdacht geäußert, die Mutter stünde der Verlegung ihres Sohnes aus der Jenaer Irrenanstalt in die gewohnte Naumburger Umgebung entgegen, weil sie die Negativreaktion der Naumburger und namentlich die ihrer Mieter fürchte (vgl. Podach 1932: 177ff.). Nun spielte Langbehn in dieser ganzen Affäre gewiß ein doppeltes Spiel, und er war auch eine höchst sonderbare Figur: paranoid, geltungssüchtig und, vor allem, Autor einer massenhaft verbreiteten antisemitischen Schrift, die ihn gewiß denkbar ungeeignet machte, die Rolle des ersten Nietzscheianers verantwortungsvoll und glaubwürdig auszuüben. Und doch waren seine Bedenken gegenüber Nietzsches Mutter und seine Einwände gegen die herrschende Psychiatrie nicht gänzlich unberechtigt, und sie waren letztlich wohl auch der Anlaß dafür, daß Nietzsches Mutter sich genauer um das zu kümmern begann, was mit ihrem Sohn im Inneren der Jenaer Anstaltsmauern geschah.

Nietzsches Ausruf nach einem Spaziergang mit ihr in Jena Ende März 1890 angesichts der Rückkehr zur Anstalt: „Mütterchen, da sind wir doch wieder an dem schrecklichen Haus, wie konntest Du mir so etwas antun" (zit. n. Podach 1937: 75), mag dabei auch eine Rolle gespielt haben. So bedurfte es auch nur eines einzigen Skandals – Nietzsche war der für einen

Moment unaufmerksamen Mutter entwischt und von der Polizei aufgegriffen worden, weil er neben dem an diesem Tage geschlossenen Jenaer Herrenbad „in einer Lache habe baden wollen“ (zit. n. Podach 1937: 80) –, um die Mutter zu überzeugen, daß schnelles Handeln geboten war: Fluchtartig und durchaus couragiert verbrachte sie ihren Sohn im Mai 1890 von Jena nach Naumburg, um dort dann den Schwur abzugeben, daß sie eher ihr Leben daran setzen würde, als ihn wieder in eine Anstalt zu bringen (vgl. Podach 1937: 97). Dieser Hintergrund und die Sorge der Mutter, es könne wieder einen Skandal geben, der die erneute Anstaltseinweisung des Sohnes nach sich zöge, ist einzubeziehen, um ihre nun einsetzende Form der Rücksichtnahme auf die Öffentlichkeit gerecht beurteilen zu können.

Daß die Mutter während der Zeit der Naumburger Pflege in erster Linie um Diskretion und in zweiter Linie um den Sohn besorgt war, tritt zunächst nicht so recht hervor. Erst im Verlauf des Jahres 1894 gewinnt die Verleugnung dessen, was im Inneren des Hauses der Pastorenwitwe geschieht, skurrile Züge: Nietzsches Schlafzimmer wird, wegen seines gelegentlichen lauten Brüllens, verbarrikadiert. Ob dieses Schallschutzes hält die Mutter diesen Ort denn auch für den geeignetsten, um den Sohn, „da er auch beim Baden so laut war“ (zit. n. Podach 1937: 175), dort – und nicht länger im zuvor gelegentlich noch frequentierten öffentlichen Stadtbad – zu baden. Im November 1892 hingegen hatte die Mutter noch erleichtert registriert, daß sie ein eigenes Haus habe, denn in der Irrenanstalt müsse „alles Laute vermieden werden ..., weil es die anderen Kranken stört“ (zit. n. Podach 1937: 157). Daß aber auch die Gesunden an Nietzsche Anstoß nahmen, trat der Mutter erst allmählich ins Bewußtsein. So teilte sie Overbeck im Januar 1893 mit, daß für die Parterrewohnung keine Mieter mehr zu finden seien, „indem man sich doch wohl an der Anwesenheit meines geliebten Kranken stößt“ (zit. n. Podach 1937: 161). Aber auch hier ist die Mutter nicht ganz ehrlich. Denn in erster Linie ging es ihr darum, Overbeck, der in Basel nicht ohne Einfluß war, die Notwendigkeit der Fortzahlung der Baseler Pension zu verdeutlichen. Innerlich aber hatte sie schon längst beschlossen, ohnehin keine weiteren Mieter mehr aufnehmen zu wollen, denn: ein Mieter weniger war zugleich auch ein Zeuge weniger.

Mögliche Zeugen gab es allerdings auch außerhalb des Hauses. In dieser Hinsicht war die Reaktion der Mutter zunächst nicht ungeschickt: „Vor 14 Tagen habe ich hauptsächlich für ihn, eine kleine Baulichkeit vornehmen lassen“ (zit. n. Podach 1937: 163), erfuhr Overbeck Ende März 1893 von ihr. Nicht so recht deutlich wurde ihm auf diese Weise, daß jene kleine bauliche Veränderung, die die Vergrößerung der Veranda betraf, weniger Nietzsche diente („so kann er den ganzen Sommer in der schönsten frischen Luft zubringen") denn der Zeit vorarbeiten sollte, zu der Spaziergänge wegen des öffentlichen Aufsehens gänzlich inopportun wurden. Ähnlich ungenau argumentierte Nietzsches Mutter im Juni 1893, als sie Overbeck mitteilte, sie ließe sich jetzt regelmäßig zusammen mit ihrem Sohn von einem Kutscher im Wald absetzen, um ihm „eine kleine Überraschung zu bereiten, außerdem daß er nicht zu sehr ermüdet wird, ehe wir das schöne Grün erreichten" (zit. n. Podach 1937: 165). Denn das eigentliche Motiv ihres anscheinend so noblen Tuns verriet erst ein weiterer Brief an Overbeck, in dem davon die Rede ist, der Kutscher sei „glücklicherweise mehr als halb taub" (zit. n. Podach 1937: 173). Anfang Oktober 1893 schließlich muß Overbeck erfahren, daß auch derlei Ausflüge seit etwa zehn Wochen gänzlich eingestellt seien, weil Nietzsche gerade dann, „wenn uns jemand begegnete auf unserem einsamen Wege, laut wurde" (zit. n. Podach 1937: 168). Zwar kam es in der Folge immer mal wieder zu kurzen Gängen rund um das Haus. Aber auch diese wurden bald eingestellt, weil Nietzsche, wie seine Mutter im März 1894 Overbeck wissen läßt, „wir sind kaum um die Ecke fragt 'wo ist unser Haus' und selig ist wenn wir wieder davor stehen und hineingehen" (zit. n. Podach 1937: 173). Das Muster, das sich hinter all diesen und weiteren, hier nicht mehr anzuführenden Briefen ausmachen läßt, ist das nämliche: Die Mutter tut alles für den Sohn – nur eines nicht: in seinem Interesse das Unverständnis einer Umwelt auszuhalten, die auf offene Psychiatrie offenbar schlecht vorbereitet war sowie: in sich zu forschen nach jenem Egoismus, der sich in ihrem vermeintlichen Altruismus ausspricht. Besser aber läßt sich die Kritik, die ihr Sohn zu Zeiten seiner geistigen Gesundheit an ihr und der Mitleidsmoral übte, gar nicht bestätigen.

Auch in der Darstellung, die die Mutter ihrer Tochter gibt, ist nicht sie es, die angesichts des denkbaren Aufsehens auf Spaziergänge verzichten will und diese auch ihr verbietet; vielmehr muß ihre Sorge herhalten um den Sohn, dem Spaziergänge „nicht mehr gut täten" (Förster-Nietzsche 1914: 541) – eine geradezu klassische Umdeutung des für sie peinlichen eigensüchtigen Motivs in ein altruistisches. Ein vergleichbarer Umdeutungsmechanismus bestimmt auch die Darstellung der Schwester. Denn die von ihr mit – wie der Briefwechsel der Mutter mit dem Neffen belegt (vgl. Gabel/Jagenberg 1994) – perfiden Mitteln betriebene Skandalisierung der mütterlichen Pflege diente allererst dem Zweck, der Mutter die Vormundschaft über Nietzsche und mithin auch die Vollmacht über sein Werk zu entziehen (vgl. Goch 1994: 326ff.). Namentlich der von der Schwester nahegelegte Schluß, die Jahre 1894–1897, in denen Nietzsche noch der mütterlichen Pflege oblag und ohne Spaziergänge in der Enge des Naumburger Hauses lebte, seien die „unglücklichsten" ihres Lebens gewesen und ihr Bruder sei erst nach dem Tode der Mutter im Jahre 1897 unter schwesterlicher

Pflege in Weimar aufgeblüht (Förster-Nietzsche 1914: 542), soll die Vorteile, die sie persönlich im Zuge der Vermarktung ihres Bruders aus der Übersiedlung nach Weimar zog, durch altruistische Handlungsmotive überdecken helfen sowie die Schuldgefühle stillstellen hinsichtlich ihrer Verantwortung für die Aufregungen, die zum Tode der Mutter führten.

Und so liegt denn auch noch über den letzten Jahren des irreversibel erkrankten Nietzsche eine Tragik besonderer Art. Denn ganz abgesehen von dem sich hinter seinem Rücken abspielenden Kampf zwischen Mutter und Schwester um sein geistiges Erbe sieht er sich erneut verleugnet, nun allerdings weniger wegen seiner Werke als wegen der Eigentümlichkeit seiner rapide verfallenden Person bzw. wegen des Anderen seiner Vernunft, die sich in diesem Verfallsprozeß Ausdruck verschafft. Auf Liebe und Hilfe aber, geboren aus dem Triumph über seine nun unabweisbare Schwäche, auf Liebe infolge christlicher Wohlanständigkeit oder gar auf Liebe aus pekuniären Motiven hätte Nietzsche gewiß nicht angewiesen sein wollen, denn dies hätte bedeutet, auf das Verzicht zu leisten, was ihn in der Hauptsache umtrieb: die Suche nach Liebe und Verständnis und Geborgenheit, resultierend und bezugnehmend auf das, was er war und darstellte als Person und nicht abgefolgert aus dem, was für den Helfer als Selbsttherapeutikum für angehäufte Schuld hilfreich sein mochte oder was einem als nächstem Angehörigen in der Form einer Außenerwartung Dritter entgegentrat bzw. aufgrund eigenen Kalküls günstig schien. Aber auch die Reaktionen von Mutter wie Schwester noch zu Zeiten seiner geistigen Produktivität zeigten Nietzsche allzu deutlich, daß diese nur dem Imperativ gehorchten, ihn so rasch als möglich in die über Traditionen bewährten Lebensordnungen und Glaubensvoraussetzungen einzufügen und wieder als Skandalon zu beseitigen. Am prägnantesten trat diese Absicht in jener Situation hervor, in der die Mutter den Sohn mit einem Wort belegte, das er ihr nie vergessen sollte: Sie habe ihn, so klagte Nietzsche im Februar 1883 in bitterster Weise Overbeck, „eine Schande für das Grab meines Vaters genannt“ (KSB 6: 326). Anlaß für diese Beleidigung gab der Mutter die Lou-Affäre, von der im folgenden die Rede sein wird; im Hintergrund wirksam aber war dabei die von Nietzsche in seinen Briefen nach zu Hause mitunter persiflierte ‘Naumburger Tugend’, die die Mutter in exemplarischer Weise repräsentierte und mit deren Hilfe sie gegen die antrat, die jenes Begehren noch aufwiesen, welchem sie nach dem Tod ihres Mannes entsagt hatte.

2. Nietzsches Schwestersuche: „Höher als die Liebe zum Nächsten ist die Liebe zum Fernsten“

Das Gefühl der Einsamkeit war ein Nietzsche konstant begleitendes. Die Welt, so schrieb er einmal, zeige sich zwar entgegenkommend und liebreich, „sobald wir es machen wie alle Welt“; andererseits trenne aber nichts „so gründlich ab, als etwas von der Höhe und Strenge merken zu lassen, mit der man sich selbst behandelt“ (KSA 5: 335f.). Damit war Nietzsches Problem benannt, von dem wir auch schon im vorangehenden Kapitel etwas spürten. Denn wer so redet, beglaubigt ein weiteres Mal die zumindest noch in rudimentärer Form wirksame Herrschaft des ‘Geistes der Schwere’ auch über sich selbst. Das Thema, das darin zum Vorschein kommt, ist ein sozialphilosophisches. Den psychologischen Hintergründen dieses Themas im Zusammenhang eines Blicks auf Nietzsches Schwestersuche nachgehen zu wollen, mag überraschen. Aber auch die Schwester war, ähnlich wie die Mutter, Teil des ‘Geistes der Schwere’. Und sie übte auf Nietzsche einen Einfluß aus, dem er sich nur schwer entziehen konnte. Entsprechend drängt sich durchaus die Frage auf, ob und wie er sich diese biographische Erfahrung als sozialphilosophisches Problem aufgab.

Diese Themenstellung wird um so dringlicher, als die herkömmliche sozialphilosophische Bewertung Nietzsche als ‘Misanthropen’ (vgl. Löwisch 1989: 212) liest und darüber der Auffassung zuführt, er sei der eigentliche Gegner der aristotelischen Theorie, insofern er, radikaler noch als Rousseau, der Einsamkeit „jenseits aller Gesellschaft“ (Polin 1974: 28) gehuldigt habe. Auch Giuliano Campioni sieht Nietzsches Situation als die eines (krankheitsbedingt) „entwurzelten Menschen“, der diese Entwurzelung im Gestus „überlegene(r) Neutralität“ (Campioni 1976: 111) auch noch angepriesen habe. Im Ergebnis habe dies dazu geführt, daß bei Nietzsche, im Gegensatz etwa zu den auf Ausbau der Institutionen setzenden sozialistischen Weltverbesserungsprogrammatiken, nur noch der bescheidene Wille da sei, „aus der menschlichen Komödie eine unerhebliche Episode vor dem Hintergrund kosmischer Wechselfälle zu machen“ (Campioni 1976: 112).

Die im folgenden vertretene Argumentation knüpft die biographischen und psychologischen Zusammenhänge sehr viel stärker an die theoretischen Erträge und gewinnt darüber eine gegenläufige, im zweiten Teil dieser Arbeit zu entfaltende These (vgl. II.8.3). Sie lautet, daß jenseits von Nietzsches vermeintlich so 'überlegener Neutralität' eine geradezu existentielle Sehnsucht nach Bindung ihr Regiment führte, die ihn zwar nicht den Zugang finden ließ zu Sozialstaatsutopien, wohl aber zur Vision einer vorstaatlichen Vergemeinschaftung freigesetzter einzelner Individuen. Von dieser Vision ausgeschlossen waren für Nietzsche die 'kleinen Leute'. Eingeschlossen in Nietzsches Vision waren die 'höheren Menschen', die sich von Überlieferung und Herkommen freizusetzen vermochten. Deswegen auch ersetzte Zarathustra das Lob der Nächstenliebe durch das der „Nächsten-Flucht" und der „Fernsten-Liebe", ergänzt um den Hinweis: „Höher als die Liebe zum Nächsten ist die Liebe zum Fernsten und Künftigen" (KSA 4: 77). Als Paradigma für eine so zu verstehende 'Nächsten-Flucht' läßt sich Nietzsches Verhältnis zu seiner Schwester begreifen (vgl. I.2.1). Maßstabsbildend für eine den einzelnen fördernde 'Fernsten-Liebe' war für ihn hingegen seine Affäre mit Lou v. Salomé (vgl. I.2.2). An diesem Beispiel erst lernte Nietzsche, das Zugleich von Freisetzung und Bindung als ein akzeptables sozialutopisches Modell zu denken (vgl. I.2.3).

2.1 Die Nächste als Fernste

Im angloamerikanischen Sprachraum figuriert Nietzsches Schwester spätestens seit der bahnbrechenden Studie von Heinz Peters (1983) unter dem Titel einer „nazi sister". Ursächlich hierfür war Elisabeth Förster-Nietzsches Bemühen, ihren Bruder als Vordenker nationalsozialistischer Ideologie auszuweisen. Ihre zu diesem Zweck eingesetzten Mittel, etwa das Überreichen seines Spazierstocks an Hitler, besonders aber die sich in der unsachgemäßen Kompilation von Nietzsches angeblichem Hauptwerk *Der Wille zur Macht* dokumentierenden vielfältigen Werkfälschungen, schienen dabei indes nur das follow up abzugeben zu einer Legendenbildung, deren noch Nietzsches Mutter ansichtig geworden war. „Sie fabelt ganz außerordentlich", ließ sie ihren Neffen (und späteren Biographen) Adalbert Oehler im Juni 1895 wissen, nachdem sie den ersten Band der Nietzsche-Biographie ihrer Tochter gelesen hatte, in der die Mutter eher eine unrühmliche Nebenrolle spielte und Ereignisse geschildert wurden, die sie, „die doch alles miterlebt (habe)" (zit. n. Gabel/Jagenberg 1994: 34), jedenfalls nicht bezeugen könne. Als die Mutter dies zwei Jahre vor ihrem Tod und vor dem kurz vor ihrem Ableben verfügten Umzug Nietzsches und des von ihrer Tochter etablierten Nietzsche-Archivs nach Weimar zu Protokoll gab, war sie nur noch hilflose Kommentatorin eines nun vollständig von Elisabeth Förster-Nietzsche kontrollierten Geschehens. Begünstigend für diese Machtübernahme war der Umstand, daß die Ehe Elisabeths wenige Monate nach Nietzsches geistigem Zusammenbruch im Fiasko geendet hatte, nämlich durch den im Juni 1889 erfolgenden Selbstmord Bernhard Försters. Denn nun meldeten sich bei ihr gefühlsbetonte Wiedergutmachungsgelüste in Richtung des von ihr wegen ihrer Heirat verlassenen Bruders an. Vor allem aber trat nun eine durch pekuniäre Klugheit vorangetriebene Instinktsicherheit in ihr Recht, die ihr den Glauben gab, sie, die philosophisch gänzlich Unkundige, sei die einzig berufene Nachlaßverwalterin, Herausgeberin und Interpretin des Œuvre eines der größten Philosophen der Weltgeschichte. Damit begann die das Reden über Nietzsche sowie die Nietzsche-Forschung für Jahrzehnte belastende Legendenbildung.

So gesehen waren die Geschichten bloßes warming up, die sie sich ausdachte, wann immer die Rede auf den Tod ihres Mannes kam, mit dem sie sich im Anschluß an ihre Heirat im Jahre 1885 in deutschtümelnder Kolonialisierungsabsicht in Paraguay niedergelassen hatte. Ihr „geliebter Bernhard" sei auf Reisen gewesen, habe Quartier genommen und mit einem „spanischen evangelischen Geistlichen" ein Zimmer teilen müssen, doch während der Nacht habe er sich „plötzlich" – nach Bericht dieses Geistlichen – „aufgerichtet und sei ganz schwindlig gewesen und habe gesagt: ‘es wird mir so eigen'" (zit. n. Podach 1937: 42) etc. pp. – und sei später gestorben (leider ohne unmittelbaren Zeugen, da der Geistliche dann weitergereist sei, in der Annahme, es gehe Förster wieder besser). Noch recht unerfahren in diesem für sie neuen Gewerbe, beging sie allerdings den Fehler, Abschiedsbriefe ihres Mannes an Dritte zu übersehen und die Phiole mit dem Gift, mit dem sich dieser umgebracht hatte, aufzuheben und später gar einem Kolonisten zu zeigen (vgl. Macintyre 1994: 189).

Fast genauso fatal war, daß sie sich an ihre erste Mär vom Tod ihres Mannes offenbar nicht mehr erinnern konnte, als sie fünf Jahre später (1894) einem gutgläubigen Besucher in Naumburg zum gefälligen Weitertransport folgendes erzählte: „Ein Unglücksfall riß Bernhard Förster aus Leben und Arbeit. Beim Übergang über einen Fluß kenterte sein Boot, und der kühne Mann wurde wohl ein Opfer der Krokodile" (zit. n. Gilman 1985: 673). Diese Legende war wohl drängend geworden aufgrund der kritischen Fragen über die Rolle, die sie selbst in der unglückseligen Angelegenheit gespielt hatte (vgl. Peters 1983: 155ff.). So konnte beispielsweise, wenn man einmal die lächerliche Krokodil-Geschichte beiseite setzt und nur die erste Variante in Betracht zieht, von einem ‘geliebten Bernhard' oder gar, wie sie andernorts kundtat, von ihrem „Liebling" oder ihrem „Einziggeliebte(n)" (zit. n. Podach 1937: 41) schon längst keine Rede mehr sein. Eher schon hätte sich das Wort von einem finanziell ruinierten, von seinen Gläubigern verfolgten und von seiner dominanten Frau zunehmend verachteten antisemitischen Agitators und finanziellen Hasardeurs angeboten, über den, zumal nachdem die Nachricht von Nietzsches geistigem Zusammenbruch bis nach Paraguay durchgedrungen war, Elisabeth nur zu sagen wußte, daß Nietzsche ihr jedenfalls „nie ein unfreundliches Wort“ gesagt habe und sich wohl auch nicht in der Jenaer Irrenanstalt befände, wenn sie „in seiner Nähe geblieben wäre“ (zit. n. Peters 1983: 158f.).

Dies also war es: Das schlechte Gewissen, trotz ihrer starken Bruderbindung doch noch geheiratet zu haben; das schlechte Gewissen aber auch, zum entscheidenden Sargnagel ihres Mannes geworden zu sein – und der daraus resultierende Versuch der überkompensatorischen Schuldabgeltung gleichzeitig in beide Richtungen, indem sie nach ihrer Rückkehr aus Paraguay mit Energie daranging, nicht nur die Rolle der trauernden Witwe zu spielen, sondern auch die der trauernden Schwester, die nun kein wichtigeres Ziel mehr kannte, als durch massive Werk- und Brieffälschungen ihren Bruder in die Gestalt zu pressen, die ihr genehm war. Das Motiv, dem sie dabei, wenn auch unbewußt, so jedenfalls doch unbeirrt, folgte, hatte sie schon im April 1883 ihrer Mutter offenbart: „Siehst Du, ich wünschte bloß, Fritz hätte Försters Ansichten“ (zit. n. Peters 1983: 110). Mit dieser von ihr betriebenen Wiederauferstehung Nietzsches in der Gestalt eines antisemitischen und deutschtümelnden Försterianers war sie ihrem Bruder in eine weit größere Ferne entrückt, als dieser selbst es wohl für möglich gehalten hatte, als er ihr Ende 1887 in einem Briefentwurf die rhetorische Frage stellte: „Hast Du gar nichts begriffen, wozu ich in der Welt bin?“ (KSB 8: 218) Drei Jahre zuvor hatte sie ihm mitgeteilt, sie würde am liebsten „die Zarathustras aus dem öffentlichen Verkehr herausziehen“, weil man denselben „allzugroße Subjectivität vorwerfe“ (KGB III/2: 487) – ein offenbar schlagendes Argument für sie, dem sie auch nachgab, als sie Nietzsches *Ecce homo* um die sie und ihre Familie belastenden Passagen ‘kürzte’ (vgl. Montinari 1972).

Nietzsche hatte auch um derlei schon geahnt: „Lord Byron hat einiges Persönlichste über sich aufgezeichnet, aber Thomas Moore war ‘zu gut’ dafür: er verbrannte die Papiere seines Freundes“, notierte er sich in der *Genealogie der Moral* als Exempel für seinen Satz über die „guten Menschen“, die „in Hinsicht auf Ehrlichkeit zu Schanden gemacht und verhunzt (sind) für alle Ewigkeit: wer von ihnen hielte noch eine *Wahrheit* ‘über den Menschen’ aus!“ (KSA 5: 386). Nietzsche hatte mithin schon von der Theorie her gute Gründe für seinen nicht mehr zur Durchführung gebrachten Vorsatz, den Verkehr mit allen Menschen abzubrechen, „welche zu meiner Schwester halten“ (KSB 6: 498). Einer der ersten ernstzunehmenden Nietzsche-Forscher, Karl Schlechta, der die von bekannten Professoren wie Hans Vaihinger oder Alois Riehl erstmals 1907 für den

Nobelpreis vorgeschlagene und 1921 mit der Ehrendoktorwürde der Universität Jena versehene langjährige Herrscherin über das Weimarer Nietzsche-Archiv als Fälscherin entlarvte, handelte insoweit im Sinne Nietzsches, als er deklarierte: „Wer sich für die Schwester entscheidet, entscheidet sich gegen Nietzsche“ (Schlechta 1959: 93). Dieses Diktum ist nach wie vor überzeugender als das Bemühen, Elisabeth Förster-Nietzsche als Frühemanzipierte zu rehabilitieren (vgl. Goch 1985) oder gar als „Projektionsobjekt seines Hasses auf seine Mutter und auf Frauen überhaupt“ (Kjaer 1990: 202) auszuweisen.

Und doch war die vom späten Nietzsche als „rachsüchtige ... antisemitische ... Gans“ (KSB 6: 500) Titulierte ursprünglich von vielen als „Schmetterling“, „der über Blütenkelche dahineilt“ (Deussen 1901: 15), wahrgenommen worden und blieb auch so im Bewußtsein manch frühen Nietzsche-Freundes haften. Tatsächlich ist den überlieferten Fotos der späten 1860er und frühen 1870er Jahre ein gewisser Reiz nicht abzusprechen, was auch für die Briefe aus dieser Zeit gilt, in denen sich nachdrücklich die übergroße Anhänglichkeit der ‘kleinen’ Schwester an den so rasch zum Professor aufgestiegenen ‘großen’ Bruder dokumentiert. Der Gipfel dessen war wohl erreicht, als sie ihren Bruder nach Erscheinen von *Schopenhauer als Erzieher* wissen ließ: „denke nur immer wie Schopenhauer ein Hundchen so hast Du eine Schwester“ (KGB II/4: 596). Vom Sachkern her verbarg sich hinter dieser gleichsam ‘hündischen’ Liebeserklärung ihr Interesse, Nietzsche und die von ihm erschlossene neue Welt Basels und Bayreuths als Loslösungsvehikel vom als zu eng empfundenen Naumburger Herkunftsmilieu zu instrumentalisieren. Nietzsche geriet der Schwester also rasch zum virtuos gehandhabten Joker, um in der Welt des Scheins als authentische Auskunftsquelle über den geheimnisumwitterten Eremiten und Weltweisen zu reüssieren. Diese Rolle hielt sie bis zu ihrem Tode im Jahr 1935 durch, nun allerdings selbstredend sich nicht mehr als ‘Schmetterling’ oder ‘Hundchen’ darlegend, sondern, wenn man denn so will, tatsächlich als ‘antisemitische Gans’, deren Rachsucht sich in ihrem Willen zur Macht über Nietzsches Werk entäußerte.

Nietzsche selbst stellte nicht zuletzt wegen seiner von ihm dem väterlichen Erbteil zugerechneten Unfähigkeit, Trennungen nach erfolgtem Streit auch auf Dauer durchhalten zu können, ein wohlfeiles Objekt für derlei ambivalente Liebesprojektionen dar. Auch war seine diesbezügliche Bedürftigkeit fraglos ausgeprägt. „Du hast ja für mich auch so hübsch gesorgt wie eine Mamma“, schrieb er ihr beispielsweise im Juni 1864 aus Pforta, nachdem sie in Vertretung seiner abwesenden Mutter seine Wäsche gewaschen hatte und er schon versucht gewesen war, in der Anrede nicht die Formel „Meine liebe Lisbeth“, sondern „‘meine liebe Mamma’“ (KGB I/1: 285) zu verwenden. Jahre später waren Nietzsche derlei Scherze gründlich vergangen. Als er seinem heiratswilligen Freund v. Gersdorff 1875 Nachricht darüber gab, er habe sich in Basel mit Hilfe seiner Schwester „häuslich eingerichtet“ und befände sich zum ersten Mal seit seinem Weggang von Naumburg „wieder in traulicheren Umgebungen“ (KSB 5: 112), war der sarkastische Unterton kaum zu überhören. Er entstammte der unerfüllt gebliebenen Liebessehnsucht eines Junggesellen, der sich zwischen 1870 und 1878 für insgesamt dreieinhalb Jahre krankheitsbedingt mit einem mehr als fragwürdigen Surrogat in der Variante einer, mit Klaus Goch gesprochen, „Geschwister-Ehe“ (ÜF: 141) abzufinden hatte.

Bei all dem hat man noch zu berücksichtigen, daß Nietzsches Partnersuche zumindest anfangs dem Gebot der Suche nach dem von der Schwester überlieferten Urbild gehorchte, wenn nicht gar der schwesterlichen Zensur unterlag. Für ersteres spricht Nietzsches Begründung seiner Vorliebe für Marie Deussen vom Oktober 1864 (KSB 2: 7), aber auch sein Bericht vom Juli 1865, wonach er die „schöne Tochter“ eines Generalsuperintendenten kennengelernt habe, die aber, wie er seiner Schwester beruhigend versichert, „zu groß ist, was nicht mein Geschmack ist, da ich mehr die Pusselchen liebe, was eine Schmeichelei für meine Lisbeth sein soll, die ja ein Pusselchen ist“ (KSB 2: 74). Und für die Zensurneigung der Schwester spricht ihre mutmaßliche Reaktion auf Nietzsches Mitteilung vom Juli 1874, daß er „neulich Abends einmal fast entschlossen war, Fräulein Rohr zu heirathen; so gut hatte sie mir gefallen“ (KSB 4: 246). Denn schon Nietzsches Folgebrief war von der Beteuerung durchsetzt, daß er ihre Bedenken gegen die in Aussicht genommene – und 1877 erneut auf den Prüfstand gehobene – Kandidatin Berta Rohr teile und sie sich nicht „aufregen“ (KSB 4: 250) möge, womit der Schluß erlaubt ist, daß sie eben dies in ihrem verlorengegangenen Antwortbrief heftigst getan hatte. Nietzsches wenig später in einem Brief an Malwida v. Meysenbug vorgetragenes und als Bilanz zu seinem 30. Geburtstag zu lesendes kindlich-trotziges Beharren, wonach er sich nun „noch recht bald ein gutes Weib (wünsche)“ (KSB 4: 269), gewinnt vor diesem Hintergrund den Charakter abgrundtiefer Verzweiflung, die ihm im April 1876 wohl Anlaß gab, an einer gewissen Mathilde Trampedach eben das zu exekutieren, was ihm im Fall jener Berta Rohr nur vorschwebte: ein völlig überstürzter Heiratsantrag aus einem spontanen Gefühl heraus.

Zur Farce geriet diese Angelegenheit vor allem durch den Umstand, daß Nietzsche in dem brieflich gehaltenen und darüber hinaus noch mit einer Art Ultimatum versehenen Antrag als Mitwisser und Vermittler ausgerechnet Hugo v. Senger aufbot, nicht wissend offenbar, daß dieser in zweiter Ehe verheiratete Dirigent, den Nietzsche damals in Genf besuchte und über den er Mathilde Trampedach kennengelernt hatte, seinerseits Interesse nahm an eben dieser damals Einundzwanzigjährigen, die er dann auch 1878, in nun dritter Ehe, heiraten sollte (vgl. Ross 1984: 453f.). Nietzsche bewältigte die Frustration über die Ablehnung seines Antrags auf seine Weise: Er ließ seinen heiratswilligen Freund v. Gersdorff im Mai 1876 wissen, daß er „die Beschränkung und die Einflechtung in die ganze 'civilisierte' Ordnung der Dinge so sehr (hasse), dass schwerlich irgend ein Weib freisinnig genug ist, um mir zu folgen" (KSB 5: 163). Daß Nietzsche diesen stolzen Satz sprach, nachdem er gerade erst mit einem extrem plumpen Heiratsantrag gescheitert war, der im übrigen auch durch das egoistische Kalkül auf Versorgung diktiert worden sein dürfte, macht die Sache mehr als peinlich und gab ihm wohl Anlaß genug, diese Hintergründe vor seinem damals besten Freund verborgen zu halten. Damit allerdings konnte dieser dann nichts anderes tun, als Nietzsches Insistieren auf einer ehelosen, 'freisinnigen' Lebensform wortwörtlich zu nehmen, obwohl doch nicht mehr vorlag als eine leicht durchschaubare Form der Kränkungs- und Schamverarbeitung. Nietzsches Schwester hingegen bezog aus diesem Vorfall eine ganz andere Botschaft, indem sie in ihrer Darstellung des Geschehenen ihren Bruder in die Rolle dessen preßte, dem ein „neue(r) Freund" bei einem Besuch in Genf „begeistert von einer jungen Dame erzählte, als ob sie ganz besonders für meinen Bruder geeignet wäre, so daß mein Bruder nach einem Spaziergang von vier Stunden ihr einen Heiratsantrag machte" (Förster-Nietzsche 1935: 45). Wer indes dieser 'neue Freund' war, ließ sie, nach bewährtem Muster, im Dunkeln, im Gegensatz zu der Folgerung, die der Leser aus dieser Version ziehen sollte, nämlich daß ihr so leicht beeinflußbarer Bruder eben dessen bedürftig war, was sie dann über Jahre hinweg weitgehend ungestört und häufig gar auf Nachfrage ihres Bruders betrieb: einer Ratgeberin wenn schon nicht immer in Herzens-, so jedenfalls in Heiratsangelegenheiten.

Die Partnerwahl Elisabeth Nietzsches litt zwar nicht unter einem analogen Zensurbedürfnis ihres Bruders, wohl aber unter der frühen Option, mit der sie ihn versah: „Meinen Bruder zu lieben, zu bewundern für ihn zu wirken das war meines Lebens Aufgabe und Mittelpunkt" (zit. n. Pfeiffer 1970: 285), schrieb sie im Januar 1883, als sie den Glauben an diesen verloren und ihren späteren Mann im Visier hatte, der fast wie ein schlecht geklonter Nietzsche gelesen werden darf: halbverwaist wie er, Pastorenkind wie er, mit einer gleichfalls in Naumburg lebenden Mutter ausgestattet, vor allem aber: ähnlich aussehend, fast gleichaltrig, einen vergleichbaren Beruf ausübend, ebenfalls Bücher schreibend und Wagner verehrend, kurz: ein geeignetes Objekt für die Übertragung von Liebesgelüsten, die eigentlich weniger ihm denn Nietzsche galten.

Nietzsche selbst reagierte auf die sich anbahnende Hochzeit Elisabeths mit dem ihm persönlich sowie schon aus Gründen seiner militant antisemitischen wie nationalistischen Einstellung höchst unsympathischen Förster deutlich ambivalent. Einerseits hoffte er (im März 1885), damit „für die Zukunft einer ganz lebensgefährlichen Art von Folterung enthoben zu sein“ (KSB 7: 30); andererseits aber ließ er die Schwester nur zwei Monate später zu ihrer Hochzeit wissen: „Eigentlich kommt mir Alles sehr wunderbar vor, zum Beispiel, daß Du da so, Dir nichts, mir nichts, mit einem fremden Manne Dich abgiebst und sogar in die weite weite Welt gehen willst“ (KSB 7: 47). Zuvor hatte ihn Förster als „Beeinträchtiger älterer erworbener Rechte“ (KGB III/4: 19) brieflich um Verständnis gebeten, woraufhin Nietzsche in einer sehr freundlichen Antwort Förster gewissermaßen seinen Segen erteilte, dabei deutlich schwankend zwischen der Attitüde des verlassenen Liebhabers und der des schwiegerväterlichen Ratgebers (KSB 7: 39f.). Als sei dies an Verstrickungsthematik noch nicht genug, sah die Braut hinlänglich Anlaß, ihrem Bruder „Ersatz“ zu verschaffen, jetzt, wie sie in ihrem diesbezüglichen Schreiben vom März 1885 hinzusetzte, „wo ... nicht mehr sein kann und darf“, daß er und seine Interessen ihre „Hauptsache“ (KGB III/4: 12) bildeten. Den von ihr auserkorenen (Schwester-)Ersatz kündigte sie ihm mit den vielsagenden Worten an: „Du weißt in jeder Frauenliebe liegt etwas Bemutterndes“ (KGB III/4: 11), ein Ausdruck, der bezogen auf das von ihr dann vorgeschlagene obskure Objekte künftiger Begierde nichts Gutes ahnen ließ. Und tatsächlich war die von ihr Auserwählte, eine gewisse Theo Schücking, zwar, wie sie selbst zugestehen mußte, „ziemlich alt“, aber dafür der „aufopfernden Liebe“ fähig, einer Liebe, wie sie andeutet, derer ihr Bruder als „zartbesaitete(r) Kranke(r)“ bedürftig sei und die er von Lou v. Salomé, diesem „gesunde(n) Trampel“ (KGB III/4: 12), jedenfalls nicht erhalten hätte.

Insbesondere diese Invektive war, drei Jahre, nachdem sie, wie wir gleich deutlicher sehen werden, durch ihre Eifersucht alles daran gesetzt hatte, ihrem Bruder diese einzige große Liebe seines Lebens unmöglich zu machen, mehr als taktlos: Sie war entlarvend und öffnete Nietzsche die Augen für eine Nutzanwendung aus seiner eigenen, im *Zarathustra* unterbreiteten Lehre über das, was einem ‘Nächsten-Flucht’ aufnötigt und ‘Fernsten-Liebe’ nahelegt. Entsprechend deutlich, wenn auch hintersinnig-elegant war seine Reaktion: Er argumentiert, daß sein Glaube, ein anderer könne ihn lieben, nur dort einsetze, wo dieser „wisse, wer ich bin“ (KSB 7: 24). Und er trägt, gleichsam eine Chronologie seiner Liebeserfahrungen philosophisch aufbereitend, das Wort vor, daß er Wagner und Schopenhauer und Gott „geliebt (habe), als ich noch nicht begriff, was der Mensch ist“ (KSB 7: 24). Die Kombination beider Sätze ergibt Sinn. Denn ebenso wie sich Nietzsche mit seiner im *Zarathustra* exponierten Vorstellung von dem, was der Mensch seiner höheren Form nach sein kann, des Glaubens an Dritte (und auch an Gott) enthob, ebenso galt ihm nun nur noch die

Liebe derer etwas, die nicht aus eigener Bedürftigkeit liebten, sondern, so wie Lou v. Salomé, aus dem Verfügen über höhere – auch geistige – Möglichkeiten und aus dem Wissen um das, was auch das Liebesobjekt noch an Künftigem in sich birgt. Diese Metaphysik der Liebe wendete Nietzsche prüfend auf das ihm von der Schwester unterbreitete Angebot an, mit dem Ergebnis, daß Theo Schücking seinem Interesse eben wegen der Stärken, die seine Schwester an ihr lobte, entfiel. So deutlich steht dies zwar nicht bei Nietzsche – dafür hatte er zu viel Stil –, wohl aber zwischen den Zeilen, die er seiner Schwester als Antwort schickte: „Es scheint mir, daß ein Mensch, bei dem allerbesten Willen, unsäglich viel Unheil anstiften kann, wenn er unbescheiden genug ist, denen nützen zu wollen, deren Geist und Wille ihm verborgen ist" (KSB 7: 25). Diese Formel enthielt eine unbelegte Variable – eine Belegung nahm Nietzsche noch selber vor: Malwida v. Meysenbug –, die nicht nur durch Theo Schücking ausfüllbar war, sondern, und dies war gewiß auch Nietzsches Absicht, durch Elisabeth.

2.2 Die Fernste als Nächste

Lou v. Salomé sollte später als Literatin und Verfasserin eines der ersten respektablen Nietzsche-Bücher sowie als Freundin Rilkes und Schülerin Freuds erhebliche Aufmerksamkeit auf sich ziehen. Namentlich im Zusammenhang des 1919 erfolgenden Selbstmordes eines Lou-Verehrers, des Psychoanalytikers Viktor Tausk, schien sie ohne weiteres das Attribut einer *femme fatale* zu verdienen: „Männer begehrten sie, litten um sie, einer oder zwei starben vielleicht für sie" (Leavy 1965: 225). Daß hier freilich eine männliche Sehweise mitwirkt, bestätigt indirekt der Eindruck Gertrud Bäumers, die noch aus persönlichem Erleben schöpfen konnte: „Keine 'hingebende' Frau; auch wo sie bewunderte und liebte, in jeder Faser unabhängig und in gewissem Sinne unnahbar (...). Es ist immer etwas in ihr gewesen, das sich nicht hergab, das seine eigene Bahnen ging – freie, auf sich gestellte Natur" (Bäumer 1939: 469f.). Nietzsche selbst lernte die derart Porträtierte im April 1882 in Rom kennen, unmittelbar nachdem er mit seinem zu dieser Zeit zweifellos besten Freund Paul Rée einen, um es salopp zu sagen, recht vergnüglichen Urlaub verbracht hatte, der in seinen Briefen deutliche Spuren hinterließ. „Unsere bürgerlichen Tugenden und Vorurteile sind unsere Hauptgefahren – z. B. dieser inhumane Fleiß" (KSB 6: 177), erfährt Köselitz beispielsweise plötzlich von dem mit Rée in Genua weilenden Nietzsche.

Daß der Fleiß nur für das harmloseste Beispiel der von Nietzsche nun abgelehnten bürgerlichen Tugenden steht, verdeutlicht sein im nämlichen Brief vorgenommener vieldeutiger Abgesang auf einen im Ehestand untergehenden gemeinsamen Bekannten: „Lieber Freund, es lebe die Freiheit, Heiterkeit und Unverantwortlichkeit! Leben wir über uns, um mit uns leben zu können!" (KSB 6: 177) Damit nun aber auch bricht sich das ganze Wissen um die Antinomie seiner Existenz Bahn: „Ich möchte", so darf der darob gewiß konsternierte Köselitz außerdem noch erfahren, „ein paar Jahre in Abenteuern verbringen, um meinen Gedanken Zeit, Stille und frische Erdkrume zu geben" (KSB 6: 172). Und einige Tage später wird Köselitz gar von einem Besuch Nietzsches und Rées im Spielcasino von Monaco unterrichtet, einem Ort, den Nietzsche in einem Brief an Mutter und Schwester mit der Chiffre „Paradies der Hoelle" (KSB 6: 175) versieht. Als wäre dies noch nicht genug an Provokation, muß Köselitz Pläne des an sich so kranken Rentiers verdauen wie den folgenden: „Ich wuerde gern eine Colonie nach den Hochlanden Mexikos fuehren: oder mit Rée in die Palmen-Oase Biskra reisen – noch lieber kaeme mir ein Krieg." Jedoch: „Die Gesundheit sagt zu allem Nein" (KSB 6: 174), aber, so ließe sich ergänzen: die Theorie, sie sagte eigentlich Ja. Denn Nietzsche steckte zu dieser Zeit mitten in der Arbeit an *Die fröhliche Wissenschaft* und huldigte insoweit bereits der hier begründeten Losung: „gefährlich leben!" (KSA 3: 526). In der Linie dieser Selbstüberwindungsrhetorik bewegt sich auch Zarathustras Imperativ „Gelobt sei was hart macht!" (KSA 4: 194) sowie Nietzsches in der *Genealogie der Moral* ausgesprochenes Wort von der „grossen Gesundheit", die der „Besieger Gottes und des Nichts" aufzuweisen hätte: „Geister, durch Kriege und Siege gekräftigt, denen die Eroberung, das Abenteuer, die Gefahr, der Schmerz sogar zum Bedürfniss geworden ist" (KSA 5: 336).

Mitten hinein also in dieses dem Ansatz nach insoweit schon 1882 vorgeprägte martialische Reden, mit dessen Hilfe sich Nietzsche probeweise als eine robustere, sich in ihrer Nicht-Bürgerlichkeit auslebende Natur fingiert, trifft im März 1882 die Nachricht des schon nach Rom vorgereisten Rée bei dem – noch einen Abstecher nach Messina einlegenden – Nietzsche ein, wonach er „ein energisches, unglaublich kluges Kind mit den mädchenhaftesten, ja kindlichen Eigenschaften" (KGB III/2: 351) kennengelernt habe, eben Lou: „Dieselbe ist … so begierig geworden, Sie zu sehen, zu sprechen" (KGB III/2: 251), setzt Rée noch hinzu, als stünde er selbst der ganzen Sache neutral gegenüber. Nietzsches Reaktion auf weitere (leider verlorengegangene) Mitteilungen dieser Art, aus denen er wohl entnommen hat, der beste Freund habe ihm in Rom „das Hochzeitsbett bereitet" (Köhler 1989: 340), ist hoch ambivalent: „Mein lieber Freund, welches Vergnügen machen mir ihre Briefe! – Sie ziehen mich ab – nach allen Seiten, und zuletzt unter allen Umständen zu Ihnen hin!" (KSB 6: 185) Diese Liebesbeteuerung gegenüber Rée sollte wohl wie eine Schutzimpfung wirken bezogen auf das nachfolgende Neugiersignal mit

Blick auf Lou: „Grüssen Sie diese Russin von mir wenn dies irgend einen Sinn hat: ich bin nach dieser Gattung von Seelen lüstern" (KSB 6: 185). Zur Beruhigung setzt Nietzsche noch hinzu, daß er sich im Fall der Fälle „höchstens zu einer zweijährigen Ehe" mit Lou verstünde, „und auch dies nur in Anbetracht dessen was ich in den nächsten 10 Jahren zu thun habe" (KSB 6: 186). Nietzsches Interesse an Lou, so konnte Rée daraus mit Fug und Recht entnehmen, gefährdete nicht ihre Männerfreundschaft. Damit schien Lou auf dem Reißbrett des wieder zu seiner Vernunft gekommenen Beziehungsarchitekten Nietzsche schon vor dem ersten Treffen auf jenes Abstellgleis geschoben, durch das sich planmäßige Züge nicht aufhalten lassen, es sei denn zum Zwecke der Proviantierung.

Diese wiedergewonnene Rationalität wirkte aber nur wie dünnes Eis auf einem unruhig gewordenen See. Und so kam es denn auch anders als Nietzsche dachte. „Geist? Was ist mir Geist! Was ist mir Erkenntniß! Ich schätze nichts als *Antriebe* – und ich möchte darauf schwören, daß wir darin etwas Gemeinsames haben" (KSB 6: 282), läßt er Lou im November 1882, in einem seiner kühnsten Briefe, wissen. Zwei Monate zuvor hatte er Lou noch mit dem Porträt seiner selbst als eines unbeschwerten Lebenskünstlers nach Leipzig zu locken versucht: „Gestern Nachmittag war ich glücklich; der Himmel war blau, die Luft mild und rein, ich war im Rosenthal, wohin mich Carmen-Musik lockte. Da saß ich 3 Stunden, trank den zweiten Cognac dieses Jahres, zur Erinnerung an den ersten (ha! wie häßlich er schmeckte!) und dachte in aller Unschuld und Bosheit darüber nach, ob ich nicht irgend welche Anlage zur Verrücktheit hätte. Ich sagte mir schließlich *Nein*. Dann begann die Carmen-Musik, und ich gieng für eine halbe Stunde unter in Thränen und Klopfen des Herzens. – Wenn Sie aber dies lesen, werden Sie schließlich sagen: *Ja!* und eine Note zur 'Charakteristik meiner selbst' machen" (KSB 6: 260). Für die 'Note', die dieser von Lou später mit einiger Selbstgefälligkeit ihrem Nietzsche-Buch vorangestellte Brief ihr abverlangte, hätten wohl drei Worte ausgereicht: Nietzsche war verliebt!

Gekommen war es dazu offenbar unmittelbar nachdem er Ende April 1882 endlich in Rom eingetroffen war. Zwischenzeitlich hatte sich die Einundzwanzigjährige allerdings schon, unter je ihren Konditionen, für Rée entschieden. Dies führte zu Konflikten mit Lous Gastgeberin Malwida v. Meysenbug, über die Lou ihren Petersburger Ex-Lehrer im März 1882 auf dem laufenden hielt: „Ich kann weder Vorbildern nachleben, noch werde ich jemals ein Vorbild darstellen können für wen es auch sei, hingegen mein eignes Leben nach mir selber bilden, das werde ich ganz gewiß (...). Damit habe ich ja kein Prinzip zu vertreten, sondern etwas viel Wundervolleres, – etwas, das in Einem selber steckt und ganz heiß von lauter Leben ist und jauchzt und heraus will" (Andreas-Salomé 1984: 78). Und mit Blick auf Rée heißt es weiter: „Das Wesentliche (und das Wesentliche ist *menschlich* für mich *nur* Rée), weiß man entweder sofort oder garnicht. Er ist auch noch nicht vollkommen gewonnen, er ist noch etwas perplex, aber auf unsern nächtlichen Gängen zwischen 12–2 im römischen Mondschein (...) setze ich es ihm immer erfolgreicher auseinander" (Andreas-Salomé 1984: 77f.). Rées von Lou hier beklagte Begriffsstutzigkeit hat mit der Ungewöhnlichkeit der Vision zu tun, die sie im Blick auf diesen umtreibt: nämlich nicht, wie Rée wohl gehofft hatte, sich auf eine Ehe mit ihm zu verstehen, sondern lediglich auf das Modell einer platonischen Liebe, einer „angenehme(n) Arbeitsstube voller Bücher und Blumen, flankiert von zwei Schlafstuben, und, zwischen uns hin und hergehend, Arbeitskameraden, zu heiterem und ernstem Kreis geschlossen" (Andreas-Salomé 1984: 76). Vom Dezember 1882 bis zum Winter 1886/87 sollte sich denn auch ein solcher Kreis (in Berlin) bilden: zwar ohne Nietzsche, aber mit Rée und mit später so gewichtigen Wissenschaftlern wie dem Psychologen Hermann Ebbinghaus, dem Soziologen Ferdinand Tönnies und dem Pädagogen Rudolf Lehmann sowie dem alten Nietzsche-Freund Paul Deussen (vgl. Andreas-Salomé 1984: 249ff.).

In dieses vom Ansatz her schon vorgeplante Projekt platzte Nietzsche mit einem Heiratsantrag hinein, als dessen Überbringer er sich, als müsse er dem am Fall Trampedach Durchgespielten bis in jede Nuance nachgehen, ausgerechnet Rée auswählte. „Zuweilen", so Thomas Mann in seinem *Doktor Faustus* zu den Nietzsche bei dieser Wahl möglicherweise leitenden Motiven, „stieg mir die Vermutung auf (...), daß er absichtlich habe zusammenfügen wollen, was der Liebenswürdigkeit nach zusammengehörte, um selbst verzichtend zurückzutreten in seine Einsamkeit" (Mann 1990: 584). Wie dem auch sei, Nietzsches Antrag wird von Lou, die sich in dieser Sache mit Rée berät, auf diplomatische Weise abgewiesen, so daß letztlich nur noch die von beiden erwünschte Perspektive verbleibt, auf die sich Nietzsche denn auch, ungeachtet gesundheitlicher Hemmnisse, einläßt: „im Herbst gehe ich an die Universität Wien und fange neue Studentenjahre an, nachdem die alten mir, durch eine zu einseitige Beschäftigung mit Philologie, etwas mißrathen sind" (KSB 6: 226), bekommt Rohde im Juli 1882 zu hören, im unklaren bleibend, mit wem Nietzsche denn da gehen wolle: mit Lou und Rée nämlich.

Jenseits dieser Planungsebene, mit deren Hilfe Nietzsche erkennbar die Trauer über seine Abweisung durch Lou, aber auch die Trauer über seine der Philologie geopferte Jugend bewältigen will, rumort es weiterhin kräftig in ihm. So wiederholt er, weil ihm, wie sich Lou später erinnern wird, Rées „römische Fürsprache für ihn ungenügend erschien" (Andreas-Salomé 1984: 81), wenig später seinen Heiratsantrag. Lou reagiert diesmal ambivalent: Sie weist den Antrag zwar wieder ab, erklärt aber im Rückblick, daß sie sich nicht mehr 'erinnern' könne, ob sie Nietzsche bei einem Spaziergang auf den Monte Sacro am Ortasee geküßt habe oder nicht (Andreas-Salomé 1984: 236). Diese Kußszene, so die Vermutung von Joachim Köhler, spiegelt sich in einem ein Jahr später entstandenen Entwurfsfragment für den *Zarathustra*. Hier tritt ein „Weib" auf, das „den Arm Zarathustras an ihre Brust" zieht, woraufhin vielsagend folgt: „Und wiederum geschah das Athmen des Abgrundes: er stöhnte und brüllte sein Feuer herauf" (KSA 10: 443). Was hier 'stöhnt' und 'brüllt', so jedenfalls Köhler, ist Nietzsche selbst, der „Vergleichbares wie auf dem Monte Sacro nie mehr erlebt" (Köhler 1989: 333) habe.

Was immer man von Köhlers Deutungsfreude halten mag: *Daß* Lou Nietzsche bis in das Innerste bewegt hat, kann man fast jedem seiner Briefe des Jahres 1882 entnehmen. „Lou ist die Tochter eines russischen Generals, und zwanzig Jahre alt; sie ist scharfsinnig wie ein Adler und muthig wie ein Löwe und zuletzt doch ein sehr mädchenhaftes Kind" (KSB 6: 222), erfährt beispielsweise Köselitz im Juli im deutlichen Anklang an die entsprechenden Beschreibungen Rées vom April. Und einer Briefdisposition Nietzsches vom November, nachdem eigentlich alles schon vorbei ist, entnehmen wir: „So etwas Junges Anmuthiges Leichtsinniges Tiefes Unbeständiges – macht mich weinen" (KSB 6: 283). Nietzsche, der nun über Jahre hinweg schon kränkelt und den Kontakt mit Menschen kaum noch kennt, hat also all sein Hoffen, all seine Sehnsucht nach Liebe und Geborgenheit in Lou hineingelegt: „Ich dachte, es würde mir ein Engel entgegengeschickt" (KSB 6: 301), lautet seine retrospektive Sicht der Dinge. Zu diesen Dingen gehört beispielsweise, daß Nietzsche Lou im Juni 1882, trotz seiner Krankheit und äußerst vager Aussichten auf ein Wiedersehen, via Berlin-Grunewald ergebnislos nachfuhr – eine Reise übrigens, die die Schwester später in ihrer Darstellung des Sachverhalts aus ganz anderen Gründen stattfinden lassen wird. Der von ihr vorgelegten Fassung zufolge sei ihr Bruder in Sizilien mit einem Herrn bekannt geworden, der ihm vom Grunewald vorgeschwärmt habe, woraufhin Nietzsche, nicht zuletzt aufgrund der in Berlin vorhandenen „ausgezeichneten Bibliotheken", diese These vor Ort geprüft habe, mit dem Ergebnis, daß ihm der Grunewald „einen recht unsympathischen Eindruck (machte)" (Förster-Nietzsche 1914: 170f.).

Diese skrupellose Umdeutung des tatsächlich Geschehenen verdeutlicht exemplarisch das Grundmuster der von ihr systematisch betriebenen Heroisierung ihres Bruders als eines beständig um sein Œuvre besorgten Philosophen. Bezeichnend auch ist die nur psychologisch zu erklärende Hartnäckigkeit, mit der sie noch 1914 leugnete, was schon dreißig Jahre zuvor kein Eingeweihter – und erst recht nicht sie – übersehen konnte: nämlich daß sich Nietzsche gerade mit seinem Grunewald-Besuch exakt in jene Situation hineinmanövriert hatte, die er noch 1875 mit einer Art Bannstrahl versah, als er Zeuge wurde, wie sich das Leben seines so arbeitsamen Freundes und Kollegen Rohde plötzlich „um ein kleines Mädchen dreht“, wobei dem von diesem Schauspiel peinlich berührten Nietzsche in einem Brief an v. Gersdorff nur der Stoßseufzer entfuhr: „Der Himmel behüte Dich und mich vor gleichem Schicksale!“ (KSB 5: 113) Nun jedenfalls hat es auch Nietzsche 'erwischt' – wohl nicht hinreichend bedenkend, für welche Tugendideale eine ohnehin schon mit dem Titel eines atheistischen Sohnes geschmückte kleinbürgerliche Pastorenwitwenfamilie Haftung einzulegen hat und, mit Gertrud Bäumer gesprochen, wie „ungewöhnlich und fremdartig“ vor diesem sozialen Hintergrund ein Mensch wirken mußte wie Lou, „strahlend in ihrer geistigen Energie und Jugendfrische, und zugleich eine 'Weltdame', verwöhnt durch den Eindruck, den sie machte, unbekümmert, freimütig und selbstsicher – mußte sie nicht alle Ressentiments einer ehrgeizigen und auf den Besitz des berühmten Bruders leidenschaftlich eifersüchtigen Schwester hervorrufen, die auf ihre Art klug, aber alles andere als eine geistige Natur war“ (Bäumer 1939: 487 f.).

Namentlich Nietzsches dreiwöchiger Aufenthalt mit Lou im August 1882 im Tautenburger Wald, wenn auch unter Kontrolle seiner gleichsam als Anstandsdame fungierenden Schwester, ließ sich nicht freihalten von Spekulationen aller Art, zumal Lou ihrerseits zuvor wochenlang auf dem Landgut der Rées zu Gast gewesen war, wo sie im übrigen auch sehnsüchtig zurückerwartet wurde. „Mehr brauchst Du nicht zu befreunden, hörst Du, Schneckli“ (zit. n. Pfeiffer 1970: 221), bekommt Lou denn auch nach zwei Wochen Aufenthalt in Tautenburg von dem sich nun immer deutlicher von Nietzsche distanzierenden Rée zu hören, der im übrigen auch seine Mutter aktiviert, die ihr zeitgleiches Rückrufschreiben an Lou mit Zärtlichkeitsformeln pflastert, die einer Schwiegermutter in spe alle Ehre gemacht hätten. Nietzsches aus dem Zenith der Bruderliebe verstoßene Schwester hingegen, die sich in Lous Todfeindin wandelt, nachdem diese ihr erklärt hatte, es sei nicht sie, sondern ihr vermeintlich so „rein gesinnter Bruder“ gewesen, der „zuerst die schmutzige Absicht einer wilden Ehe“ (zit. n. Pfeiffer 1970: 254) gehabt habe, weiß auch nach vier Wochen Trauerarbeit gegenüber einer Bekannten nur bitter zu klagen: „ich habe mein Ideal verloren und kann mich noch nicht trösten“ (zit. n. Pfeiffer 1970: 252). Im Rücken dieses untergegangenen Ideals identifizierte sie den Teufel in Gestalt Lous: „Sie hat auch sonst noch manches Thierische an sich kann die Ohren einzeln und die Kopfhaut bewegen“ (zit. n. Pfeiffer 1970: 293), petzt sie, den Gipfel an Skurrilität erreichend, mit todernster Miene im Januar 1883 via Basel. Und ihrer Mutter gegenüber äußerte sie – wie Nietzsche im September 1882 halb entrüstet, halb amüsiert Overbeck mitteilt –, sie würde, wenn sie eine Katholikin wäre, in Anbetracht des Tautenburger Geschehens ins Kloster gehen, um „für all das Unheil (zu) büßen, was daraus entstehen werde" (KSB 6: 256).

Die Fiktion eröffnet glücklicherweise weniger aufwendige Sühnehandlungen. Hierzu gehört auch eine kürzlich entdeckte, offenbar in Reaktion auf die Lou-Affäre von Nietzsches Schwester geschriebene oder jedenfalls doch entsprechend überarbeitete Novelle, in der eine gewisse Nora mit einem 'gefährlichen Frauenzimmer' voll 'geistreicher Häßlichkeit' um einen heiratswilligen Philosophen namens Georg konkurriert. Das happy end bleibt nicht aus, ist aber nicht ohne Brisanz. Denn Georg (= Nietzsche) entsagt zwar der ohnehin schon an seinen Freund (= Rée) gebundenen Dritten (= Lou), aber Nora, für die er sich dann entscheidet, trägt deutlich Züge Elisabeths, womit deren Fiktion, gewiß ungewollt, inzestuöse Anteile aufweist. Und: Georg muß sich am Familientisch zu einer seiner Theorien über die Frauen noch den Kommentar anhören, daß nichts Philosophen unangenehmer sei, „als wenn man ihre philosophischen Behauptungen ins Persönliche überleitet" (zit. n. Wollkopf 1994: 266). Dies war unfreundlicher gesprochen, als es den Anschein hat, wie auch ein Blick auf die Vorlage dieser Fiktion erweist. Denn der bitterste Vorwurf Nietzsches in der Lou-Affäre an die Adresse seiner Schwester war gewesen, daß sie – wie er sich gegenüber Overbeck ausdrückte – seiner Mutter geschrieben hatte, „'sie habe in Tautenberg meine Philosophie in's Leben treten sehen und sei erschrocken: *ich* liebe das Böse, *sie* aber liebe das Gute'" (KSB 6: 256).

Aber auch in der Wahrnehmung von Nietzsches Mutter hatte ihr Sohn in Tautenburg eine skandalöse Rolle gespielt. Im übrigen bestünde Lous „Hauptalent", so übermittelte sie ihrem Sohn im November 1882, offenkundig darin, „anderer Personen Geist für sich auszuquetschen", weswegen „sie auch aus einem Verhältniß mit Männern in das andere" (KGB III/2: 301) übergehe. Den damit ausgelegten Faden hat Nietzsches Schwester noch über ein halbes Jahrhundert später aufgenommen. So präsentierte sie beispielsweise in ihrem letzten Rückblick auf die Lou-Affäre einen noch in Erich Podachs Darstellung genutzten (Podach o. J.: 56ff.), tatsächlich aber von ihr gefälschten Brief ihres Bruders aus Rom vom April 1882, dem der Leser entnehmen sollte, Nietzsche habe seine Visite in Rom schon sehr rasch als „Irrtum" bereut, Lou als „unschön" erlebt und an ihr „keinen eigenen Gedanken" (Förster-Nietzsche 1935: 110) entdecken können. Den Höhepunkt der Infamie indes erreicht Nietzsches Schwester in ihrem Rückblick dort, wo sie Lou anlastet, die seit Beginn des Jahres 1882 „besonders glückliche Stimmung" (Förster-Nietzsche 1935: 111) ihres Bruders destruiert zu haben, was sich dann auch im *Zarathustra* spiegele. Denn einzelne der hier von ihr ins Auge gefaßten Sätze, beispielsweise: „Mich zu tödten, erwürgt man euch, ihr Singvögel meiner Hoffnungen! Ja, nach euch, ihr Liebsten, schoss immer die Bosheit Pfeile – mein Herz zu treffen!" (KSA 4: 143), nehmen eindeutig Bezug auf jene Pfeile der Bosheit, die keine andere als sie selbst abgeschossen hatte, und zwar auf Lou, die dem Leser noch in dieser retrospektiven Sicht der Dinge von Nietzsche in verschlüsselter Form als Singvogel seiner Hoffnungen präsentiert wird.

Ein ähnlicher Kontext ist zu mobilisieren, um den Trost Elisabeths in einem Brief an ihren Bruder vom März 1885 als zynisch zu demaskieren. Die Rede ist hier davon, daß ohne die Lou-Affäre im *Zarathustra* „mancher Klang und Ton" fehlen würde, „welcher nun den Leidenden aller Art zu Herzen" (KGB III/4: 13) geht. Tatsächlich aber bezieht sich einer dieser herzergreifenden Töne, nämlich Zarathustras Wort: „Allem Ekel gelobte ich einst zu entsagen: da verwandeltet ihr meine Nahen und Nächsten in Eiterbeulen" (KSA 4: 144), auf die ‘Nächsten' in der Variante von Mutter wie Schwester, die nichts unversucht gelassen hatten, die Beziehung zu Lou zu torpedieren. Auch der Umstand, daß Nietzsches Schwester noch im hohen Alter die durch die Lou-Affäre heraufbeschworene Brüskierung der „Vorurteile der Gesellschaft" (Förster-Nietzsche 1935: 113) tadelt, bezeugt, daß ihr das Verständnis für ihren Bruder vollständig abging. Denn Nietzsche selbst hielt sich im Verlauf dieser Affäre eher an das Motto aus seiner unmittelbar zuvor verfaßten Schrift *Die fröhliche Wissenschaft*: „In Hinsicht auf das ganze moralische Geschwätz der einen über die Anderen ist der Ekel an der Zeit! (...) Ueberlassen wir diess Geschwätz und diesen üblen Geschmack Denen, welche nicht mehr zu thun haben, als die Vergangenheit um ein kleines Stück weiter durch die Zeit zu schleppen und welche selber niemals Gegenwart sind, – den Vielen also, den Allermeisten! Wir aber wollen Die werden, die wir sind, – die Neuen, die Einmaligen, die Unvergleichbaren, die Sich-selber-Gesetzgebenden, die Sich-selber-Schaffenden!" (KSA 3: 563)

Nietzsches Reaktion auf die ihm von seinen Verwandten wie Bekannten im Zusammenhang der Lou-Affäre zugefügte ‘innere Besudelung' seiner Handlungsmotive war zunächst entsprechend konsequent: Er läßt es, nachdem die Beziehung zu Lou der Last all der Gerüchte und Intrigen sowie des dadurch ausgelösten wechselseitigen Mißtrauens nicht widerstand, zum Bruch mit Mutter wie Schwester kommen – und genießt diese Entscheidung im ersten Überschwang sogar: „Die Loslösung von meinen Angehörigen", so schreibt er seinem Freund Overbeck im März 1883, „fängt an, sich mir als wahre Wohltat darzustellen; ach, wenn Du wüßtest, was ich in diesem Kapitel (seit meiner Geburt) alles zu überwinden gehabt habe! Ich mag meine Mutter nicht, und die Stimme meiner Schwester zu hören macht mir Mißvergnügen; ich bin immer krank geworden, wenn ich mit ihnen zusammen war“ (KSB 6: 338f.). Damit erweist sich zugleich die schon 1875 eingeleitete Suche Nietzsches nach einem Mutterersatz unvermutet der Komplettierung bedürftig im Sinne der Suche nach einem Schwesterersatz. Denn Nietzsches Resümee aus dem Jahres 1887: „Ich denke jetzt über Schwestern ungefähr so, wie Sch⟨openhauer⟩ dachte, – sie sind überflüssig, sie stiften Unsinn“ (KSB 8: 219), darf durchaus auch so verstanden werden, daß Nietzsche Ersatzschwestern, die keinen Unsinn stifteten, aufgeschlossen gegenübertrat. Damit stand zugleich der von Nietzsche betretene Weg zur Bewältigung seiner Enttäuschung über das Verhalten seiner leiblichen Schwester fest: „Morgen schreibe ich an unsre liebe Lou, *meine* Schwester (nachdem ich die natürliche Schwester verloren habe, muß mir schon eine übernatürliche Schwester geschenkt werden.)“ (KSB 6: 258), teilt er Rée im September 1882 mit, drei Monate später, schon im schmerzhaften Rückblick auf Lou, ergänzend: „es war nichts in dieser Liebe, was zur Erotik gehört“ (KSB 6: 301).

Daß indes auch Rée sich schon Ende Mai 1882 angewöhnt hatte, Lou als „mein liebes Schwesterli“ zu titulieren oder seine Briefe an sie ausklingen zu lassen mit Infantilfloskeln wie: „kämst du nur erst nach Hause zu Deinem treuen Brüderli“ (Pfeiffer 1970: 123), macht die Sache auch psychodynamisch brisant. Dies gilt um so mehr, als Rée nur eine Woche später einen Brief an Lou eröffnet mit: „Mein geliebtes Schneckli“, fortfahrend, daß sie in ihren Petersburger Kleidern so „wunderhübsch“ aussähe und daß ihre „Händli“ so „nett und appetitlich“ daraus hervorsähen, daß er sich „am Ende doch noch“ (Pfeiffer 1970: 132) in sie verlieben könne. Denn ganz offensichtlich hat sich das von Lou noch im März 1882 entworfene trauliche Dreiecksszenario unter dem Ansturm der Gefühle der sich allmählich in Rivalen wandelnden hochkarätigen Freunde zusehends in eine Art trio infernale verwandelt. Im Juni 1882 ermahnt denn auch Malwida v. Meysenbug Lou, nachdem diese ihr wieder einmal den Wien-Plan unterbreitet hatte: „Und endlich diese Dreieinigkeit! So fest ich von *Ihrer* Neutralität überzeugt bin, so sehr sagt mir die Erfahrung eines langen Lebens und die Kenntniß der menschlichen Natur, daß es nicht gehn wird, ohne daß ein Herz grausam dabei leidet im edelsten Fall, im schlimmeren ein Freundschaftsbündnis zerstört wird“ (zit. n. Pfeiffer 1970: 133). Tatsächlich ist für die sich in Rées wie Nietzsches Attribuierung Lous als einer (Ersatz-)Schwester zur Anzeige bringende innere Dynamik dieser Dreiecksbeziehung kennzeichnend, daß die beiden männlichen Kombattanten die Aggressivität ihrer entweder scherzhaft verborgenen (Rée) oder seriös verleugneten (Nietzsche) Eroberungsgelüste im Blick auf das von Lou auf exemplarische Weise verkörperte Mädchenschema nur noch zu zügeln vermochten mittels eines selbst auferlegten Inzestverbots, ohne daß sie selbst sich allerdings dabei, was ja dann nahegelegen hätte, untereinander auch als Brüder wahrnahmen und akzeptierten.

Der menschlich-allzumenschliche Extrakt des Ganzen ist denn auch zutiefst bedrückend: Rée wird im Oktober 1901, unter mysteriösen Umständen, die den Schluß auf Selbstmord zulassen, im Engadin, unweit von Sils-Maria, einen Berg herabstürzen. Und Nietzsche, im Winter 1882/83 seinerseits mit Selbstmordgedanken spielend, kommentiert im Juli 1883 in einem Briefentwurf an Rées Bruder den Satz, Lou sei Rées Verhängnis, mit dem als Solidaritätserklärung mit Rée gemeinten, aber als Indiz für sein eigenes Bedürfnis nach Kränkungsverarbeitung zu lesenden Worten: „Diese dürre schmutzige Äffin mit ihren falschen Brüsten – ein Verhängniß!" (KSB 6: 201) Dies schreibt jemand, der nur wenige Monate später demonstrieren wird, wie sehr der Schatten Lous auch noch auf seiner neuesten Hoffnung ruhen sollte: auf der österreichischen Studentin Resa v. Schirnhofer. Denn ein Treffen in Nizza im April 1884, das als Ersatz für eine eigentlich von Nietzsche in Vorschlag gebrachte gemeinsame Reise nach Korsika dienen mußte, kommentierte Nietzsche gegenüber Malwida v. Meysenbug mit Worten, die deutlich auf die Tautenburger Vorfälle abzielen und Resa zumindest insoweit in die Lou-Nachfolge rücken: Die Begegnung sei „heiter und nützlich" verlaufen, „zumal keine störende eingebildete Gans zugegen war – Pardon! ich meinte meine Schwester" (KSB 6: 500). Wenige Monate später, nach einem Besuch Resa v. Schirnhofers in Sils-Maria, war Nietzsche erneut angetan: Resa, so erfuhr Overbeck, sei „ein drolliges Geschöpf, das mich lachen macht und sich gut an mich gewöhnt" (KSB 6: 521). Die derart Charakterisierte berichtete später, Nietzsche habe sie beim Abschied mit Tränen in den Augen gefragt, ob sie nicht noch bleiben könne und wann er sie wiedersähe (vgl. Lohberger 1969: 445). Nietzsche selbst freilich gab unter Auswertung des Geschehenen nur zu bedenken, daß Resa leider, „um Baslerisch zu reden, so 'unanmüethig' aussieht" und daß er „das Häßliche" in seiner Nähe nicht lange aushalten könne, zumal er schon im Falle Lou „einige Selbst-Überwindung darin nöthig" (KSB 6: 523) gehabt habe. Was freilich angesichts der unstrittigen Attraktivität Lous hier vorliegt, ist nichts anderes als eine Rationalisierung seines Scheiterns auch in diesem Fall durch Abwertung des begehrten Liebesobjekts. So war es wohl Nietzsches kleine Rache, ausgerechnet seiner inzwischen längst mit Förster verheirateten Schwester durch einen Brief vom Januar 1886 zu zeigen, wie sehr er der Suche nach dem von Lou hinterlassenen Urbild verhaftet war: „lustig, hübsch noch sehr jung" (KSB 7: 132), so jedenfalls lauten die Attribute, mit denen er nun die nach wie vor vakante Stelle seiner Traumfrau zur Ausschreibung bringt, zugleich signalisierend, daß seine Schwester, das ehemalige „Pusselchen", diesen Kriterien jedenfalls längst nicht mehr genügt und dem

Schatten derer, die zu bekämpfen ihr fast existentiell wichtig gewesen war, nicht entgehen wird.

Dementiert wird mit diesem Brief im übrigen auch – und dies ist theoretisch wichtiger – der scheinbar so apodiktische Gehalt aus Nietzsches Brief an seine Schwester vom März 1885: „Ich denke nicht daran, je geliebt zu werden“ (KSB 7: 25). Diese Aussage steht, so sehen wir nun deutlicher, nicht für eine Heroisierung der Einsamkeit, sondern ist, entsprechend unserer Ausgangsannahme, Zeugnis für Nietzsches inzwischen geschwundener Hoffnung, er könne der Liebe jemals in der Form der Fernstenliebe teilhaftig werden. Indiz hierfür ist, daß dem der Satz nachfolgt: „Jetzt – bin ich allein“ (KSB 7: 25), was man paraphrasieren könnte mit: 'Jetzt, wo meine Schwester mich in Gestalt Lou v. Salomés von dem letzten Menschen entfremdet hat, der um das wußte, was ich meinem Wesen nach bin, habe ich meine Hoffnung, jemals in diesem höheren Sinne geliebt zu werden, aufgegeben.' Nicht aufgegeben hat Nietzsche indes das Theoriemodell, das er aus dieser bitteren Erfahrung gewann.

2.3 Das Arche-Noah-Prinzip

Der theoretische Ertrag der Lou-Affäre reduziert sich in der Nietzsche-Forschung in der Regel auf die zumeist kommentarlos referierte (vgl. Montinari 1981: 91) Aussage Nietzsches, wonach er erst durch sie „reif“ (KSB 6: 467) zu seinem *Zarathustra* geworden sei. Was dies inhaltlich meint, bleibt meist unbestimmt oder reduziert sich auf die Feststellung, daß die Lou-Affäre Nietzsche, diesen vom Umgang mit anderen so sehr entwöhnten Menschen, der 1882 erstmals und mit aller Naivität und Ungeduld der Sprache seines Herzens Vorrang verlieh, nur noch mehr bestärkt haben in der Inszenierung seiner selbst als des einsamen Philosophen, der mitunter auch einen selbsttherapeutischen Kult trieb um das Motiv der Selbstüberwindung. Und so mag denn auch vielen der so zu lesende Reifeprozeß Nietzsches, befördert durch enttäuschte Liebe, kaum als aussagekräftiges Indiz für eine philosophisch relevante Fortentwicklung gelten. Exemplarisch hierfür ist das Argument Jørgen Kjaers, Nietzsche habe nach dem Lou-Erlebnis und der daraus entspringenden vielfältigen menschlichen Enttäuschungen alles, was es in ihm noch an Leben gab, auf eine „chimärische Gestalt“, eben Zarathustra, delegiert. Die daraus abzuleitende Interpretationsmaxime scheint demnach klar – jedenfalls doch dem, der sich in der Sprache des Psychologen einigermaßen auskennt: „Das grandiose narzißtische Selbst wächst parasitär auf Kosten des Wirtes, der moralischen Person Nietzsche, die zu einem Appendix der eigenen grandiosen Selbstinszenierung wird, die er aber im zunehmenden

Maße für sein eigentliches Selbst hält" (Kjaer 1990: 182). Unklar freilich muß bei dieser, die theoriesystematische und auch psychologische Absicht der Spätphilosophie Nietzsches grandios vereinfachenden These bleiben, wieso Nietzsche im *Zarathustra* eine auf ihre narzißtischen Anteile nicht befragte 'Nächstenliebe' ablehnt, aber ersatzweise keineswegs das Modell bloßer Selbstliebe anbietet, sondern die Vision einer zum Kern des anderen vordringenden 'Fernstenliebe' skizziert.

Möglicherweise, so ließe sich hierauf zunächst nur antworten, war Nietzsche deutlicher als vielen seiner Interpreten, daß die Motive, die den einzelnen eine Freisetzung von bestimmten Dritten nahelegen, nicht ausschließen, Bindung gegenüber ganz anders gearteten Dritten ins Kalkül zu ziehen. Der Abschnitt *Vom Gesicht und Rätsel* aus dem dritten Buch des *Zarathustra* gibt hierüber einige Aufschlüsse. Berichtet wird hier, wie Zarathustra mit einem auf ihm lastenden unheimlichen Wesen – „halb Zwerg, halb Maulwurf" (KSA 4: 198) – auf dem Rücken einen Berg besteigt, um sich immer doch wieder von diesem Wesen Hohn und Spott über sein Aufwärtsstreben anhören zu müssen, folgernd: „solchermaassen zu Zwein ist man wahrlich einsamer als zu Einem!" (KSA 4: 198) Unschwer ist in diesem Szenario eine Moritat zu erkennen auf den beschwerlichen Bildungsgang Nietzsches – mit der Mutter oder auch seinem 'Doktorvater' Ritschl in der Rolle des 'Zwerges' resp. 'Maulwurfs' und inklusive eines Hinweises auf die Preise, die Nietzsche für seine Freisetzung zu zahlen hatte. Denn nachdem es Zarathustra gelingt, sich von diesem unheimlichen Wesen zu befreien und sich mithin von der ihm oktroyierten Bildung freizusetzen, hat er zunächst festzustellen, wie Zeit und Raum sich aufzuheben beginnen, wie einsam er also nun erst recht ist: „Zwischen wilden Klippen stand ich mit Einem Male, allein, öde, im ödesten Mondscheine" (KSA 4: 201). Ein Bindungswunsch ist in diesem Situationsporträt angelegt, ebenso wie in dem hoffnungsstarken Folgesatz: „Aber da lag ein Mensch!" (KSA 4: 201) Freilich: Was dort liegt, ist nur ein Hirte, dem im Schlaf eine „Schlange in den Schlund kroch" und „dem also alles Schwerste, Schwärzeste in den Schlund kriechen wird" (KSA 4: 202), letzteres jedenfalls, solange er nicht lernt, den Kopf der Schlange, die das an sich Überwundene symbolisiert, abzubeißen. Daß man indes zunächst nur „müde" sein wird „von diesem Beissen und Wegspein" (KSA 4: 273), ist Zarathustras spätere Eigenerfahrung bei derlei Tun. Und daß man für Außenstehende nicht sogleich zum eindeutigen Objekt eines Beziehungswunsches wird, darf Zarathustra noch dem von ihm studierten Exempel des schlußendlich gleichfalls den Kopf der Schlange abbeißenden Hirten entnehmen. „Oh meine Brüder, ich hörte ein Lachen, das keines Menschen Lachen war, – - und nun frißt ein Durst an mir, eine Sehnsucht, die nimmer stille wird" (KSA 4: 202), so schildert Zarathustra seine Gefühle, die deutlich schwanken zwischen Irritation und Faszination. Daß Freisetzung und Bindung nicht so ohne weiteres in eins gehen, darf daraus, als Minimaldeutung, entnommen werden.

Eine analoge Moritat hinterläßt Zarathustra im vierten Teil des Buches. Hier ist es Zarathustras Schatten, vorgestellt als treuer Weggefährte, aber auch als Bedenkenträger seines Herrn, der sich nicht des geradezu verzweifelt vorgetragenen Ausrufs enthalten kann: „'Wo ist – mein Heim?' Darnach frage und suche und suchte ich, das fand ich nicht. Oh ewiges Überall, oh ewiges Nirgendwo, oh ewiges – Umsonst!" (KSA 4: 341) Zarathustras Reaktion auf diese in seiner Sicht offenbar kleinmütige Anfrage ist harsch: „Deine Gefahr ist keine kleine, du freier Geist und Wanderer! (...) Hüte dich, dass dich nicht am Ende doch noch ein enger Glaube einfängt, ein harter, strenger Wahn! Dich nämlich verführt nunmehr Jegliches, das eng und fest ist" (KSA 4: 341). Die Gefahr indes, die Zarathustras Schatten heimsucht, ist auch die Nietzsches, und es ist zugleich, wie er meint, die seiner Epoche: „'Wo ist ein Meer, in dem man wirklich noch ertrinken kann? nämlich ein Mensch!' – dieser Schrei klingt durch unsere Zeit" (KSA 10: 81), notierte sich Nietzsche 1882 in ein Fragment, wenig später einen Brief an Lou mit fast genau diesen verzweifelten Worten abschließend, allerdings nicht ohne vorauszuschicken: „Ah, diese Melancholie! Ich schreibe Unsinn" (KSB 6: 274). Daß diese Selbstdistanzierung nicht ernst gemeint war, verdeutlicht Nietzsches gut zwei Wochen später formulierte Frage an Lou: „Sie glauben doch nicht, daß 'der Freigeist' *mein* Ideal ist?!" (KSB 6: 282) Wieder liegt hier, gleichsam im Vorgriff auf das von Oscar Wilde im *Dorian Gray* explizierte Motto, wonach definieren nichts anderes bedeute als eingrenzen (Wilde 1891: 270), eine Selbstdistanzierung vor, war es doch Nietzsche gewesen, der Lou erst wenige Monate zuvor erklärt hatte, *daß* er mit dem Buch *Die fröhliche Wissenschaft* sein Projekt des Errichtens eines neuen „Bild(es) und Ideal(s) des Freigeistes" (KSB 6: 213) zum Abschluß gebracht habe. Der Freigeist Nietzsche, so darf man hieraus lernen, sehnte sich offenkundig nach Bindung jedenfalls zwischen denen, die, wie er, sich als ungleich empfanden bezogen auf den Mainstream ihrer Epoche.

Daß Lou für eine solche Art von Bindung in Betracht kam, darf man, abgesehen von dem auf sie anwendbaren 'Fernstenliebe'-Motiv, auch der im nämlichen Brief vorfindbaren Selbsteinschätzung Nietzsches entnehmen, seine „Thorheit" wachse mit seiner „Weisheit", sprich: „Ich bin ... durch das Ereigniß, einen 'neuen Menschen' hinzuerworben zu haben, förmlich über den Haufen geworfen worden – in Folge einer allzustrengen Einsamkeit und Verzichtleistung auf alle Liebe und Freundschaft" (KSB 6: 213). Denn die Betonung ist hier auf den Begriff 'neuer Mensch' zu legen: Er steht für das Apriori einer wohl auch in Zarathustras Wahrnehmung akzeptablen Bindung, die nicht für eine 'Verführung' steht durch das, was 'eng und fest' ist, sondern die den Horizont des freigesetzten (Über-)Menschen unbeschnitten läßt. Deutlicher noch macht dies der schon erwähnte Brief Nietzsches an Lou vom November 1882: „Ich fühle jede Regung der höheren Seele in Ihnen, ich liebe nichts an Ihnen als diese Regungen. Ich verzichte gerne auf alle Vertraulichkeit und Nähe, wenn ich nur dessen sicher sein darf: daß wir uns dort *einig* fühlen, wohin die gemeinen Seelen nicht gelangen" (KSB 6: 281). Die Art, in der sich Nietzsche hier als ein den libidinösen Anteilen seines Bindungswunsches gegenüber uninteressierter platonischer Verehrer konstelliert, mag zwar Skepsis auslösen. Wichtig aber nur ist hier, *daß*, wie insbesondere die in diesem Zitat beibehaltenen Hervorhebungen aus dem Original belegen, Nietzsche Freisetzung und Bindung (der 'höheren Seelen') als etwas Zusammengehöriges dachte. Motiv war ihm dabei, daß er nur auf dieses Zugleich seine Hoffnung auf Behebung seiner existentiellen Not als eines vereinsamten 'Freigeistes', der doch des Bindungswunsches nicht ledig war, projizieren konnte.

Deutlicher noch wird dieser dem Motiv der Vereinsamung unterliegende (nicht-libidinöse) Bindungswunsch anhand einer zwei Jahre älteren Erwägung: „Wenn ich mich jetzt nach einer langen freiwilligen Vereinsamung wieder den Menschen zuwende, und wenn ich rufe: wo seid ihr meine Freunde? so geschieht dies um großer Dinge willen./ich will einen neuen Stand schaffen: einen Ordensbund höherer Menschen (...); welche gleich mir nicht nur jenseits der politischen und religiösen Glaubenslehren zu leben wissen, sondern auch die Moral überwunden haben" (KSA 11: 195). Mit diesen Worten, verfaßt nach Abschluß der ersten drei Teile des *Zarathustra*, spricht Nietzsche deutlich auf die Produktionsbedingungen an, die ihm diese Arbeit abverlangt hatte, vor allem aber: Er redet von seiner Hoffnung, die ihn bei seinem erneuten Zugang auf die Menschen leitet. Er tut dies in ähnlicher Weise wie zwei Jahre zuvor, als er, ebenfalls nach langer Schaffensperiode in Einsamkeit, Lou v. Salomé kennenlernte, was nun meint: Nietzsches Projekt eines (freigeistigen) Studienkollektivs mit Lou und Rée aus dem Jahre 1882 darf als Vorgriff auf den 1884 eingeklagten 'Ordensbund höherer Menschen' gelten.

Kategorial allerdings hatte Nietzsche durchaus Besseres zu bieten als dieses mißverständliche, weil mit aristokratischen Vorstellungen belegbare Begriffsgebilde. Zu denken ist etwa an den Ausdruck „Gemeinschaft freier Einzelner" (KSA 9: 395), der einem vier Jahre zuvor, im Nachlaß vom Winter 1880/81, begegnet. Der Kontext ist dabei durchaus erhellend: Nietzsche rechnete damit, daß es keinen bruchlosen Übergang in die von ihm geforderte neue Epoche geben werde, sondern zunächst ein „Zeitalter der Barbarei" zu bewältigen sei, in das auch die Wissenschaft hineingezogen werde und dem diese nur trotzen könne, wenn der „Extrakt" des „jetzigen Erkennens" (KSA 9: 395) gesichert sei. Zu diesem Extrakt rechnete Nietzsche schon damals die dann erst im *Zarathustra* im Zentrum stehende Einsicht, daß es „keinen Gott" (KSA 9: 396) mehr gäbe. Nietzsches Rede vom 'Ordensbund höherer Menschen' oder auch sein auf den ersten Blick so dramatisches Fragmentnotat vom Frühjahr 1884, es sei eine „herrschende Kaste ..." erforderlich, „mit den umfänglichsten Seelen, fähig für die verschiedensten Aufgaben der Erdregierung" (KSA 11: 72), steht also, von dem Begriff 'Gemeinschaft freier Einzelner' aus besehen, keineswegs für ein Elitedenken oder ein Weltdiktaturkonzept, sondern war fast zwingend, wenn man, wie Nietzsche, auf das Intermezzo einer Barbareiepoche hin kalkuliert und folglich einer Art Arche-Noah-Prinzip huldigt, das auf Rettung der „Erstlinge und Frühgeburten des kommenden Jahrhunderts" (KSA 3: 574) sowie des Bildungsguts der neuen Zeit zuläuft. In durchaus analoger Absicht hatte Nietzsche sich schon in seiner Schrift *Vom Nutzen und Nachteil der Historie für das Leben* gegen die „Spätlinge" (KSA 1: 307) der je herrschenden Kultur ausgesprochen und an eine „Gesellschaft der Hoffenden" gewandt, deren Mitgliedern er am „Endpunkte ihrer Heilung" (KSA 1: 332) in Aussicht stellte, wieder zu Menschen geworden zu sein. In diese Richtung weist auch Nietzsches frühe Hoffnung, in Bayreuth ließe sich mit Wagners Hilfe eine neue griechische Akademie gründen, die den „noch nicht völlig erstickten und in der Jetztzeit verschlungenen Naturen" (KSB 3: 166) ein Asyl zu geben in der Lage sei. Hier wie da sind, wie bei sozialutopischem Denken generell, zwei Seiten wirksam: einerseits die Dämonisierung des Gegebenen oder des unmittelbar Bevorstehenden; andererseits aber die Glorifizierung derer, die dieser dämonischen Epoche gewißlich nachfolgen werden. Dieser Hintergrund mag das Wort von der 'Erdregierung' und der 'herrschenden Kaste' begünstigt haben, wenngleich das, was Nietzsche im Kern umgetrieben hat, weit besser in der Formel von der 'Gemeinschaft freier Einzelner' zum Ausdruck kommt. Denn dieser Begriff verdichtet das Dilemma des Zugleichs von Freisetzung und Bindung auf geradezu ideale Weise.

Gezielt wird mit all diesen Begriffsangeboten auf aus dem Dunstkreis der Dekadenz der Gleichheit herausgehobene Sozialformen, die, über das ihnen innewohnende Bindungsmotiv der Gleichheit der Nicht-Dekadenten hinausgehend, als Vehikel des nietzscheianischen Geschichtsoptimismus zu verstehen sind. „Der 'freie' Mensch", so heißt es denn auch in der *Genealogie der Moral*, ehre „die ihm Gleichen, die Starken und Zuverlässigen" (KSA 5: 294). Gleichheit meint hier nicht Übereinstimmung auf der Ebene des Glaubens, der Moralgrundsätze, des Verhaltens oder der Sitte. Denn dies sind begriffliche Ebenen, auf denen Nietzsche nur „socialen

Zwang“ (KSA 5: 274) und die fatale „Einschliessung und Einfriedigung in den Frieden der Gemeinschaft“ (KSA 5: 275) zu diagnostizieren vermochte. Nietzsche rechnete vielmehr auf Gleichheit in der Form der Nicht-Dekadenz, auf Gleichheit mit (bildsamen) Subjekten also, „welche versprechen *dürfen*“ (KSA 5: 294). Denn nur diese Art der Gleichheit, die nicht auf eine Wertegemeinschaft im Sinne des Einigseins über Materiales zuläuft, sondern die auf eine Gemeinschaft derer hin orientiert, die vornehmer Wertungsart sind im Sinne des Einigseins über Formales, wird dem kommenden Menschengeschlecht, so darf man Nietzsches Sozialutopie verstehen, eine Form geben, in der dieses jenen Verfall unterlaufen kann, der den gottgläubigen Menschen des 19. Jahrhunderts gewiß ist, eben wegen der Dekadenz ihrer Gleichheit, die sie nicht offenhält für Neues.

Das so zu verstehende Bindungsmotiv, so dürfen wir nun zusammenfassend folgern, hat durch den *Zarathustra* eine systematische Förderung erfahren, die die Lehre der Lou-Affäre umsetzt. Denn aus dieser Affäre bezog Nietzsche die Lektion, nie wieder angewiesen sein zu müssen auf den zufälligen Fund vereinzelter ‘höherer Menschen’, sondern selbst, vermittelt über die Wirkmacht des Werkes, für die systematische Entstehung eines Kreises gleichgerichtet sich Individualisierender Sorge zu tragen. Daß sich in dieser Wirkungserwartung die für Nietzsche nachweisbare beständige Sehnsucht nach philosophischer Wirkung in eine quasi-prophetische Dimension übersteigert, sei gleichsam en passant eingeräumt. Die Gefahr besteht dabei darin, daß sich Nietzsches Bindungswunsch mittels einer Vision entlädt, in der er sich als geliebter Stammvater einer neuen Sozialordnung fingieren kann, dem Motto folgend: die Arche Noah entläßt ihr Überkind in eine Ordnung der Dinge ohne Gott. Auch sei zugestanden, daß namentlich in dem Ausdruck ‘Ordensbund höherer Menschen’ ein Volkserziehungsauftrag angelegt zu sein scheint, der des Mißbrauchs seitens einer Kaste selbsternannter Möchtegern-Übermenschen förmlich harrt. Systematisch wichtiger aber ist der Befund, *daß* Nietzsches Bindungsmotiv dem Erlebnis seiner selbst als eines vereinsamten Wesens Tribut zollte. Mit dieser These soll weniger einer Psychologisierung denn einem besseren Verständnis auch der problematischen Anteile des Phänomens Nietzsche vorgearbeitet werden. Denn Nietzsches gesamte und, wie eingangs gezeigt, von vielen Sozialphilosophen gerügte Sozialismus- wie Staatskritik war in erster Linie angetrieben von der Annahme, daß in sozialistischen Programmatiken oder Sozialstaatsoptionen Freisetzung eine weit geringere Rolle spiele als Bindung. Hinzu kam seine Kritik, daß dieses Bindungsverständnis nicht einer ‘Gemeinschaft freier Einzelner’ zuarbeite, sondern auf eine die Eigentümlichkeit der Menschen negierende Stärkung staatlicher Omnipotenz orientiere. Wie sehr Nietzsche dieses Thema beschäftigte und in einen, wenn nicht sozialutopischen, so jedenfalls doch sozialphilosophischen Autor verwandelte, kann indes erst am Ende der Arbeit, wenn die dafür erforderlichen Voraussetzungen überschaubar sind, gezeigt werden. Hier mag es genügen, gezeigt zu haben, wie Nietzsche dieses theoretische Zentralmotiv jener biographischen Erfahrung abgewann, die er mit seiner Schwester Elisabeth zu machen das Pech und mit seiner 'Überschwester' Lou zu machen das – bei aller Tragik – Glück hatte.

3. Nietzsches Vatersuche: „Vertriebene sollt ihr sein aus allen Vater- und Urväterländern!“

Das Motiv der Vatersuche ist in neuerer Zeit von Dieter Lenzen als kulturelles und historisches Phänomen sondiert worden. Dabei spricht Lenzen für das hier interessierende 19. Jahrhundert von einer „Diversifikation der Ersatzväter“, also von einer durch den nun freigesetzten „Gedanken(n) der intellektuellen Nachfolge“ beschleunigten „Ersetzung der leiblichen Vaterschaft durch eine geistige“ (Lenzen 1991: 195). Diese Denkfigur ist auf den Fall Nietzsche anwendbar, wenn man nur an die 'geistige Vaterschaft' denkt, die bei ihm vorübergehend Schopenhauer wie Wagner anzutreten hatten. Um die Dynamik dessen besser zu verstehen, bedarf das sozialhistorisch-erziehungsgeschichtliche Argumentationsmuster allerdings noch der Ergänzung durch ein psychoanalytisches. Ihm zufolge gewinnt das Motiv der Vatersuche und das der Ersatzvater-Konstruktion eine besondere Dramatik dann, wenn die traumatisierende Erfahrung einer immer ersehnten, aber nie recht erlebten väterlichen Liebe abgegolten werden soll. In diesem Sinne war Nietzsche seinerseits vorübergehendes Objekt der Ersatzvatersuche eines Otto Rank (vgl. Ekstein 1979: 1088f.). Aufschlußreich ist auch eine unter diesem Thema angestellte Analyse der Träume Richard Wagners (vgl. Strunz 1986) oder die weitgehend affektgesteuerte Konversion Arnold Zweigs weg von Sigmund Freud hin zum 'realen Sozialismus' der DDR (vgl. Cremerius 1973). Auch Nietzsche darf in dem zuletzt angesprochenen Sinn und zumindest in seinen frühen Jahren als Konvertit gelten, der seinen Interpreten den Nachvollzug seiner theoretischen Wenden ebenso erschwerte wie das Verständnis für seine vehemente Ablehnung des zuvor emphatisch Verehrten. Dies gilt insbesondere für seinen Wechsel von der Philologie zur Philosophie (vgl. I.3.2), aber auch für seine daran angeschlossene Selbstauslegung als eines philosophierenden Wagnerianers (vgl. I.3.3). Anlaß all dessen war, so die These des folgenden, der Umstand, daß Nietzsches leiblicher Vater infolge einer mysteriösen Krankheit schon sehr früh starb und der Sohn folglich einer Erklärung für dieses Geschehen bedürftig war, und sei dies nur zum Zwecke der Orientierung seiner Suche nach einem geistigen Ersatzvater.

3.1 Nietzsches Vater: Ein Engel im Schatten des Dämon

Die Bedeutung von Nietzsches Vater Carl Ludwig Nietzsche wird in der Nietzsche-Forschung häufig, nicht zuletzt wegen seines frühen Todes Ende Juli 1849, als gering veranschlagt. Als erwähnenswert gilt allenfalls, daß er Pastor in Röcken gewesen war und daß Nietzsche seinen Vater sehr verehrte, schon auf der Schule als 'kleiner Pastor' gehänselt wurde, zunächst auch noch Theologie zu studieren begann – um dann, gleichwohl oder trotzdem, als Antichrist zu enden. So schlau ist auch fast das Röckener Kirchenbuch, dessen Eintrag allerdings dem Geist unchristlicher Häme erkennbar freies Spiel läßt: „Friedrich Wilhelm Nietzsche, Professor, Dr. phil. aus Weimar/in Röcken geboren 15. Okt. 1844 als Sohn des damaligen Pfarrers Nietzsche und sonach evang; nach seinen philosoph. Werken aber *anti*-christlich", lautet die Kunde angesichts von Nietzsches Beisetzung, die, wie hinzugesetzt wird, „ohne kirchliche Beteiligung" (zit. n. Bohley 1980: 405) stattfand. Die Kirche also, so kann man hieraus lernen, vergißt nie – außer vielleicht: zu sagen, daß Nietzsche nicht des Berufs des Vaters wegen, sondern seiner Konfirmation halber evangelisch war und: zu fragen, was in Nietzsche wohl vorgegangen sein mag auf seinem langen Weg vom Tod des Vaters über sein schon fast angetretenes Erbe geistiger Vaterschaft hin zur Errichtung seiner selbst als des Begründers einer neuen Konfession der Konfessionslosigkeit, dessen *Ecce homo* ausklingt mit den Worten: „Hat man mich verstanden? – Dionysos gegen den Gekreuzigten. –" (KSA 6: 374).

Die Frage nach Nietzsches Erleben des ihn innerlich Berührenden gehört aber wenn schon nicht ins Zentrum einer theologischen, so jedenfalls doch einer psychologisch orientierten Nietzsche-Interpretation. So ist es beispielsweise mehr als makaber, wenn Nietzsche vier Jahre nach dem Tod seines Vaters von dessen ehemaligen Freund und Kollegen Gustav Oßwald dazu aufgefordert wird, in einfachen Worten für ein langes Leben seiner Mutter zu beten, versehen mit dem aufmunternd gedachten Zusatz, Gott habe die schwachen, einfachen Gebete seiner Kinder „am liebsten", so daß Nietzsche nicht denken möge, ein – einfach gehaltenes – Gebet sei „unnütz und werde nicht erhört" (KGB I/1: 314). Denn schließlich war es Nietzsche gewesen, der sich Jahre zuvor, auf dem Höhepunkt der Krankheit seines Vaters, immer wieder an Gott gewandt hatte. In einem Briefentwurf seiner Mutter vom Frühjahr 1849 heißt es beispielsweise: „(...) auch unsre Kinderchen werden nicht müde täglich zu Gott um die Gesundheit des guten Pappa zu bitten und unser ältester vierjähriger Fritz meinte gestern warte nur meine Mamma wenn es nur anfängt zu blitzen dann wird uns schon der liebe Gott eher hören" (zit. n. Schmidt 1995a:

56). Aus der Einlassung Oßwalds konnte Nietzsche insoweit nur entnehmen, daß Gott Nietzsches Gebete um das Leben seines Vaters nicht liebgehabt hatte oder daß Dritte über die Macht Gottes unzutreffende Vorstellungen vertraten. Insbesondere letzteres steht für einen zentralen Aspekt des Theodizee-Problems, mit dem sich Nietzsche nach dem Tod seines Vaters, auch in literarischer Form (vgl. Schmidt 1991: 733f.), intensiv auseinandergesetzt hat. Auch Rudolf Kreis datiert von diesem Ereignis ausgehend Nietzsches „Vernichtungskampf gegen den alten Gott" und seinen „Befreiungskampf um den 'unbekannten Gott'" (Kreis 1986: 15), den er schon in einem Primaner-Gedicht angerufen hatte als denjenigen, den er kennenlernen will und dem er künftig sein Leben zu weihen sich vornimmt (BAW 2: 428). Die für Nietzsches Gesamtargument zentrale „Gott-ist-tot"-Diagnostik, so will es mithin scheinen, wird in ihrer Entschlossenheit nachvollziehbarer, wenn man sie psychologisch zu lesen weiß und als eine fortgeschriebene 'Vater-ist-tot'-Klage dechiffriert (vgl. auch Wurmser 1992: 28ff.).

Nietzsche selbst hätte möglicherweise nicht all diesen Folgerungen, aber immerhin doch einer über das Vatermotiv anhebenden Abklärung der psychologischen Hintergründe seiner Philosophie zugestimmt. Diesen Schluß erlaubt seine unter dem Stichwort „man ist nicht ungestraft das Kind seiner Eltern" angebotene Lektion aus dem fünften Buch von *Die fröhliche Wissenschaft*, wonach man „Söhne von protestantischen Geistlichen" schon an der naiven Sicherheit erkenne, „mit der sie als Gelehrte ihre Sache schon als bewiesen nehmen, wenn sie von ihnen eben erst nur herzhaft und mit Wärme vorgebracht ist: sie sind eben gründlich daran gewöhnt, dass man ihnen *glaubt*, – das gehörte bei ihren Vätern zum 'Handwerk'!" (KSA 3: 584). Denn diese Äußerung ist nicht nur als Zeichen für eine ironische Selbstdistanzierung Nietzsches von seiner eigenen, mitunter recht zweifelhaften Beweisführung zu lesen. Sie verweist vielmehr auf einen sehr viel ernsteren Kern, der vor allem dann deutlich wird, wenn man Nietzsches Äußerungen über Schopenhauers Vater zum Vergleich heranzieht. Dieser nämlich, so Nietzsche in *Schopenhauer als Erzieher*, ein „stolze(r) und republikanisch freie(r) Charakter", habe seinem Sohn „das Erste" gegeben, „was ein Philosoph braucht, unbeugsame und rauhe Männlichkeit" (KSA 1: 408). Gewiß ist dieses Porträt eines aus männlicher Sicht, und es steht im skurrilen Gegensatz zu dem, was in der Schopenhauer-Forschung state of the art ist (vgl. Safranski 1990). Und doch sollte man die untergründige Botschaft, zumal im Zusammenhang der vorgenannten Textpassage aus *Die fröhliche Wissenschaft*, nicht unterschätzen. Sie lautet, daß Nietzsche in eigener Sache eine Vermißtenanzeige in Richtung eines Vaters mit einem gleichfalls 'stolzen und republikanisch freien Charakter' geltend macht und insoweit die Orientierung, die er dem 'Handwerk' seines Vaters dankte, eher als Hemmnis erlebte. Insoweit kann man sagen, daß über Nietzsches Vatererinnerung von Anbeginn an ein Damoklesschwert schwebte, zum Fall gebracht durch einen, der sein „Ungenügend!" erst lernen mußte zu deklarieren, und zwar dies in beiden Richtungen: im Blick auf den Vater und im Blick auf den, den dieser zu repräsentieren vorgab: Gott.

3.1.1 Vom Nutzen und Nachteil von Vaterbildern für das Leben

Die Forschung vertritt gegenwärtig ein eher negatives Gesamtbild von Nietzsches Vater. Klaus Goch etwa sieht in der Person des Vaters die Vorstellung repräsentiert, „daß der Weg des Erdenkindes aus Passionsstationen zu bestehen hat und es dem höchsten Willen des himmlisch-strafenden Vatergottes entspricht, wenn der irdisch-anwesende Vater, indem er 'Kreuz und Rute' unlösbar miteinander verknüpft, das dereinst drohende göttliche Strafgericht schon in dieser Welt an seinem Kind symbolisch-lehrhaft und gleichzeitig schmerzhaft-konkret exekutiert" (Goch 1994: 92). Stützen läßt sich dieses Urteil beispielsweise mit einem Brief des Vaters vom Dezember 1846, in dem es heißt: „Bruder Fritz ist ein wilder Knabe, den manchmal allein der Papa noch zur Raison bringt, sintemal von diesem die Ruthe nicht fern ist" (zit. n. Bohley 1987: 171). In analoge Richtung weist eine Aussage von Nietzsches Mutter in einem Briefentwurf vom Juni 1847: „unser Fritz wird jetzt sehr streng behandelt und muß oft tüchtig die Ruthe fühlen es ist aber auch ein looser Junge" (zit. n. Schmidt 1995a: 47). Und noch im Juni 1895 gibt sie zu Protokoll, daß ihr Mann ihrem ersten Sohn Trotzreaktionen „*handgreiflich*" (zit. n. Gabel/Jagenberg 1994: 38) abgewöhnt hätte. Rechnet man noch die von Rainer Bohley (1980: 389f.) erstmals aufgewiesenen Bedenklichkeiten im Verhalten des Nietzsche-Vaters gegenüber seiner jungen Frau und deren Eltern hinzu, muß man dem zusammenfassenden Urteil von Goch, Nietzsches Vater stünde für einen „wirklichkeitsblinden Dogmatismus, geistige Unbeweglichkeit und Stagnation, mangelnde Toleranz gegenüber anderen Daseinsentwürfen und Lebenshaltungen" sowie für ein „verzerrtes und beschränktes Wahrnehmungsvermögen" (Goch 1994: 104), einiges Recht zubilligen. Im Ergebnis der Auswertung unveröffentlichter biographischer Skizzen aus dem familialen Umfeld liest Goch des Vaters Lebensgeschichte gar als „eine geheime, nach außen sorgsam verborgene Krankengeschichte, die man durchaus deuten könnte als Larvierung einer die ganze Charakterstruktur bestimmenden existentiellen Depression" (Goch 1994: 101).

Von all dem findet sich in Nietzsches Vaterbildern und in seinen nachträglichen Reflexionen über seinen Vater kaum etwas. An eigenen Erfahrungen kann er allerdings auch nur wenig einbringen, obgleich er, der 1867/68 deklarieren sollte, daß er „im Ganzen“ (BAW 3: 291) sehr schnell vergesse, noch 1861 versicherte, sich an seinen Vater genau erinnern zu können: „Sein Bild steht noch lebendig vor meiner Seele: eine hohe, schmächtige Gestalt mit feinen Gesichtszügen und wohlwollender Freundlichkeit“ (BAW 1: 281). Woran Nietzsche sich gewiß noch erinnert haben dürfte, war die Krankheit des Vaters. Denn vom September 1848 bis zum Tod des Vaters hatte Nietzsche ihn als einen pflegebedürftigen, zunehmend weniger ansprechbaren Kranken erleben müssen (vgl. Bohley 1987: 178 ff.). „Was er da sieht“, so suchte Klaus Goch die damalige Perspektive Nietzsches nachzuempfinden, „muß ihn zutiefst verwirren und erschüttern: Jener, der bisher seine kleine Welt regiert, der belohnt und bestraft hat, der omnipotent, fast ‘göttlich’ für ihn war, ist nun zu einer hilflosen, erbarmungswürdigen Kreatur geworden – bewegungsunfähig, blind, manchmal fast komisch mit den Augen rollend, unverständlich vor sich hinlallend“ (Goch 1994: 142). Nietzsche selbst notierte sich noch als Sechzehnjähriger im Rückblick auf eine „verhängnißvolle Zeit, von der aus sich mein ganzes Leben anders gestaltete“, daß die „zunehmenden Leiden meines Vaters, sein Erblinden, seine abgezehrte Gestalt, die Thränen meiner Mutter, die sorgenvollen Mienen des Arztes, endlich die unvorsichtigen Äußerungen der Land/s/leute“ ihn „ein drohendes Unglück ahnen lassen (mußten)“ (BAW 1: 281).

Im *Ecce homo* findet sich nur noch ein Nachklang dessen, wenn Nietzsche der Nachwelt das sehr konkret klingende Bild von einem Vater hinterläßt, der „eher eine gütige Erinnerung an das Leben, als das Leben selbst“ gewesen sei, so „zart, liebenswürdig und morbid“, wie dieses „nur zum Vorübergehn bestimmte … Wesen“ (KSA 6: 264) nun einmal in die Erscheinung getreten sei. Unter dem Strich aber hat man eher den Eindruck, als sei Nietzsche lediglich dem ihm Kolportierten gefolgt, dies aber mit auffälliger Gläubigkeit: „Mit Geist und Gemüth begabt, mit allen Tugenden eines Christen geschmückt, lebte er ein stilles, einfaches, aber glückliches Leben und wurde von allen, die ihn kannten, geachtet und geliebt“, lesen wir beispielsweise in einem Rückblick Nietzsches von 1858, in welchem er das „vollendete Bild eines Landgeistlichen“ (BAW 1: 1) skizziert, als übe ein gewisser Oliver Goldsmith gerade an einem Exposé für seinen Roman *Der Pfarrer von Wakefield*. Drei Jahre später wird dieses Porträt deutlich aufpoliert mittels solcher Superlative wie: „der zärtlichste Gatte“, „der liebevollste Vater“ (BAW 1: 282). Fast scheint es hier, als halte sich Nietzsche konsequent an seinen Aphorismus von 1878: „Wenn man keinen guten Vater hat, so soll man sich einen anschaffen“ (KSA 2: 266).

Die Konsistenz dieses insoweit auf Vaterkonstruktion abstellenden Strebens ist auf den ersten Blick beeindruckend. So beteuert Nietzsche noch im Jahr 1884 mehr oder weniger ungefragt gegenüber Overbeck, daß sein Vater von allen, die ihn gekannt hätten, „mehr zu den 'Engeln' als zu den 'Menschen' gerechnet" (KSB 6: 530) worden sei. Daß dies auch eine Last sein könne, macht unfreiwillig der von Gustav Oßwald stammende Glückwunsch zu Nietzsches achtem Geburtstag klar. Hier nämlich wird auch noch Nietzsches Großmutter erwähnt, „welche in Dir (...) Deinen guten so früh heimgegangenen Vater liebt" (KGB I/1: 310) – eine Formulierung, die nicht gerade klarer macht, ob Nietzsche auch um seiner selbst willen geliebt wurde. Dem 'Engel', der auf ihm lastete, konnte sich Nietzsche jedenfalls kaum noch entziehen. Dies verrät auch das Schreiben seines Vetters und Vormundes Bernhard Daechsel, der Nietzsche 1861 zur Konfirmation, in Rückerinnerung an Nietzsches Vater, „die Freundlichkeit seines Herzens und die Heiterkeit seines Gemüthes" als väterliches „Erbtheil" (KGB I/1: 350) zur geflissentlichen Beachtung anempfiehlt. Ähnlich sahen die Sache viele – sich brieflich analog äußernde (vgl. Schmidt 1993: 532f.) – Gratulanten. Wo aber, so gab Johann Figl angesichts derlei Brauchtums zu bedenken, der tote Vater immer wieder neu als Sitteninstanz heraufbeschworen und insoweit „vom Toten nicht realitätsangemessen Abschied genommen wird, erscheint er als Gespenst – wie in Nietzsches Leben" (Figl 1995b: 34).

Besonders fragwürdig profilierte sich auf diesem Felde Nietzsches Mutter, die erkennbar darum bemüht war, ihre Art der Huldigung des Andenkens an den Verstorbenen zu einer Sache aller zu machen. In den Schlußformeln vieler ihrer Briefe an den Sohn ist denn auch Nietzsches Vater präsent. Mitunter fungiert er auch als gleichsam außerirdischer Zaungast innerweltlichen Geschehens: Der „gute selige Papa schaute aus seinen Blumen auf das Paar hernieder und wird gewiß auch seine Segenshand auf sie gelegt haben" (KGB III/4: 31f.), erfährt Nietzsche beispielsweise im fernen Sils-Maria von der Mutter über die im Mai 1885 vollzogene Haustrauung ihrer Tochter. Diese selbst schreibt in einem Altersrückblick, daß des Vaters „Geist und seine Ansichten ... unseren ganzen Haushalt und unsere Kindheit (beherrschten), ihm Ehre zu machen, mußte unser höchstes Bestreben sein, weshalb unser weiblicher Haushalt im Grunde doch unter männlicher Leitung stand" (Förster-Nietzsche 1935: 23). An Stelle des leiblichen Vaters also, so läßt sich die Strategie der Mutter zusammenfassend reformulieren, hatte der geistige zu treten: Ein Motiv zur Ersatzvatersuche schien entbehrlich.

Zum Ausdruck gebracht hatte Nietzsche derartige Motive erstmals 1868/1869, als er meinte, daß er der „strenge(n) und überlegne(n) Leitung eines männlichen Intellekts" (BAW 5: 252) bedürftig sei. Und noch in einem Trauerbrief vom Juli 1874 an seinen Jugendfreund Gustav Krug versicherte er diesem nach dem Tod von dessen Vater, daß er seit dem Tod seines Vaters ein oft empfundenes Bedürfnis „nach einem wahrhaft vertrauten und liebenden Berather" (KSB 4: 240) habe. Retrospektiv gelesen ist dies eine Klage über seine Schulzeit, die durch Strenge und hohe Leistungsanforderungen gekennzeichnet war. „Feiere ... recht gesund und vergnügt", wird Nietzsche schon zu seinem achten Geburtstag von Freunden des Vaters ermahnt, „denn (...) es sind nun nur noch wenige Jahre, wo Du dann fort auf eine hohe Schule kommst, damit du etwas tüchtiges lernst, so wird es nicht lange dauern so bist Du Pförtener Alumnus, dann Student, dann Candidat, und endlich Herr Pastor" (KGB I/1: 308). Kindheit war bei dieser Lesart eher eine störende Episode auf dem Weg zum Erwachsensein, eine Lesart, die Nietzsche, angetrieben durch das ihm vorgehaltene Leitbild, rasch zu seiner eigenen machte. Die Briefe des jungen Nietzsche legen jedenfalls Zeugnis ab für einen sehr ernsten und arbeitsamen Schüler, der spürt, daß das Vaterbild in ihm fordernd sich regt. Typisch für die Strebsamkeit des jungen Nietzsche ist etwa die Notiz des Dreizehnjährigen: „Ich will aber nun schließen, da ich noch ungemein zu arbeiten habe" (KSB 1: 12f.), oder etwa, ein knappes Jahr später: „Spazierengehen ist mir jetzt etwas ganz unbekanntes da ich stets nach den Baden sowohl der Zeit als der Kräfte dazu entbehre" (KSB 1: 13). Die Reformpädagogik sollte derartige Klagen später unter dem Thema der Überbürdung verhandeln und in Projekte der Reform des gymnasialen Lehrplans einmünden lassen. Nietzsche hingegen genoß trotz gerade bei ihm zutage tretender Überbürdungseffekte seinen Schulerfolg als Zeichen für die sich in ihm dokumentierende Nähe zum Vater. Ihr Bruder, so denn auch Elisabeth, sei „dem Gedanken, daß alles Tüchtige und Ungewöhnliche in seinem Wesen und Denken, das ihn von anderen unterschied, Erbschaft von unserm frühverstorbenen Vater wäre, ... sein ganzes Leben hindurch treu geblieben" und habe auch seinen Schulerfolg als Ergebnis väterlicher Erbschaft verrechnet, insofern „der liebe Papa im Himmel" ihm die „gute(n) Gedanken" (Förster-Nietzsche 1912: 68) im Unterricht eingäbe. Und Nietzsches Mutter, die ihrem Sohn brieflich immer wieder ihr Modell einer orientierungssichernden Zwiesprache mit ihrem verstorbenen Mann darlegte, hätte eine von der Schulerfolgsorientierung abweichende Option zweifellos als blasphemische Abweichung vom Paradigma der Befolgung gott-väterlichen Ratschlusses gedeutet.

Förderlich für die scheinbar friktionslose Übernahme der im positiven Vaterbild kulminierenden Legendenbildung in Nietzsches Selbstdeutungsrepertoire war möglicherweise auch sein Stolz auf die napoleonisch eingestellte, im Weimarer Goethekreis verkehrende Großmutter väterlicherseits. Diese sei, so Nietzsche mit vieldeutigem Unterton in einer Vorstufe des *Ecce homo*, ausgerechnet an jenem Tage „des grossen Kriegsjahres 1813“ mit seinem Vater niedergekommen, an dem „Napoleon mit seinem Generalstab in Eilenburg einzog“ (KSA 14: 472). Entsprechend schien sie, wie Nietzsche sich auch gegenüber Dritten vernehmen ließ (vgl. v. Salis-Marschlins 1897: 40ff.), seinem Vater etwas mitgegeben zu haben, dessen er sich, zumal als eines Napoleon bewundernden Philosophen, nicht schämen mußte. Eine größere Rolle aber dürfte noch der Umstand gespielt haben, daß Nietzsches Vater auf dem Höhepunkt der ödipalen Rivalität mit dem Sohn starb; Nietzsche nämlich könnte dann den Tod des Vaters unter dem Vorzeichen einer Wunscherfüllung gelesen haben, die er durch Idealisierung abgelten wollte (vgl. Kjaer 1990: 160ff.; Schmidt 1991: 853ff.; Wurmser 1992: 28). Nicht zu unterschätzen ist schließlich, daß die Aufbereitung des Vaters als eines – auch im Wesen des Sohnes sich entäußernden – Quasi-Engels Nietzsche bis zuletzt die Chance bot, nicht verraten zu müssen, wer er eigentlich selber war.

Entsprechend stilisierte er den Urgrund seines Naturells zunächst aus der gleichsam offiziellen Kolportage. Sein Vater habe „die Keime des Ernsten, Betrachtenden“ (BAW 3: 67) in seine Seele gelegt, heißt es 1864 in einer autobiographischen Notiz, die Nietzsche ein Jahr später, in einem Brief nach Naumburg, insoweit beglaubigt, als er seine Klage über eine des Wetters wegen ausstehende Heiterkeit seines Gemüts mit dem denkwürdigen Zusatz versieht: „aber nein, Heiterkeit ist mir fremd, sagen wir lieber Ruhe“ (KSB 2: 91). Und noch zehn Jahre später äußerte Nietzsche gegenüber Rohde: „Ich gerathe mitunter in eine schreckliche Klagerei und bin *immer* mir einer tiefen Melancholie meines Daseins bewusst, bei aller Heiterkeit“ (KSB 4: 226). Auch ein Eindruck eines Studienfreundes unterstreicht diesen Aspekt: „Nietzsche war von Haus aus eine tiefernste Natur (...); ich habe viele geistvolle Bemerkungen, aber selten einen guten Witz von ihm zu hören bekommen“ (Deussen 1901: 85) Mit der „außerordentlichen Natur“ (KSB 6: 530) seines Vaters erklärte Nietzsche 1884 in einem Brief an Overbeck auch seine Bereitschaft, der Schwester gegenüber immer wieder zu schnell einzulenken. Diese selbst redete ihrem Bruder kurze Zeit danach ein, daß sein „bezauberndes Wesen zum Theil ... Erbe des guten Vaters“ (KGB III/4: 101) sei. Danken wollte sie mit diesem Brief an sich nur für seine Bereitwilligkeit, die Kosten für eine der väterlichen Begräbnisstätte würdige Grabplatte in Gänze zu übernehmen, ein „Vorrecht“, wie er erläuternd formuliert hatte, das er sich „als Sohn“ (KSB 7: 124) nicht nehmen lasse. Diese einerseits kalkulierte, andererseits inszenierte Fremd- wie Selbstzurechnung von Grandezza als Vatererbe verfängt auch noch drei Jahre später, im *Ecce homo*. „Ich habe nie die Kunst verstanden, gegen mich einzunehmen“ (KSA 6: 269), heißt es hier, und „der Begriff 'Vergeltung'“ sei ihm „so unzugänglich wie der Begriff 'gleiche Rechte'", ein Urteil, das unter dem resümierenden Oberbegriff läuft: Ich bin „bloss mein Vater noch einmal und gleichsam sein Fortleben nach seinem allzufrühen Tode" (KSA 6: 271).

Unheimlich freilich ist es manchem Nietzsche-Interpreten schon geworden bei diesem Satz – möglicherweise, weil man erst lernen muß, ihn als einen ironischen zu lesen, der die Warnung enthält, daß man Nietzsche nicht wörtlich lesen darf, sondern ausgehend von der Attitüde dessen, der sich anheischig macht, ihm die Maske abzunehmen. Tut man dies, hat man es nicht mit dem Postulat der (ewigen) Wiederkunft des Vaters im Sohne zu tun, sondern mit dem Hinweis auf das Auftauchen des großen Anti-Vaters in der Gestalt des weise gewordenen Sohnes, dessen 'Fortleben' seine Rechtfertigung allein daraus empfängt, daß er sich zum schärfsten Ankläger dessen macht, wofür Naturell wie Frömmigkeit des Vaters einstanden. Dafür mag man denn auch einem 'allzufrühen Tod' enthoben sein und Ewigkeit, jedenfalls in Nietzsches Version dessen, was dies denn nach dem Tod Gottes noch heißen kann, verdienen.

Nietzsche erwarb sich diese große Perspektive in kleinen Schritten. Er sei, so lesen wir beispielsweise im eben erwähnten Brief an Overbeck, „durch die schlimmen Erfahrungen, die ich mit dem Mitleiden gemacht habe, zu einer theoretisch sehr interessanten Veränderung in der Werthschätzung des Mitleidens angeregt worden" (KSB 6: 530). Mit dieser Formulierung spielt Nietzsche auf seine Umwertung eben jener christlichen Morallehre an, der sich der Vater zugehörig wußte und der auch die Mutter Raum gab, wenn sie etwa ihre Kinder dazu anhielt, auf den Spaziergängen den Armen „*selbst* die Gaben (zu) reichen" (zit. n. Gabel/Jagenberg 1994: 36). Die 'Zeichensprache', also die verborgenen Motive derer zu untersuchen, die sich offiziell als Proponenten dieser und auch anderer Morallehren bekundeten, gehörte in der Folge zu dem Handwerk jenes Nietzsche, der auch Schopenhauer wie Wagner überwunden hatte – ein Gesichtspunkt, der (Ersatz-)Vaterverehrung nicht mehr zuließ und mithin das Motiv des Vatermordes radikalisieren half. Angespielt ist damit zugleich auch auf Nietzsches Projekt des Gottesmordes, für das sich sein zunächst noch glorifizierendes Vaterporträt gleichfalls als funktional erwiesen haben dürfte. Denn Nietzsches sich allmählich formierende Gottesanklage ließ sich problemlos aus der Leidenserfahrung fundieren, die er beharrlich an den Tod des Vaters koppelte.

Der Weg hin zu dieser Position fiel ihm allerdings keineswegs leicht. Zunächst noch meinte er beides tun zu können: um den Vater trauern – und Gott gleichwohl lieben. „Ich habe nun schon so manches erfahren", notierte er sich 1858, „aber in allen hat mich Gott sicher geleitet wie ein Vater sein schwaches Kindlein"; geradezu trotzig fügt er noch hinzu: „Aber sein heiliger Wille geschehe!" (BAW 1: 31) Sechzehn Jahre später, in *Vom Nutzen und Nachteil der Historie für das Leben*, stellt sich ihm dieses Problem schon etwas anders dar. Hier nämlich klagt er, als verläse er schon seinen eigenen Nachruf, über den viel zu frühen Tod Raffaels – an sich nicht sonderlich auffällig, wäre Raffael nicht in einem Alter gestorben, in dem auch Nietzsches Vater verstarb. Gleichsinnig damit kritisiert er einen seiner Zeitgenossen, der der Auffassung war, Goethe hätte sich bei seinem Tod im hohen Alter ohnehin „ausgelebt" gehabt. Nietzsche entfährt dazu der Kommentar: „Dass die Vielen leben und jene Wenigen nicht mehr leben, ist nichts als eine plumpe Wahrheit, das heisst eine unverbesserliche Dummheit, ein plumpes ‘es ist einmal so’ gegenüber der Moral ‘es sollte nicht so sein’" (KSA 1: 310). Dem folgt dann noch, er würde lieber „ein paar Jahre des ‘ausgelebten’ Goethe gegen einen ganzen Wagen voll frischer hochmoderner Lebensläufte einhandeln"; der Schluß steht insoweit außer Frage: „Wie wenig Lebende haben überhaupt, solchen Todten gegenüber, ein Recht zu leben!" (KSA 1: 310)

Möglicherweise aber wollte Nietzsche damit zugleich auch sagen: ‘Wie wenig Lebende haben überhaupt, meinem Vater gegenüber, ein Recht zu leben!’ Eingelegt war dem jedenfalls noch ein Tadel der Geschichte, die in ihrer Ausformung als Schicksal unterschiedslos den Tod verfügt und in dieser Lesart, so schließt Nietzsche auf dem Höhepunkt seiner Historismuskritik messerscharf, als „Compendium der thatsächlichen Unmoral" (KSA 1: 310) gesehen werden darf. Konsequent war aber auch die dem eingefügte Kritik derer, die „der Geschichte zu Hülfe kommen", indem sie sich auf die Unerbittlichkeit ihrer Ablauflogik beziehen; Nietzsche belegt sie mit Attributen wie „Apologeten des Thatsächlichen" oder „Legionäre des Augenblicks" (KSA 1: 310). Angelegt war darin eine verschlüsselte Kritik derer, die Nietzsche mit derartigen Worten über den Tod seines Vaters hinwegtrösten wollten. Jenseits dieser Kritik verbarg sich als visionäre und erst im Spätwerk deutlich heraustretende Alternative, daß der Mensch moralisch geadelte gute Gründe zu haben schien, in den (unmoralischen) Selbstlauf der Geschichte einzugreifen. „Stirb zur rechten Zeit", wird folglich später Zarathustra lehren, gleichzeitig die „Überflüssigen" mit dem Bannfluch belegend, daß sie besser doch nie geboren worden wären, denn: „wer nie zur rechten Zeit lebt, wie sollte der je zur rechten Zeit sterben?" (KSA 4: 93) Dies nun freilich war eine gefährliche Erweiterung des ursprünglichen Klageliedes. Denn sie mußte den Gedanken einer Trennbarkeit der Menschen in notwendige, den Lebenssinn erfüllende, und ‘überflüssige’, den Lebenssinn verfehlende, freisetzen – inklusive des Gedankens der Selbstüberhebung des darüber aufgeklärten einzelnen in Richtung eines Wesens, das die Geschicke der Menschheit doch etwas klüger zu handhaben und den Wert des einzelnen angemessener zu würdigen wußte als ausgerechnet Gott, der, wie es hier nun scheint, als a-moralischer Zufallsgenerator der in der Zeitvorstellung eingebauten Endlichkeit des Diesseits gelesen werden darf.

Dieser Selbstüberhebung scheint sich denn auch Zarathustra schuldig zu machen, wenn Nietzsche ihn sprechen läßt: „Voll ist die Erde von Überflüssigen, verdorben ist das Leben durch die Viel-zu-Vielen. Möge man sie mit dem 'ewigen Leben' aus diesem Leben weglocken!" (KSA 4: 55) Dies mochte zwar noch als paradoxe Intervention lesbar sein mit Blick auf die ohnehin dominante Lebensverleugnung, die der Jenseitsorientierung des Christen anhaftet. Aber schon die wenige Seiten später folgende Ergänzung: „Überall ertönt die Stimme Derer, welche den Tod predigen: und die Erde ist voll von Solchen, welchen der Tod gepredigt werden muss" (KSA 4: 57), verhieß nichts Gutes. Dies bezeugt denn auch der im *Antichrist* vorgestellte „erste Satz unsrer Menschenliebe", wonach die „Schwachen und Missrathenen … zu Grunde gehn (sollen)", erweitert um die zynische Pointe: „Und man soll ihnen noch dazu helfen" (KSA 6: 170). Ähnlich argumentierte Nietzsche in der *Götzen-Dämmerung*, eine Schrift, in der er, unter dem Zwischentitel *Moral für Ärzte,* Sätze ablegte wie: „Der Kranke ist ein Parasit der Gesellschaft", gefolgt von der Forderung, man müsse eine „neue Verantwortlichkeit" des Arztes schaffen „für alle Fälle, wo das höchste Interesse des Lebens, des *aufsteigenden* Lebens, das rücksichtsloseste Nieder- und Beiseite-Drängen des *entartenden* Lebens verlangt – zum Beispiel für das Recht auf Zeugung, für das Recht, geboren zu werden, für das Recht, zu leben …" (KSA 6: 134). Derlei Reflexionen lassen sich selbstredend kaum noch als zwingende Effekte jener Gedanken deuten, die Nietzsche dem Tod seines Vaters abgewann. So bleibt ein nicht zu klärender Rest, den auch der Verweis darauf, daß man es namentlich in der Götzen-Dämmerung mit bloßen Exzerpten zu tun hat und folglich der „Einbruch des Medi-zynischen" (Montinari 1984: 76) in des späten Nietzsche Denken der Lektüre recht zweifelhafter nervenärztlicher Literatur geschuldet scheint, nicht aus der Welt geräumt wird. Dies gilt schon wegen der von Montinari ausgeblendeten kontinuierenden Motive. Der Sache nach wird uns dieses Thema allerdings noch an anderer Stelle beschäftigen (vgl. II.7.3).

Halten wir hier zunächst nur fest: Man kann einige, aber gewiß nicht alle Gedanken Nietzsches über Tod und Krankheit biographisch reinterpretieren. Zu denken wäre dabei übrigens auch an die penetrante Larmoyanz seiner sich in ihrer Trauerattitüde über den frühen Tod ihres Mannes ergehende Mutter. Denn kurz bevor sich Nietzsche mit Malwida v. Meysenbug über das von ihm in *Vom Nutzen und Nachteil der Historie* entwickelte Thema des Todes sowie das Raffael-Motiv brieflich verständigt (vgl. KGB II/4: 432f.), erhält er von seiner Mutter ein deprimierendes Schreiben. In diesem drückt sie angesichts einer im Alter von 87 Jahren verstorbenen Naumburger Bekannten ihre Hoffnung aus, daß der „liebe gute Gott“ (KGB II/4: 402) mit ihr ein vergleichbar langes Leben nicht vorhabe. Hinter dieser merkwürdigen Äußerung, die unschwer als Indiz für eine latente Todessehnsucht zu deuten ist, verbirgt sich zugleich auch ihre andernorts immer wieder beschworene Erwartung, möglichst bald mit ihrem verstorbenen Gatten, dem „lieben himmlischen Vater“ (KGB II/4: 372), wiedervereinigt zu sein. Dieser Wunsch mußte in den Augen des kränkelnden Sohnes natürlich wie Hohn klingen. Und er dürfte ihn als ein Zeichen dafür gelesen haben, daß Gott an sich beides zu verantworten hatte: durch sein unmoralisches Weltgericht den Tod des Vaters und durch die fatale Jenseitsorientierung die Todessehnsucht der Mutter. Im Zentrum der diesbezüglichen Reflexionen Nietzsches aber steht der Vater. Die Anschlußfrage hat nun zu lauten, ob er denn tatsächlich lebenslang und durchgehend den Vater dem am Fall Raffael gewonnenen Motiv eines unzeitgemäßen Todes einfügte oder ob nicht vielmehr Anlaß besteht zu der Annahme, Nietzsche habe seinen Vater, ähnlich wie im übrigen auch seine Mutter, im späteren Verlauf durchaus auch jenen von Zarathustra beschworenen ‘Überflüssigen’ zugerechnet, die zwar nicht zur rechten Zeit starben, aber auch niemals zur rechten Zeit lebten. Es gibt gute Gründe, eher diese zweite Option zu vertreten oder jedenfalls doch eine bedeutsame Veränderung des Vaterbildes Nietzsches zum Negativen hin ins Kalkül zu ziehen, was dann selbstredend auch sein Vaterideal und mithin seine Vatersuche beeinflußt haben dürfte. Dafür ist allerdings ein etwas genauerer Blick auf Krankheit und Tod von Nietzsches Vater und das Umgehen Nietzsches mit diesem Problem und seiner eigenen Krankheit erforderlich.

3.1.2 Vom Nutzen und Nachteil von Krankheitstheorien I: Nietzsches Krankheit

Nietzsche imponierte Außenstehenden ursprünglich als durchaus gesunder junger Mann. So heißt es in einem Empfehlungsschreiben Ritschls, mit dem dieser Nietzsche den Weg in Basel bahnte: „Er ist jetzt 24 Jahre alt: stark, rüstig, gesund, tapfer von Körper und Charakter, recht gemacht, um ähnlichen Naturen zu imponieren“ (KGB I/4: 542). Und Paul Deussen erinnerte sich später an seinen Besuch bei seinem Freund Nietzsche in Basel im Jahre 1871 mit den Worten: „Spät, nach elf Uhr erschien Nietzsche (...), in animierter Stimmung, feurig, elastisch, selbstbewußt, wie ein junger Löwe“ (Deussen 1901: 85). Im Jahr 1886 hingegen, Nietzsche ist nun zweiundvierzig Jahre alt und seit sieben Jahren wegen Krankheit von seiner Philologieprofessur entbunden und pendelt rastlos zwischen Italien,

Frankreich und der Schweiz auf der Suche nach einem Ort, der seiner Gesundheit förderlich ist, gewinnt Deussen einen ganz anderen Eindruck: „Das war nicht mehr die stolze Haltung, der elastische Gang, die fließende Rede von ehedem. Nur mühsam und etwas nach der Seite hängend, schien er sich zu schleppen, und seine Rede wurde öfter schwerfällig und stockend“ (Deussen 1901: 92). Was sich in diesen Wahrnehmungen andeutet, gewinnt an Kontur, wenn man Nietzsches Binnenperspektive einbezieht.

Im Jahr 1879 erfährt der Arzt Otto Eiser von Nietzsche, dieser habe „118 schwere Anfallstage“ gehabt, was meine: „beständige(r) Schmerz und Druck im Kopf, auf den Augen“ und ein „lähmungsartige(s) Gesammtgefühl von Kopfe bis in die Fußspitzen!“ (KSB 6: 6) Auch der ganz normale Tagesablauf Nietzsches in einer der Pensionen, die er krankheitsbedingt im Winter an der Riviera und im Sommer, mit zunehmender Regelmäßigkeit, in Sils-Maria bewohnte, hat etwas Beklemmendes: „Alle Morgen um 5 kalte Gesammtabwaschung, täglich 5-7 Stunden Bewegung. Von 7–9 Abends still im Dunkeln sitzen (…): nie Theater, Concert u.s.w.“ (KSB 6: 121). Dieser Bericht Nietzsches vom August 1881 aus Sils-Maria an seine Mutter weist eine beklemmende Nähe auf zu einem fast sechs Jahre älteren Rapport aus Nizza, der ebenfalls an die Mutter gerichtet ist: „Ich gehe Vormittags eine Stunde, Nachmittags drei Stunden durchschnittlich spazieren, in scharfem Schritte – Tag für Tag den gleichen Weg: er ist schön genug dazu. Nach dem Abendessen sitze ich noch bis 9 Uhr im Salon, unter fast lauter Engländern und Engländerinnen, bei einer Lampe mit Lampenschirm an meinem Tische. Ich stehe halb sieben auf und mache mir meinen Thee selbst: dazu einige Zwiebäcke. Um 12 Uhr das Frühstück; um 6 Uhr die Hauptmahlzeit. Kein Wein, kein Bier, keine Spirituosen, kein Kaffe: größte Gleichmäßigkeit in der Lebens- und Ernährungsweise“ (KSB 8: 272). Der Zusatz: „Seit vorigem Sommer habe ich mich an Wassertrinken gewöhnt: ein gutes Zeichen, ein Fortschritt“ (KSB 8: 272), unterstreicht, wie bescheiden Nietzsche inzwischen geworden ist, wie vernünftig er mit seiner Krankheit umzugehen weiß. So ist auch das viele Wandern unter schattigen Bäumen und das abendliche Sitzen im Dunkeln oder unter einem Lampenschirm krankheitsbedingt: Nietzsche leidet an den Vorstufen einer Netzhautablösung und fürchtet, eines Tages ganz zu erblinden. Das Lesen eines Buches von Gottfried Keller beispielsweise, so erfährt Overbeck im August 1881, gehöre zu den „‘Luxusausgaben der Sehkraft’“ (KSB 6: 117) und müsse folglich ganz unterbleiben.

Jenseits aber dieser ganzen Vernunft, die Nietzsche im Umgang mit dem ganz Anderen in seinem Innern an den Tag zu legen vermag, finden sich in Nietzsches Briefen auch immer wieder Hoffnungen ausgesprochen auf den „erlösende(n) Hirnschlag" (KSB 6: 4), Selbstmordgedanken, Aussagen wie „Ich bin vieler Dinge so müde" (KSB 6: 477) oder „Ich war noch nie so einsam" (KSB 6: 453) – und schließlich die Zwischenbilanz vom Dezember 1885: „Fast sieben Jahre Einsamkeit und, zum allergrößten Theil, ein wahres Hundeleben, weil es an allem *mir* Nothwendigen fehlte!" (KSB 7: 116) Dieser Befund wird sich seiner Tendenz nach, abgesehen von mal kürzeren und mal längeren Phasen der scheinbaren Spontanremission, auch in den nächsten drei Jahren, bis hin zu Nietzsches geistigem Zusammenbruch, nicht ändern. So erfährt Köselitz beispielsweise im März 1888 von Nietzsche: „Ich kenne nichts mehr, ich höre nichts mehr, ich lese nichts!" (KSB 8: 275) Anhand der Briefe also wird der Leser auf besonders anschauliche Art Zeuge eines Niedergangs, den nichts mehr aufzuhalten scheint.

Auffällig ist dabei, daß ausgerechnet in dem Jahr, in dem Nietzsche seine im Alter von nur 24 Jahren so hoffnungsvoll gestartete Universitätskarriere nach nur zehn Jahren krankheitshalber beenden muß, *Vermischte Meinungen und Sprüche* Nietzsches erscheinen, der Art, daß man „die Erde in einen Garten des Glücks verzaubern" könne, wenn man „den Unzufriedenen, Schwarzgalligen und Murrköpfen die Fortpflanzung verwehrte" (KSA 2: 496). Nietzsche erweckt hier zwar nicht im entferntesten den Eindruck, daß er sich, etwa wegen seiner ihm nun mitunter selbst peinlich werdenden brieflichen Klagelieder über sein schlechtes Befinden, diesen 'Schwarzgalligen' zurechnet; vielmehr bezieht er sich offenkundig auf ein zeitdiagnostisches Urteil über Dritte, denn im Nachlaß dieser Jahre lesen wir: „Geht durch die großen Städte und fragt euch, ob dies Volk sich fortpflanzen soll!" (KSA 9: 189) Aber dieses Urteil Nietzsches und die daran geknüpften Folgerungen nur als Zeugnis für Elitebewußtsein zu lesen und nicht auf die für es geltend gemachten Motive sowie, und dies vor allem, auf die darin verborgene tiefe Verzweiflung Nietzsches hin zu befragen, hieße, die Vordergründe Nietzsches mit den besagten Hintergründen identisch zu setzen.

Bei all dem hat man vor allem zu berücksichtigen, daß Nietzsches Krankheitssymptome in ganz besonderer Weise dazu angetan waren, im Krankheitsträger Selbstverachtungsmotive freizusetzen. Nietzsche nämlich litt, auch wenn dies die ihn behandelnden Ärzte offenkundig nicht wahrhaben wollten, an den Vorformen einer progressiven Paralyse infolge einer syphilitischen Infektion (vgl. Volz 1990: 186ff.). Hieran dachten sogleich auch die Ärzte der Baseler Irrenanstalt, in die Nietzsche nach seinem geistigen Zusammenbruch im Januar 1889 in Turin überführt wurde. Sie nämlich erhoben nach einwöchiger stationärer Diagnostik das Krankheitsbild „Paralysis progressiva" (zit. n. Volz 1990: 380). Auch die im Anschluß an Nietzsches Überführung nach Jena angelegte Krankenakte trägt das Stichwort „Paralytische Seelenstörung“ und vermerkt als Ursache hierfür – abgesehen von einer vermuteten Geisteskrankheit seines Vaters – „Syphilis“ (zit. n. Volz 1990: 392). Krankheitsverlauf und Krankheitsbild waren allerdings eher untypisch, so daß hinreichend Spielraum blieb für alternative Krankheitstheorien, angefangen vom Schlaganfall über Epilepsie und Paranoia bis hin zur Schizophrenie (Volz 1990: 7f.). Jüngst hat der medizinische Laie Manfred Schneider diesen Krankheitskatalog noch um die Kategorie „progressive Destruktion des Anderen“ (Schneider 1995: 994) – statt progressive Paralyse – erweitert; Nietzsche habe also, so Schneiders mit großer Ernsthaftigkeit vorgetragenes, aber nicht weiter ernstzunehmendes Argument, mit seiner Krankheit seinen Preis zahlen müssen für einen Schritt, den er „selbst und viele seiner Leser nicht mehr verstanden“, nämlich für den von ihm herbeigeführten „Bruch mit der Möglichkeit theoretischer Wahrheit zugunsten eines singulären Cäsarismus“ (Schneider 1995: 985).

In der Logik dieses offenbar in Mode kommenden Parallelsetzens von Philosophietyp und Krankheitstyp werden einem in neuerer Zeit mitunter ganze Nietzsche-Deutungen präsentiert, die mit der These aufwarten, Nietzsche sei absichtlich in den Wahnsinn geflohen und habe mit ihm eine in der Logik seiner Philosophie folgerichtige neue Phase seiner Biographie eröffnet, aus der es für ihn wegen seines nun plötzlich verkaufsträchtigen Œuvre kein Zurück mehr gab, jedenfalls nicht „ohne den Preis des erneuten … Mißerfolges und damit erst recht um den Preis fehlender Zärtlichkeit“ (Gentsch 1995: 485). Dies ist zwar mit einiger Sympathie für Nietzsche gesprochen, zumal dieser selbst es war, der davon sprach, daß „allen jenen überlegenen Menschen, welche es unwiderstehlich dahin zog, das Joch irgend einer Sittlichkeit zu brechen und neue Gesetze zu geben (…), Nichts übrig (blieb), als sich wahnsinnig zu machen oder zu stellen“ (KSA 3: 27). Der Sache nach aber ist dieses bittere Wort Nietzsches, mit dem er die Gesellschaft anklagt für den Preis, zu dem sie denen Aufmerksamkeit zuwendet, die gegen das in ihr Geltende sprechen, kaum mit der Annahme von Lutz Gentsch vermittelbar. Dies gilt erst recht für Wolfgang Harichs so überaus zynischen Kommentar: „Ob Nietzsche wirklich oft krank war oder, als Hysteriker, sich nur einbildete, es zu sein, oder ob er schlicht simuliert hat (…), bleibe dahingestellt. Wenn er aber simuliert hat, sei der Nutzen, den er daraus zog, ihm gegönnt“ (Harich 1987: 1039).

Vergleichsweise harmlos mutet vor dem Hintergrund von derlei Krankheitsmetaphysik der Versuch von Nietzsches Schwester an, die Krankheit ihres Bruders zu bagatellisieren, nämlich mit der Diagnose der Überarbeitung zu ‘erklären’. Mit Varianten dieser Diagnose wurde dann auch so mancher Naumburg-Besucher auf den Weg geschickt, wobei am ergreifendsten sicherlich der Rapport ist, den der selbsternannte ‘Naturarzt’

Philo vom Walde 1898 erstattete: „Frau Pastor Nietzsche sowohl als auch ihre Tochter sind stets überzeugte Anhängerinnen der hygienisch-diätetischen Heilweise (Naturheilkunde) gewesen und haben es mit tiefem Schmerz empfunden, daß der liebe Fritz gegen seine Schlaflosigkeit und die neuralgischen Schmerzen allerlei Medikamente gebrauchte, die seine Gehirnnerven immer mehr ruinierten, bis er zuletzt am Chloralgebrauch zu Grunde ging" (zit. n. Gilman 1985: 702). Zwar mußte, wie die Schwester später diese Theorie nachbesserte, noch ein „Schlaganfall" (Förster-Nietzsche 1914: 524) hinzutreten, der sich angeblich im Dezember 1888 in Turin ereignet habe; ansonsten aber schien, durch dieses unheilige Mittel, der Zweck der 'Heiligsprechung' ihres Bruders erreichbar.

Demselben Zweck diente auch ihre von Hildebrandt (1926: 108) eilfertig aufgegriffene und noch von Verrecchia (1986: 317) als sehr wahrscheinlich bezeichnete Botschaft, ihr Bruder habe in Basel im Januar 1889, als er angab, er habe sich „zweimal specifisch inficiert" (zit. n. Volz 1990: 381), allenfalls an seine dem Jahr 1866 zugehörende Angst vor einer zweimaligen Infektion mit der zu dieser Zeit in Leipzig und Umgebung auftretenden Cholera gedacht (vgl. Förster-Nietzsche 1912: 186) und insofern die Frage des Arztes mißverstanden. „Das Wort 'Lues'", so vermerkt hierzu eine interne Aufzeichnung des von Nietzsches Schwester kontrollierten Nietzsche-Archivs, „mit der ursprünglichen Bedeutung 'Seuche', 'Epidemie', ist erst seit wenigen Jahrzehnten, halb euphemistisch, für 'Syphilis' in Gebrauch. Es bleibt fraglich, ob Nietzsche diese moderne Sinnverschiebung des Wortes gekannt hat" (zit. n. Volz 1990: 369). Abgesehen von dieser abenteuerlichen Konstruktion ist bemerkenswert, daß Nietzsches Schwester keine Skrupel kannte, den Baseler mit dem Jenaer Krankenakteneintrag sinnwidrig zu verknüpfen. Denn, und dies gilt es festzuhalten: Nietzsche erwähnte gegenüber den Baseler Irrenärzten das – für den Beweisgang der Schwester zentrale – Jahr 1866 überhaupt nicht; und dort, wo sich diese Jahresangabe findet, nämlich in der Jenaer Krankenakte, in der es heißt „1866 Syphilit. Ansteckg" (zit. n. Volz 1990: 393), unterbleibt jeder Hinweis auf Nietzsche als Informant.

Als sich im Jahr 1905 die Sachlage änderte und nicht mehr Nietzsche selbst, sondern infolge einer Köselitz oder Nietzsches Schwester gegenüber ausgesprochenen „Vermuthung" (zit. n. Volz 1990: 367) des Jenaer Psychiaters Binswanger Overbeck als Zuträger des in der Jenaer Akte verzeichneten Syphilis-Verdachts ins Gerede kam, hatte das Cholera- bzw. Sinnverschiebungsargument denn auch endgültig ausgespielt. Statt dessen nahm Nietzsches Schwester Overbeck unter Beschuß, der seinerseits, auch auf erneute Nachfrage durch Köselitz (vgl. Janz 1981c: 346f.), die Unterstellung Binswangers heftig dementierte, allerdings nicht, ohne kurz vor seinem Tod zu verstehen zu geben, daß ihm Binswanger selbst im Februar

1890 unter vier Augen gesagt habe, er zweifle nicht daran, daß Nietzsches Paralyse syphilitischen Ursprungs sei (vgl. Bernoulli 1908: 432). Auch wenn der Nietzsche 1899 untersuchende Sanitätsrat Vulpius in einer 1923 angefertigten Niederschrift für diesen syphilitischen Ursprung eher eine indirekte Übertragung während Nietzsches Sanitätsdienst im Deutsch-Französischen Krieg verantwortlich macht (vgl. Gilman 1985: 718ff.), hat sich die eher auf eine direkte Infektion hinweisende Auffassung durchgesetzt. Dabei ist es durchaus auffällig, daß Moralauffassung, Auftraggeber, Erkenntnisinteresse wie Fachausrichtung des je Urteilenden die jeweilige Diagnose beeinflussen. Auch wächst – und auch dies könnte an sich den Stoff für eine Farce abgeben – die Entschiedenheit im Urteil über Nietzsches Krankheit und über die Umstände, unter denen er sie sich zuzog, mit dem Abstand von der Primärquelle.

Am unmittelbarsten war gewiß noch der Zugang Otto Eisers, der aufgrund seiner 1877 erhobenen Befunde „das Spezifische der Syphilis eben so gewiß wie die sonst häufig zugrundeliegende chronische Nierenentzündung“ (zit. n. Gregor-Dellin 1980: 684) ausschloß. Auch will Eiser von Nietzsche erfahren haben, daß dieser nie syphilitisch gewesen sei. „Tripper-Ansteckungen während seiner Studentenzeit“ habe er hingegen zugestanden; auch will er „jüngst in Italien auf ärztliches Anraten mehrmals den Coitus ausgeübt haben“ (zit. n. Gregor-Dellin 1980: 683). Diese letztgenannte Information deckt sich mit der 1933 von dem Psychiater Gaston Vorberg (o. J.: 29) aufgegriffenen Anekdote Bernoullis, wonach Nietzsche im Winter 1876/77 in Italien mehrmals „eine junge Sorrentinerin“ empfangen haben soll. Auf Italien verweist auch der Psychoanalytiker Paul Federn, der 1908, also über dreißig Jahre nach Eisers letztem Patientenkontakt, im internen Freud-Zirkel behauptete, er könne aus sicherer Quelle mitteilen, „daß Nietzsche zu Zeiten seines Lebens homosexuell gelebt habe und seine Lues in einem homosexuellen Bordell in Genua akquirierte“ (zit. n. Nunberg/Federn 1976: 337). Wenige Monate später verwies kein Geringerer als Sigmund Freud auf C. G. Jung als eine der Quellen zumindest für die Bordellgeschichte (Nunberg/Federn 1977: 27). Dieser selbst interpretierte 1912 eine von Bernoulli wiedergegebene Anekdote, derzufolge Nietzsche in seiner Baseler Zeit einer Tischdame einen Traum erzählte, in dessen Verlauf seine Hand plötzlich eine gläserne durchsichtige Haut bekommen habe und von einer dicken Kröte in Beschlag genommen worden sei, die er dann, einem unwiderstehlichen Zwang folgend, verschluckte, mit den Worten: „Er befand sich damals in einem Alter, wo andere junge Leute längst ans Heiraten denken. Er saß neben einer jungen Frau und erzählte ihr, daß mit seinem durchsichtigen Gliede etwas Schreckliches und Ekelhaftes passiert sei, das er auch ganz in seinem Körper habe aufnehmen müssen. Man weiß, welche Krankheit Nietzsches

Leben ein vorzeitiges Ende bereitet hat. Eben gerade das hatte er seiner Dame mitzuteilen" (Jung 1912: 48). Der Philosoph Hellmut W. Brann hingegen hielt sich zwar gut zwanzig Jahre später mit derlei Deutungstechnik ebenso zurück wie in Sachen der Sexualkonstitution Nietzsches. Er meinte aber immerhin, unter Rückgriff auf seinen – in dieser Hinsicht allerdings offenbar unzuverlässigen (vgl. Volz 1990: 199) – Informanten Köselitz sagen zu können, Nietzsche habe sich in einem Akt der „Selbstjustiz" (Brann 1931: 208) sowohl 1866 in Leipzig als auch 1876 in Nürnberg spezifisch infiziert. Noch einmal sechzehn Jahre später schließlich behauptete der Psychiater Wilhelm Lange-Eichbaum aufgrund einer ihm zugegangenen Nachricht eines Berliner Kollegen, „daß Nietzsche sich als Student in einem Leipziger Bordell mit Lues angesteckt hätte und daß er von zwei Leipziger Ärzten antisyphilitisch behandelt worden wäre" (Lange-Eichbaum 1947: 16).

Angesichts dieser verwirrenden Ausgangslage scheint es ratsam, Nietzsche selbst zu konsultieren. Vorauszuschicken ist dabei, daß die Syphilis zu seiner Zeit so verbreitet war, daß junge Mädchen von ihren Eltern nachhaltig und aus Gründen, die wohl der Erläuterung nicht bedürftig sind, insbesondere vor Offizieren gewarnt wurden. Nietzsche hatte also 1884 allen Grund zu fragen: „Wo ist eine vornehme Familie, in deren Blut nicht venerische Ansteckung und Verderbniß ist? " (KSA 11: 81) Guy de Maupassant, seinerseits Opfer der Syphilis, variierte dieses Thema auf seine Weise, indem er in seiner Novelle *Das Bett 29* eine junge, von einem syphilitischen preußischen Offizier vergewaltigte Französin auftreten läßt, die bis zu ihrem bitteren Ende in einer Syphilitikerinnenabteilung als rächende 'Preußenhure' todbringend tätig wird. „Wie viele", so notierte sich der Maupassant-Verehrer Nietzsche im Frühjahr 1888 ganz im Sinne dieser Novelle, „haben ihr Leben für die hübschen Weiblein geopfert – und selbst, was schlimmer ist, ihre Gesundheit" (KSA 13: 462). Wenige Zeilen später folgt der Satz, der eigentlich alle auch heute noch angestellten Spekulationen ausräumen sollte: „Die eine Art Mensch will nichts riskiren, die andre will riskiren. Sind wir Anderen Verächter des Lebens?" (KSA 13: 462) Die Betonung ist hier selbstredend auf den Ausdruck „wir Anderen" zu legen, was meint: Nietzsche war kein 'Verächter des Lebens', er hatte also offenbar etwas 'riskiert' – und er gehörte insoweit möglicherweise jenem Personenkreis zu, den schon sein Jugendidol Schopenhauer im Blick hatte, als er davon sprach, daß die „venerische Krankheit (...) in das Verhältniß der Geschlechter zueinander ein fremdartiges, feindsäliges, ja teuflisches Element gebracht" habe, „in Folge wovon ein finsteres und furchtsames Mißtrauen es durchzieht" (SW IV: 386). Ein Krankheitsbild ('Syphilidophobie') destillierte erst Alfred Adler in seiner Auseinandersetzung mit Schopenhauers Frauenhaß aus dieser Beobachtung, dies zusätzlich damit begründend, daß ihm selten ein Fall von Neurose vorkomme, „der nicht in ausgeprägter Weise Gedankengänge der Syphilisfurcht verriete“ (Adler 1911: 161).

Indes scheint es von hier noch ein weiter Weg zu der im Zusammenhang mit der Rekonstruktion von Nietzsches Vaterbild wichtigen These, Nietzsche habe diese Syphilisfurcht auch auf die Annahme einer – dann zusätzlich in ihm wirksamen – unheiligen Mitgift seines Vaters ausgedehnt. Tatsächlich aber war die Annahme, daß ein syphilitischer Vater ein syphilitisches Kind zeugen könne, ohne daß die Mutter infiziert sein müsse (Bäumler 1989: 119), in Nietzsches Zeiten unter dem Namen der ‘Erbsyphilis’ weitgehend anerkannt. Zwar weiß man heute, daß eine luetische Infektion erst ab dem fünften Monat der Gravidität übertragen werden kann und zu Symptomen führt, die sich mit denen Nietzsches nicht decken (vgl. Volz 1990: 29). Dies muß aber nichts für Nietzsches damalige subjektive Krankheitstheorien besagen. Ihnen zufolge könnte er seinen Vater, der noch in den dreißiger Jahren auch in einigen französischen Studien als hereditär relevanter Syphilitiker verdächtigt wurde (vgl. Volz 1990: 28), als einen Krankheitsüberträger in Betracht gezogen haben, allerdings ohne diese Vermutung in sich so recht zur Wirksamkeit kommen zu lassen. Möglicherweise würde dies auch Nietzsches ansonsten doch eher rätselhafte Bemerkung aus der *Morgenröthe* verständlich machen: „Die Phantasie des Kranken beruhigen, dass er wenigstens nicht, wie bisher, *mehr* von seinen Gedanken über seine Krankheit zu leiden hat, als von der Krankheit selber, – ich denke, das ist Etwas! Und es ist nicht Wenig! Versteht ihr nun unsere Aufgabe?“ (KSA 3: 57) Die Frage hat also zu lauten, inwieweit Nietzsches subjektive Theorie über die Krankheit des Vaters sein Vaterbild beeinflußte und seiner Vatersuche sowie, vermittelt darüber, auch seinem Philosophieren neuen Antrieb gab.

3.1.3 Vom Nutzen und Nachteil von Krankheitstheorien II: Die Krankheit des Vaters

Tatsächlich geben die näheren Umstände des Todes von Nietzsches Vater einige Rätsel auf. Die offizielle Diagnose lautete zwar auf ‘Gehirnerweichung’, aber dies war eher ein Verlegenheitsausdruck der damaligen Medizin, hinter dem sich ein Schlaganfall oder ein – möglicherweise durch ein Kopftrauma im Wachstum beschleunigter – Gehirntumor verbergen konnte, aber eben auch eine syphilidogene Paralyse (vgl. Volz 1990: 35f.). In jedem Fall war damit hinreichend Raum für das Einbringen erbgenetischer Gesichtspunkte gegeben, die von Dritten erstmals im Zusammenhang der auffälligen Ersterkrankung Nietzsches aktiviert wurden, zumal des Vaters Symptome – u. a. Anfälle heftiger Kopfschmerzen schon während der Schülerzeit (vgl. Schmidt 1995a: 43) – deutlich an die des Sohnes erinnerten. Nietzsches Vater, so vermerkte denn auch das Krankentagebuch Pfortas im August 1862 im Anschluß an einen der um diese Zeit recht zahlreichen Aufenthalte Nietzsches in der Krankenstation seiner Schule, „starb jung an Gehirnerweichung und war im hohen Alter gezeugt; der Sohn in der Zeit wo der Vater schon krank war. Noch sind keine schweren Zeichen sichtbar, wohl aber Rücksicht auf die Antecedentien nötig" (zit. n. Volz 1990: 329). Auch für den auf Syphilispatienten spezialisierten namhaften Psychiater Otto Binswanger, der Nietzsche 1889 in der Jenaer Irrenanstalt behandelte, „war wahrscheinlich die 'Hirnerweichung' des Vaters, im engeren Sinne als 'Paralyse' aufgefaßt, Grund genug, einen engen Zusammenhang zwischen Erkrankung von Vater und Sohn im mittleren Lebensalter anzunehmen" (Volz 1990: 36). In seinen Forschungsarbeiten vertrat Binswanger im übrigen die Meinung, die erbliche Belastung des Gehirns könne den gewebsschädigenden Einfluß der Syphilis beschleunigen (vgl. Volz 1990: 29). Damit begann der durch das anhebende öffentliche Interesse an Nietzsche verstärkte Krieg um den untergründigen Charakter dieses 'engen Zusammenhangs', ein Krieg, der gleichsam als dumpfer Nachhall der vielfältigen und widersprüchlichen subjektiven Krankheitstheorien Nietzsches zu lesen ist.

Die entscheidende Frontlinie markierte dabei Nietzsches Schwester, indem sie das erwähnte Kopftrauma des Vaters – infolge eines angeblichen Treppensturzes im August 1848 – ins Zentrum rückte und, ganz in diesem Sinne, im April 1889 ihrer Mutter schrieb: „Und bitte, rede kein so seltsames Zeug von dem lieben Papa. Wenn er die steinerne Treppe nicht hinuntergefallen wäre, lebte er wahrscheinlich heute noch" (zit. n. Peters 1983: 21). Notwendig geworden war dieser etwas skurrile Brief, mit dem die zum Zeitpunkt des fraglichen Geschehens gerade zwei Jahre alte Tochter die Erinnerung ihrer Mutter als der unmittelbaren Zeugin des mutmaßlichen Vorfalls meinte korrigieren zu müssen, aufgrund der Zweifel, in die sich die Mutter nun ihrerseits gestürzt sah. Denn sie hatte zwar schon im Januar 1889 den Baseler Psychiatern, die Nietzsche nach seinem Turiner Zusammenbruch für gut zehn Tage stationär untersuchten, Mitteilung davon gemacht, daß ihr Mann „durch einen Fall von einer Treppe hirnkrank (wurde)" (zit. n. Volz 1990: 382), eine Mitteilung, die sie dann auch gegenüber Binswanger in Jena wiederholte (vgl. Podach 1937: 48). Tatsächlich aber war diese Information vor dem Hintergrund des Briefwechsels, den sie während der Zeit der Krankheit ihres Mannes geführt hatte, nicht sehr glaubwürdig. Denn von einem Treppensturz war damals nicht die Rede gewesen, im Gegenteil: Nietzsches Mutter hatte ihrerseits in einem Brief vom Oktober 1848 von „einem Erbübel des seligen Vaters"

(KGB I/4: 264) gesprochen. Binswanger, der seiner ganzen fachlichen Ausrichtung nach ohnehin in ähnliche Richtung dachte, war denn auch keineswegs bereit, seinen Verdacht einer erblichen Belastung Nietzsches nur wegen eines möglicherweise stattgehabten Treppensturzes des Vaters einzustellen.

Trotz dieser insoweit wenig erfolgreichen Generalprobe des an sich unter dem Titel 'Treppenwitz der Nietzsche-Geschichte' aufführbaren Stückes folgte dem schon bald die Premiere. Den Anlaß hierfür gab eine 1890 erschienene Broschüre, die auf der Mitteilung des als Familienfreund anzusehenden Leipziger Philosophiehistorikers Max Heinze beruhte und mit der Information aufwartete, Nietzsche entstamme einer erblich belasteten Familie. Heinze glaubte hiermit Nietzsche einen Gefallen zu erweisen, weil zu dieser Zeit in der Psychiatrie die auch im Fall Schopenhauer bewährte Theorie in Mode war, wonach die Genialität des Menschen mit dessen Herkunft „aus einer halbverrückten Familie" (zit. n. Montinari 1977: 317) kovariiere. In dieser Situation intervenierte Köselitz mit der nun auch von ihm vorgetragenen Information, wonach die Gehirnerweichung von Nietzsches Vater „einem Sturz über die Stufen" (zit. n. Montinari 1977: 317) anzulasten sei. Als Quelle für diese Information kam wiederum nur Nietzsches Schwester in Frage, die ihrerseits den Druck auf ihre Mutter verstärkte, so daß diese die Treppengeschichte erstmals brieflich Anfang November 1890 erwähnte (vgl. KGB I/4: 266). Dem folgte dann im Dezember 1890 ein Brief an Overbeck, in dem sie zwar die Treppengeschichte nicht anführte, wohl aber über geharnischte Briefe ihrer Tochter aus Paraguay und über deren Ärger wegen der von Heinze weitergegebenen Familien-Interna berichtete (vgl. Podach 1937: 103f.). Drei Jahre später schließlich erzählte Nietzsches Mutter, nun offenbar endgültig gewonnen für die von ihrer Tochter konstruierte Fabel, einem erneut neugierig gewordenen Zeitungsreporter, ihr Mann sei „eine steinerne Treppe hinuntergefallen und gerade auf dem Kopf; lange, nachdem mein Sohn schon geboren war" (zit. n. Gilman 1985: 671). Im Klartext sollte auch dies heißen: Nietzsche ist nicht erbkrank.

Nietzsches Schwester, weit phantasievoller und gewissenloser als die Mutter und alarmiert durch die nicht verstummenden Gerüchte, ging das nämliche Thema beherzter an. So ließ sie den Psychiater Möbius nach dem Tod der Mutter als der zentralen Zeugin des wirklichen Geschehens in einem 1902 von diesem erstmals publizierten Brief wissen, sie hätte „noch einmal eifrig nachgedacht und dabei einige Notizen gefunden, die ich mir nach Erzählungen meiner Mutter und sonstiger Verwandter gemacht habe" (Möbius 1909: 13). Diese angeblichen Notizen brachte sie 1912 in einer etwas weniger dramatischen Version erneut zum Abdruck. Diese Version sei nicht vorenthalten: „Ende August 1848 traf uns ein großes Unglück. Unser Vater begleitete eines Abends Freunde nach Hause. Bei seiner Rückkehr in das Pfarrhaus kam ihm an der Tür unser kleiner Hund zwischen die Füße, den er, seiner Kurzsichtigkeit wegen, nicht gesehen hatte. Er stolperte und stürzte rückwärts sieben steinerne Stufen auf das Pflaster des Hofes hinab. Er zog sich eine Gehirnerschütterung zu" (Förster-Nietzsche 1912: 18). Fast dreißig Jahre später, in einer Arbeit ihres Cousins Adalbert Oehler (1940: 43), begegnet einem diese Treppengeschichte erneut, nun aber in einer wieder deutlich abgespeckten Version.

Es mußte bei all dem höchst unerfreulich sein für Schwester wie Cousin, daß sich auch in Nietzsches Schriften, ebenso wie in den Briefen der Mutter aus der Zeit der Krankheit des Vaters, von dieser Treppengeschichte nichts findet. Statt dessen schreibt Nietzsche in einer autobiographischen Skizze von 1858: „Im September 1848 wurde plötzlich mein geliebter Vater *gemüthskrank*" (BAW 1: 4; Hervorhebung C. N.). Die 1924 von der Schwester präsentierte Fassung dieser Skizze bot hier noch den Satz: „Im September 1848 wurde plötzlich mein geliebter Vater *infolge eines Sturzes sehr krank*" (Förster-Nietzsche 1924: 10; Hervorhebung C. N.). Noch 1895 hatte die Schwester gleichfalls eine Variante mit Sturz angeboten, aber nur noch mit der Lesart *„bedeutend krank*" (zit. n. Hödl 1994: 297; Hervorhebung C. N.). Diese Lesartendifferenzen lassen sich heutzutage recht simpel erklären; zum einen mittels des Umstandes, daß Nietzsches Schwester mitunter den Überblick über ihre eigenen Fälschungen verlor; zum anderen aber – und wichtiger – damit, daß sie das von ihrem Bruder hinterlassene Originalmanuskript an der maßgeblichen Stelle anbrannte, um die für sie anstößige, aber noch ansatzweise entzifferbare Vorsilbe „gemüths-" zu tilgen und Platz für ihre Legende zu schaffen, hier hätten ursprünglich die Worte „infolge eines Sturzes" gestanden (Hödl 1994: 297). Ein Hitchcock wäre auf soviel Einfallsreichtum krimineller Energie gewiß neidisch gewesen, zumal Elisabeth sich auch auf die Technik verstellter Rede verstand. Resa v. Schirnhofer etwa, die ihr berichtete, Nietzsche habe ihr nach einem Krankheitsanfall 1884 seine Angst eingestanden, er könne wahnsinnig wie sein Vater werden, erhielt von ihr eine eindeutige Abfuhr: „Sie aber wehrte sogleich erschreckt ab und sagte mit Betonung, daß ich diese Äußerung ihres Bruders ausgesprochen noch unter der Wirkung eines bösen Anfalls in ihrer Bedeutung missverstanden haben müsse. Keinesfalls aber könne er gesagt haben, daß sein Vater an einem Gehirnleiden gestorben sei, denn er starb an den Folgen eines schweren Unfalls" (zit. n. Lohberger 1969: 444). Diese Anekdote macht vielleicht noch deutlicher, welche Bedeutung die Schwester der Treppengeschichte beimaß.

Undeutlicher aber wird zunehmend, welche Annahmen Nietzsche aus welchen Gründen in welchen Phasen seines Lebens über die Hintergründe für den Tod seines Vaters favorisierte. 1861 beispielsweise schien für ihn noch alles offen: „Mein Vater erkrankte gefährlich, ohne daß wir die Ursache der Krankheit durchschauten" (BAW 1:281). Damit war, so scheint es, für Nietzsche der Nährboden gegeben für Ursachenattributionen aller Art, beispielsweise auch für solche, die sich auf Krankheitsbilder – u. a. hereditäre Syphilis, Nervenleiden, Hysterie, Epilepsie (vgl. Volz 1990: 28ff.) – bezogen, die seinem Vater oder seinen Verwandten resp. Vorfahren zugesprochen wurden. Vor diesem Hintergrund ist die Schilderung auffällig, die Nietzsche 1859 von einem Ferientag gibt, den er gemeinsam mit einem Freund in Halle verbrachte: „Da drang ein greller Schrei uns zu Ohren; es kam aus dem nahen Irrenhaus. Inniger schlossen sich unsre Hände zusammen; uns war als berühre uns ein bößer Geist mit beängstigenden Fittigen. Nein, uns soll nichts von einander scheiden, nichts als der Todesjüngling" (BAW 1:143). Diese Darstellung der Wahrnehmung eines offenkundig im Inneren der Anstalt sich abspielenden Anfalls mag nicht ungewöhnlich sein – wäre da nicht die schon fast hysterische Erkrankungsfurcht, die als Erbschaft des Rätselratens Nietzsches über die Krankheit des Vaters gelesen werden könnte (vgl. auch Schmidt 1993: 451). Zwei Jahre später, im Januar 1861, hatte Nietzsche Anlaß, das Rätselraten über den Vater mit einem Rätselraten über sich selbst zu verknüpfen: „Wenn ich nur wüßte, woher das ganze herrühre" (KSB 1: 143), schreibt der Sechzehnjährige angesichts wochenlanger Kopfschmerzen an seine Mutter, als müsse diese eine Antwort wissen.

Das Rätselraten über Nietzsches Rätselraten erhält weiteren Auftrieb durch Nietzsches wenige Monate später nachgelieferte Erinnerung an einen – möglicherweise in Erweiterung einer entsprechenden Position seiner Mutter (vgl. Bohley 1987: 184) forcierten – Traum, den er im Januar 1850 gehabt haben will. Diesem Traum zufolge sah er dem Grab seines Vaters eine „weiße Gestalt" entsteigen und in der Kirche verschwinden, die kurz danach aus ihr zurückkehrte und wieder im Grab verschwand, „etwas unter dem Arm tragend" (BAW 1:282). Nietzsche schließt dieses Lehrstück aus dem Gruselkabinett ab mit den Worten: „Am folgenden Tag wird mein jüngerer Bruder (...) von Krämpfen überfallen und ist in einer halben Stunde todt" (BAW 1:282). Schon der Traum selbst wirft, zumal vor dem Hintergrund von Freuds Auslegung des Traums als einer Art Wunscherfüllung (GW II/III: 127ff.) sowie der Rolle, die Nietzsche hier seinem Vater zuweist, eine Vielzahl an Fragen nach Nietzsches diesbezüglichen unbewußten Phantasien auf (vgl. Köhler 1989: 12ff.; Schmidt 1993: 565; Otto 1994: 192f.). Andere Fragen ergeben sich aus dem Umstand, daß Nietzsches Schwester, die später eine ältere, freilich von ihr leicht gefälschte Version dieses Traums nur unter dem Stichwort „Sehr merkwürdig" der Öffentlichkeit zu überantworten sich getraut, die von Nietzsche erwähnten „Krämpfe" nach bewährtem Muster verharmlost: Der Mutter „jüngstes wunderschönes Kind, unser Brüderchen Joseph", so beginnt ihre weniger gruselige denn sentimentale Variante des Geschehens, „erkrankte wenige Tage nach seinem zweiten Geburtstag infolge des Durchbruchs mehrerer Zähne, die sich alle auf einmal durchdrängten. Er starb plötzlich, wie der Arzt konstatierte, an Zahnkrämpfen" (Förster-Nietzsche 1912: 20).

Daß sie auch hier eine Legendenbildung betreibt, offenbaren die Briefe der Mutter an Overbeck. Einem von ihnen vom November 1889 ist zu entnehmen, daß der Jenaer Psychiater Binswanger im Fall des Bruders Gehirnschlag für wahrscheinlicher hielt, und zwar in ausdrücklicher Opposition zur Mutter. Diese nämlich insistierte, auch in dieser Hinsicht offenkundig instruiert durch ihre Tochter, nachdrücklich auf 'Zahnkrämpfen', die ihr „kleiner 1¾ alter Knabe" „schon 7 Wochen vor Durchbruch eines Spitzzahns vorher einmal hatte" (zit. n. Podach 1937: 48). *Ein* Spitzzahn (Mutter) steht also gegen *mehrere* Zähne (Schwester), *1¾* Jahre (Mutter) gegen gut *zwei* Jahre (Schwester) – schlecht abgesprochen, möchte man meinen, und deswegen wohl auch schlecht gefälscht, zumal Joseph keineswegs wenige Tage *nach*, sondern knapp zwei Monate *vor* seinem zweiten Geburtstag starb. In diesem Alter allerdings sind 'Zahnkrämpfe', wie man zugestehen muß, sehr viel wahrscheinlicher. Nicht wahrscheinlicher wird indes die These, daß sie tatsächlich als Todesursache in Betracht zu ziehen sind. Eher schon sollte familienseits möglicherweise der Verdacht abgewehrt werden, als habe Nietzsche im Zusammenhang der Reproduktion seiner auf den Tod seines Bruders bezogenen Traumerinnerung auf ganz andere Krämpfe anspielen wollen. In diesem Zusammenhang ist es nicht ohne Interesse, daß Joseph nach unveröffentlichten Briefentwürfen der Mutter vom April 1849 schon Monate vor seinem Tod „die fürchterlichsten Krämpfe" bzw. „die fürchterlichsten Zuckungen" (zit. n. Schmidt 1995a: 49f.) bekam. Um die von der Mutter Jahrzehnte später erwähnten 'Zahnkrämpfe' kann es sich dabei nicht gehandelt haben, da sie diese ja auf sieben Wochen vor dem Tod Josephs und mithin auf Mitte November 1849 datierte. Insoweit könnte von der brieflichen Aufzeichnung der Mutter vom April 1849 ein vergleichsweise gerader Weg gesucht werden in Richtung der von Möbius referierten Mitteilung der Mutter, wonach ihr Mann „schon jahrelang vor dem Unfalle 'seine Zustände' gehabt (habe), d.h. er sei von Zeit zu Zeit im Stuhle zurückgesunken, habe nicht gesprochen, starr vor sich hingesehen, und hinterher habe er von dem ganzen Zufalle nichts gewusst" (Möbius 1909: 14).

Nun findet sich zwar bei Nietzsche keinerlei Hinweis dahingehend, er habe seinem Bruder ähnliche „Zustände" attestieren wollen. Auffällig ist allerdings, daß jene bereits erwähnte, von Nietzsche 1858 reproduzierte

Version des Traums bedeutende Varianten aufweist, die auch schon Hermann Josef Schmidt (1993: 564ff.) herausarbeitete und unter Einbeziehung eines fürwahr äußerst bemerkenswerten undatierten Gedichts des jungen Nietzsche (vgl. BAW 1: 275f.) aufzuklären suchte. Der hier bevorzugte Aufklärungsversuch ist minder anspruchsvoll: Er nimmt seinen Ausgang von dem Umstand, daß Nietzsche noch 1858 davon sprach, den „Vater im Sterbekleid" (BAW 1: 6) – und nicht etwa nur, wie es 1861 heißen wird, eine „weiße Gestalt" – gesehen zu haben. Ein weiterer Unterschied: Nietzsche hat 1858 von „einem kleinen Kinde" (BAW 1: 6) berichtet, meint aber 1861 nur noch, etwas gesehen zu haben, das er „nicht deutlich erkannte" (BAW 1: 282). Die Differenz mag marginal sein und sich aus der zwischenzeitlich verblassenden – allerdings die örtlichen Rahmenbedingungen ohnehin äußerst frei handhabenden (vgl. Schmidt 1993: 564) – 'Erinnerung' erklären. Es kann sich aber auch um eine psychodynamisch motivierte Erinnerungsfälschung handeln. Hierfür spricht, daß Nietzsche die sich aus ihr ergebende Anonymisierung zweier Handlungsträger durchaus zu seinem Vorteil zu nutzen weiß: Er belegt die entstandenen zwei Leerstellen neu – und besetzt eine der zu vergebenden Rollen mit sich selbst. Kaum anders nämlich läßt sich der Umstand interpretieren, daß ihm in der Darstellung von 1861 sein Bruder Joseph zu einem „lebhafte(n) und begabte(n) Kind" (BAW 1: 282) gerät – eine Umschreibung, die ganz unpassend ist für einen Säugling, die aber sehr wohl auf das kindheitsbezogene Selbstbild Nietzsches zutreffen könnte. Der Vorteil dieser Konstruktion wird zwar nicht sogleich deutlich, springt aber ins Auge, wenn man fragt, welche Funktion vor diesem Hintergrund der Umgang Nietzsches mit der zweiten Leerstelle erfüllt. Die hier greifende Anonymisierung des Vaters – durch jene „weiße Gestalt" – könnte nämlich dem Zweck gedient haben, den Eindruck zu tilgen, Nietzsche wolle seinen Vater als todbringend für den neu eingesetzten ersten Handlungsträger, eben für sich selbst, fingieren. Dieser Fiktion aber – und damit kommen wir auf die Kopfschmerzen vom Januar 1861 zurück – bedurfte der Nietzsche vom Mai 1861 dringlicher als jener von 1858, weil er nun an sich selbst jene ersten Krankheitssymptome meinte ausgemacht zu haben, die, seiner subjektiven Krankheitstheorie zufolge, auf die Krämpfe des Bruders vorwegwiesen und Hochrechnungen in Richtung des väterlichen Krankheitsbildes nahelegten.

Vorausgesetzt, diese Konstruktion träfe zu, wäre beispielsweise ein Zugang gebahnt zur Erklärung der – von vielen Interpreten nur kommentarlos registrierten – erstaunlichen Intensität, mit der Nietzsche fortan seinen sorgenvollen Blick auf die möglichen Parallelen zwischen seiner Krankheit und der seines Vaters heften wird. 1875 beispielsweise konnte er sich noch damit beruhigen, daß er trotz seiner Krankheit „auf lange Lebensstrecken hin (rechne), und da hat sich zB. mein Vater verrechnet, der mit 36 Jahren starb" (KSB 5: 77). Dieser „Übermuth" (KSB 5: 77) versagte aber schon ein halbes Jahr später, als er, nach einem „förmlichen Zusammenbruch", nicht mehr an einem „ernsthaften Gehirnleiden" meinte zweifeln zu dürfen, anfügend: „Mein Vater starb 36 Jahr an Gehirnentzündung, es ist möglich, dass es bei mir noch schneller geht" (KSB 5: 132). 1881 spielte Nietzsche infolge „fortwährende(r) Schmerzen" gar mit Selbstmordgedanken, wiederum anfügend, daß sein „Vater als er so alt war wie ich es bin, starb" (KSB 6: 63). Und 1888 schließlich ist, „als schlimme Erbschaft von Seiten meines Vaters", erneut die Rede von „eine(r) Vorbestimmung zu einem frühen Tode" (KSA 6: 326).

Instruktiv sind auch die überlieferten Erinnerungen Dritter. Köselitz etwa hat in einem Brief an Overbeck bezeugt, daß Nietzsche ihm gegenüber mehrmals den Gedanken ausgesprochen habe, daß „er ums 35. Lebensjahr herum sterben werde wie sein Vater", allerdings ohne davon zu reden, „daß er Gehirnerweichung bekommen werde" (zit. n. Montinari 1977: 317). Etwas anders schon verhält es sich in der letztgenannten Hinsicht mit der auf die Zeit der Entstehung des *Zarathustra* datierbaren Erinnerung Paul Lanzkys, wonach sich Nietzsche „vom Vater her erblich belastet" gefühlt und manchmal geäußert habe, er wisse, daß er „einmal sein Gehirn verlieren würde" (zit. n. Gilman 1985: 524). In diesen Zusammenhang gehört auch die bereits kurz angeführte Erinnerung Resa v. Schirnhofers an Nietzsches Verhalten unmittelbar nach einem anderthalbtägigen Krankheitsanfall im Sommer 1884: „Dann frug er mich plötzlich, seine großen dunklen Augen angstvoll auf mich gerichtet in seiner weichen Stimme mit beunruhigender Eindringlichkeit: 'Glauben Sie nicht, daß dieser Zustand ein Symptom beginnenden Wahnsinns sei? Mein Vater starb an einem Gehirnleiden'" (zit. n. Lohberger 1969: 443f.). Diese ergreifende Szene, so läßt sich nun zusammenfassen, steht fast am Ende einer Reihenbildung, die mit Nietzsches Kopfschmerzen von 1861 und der durch sie aktualisierten Umarbeitung der 1858er Erinnerung an seinen Traum über die Antizipation des Todes von Bruder Joseph im Jahre 1850 eröffnet worden war und Anfang 1889 in der Jenaer Irrenanstalt endete. Dem seinerzeitigen Oberarzt Dr. Ziehen jedenfalls will Nietzsche, wie dessen Mutter im Februar 1889 besorgt an Overbeck berichtet, gesagt haben, daß sein Vater an Gehirnerweichung gestorben sei – eine Information, der gegenüber die Mutter einen in ihrer Situation wohl verständlichen und für die späteren Nietzsche-Legenden typischen Beschluß faßt: „So etwas darf ich gar nicht denken" (zit. n. Podach 1937: 12).

Woran aber dabei im einzelnen nicht zu denken war, bleibt nach wie vor unklar. Auch Nietzsche selbst war sich offenbar nicht sicher, worin die 'schlimme Erbschaft' des Vaters im einzelnen bestand. Nur daß es da ein

Rätsel gab, stand für ihn außer Frage. Beklemmendes Indiz hierfür ist auch eine Passage aus der *Genealogie der Moral*. Nietzsche legt hier eine bitterböse Abrechnung mit dem asketischen Priesterideal vor, die ihren Höhepunkt dort erreicht, wo er, als würde er einen Kranken zitieren, bemerkt: „'Irgend Jemand muss schuld daran sein, dass ich mich schlecht befinde' – diese Art zu schliessen ist allen Krankhaften eigen, und zwar je mehr ihnen die wahre Ursache ihres Sich-Schlecht-Befindens verborgen bleibt" (KSA 5: 374). In der Folge listet Nietzsche in Parenthese einige mögliche Ursachen eher 'harmloser' Natur auf (von der „Erkrankung des nervus sympathicus" über „übermässige ... Gallenabsonderung", „Armuth des Blutes" und „Druckzuständen des Unterleibes" bis hin zur „Entartung der Eierstöcke"), um im Folgesatz erstaunlicherweise nicht diesen Zusammenhängen nachzugehen, sondern eine ganz andere, deutlich die Nüchternheit dieser Erwägung aufhebende Spur zu verfolgen: „Die Leidenden (...) durchwühlen die Eingeweide ihrer Vergangenheit und Gegenwart nach dunklen fragwürdigen Geschichten, wo es ihnen freisteht, in einem quälerischen Verdachte zu schwelgen und am eigenen Gifte der Bosheit sich zu berauschen – sie reissen die ältesten Wunden auf, sie verbluten sich an längst ausgeheilten Narben, sie machen Übelthäter aus Freund, Weib, Kind und was sonst ihnen am nächsten steht" (KSA 5: 374f.). Der Umstand, daß Nietzsche hier den, der ihn zumindest in der hier erörterten Frage 'am nächsten steht', nämlich seinen Vater, nicht auflistet, ist der beste Beleg dafür, daß hier von keinem anderem als von diesem, unter der Rubrik 'Übeltäter', die Rede ist. Auch die deutlich metaphorische Nutzung des Ausdrucks 'Eingeweide' hat System: Weniger als die seinerzeit differentialdiagnostisch schwer abklärbaren Krankheitssymptome Gallenabsonderung, Blutarmut und Unterleibsdruck machte Nietzsche die gleichfalls kaum definierbare und diagnostisch zu sichernde Untergründigkeit der Mitgift seines Vaters zu schaffen.

So ist denn auch jenseits der gleichsam offiziösen Lesart der Krankheit seines Vaters – 'Gemütskrankheit', 'ernsthaftes Gehirnleiden', 'Gehirnentzündung' – noch eine inoffizielle auszumachen, die in Bereiche führt, die in Nietzsches Rede von den Krämpfen seines Bruders ebenso anklingt wie in den von Möbius aufgegriffenen Gerüchten aus der familialen Umwelt oder dem Notat aus der Jenaer Krankenakte vom September 1889, Nietzsche habe behauptet, „bis zum 17. Jahr an epileptischen Zuständen ohne Bewußtseinsverlust gelitten zu haben" (zit. n. Podach 1932: 12). Vor diesem Hintergrund ist die folgende Stelle in einem Brief Nietzsches vom März 1882 aus Genua an seinen ihm damals noch innig vertrauten Freund Paul Rée durchaus auffällig: „Gestern badete ich am Meere, genau an jener berühmten Stelle wo – – – denken Sie im vorigen Sommer einer meiner nächsten Verwandten von einem solchen Anfall im Bade überrascht wurde und weil zufällig Niemand in der Nähe war ertrank" (KSB 6: 185). Wir erfahren nicht, von welcher Art von Anfall und von welchem Verwandten Nietzsche hier genau redet, nur: daß er, dem Muster seines geschilderten Hallenser Ferienerlebnisses folgend, nicht ganz der Angst entraten kann, ihm könne nämliches widerfahren, liegt auf der Hand. Und dabei ist es nun nicht ganz ohne Belang, daß Nietzsche im *Zarathustra* den Mörder Gottes, den „Büsser des Geistes", „der an seinem bösen Wissen und Gewissen erfriert" (KSA 4: 318), ausgerechnet in der Gestalt eines (simulierenden) Epileptikers auftreten läßt, also mit den Zeichen einer Krankheit versieht, die herkömmlicherweise als Gottesstrafe gilt. Einen merkwürdigen Charakter gewinnt vor diesem Hintergrund Nietzsches Schilderung seiner Krankheit vom Februar 1879: „Das Kopfleiden nimmt ... zu, die *Krampf*erscheinungen (...) verbreiten sich an den Haupttagen über den ganzen Körper. – Mehr will ich nicht schreiben, ich muß *alles* abbüßen" (KSB 5: 385). Noch beklemmender ist fast, wegen des unmittelbar bevorstehenden geistigen Zusammenbruchs, Nietzsches Äußerung aus seiner letzten Schrift, wonach man „nicht ungestraft der tiefste Geist aller Jahrtausende (ist)" (KSA 6: 437).

Freilich deutet im Fall Nietzsche auf Anfälle weniger hin denn auf Syphilis. Es drängt sich also der Verdacht auf, Nietzsche habe harmlosere erbgenetische Bezüge, etwa in Richtung der Epilepsie, nur erprobt, um sich die Einsicht in sein tieferes Wissen zu verbergen. Für diese These spricht auch, daß Nietzsche noch im Juli 1888 – also zu einer Zeit, zu der ihn, wie seine Lektüre (vgl. Montinari 1984: 76; Pfotenhauer 1984: 408ff.) beweist, der Vererbungsgedanke verstärkt interessierte – mit der Erwähnung einer teilweise hereditären „nervösen Erschöpfung" (KSB 8: 348) einem weiteren, eher harmlosen erbgenetischen Bezug nachgeht, um dann, im Moment des geistigen Zusammenbruchs, die Kontrolle über die dunkelsten Aspekte seiner subjektiven Krankheitstheorien zu verlieren. Zieht man nämlich Nietzsches Jenaer Prostituiertenträume des Jahres 1889 (vgl. Volz 1990: 398) sowie die Mitteilung eines der ersten ihn nach seinem Turiner Zusammenbruch diagnostizierenden Ärzte heran, wonach der Patient „fortwährend Frauenzimmer" (zit. n. Podach 1930: 107) verlange, entsteht jener Kontext, in den in seiner Optik seine nun ausgebrochene Krankheit, möglicherweise aber eben auch die des Vaters, gehört.

Damit indes scheint nur manifest geworden zu sein, was Nietzsche latent schon seit längerem umgetrieben haben dürfte, nämlich die infolge des langen Nachdenkens über die erstaunliche Parallele zwischen seinen Krankheitssymptomen und denen seines Vaters anhebende Überzeugung, daß auf dem Abgrund des ihm immer als 'Engel' vorgestellten Vaters in Wahrheit der 'Dämon' verborgen war. Dabei wird der vielschichtige (vgl. Salaquarda 1989: 325ff.; Schmidt 1994a: 553ff.) Dämonenbegriff hier in seinem Verweisungsbezug auf das Böse und Unheimliche genommen, was meint: Dort, wo Nietzsche davon spricht, er habe nach dem Tod des Vaters immer dessen „mahnende Stimme“ (KSA 8: 194) gehört oder wo er sich, im gleichgerichteten Sinne, notiert: „Dämonion – warnende Stimme des Vaters“ (KSA 8: 505), hat Nietzsche offenkundig eine Begriffsverwendung im Kopf, die vorgeprägt ist durch Sokrates und die innere, abratende Stimme, die dieser immer wieder Gehör verlieh und die auch Nietzsches Mutter dem Sohn als die seines Vaters in Erinnerung brachte, wenn sie ihn 1862, im Anschluß an einen harmlosen Schulstreich, wissen läßt: „Also bitte sei vorsichtiger in Deiner Denkungsweise und Handlungsweise folge stets Deiner innern bessern Stimme und Du wirst vor aller Unruhe und Kämpfe die jetzt mehrere in Dir und an Dir bemerkt haben, bewahrt bleiben“ (KGB I/1: 388). Dieser Versuch der Mutter, die internalisierten Anteile des guten Vaters zum Kampf gegen das Böse in ihrem Sohn aufzurufen, mag zwar pädagogisch wie psychologisch fragwürdig sein. Der dem unterliegende, dem Vater attribuierte Dämonenbegriff ist aber, ebenso wie in den vorgenannten Rückerinnerungen Nietzsches, eher als Gegenpart zur Kategorie des Bösen konstelliert und taugt insoweit nicht zum Beleg für die These, Nietzsches Vaterbild habe sich aufgrund der ihm zunehmend sichtbar gewordenen Abgründigkeit dieses ihm zur Verehrung anheimgegebenen Menschen ins Negative verschoben.

Auskunftsträchtiger ist da schon das deutlich symbolische Material aus den Schriften der Kinder- und Jugendzeit. In erster Linie zu nennen ist hier eine merkwürdige kleine Erzählung, die sich Nietzsche 1858 einfallen ließ. In ihr tritt ein Graf auf, der Nietzsches Vater zu repräsentieren scheint (vgl. auch Schmidt 1991: 562ff.). Als solcher zeichnet er sich schon in der ersten Szene durch eine besonders edle Denkungsart aus, indem er einen verwaisten Fischerjungen zu sich nimmt, der „sich vor allem durch Lebendigkeit des Geistes“ (BAW 1: 412) auszeichnet – ein Attribut, wie sich unschwer folgern läßt, das Nietzsche sich selbst auch zugerechnet haben dürfte. Dieser Fischerjunge, so dann das happy end, erbt nach dem Tod des Grafen dessen Titel und Vermögen als Dank für seine Treue auch in revolutionsgeschwängerter Zeit. Daß in diese Erbschaft in symbolischer Form auch die Tugenden des verstorbenen Grafen (= Vaters) einfließen, darf man dabei wohl unterstellen. Vom Grafen resp. Vater als ‘Dämon’ zu reden, scheint indes keinen Sinn zu machen, und ganz zu schweigen ist von einer bildhaften Auseinandersetzung Nietzsches mit der Frage nach dem Geheimnis der Krankheit des Vaters.

Allerdings sind noch weitere Lesarten der merkwürdigen kleinen Geschichte zulässig und bedenkenswert. In einer von ihnen hat man im Fischerjungen in erster Linie Nietzsches Vater zu sehen, in der Rolle des Grafen hingegen den Herzog Joseph von Sachsen-Altenburg. Diesem diente Nietzsches Vater vor seiner Eheschließung im Jahre 1843 in gleichfalls revolutionsgeschwängerter Zeit als Prinzessinnen-Erzieher und Prediger. Dabei legte er offenbar den Beweis dafür ab, daß er „kein Aufrührer, kein Rebell ist, sondern ein zutiefst gehorsamer Untertan, mit allem Nachdruck bestrebt, die gegebene, als gottgewollt deklarierte Ordnung geistlich abzusichern und zu legitimieren" (Goch 1994: 106). Der Sinn der Grafen-Geschichte des pubertierenden Nietzsche wäre vor dem Hintergrund dieser Lesart klar: Nietzsche zelebriert den Vater als denjenigen, der den Grafen rettet und dem er nachzufolgen sich vornimmt, in der Hoffnung, seinerseits den dem Vater bei dessen Anstellung bei Hofe vorenthaltenen Ruhm zu erwerben. Eher unwahrscheinlich ist, daß Nietzsche auch auf den herkömmlichen Weg anspielen wollte, auf dem man Titel und Vermögen erbt: den einer Eheschließung. In diesem Zusammenhang ist es immerhin der Erwähnung wert, daß Nietzsches Vater jenen Brief, mit dem er um die Hand seiner zukünftigen Frau anhielt, mit der Formel meinte ausstatten zu müssen, „daß Fräulein Franziska seiner früheren Schülerin Prinzessin Elisabeth so ähnlich sei" (zit. n. Goch 1994: 52) – eine in den Augen von Nietzsches Vater vermutlich harmlose, in den Augen des Psychoanalytikers hingegen verräterische Wendung.

Brisanter noch scheint eine Lesart, die im Fischerjungen in erster Linie Nietzsche selbst zu sehen sucht, nun mit der Botschaft, daß Nietzsche sich allzugern seinerseits der Revolution mit Macht und mit Erfolg entgegengeworfen hätte. Man sollte die eigentliche Pointe dieser Botschaft nicht unterschätzen. Denn schließlich war die 1848er Revolution im familialen Umfeld als einer der entscheidenden Sargnägel des Vaters ausgemacht worden. Gern kolportierte man denn auch, daß der Vater, nachdem er von den Berliner Vorgängen aus der Zeitung erfahren hatte, in Tränen ausbrach, sich stundenlang in sein Arbeitszimmer zurückzog und „den Seinen (verbot), jemals über die Sache wieder mit ihm zu sprechen" (Janz 1981a: 44). Tatsächlich scheint zumindest der zeitliche Zusammenhang zwischen der Erkrankung des Vaters im Spätsommer 1848 und der Demütigung von König Friedrich Wilhelm IV. im Zuge der Berliner Märzrevolution ein durchaus auffälliger zu sein. Als wolle sich Nietzsche der damit nahegelegten Krankheitstheorie anschließen und seine Mutmaßungen in Richtung anderer Krankheitsursachen leugnen, scheint die kleine Erzählung im Kern also zum Ausdruck bringen zu wollen, daß ein mannhaftes Niederschlagen dieser Revolution auch den weiteren Folgen, wie sie sich dann in der Krankheit des Vaters offenbarten, vorzubeugen vermocht hätte. Allerdings wird Nietzsches Vater auch auf diese Weise nicht als 'Dämon' ausweisbar oder als jemand, den es aus dem Horizont der kindlichen Idole zu entfernen gilt. Eher schon tritt dieser Gedanke in der Fluchtlinie der Setzung Nietzsches als eines kleinen Fischerjungen hervor. Denn dann hat man im kitschigen Bild des Grafen, ganz im Gegensatz zur ersten Deutung, weniger das Abbild des Vaters zu sehen denn das Motiv der Suche nach ihm. Die Quasi-Adoption des verwaisten Fischerjungen durch den Grafen stünde mithin nicht für Notaufnahme, sondern für die Heimkehr dessen, der durch seine Tugenden ohnehin zu demonstrieren scheint, er sei in Wahrheit höherer Abstammung und nur durch Fügung des Schicksals in der Fischerfamilie (= Nietzsches Elternhaus) aufgezogen worden.

Nietzsche hatte ausreichend Anlaß für eine derartige Projektion. Denn er war am Königsgeburtstag zur Welt gekommen und vom Vater auf den Namen Friedrich Wilhelm getauft worden. Den Anlaß dafür gab wohl, wie Nietzsche in einer Vorstufe des *Ecce homo* berichtet, der Umstand, daß dieser „voll Pietät gegen den preussischen König Friedrich Wilhelm den Vierten (war), von dem er auch sein Pfarramt erhielt“ (KSA 14: 472). Entsprechend wuchs, wie Werner Ross betont, Nietzsche mit dem „Sendungsgefühl eines Königs- und Gotteskindes“ auf: „An seinem Geburtstag wurden die Glocken geläutet, und die Kinder bekamen schulfrei. Als er größer wurde, trank man auf sein und des Königs Wohl. In keiner seiner biographischen Aufzeichnungen vergißt er das Zusammentreffen der Daten“ (Ross 1984: 18). Ähnliches galt für viele Gratulanten – endend mit Wilhelm Pinders etwas süffisanter Bemerkung in seinem Schreiben zu Nietzsches siebzehntem Geburtstag, daß dieser nun, nach dem Tod des Königs, „nicht mehr im ganzen Lande gefeiert wird“ (KGB I/1: 372) und beginnend mit dem in Kindersprache abgefaßten Hinweis Gustav Oßwalds zu Nietzsches siebtem Geburtstag: „Ein König kannst Du freilich nicht werden, wars ja doch auch Dein guter seliger Vater nicht: aber ein treuer frommer Seelenhirt in einer Christengemeinde wie er es war, magst Du werden, dann kannst Du auch beglücken wie ein König“ (KGB I/1: 305). Diese moralisierende Pointe dürfte Nietzsche weniger interessiert haben als die ihr unterliegende Annahme einer Gleichsetzbarkeit seines Vaters mit dem König.

Dabei bezog er diese Annahme mitunter auf Zusammenhänge, an die wohl keiner seiner Verwandten und Bekannten gedacht haben dürfte. „Es war eine Gehirnentzündung, in ihren Symptomen der Krankheit des höchst seligen Königs ungemein gleich“ (BAW 1: 280), notierte er sich beispielsweise 1861 im Zusammenhang mit Reflexionen über die Krankheit seines Vaters. Dies also war das eigentliche Interesse Nietzsches: Die Frage nämlich, ob die Geisteskrankheit des Königs den Schluß erlaube, sein Vater sei keiner gewöhnlichen, sondern einer gleichsam ‘königlichen’ Krankheit erlegen; und die daran anschließbare, freilich höchst ambivalente Frage nach dem Königlichen in ihm selbst. Im Moment des Anhebens seiner eigenen Geisteskrankheit bezog Nietzsche aus dieser Überlegung die wohl beklemmendste Variante der Sicherung seiner Identität: „Meine

Adresse", so erfuhr Köselitz Silvester 1888 aus Turin von Nietzsche, „weiß ich nicht mehr: nehmen wir an, daß sie zunächst der Palazzo del Quirinale sein dürfte" (KSB 8: 567). Dieser Anspielung auf die Residenz des italienischen Königs als Wohnsitz Nietzsches folgte dann der letzte Akt: Nietzsche stellte sich den Ärzten in der Jenaer Irrenanstalt als Friedrich Wilhelm IV. vor (vgl. Bäumler 1989: 255).

Ohne Vorbild war diese Art der Beschaffung einer neuen Identität nicht. So hatte Nietzsche schon in *Vom Nutzen und Nachteil der Historie für das Leben* die Überlegung angestellt, wie es wohl wäre, „sich gleichsam a posteriori eine Vergangenheit zu geben, aus der man stammen möchte, im Gegensatz zu der, aus der man stammt" (KSA 1: 270). Damals hatte Nietzsche noch resignierend kommentiert, daß, „da wir nun einmal die Resultate früherer Geschlechter sind", nichts an der Einsicht vorbeiführe, „auch die Resultate ihrer Verirrungen, Leidenschaften und Irrthümer, ja Verbrechen" (KSA 1: 270) zu sein. Jahre später, in *Jenseits von Gut und Böse* und unter dem Einfluß erbbiologischer Lektüre, verstärkt sich diese resignative Haltung noch: „Es ist gar nicht möglich, dass ein Mensch *nicht* die Eigenschaften und Vorlieben seiner Eltern und Altvorderen im Leibe habe: was auch der Augenschein dagegen sagen mag. Dies ist das Problem der Rasse" (KSA 5: 219). Daß Nietzsche hier auch von sich selbst und seinen Eltern spricht, macht die beispielhafte Auflistung jener unerwünschten, aber nun einmal als Erbe der Eltern in Kauf zu nehmenden Eigenschaften zumindest wahrscheinlich: „widrige Unenthaltsamkeit", „Winkel-Neid", „plumpe Sich-Rechtgeberei" oder, man höre und staune, „verderbtes Blut" (KSA 5: 219). Der letzte Punkt weist, zusammen mit dem erstgenannten, deutlich auf Nietzsches Phantasien über die Krankheit seines Vaters sowie deren Zusammenhang mit seinen eigenen Krankheitssymptomen hin. Und daß Nietzsche des 'Winkel-Neides', beispielsweise auf Wagner, nicht ledig war, hat er in *Menschliches, Allzumenschliches II* mit seinem Wort von der „unausgesprochenen Eifersucht" (KSA 2: 405) in zumindest verschlüsselter Form demonstriert. Auch die mitunter auffällig 'plumpe Sich-Rechtgeberei' Nietzsches wird wohl kein Interpret seiner späten Briefe übersehen können. In der Logik Nietzsches wäre all dies nun aber als Folge elterlicher Mitgift zu entschuldigen. Entsprechend defätistisch ist auch seine Folgerung im Blick auf Erziehung und Bildung. Beide nämlich, so erfahren wir nun, seien im wesentlichen zu definieren als „die Kunst, zu täuschen", und zwar „über die Herkunft" und „den vererbten Pöbel in Leib und Seele" (KSA 5: 219). Damit schien aber auch Nietzsches Überlegung aus *Vom Nutzen und Nachteil der Historie für das Leben*, ob man sich nicht a posteriori eine neue Vergangenheit geben könne, endgültig aus der Diskussion zu sein. Ersatzweise rücken erbhygienische Gesichtspunkte zunehmend ins Zentrum. Am deutlichsten wird

Nietzsche dabei im Nachlaß vom Frühjahr 1888, insofern er die hier erörterte Frage, unter welchen Umständen die Zeugung eines Kindes „ein Verbrechen“ (KSA 13: 401) sei, mit der erstaunlichen Bemerkung beschließt: „Ein Kind in die Welt setzen, in der man selbst kein Recht zu sein hat, ist schlimmer als ein Leben nehmen. Der Syphilitiker, der ein Kind macht, giebt die Ursache zu einer ganzen Kette verfehlter Leben ab“ (KSA 13: 402). Der dem unmittelbar folgende Aufschrieb Nietzsches behandelt übrigens das Thema der Prostitution …

Tatsächlich aber hatte sich Nietzsche zwischenzeitlich, im *Zarathustra*, eine andere Lösung erarbeitet: Wer von Pöbel sei, so heißt es hier, „dessen Gedenken geht zurück bis zum Grossvater, – mit dem Grossvater aber hört die Zeit auf./Also ist alles Vergangene preisgegeben: denn es könnte einmal kommen, dass der Pöbel Herr würde und in seichten Gewässern alle Zeit ertränke“ (KSA 4: 254). Damit dies nicht geschähe, so erfahren wir weiter, sei es notwendig, die Vergangenheit preiszugeben, und zwar „der Gnade, dem Geiste, dem Wahnsinne jedes Geschlechtes …, das kommt und Alles, was war, zu seiner Brücke umdeutet!“ (KSA 4: 254). Diese im Hinblick auf den Wahnsinn, in den Nietzsche vier Jahr später verfallen sollte, bedrückende Formulierung gehorcht deutlich schon der Logik des Übermenschenkonstrukts. Denn „dass der Mensch eine Brücke sei und kein Zweck“ (KSA 4: 248), daß er also etwas aus sich Schaffendes und zu neuen Ufern Führendes zu sein habe und nicht den Zweckbestimmungen der ihn determinierenden Biographie unterworfen bleiben dürfe, ist eine der zentralen Formulierungen für das von Nietzsche mit dem Übermenschenkonstrukt Intendierte. Und für eben dieses Politik einer zu verbrennenden Biographie entscheidet sich Nietzsche auch im *Ecce homo*, wenn es hier nun heißt: „Man ist *am wenigsten* mit seinen Eltern verwandt“ (KSA 6: 268). Dieses glatte Dementi seiner eigenen, zwei Jahre älteren Position aus *Jenseits von Gut und Böse* kommt im Stil kindlichen Trotzes sowie einer entsprechend kindlichen Sprache daher: „es wäre das äusserste Zeichen von Gemeinheit, seinen Eltern verwandt zu sein“ (KSA 6: 268 f.). Entsprechend des deutlich regressiven Gehalts dieses sprachlichen Ausdrucks öffnet sich vor Nietzsches Augen nun auch wieder die ganze Wunderwelt kindlich-spielerischer Identitätskonstruktion: „Die höheren Naturen haben ihren Ursprung unendlich weiter zurück, auf sie hin hat am längsten gesammelt, gespart, gehäuft werden müssen. Die *grossen* Individuen sind die ältesten: ich verstehe es nicht, aber Julius Cäsar könnte mein Vater sein – *oder* Alexander, dieser leibhafte Dionysos …“ (KSA 6: 269).

Man hat in der Nietzsche-Forschung viel darüber gerätselt, was Nietzsche mit diesem Passus, der an seine in der *Götzen-Dämmerung* gegebene Definition des Genies anschließt (KSA 6: 145), zum Ausdruck bringen wollte. Dabei scheint der Sinn dieser Botschaft, wenn man sie im Kontext der vorgenannten Werkpassagen liest, vergleichsweise eindeutig: Mit der Benennung dieser scheinbar imposanten Ersatzväter bei gleichzeitiger Entfernung des leiblichen Vaters aus dem Horizont des wieder zum Kind regredierenden Nietzsche hat sich dieser des Alpdrucks entledigt, den ihm zwei Jahre zuvor der erbbiologische Rassegedanke im Blick auf das möglicherweise 'verderbte Blut' des Vaters eingab. Auffällig ist dabei, daß sich Nietzsche ausgerechnet solche Ersatzväter herausgreift, die er in der *Morgenröthe* als Epileptiker geoutet hatte (KSA 3: 320). Denn dies könnte ein weiteres Indiz für die Neigung Nietzsches sein, sich ersatzweise einer Erbdisposition zuzuwenden, die zu einem Krankheitsbild führte, das verbreitet als Gottesstrafe gedeutet wurde. Unter Ausschluß dieses Aspekts hat sich Nietzsche mit der Benennung Cäsars und Alexanders und der darin verborgenen Andeutung, er stünde eigentlich für eine 'höhere Natur', den Zugang zur Welt des *Zarathustra* eröffnet: eine Welt mit 'höheren Menschen', die sich auf dem Weg zum Übermenschen zu befinden scheinen; eine Welt aber auch ohne Gott, die es nicht mehr erlaubt, über Nietzsches Vater nach Maßgabe christlicher Werte zu urteilen, also in ihm den 'Engel' oder 'Teufel' sichten zu wollen. Wenn Nietzsche Zarathustra sprechen läßt: „Am Ende wurden alle deine Leidenschaften zu Tugenden und alle deine Teufel zu Engeln“, fortfahrend: „Und nichts Böses wächst mehr fürderhin aus dir“ (KSA 4: 43), dann scheint er auf diesen Zusammenhang anspielen zu wollen. Denn Nietzsche hätte gewiß auch seinem Vater eine Ordnung der Dinge gewünscht wie die in den lichtesten Momenten des *Zarathustra* beschriebene – eine Ordnung, aus der, anders als bei der auf Selbstverleugnung abstellenden christlichen Sittlichkeit, 'Böses' nicht mehr, etwa als untergründiger Abfall des Verdrängten, zu entstehen vermag. Nur so nämlich wäre auch dem Sohn die so überaus große Bedürftigkeit nach Ersatzvätern erspart geblieben. Entfallen wäre auf diese Weise auch die Voraussetzung jeder Idolbildung oder aber auch Idoldemontage, als deren Abkunft Vaterverehrung wie Vatermord Nietzsches begriffen werden können.

Das bisher Erzählte erlaubt allerdings auch einen etwas anderen Schluß. Denn über Ellen Keys epochemachendem Buch *Das Jahrhundert des Kindes* prangt mit großer Selbstverständlichkeit das Zarathustra-Wort: „Eurer Kinder Land sollt ihr lieben: diese Liebe sei euer neuer Adel, – das unentdeckte, im fernsten Meere! Nach ihm heisse ich eure Segel suchen und suchen! An euren Kindern sollt ihr gut machen, dass ihr eurer Väter Kinder seid: alles Vergangene sollt ihr so erlösen! Diese neue Tafel stelle ich über euch!“ (KSA 4: 255) Keys Absicht ging dahin, Nietzsche als Hauptanreger der Reformpädagogik und Kinderforschung zur Geltung zu bringen. Dabei war sie offenkundig recht unbekümmert darum, daß Zarathustra diese seine Forderung mit dem von ihr nicht zitierten Wort eingeleitet hatte: „Vertriebene sollt ihr sein aus allen Vater- und Urväterländern!" (KSA 4: 255) Dieses Wort ist aber durchaus nicht nebensächlich. Denn ein in diesem Sinn 'Vertriebener' war auch Nietzsche: Weitgehend vaterlos aufgewachsen, hatte sich ihm Gott nicht als Vater der Waisen erwiesen, und er hatte ihn auch nicht zurückgebracht in das Land seiner Väter. Als wolle er hierauf anspielen, gibt Nietzsche in *Jenseits von Gut und Böse* auf die Frage „Warum heute Atheismus?" als erstes die Antwort: „'Der Vater' in Gott ist gründlich widerlegt" (KSA 5: 72). Noch bemerkenswerter ist die Formulierung: „Ein Überfluß an Leid war in ihm: das brach heraus und strömte hin nach einem Meer des Väterlichen./Das Meer alles Väterlichen hieß er Gott – rechte Männer nannten ihn drob Gotteslästerer⟨er⟩" (KSA 10: 569). Ausgehend von dieser deutlich autobiographischen Notiz stünde das von Key zitierte Zarathustra-Wort erst in zweiter Linie für eine kühne Vorwegnahme der reformpädagogischen Programmatik. Zuallererst zeugte es für das schmerzhafte Lebewohl eines Menschen, der nichts lieber gewünscht hätte, als sich wahrhaft heimisch fühlen zu dürfen in einem 'Vater- und Urvaterland'. Dem eingelegt scheint ein Stück Hybris Nietzsches, der, stellvertretend für all jene, denen die Verläßlichkeit des Väterlichen lebenslang versagt blieb, nun die Rolle des Rächers zu spielen sich anheischig machte.

3.2 Nietzsches Übergangsväter: Die Philologen/Philosophen-Rochade

Nietzsches Geburt als Philosoph ist eine Geburt aus dem Geist der Philologen- und Philologiekritik (im folgenden ist selbstredend immer die Altphilologie gemeint): aus ihr heraus schärften sich seine allerersten – in der Hauptsache von Schopenhauer adaptierten – philosophischen Grundoptionen. Und doch wird diese Epoche in vielen neueren Darstellungen, im Gegensatz zu älteren rühmlichen Ausnahmen (vgl. Figl 1984: 96ff.), nur unzureichend gewürdigt oder nur auf die Frage hin orientiert, welche Bedeutung Nietzsche als Philologe zukommt (vgl. Bornmann 1994) oder welcher Rang einzelnen seiner philologischen Arbeiten zuzusprechen ist (vgl. etwa Gigante 1994). Nietzsches Philologie*kritik* hingegen entfällt zumeist (vgl. Gerratana 1994) der Aufmerksamkeit. Möglicherweise liegt dies auch an dem Umstand, daß man hierfür insbesondere die – von vielen nur als marginale Quellen betrachteten – Briefe Nietzsches zu konsultieren hat. Geringgeschätzt werden in der neueren Nietzsche-Forschung aber auch psychologische, sich im Motiv der Vatersuche bündelnde Hintergründe für Nietzsches frühe Philologieorientierung. Tatsächlich ist die Figur, auf die sich die Aufmerksamkeit dabei dann zu richten hätte, nämlich Friedrich Wilhelm Ritschl (vgl. Ribbeck 1879; 1881), nicht von jener psychologischen Bedeutung, die das Wort von einem Vaterersatz in einem etwa mit Richard Wagner vergleichbaren Ausmaß rechtfertigen würde. Und doch ist die auffällig affektgesteuerte, der Sache nach durch seine Schopenhauer-Lektüre beschleunigte Konversion Nietzsches von der einen (Ritschl) über die andere (Schopenhauer) zur dritten (Wagner) Vaterfigur erklärungsbedürftig. Diese Erklärung, die auch in den einschlägigen Darstellungen eines Ernst Howald (1920) oder Heinz Heimsoeth (1961) zu kurz kommt, wird im folgenden angestrebt bzw. im Hinblick auf den hier noch nicht zentralen Wagner vorbereitet, um Nietzsches philosophische Philologiekritik – als Ouvertüre zu seiner eigenen philosophischen Position – verständlicher zu machen (vgl. auch Niemeyer 1996a).

3.2.1 Ein Vampir im Lichte philosophischer Philologiekritik

Nietzsches Immatrikulation im Wintersemester 1864/65 an der Universität Bonn zunächst für Theologie war wohl eher eine Konzession an seine Mutter. Seinen Vormund hatte Nietzsche jedenfalls schon Ende 1863 mit Erfolg um die Erlaubnis gebeten, im nächsten Jahr das Studium der Philologie aufnehmen zu dürfen (vgl. KGB I/4: 321). Und, als sei dies an Verwirrung noch nicht genug, liest man in einem von Nietzsche in seinem ersten Bonner Semester (1864/65) vorgelegten Empfehlungsschreiben: „Er schwankt noch zwischen Theologie und Philologie, doch wird die letztere wohl siegen, besonders aber wird er unter ihrer Leitung sich freudig der Philosophie zuwenden, zu der ihn doch sein innerster Trieb hinführt" (KGB I/4: 338). Dies war, zumal im Hinblick auf das folgende, gut beobachtet. Zunächst freilich konnte Nietzsche seinem 'innersten Trieb' nur privatim nachgehen, wohingegen ihm offiziell vor allem die Philologie Aufmerksamkeit abverlangte. Grundlegend für diese Option war sein im Jahr 1858 erfolgter Wechsel vom Naumburger Domgymnasium zur Landesschule Pforta. Denn die Philologie dominierte schon seit jeher in dieser äußerst anspruchsvollen und wegen ihrer prominenten Absolventen renommierten Ausbildungsstätte, und dies galt entsprechend auch für den Lehrplan, der für Nietzsche maßgeblich war (vgl. Bohley 1976).

Die von Sander Gilman (1979) vorgelegten Dokumente aus den Jahren 1856–1864 eröffnen im übrigen einen imposanten Einblick in die Probleme im Gefüge dieser Schule, die wie ein Internat geführt wurde, also nur beschränkte Möglichkeiten bot, die Familie und die alten Freunde zu treffen bzw. zu besuchen. Ein in den Jahren 1868/1869 entstandener Rückblick Nietzsches hilft diesen von ihm als durchaus schmerzhaft erlebten Einschnitt von einer anderen Seite her zu beleuchten: „Als ich im Knabenalter nach Schulpforta kam, lernte ich nur ein Surrogat der väterlichen Erziehung kennen, die uniformirende Disciplin einer geordneten Schule. Gerade aber dieser fast militärische Zwang, der, weil er auf die Masse wirken soll, das Individuelle kühl und oberflächlich behandelt, führte mich wieder auf mich selbst zurück. Ich rettete vor dem einförmigen Gesetz meine privaten Neigungen und Bestrebungen, ich lebte einen verborgenen Kultus bestimmter Künste (...). Erst in der letzten Zeit meines Pförtner Lebens gab ich, in richtiger Selbsterkenntniß, alle künstlerischen Lebenspläne auf; in die so entstandene Lücke trat von jetzt ab die Philologie" (BAW 5: 252f.). Daß bei diesem Entschluß etwas auf der Strecke bleiben sollte (vgl. Schmidt 1994b), deutet Nietzsches Folgesatz an: „Ich verlangte nämlich nach einem Gegengewicht gegen die wechselvollen und unruhigen bisherigen Neigungen, nach einer Wissenschaft, die mit kühler Besonnenheit, mit logischer Kälte, mit gleichförmiger Arbeit gefördert werden könnte, ohne mit ihren Resultaten gleich ans Herz zu greifen" (BAW 5: 253). Wenig später, in der Phase der frühen Wagner-Begeisterung, verlangte dieses hier noch unterdrückte Herz nachhaltig nach Beachtung. Vorerst jedoch zementierte ein vergleichsweise nüchterner Gelehrter wie Ritschl die durch Schulpforta begründete Option für die Philologie.

Dabei läßt sich Ritschl, so will es scheinen, dem Vatersuchmotiv nur über eine rhetorische Finesse einarbeiten: über den Begriff Doktorvater. Noch nicht einmal diese Rede scheint ganz korrekt angesichts eines – Nietzsches Baseler Stellenantritts wegen – im Schnellverfahren und nur pro forma durchgeführten Verfahrens, bei dem im übrigen keine Doktorarbeit vorlag, sondern in erster Linie die Person und in zweiter die von dieser verfaßten kleineren philologischen Veröffentlichungen gewürdigt wurden. Letztere aber waren in einem von Ritschl edierten Fachorgan erschienen, und Ritschl war es auch, von dem Nietzsche die maßgebliche Förderung erfuhr, so daß in diesem Sinne das Wort vom Doktorvater erlaubt sei. Ritschl war damals, wie sich Nietzsches Baseler Kollege Jacob Mähly später ausdrückte, derjenige, der „am philologischen Himmel sozusagen den Regen und den Sonnenschein machte" (zit. n. Gilman 1985: 93), weniger belletristisch denn in Zahlen ausgedrückt: Ritschl hatte mit seinem Tod 1876 zweitausend Schüler, davon dreißig Professoren hinterlassen, so jedenfalls Nietzsche an Cosima Wagner (KSB 5: 210), dabei allerdings aus der Trauergemeinde ausscherend. Denn diese Zahlen nannte Nietzsche nicht etwa in der Absicht, als Teil dieser Menge verrechnet zu werden, sondern, wie man wohl vermuten darf, um den Wagners zu signalisieren, welche Opfer er im Interesse der gemeinsamen Sache auf sich genommen hatte: als, um es etwas pointierter auszudrücken, philologiefeindlicher Wagnerianer, der sich im Gegensatz wußte zu 1999 wagnerfeindlichen Ritschlianern.

Bevor Nietzsche freilich vom einen zum anderen konvertierte, mußte er erst zu Ritschl hinfinden. So ließ er Schwester wie Mutter zu Anfang seines ersten Semesters noch wissen: „Daß Männer wie Ritschl, der mir eine Rede über Philologie und Theologie hielt, wie Otto Jahn, der, ähnlich wie ich, Philologie und Musik treibt, ohne eins von beiden zur Nebensache zu machen, einen großen Einfluß auf mich üben, wird sich jeder vorstellen können, der diese Heroen der Wissenschaft kennt" (KSB 2: 18). Schon diese Charakterisierung belegt, daß Nietzsche anfangs noch glaubte, Jahn werde ihm allemal nähertreten als Ritschl. „Aus der Ferne verehrte ich die Persönlichkeit Friedrich Ritschl's" (BAW 5: 255), lesen wir denn auch in einem 1868/69 verfaßten Rückblick Nietzsches auf die Bonner Zeit, die mit einem Streit zwischen Jahn und Ritschl sowie damit endete, daß letzterer einen Ruf nach Leipzig annahm und Nietzsche sich, nach einigem Zögern, auf die Seite Ritschls schlug. „Ich weiß nicht, ob Ihr davon gehört habt, daß unser Ritschl nach Leipzig gehen wird; das ist der Hauptgrund" (KSB 2: 58), teilte er denn auch seiner Mutter wie Schwester im Mai 1865 mit, um seine Absicht eines Wechsels von Bonn nach Leipzig kundzutun. Auf diese Weise fügte es sich, daß Nietzsche im Wintersemester 1865/66 Ritschls Leipziger Antrittsvorlesung beiwohnte, sich später erinnernd: „Da kam er denn hineingerutscht in den großen Saal auf seinen großen Filzschuhen, im Übrig⟨e⟩n in tadellosem festlichem Anzug mit weißer Binde. Heiter und aufgeräumt blickte er sich in dieser neuen Welt um und bald entdeckte er auch Gesichter, die ihm nicht fremd waren. Indem er sich hinten im Saale herumtrieb, rief er plötzlich 'Ei da ist ja auch Herr Nietzsche' und winkte mir lebhaft mit der Hand" (BAW 3: 295). Dieser Quasi-Adoption folgte schon wenig später der Ritterschlag, nachdem Nietzsche den Mut aufgebracht hatte, Ritschl einen philologischen Vortrag zu überreichen, von dem sich dieser deutlich beeindruckt zeigte, indem er Nietzsche, wie dieser sich später mit erkennbarem Stolz erinnerte, erklärte, „noch nie von einem Studierenden des dritten Semesters etwas Ähnliches der strengen Methode nach, der Sicherheit der Combination nach gesehen zu haben" (BAW 3: 300).

Nietzsches Reaktion war verständlich: „Einige Zeit gieng ich wie im Taumel umher; es ist die Zeit, wo ich zum Philologen geboren wurde, ich empfand den Stachel des Lobes, das für mich auf dieser Laufbahn zu pflücken sei" (BAW 3: 300). Die Folgen dieser Euphorie waren jedoch nicht immer erquicklich. So versah der inzwischen das Selbststudium vorziehende Student in einem Brief an einen ehemaligen Schulfreund vom April 1866 den Ärger Ritschls über seine Weigerung, dessen Seminar beizutreten, mit den erstaunlichen Worten: „Solche Leute sind doch gewaltig übermüthig" (KSB 2: 127). Und vier Monate später will Nietzsche, seiner Darstellung gegenüber v. Gersdorff zufolge, ein Angebot Ritschls, für Honorar zu schreiben, mit dem trockenen Kommentar aufgenommen haben: „warum nicht, wenn es etwas ordentliches dabei zu lernen giebt" (KSB 2: 153). In der Hauptsache indes trug die Förderung Ritschls, auch nach Erinnerungen von Kommilitonen, dazu bei, Nietzsche von der Auffassung abzubringen, der Schüler eines anderen zu sein sei unvereinbar mit seinem Selbstgefühl: Nietzsche konvertierte zum „Ritschelianer" (vgl. Gilman 1985: 65), der seinen Förderer mit Vorliebe als „Vater Ritschl" (BAW 3: 305) titulierte und mit diesem „in ein näheres Verhältniß" kam: „Fast wöchentlich ein paar Mal gieng ich in der Mittagsstunde zu ihm und fand ihn da jederzeit bereit ein ernstes oder lustiges Gespräch anzuknüpfen" (BAW 3: 304).

Dabei konnte Ritschl selbst sich offenbar zunehmend der Faszination seines neuen Lieblingsschülers nicht entziehen: Ritschl zeige sich „stark choquiert ...", weil er „etwas kühl" (KSB 2: 341) reagiert habe, meldete Nietzsche im November 1868 an Rohde, um diesem seine Solidarität zu vergewissern im Fall eines von Ritschl zur Veröffentlichung nicht angenommenen Rohde-Manuskripts. Ernst Howald nimmt an, Ritschl habe „in explosiv geistreichen Naturen wie der Nietzsches ein Abbild seiner eigenen Jugend" gesehen, „während er andererseits dem verschlossenen Wesen Rohdes nicht gerecht zu werden vermochte", so daß der Vorwurf, Ritschl hätte „gerade Nietzsches Entwicklung so gut wie seine Karriere forziert (sic!), nicht ganz unbegründet" (Howald 1920: 4) sei. Heutzutage darf man als psychologischen Hintergrund für diese Vorzugsbehandlung Nietzsches wohl die Annahme nachtragen, daß Ritschl in puncto Nietzsche einer unreflektiert gebliebenen Sohnesübertragung unterlag, die sich zur Vaterübertragung Nietzsches komplementär verhielt. Die von Nietzsche gewiß erhoffte Wirkung dieses so zu lesenden 'näheren Verhältnisses' blieb jedenfalls nicht aus: Ritschl verfaßte ein an Nietzsches Vorgänger in Basel gerichtetes, geradezu hymnisch gehaltenes Empfehlungsschreiben. Darin heißt es: „Er ist ein Abgott und (ohne es zu wollen) Führer der ganzen jungen Philologenwelt hier in Leipzig, die (ziemlich zahlreich) die Zeit nicht erwarten kann, ihn als Docenten zu hören. Sie werden sagen, ich schildere eine Art von Phaenomen; nun ja, er ist das auch; dabei liebenswürdig und bescheiden" (KGB I/4: 542). Ritschl setzte noch hinzu, daß er in seiner fast vierzigjährigen Karriere niemanden kennengelernt habe, „der *so* früh und *so* jung schon *so* reif gewesen wäre, wie diesen Nietzsche" (KGB I/4: 542).

Ritschl hätte getrost noch erwähnen können, daß er bisher niemand kennengelernt hatte, der bei so viel Talent zugleich doch auch so fügsam sein konnte: „Wähle Dir ein Untersuchungsfeld mit Resignation, bearbeite es mit Hingebung“ (KSB 2: 291), hatte beispielsweise Freund Deussen im Juni 1868 von Nietzsche zu hören bekommen, als wolle dieser nicht nur Deussen auf eine neue Arbeitshaltung, sondern sich selbst auf seinen Frondienst bei Ritschl einstimmen. Zwei Wochen zuvor hatte sich Nietzsche auf Ritschls Wunsch hin entschieden, nicht länger Berlin, sondern Leipzig als Habilitationsort ins Auge zu fassen (vgl. KSB 2: 286). Die Folgen ließen nicht lange auf sich warten: Nietzsche erstellte im klugen Erfassen des in dieser Situation Gebotenen und gewiß nicht ganz so „freiwillig und mit einiger Vorliebe“ (KSB 2: 303), wie er Ritschl im August 1868 Glauben machen wollte, für dessen Periodikum ein 24 Jahrgänge umfassendes Register, dabei unterstützt zwar von seiner Schwester, aber behindert von den langwierigen und schmerzhaften Folgen eines Reitunfalls. Manch minder begabtem Leipziger Kommilitonen geriet dieser Unfall zur letzten Hoffnung, sich selbst noch als ‘Abgott’ Ritschls inthronisieren zu können. Ernst Windisch beispielsweise, der sich 1869 in Leipzig habilitieren sollte, verstieg sich im Mai 1868 zu der Geschmacklosigkeit, Nietzsche seine „Schadenfreude“ mitzuteilen und der Hoffnung Ausdruck zu geben, der Leipziger Superstar müsse nun „sein infames Ochsen“ (KGB I/3: 250) vorübergehend einstellen. So rauh waren die Sitten also auch damals schon im Wissenschaftsgeschäft, dessen Klaviatur Ritschl durchaus virtuos zu handhaben verstand.

Mit seiner allgemeinsten Prognose über Nietzsche sollte Ritschl allerdings recht behalten: „Er wird eben alles können was er will“ (KGB I/4: 548), ließ er die Baseler noch wissen, wohl gar nicht ahnend, wie bitter sich dies später auch für ihn bewahrheiten sollte. Es lebte sich eben auf die Dauer durchaus schlecht für einen Lehrer, der einen *Denker* zum Schüler hatte, obgleich er selbst doch nur ein *Forscher* war, der die Selbsteinschätzung vertrat: „Ich bin nun einmal mehr zum Administrator als zum Gelehrten berufen, mag ich auch immerhin zum letztern ein kleines Nebenberüfelchen haben“ (zit. n. Ribbeck 1881: 464). Die Baseler indes interessierte nur die Ritschl-Auskunft als solche. Ihr konnten sie entnehmen, daß sie sich bei raschem Zugriff ein Supertalent sicherten, das ‘alles kann’, was in ihrer hoffnungsfrohen Lesart nur meinen konnte: das sich an der Universität wie im seit alter Baseler Sitte von der Universität mitzubedienenden altsprachlichen Propädeutikum des Pädagogiums einsetzen ließ. Mithin war Nietzsche Basel nicht mehr zu nehmen: „Eine Empfehlung von Seiten dieses Koryphäen“, so Jacob Mähly in Erinnerung an die Erwartung, die man in Basel an das erbetene Ritschl-Votum geknüpft hatte, „galt damals so viel als der sichere Weg zum Ziel“ (zit. n. Gilman 1985: 93).

Am (Zwischen-)Ziel angekommen, war Nietzsche Ritschl durchaus auch dankbar, ohne indes blind zu werden für dessen Schwächen und belehrt durch die Erfahrung, von Männern wie Ritschl „fortgerissen (zu) werden auf Bahnen, die der eignen Natur fern liegen" (KSB 2: 81). Insoweit schien hier immer schon eine doppelte Reserve geboten, die sich zunehmend von Ritschl auf das Problem, für das dieser einstand, verlagerte. Neben dem „Eifer ⟨,⟩ andern Leuten zu nützen", so notierte sich Nietzsche beispielsweise in einem Rückblick auf seine ersten vier Leipziger Semester, gäbe es noch eine andere Seite an Ritschl, nämlich eine unbedingte „Überschätzung seines Fachs" und die entsprechende Abneigung, „daß Philologen sich näher mit der Philosophie einließen" (BAW 3: 305). Eben hierüber wußten auch andere Ritschlianer zu klagen. So meinte einer von ihnen später, Ritschl habe „seine Schüler vielleicht etwas zu sehr dazu ermuntert ..., durch Konjunkturen die korrupten Stellen der klassischen Autoren zu beseitigen, wodurch dem Eindringen in den wirklichen Gehalt der Werke viel gute Arbeit entzogen wurde" (zit. n. Gilman 1985: 168). Der, der hier spricht, steht freilich schon unter dem Einfluß Nietzsches, zumindest in dem Sinn, daß er sich zu erklären sucht, warum Nietzsche, als Ritschl-Schüler, ihm in Basel im Herbst 1871 ausgerechnet mit Hilfe der Vorstellung vom mühseligen Handwerk des Bilderrestaurierens den Philologiebegriff auseinanderzulegen – und damit zu demontieren – suchte.

Grundlagen für diese Kritik der Philologie hatte Nietzsche schon in Leipzig gelegt. „In unsrer Zeit ist ein Philolog ein Mensch, der ein Buch noch mit der Genauigkeit liest als ob er vor Erfindung der Buchdruckerkunst geboren sei" (BAW 5: 194), spottete er beispielsweise in einer seiner letzten privaten Niederschriften aus der Leipziger Zeit über seine Zunft, als 'zeitgemäße' Gegenposition demgegenüber festhaltend: „Der Philologe liest nur Worte, wir Modernen nur noch Gedanken" (BAW 5: 268). Enthalten war in diesem Einspruch der Vorgriff auf den Versuch, die philologische Textkritik eher den hermeneutischen Verfahren der Geisteswissenschaften einzuarbeiten, anstatt beharrlich dem Streben nachzugeben nach einer von Inhalt und Kontext weitgehend absehenden präzisen Textentzifferung. Die Philologie ist eine „Mißgeburt der Göttin Philosophie, erzeugt mit einem Idioten oder Cretin", teilt der sich innerlich schon als „der zukünftige Privatdocent Leipzigs" (KSB 2: 329) sehende Nietzsche brieflich Deussen im Oktober 1868 mit. Zu diesem Urteil über die Philologie gelangt Nietzsche, weil dieses Fach seinem Gegenstand nach zwar der Ästhetik verhaftet war, seiner Methode und Fragestellung zufolge sich aber immer stärker als historische Forschung begriff, die, analog zu den Naturwissenschaften, Exaktheitsansprüchen zu genügen suchte, ohne sonderlich nach der Relevanz des je Gefundenen zu fragen.

Besonders erboste Nietzsche dabei die – mit dieser Option unvermeidliche – Eintönigkeit der tagtäglichen philologischen „Kärrnerarbeit“, die er schon als Schüler, dann aber vor allem als Lieblingsstudent Ritschls zu vollziehen hatte und die er bald schon mit Attributen wie „Holzhackerei“ (KSB 2: 116), „Lumpensammler“ (KSB 2: 146), „Kernholz bohren“ (KSB 2: 167) oder „Maulwurfstreiben“ (KSB 2: 344) zu belegen pflegte. In einem Brief an Deussen vom Oktober 1868 rief Nietzsche gar die Vampirmetaphorik auf, um gegen jene – und man darf hier durchaus an Ritschl denken – Verwahrung einzulegen, die „abgezehrten Leibes, mit vertrockneten Adern, welkem Munde das Blut junger und blühender Naturen aufsuchen und vampyrartig aussaugen“ (KSB 2: 329). Entsprechend erklärte er es nun zur Pflicht eines jeden Pädagogen, „die frischen Kräfte fern zu halten von den Umschlingungen jener greisen Scheusale: die vom Standpunkt des Historikers Ehrerbietung, von dem der Gegenwart Widerwillen, von dem der Zukunft Vernichtung zu erwarten haben“ (KSB 2: 329). Und einen Monat später, deutlich noch im Hochgefühl angesichts des Umstandes, daß er erst zwei Wochen zuvor seinem neuen Ersatzvater Wagner vorgestellt worden war, schreibt Nietzsche an Rohde: „Mein lieber Freund, jetzt wo ich wieder das wimmelnde Philologengezücht unserer Tage aus der Nähe sehe, wo ich das ganze Maulwurfstreiben, die vollen Backentaschen und die blinden Augen, die Freude ob des erbeuteten Wurms und die Gleichgültigkeit gegen die wahren, ja aufdringlichen Probleme des Lebens täglich beobachten muß und nicht nur an der jungen Brut, sondern an den ausgewachsenen Alten: da kommt es mir immer begreiflicher vor, daß wir beide, falls wir nur sonst unserm Genius treubleiben, nicht ohne mannichfache Anstöße und Quertreibereien unseren Lebensweg gehen werden“ (KSB 2: 344). So spricht ein Schüler, der sich auch unter dem ‘ausgewachsenen Alten’ schlechthin, eben Ritschl, unwohl zu fühlen beginnt – und einen neuen Lehrer schon im Visier hat: Schopenhauer. Von diesem nämlich stammt der zumal den jungen Nietzsche deutlich beeindruckende Spott über den herkömmlichen Universitätsphilosophen mit seinem „matten Herzschlag, den trüben, spähenden Augen, den stark entwickelten Freßwerkzeugen, der stockenden Rede und dem schwerfälligen Gange, als welcher Takt hält mit der Krötenagilität seiner Gedanken“ (SW IV: 199).

Noch weitergehender freilich als Schopenhauer wird Nietzsche im weiteren Fortgang seiner Entwicklung die sich durch derlei grauenerregende Vorstellungsbilder scheinbar von selbst rechtfertigende Vernichtungsrhetorik auch gegenüber Kulturphänomenen ganz anderer Couleur in Anschlag bringen. Im *Ecce homo* etwa sehen wir die christliche Moral unter dem Stichwort „Moral als Vampyrismus“ (KSA 6: 373) abgekanzelt. Der Christ imponiert in dieser Lesart als dekadente Steigerungsform der auch dem Philologen eigentümlichen, das Leben blutarm machenden Sinnenfeindlichkeit. Neben der Vampirmetapher spielt aber auch die Maulwurfsmetapher im Œuvre des späten Nietzsche wieder eine Rolle. Zarathustras Stimme etwa wird vorgestellt als „ein Heilmittel für Blindgeborne" (KSA 4: 270). Die Rede ist auch von Zarathustras Widerstreben gegen den „Geist der Schwere", seinen „Teufel und Erzfeind ...", der, ihn „abgrundwärts" ziehend, auf ihm saß: „halb Zwerg, halb Maulwurf; lahm; lähmend; Blei durch mein Ohr, Bleitropfen-Gedanken in mein Hirn träufelnd" (KSA 4: 198) – wiederum eine Metaphorik, die auf Ritschl oder jedenfalls doch auf das, was er repräsentiert, anspielt.

Daß Nietzsche mit dieser Kritik und der ihr zugehörenden Gleichsetzung der historischen Bildung mit „angeborener Grauhaarigkeit" (KSA 1: 303) der Bildungserfahrung einer ganzen Generation Ausdruck verlieh, bezeugt vor allem seine in den 1890er Jahren so plötzlich einsetzende Wirkung in reformpädagogischen und jugendbewegten Kreisen. Mit Nietzsche, so etwa Michael Georg Conrad 1895 über den, der froh gewesen war, sich der in den Burschenschaften sammelnden „greisenhaften Jugend" (KSB 2: 83) entzogen zu haben, „stehen wir auf der Linie des aufsteigenden Lebens. Mit ihm haben wir uns in kein abstraktes Ideal, in kein papiernes Prinzip, in kein ertötendes Dogma, in keine heimlich mordende vampyrartig blutaufsaugende Autorität eingesponnen und eingekapselt" (Conrad 1895: 1). Noch in Stefan Zweigs Erzählung *Verwirrung der Gefühle* (1927) findet sich eine Szene, die, unter Verwendung anekdotischen Materials aus dem Baseler Nietzsche-Umfeld, die Erstsemestererfahrungen eines Philologiestudenten mit analogen Verfallsmetaphern wiedergibt: „Unwillkürlich war mir, als ob Sand aus den dünn aufgetanen Lippen des Geheimrats rinne, so zerrieben, so gleichmäßig rieselten die Worte des schleißigen Kollegienheftes in die dicke Luft. Der schon den Schulknaben fühlbare Verdacht, in eine Leichenkammer des Geistes geraten zu sein, wo gleichgültige Hände an Abgestorbenem anatomisierend herumfingerten, schreckhaft erneuerte er sich in diesem Betriebsraum eines längst antiquarisch gewordenen Alexandrinertums" (Zweig 1984: 186).

Die moderateste Folge dieser ganzen Kritik war, daß sich Nietzsche Fragen (philologischer) Didaktik zuwandte. „Wer aber lehren will, der muß zweierlei verstehn: Hunger zu wecken und zu stillen" (BAW 5: 196), heißt es hierzu, gleichsam in Vorbereitung auf die eigene Universitätskarriere, in einer Niederschrift aus der letzten Leipziger Zeit. Und ganz noch in diesem Duktus gehalten, nun aber deutlicher als Lektion aus eben dieser Zeit und mithin als Reminiszenz an Ritschl, aber auch an die Zeit in Pforta zu lesen, erfahren wir aus der *Morgenröthe*: „Die Vergeudung unserer Jugend, als man uns ein dürftiges Wissen um Griechen und Römer und deren Sprachen ebenso ungeschickt, als quälerisch beibrachte und zu wider dem obersten Satz aller Bildung: daß man nur dem, der Hunger danach hat, eine Speise gebe! Als man uns Mathematik und Physik auf eine gewaltsame Weise aufzwang, anstatt uns erst in die Verzweiflung der Unwissenheit zu führen und unser kleines täglich Leben, unsere Hantierungen und alles, was sich zwischen Morgen und Abend im Haus, in der Werkstatt, am Himmel, in der Landschaft begibt, in tausende von Problemen aufzulösen, von peinigenden, beschämenden, aufreizenden Problemen" (KSA 3: 168). In immer neuen Varianten trug Nietzsche diese geradezu pestalozzianisch anmutende Kritik vor. Eine gewisse Pestalozzi-Kenntnis Nietzsches darf dabei sogar vermutet werden, wenn man bedenkt, daß er 1870 von einem ehemaligen Mitschüler gebeten worden war, alle Ausgaben von Pestalozzis *Lienhard und Gertrud* für eine von Friedrich Mann geplante Neuausgabe zu beschaffen (KGB II/2: 173f.) und 1879 eben dieses Werk von Paul Rée zugesandt bekam (KGB II/6, 2: 1195). Im Rahmen der pädagogischen Rezeption Nietzsches blieb denn auch der von diesem betriebene Vorgriff auf den reformpädagogischen Gegensatz von „Arbeitsschule" und „Buchschule" (Hierl 1914: 142) nicht unentdeckt, ganz zu schweigen von seiner wegweisenden Kritik der 'formalen Bildung': „Wäre die Aufgabe des Philologen formal zu erziehen, so müßte er gehen, tanzen, sprechen, singen, sich gebaren, sich unterreden lehren", so heißt es beispielsweise 1875 im Rückblick auf das, was er bei Ritschl offensichtlich nicht gelernt hatte und was man aber noch „bei den formalen Erziehern des zweiten und dritten Jahrhunderts" (KSA 8: 50) hätte lernen können. Das Resümee war eindeutig: Wir „ließen uns so leicht betrügen!" (KSA 3: 169).

Wie sehr Nietzsche diesem Betrug unterworfen war, enthüllt sein Jugendwerk *Fatum und Geschichte* von 1862. Hier nämlich noch imponierte ihm, in offensichtlich andressierter offiziöser Philologen-Hybris, die „ganze bisherige Philosophie als ein babylonischer Thurmbau", ein Urteil, dem er das Glaubensbekenntnis des philologischen Mainstream anfügte: „Geschichte und Naturwissenschaft, die wundervollen Vermächtnisse unserer ganzen Vergangenheit, die Verkünderinnen unsrer Zukunft, sie allein sind die sichern Grundlagen, auf denen wir den Thurm unserer Spekulation bauen können" (BAW 2: 55). Gut fünf Jahre später aber, in privaten Aufzeichnungen von 1867/68 und unter dem Eindruck der nun deutlich hervortretenden Philologenschelte, redet Nietzsche schon von der Notwendigkeit, „das zügellos umschweifende Geschichtsunwesen in seine Grenzen" (BAW 3: 337) zu weisen. Die Geschichte gilt ihm nun nicht mehr als künftig stärker auszubeutende Basis der Philosophie, sondern als ihr – gegenwärtig überschätzter – Gegensatz: „Der historische Thatbestand hat etwas Erstarrendes, Medusenhaftes, das nur dem Auge des Dichters schwindet. Aus den Blöcken der historischen Thatsachen müssen wir uns erst Statuen heraushauen" (BAW 3: 321).

Damit kündigt sich zugleich ein neues Projekt an: Statt um eine *Philologisierung der Philosophie* ist es Nietzsche nun um eine *Philosophierung der Philologie* zu tun: „Unsre Philologen sollen lernen mehr im Großen zu urtheilen um das Feilschen um einzelne Stellen mit den großen Erwägungen der Philosophie zu vertauschen" (BAW 3: 338). Spätestens mit seiner Baseler Antrittsvorlesung weiß Nietzsche um die Konturen dieses Projekts: Es geht ihm um Sicherung des „Beistand(es) der Künstler" (BAW 5: 287) für eine Philologieauslegung, die, unter Rückgriff auf ein philosophisch sondiertes Wissen um das Altertum, Modernisierungs- und Kulturkritik zu leisten in der Lage ist und die nur auf diesem Wege jene „Scheinmonarchie" (BAW 5: 285) beenden könne, mit der sie sich solange begnügen müsse, solange sie ihre Ordnungsfunktion gegenüber den an ihrem Gewerbe zu beteiligenden disziplinären Sehweisen nicht ausübe. Entsprechend läßt Nietzsche diese Antrittsvorlesung ausklingen mit der programmatischen Forderung, „dass alle und jede philologische Thätigkeit umschlossen und eingehegt sein soll von einer philosophischen Weltanschauung, in der alles Einzelne und Vereinzelte als etwas Verwerfliches verdampft und nur das Ganze und Einheitliche bestehen bleibt" (BAW 5: 305).

Die erste Maßgabe dieses Projekts lautet, den Auftrag der historischen Forschung deutlich zu begrenzen: „Darum weil etwas gewesen ist, darf nichts untersucht werden, sondern weil es besser war als jetzt und also vorbildlich wirkt" (BAW 3: 369). Ein Bildungsauftrag ist darin zugleich mitgedacht: „Alles, was noch nicht seine Wirkungskraft verloren hat, ist werth zu leben" (BAW 5: 188). Vor diesem Hintergrund wird als neue Formel zur Bestimmung der Eigenart der Philologie der – wenig später auch in Nietzsches Baseler Antrittsvorlesung eingeflossene (BAW 5: 285) – Satz erprobt: „Philologie ist ein Stück Naturwissenschaft ein Stück Geschichte, ein Stück Kunst, endlich eine Methode. Kunst, insofern eine verklärte Auffassung des Althertums angestrebt wird" (BAW 5: 194). Mit dieser Relativierung des Stellenwerts der Geschichte darf Nietzsches spätere Destruktion des Vorrechts der historisch-philologischen Bildung als vorbereitet gelten. Die zweite Maßgabe dieses Projekts folgt unmittelbar aus Nietzsches in seinen Vorträgen *Über die Zukunft unserer Bildungsanstalten* vom Januar 1872 vorgetragenen Vorwurf, wonach die zeitgenössische Bildung die Menschen „zu lauter abstractis und Schatten" umschaffe, mit der Folge, daß der „ängstlich verhüllte Universal-Mensch ..." (KSA 1: 280f.) dominiere. Der Struktur nach analog argumentierte Nietzsche noch vierzehn Jahre später, in *Jenseits von Gut und Böse*, wenn er den Gelehrten, der Nietzsche nun bloß noch als „Durchgang und Wiederschein fremder Gestalten und Ereignisse" imponiert, mit den Worten porträtiert: „Das gewohnte Entgegenkommen gegen jedes Ding und Erlebniss, die sonnige und unbefangene Gastfreundschaft, mit der er Alles annimmt, was auf ihn zustösst, seine Art von rücksichtslosem Wohlwollen, von gefährlicher Unbekümmertheit um Ja und Nein: ach es giebt genug Fälle, wo er diese Tugenden büssen muss!" (KSA 5: 135f.) Auch dies ist ein Wort, das sich rückblickend auf Ritschl zu beziehen scheint – und auf den Vatermord, den Nietzsche an ihm vollzog. Denn als Tugenden vermochte Nietzsche dessen 'Entgegenkommen' und 'Wohlwollen' nicht anzuerkennen, eher schon als Hinweis darauf, daß auch hier nur eine Art 'ängstlich verhüllter Universal-Mensch' in Tätigkeit sei.

Dieser Vorwurf wird getragen von dem Ziel der Neubegründung eines ganzheitlichen Bildungsideals, als dessen Repräsentant in Nietzsches Sicht des Jahres 1872 zwar der Philosoph der griechischen Antike gelten darf, nicht aber der jetztzeitliche Philologe. Begrifflich spiegelt sich dies in seiner Unterscheidung zwischen 'Pseudobildung' und 'wahrer Bildung'. Den Philologen billigte Nietzsche nur erstere zu, waren sie es doch, die die „Kärrnertreue" als „Prunkthema" kultivierten, um gleichzeitig die „Unbildung jenseits des Faches" als „Zeichen edler Genügsamkeit" (KSA 1: 670) zur Schau zu tragen. Bei dieser Kritik dürfte Nietzsches neues Idol Wagner Pate gestanden haben. Denn Wagner hatte schon 1849 seine Kritik geübt an denen, die mit „hochmütige(m) Behagen" auf „unsere ... künstlerische ... Ungeschicklichkeit" verwiesen, um dann den Kunstgenuß außerhalb ihrer selbst abzufragen, und zwar „mit ungefähr demselben Verlangen, wie der Wüstling den flüchtigen Liebesgenuß einer Prostituirten aufsucht" (GSD 3: 24). Dem Ton nach war Nietzsche gewiß moderater, aber der Sache nach verstand er ebensowenig Spaß: Auch seine Bildungskritik argumentiert im Kern gegen die durch 'Pseudobildung' bewirkte Prostitution von Kunst. Entsprechend auch geriet ihm die 'wahre Bildung' zu einer, die nicht taub sei „gegen die Stimme der eleganten Zeitkultur" (KSA 1: 706) und die sich nicht in Fachbildung erschöpfe, sondern die „an der aristokratischen Natur des Geistes festhält", dabei eine „Ordnung im Reiche des Intellekts" (KSA 1: 698) verteidigend, deren Umsturz durch Volksbildungsbestrebungen bevorstehe.

Dieses Resümee, das sich als Ausdruck jugendlich-unbekümmerter Selbstzurechnung des ehemaligen 'kleinen Pastors' zur in Wagner präsenten weltmännischen Elite lesen läßt, ist gewiß inakzeptabel. Anders steht es um Nietzsches in diesen Zusammenhang gehörenden Hinweis, daß die Bildung nicht instrumentalisiert werden dürfe für die Absicht, „sich 'auf der Höhe seiner Zeit'" (KSA 1: 667) zu halten. Denn dahinter verbarg sich die ernste Warnung davor, daß der Universitätsgeist im Nachgeben gegenüber dem Popularisierungsdruck, der sich seinerseits dem damals allfällig thematisierten Kampf ums Dasein verdankte, anfangen könne, „sich mit dem Zeitgeiste zu verwechseln" (KSA 1: 425) – ein Argument übrigens, das Wagner später selbst in perfider Wendung gegen seinen ehemaligen Günstling in Anschlag bringen sollte. Bei all dem war es doch Wagner selbst gewesen, der mit seinem Einspruch gegen eine „nur auf zukünftigen industriellen Erwerb zugeschnittene Erziehung" (GSD 3: 24) Nietzsche den Hintergrund geliefert hatte für sein Argument, daß von „Bildungsanstalten" dort nicht zu reden sei, wo „ein Amt oder ein ... Brodgewinn" (KSA 1: 715) angestrebt werde. Ersatzweise brachte Nietzsche den polemisch gemeinten Titel „Institutionen zur Überwindung von Lebensnoth" (KSA 1: 715) in Vorschlag, mit der Pointe, daß ihm die Philologie, die als zentrale Produktionsstätte für Staatsbeamte im 19. Jahrhundert derartige Institutionen bediente, zur 'Kauzwissenschaft' geriet, jedenfalls, solange sie nicht nachweisen könne, „daß irgendwelche großen Kulturzwecke in ihrem Horizont liegen" (KSB 2: 329). Nietzsche formulierte diesen Einspruch in einer Epoche, die eine immer stärkere Spezialisierung der Wissensformen kannte und in der folglich der ganzheitliche Bildungswert von Philosophie und Kultur verlorenging und insoweit immer stärker auch benötigt wurde.

Vor dem Hintergrund des auch in dieser Hinsicht bestehenden vorübergehenden Gleichklangs der Kultur- und Bildungsauffassungen Nietzsches und Wagners überrascht es denn auch kaum, daß Wagner es war, der, wenige Monate nachdem Nietzsche seine Vorträge *Über die Zukunft unserer Bildungsanstalten* gehalten hatte und wegen seiner *Geburt der Tragödie* in einigen Verdruß geriet, Nietzsche öffentlich beistand mit einem philologiekritischen *Offenen Brief*. In diesem vermerkte er es zunächst als „auffallend, daß Alles, was bei uns von der Gunst der Musen als abhängig sich kundgiebt, also unsere gesammte Künstler- und Dichterschaft, ganz ohne Philologie sich behilft" (Wagner 1872: 58f.). Dem schloß sich die ketzerische Frage an, ob es denn möglicherweise „nur die Philologen selbst (sind), welche sich gegenseitig instruiren, und vermuthlich einzig zu dem Zwecke, immer wieder nur Philologen abzurichten" (Wagner 1872: 59). Diese Frage, die in das Zentrum der Legitimationsprobleme der damaligen Philologie führte, nahm Bezug auf die exponierte Stellung des altsprachlichen Unterrichts im Lehrplan der neuhumanistischen Gymnasien in der zweiten Hälfte des 19. Jahrhunderts. Auch Nietzsche sah in seiner Baseler Antrittsvorlesung sehr deutlich, „dass die Philologie ihrem Ursprung nach und zu allen Zeiten zugleich Pädagogik" gewesen sei, also vor allem mit der „Auswahl der lehrenswerthesten und bildungsförderndsten" (BAW 5: 285) Unterrichtsinhalte beschäftigt war und folglich, wie dies eine bei der Veröffentlichung unterdrückte Textvariante verdeutlicht, „ihr Dasein nicht einem wissenschaftlichen Triebe, sondern einem praktischen Bedürfniß verdankt" (BAW 5: 476). Und insoweit dieses Legitimationsproblem der Philologie als einer Ausbildungswissenschaft erst in der

Reformpädagogik seinen Höhepunkt fand, darf sich Nietzsche auch in dieser Hinsicht als ein Vorreiter der Bildungsreform der Jahrhundertwende sehen und an der abweisenden Reaktion auf seine frühen Schriften die Auffassung bestätigt finden, daß sich führende Philologen bereits zu sehr auf für sie und den Bestand ihres Faches nützliche Rechtfertigungsargumentationen zurückgezogen hatten, also einen entscheidenden Extrakt philosophischer Grundhaltung, das Wahrhaftigkeitsstreben, auf dem Altar der Nützlichkeit geopfert hatten.

Im Kern lief Nietzsches zentrales Therapeutikum dabei darauf hinaus, die nachwachsende Generation, wie es in *Vom Nutzen und Nachteil der Historie für das Leben* heißt, von dem Übermaß historischer Bildung zu entlasten, getreu des Imperativs: „Schenkt mir erst Leben, dann will ich euch auch eine neue Cultur daraus schaffen!" (KSA 1: 329) Mit dieser Losung und dessen Pendant („vivo, ergo cogito"; KSA 1: 329) sah sich der Einsatz der von Descartes herrührenden Aufklärung („cogito, ergo sum"; KSA 1: 329), die in der von Nietzsche als 'krankmachend' dechiffrierten historischen resp. philologischen Bildung die Perversion ihres ursprünglich befreiungsorientierten Anliegens fand, ebenso außer Geltung gesetzt wie all das, was seine Größe aus dem Umstand abzuleiten suchte, daß es sich als 'historische Macht' inszenierte: „So weit es Gesetze in der Geschichte giebt, sind die Gesetze nichts werth und ist die Geschichte nichts werth" (KSA 1: 320), läßt sich Nietzsche denn auch voller Ungestüm vernehmen, offenkundig seinen zehn Jahre alten Ratschlag völlig aus den Augen verlierend, daß er sich nicht der „Selbstüberhebung" desjenigen schuldig machen wolle, „der nach selbstgebildeten Grundsätzen sich das Gegenwärtige zurücklegen will und mit stürmischem Geschrei auf Niederreißung des Bestehenden dringt" (BAW 2: 340).

Ritschl selbst bekam in den ersten Baseler Jahren zwar einiges gerüchteweise zu hören von dieser schon bald in derlei grundlegenden Bedenken auslaufenden frühen Philologie- und Bildungskritik. Aber ebenso wie es Nietzsche schon in Leipzig im offiziellen Verkehr mit Ritschl vermocht hatte, bei diesem den Eindruck in Geltung zu halten, er sei einer unanstößigen Philologenexistenz zuführbar, beherrschte Nietzsche auch in Basel zunächst das Spiel mit doppelten Karten. So begegnet einem zumindest in der Druckfassung seiner im Mai 1869 gehaltenen Antrittsvorlesung Philologiekritisches nur in höchst moderater Form. Vor allem die von Nietzsche wegen ihrer polemischen Kraft so sehr geliebte Maulwurfsmetapher findet sich erstaunlicherweise in einer Gestalt, aus der die Hörer offensichtlich entnehmen sollten, daß ihr neuer Philologieprofessor mit der Gattung „Spötter, die immer bereit sind, den philologischen 'Maulwürfen' einen Hieb zu versetzen" (BAW 5: 286), nicht in eins gesetzt werden wollte. Nietzsche mochte diese deutliche Verleugnung seiner privaten

Position als eine Art Bauernopfer gesehen haben, die ihm Raum ließ, offene Ohren zu schaffen für sein eigentliches Anliegen. Anders schon steht es um die moralische Bewertung einer derartigen Klugheitsstrategie, gegen die man wohl mit Fug und Recht, gewappnet mit den sonstigen Argumenten des Pseudo-'Immoralisten' Nietzsche, zu Felde ziehen darf. Dies gilt auch im Blick auf eine Marginalie, auf die Werner Ross (1984: 177) aufmerksam gemacht hat. Denn selbst noch in der an sich Wagner gewidmeten *Geburt der Tragödie* erstattet Nietzsche indirekt seinen Dank an Ritschl: indem er als einzigen Namen, in entsprechend pejorativer Weise, den Bonner Ritschl-Antipoden Otto Jahn anführt.

Später freilich ging Nietzsche doch noch einmal hart mit Ritschl ins Gericht. Den Impuls hierzu hatte, im Oktober 1873, Rohde gegeben mit seinem Bericht an ihn, wonach Ritschl bei einem Besuch „einen mumienhaft fatalen Eindruck" gemacht habe, zumal, wie Nietzsche weiter erfährt, „wenn ich bedachte, daß dies nun der Abend eines bedeutenden Menschen sei, an dem ihm kein Gedanke, und keine ernsthaft weitertönende Stimmung der gemeinen Behaglichkeit des kleinsten Treibens enthebt. Vielmehr wird er immer enger: neuerdings scheint er nur noch bibliographische Studien zu treiben!" (KGB II/4: 326). Auch die vom Ritschl-Biographen Otto Ribbeck ausgebreiteten Dokumente aus Ritschls letzten Lebensjahren weisen in Richtung einer recht früh einsetzenden – in Ritschls eigenen Worten – 'senilitas' (Ribbeck 1881: 441), die offensichtlich auch in der Lehre deutliche, Nietzsche zu Ohren gekommene Spuren hinterließ (KGB III/2: 105). Wenn Nietzsches letzter Besuch bei Ritschl niederschmetternd verlief, hatte dies aber eher andere Gründe: In einer halben Stunde, so darf Rohde aus Nietzsches Bericht vom Dezember 1873 erfahren, ließ das Ehepaar Ritschl „ein schnell gesprochenes Wort-Feuer gegen mich los, bei dem ich sehre unverwundet blieb und mich auch so fühlte; am Schluss blieb man dabei, ich sei hochmüthig und verachtete sie" (KSB 4: 187).

Die Quittung für diese deprimierende Erfahrung präsentierte Nietzsche in der *Morgenröthe* – am Bilde des alternden Gelehrten: „Nun ist es vorbei mit seinem früheren trotzigen, dem eignen Selbst überlegenen Verlangen nach ächten Schülern, nämlich ächten Fortdenkern, das heißt, ächten Gegnern: jenes Verlangen kam aus der ungeschwächten Kraft, aus dem bewussten Stolze, jederzeit noch selber der Gegner und Todfeind seiner eigenen Lehre werden zu können, – jetzt will er entschlossene Parteigänger, unbedenkliche Kameraden, Hülfstruppen, Herolde, ein pomphaftes Gefolge. Jetzt hält er überhaupt die furchtbare Isolation nicht mehr aus, in der jeder vorwärts- und vorausfliegende Geist lebt, er umstellt sich nunmehr mit Gegenständen der Verehrung, der Gemeinschaft, der Rührung und Liebe, er will es endlich auch einmal so gut haben, wie alle Religiösen“ (KSA 3: 311f.). Im *Ecce homo* wird Ritschl sogar namentlich genannt. Er begegnet einem hier als „der einzige geniale Gelehrte, den ich bis heute zu Gesicht bekommen habe“, ein an sich nettes Kompliment, wie man meinen könnte – sofern man den hier unterschwellig wirksamen Genialitätsbegriff außer acht läßt: „Er besaß jene angenehme Verdorbenheit, die uns Thüringer auszeichnet und mit der sogar ein Deutscher sympathisch wird: – wir ziehn selbst, um zur Wahrheit zu gelangen, noch die Schleichwege vor“ (KSA 6: 295). Dies saß – und verriet die ganze Enttäuschung Nietzsches, von der auch das *Zarathustra*-Wort noch kündet: „Mancher wird auch für seine Wahrheiten und Siege zu alt; ein zahnloser Mund hat nicht mehr das Recht zu jeder Wahrheit“ (KSA 4: 94).

Insbesondere in dem angeführten Bild aus der *Morgenröthe* drängt sich zugleich auch all das zusammen, was Nietzsche im Geiste Schopenhauers von einem wahrhaften Gelehrten, der ihm dann auch wirklicher Ersatzvater hätte sein können, erwartete: den Willen auch einmal zur Einsamkeit, zum Kampf für die als richtig erkannten Auffassungen, zur Offenheit aber auch gegenüber Kritik und Selbstkritik, zugleich aber auch die Bereitschaft, sich widerlegen zu lassen, um der von anderen erbrachten Leistung Tribut zu zollen. Und so war ihm denn Ritschl auch beides: der gesuchte Ersatzvater, der es mit seinem starken ‘männlichen Intellekt’ vermocht hatte, Nietzsche auf eine enggeführte Fragestellung hin zu organisieren; derjenige aber auch, der mit seiner Hinführung zu einem Nietzsche eigentlich ‘fremden Wissen’ den nächsten Schritt provozierte: den Vatermord. Bezeichnend hierfür sind die Worte, mit denen Nietzsche im März 1873 gegenüber Rohde den Umstand kommentiert, er habe Ritschl seine allerletzte philologische Arbeit übersandt: „Nimm sie freundlich an, sagte das Kind zum Vater an seinem Geburtstage und ließ die Torte in den Dreck fallen“ (KSB 4: 137). Diese durchaus noch zivile Form von Vatermord gewinnt erst durch den Umstand an Pikanterie, daß Nietzsche nur ein halbes Jahr zuvor Rohde mitgeteilt hatte, Wagner „zu befriedigen reizt mich mehr und höher als irgendeine andere Macht“ (KSB 4: 73). Damit es zu diesem Machtgewinn Wagners kam, bedurfte es eines weiteren Geburtshelfers: Schopenhauer.

3.2.2 Ein Universitätsphilosophie-Verächter im Bannkreis des Nichts

Diente Ritschl Nietzsche vor allem als Vorlage, so lieferte ihm Schopenhauer die Munition. Ein schönes Beispiel hierfür ist, wie bereits erwähnt, die von Nietzsche in philologiekritischer Absicht instrumentalisierte Maulwurfsmetapher. Schopenhauer galt der Maulwurf mit seinem „mühevollen und freudenleeren Lebenslauf“ (SW II: 414) als angemessene Metapher für die vom Sinn des jeweiligen Tuns gänzlich absehende Objektivierung des Willens zum Lebens. „Auch hier“, so Schopenhauer wenige Seiten später in seiner nun auf das ganze Menschengeschlecht ausgedehnten Betrachtung, „stellt das Leben sich keineswegs dar als ein Geschenk zum Genießen, sondern als eine Aufgabe, ein Pensum zum Abarbeiten“ (SW II: 416). Der zu seiner großen Verbitterung niemals mit einer Universitätsprofessur bedachte Privatgelehrte Schopenhauer dachte bei derlei dunklen Tönen mitunter auch an Beispiele, die dem von Nietzsche ins Zentrum gerückten nahestanden, etwa an das Gewerbe der Universitätsphilosophie. Schon der erste Satz seiner diesbezüglichen Polemik, nämlich die Aussage, daß es „zu den seltensten Fällen (gehört), daß ein wirklicher Philosoph zugleich ein Docent der Philosophie gewesen wäre“ (SW IV: 143), darf dabei so gelesen werden, daß Schopenhauer hier in eigener Sache tätig wurde. Es handelte sich aber eben auch ein Stück weit um Nietzsches Sache: Er war es, der sich schon als Philologiestudent nicht ganz des Eindrucks entziehen konnte, ihm stünde eigentlich ein Amt als Universitätsphilosoph sehr viel besser zu Gesicht.

Und so überrascht es denn auch nicht, daß sich schon für die Jahre 1867/68 ein Kurzexcerpt des besagten Schopenhauer-Textes in Nietzsches Unterlagen nachweisen läßt (BAW 3: 395), ganz zu schweigen von einem Brief aus dieser Zeit, in dem Nietzsche auf Schopenhauers Kritik der Universitätsphilosophie verweist und bedauernd anfügt: „Die Wahrheit wohnt selten dort, wo man ihr Tempel gebaut und Priester ordinirt hat“ (KSB 2: 211). Auch den Grund dafür, warum dem so sei, meinte Nietzsche über Schopenhauer requirieren zu können: „Dem Staat ist es nie an der Wahrheit gelegen, sondern immer nur an der ihm nützlichen Wahrheit“ (KSA 1: 422), ein Imperativ, durch den sich die zeitgenössische Philosophie, wie Nietzsche noch fast fünfzehn Jahre später andeutete, regieren lasse: „Nichts ist seltener unter den Philosophen als intellektuelle Rechtschaffenheit: vielleicht sagen sie das Gegentheil, vielleicht glauben sie es selbst. Aber ihr ganzes Handwerk bringt es mit sich, daß sie nur gewisse Wahrheiten zulassen; sie wissen, was sie beweisen müssen, sie erkennen sich beinahe daran als Philosophen, daß sie über diese ‘Wahrheiten’ einig sind“ (KSA 13: 421). Wahrheitssicherung also war in Nietzsches Wahrnehmung auch von den Philosophen seiner Epoche nicht zu erwarten, eher schon das machtvolle Herstellen von Konsens über in Ehren zu haltende einzelne philosophische Lehren oder Grundauffassungen.

Nietzsches Therapeutikum kannte zwei Wege. Der eine bestand in der „Isolation der begabten Menschen, ihre Selbsternährung, ihre Abstinenz von Ruf und Amt“ (KSA 9: 288) – eine Option, die Nietzsche unmittelbar zuvor mit der krankheitsbedingten Niederlegung seiner Baseler Professur

1879 hatte wählen müssen. In früherer Zeit, als Nietzsche sich noch selbst von seiner philologischen Professur auf eine philosophische wegwünschte, hatte er, wiederum im Nachklang zu Schopenhauer, einer anderen Erwägung zur Trennung zwischen „wahrer" und „scheinbarer" Philosophie Raum gegeben: „Laßt die Philosophen immerhin wild wachsen, versagt ihnen jede Aussicht auf Anstellung und Einordnung in die bürgerlichen Berufsarten, kitzelt sie nicht mehr durch Besoldung, ja noch mehr: verfolgt sie, seht ungnädig auf sie – ihr sollt Wunderdinge erleben! Da werden sie auseinanderflüchten und hier und dort ein Dach suchen, die Armen, Scheinbaren; hier öffnet sich eine Pfarrei, dort eine Schulmeisterei, dieser verkriecht sich bei der Redaktion einer Zeitung, jener schreibt Lehrbücher für höhere Töchterschulen, der Vernünftigste von ihnen ergreift den Pflug, und der Eitelste geht zu Hofe" (KSA 1: 422). Und die, die übrigbleiben, die wahren Philosophen also, werden dann, so Nietzsches Hoffnung, „das böse Gewissen für die Wissenschaft im Dienste der Klugen sein" (KSA 9: 201), oder, in der etwas verständlicheren Langfassung gesprochen: Weil die Wissenschaften in der Hauptsache von den Geboten der Klugheit und Nützlichkeit regiert werden, sind die wahren Philosophen aufgefordert, „die Teile der Erkenntnis" zu ergreifen, „welche durch das Interesse der Klugheit nicht gefördert werden" (KSA 9: 201).

Diese Hoffnung nahm nicht Bezug auf einen „Begriff 'Philosoph' (...), der sogar noch einen Kant in sich schließt, ganz zu schweigen von den akademischen 'Wiederkäuern' und andren Professoren der Philosophie" (KSA 6: 320). Statt dessen war Nietzsche gelegen an einem „furchtbaren Explosionsstoff, vor dem Alles in Gefahr ist" (KSA 6: 320) und den Philosoph zu heißen er sich dann allerdings nicht unterstanden hätte. Weniger lyrisch als hier im *Ecce homo* gesprochen, sah Nietzsche nur einen Ausweg: Es bedurfte des Philosophen als des „wahre(n) Widersacher(s) der Verweltlichung" (KSA 7: 812); als des „schlechte(n) Gewissen(s) seiner Zeit" (KSA 6: 12); als des „Hemmschuh(s) im Rade der Zeit" (KSA 7: 421); als desjenigen auch, der sich „erlaubt, unhistorisch zu empfinden und zu handeln", um darüber dann zur „Weisheit" zu gelangen und nicht bloß zur „Klugheit" (KSA 1: 323). Das damit indirekt vorformulierte Kompetenzprofil eröffnete Nietzsche den Blick auf den philosophischen Genius, der „zeitlose Vollkommenheit" und insoweit „höchste Bildung" zu beanspruchen vermochte im Sinne der „Nutzlosigkeit" (und insoweit: Nichtverfügbarkeit) seines Wissens „vom Standpunkte (...) der Zeitlichkeit" (KSA 7: 413). „Freiheit", so Nietzsche noch 1886/87, offenkundig im Zuge eines nicht weiter ausgewiesenen Kantexzerpts, könne „nur gedacht werden als Eigenschaft eines Wesens, das den Bedingungen der Zeit nicht unterliegt" (KSA 12: 269). In *Der Fall Wagner* findet sich eine geradezu klassische Formulierung dieses Anspruchs: „Was verlangt ein Philosoph am ersten und letzten von sich? Seine Zeit zu überwinden, 'zeitlos' zu werden. Womit also hat er seinen härtesten Strauss zu bestehn? Mit dem, worin gerade er das Kind seiner Zeit ist" (KSA 6: 11). Die Kontinuität dieses Gedankens läßt sich unter Rückgriff auf die vierzehn Jahre ältere Schrift *Schopenhauer als Erzieher* illustrieren. Hier schon rief Nietzsche die Menschen seiner Epoche auf, dafür Sorge zu tragen, daß die Zeit, der sie zugehören, von kommenden Generationen nicht „aus der Geschichte der wahrhaften Befreiung des Lebens gestrichen wird" (KSA 1: 338).

Deutlich ist hier der Bezug auf Schopenhauers Definition der Jetztzeit als jener Zeit, „da man nur an das Jetzt denkt und keinen Blick auf die kommende und richtende Zeit zu werfen wagt" (SW IV: 175). Der theoretischen Absicht dieser Definition dessen, den Nietzsche als „Richter der ihn umgebenden sogenannten Kultur" (KSA 1: 425) verehrte, um sich ihm zugleich als „Arzt der Cultur" (KSA 7: 545) beiseite zu gesellen, entspricht Nietzsches Kritik an den 'Scheinmenschen', die mit ihrer 'kulturellen' Hinterlassenschaft „ihre Zeit ... tödten" und folglich „sammt ihrer Zeit unterzugehen" (KSA 1: 339) verdienten. Dieser Logik gehorcht dann auch das entsprechende Lob der anderen, die „sich nicht als Bürger dieser Zeit fühlen" und die die Zeit „zum Leben erwecken wollen, um in diesem Leben selber fortzuleben" (KSA 1: 339). Deswegen auch imponierten dem jungen Nietzsche Wagner und Schopenhauer nicht nur wegen ihrer Kultur- und Zeitkritik, sondern auch wegen der Energie, „mit der sie den Glauben an sich unter dem Halloh der ganzen 'gebildeten' Welt aufrecht erhielten" (KSB 2: 344). Eben dieses Widerspruchsmotiv ließ den Schluß zu, daß man es bei beiden mit ihrer Zeit weit vorauseilenden Genies zu tun haben müsse. Daß Nietzsche damit ein Argument gefunden hatte, mit dem er trefflich die Ignoranz gegenüber seiner eigenen Philosophie seitens seiner Zeitgenossen und die Erwartung auf zeitlosen Ruhm erklären konnte, sollte man vielleicht noch hinzusetzen. „Dachte ich je an Leser", so notierte er sich im Herbst 1881, „so immer nur an verstreute, über Jahrhunderte hin ausgesäete Einzelne" (KSA 9: 654). Und *Jenseits von Gut und Böse*, so hielt er 1886 dafür, sei eigentlich ein Buch, das erst „gegen das Jahr 2000 gelesen werden darf" (KSB 7: 257) – eine Zeit, wie er ein Jahr später noch hinzusetzte, „zu der man *begriffen* haben wird, worum es sich bei mir gehandelt hat" (KSB 8: 195). Derlei Äußerungen bekräftigen Nietzsches Überzeugung, Werke vorgelegt zu haben, „um deren willen die Nachwelt vielleicht diesem Zeitalter verzeihen wird, daß es dagewesen ist" (KSB 8: 235). Und sie bezeugen Nietzsches Bemühen um eine Epoche, aus der zu fliehen nicht mehr erforderlich sein werde und die folglich von der folgenden und 'richtenden' Generation auch nicht mehr gestrichen werden könne.

Verbunden hiermit war Nietzsches Protest gegen das „lässige Einhergehen in erborgten Manieren und übergehängten Meinungen“ (KSA 1: 337), also der Protest gegen das Kopieren des Tons der Zeit. Dem gehorcht auch die Forderung an den einzelnen, „nach eignem Maass und Gesetz zu leben“ (KSA 1: 339) und seinem „Gewissen“ zu folgen, welches, wie es etwas pathetisch weiter heißt, „ihm zuruft: ‘sei du selbst! Das bist du alles nicht, was du jetzt thust, meinst, begehrst’“ (KSA 1: 338). Erkennbar wird hier die Anknüpfung an Schopenhauers Ode auf das Selbstdenken sowie seine damit im Zusammenhang stehende Aussage, Lesen sei „ein bloßes Surrogat des eigenen Denkens“ (SW V: 436). Im analogen Sinne wird Deussen im April 1867 von Nietzsche erfahren: „Vieles Lesen stumpft den Kopf entsetzlich ab. Die meisten unsrer Gelehrten würden auch als Gelehrte mehr werth sein, wenn sie nicht zu gelehrt wären“ (KSB 2: 206). Und v. Gersdorff wird im gleichen Monat mit dem Stoßseufzer Nietzsches konfrontiert: „Die 100 Bücher vor mir auf dem Tische sind eben so viele Zangen, die den Nerv des selbständigen Denkens ausglühen“ (KSB 2: 210). Dieser Hintergrund wirkt noch nach in Nietzsches späterem Aphorismus: „Mancher wird nur desshalb kein Denker, weil sein Gedächtniss zu gut ist“ (KSA 2: 430). Immer wieder hat Nietzsche dieses Motiv des den Denker (Philosophen) gegenüber dem Forscher (Philologen) ausspielenden Selbstdenkens für sich in Anspruch genommen und seiner Programmatik einer Rephilosophierung der Philosophie eingefügt. Denn daß der „philosophische ... Trieb durch die sogenannte ‘historische Bildung’“ paralysiert werde, daß also „an Stelle einer tiefsinnigen Ausdeutung der ewig gleichen Probleme ein historisches, ja selbst ein philologisches Abwägen und Fragen getreten“ (KSA 1: 742) sei, stand für Nietzsche außer Frage und markierte einen der wichtigsten Kritikpunkte seines auf die ‘Universitätsphilosophie’ bezüglichen und diese nur noch als „Abzweigung der Philologie“ (KSA 1: 743) akzeptierenden Teils seiner Vorträge *Über die Zukunft unserer Bildungsanstalten*.

Daß unter der Regie dieses so zu fassenden Philosophieinteresses die Gefahr des ungezügelten Nachgebens gegenüber jenen „wechselvollen und unruhigen ... Neigungen“ (BAW 5: 253) bestand, gegen die Nietzsche ursprünglich die disziplinierende Macht der Philologie angerufen hatte, konnte nicht ausbleiben. Als Therapeutikum hätte sich in dieser Situation die Anrufung der disziplinierenden Macht eines *Selbst*studiums philosophischer Klassiker angeboten. Daß es der „Eigenheit“ seiner Natur entsprach, weniger durch regelmäßige Collegienbesuche zu glänzen denn dadurch, „sich durch eigenen Trieb und nach eignem System das Wissenwürdige“ (BAW 3: 297) zusammenzuholen, war Nietzsche schon in seiner Leipziger Studienzeit bewußt geworden. Die theoretische Rechtfertigung für ein derartiges Vorgehen sollte Nietzsche 1880 nachtragen: „Im Zeitalter der Bücher", so heißt es hier, werde „der Lehrer in seiner jetzt gewöhnlichen Form fast entbehrlich" (KSA 2: 629). Getragen von derlei Selbstautorisierung als Autodidakt folgte Nietzsches Philosophielektüre keiner absichtslosen, um Vollständigkeit bemühten und an den zentralen Stationen der Philosophiegeschichte orientierten Abfolge. Vielmehr gehorchte sein Lektüreverhalten, wenn er deren Spuren in seinen Werken nicht ohnehin eher unkenntlich hielt, von Beginn an den Imperativen des eigenen Schaffens, ganz abgesehen von Einflußfaktoren wie den eher zufälligen Anregungen Dritter, wobei zunächst an Schopenhauer zu denken ist. So finden sich im Werk des frühen Nietzsche immer wieder von Schopenhauer offenkundig übernommene Referenzen auf einzelne Autoren sowie Abwertungen der auch von Schopenhauer nur mit Ironie bedachten philosophischen Klassiker, wie namentlich Hegel. Ihn verabschiedet der Nietzsche des Jahres 1873 beispielsweise mit dem zeitkritischen Urteil: „Der Hegelsche 'Weltprozess' verlief sich in einen fetten preußischen Staat mit guter Polizei" (KSA 7: 650). Nietzsche, so ist aus diesem Exempel zu lernen, selektierte Texte und signalisierte Zustimmung also nicht nur nach logozentrischen Kriterien, sondern entsprechend des Ausmaßes, in dem seine Solidarität mit dem philosophischen Helden dieser seiner Selbstfindungsphase einem Belastungstest seitens Dritter ausgesetzt wurde. Dies tat er, wohlwissend, daß die erste Lektion eines Schopenhauerianers darin gründet, dem Diktat der Wahrheitssuche Vorrang zu geben vor dem der Beförderung nützlichen Wissens. Nietzsches Aphorismus: „Wir lieben den Nutzen nur als Fuhrwerk unserer Neigungen: und finden eigentlich den Lärm seiner Räder unausstehlich" (KSA 10: 66), bezeugt zwar diesbezüglich schlechtes Gewissen, blieb aber letztlich folgenlos.

Darüber darf auch seine Kantlektion von 1867/68 nicht hinwegtäuschen, wonach es „für einen originellen Denker sehr charakteristisch ist", sich nur „sehr schwer ... in fremde Philosophem⟨e⟩ zu versetzen" (BAW 3: 392), eine Einsicht, die Nietzsche ein Jahr später ergänzte um das stolze Wort: „Die Frage 'welche Bücher hat ein Autor benutzt?' hat wenig Aussicht auf präzise Beantwortung, wenn jener Autor ein seinen Quellenschriftstellern überleg. Kopf ist, der mit voller Freiheit über sie schaltet und waltet und der alles, was er an Material aus ihnen entnimmt, in neue Form gießt und mit dem Stempel seiner Individualität versieht" (BAW 5: 126). Denn auch wenn sich Nietzsche hier noch mit Nietzsche verteidigen ließe, etwa mittels seines schelmischen Mottos: „Die Irrthümer großer Männer sind verehrungswürdig weil sie fruchtbarer sind als die Wahrheiten der kleinen" (BAW 3: 353), gibt es hinreichend Anlaß zu der Vermutung, daß er als werdender Philosoph das ihm überdrüssig gewordene Korsett des Philologen und mithin auch das Instrument akribischer Text- und

Quellenkritik meinte verwerfen und dies nachträglich philosophisch adeln zu müssen.

Vermutlich beeinflußte dieser Hintergrund auch Nietzsches 1868 erteilte Antwort auf eine Bitte seines Freundes Deussen, eine Kritik Schopenhauers zu schreiben. Nietzsche nämlich versagte sich diesem Ansinnen mit dem Hinweis: „Man schreibt überhaupt nicht die Kritik einer Weltanschauung: sondern man begreift sie oder begreift sie eben nicht, ein dritter Standpunkt ist mir unergründlich" (KSB 2: 328). Zwar sei er, so setzte er noch hinzu, nicht außerstande zur „Hervorhebung irgend welcher schadhafter Stellen, mißlungner Beweisführungen, taktischer Ungeschicktheiten" (KSB 2: 328); aber dies sei ja wohl nicht das, was Deussen unter Kritik verstehe. Und es war, so darf man noch hinzusetzen, auch nicht mehr das, was der junge Philologielehrer Nietzsche wenige Jahre später, der philologischen Textkritik nun gänzlich überdrüssig, in den Zenit seines eigenen Könnens erhob. Entsprechend lax handhabte er denn auch mitunter die von ihm genutzten Quellen, dabei teilweise mit umwerfendem Charme reagierend, wenn man ihn in flagranti erwischt hatte. „Bevor ich Montaigne idealisire, sollte ich ihn wenigstens richtig verstehen" (KSB 5: 40), ließ er beispielsweise Marie Baumgartner wissen, die ihn auf seine Fehlübersetzung eines Montaigne-Zitates verwiesen hatte.

Derlei Schnoddrigkeit hatte ihren Preis: Als Autodidakt ins Rennen gegangen, blieb Nietzsche ein Philosoph mit schlechtem Gewissen. So schrieb er zwar im Hochgefühl, das dem Erscheinen von *Menschliches, Allzumenschliches I* folgte, früher habe er die Philosophen immer nur als gleichsam Außenstehender verehrt, aber jetzt wage er es, „der Weisheit selber nachzugehen und selber Philosoph zu sein" (KSB 5: 335). Nur zwei Wochen danach aber nagte erneut der Zweifel an ihm: Auf Jahre hinaus, so heißt es jetzt, müsse er in Einsamkeit leben, bis er wieder, „als Philosoph des Lebens, ausgereift und fertig verkehren darf" (KSB 5: 338). Einen etwas anderen, in der Person Lou v. Salomés verkörperten Hintergrund hatte sein vier Jahre später vorgetragener Wunsch, „wieder, wie ein Student, (zu) studiren" (KSB 6: 223). Tatsächlich aber hatte Lou wohl nicht ganz ohne jedes Recht den Eindruck gewonnen, sie sei 1882 „im Kreise der Berufsphilosophen Nietzsche und Rée die philosophisch Belesenste" (Podach o.J.: 134). Nietzsche jedenfalls klagte ein Jahr später erneut, er hätte in seinem Studium etwas Besseres als Philologie treiben sollen, komplettiert um das Bekenntnis „Ach, was ich unwissend bin!" (KSB 6: 355). Dem folgt dann über zwei Jahre später der Hinweis des nun Vierzigjährigen, daß er sich eigentlich erst in den letzten zehn Jahren (philosophische) Kenntnisse verschaffen konnte, etwas, das nun, wegen der Augen, „seine Zeit gehabt hat" (KSB 7: 67). Und so kann es denn auch kaum erstaunen, daß Nietzsche noch im April 1888 und mithin kurz vor seinem geistigen Zusammenbruch und seinem daraufhin anhebenden Ruhm die Anfrage des dänischen Publizisten Georg Brandes, ob er *Philosoph* sei, mit den knappen und unwirschen Worten abweist: „Aber was liegt daran! …" (KSB 8: 290). Ganz offensichtlich war Nietzsche nicht entgangen, daß Brandes mit seiner Frage angedeutet hatte, er könne ihn, den bis dato noch weitgehend Unbekannten, nur ernst nehmen, wenn er wisse, ob er auch Philosophie *studiert* habe. Dies nicht getan zu haben, war nicht Nietzsches Schuld. Anders schon steht es darum, daß Nietzsche über geraume Zeit allein Schopenhauer als Philosophielehrer anerkannte und dessen Lobgesang auf das Selberdenken über Gebühr Reverenz erwies.

Vor dem Hintergrund dieser fragwürdigen Folgewirkungen und Begleiterscheinungen seines Rezeptionsverhaltens gewinnt das seit Michael Landmann (1951) unter dem Titel *Nietzsches Schopenhauer-Erlebnis* figurierende Geschehen vom Herbst 1865 erhöhtes Interesse. Nietzsche hatte damals gerade den Wechsel von Bonn nach Leipzig vollzogen und seinen Austritt aus einer Bonner Studentenverbindung erklärt. Entsprechend hing er, wie er in einem Rückblick von 1867/68 notierte, „mit einigen schmerzlichen Erfahrungen und Enttäuschungen ohne Beihülfe einsam in der Luft, ohne Grundsätze, ohne Hoffnungen und ohne eine freundliche Erinnerung" (BAW 3: 297). Er war also offenbar ohne weiteres verführbar durch Buchtitel, die mit dem Versprechen aufwarteten, hier werde der seine Rechtfertigung erhalten, der im Begriff stehe, jenseits des theologisch Überlieferten und philologisch Gewohnten *seine* Welt nach *seinem* Willen und *seiner* Vorstellung zu ordnen. Dies auch würde verständlich machen, warum Nietzsche, als er im Herbst 1865 in einem Leipziger Antiquariat Schopenhauers *Die Welt als Wille und Vorstellung* entdeckt, die Darstellung wählt, ihm habe ein „Dämon" zugeflüstert: „Nimm Dir dieses Buch mit nach Hause" (BAW 3: 298). Denn mit dieser Formulierung war er selber entlastet von der Wirkung, die die Schopenhauer-Lektüre in ihm freisetzte. Näher rücken damit auch die Hintergründe, die Nietzsche zu dieser Darstellung Anlaß gaben. Denn diese selbst ist angesichts der sich häufenden Indizien für eine frühere, etwa über Vorlesungen vermittelte Schopenhauer-Kenntnis (vgl. Figl 1984: 114ff.) nur als Stilisierung zu begreifen.

Zumindest psychologisch interessanter aber ist noch der Umstand, daß die Worte 'Nimm Dir dieses Buch mit nach Hause' sich auch in den *Confessiones* des Augustinus finden, hier allerdings nicht von einem Dämon gesprochen, sondern von einem Kind. Werner Ross, der auf diesen Zusammenhang aufmerksam machte, ließ auch die Pointe nicht außer acht. Augustinus nämlich schlug infolge dieses Ausrufs in Bekehrungsabsicht ausgerechnet jene Stelle des Römerbriefs auf, in der Paulus die Gläubigen ermahnt, „vom Saufen und Fressen und Huren und Streiten abzulassen"

(Ross 1984: 157). In der Linie dieser Parallele liegt die Frage nahe, ob auch Nietzsche in eben jenem Herbst 1865 einer durch vergleichbare Handlungsanlässe motivierten Bekehrung bedürftig war, die er durch seine Schopenhauer-Lektüre stillen wollte. Die Antwort scheint umstandslos möglich. Denn nur wenige Monate vor der Leipziger Antiquariatsszene soll sich Nietzsche, so jedenfalls der Psychiater Wilhelm Lange-Eichbaum (1947: 16), in einem Bordell luetisch infiziert haben. Als Beleg zitiert Lange-Eichbaum, was die Primärquellen angeht, einen noch aus Bonn geschriebenen Brief Nietzsches vom August 1865 an v. Gersdorff, in dem er diesem darüber berichtet, daß er an einigen Festen teilgenommen habe, aber in den letzten Wochen wegen Krankheit im Bett liegen müsse. Die Krankheitssymptome beschreibt Nietzsche als Rheumatismus, „der aus den Armen in den Hals kroch, von da in die Backe und in die Zähne" und der ihm gegenwärtig „die stechendsten Kopfschmerzen" (KSB 2: 76) verursache. Lange-Eichbaum hält die damit naheliegende Ableitungskette für stabil und verräterisch genug: Er liest die Krankheitssymptome als Anzeichen für den „Beginn des sekundären Stadiums der Lues" (Lange-Eichbaum 1947: 16).

Gewiß ist dies nur eine Hypothese unter vielen. Sie würde aber helfen, Nietzsches frühe Schopenhauer-Begeisterung als Begeisterung über eine Ersatzreligion zu lesen, deren Nietzsche in dieser Zeit dringend bedürftig war. „Hier war jede Zeile", so Nietzsche denn auch im Rückblick auf seine Schopenhauer-Lektüre, „die Entsagung, Verneinung, Resignation schrie (…). Hier sah mich das volle interesselose Sonnenauge der Kunst an, hier sah ich Krankheit und Heilung, Verbannung und Zufluchtsort, Hölle und Himmel" (BAW 3: 298). Nietzsches Zentralmotiv ist dabei vor allem das der Heilung: Er sieht sich von einem „Bedürfniß nach Selbsterkenntniß, ja Selbstzernagung" gepackt – und verbringt viel Zeit mit „nutzlosen Selbstanklagen" und „verzweifelten Aufschauen zur Heiligung und Umgestaltung des ganzen Menschenkerns" (BAW 3: 298). Zugleich zwingt er sich aus Selbstverachtung dazu, zwei Wochen lang jeweils nur vier Stunden zu schlafen, was nicht folgenlos bleiben sollte: „Eine nervöse Aufgeregtheit bemächtigte sich meiner und wer weiß bis zu welchem Grade von Thorheit ich vorgeschritten wäre wenn nicht die Lockungen des Lebens, der Eitelkeit und der Zwang zu regelmäßigen Studien dagegen gewirkt hätten" (BAW 3: 298).

Was Nietzsche dermaßen an Schopenhauer fesselte, wird nicht ohne weiteres deutlich. Man darf vermuten, daß es dessen deprimierender Ausblick auf die „Negativität alles Glücks" (SW I: 418) gewesen ist und mithin auf die Trivialität des Lebens, das, Schopenhauers Lesart zufolge, seinen Sinn vergeblich aus der Abwehr des Todes zu gewinnen trachte – ein Leben also, bei dem der Mensch, „von der Hoffnung genarrt, dem Tode in die Arme tanzt“ (SW V: 260), um zu sterben, „die Waffen in der Hand“ (SW V: 265). Aus dieser Perspektive geriet Schopenhauer das Leben zu „eine(r) unnützerweise störenden Episode in der seeligen Ruhe des Nichts“ (SW V: 271). In immer neuen Anläufen intonierte Schopenhauer dieses Leitmotiv: „Es ist wirklich unglaublich, wie nichtssagend und bedeutungsleer, von außen gesehen, und wie dumpf und besinnungslos, von innen empfunden, das Leben der allermeisten Menschen dahinfließt“ (SW I: 418). Ganz in diesem Sinn notierte sich Nietzsche denn auch 1871: „Alles quält sich, um ein elendes Leben elend weiter zu perpetuieren“ (KSA 1: 227). Daß es Nietzsche nicht gelingen wollte, diese Diagnose mit Schopenhauer zu teilen und gleichwohl von ihr dessen Folgerung abzutrennen, daß „eigentlich alle Menschen so beschaffen sind, daß sie nicht glücklich seyn können, in welche Welt sie auch immer versetzt werden möchten“, wobei aus diesem Problem allein der Tod heraushelfen würde als Bedingung dafür, daß der Mensch „nicht mehr wäre was er ist, und dagegen würde was er nicht ist“ (SW II: 571), dürfte einen Teil seiner Krise vom Herbst 1865 ausgemacht haben. Dazu gehört auch, daß sich Nietzsche nun als offen erlebte für Sinnzufuhr aus Schopenhauers Kalkül auf eine sich im „wahre(n) Christenthum“ aussprechende asketische „Verneinung des Willens zum Leben“ (SW II: 715). In einem der Zeugnisse für seine 'Torheit' dieser Jahre, in einem Brief an Mutter wie Schwester vom November 1865, spricht Nietzsche jedenfalls davon, „daß wir die Sklaven des Lebens sind, je mehr wir es genießen wollen“, um dieser Diagnose sein Plädoyer anzufügen für eine Lebensform, die sich in Übereinstimmung befindet mit „den strengen Forderungen des ursprünglichen Christenthums, nicht des jetzigen, süßlichen, verschwommenen“ (KSB 2: 95). Diese Pointe, die allerdings auch die Funktion zu erfüllen schien, die Mutter, eben wegen der Anrufung der Gebote des 'ursprünglichen Christentums', zu beruhigen, war indes, wie man gerade aus der dann in *Jenseits von Gut und Böse* durchgeführten Kritik des asketischen Priesterideals wissen kann, ihrerseits nicht Teil der Lösung, sondern noch Teil des Problems.

Immerhin: Der Initiationsritus zur Einführung in diese neue Welt der Gewißheit über zu Verehrendes und Abzulehnendes war ein durchaus schmerzhafter. Beachtlich sind dabei vor allem die Begleiterscheinungen des nun anhebenden Schopenhauerkultes (vgl. Zwick 1995: 71ff.), dem sich rasch auch Nietzsches wichtigste Freunde anschlossen. In *Schopenhauer als Erzieher*, als Nietzsche mittels eines „Selbstgelöbnisse(s)“ (KSB 8: 260) aller Welt überdeutlich signalisiert, wem er seine Sendung als Philosoph dankt, lesen wir: „Mein Vertrauen zu ihm war sofort da und ist jetzt noch dasselbe wie vor neun Jahren. Ich verstand ihn als ob er für mich geschrieben hätte“ (KSA 1: 346), eine Aussage, der dann noch folgt: „Mit ihm würde ich es halten, wenn die Aufgabe gestellt wäre, es sich auf der Erde heimisch zu machen" (KSA 1: 348). Namentlich Formeln wie die von einem von Schopenhauer ausgehenden „zauberartige(n) Ausströmen der innersten Kraft eines Naturgewächses auf ein anderes", selbstredend dann natürlich auch der Zusatz, wonach Schopenhauer „nur solche zu seinen Erben zu machen verhiess, welche mehr sein wollten und konnten als nur seine Leser: nämlich seine Söhne und Zöglinge" (KSA 1: 349f.), klingen dabei verdächtig nach einem in der Person Schopenhauers vorübergehend zur Befriedigung gelangten Vatersuchmotiv, das allerdings gehemmt blieb durch den Umstand, daß Nietzsche nur einer Fiktion, nicht aber einer für ihn sinnlich erlebbaren Realperson gegenüberstand.

Zu einer auch theoretisch weiterführenden Überwindung der sich in diesem Motiv entäußernden Psychodynamik sollte Nietzsche allerdings nie durchdringen. Aus der Perspektive der sieben Jahre später veröffentlichten *Morgenröthe* zeigt er sich zwar, das Beispiel Wagner einschließend, irritiert darüber, daß er damals „seinem Durste nach der 'Huldigung in Bausch und Bogen'" (KSA 3: 149) unter Zurückstellung durchaus vorhandener Bedenken nachgegeben habe. Und weitere sieben Jahre darauf wird er, im Rückblick auf *Schopenhauer als Erzieher*, in dieser Schrift eine „Psychologie" jenes ihm „ebenso tief verwandten als antagonistischen Meister(s)" (KSB 8: 260) jedenfalls nicht identifizieren können und mithin als Desiderat vermelden. Aber Konturen einer derartigen Psychologie, die den Ursachen seines damaligen 'Huldigungsbedürfnisses' nachzugehen in der Lage wäre, sucht man bei ihm umsonst. Dabei ist die Kontur des Problems recht gut erkennbar, und es spiegelt sich auch in Nietzsches Verhalten. Denn wie ein guter Sohn kennt Nietzsche in den frühen 1870er Jahren keine wichtigere Nebenbeschäftigung, als seine Loyalität gegenüber seinem neuen „Halbgott" (KSB 2: 316) in Auseinandersetzung mit denen zu beweisen, die sich, wie etwa Eugen Dühring, als dessen „entschiedenste Antagonisten" (KSA 8: 131) auslegen. Noch gravierender ist der Fall Eduard v. Hartmann: Er hatte Nietzsches Auffassung nach Schopenhauer trivialisiert – und über ihn fiel er immer mal wieder in seinen frühen Schriften her, als hätte er seinem leiblichen Vater Entehrendes nachgesagt. Damit wiederholte Nietzsche aber nur jenes ressentimentgeladene Verhalten, das Schopenhauer, wenn auch aus anderen Gründen, gegenüber Hegel als dem in seinen Augen zentralen Verfallsindikator jetztzeitlicher Universitätsphilosophie an den Tag gelegte hatte. Auch mittels einer derartigen Wiederholung des an sich Irrationalen läßt sich natürlich Anhängerschaft demonstrieren und Zustimmung erhoffen, deren Nietzsche namentlich seitens jener bedurfte, die er als Ersatzväter inthronisierte.

Dies schon illustriert, in welche Spannung Nietzsche als ein Ritschl verpflichteter, heimlich Schopenhauer verehrender und Wagner allmählich ins Auge fassender philologischer Nachwuchsstar geraten mußte. „Die Pferdefüße Wagners und Schopenhauers lassen sich schlecht verstecken" (KSB 2: 299), teilte er denn auch im Juli 1868 der Gattin Ritschls schelmisch mit. Tatsächlich mußte dieser Hinweis nicht notwendig zu weiteren Befürchtungen Anlaß geben. Denn getreu dem Motto, daß man das eine tun kann, ohne das andere zu lassen, war nicht absehbar, daß eines Philologen frühe Wagner- und Schopenhauer-Begeisterung dessen Interesse an seinem Fach zum Erliegen bringen würde, im Gegenteil: Es entsprach durchaus der herkömmlichen Auffassung von Kulturnutzung, Musikalisches und Spekulatives als Entspannung von tagtäglichen Pflichten zu handhaben. Nietzsche jedoch opponierte schon früh gegen derlei Instrumentalisierung von Kultur. Und er drehte den Spieß um: Er nutzte Schopenhauers Kritik der Universitätsphilosophie und Wagners Kulturbegriff zur Fundierung seiner Philologenschelte – und begann spätestens mit seiner Selbstauslegung im Zuge des Berufungsgeschehens, den ganzen 'Teufel', der in ihm steckte, zu offenbaren.

In welche Richtung der Zug dabei gehen könnte, läßt sich schon einer autobiographischen Skizze vom Herbst 1868/Frühjahr 1869 entnehmen. Nietzsche hält hier fest, „daß ein⟨i⟩ge andre Wissenschaften in ihrer blühenden Jugendlichkeit und erstaunlichen Zeugungskraft ein größeres Recht auf die frische Kraft anstrebender Talente haben, als gerade unsre zwar noch rüstig einherschreitende, aber doch hier und da die welcken Züge des Alters verrathende Philologie" (BAW 5: 250f.). Ernsthaft nahegetreten war Nietzsche dieser Perspektive, hinter der sich in Gestalt jener 'Wissenschaften in ihrer blühenden Jugendlichkeit' nichts anderes verbarg als die Option auf eine Karriere in den damals aufstrebenden Naturwissenschaften, zu keinem Zeitpunkt, im Gegensatz zu Rohde: Sein Streben ging zunächst, weil und insofern er um *seine* Grenzen wußte, auf eine der mit diesem Sammelbegriff belegten Disziplinen und nicht etwa auf die Philosophie. Nietzsche hingegen hielt nur den Satz für sich fest, daß die 'welke' Philologie ihn, dieses 'anstrebende Talent', nicht eigentlich verdiene. Ähnlich hatte auch schon v. Gersdorff die Sache gesehen, als er Nietzsche im Februar 1869 zu dessen Berufung nach Basel mit den Worten gratulierte, daß nun endlich ein „Schopenhauerianer" das Katheder besteige, wenn auch nicht, wie der im Kielwasser Nietzsches gleichfalls zum Schopenhauerianer konvertierte v. Gersdorff bedauernd hinzusetzte, „um Philosophie zu docieren" (KGB I/3: 342). Nietzsches Antwort war voller Selbstbewußtsein: „Einer Art des Philisteriums bin ich zwar näher gerückt, der species 'Fachmensch' (...). Aber ich bilde mir ein, dieser Gefahr mit mehr Ruhe und Sicherheit entgegen gehen zu können als die meisten Philologen; zu tief wurzelt schon der philosophische Ernst, zu deutlich sind mir die wahren und wesentlichen Probleme des Lebens von dem großen Mystagogen Schopenhauer gezeigt worden (...). Meine Wissenschaft mit diesem neuen Blute zu durchdringen (...) – dies ist mein Wunsch, meine kühne Hoffnung" (KSB 2: 385f.). Entsprechend begann er darum zu kämpfen, den Philosophen in sich auch schon während seines Baseler Lehramts zur Geltung zu bringen, beispielsweise durch Konzentration auf die philosophischen Gehalte des Griechentums, auch wenn er spätestens im Februar 1870 erkennen mußte, daß er für ein derartiges Tun eigentlich „kein Muster" habe und „in der Gefahr des Narren auf eigne Hand" (KSB 3: 94) lebe und lehre.

Eine Niederlage war dies noch keineswegs, allenfalls eine kurzzeitige Irritation. Dies zeigt vor allem Nietzsches Bewerbung um die in Basel vakant gewordene Philosophieprofessur vom Januar 1871. Zehn Jahre zuvor hatte er noch wegen seiner „allzugeringen Kenntniß der Philosophie" (BAW 2: 4) einen Pennälerstreit über den von ihm verehrten Hölderlin abgebrochen. Und noch 1868 hatte er die Idee, über ein philosophisches Thema zu promovieren, als zu riskant verworfen; an derartiges zu denken, so erfuhr seinerzeit Rohde, bedeute, „leichtsinniger als eine Fliege zu Werke (zu) gehen" (KSB 2: 274). Nun jedoch, 1871, ist Nietzsche nicht nur leichtsinnig, er ist fast unverfroren: Er fühle, so heißt es in seinem Bewerbungsschreiben, „daß meine eigentliche Aufgabe, der ich im Notfalle jeden Beruf opfern müßte, meine philosophische (ist)" (KSB 3: 175). Im nämlichen Brief bringt Nietzsche seinen auf einer Privatdozentur in Kiel hängengebliebenen Freund Rohde als Nachfolger für seine – im Falle seines Wechsels zur Philosophie vakante – philologische Professur ins Gespräch. Und Nietzsche untersteht sich auch nicht, es mit einem Zufall zu erklären, daß er überhaupt in der Philologie gelandet sei: Wegen der beeindruckenden Persönlichkeit Ritschls und wegen des Umstandes, daß bei der jetzigen „Constellation der philosophischen Zustände an Universitäten" (KSB 3: 176) ein anderer Doktorvater für ihn nicht verfügbar gewesen wäre, so dürfen die darob gewiß konsternierten Baseler hieraus lernen, sei ihnen so etwas wie ein Philologe wider Willen geschenkt worden. Vor diesem Hintergrund nimmt es kaum wunder, daß das Vorhaben des noch nicht 27jährigen Philologieprofessors geradezu kläglich scheitert.

Als eine Antwort auf diese Panne ist die im Januar 1872 erschienene *Geburt der Tragödie* anzusehen. Denn mit dieser Schrift wollte Nietzsche sich, wie er Rohde im März 1871 anläßlich einer Vorabfassung erklärt hatte, „philosophisch etwas ausweisen und legitimieren" (KSB 3: 189). Dies gelang ihm zumindest insofern, als ihn im April 1872 ein philosophisches Periodikum um einen kurzen Lebenslauf bat, wodurch er sich, wie er Rohde voller Stolz mitteilt, „gewissermaßen unter die 'Philosophieprofessoren' aufgenommen fühle" (KSB 3: 314). Tatsächlich wird Nietzsche denn auch im Mai 1872 in einem von dieser Zeitschrift erstellten Verzeichnis unter der Rubrik der Vertreter der Philosophie an der Universität Basel geführt (vgl. Krummel 1974: 6). Schon bald aber bricht das Verhängnis über ihn herein: Die *Geburt der Tragödie* wird von den Philosophen totgeschwiegen und von den Philologen als das Werk eines Zunftgenossen gelesen, der sich in seinen Ambitionen verstiegen habe. „herr Nietzsche", so urteilt der einzige Rezensent Ulrich v. Wilamowitz-Moellendorff schon in der Einleitung seines Pamphlets, „tritt ja nicht als wissenschaftlicher Forscher auf: auf dem wege der intuition erlangte weisheit wird teils im kanzelstil, teils in einem raisonnement dargeboten, welches den journalisten, dem 'papiernen sclaven des tages' ... nur zu verwandt ist" (v. Wilamowitz-Moellendorff 1872: 29). Damit sind die Würfel gefallen, durch Anwendung der Journalistenschelte eines Wagner oder Nietzsche auf Nietzsche selbst bei gleichzeitigem Beharren auf den Standards einer allein an formaler Bildung interessierten und den Übertritt ins philosophische Gebiet ängstlich meidenden philologischen Forschung. Im Ergebnis sieht sich Nietzsche aufgefordert, vom Katheder herabzusteigen: „sammle er tiger und panther zu seinen knieen, aber nicht Deutschlands philologische jugend, die in der askese selbstverläugnender arbeit lernen soll, überall allein die wahrheit zu suchen" (v. Wilamowitz-Moellendorff 1872: 55).

Die glänzend geschriebene, aber eher aus Freundschaft denn aus Überzeugung verfaßte Gegenpolemik Rohdes (1872) richtete wenig aus. Gleiches gilt für die Replik Richard Wagners (1872). Im übrigen hatte Wagner, wie Ritschl Nietzsche Anfang Juli 1872 zu verstehen gab, „durch seine Anmaßung, über ihm fremde Dinge zu schreiben, Ihnen vermuthlich mehr geschadet als genützt" (KGB II/4: 33). Und so konnte Nietzsche gegenüber Rohde auch nur bilanzieren: „von der *Zunft* bin ich, wie es scheint, zum Tode verurtheilt" (KSB 4: 19). Ähnlich sahen dies auch ehemalige Kommilitonen Nietzsches, die in Leipzig über Ritschl den Eindruck gewannen, daß Nietzsche mit der *Geburt der Tragödie* „gleichsam aus dem Nest der klassischen Philologie gefallen schien" (zit. n. Krummel 1983: 193). Wie sehr dies der Fall war, erfuhr Nietzsche im folgenden Wintersemester, als er Rohde, sichtlich konsterniert, mitteilen mußte, daß die Studenten ausgeblieben seien; ihnen würde, wie er in einem Fall zumindest ganz sicher wisse, geraten, an keiner Universität Philologie zu studieren, wo er als akademischer Lehrer tätig sei (KSB 4: 85). Im Januar 1873 schließlich mußte Nietzsche Rohde sogar mitteilen, Ritschl habe ihn wissen lassen, daß er in Basel als ein schlechter Dozent gelte (vgl. KSB 4: 111). Und im Oktober 1873 kam Nietzsche gar zu Ohren, daß er die Philologieprofessur nur durch die Dummheit der Baseler und infolge Ritschls Protektion bekommen habe, sich nun aber als unmöglich erwiesen hätte (KSB 4: 173f.).

Mit einem bitteren Nachklang auf diese ganze Affäre sah sich Nietzsche erst Jahre später konfrontiert. Rohde nämlich machte, obwohl anfangs Nietzsches Philologiekritik ebenso teilend wie seine Wagnerbegeisterung, doch noch eine beachtliche Universitätskarriere als Philologe. Als er im Jahre 1886 ausgerechnet an die Universität Leipzig berufen wurde, schrieb ihm Nietzsche: „Mir ist es wie ein Traum, daß ich auch einmal so eine Art von hoffnungsvollem Thiere gewesen bin, philologus inter philologus. Es hat sich nichts erfüllt: oder, wie Ihr vielleicht unter Euch jetzt sagt, 'er hat nichts erfüllt'" (KSB 7: 153). Hinter diesem durchaus ambivalenten Glückwunsch verbarg sich die ganze Verbitterung dessen, der den Jugendidealen treu geblieben war, dafür aber zu Lebzeiten in der Münze von Vereinsamung, Unverständnis, Isolierung und akademischer Nichtanerkennung zu zahlen hatte, letzteres ausgerechnet an der Universität, aus der er hervorging und an der Rhode reüssierte, er aber gescheitert war. Denn es ist hier immerhin daran zu erinnern, daß sich Nietzsche im Sommer 1883 an eben dieser Universität erfolglos um eine Lehrtätigkeit bemüht hatte, wobei die näheren Umstände recht aufschlußreich sind. Denn der damalige Rektor Max Heinze, den Nietzsche schon von Schulpforta her als Lehrer kannte und der auch kurzzeitig sein Kollege in Basel gewesen war, wies Nietzsche darauf hin, daß eine Nichtgenehmigung seines Gesuchs seitens des Ministers wegen „manche(r) scharfe(n) Äußerung über die Gottesvorstellung und besonders über das Christenthum" (KGB III/2: 389) in seinen letzten Schriften sicher zu erwarten sei – ein Argument, mit dem Nietzsche an sich ganz gut leben konnte: „Bravo! Dieser Gesichtspunkt gab mir meinen Muth wieder" (KSB 6: 435), erfährt Köselitz von Nietzsche im August 1883, als habe ihm Heinze nicht auch eine bittere Pille zu schlucken gegeben. Sie nämlich verbarg sich im Rat Heinzes, Nietzsche möge sich durch die Ablehnung seines Gesuchs doch auf keinen Fall davon abhalten lassen, seine „Ansichten über Griechen und grie<ische> Cultur in etwas zusammenhängender Form zu Papier (...) zu bringen" (KGB III/2: 389), sprich: Er möge endlich lernen, was jedem Durchschnittsdoktoranden auch aufgetragen wird, nämlich sich verständlich auszudrücken, systematisch zu argumentieren und mit der gebührenden Bescheidenheit und unter Konzentration auf einen ihm vom Werdegang her vertrauten Gegenstandsbereich, was im Fall Nietzsche, dem Philologen, nur die griechische Antike sein konnte. Erst über ein Jahr später, im Dezember 1884, gab Nietzsche seiner Schwester gegenüber zu erkennen, daß er Heinzes Herablassung durchaus nicht überlesen hatte: Heinze, so heißt es hier gegenüber der wieder einmal nichts Begreifenden, mit einem aber „er liebt Dich wirklich" (KGB III/2: 487) Reagierenden, habe „nicht den entferntesten Begriff von meiner Bedeutung" (KSB 6: 569). Dem war wohl so: Heinze, seines Zeichens ausgerechnet Philosophiehistoriker, hatte schlicht vorgeführt, wie man noch 1883 mit einem Eindringling aus fremdem Lager umgehen konnte, von dem nur zehn Jahre später Hugo Kaatz meinte, daß man – allerdings von Fachzeitschriften abgesehen – kaum mehr einem Aufsatz begegne, der das philosophische Gebiet auch nur streife, ohne mit dem Namen Nietzsche konfrontiert zu werden (vgl. Krummel 1974: 108).

Der eine, freilich billige Trost hätte für Nietzsche in seiner 1886er Situation darin bestehen können, daß Rohde als Preis für seinen Erfolg zu jenem Fabrikarbeiter geworden war, den schon Schopenhauer kritisiert hatte, anfügend: „Wahre Bildung zur Humanität hingegen erfordert durchaus Vielseitigkeit und Ueberblick (...). Wer aber vollends ein Philosoph seyn will, muß in seinem Kopfe die entferntesten Enden des menschlichen Wissens zusammenbringen: denn wo anders können sie jemals zusammenkommen?" (SW V: 431) Ganz im Sinne dieser Option stand für Nietzsche als seriösere Trostperspektive eine andere, gleichfalls aus Schopenhauer beziehbare Lesart bereit: jene, daß er jedenfalls, im Gegensatz zu Rohde, immer versucht hatte, jene 'entferntesten Enden des menschlichen Wissens' zusammenzubringen. Aus Schopenhauer ließ sich für das hier Gemeinte noch eine etwas andere Formulierung beziehen: nämlich daß sich Nietzsche in seinem bisherigen Werdegang immer auf „Data" bezogen hatte, „deren ganze Wirkungsart wir beständig vor Augen haben" und bezüglich derer man folglich Ruhm erhoffen konnte, wenn man in der Lage war, durch eine „neue, wichtige und evidente Kombination" des allen an sich Verfügbaren die eigene Wirkung „über die ganze civilisirte Menschheit (zu) erstrecken" (SW IV: 399). Möglicherweise war es diese Erwägung, aus der heraus Nietzsche neues Selbstbewußtsein gewann. Er stünde, so erfährt jedenfalls seine Schwester im August 1885, gerade in seiner besten Kraft, „um eine große Schul-Thätigkeit als Philosoph auszuüben" (KSB 7: 82). Die Perspektive hierauf scheint sich ein allerletztes Mal im Frühjahr 1886 zu eröffnen: Nietzsche hofft, als Nachfolger Jacob Burckhardts in Basel angefragt zu werden (KSB 7: 159). Als eine solche Anfrage, wie nicht anders zu erwarten war, nicht erfolgt, hilft ihm ein wenig das Frohlocken darüber, daß Burckhardt „unglücklich über seinen insipiden Nachfolger ist" (KSB 8: 84). Die Selbstberuhigung in der Hauptsache verschafft indes die von Nietzsche immer wieder kultivierte genieästhetische Vorstellung, wonach er aufgrund der vor ihm stehenden Aufgaben ohnehin „tiefe Isolation" (KSB 8: 154) benötige.

Von dem, was diesem insoweit immer wieder von philosophischer Lehre und Wirkung ausgeschlossenen 'Narren auf eigne Hand' seitens seiner (ehemaligen) Zunftgenossen an Exklusionsstrategien widerfuhr, liefert eine Passage aus *Vom Nutzen und Nachteil der Historie für das Leben* einen nachhaltigen Eindruck: „Die Kärrner haben unter sich einen Arbeitsvertrag gemacht und das Genie als überflüssig decretirt – dadurch dass jeder Kärrner zum Genie umgestempelt wird" (KSA 1: 301). Im *Za-*

rathustra nimmt Nietzsche dieses Thema wieder auf: „Gleich Solchen, die auf der Strasse stehen und die Leute angaffen, welche vorübergehen: also warten sie auch und gaffen Gedanken an, die andere gedacht haben" (KSA 4: 161). Es ist die Wissenschaft als Handwerk, die hiermit ihre Kritik erfährt, bereichert um das Lob des (philosophischen) Genius: „Denn die Menschen sind nicht gleich: so spricht die Gerechtigkeit. Und was ich will, dürften sie nicht wollen!" (KSA 4: 162) Leicht erkennbar sind auch Bezüge zu Nietzsches ersten Baseler Jahren: „Und als ich bei ihnen wohnte, da wohnte ich über ihnen. Darüber wurden sie mir gram" (KSA 4: 162). Selbst Nietzsches Frühpensionierung im Jahre 1879 findet sich nachempfunden: in der Erzählung Zarathustras, daß er aus dem Haus der Gelehrten ausgezogen und noch die Tür hinter sich zugeworfen habe, denn: „Freiheit liebe ich und die Luft über frischer Erde; lieber noch will ich auf Ochsenhäuten schlafen, als auf ihren Würden und Achtbarkeiten" (KSA 4: 160). Dabei kennt Zarathustras Lob des Schlafens auf 'Ochsenhäuten' auch, wie wir dem weiteren Lebensweg Nietzsches fraglos entnehmen dürfen, ihre dunkle Seite.

Fast sarkastisch mutet vor diesem Hintergrund der Brief Nietzsches an Ritschl vom August 1869 an, in dem er sich darüber ausläßt, daß er nun erst „erkenne, wie nothwendig rechtzeitig gerade jene Berufung kam, die mich aus einem 'Wandelstern' in einen Fixstern umschuf und mich wieder das Vergnügen der sauren aber regelmäßigen Arbeit und des unverrückbar sicheren Ziels kosten läßt" (KSB 3: 34). Die von Nietzsche hier genutzte Metapher hat dabei durchaus eine tiefere Bedeutung. Denn entsprechend der Nietzsche vermutlich von Schopenhauer her vertrauten Bedeutungsgebung symbolisieren Wandelsterne mit ihrem geborgten Licht und ihrer „auf ihre Bahngenossen (Zeitgenossen) beschränkten Wirkungssphäre" (SW V: 399) die Zeitgebundenheit einer unphilosophischen Haltung. Fixsterne hingegen nahm Schopenhauer als Symbol für eine wahrhaft philosophische Grundeinstellung, die zeitübergreifend wirke und sich mit ihrem eigenen Licht präsentiere. Nietzsche selbst mochte sich ganz in diesem Sinn auch schon als künftiger philosophischer Fixstern sehen. In seinem Brief an Ritschl aber suggeriert er, gewiß zu dessen großer Zufriedenheit, daß er auch schon als Philologieprofessor in Basel den Zenit seines Strebens erreicht habe. Auffällig ist dabei, daß er nur wenige Jahre nach seinem Schreiben an Ritschl und im übrigen in Übereinstimmung mit seiner Position vor diesem Schreiben ein ganz anderes Selbstideal als ausgerechnet das eines Fixsterns zu kultivieren beginnt, nämlich das eines „unberechenbare(n) und darum Schrecken einflößende(n) Komet(en)", zu dem er zu werden drohe, denn: „Alles Lebendige braucht um sich eine Atmosphäre, einen geheimnisvollen Dunstkreis; wenn man ihm diese Hülle nimmt, wenn man eine Religion, eine Kunst, ein Genie verurtheilt, als Gestirn ohne Atmosphäre zu kreisen: so soll man sich über das schnelle Verdorren, Hart- und Unfruchtbar-werden nicht mehr wundern" (KSA 1: 809). Dies war ein deutliches Einklagen jenes Kulturhorizonts, den ihm Ritschl und die Philologen jedenfalls nicht hatten eröffnen können – wiederum ausgedrückt in einer Metaphorik, die auf Schopenhauer, den „Vernichter kulturfeindlicher Kräfte" (KSA 7: 619), wie ihn Nietzsche 1873 nennen wird, zurückweist. Von Schopenhauer nämlich stammte die Definition des Genies als dessen, der in seine Zeit treffe „wie ein Komet in die Planetenbahn, deren geregelter und übersehbarer Ordnung sein excentrischer Lauf fremd ist" (SW II: 456). Dieses Bild reicherte Schopenhauer noch an um jenes andere vom Genie, dessen Auftrag nicht auf Eingriff in den „Bildungsgang der Zeit" gehe, sondern darauf, seine Werke weit hinauszuwerfen „in die vorliegende Bahn (wie der sich dem Tode weihende Imperator seinen Speer unter die Zeit), auf welcher die Zeit solche erst einzuholen hat" (SW II: 456). Auch dieses Bild wird Nietzsche später aufgreifen, etwa wenn er Zarathustra vor einer Zeit warnen läßt, „wo der Mensch nicht mehr den Pfeil seiner Sehnsucht über den Menschen hinaus wirft", um den Übermenschen oder jedenfalls doch den freizusetzen, der hier in der Gestalt eines „tanzenden Stern(s)" (KSA 4: 19) auftritt.

Der zu ziehende Befund lautet, daß Nietzsches Übermensch, von dieser etwas verqueren astrologischen Bildersprache aus gelesen, sich am Ende jener Ableitungskette verbirgt, die von Schopenhauer mit seiner Reflexion auf das Genie eröffnet wurde. Für letzteres suchte Schopenhauer geltend zu machen, daß das Große nur der schaffen kann, der die Gedanken seiner Zeitgenossen „für nichts achtet, ungestört schafft was sie tadeln, und verachtet was sie loben. Ohne diese Arroganz wird kein großer Mann" (SW V: 81). Namentlich von diesen Worten dürfte der sich zu dieser Zeit zum Genie umstilisierende Nietzsche deutlich beeindruckt gewesen sein, verbunden mit dem Beschluß, Ritschl der Galerie der in diesem Sinne großen Männer erst gar nicht einzufügen, zumal die Sache, für die Ritschl stand, „große ... Kulturzwecke" (KSB 2: 329) nicht im Sinn hatte, im Gegensatz etwa zu der von dem Schopenhauer-Bewunderer Wagner vertretenen Mission. Das Zwischenresümee Nietzsches von 1875, wonach, abgesehen von Goethe, das Erscheinen Schopenhauers und Wagners zu den „grössten Ereignisse(n)" gehöre, von denen „die Philologie" (KSA 8: 34) getroffen worden sei, ist insoweit ein Resümee in höchst eigener Sache. Denn Wagner wie Schopenhauer gerieten je für sich weniger zu einem 'großen Ereignis' für 'die Philologie' denn für den Noch-Philologen, den Fast-Philosophen und vor allem den Menschen Nietzsche. Dabei war es Schopenhauer, der Nietzsche half, seine philosophische Philologiekritik zu schärfen, die eigene philosophische Position vorzuprägen und darüber die Entthronisierung Ritschls zu beschleunigen und die Inthronisation Wagners als des neuen Übervaters vorzubereiten.

3.3 Nietzsches Übervater: „Das Genie des Herzens"

Gegenwärtig stößt man im Felde der wahrhaft reichlichen (vgl. Kreis 1995), häufig von Wagnerianern (vgl. Eger 1988) resp. Nietzsche-Gegnern (vgl. Vogel 1984) mit gleichermaßen einseitigen Lesarten enggeführten Sekundärliteratur zum Wagner/Nietzsche-Komplex kaum auf Vorarbeiten, die psychologisches Gespür mit werkinterpretatorischer Kompetenz verbinden. Dies scheint vor allem zwei Gründe zu haben: Zum einen haben sich die Psychologen oder psychologisch Argumentierenden in der Nietzsche-Forschung, wie etwa Walter Kaufmann (1988: 34 ff.), bisher eher für die menschlich/allzumenschliche denn für die werkinterpretatorische Seite des Problems zuständig gewußt. Zum anderen aber zeigen Werkinterpretatoren im engeren Sinne bis heute eine analoge Ignoranz in umgekehrter Richtung. Dabei kommt erschwerend noch hinzu, daß nur selten neben dem Musiker resp. Musikdramatiker auch der (kultur-)philosophische Schriftsteller Wagner, zumal in seiner Bedeutung für Nietzsche, hinreichend ernst genommen wird. Ein Stück weit mag dem auch Nietzsches *Lohengrin*-Paraphrase (vgl. Schüler 1971: 21 f.) vorgearbeitet haben, wonach Wagner „in seinen Prosaschriften mehr bewundert als verstanden werden will" (KSA 8: 543). Ähnlich argumentierte Thomas Mann, als er Wagners Prosaaufsätzen etwas „schwer Lesbares, zugleich Verschwommenes und Steifes" sowie etwas „wild- und nebenwüchsig Dilettantisches" (Mann 1933: 378) bescheinigte. Äußerungen wie diese dürften den Eindruck verfestigt haben, eine genauere Wagner-Lektüre lohne nicht. In dieser Logik vermochten sich Wagnerforscher der dunklen Seite des Schriftstellers Wagner durch Bagatellisierung oder den Hinweis auf Mißbrauchslegenden zu entledigen. Der Höhepunkt dieser Strategie ist wohl bei Friedrich Dieckmann erreicht: „Es ist Wagners Los, zu Lebzeiten von einem verwirrten König gerettet und fünfzig Jahre nach seinem Tod von einem wahnsinnigen Diktator zu jenem Staatsmusikanten ernannt zu werden, den Marx 1876 in ihm witterte" (Dieckmann 1983: 155). Diesen Grad an Verwirrung unterschreitet Dieter David Scholz nur unwesentlich mit seiner These, daß die Nationalsozialisten Wagner aufgrund seiner Schriften eher hätten verschweigen, „wenn nicht gar verbieten müssen" (Scholz 1993: 192). Ganz im Gegensatz hierzu vertrat Andrea Mork die sehr viel überzeugendere Auffassung, daß nichts dafür spräche, Wagner sei ein weltfremder Schwärmer gewesen, „der erst von seinen Erben in die Niederungen der politisch-weltanschaulichen Kontroversen herabgezogen und am

Ende den Nazis in die Hände gespielt wurde" (Mork 1990: 10). Ähnlich sahen nach ihr Joachim Köhler (1997) und vor ihr Winfried Schüler (1971) die Sache.

Vor dem Hintergrund dieser hiermit umrissenen Teilkontroverse soll im folgenden das strittige Thema aus Perspektive der Nietzsche-Forschung verhandelt werden. Den Ausgangspunkt markieren dabei die materialreichen Arbeiten von Henning Ottmann (1987: 99ff.) oder Urs Marti (1993: 114ff.), aber auch die von Dieter Borchmeyer und Jörg Salaquarda inhaltlich qualifizierten zahlreichen Werkbezüge (vgl. Borchmeyer/Salaquarda 1994b), für deren Identifikation sich der von Mazzino Montinari verantwortete Register- wie Kommentarband der Kritischen Studienausgabe als unentbehrliches Werkzeug erweist. Der hier verfolgte Ansatz steht in der Tradition derartiger Bemühungen, sucht die aufgewiesenen und aufweisbaren Zusammenhänge aber neu und vor allem unter Nutzung psychologischer Annahmen zu organisieren. Die These lautet dabei, daß Nietzsches Frühwerk in wesentlichen Hinsichten einer Lesart unterworfen werden kann, die uns den Autor als einen unter dem Diktat einer unreflektierten Vaterübertragung stehenden Träger der Tarnkappe des von ihm idealisierten Kulturphilosophen Wagner präsentiert.

Diese These steht ihrer Grundanlage nach quer zu dem in der Nietzsche-Forschung in neuerer Zeit verbreiteten Urteil, die seit einhundert Jahren andauernde Diskussion in diesem Themengebiet sei durch eine „Überbetonung des Biographischen" (Hudek 1990: 230) gekennzeichnet. Dabei sei zugestanden, daß einige der bisher vorgelegten, eher psychologisierenden denn psychologischen Deutungsversuche zum Wagner/Nietzsche-Komplex den Wunsch nach endgültigem Schweigen in dieser Angelegenheit nahelegen. Die philologisch dominierte, nach energischem Eigenbekunden von jeder „psychologisierende(n), psychiatrisierende(n), hin und her ärztelnde(n) Deutung von Nietzsches Bruch mit Wagner" (Montinari 1985: 20) absehende neuere Forschung scheint jedenfalls diesen Wunsch zu hegen (vgl. auch Campioni 1976: 95; 1994: 462; Wapnewski 1989: 421; Brusotti 1994: 435; Borchmeyer/Salaquarda 1994b: 1347; Schellong 1995: 327). Aber der damit in Kauf genommene Erkenntnisverzicht, gegen den mitunter erster zaghafter Widerstand sich regt (vgl. Martin 1995: 272), würde nicht nur für die Fortdauer der angedeuteten Mißverständnisse um die Frühphilosophie Nietzsches Sorge tragen; er nähme sich auch merkwürdig aus, insofern er die im Fall des großen Psychologen Nietzsche so überaus unangebrachte Vorstellung voraussetzt, als sei die geistige Welt eine Welt sui generis.

Im übrigen ist es kurios zu beobachten, daß im Rücken dieser gleichwohl von vielen Nietzsche-Interpreten geteilten Grundeinstellung mitunter eine durchaus erklärungsbedürftige Unvermitteltheit zutage tritt. So urteilt Peter

Wapnewski, der es an sich für „zu einfach" hält, Nietzsches Position gegenüber Wagner „als neurotische Fixierung eines Vaterlosen" zu fassen, nur eine Seite weiter, nachdem er neben Schopenhauer auch Wagner als Nietzsches Erzieher ausgemacht hat: „Eines Tages drohte dieser Erzieher, ihn vollends zu ersticken, – so mußte der Zögling das gesetzhafte Verbrechen des Vatermordes wagen" (Wapnewski 1989: 407f.). Welches Gesetz es allerdings ist, das Wapnewski hier in Wirksamkeit sieht, wird nicht weiter ausgeführt. Ähnliche Erklärungsnöte lassen sich für Eckhard Heftrich aufweisen. Denn auch er möchte an sich die „psychologischen Probleme" der „Stilisierung und Umstilisierung Wagners durch Nietzsche" beiseite lassen, fügt dem aber schon mit dem Folgesatz eine Voraussetzungshaftigkeit an, die aufzuklären gerade Heftrichs Thema – *Nietzsches 'Tristan'* – zwingend gemacht hätte: „Doch sei eben nur vermerkt, daß es in der Geistesgeschichte wohl keinen zweiten Fall eines so folgenreichen Ödipus-Komplexes gibt" (Heftrich 1985: 23). Der Rest allerdings ist Schweigen.

Um dieses Schweigen aufzuheben, soll zunächst begründet werden, in welcher Hinsicht und mit welch weitgreifenden Folgen auch Wagner dem Vatersuchmotiv als Voraussetzung jeder Vatermord-Rhetorik einfügbar ist (vgl. I.3.3.1). Die These lautet dabei, daß Nietzsches Wahnfried – der Ort also, an dem, in der Sprache Wagners geredet, sein Wähnen Frieden fand – zunächst Tribschen, der Schweizer Wohnsitz Wagners, war; wenig später, im Vorfeld der Umsiedlung Wagners in seine Villa 'Wahnfried' nach Bayreuth, ersetzte Nietzsche Tribschen durch *seine* Vision von Bayreuth. Daß Nietzsche meinte, sich in dieser Vision mit Wagner einig zu wissen, macht die in der Sache gründende Tragik der Wagner/Nietzsche-Beziehung aus. Denn nachdem Wagner den dort von ihm bereitgestellten 'Unterbau', jedenfalls in Nietzsches Optik, dekonstruiert hatte (vgl. I.3.3.2), verlor der von Nietzsche konstruierte theoretische 'Überbau' (vgl. I.3.3.1.2) seinen Halt und seine Geltung: Nietzsche begann sich neu zu organisieren, indem er – und dies ist vor allem als Ausblick auf den zweiten Teil der vorliegenden Arbeit zu lesen – allererst jenem Anderen der Vernunft nachging, dem er im Zuge seiner Wagner-Verehrung die Herrschaft über sich gestattet hatte.

3.3.1 Nietzsches Wahnfried: Ein Ersatzsohn konstruiert den Überbau

Nietzsche besuchte Wagner kurz nach seiner Berufung nach Basel erstmals im Mai 1869 in Tribschen. Wagner bewohnte damals zusammen mit seiner erst 1870 von dem Wagner-Dirigenten Hans v. Bülow geschiedenen Geliebten Cosima v. Bülow, einer unehelichen Tochter seines Freundes Franz Liszt, einen direkt am Ufer des Vierwaldstätter Sees gelegenen großzügigen Landsitz. Zum Haushalt gehörten vier kleine Mädchen – zwei, die Cosima noch mit v. Bülow bekommen hatte, und zwei weitere, die Wagner zum Vater hatten. Die Verhältnisse in Tribschen waren also einigermaßen delikat und für einen Pastorensohn wie Nietzsche durchaus auch anstößig. Immerhin war aber zur finanziellen Seite alles geregelt: Ludwig II., wiewohl erbittert darüber, daß ihm Wagner – und, wie der unlängst vorgelegte Briefwechsel zwischen Cosima und dem Bayernkönig belegt, auch seine damalige Geliebte (vgl. CLB: 232ff.) – die Interna über Jahre hinweg vorenthalten hatte, stand für Miete, Neumöblierung, Lebensunterhalt und Personalkosten ein. Entsprechend aufwendig geriet der Alltag eines Paares, das nun endlich, nach mancherlei Querelen, seine Liebe offen zeigen konnte. „Selige Erinnerungen" (CT 4: 677) überkamen denn auch später immer wieder die längst in Bayreuth Residierenden, wenn die Rede auf Tribschen kam.

Auch Nietzsche, dessen Gehalt in Basel noch nicht einmal zur Zahlung der Miete in Tribschen ausgereicht hätte, zeigte sich deutlich beeindruckt: „Das ganze Leben Wagner's ist durchaus patriarchalisch: die geistvolle und edle Frau von Bülow paßt durchaus hinein in diese ganze Athmosphäre" (KSB 3: 38), ließ er im August 1869 seinen immer noch in Naumburg festsitzenden alten Schulfreund Gustav Krug wissen, und, als sei dies noch nicht genug an Quälerei: „Wieder habe ich einmal die letzten Tage bei meinem verehrten Freund Richard Wagner verlebt, der mir in liebenswürdiger Weise das unumschränkte Recht häufiger Besuche ertheilt hat und mir böse ist, wenn ich einmal vier Wochen pausiert habe, von diesem Rechte Gebrauch zu machen" (KSB 3: 37). Dies war durchaus eine Bilderbuchkarriere für einen, der gerade erst seiner Leipziger Studentenbude entwachsen war und sich schon nach kurzer Zeit in Tribschen mit einer eigenen „reizenden Stube mit freistem Anblicke des Vierwaldstätter Sees und des Rigi" (KSB 3: 37) ausgestattet sah sowie schließlich selbst zu Weihnachten mit einer Selbstverständlichkeit erwartet wurde, als gehöre er bereits zur Familie. In Kreisen des Baseler Bürgertums galt Nietzsche entsprechend rasch als „Ganymed des neuen deutschen Olympiers, in dessen Idyll Tribschen er ein- und ausging" (Bernoulli 1908: 73).

Die Ausnahmestellung Nietzsches in Tribschen bezeugen auch Erinnerungen Resa v. Schirnhofers (vgl. Lohberger 1969: 256), vor allem aber ein Bericht Lou v. Salomés über einen mit Nietzsche im Jahr 1882 unternommenen Abstecher nach Tribschen: „Lange, lange saß er dort schweigend am Seeufer, in schwere Erinnerungen versunken; dann, mit dem Stock im feuchten Sande zeichnend, sprach er mit leiser Stimme von jenen vergangenen Zeiten. Und als er aufblickte, da weinte er" (Andreas-Salomé o. J.: 83). Über den Kern dessen, was sich in Nietzsche in der Tribschener Zeit tatsächlich ereignete, unterrichtet am ehesten noch eine Stelle aus dem

Ecce homo: „Ich lasse den Rest meiner menschlichen Beziehungen billig; ich möchte um keinen Preis die Tage von Tribschen aus meinem Leben weggeben, Tage des Vertrauens, der Heiterkeit, der sublimen Zufälle – der tiefen Augenblicke ... Ich weiss nicht, was Andre mit Wagner erlebt haben: über unsern Himmel ist nie eine Wolke hinweggegangen" (KSA 6: 288). Dies ist zwar nicht frei von Stilisierung gesprochen, trifft aber doch die Substanz dessen, auf das Nietzsche hier hinaus will: den Wiederkunftsgedanken. Er nämlich begegnet einem um diese Zeit herum bevorzugt in Vorstellungsbildern, in denen von einem reinen, wolkenlosen Himmel die Rede ist. Ganz in diesem Sinne hatte Nietzsche auch im Mai 1888 gegenüber Georg Brandes davon gesprochen, daß er „kein Wölkchen Wunsch" mehr vor sich habe, um anzufügen: „Warum sollte ein Tag aus meinem siebzigsten Lebensjahr nicht genau meinem Tage von heute gleichen?" (KSB 8: 318) In diesem Sinne darf man vielleicht sagen, daß in Nietzsches rückblickender Betrachtung Tribschen jenen Ort repräsentierte, an dem, für kurze Zeit und in wenigen Situationen, in Nietzsches Erinnerung der Augenblick sein Identischsein mit dem Ewigen gewonnen hatte. Dies war auch der Geist, aus dem heraus er im Mai 1870 zu Wagners Geburtstag „den seltensten aller Wünsche" geäußert hatte: „es mag so bleiben, der Augenblick verharre: er ist so schön!" (KSB 3: 123) Und es war der Geist, der Nietzsche zwei Jahre später, nach dem Wegzug der Wagners nach Bayreuth, im Rückblick auf die dreiundzwanzig Besuche in Tribschen ausrufen ließ: „Fehlten sie mir, was wäre ich!" (KSB 3: 317) Eine gute Frage – hatte doch Tribschen für ihn den Ausblick auf eine bereits im Diesseits erreichbare Vollendungsvision eröffnet, die ganz nebenbei auch noch den Negativeffekten seiner allzu ausschließlichen Beschäftigung mit Philologie abzuhelfen versprach. In diesem Sinne war Tribschen Nietzsches Wahnfried.

3.3.1.1 Der Ersatzsohn: „Verwundet hat mich, der mich erweckt!"

Dabei war die Annäherung Nietzsches an Wagner durchaus nicht frei von Hindernissen. So ist er zwar möglicherweise schon während seiner Zeit in Pforta durch Ernst Ortlepp, der Wagner aus den 1830er Jahren von Leipzig her kannte, auf Wagner hingewiesen worden (vgl. Köhler 1996: 23). Zentraler aber war für Nietzsche gewiß der Einfluß seines Naumburger Schulfreundes Gustav Krug, der ihn seit 1860 immer wieder für Wagner zu begeistern suchte. Dies geschah brieflich sowie durch gemeinsam verbrachte Stunden am Klavier und, vor allem, durch Vorträge in dem literarisch-musikalischen Bildungsverein *Germania*, den Nietzsche zusammen mit Krug und Wilhelm Pinder 1860 in Naumburg gegründet hatte.

Nennenswerte Reaktionen lösten die Bemühungen Krugs auf Nietzsches Seite zunächst allerdings nicht aus. Zumal Nietzsches rückblickende Darstellung aus dem *Ecce homo*: „Von dem Augenblick an, wo es einen Klavierauszug des Tristan gab (…), war ich Wagnerianer“ (KSA 6: 289) ist mit Vorsicht zur Kenntnis zu nehmen. Denn tatsächlich war Nietzsches erster Kontakt mit diesem Werk, der für Weihnachten 1860 im Elternhaus Krugs geplant war (KGB I/1: 345), dann aber sich offenbar erst zu Ostern 1861 realisieren ließ, eher reserviert verlaufen und bezog sich nur auf einen Teil des Œuvre, wie sich einem Brief Krugs an Nietzsche vom April 1861 entnehmen läßt. Hier nämlich heißt es, Nietzsche habe „leider ungefähr nur die Hälfte gehört“, aber gerade der zweite und dritte Akt seien „wunderschön“, obgleich der zweite Akt „anfangs nicht recht verständlich ist und etwas ermüdet“ (KGB I/1: 353f.). So schreibt nur einer, der den anderen noch zu überzeugen hat und deswegen wohl auch die Verpflichtung spürt, hinzuzusetzen: „Bei mehrmaligem Hören aber erkennt man erst die großen Schönheiten“ (KGB I/1: 354). Krug jedenfalls gab nicht auf und drängte die zwei Freunde, diesen Klavierauszug, den sein Vater wegen seiner Wagnerfeindlichkeit offenbar zu kaufen nicht bereit gewesen war (vgl. Pernet 1990: 496), auf Kosten der *Germania* anzuschaffen. Dies geschah dann auch, aber der Erfolg des erneuten Studiums der Partitur war auch diesmal mäßig: Nietzsche wie Krug versuchten sich in den Herbstferien 1862 tagelang, wenn auch dem Bericht der Schwester Nietzsches zufolge nicht sonderlich kunstfertig, an diesem Klavierauszug (KGB I/4: 311). Entsprechend reserviert reagierte Nietzsche: „Unsre finanziellen Nöthe schreiben sich insbesondere von der Anschaffung Tristans und Isoldes v⟨on> R. Wagner her, die auf Antrag G. Krugs erfolgt ist“ (BAW 2: 92), notierte er Ende September bitterböse in eine Art Rechenschaftsbericht der *Germania*, um wenig später in einer nur noch als Fragment erhaltenen Ausarbeitung *Über das Wesen der Musik* in offenkundiger Anspielung auf Krug den Satz niederzulegen: „auch über dich und deinen Verstand schütteln manche Leute die Köpfe, wenn du wie niedergeschmettert von der Macht der Musik vor den leidenschaft<lichen> Wogen Tristan und Isoldes dastehst“ (BAW 2: 114). „Das Gefühl“, so setzte Nietzsche noch hinzu, „ist gar kein Maßstab für Musik“ und erreiche jedenfalls nicht deren „Wesen“ (BAW 2: 114).

Davon unbeirrt, zeigte der so Angesprochene auch in der Folge und im zunehmenden Maße die später dann auch bei Nietzsche beobachtbaren Symptome des typischen Wagnerianers. Als beispielsweise Ende November 1862 in Wien eine Aufführung von *Tristan und Isolde* wegen Erkrankung des Tenors gefährdet schien, bekam Nietzsche aus der Feder seines ansonsten so besonnenen Freundes zu lesen: „Ich kann mich fürchterlich über das Unglück, das Wagner immer hat ärgern“ (KGB I/1: 393). So oder ähnlich sollte später auch Nietzsche reden – diesmal aber schwieg er. Im Mai 1864 hakte Krug noch einmal nach: „Ich wünschte Dich herbei, lieber Fritz, ich glaube Du hättest meine Freude geteilt über diese famose Oper" (KGB I/1: 422), erfährt der sich in Pforta auf das Abitur vorbereitende Nietzsche von dem inzwischen in Heidelberg studierenden Krug über eine Aufführung des *Tannhäuser*. Erneut bleibt Nietzsche geradezu demonstrativ gelassen: Er säße, so läßt er den Freund in seiner Antwort wissen, gerade an einer „große(n) Arbeit über Theognis", ein Konzert indes habe es gestern auch gegeben, „oder vielmehr eine Vorlesung, denn das Konzert war die Nebensache" (KSB 1: 282f.). Nietzsches Welt, so kann man aus dieser Antwort entnehmen, war noch in Ordnung und wußte sich ungestört von jener schwärmerischen Selbstverlorenheit, der sich Krug schon längst nicht mehr zu entziehen vermochte.

Die hier noch bezogene Gelehrtenattitüde eines angehenden Philologiestudenten, der anderen jenen Kunstgenuß durchaus gönnt, den er sich selbst im Namen der Wissenschaft versagen muß, sollte Nietzsche allerdings in den folgenden vier Jahren seines Studiums im Zuge seiner sich allmählich verschärfenden Philologie- und Philologenkritik gründlich vergehen. Zunächst noch, im Oktober 1866, äußerte er sich im Blick auf den Klavierauszug der *Walküre* gegenüber v. Gersdorff bewährt skeptisch, nämlich dahingehend, daß hier die „großen Schönheiten und virtutes … durch eben so große Häßlichkeiten und Mängel aufgewogen (werden)" (KSB 2: 174). Dann aber, im Juli 1868, bahnt sich infolge Nietzsches Besuch einer der neudeutschen Richtung verpflichteten Tonkünstlerversammlung, auf der auch ein Werk Wagners gegeben wurde, eine gänzliche Neubewertung des durch Wagner repräsentierten Kulturphänomens an. Nicht unbeachtet sollte dabei bleiben, daß ausgerechnet ein Philologe, der Wagner-Schwager Oswald Marbach, über das Thema *Wiedergeburt der dramatischen Kunst durch die Musik* referierte (vgl. KGB I/4: 507). Nietzsche jedenfalls verbuchte dieses Ereignis in einem Brief an seine Schwester als „sehr interessant" (KSB 2: 301). Gut zwei Monate später bekundete er gegenüber Rohde, in kritischer Absetzung von dem gegen Wagner gerichteten Dilettantismus-Vorwurf seines ehemaligen Bonner Philologielehrers Otto Jahn, daß er jedenfalls nicht genug staunen könne, „wie bedeutend jede einzelne Kunstanlage in diesem Menschen (Wagner; C.N.) ist" (KSB 2: 322). Der endgültige Durchbruch hin zu Wagner vollzog sich wenig später, als Nietzsche in Leipzig der Aufführung der Ouvertüren zu den *Meistersingern* sowie zu *Tristan und Isolde* beiwohnte und Rohde sogleich berichtete: „Ich bringe es nicht übers Herz, mich dieser Musik gegenüber kritisch kühl zu verhalten; jede Faser, jeder Nerv zuckt an mir, und ich habe lange nicht ein solches andauerndes Gefühl der Entrücktheit gehabt" (KSB 2: 332). Damit war auch Wagner der Weg in das Herz dieses seines neuesten Verehrers gebahnt.

Den ersten Akt des nun anhebenden psychologiegeladenen Dramas hatte Nietzsche schon Anfang Oktober vorbereitet: „Im Übrigen", so hatte damals Rohde von ihm erfahren, „nehme ich mir vor, etwas mehr Gesellschaftsmensch zu werden: insbesondere habe ich eine Frau aufs Korn genommen, von der mir Wunderdinge erzählt sind, die Frau des Professor Brockhaus, Schwester Richard Wagners" (KSB 2: 321) – und, wie hinzuzusetzen ist, Freundin der Gattin Ritschls. Die Ernte dieser klugen Karriereplanung brachte Nietzsche vier Wochen später und mithin knapp zwei Wochen nach seinem Konzertbesuch ein. Wagner weilte damals bei seinen Verwandten in Leipzig, spielte – so wiederum Originalton Nietzsche gegenüber Rohde – „das Meisterlied, (...) und die gute Frau (Ritschl; C. N.) sagt ihm, daß ihr dies Lied schon wohl bekannt sei, mea opera. Freude und Verwunderung Wagners: giebt allerhöchsten Willen kund, mich incognito kennen zu lernen" (KSB 2: 338). Über volle sieben Seiten zieht sich dieser wohl längste und launigste Brief Nietzsches dahin, dabei mit mancherlei Kuriosität aufwartend, wie beispielsweise, daß es zu Verzögerungen bei der Anfertigung eines schon zuvor von Nietzsche in Auftrag gegebenen und dem Einladungsanlaß würdigen Ballanzugs kam sowie zu handgreiflichen Szenen bei dessen Auslieferung, denn der Überbringer will zunächst bezahlt sein, eine Rechnung freilich, die er ohne Nietzsche macht: „Ich bin erstaunt, setze ihm auseinander, daß ich gar nichts mit ihm als einem Arbeiter für meinen Schneider zu thun habe, sondern nur mit dem Schneider selbst, dem ich den Auftrag gegeben habe" (KSB 2: 339). Gut gekontert für einen, der an diesem Abend von keinem Geringeren als Wagner erwartet wird und der folglich mit einem Subalternen keine Geldgeschäfte tätigt. Was Nietzsche ersatzweise tätigt, ist eine Bilanzerstellung, die Rohde noch einmal die Besonderheit dieser Einladung vor Augen führen soll: Wagner sei an sich berüchtigt für seine „große ... Unnahbarkeit" (KSB 2: 338); Wagner werde, wie Nietzsche „mit Behagen" (KSB 2: 339) registriert, selbst vom *Kladderadatsch* noch in der Schweiz vermutet; und: Wagner sei so berühmt, daß erst gestern noch ein Brief eingetroffen sei „vom kleinen König" „mit der Adr.: 'an den großen deutschen Tondichter Richard Wagner'" (KSB 2: 339). So ist es richtig: König Ludwig II. muß schreiben, aber das halbverwaiste Königsgeburtstagskind Friedrich Wilhelm Nietzsche wird empfangen und mutiert folgerichtig zu dem, den jeder Star am liebsten hat: den Fan.

Die Psychologie entfaltet bei all dem also ihre eigene Wirksamkeit. Im Brief an Rohde redet Nietzsche denn auch, endlich bei der Schilderung des Verlaufs des Abends angelangt, nicht mehr von Wagner, sondern – übrigens zum ersten und einzigen Mal – von Richard: „Ich werde Richard vorgestellt und rede zu ihm einige Worte der Verehrung“ (KSB 2: 340). Diese contradictio in adjecto, mittels deren Nietzsche den in die Höhen der Unnahbarkeit abschiebt, dem er sich zugleich doch als ebenbürtigen Freund anzunähern wünscht, bezeugt schon eines der Probleme, an dem später die Wagner/Nietzsche-Relation scheitern wird: Der Star will Star bleiben, und der Fan will Star werden. Noch komplizierter wird diese Konstellation dadurch, daß Nietzsche seiner Beziehung zu Wagner ein Vater/Sohn-Motiv unterlegt: „Es ist (…) ein fabelhaft lebhafter und feuriger Mann, der sehr schnell spricht, sehr witzig ist und eine Gesellschaft dieser privatesten Art ganz heiter macht“ (KSB 2: 340), weiß Rohde am Ende des Nietzsche-Briefes. Was er aber wohl nicht weiß, ist, daß dieses Porträt jenem ähnelt, das Nietzsche noch als Vierzehnjähriger von seinem leiblichen Vater kolportierte: „Sein feines Benehmen und heiterer Sinn verschönerte manche Gesellschaften, zu denen er eingeladen war und machten ihn gleich bei seinem Ersten Erscheinen überall beliebt“ (BAW 1: 1). Die Erhebung Wagners in den Rang eines Ersatzvaters dürfte also durch Nietzsches Vision beschleunigt worden sein, daß so ungefähr wie Wagner auch sein eigener, gleichfalls 1813 geborener Vater hätte werden können, wenn er nicht gestorben wäre, oder, deutlicher gesprochen: wenn sein Vater, den, wie Nietzsche meinte, die Ereignisse von 1848 „über die Maassen“ (KSA 14: 472) betrübten, weniger royalistisch eingestellt gewesen und nicht in jenem Jahr (1849) gestorben wäre, in dem der damalige Revolutionsanhänger Wagner noch gegen den „heuchlerischen Absolutismus“ (GSD 3: 16) zu Felde zog.

Eben dieser letztgenannte, durchaus nicht kleine Unterschied zwischen Nietzsches Vater und Wagner begründete also in besonderer Weise die Geeignetheit Wagners als Ersatzvater Nietzsches. „Wir, die wir in der Sumpfluft der Fünfziger Jahre Kinder gewesen sind, sind mit Notwendigkeit Pessimisten für den Begriff 'deutsch'; wir können gar nicht anders sein als Revolutionäre, – wir werden keinen Zustand der Dinge zugeben, wo *der Mucker* obenauf ist“, heißt es denn auch im *Ecce homo*, und wenige Zeilen später folgt: „Wohlan! Wagner war ein Revolutionär – er lief vor den Deutschen davon …“ (KSA 6: 288). In Wagner also, so könnte man vielleicht auch in Erinnerung an einschlägige Passagen aus *Schopenhauer als Erzieher* formulieren, dürfte Nietzsche jener „stolze und republikanisch freie Charakter“ begegnet sein, den Schopenhauer bei seinem Vater vorzufinden nach Nietzsches Auffassung das Glück hatte und dessen auch Nietzsche bedurfte, um jene „unbeugsame und rauhe Männlichkeit“ (KSA 1: 408) auszuprägen, die er als Philosoph benötigte. In diesem Sinne auch wäre die Geburt Nietzsches als Philosoph eine Geburt aus dem Geist seiner Wagnerverehrung, der Nietzsche auch noch mit seiner Darstellung im *Ecce homo* Tribut zollt. Denn eigentlich hätte er nun, mit dem gehörigen Abstand von dem, was ihm Wagner im November 1868 in Leipzig über sein Leben kolportiert haben dürfte, wissen können, daß Wagner, zumal in München 1865, noch ganz andere Gründe hatte, den Deutschen davonzulaufen.

Das Ergebnis in der Hauptsache blieb davon allerdings unberührt: Nietzsche fühlte sich schon bald nach seinen ersten Besuchen in Tribschen in Wagners Nähe wie in der Nähe des „Auserwählten der Jahrhunderte" (KSB 3: 37), er sah in Wagner „den größten Genius und größten Menschen dieser Zeit" (KSB 3: 46). Man kann diese Äußerungen, die sich in Briefen Nietzsches vom August 1869 finden, naiv erklären und beispielsweise auf das von Nietzsches Schwester bereitgestellte Etikett „Bescheidenheit und Verzagtheit" zurückgreifen sowie auf ihre Aussage, daß es „rührend" gewesen sei, wenn ihr Bruder „sich mit den Personen verglich, die er liebte und verehrte" und die er dann „zu unglaublichen Wunderthieren" umschuf, „während er sich selbst mit einer ungerechten schonungslosen Kritik betrachtete" (zit. n. Gilman 1985: 222). 'Rührend in seiner Schlichtheit' findet auch Peter Wapnewski (1989: 410) den Satz Nietzsches vom Juli 1874 an v. Gersdorff, wonach ihn „niemand zu etwas zwingen" (KSB 4: 238) solle, will sagen: wonach Wagners beharrliche Versuche, ihn zu noch stärkerem Einsatz für seine Sache zu nötigen, besser unterblieben. Tatsächlich aber legt diese zaghafte Gegenwehr Nietzsches gegen den auf ihm lastenden Loyalisierungszwang Wagners sowie jene von Nietzsches Schwester gerühmte 'Bescheidenheit und Verzagtheit' ihres Bruders wohl kaum Zeugnis ab für 'rührende Schlichtheit' oder gar den edlen Charakter Nietzsches. Viel eher haben wir es zu tun mit einem Überbleibsel einer in der Kindheit gründenden narzißtischen Krise, mit den Worten Freuds geredet: „Was er (der Mensch; C. N.) als sein Ideal vor sich hin projiziert, ist der Ersatz für den verlorenen Narzißmus seiner Kindheit, in der er sein eigenes Ideal war" (GW X: 161). In anderen könne man „nur sich verherrlichen", erkannte später, mit dem gehörigen Abstand zu seinem Ersatzvater, auch Nietzsche, um mit schlagartiger Einsicht hinzuzufügen: „Selbstvernichtung Selbstvergötterung Selbstverachtung – das ist unser Richten Lieben Hassen" (KSA 8: 500). Vorerst freilich war Nietzsche von derart subtilen psychologischen Erwägungen noch weit entfernt. Statt dessen unterlag er der Suggestion, Wagner würde Voraussetzungen zur Abwicklung dessen bieten, was bei Ritschl wie Schopenhauer unerledigt geblieben war: die Stillung nicht nur der kognitiven, sondern auch der emotionalen Bedürftigkeit eines Kindes, dem im familialen Umfeld weitgehend Unverständnis für das ihm Eigene begegnet war und das nur gelegentlich mit dem – freilich äußerst vagen – Gedanken spielen mochte, unter dem Regiment des leiblichen Vaters wäre dies anders gewesen.

Ob Wagner allerdings für Vaterübertragungen die geeignete Projektionsfläche bot, darf durchaus bezweifelt werden. Schon sein Verhalten gegenüber Ludwig II. spricht dagegen. Denn auch dieser spätere Märchenkönig, der Wagner nur wenige Jahre vor Nietzsche als gottähnlich zu verehren begonnen hatte, war deutlich auf Vatersuche gewesen, als er unmittelbar nach dem Tode seines Vaters, König Maximilian II. Joseph, sowie seiner Inthronisation kein wichtigeres Anliegen kannte, als des von ihm schon seit seinem dreizehnten Lebensjahr geschätzten Schriftstellers und Komponisten habhaft zu werden. Wagner, nur zwei Jahre jünger als Ludwigs II. Vater, hatte zu diesem Zeitpunkt den absoluten Tiefpunkt seiner Karriere und seines Privatlebens erreicht. „Stets auf Uebles mich vorbereitend, verbrachte ich eine unruhige Nacht“ (Wagner 1911: 869) – mit diesen dürren, aber vielsagenden Worten umriß Wagner später denn auch, im vierten, 1881 veröffentlichten Teil seiner vor allem für Ludwig II. verfaßten Autobiographie *Mein Leben* seine Stimmung an jenem Abend des 3. Mai 1864, an dem ihm in seinem Stuttgarter Gasthof die Karte des königlich-bayerischen Kabinettssekretärs überreicht und dessen Besuch für den anderen Morgen in Aussicht gestellt wurde. Dieser Besuch brachte dann wider Erwarten nicht etwas Übles, sondern Wagners Berufung nach München als Günstling Ludwigs II.. Wagner selbst faßte wenig später das Geschehene gegenüber seiner von ihm getrennt lebenden Frau Minna etwas prosaischer zusammen: „Noch bebe ich und schaudere, wenn ich überlege, wie es mit mir stünde, wenn der Himmel mir nicht dieses Wunder so plötzlich enthüllt, und in diesem jungen König mir den wirklichen Heiland meines Lebens gesandt hätte“ (SB: 555). Voraussetzungen zur Ausprägung eines Rettungsmotivs auf Ludwigs II. Seite sowie zur Herausbildung eines Erlösungsmotivs auf seiten Wagners waren also gegeben, und sie trugen in der Folge zu einer Beziehungskonstellation bei, aus der vor allem Ludwig II. als der Beschädigte hervorging. „Wirklich, diesen holden, herrlichen Jüngling wieder zu verlieren, könnte ich nicht mehr ertragen“ (zit. n. Cornelius 1904: 766), ließ Wagner schon Mitte Mai einen Freund wissen, deutlich machend, daß er sich die Chance, die ihm nun geboten wurde, nicht würde entgehen lassen. Ludwig II. seinerseits, der so sehr von seinem Vater Mißachtete und insoweit der Liebe eines Ersatzvaters Bedürftige, verstand es nicht mehr, sich aus dieser von ihm neurotisch verstärkten und von Wagner klug instrumentalisierten Vaterübertragung zu befreien. Schon der Brief, den Wagner Ende des Jahres von Ludwig II. erhielt, weist in diese Richtung. Denn dort spricht Ludwig II. davon, daß das Jahr 1864 das schönste seines Lebens gewesen sei, mit einem *Walküre*-Zitat anfügend: „‘Keiner ging, doch Einer kam’“ (LWB 1: 44). Deutlicher konnte der König nicht aussprechen, „daß ihm der Tod seines Vaters nichts, die Berufung des gleichaltrigen Wagner aber alles bedeutete“ (Naegele 1995: 44).

Wagner verstand es denn auch sehr geschickt, diese Abhängigkeit Ludwigs II. sowohl pekuniär als auch (kultur-)politisch auszunutzen. Dabei ging es Wagner unter politischen Gesichtspunkten nicht lediglich, wie etwa von Friedrich Dieckmann behauptet, darum, „etwas Durchzug in den Amtsstuben der reaktionären bayerischen Ministerialbürokratie zu machen" (Dieckmann 1983: 103). Es ging ihm vielmehr um eine politische Neuordnung Bayerns, die, mit Wagner gesprochen, der „Neugeburt des deutschen Geistes" (LWB IV: 9) förderlich war. Zu den psychologischen Stützpunkten dieser vor allem von Verena Naegele glänzend rekonstruierten Strategie gehörte es in Wagners Optik, sich Ludwig II. gegenüber als dessen Vorgänger und mithin als dessen „erziehender Vater", schließlich gar als Wotan und mithin „als allwissender, göttlicher Berater zu präsentieren" (Naegele 1995: 90). Vor diesem Hintergrund gewinnt dann auch ein Brief Wagners an Ludwig II. vom September 1865 an Sinn, in dem es heißt: „So verkünde ich dem theuren Siegfried meines Lebens den Sinn der That Seiner Liebe zu mir, Seine Macht: die Erweckung der hohen Braut durch Ihn: Deutschland – ist Ihm Brünnhilde! – Ich singe das Lied der Erweckung dieser hohen Braut. Es ist ein ernstes, feierliches Lied: und doch traut und innig. Es ist das sinnige Wort vom ‘deutschen Geist’. -" (LWB I: 187). Ludwig II. reagierte in seiner Antwort wie erwünscht: „Deutschland, Du wirst befreit aus den Ketten der Schmach und der Noth! – Wir wollen das Werk vollführen, mein geliebter Freund!" (LWB I: 188) Gelingen sollte dies dann zwar eher Bismarck als Ludwig II.; aber einen Versuch, so mochte Wagners Kalkül lauten, war die Sache allemal wert.

Noch perfider war die Art, mit der Wagner seine wegen seiner politischen Einmischungen gefährdete Stellung in München zu sichern suchte. So suggerierte er Ludwig II. Ende November 1865 in verschlüsselter Form, daß es gelte, zwei wichtige Figuren im Umfeld des Königs, die zwischen Wagner und Ludwig II. unter den Chiffren der negativen Nibelungen-Helden Mime und Fafner abgehandelt wurden, zu entlassen. Cosima sekundierte: „Immer dreister, tückischer, gefahrbringender werden Mime und Fafner!" (CLB: 58) „Siegfried-Ludwig" sollte dadurch, wie Verena Naegele formulierte, signalisiert werden, wie er „Brünnhilde-Deutschland erwecken konnte" (Naegele 1995: 350). Bemerkenswert ist dabei die geradezu machiavellistische Kaltschnäuzigkeit, mit der Wagner vorging. Denn schon sechs Wochen zuvor hatte er Ludwig II., auch vorbeugend im Hinblick auf künftige Ratschläge seinerseits, wissen lassen: „Was ich Ihnen mittheile, sollte es selbst ein Rath <zu> erscheinen sich erkühnen, ist nur der innerste Gedanke Ihrer grossen Seele, in der ich lese, aus der ich dichte und trachte" (LWB I: 200). Dem ließ Wagner dann noch, gleichsam zur Bekräftigung, den Satz nachfolgen: „Ich bin nur ihr Bewusstsein von sich selbst. – Nie, nie vergessen Sie diess, mein herrlicher Freund! Bin ich dessen sicher, so behalte ich immer Muth: – aber nur dann! -" (LWB I: 201) Auf dieser Vorarbeit aufbauend, hatte Wagner in seinem erwähnten Brief vom November offenbar auch keine Sorge, vom König richtig verstanden zu werden, als er diesem mitteilte: „'Neue Aera', 'neues Princip' heisst – 'neue Menschen'. (…) Und dennoch, genug! Ich kann und darf nicht weitergehen als der hoffende Wanderer und das gutgelaunte Waldvöglein. Da steht er! Seht den Holden, den Kühnen! Vertraut ihm! Schon hält er das selbstgeschmiedete Schwert am Griff. Der Ekel wird ihm den Augenblick der That eingeben! -" (LWB I: 224)

Ludwig II., sich zunehmend wohlfühlend in der Wahnwelt der Wagnerschen Musikdramen, in die ihn sein 'vielgeliebter Freund' immer tiefer hineinführte, antwortete wie erhofft: „Siegesgewißheit und Freude spricht aus ihrem Brief; jubelnd und muthentbrannt will ich dem tückischen Mime und Fafner entgegeneilen, unter Jauchzen will ich sie besiegen" (LWB I: 228). Soweit kam es dann zwar nicht mehr – vielmehr mußte Wagner Ende 1865 aufgrund des Bekanntwerdens von derlei Aktivitäten München verlassen –, aber der Befund ist auch so eindeutig genug: Wagner nutzte im Fall Ludwig II. dessen Vaterübertragung skrupellos für politische Absichten aus, und nichts gibt Anlaß zu der Vermutung, daß er dies nicht auch im Fall Nietzsche unter anderen Vorzeichen zu wiederholen beabsichtigte. Interessant ist dabei vor allem das psychologische Motiv: Wagner ließ mittels der Verherrlichung, die ihm Ludwig II. angedieh, vor allem seinem eigenen ungestillten Narzißmus Befriedigung zuteil werden. Am deutlichsten macht dies vielleicht eine Mitteilung Wagners vom November 1865, in der er Cosima v. Bülow Bericht erstattet über ein Gespräch mit dem von ihm schließlich gar noch als Ideologieträger Parsifals instrumentalisierten bayerischen König: „Parzival hörte mit ungemeinem Ernst zu … Wahrlich, erst jetzt bin ich der ganzen Erhabenheit und Schönheit seiner Liebe bewusst geworden … Er übertrifft Alles Vorstellbare. Er ist Ich, in neuer schöner jugendlicher Widergeburt: ganz Ich, und nur soviel Er, um schön und machtvoll zu sein" (zit. n. Wagner 1975: 98).

Warum Wagner mitunter in anderen Menschen, ähnlich wie später auch in Nietzsche, nur die fleischgewordene Wiedergeburt seines Ich-Ideals zu zelebrieren vermochte, macht ein Stück weit seine eben erwähnte Autobiographie deutlich. In ihr berichtet er über seinen schon kurz nach seiner Geburt verstorbenen Vater, „dass er im Allgemeinen sehr für Poesie und Litteratur eingenommen" gewesen sei und auch dem „Theater eine fast leidenschaftliche Theilnahme zuwendete" (Wagner 1911: 9). So muß man wohl reden, wenn man die Tatsache, einen „Polizeiactuarius" zum Vater gehabt zu haben, mit dem Umstand in Einklang zu bringen hat, selbst als Theatergenie zu gelten. Und so muß man wohl schweigen, wenn man das

Urbild aller späteren Suche unbefleckt halten will. Denn die 'leidenschaftliche Theilnahme' des Wagner-Vaters dem Theater gegenüber galt vor allem den dort tätigen Damen – ein Sachverhalt, den Wagner auch einräumt, aber so, als handele es sich dabei nicht eigentlich um etwas Gravierendes: Die Mutter habe „scherzend" (Wagner 1911: 9) darüber berichtet – was man wohl glauben will, schien sie doch allen Anlaß zu haben, sich von derlei Eskapaden unbetroffen zu fühlen. Sie nämlich war ihrerseits umschwärmt von einem Hausfreund, dem späteren Stiefvater Ludwig Geyer, von Beruf Schauspieler, Porträtmaler und Dramatiker, der seinerseits schon früh – Wagner war acht Jahre alt – verstarb. „Schon während der Polizeiactuar seine Abende im Theater verbrachte", so Wagner hierzu, als schriebe er an einer Farce, „vertrat der treffliche Schauspieler meist seine Stelle im Schoosse seiner Familie, und es scheint, dass er oft die mit Recht oder Unrecht über Flatterhaftigkeit ihres Gatten klagende Hausmutter zu beschwichtigen hatte" (Wagner 1911: 10).

Ausgewählt worden war er für diese Funktion von Wagners Vater, der bei dieser Wahl, wie Wagner treuherzig und ungewollt zweideutig zu verstehen gibt, sich „gewiss hauptsächlich" durch „seine Theaterliebe" (Wagner 1911: 9f.) leiten ließ. Jedenfalls sei der Familie in der Gestalt Geyers der „edelste ... Wohltäter" zugeführt worden, „indem dieser bescheidene Künstler durch innigen Antheil an dem Loose der zahlreichen Nachkommenschaft seines unerwartet schnell verscheidenden Freundes Wagner bewogen, den Rest seines Lebens auf das Angestrengteste der Erhaltung und Erziehung dieser Familie widmete" (Wagner 1911: 10). Ganz so viel Kitsch findet sich noch nicht einmal in den autobiographischen Aufzeichnungen des jungen Nietzsche – aber so viel Kitsch muß offenbar sein, wenn man einen doppelten Auftrag zu erfüllen hat: nicht nur den Auftrag einer Adelung des Vaters, sondern auch noch den der Adelung des Stiefvaters als desjenigen, bei dem Wagners Vatersuche vorübergehend zum Stillstand kam.

Daß es sich hier nur um einen vorübergehenden Stillstand handelte und Wagner im übrigen vor dem Hintergrund dieser biographischen Besonderheit der Identität hinsichtlich seiner selbst und mithin der Glorifizierung seitens Dritter bedürftig blieb, verdeutlichen die näheren, von Wagner im unklaren gehaltenen Umstände dieses Familienromans. So ließ Geyer nur die äußerste Anstandsfrist von gut neun Monaten, vom Tod seines Vorgängers an gerechnet, verstreichen, um Wagners Mutter mit ihren neun Kindern zu ehelichen. Dies indes war nicht rechtzeitig genug, um auch zur anderen Seite hin die Anstandsfrist zu wahren: Schon sechs Monate später wurde das erste Kind dieser neuen Verbindung geboren. Bei dieser Konstellation konnte es kaum überraschen, daß schon bald Gerüchte aufkamen, auch Wagner sei in Wahrheit eine Frucht dieser unheiligen

Allianz. Diese Gerüchte gelten heute als unhaltbar. Immerhin dürfte Wagner die unvorhergesehene Vaterübertragung Ludwigs II. auch als Wink dahingehend gedeutet haben, daß er eigentlich höherer Abstammung sei und nun in der Person des bayerischen Königs und jedenfalls doch als dessen Vaterfigur einer Art Inkarnation teilhaftig werde.

Nietzsche selbst, seinerseits auf Vatersuche und sich mitunter in Visionen höherer Abstammung hineinsteigernd, blieb an den tieferen Aspekten dieser Zusammenhänge weitgehend uninteressiert und mißachtete mithin die Warntafeln, die sich aus Wagners Problematik für ihn selbst ergaben. Was ihn beschäftigte, zumal in der rückblickenden Verarbeitung der Verstrickung, der er schließlich doch noch entrann, war eher ein Seitenaspekt dieses Themas: Wagners vermeintlich jüdische Abkunft. Ins Zentrum des Problems, das er mit Wagner hatte, führt dies indes nicht. Allenfalls könnte man in Betracht ziehen, daß Nietzsche das Täuschungsverhalten Wagners skandalisieren wollte. Denn wenn Geyer im Gegensatz zur Darstellung in Wagners Autobiographie Wagners Vater war, bedeutete dies nichts anderes, als daß Wagner, der Nietzsche in einem, wie er ihm im Dezember 1869 schrieb, „Akt des ausschweifendsten Vertrauens" (KGB II/2: 89) die (zweifelhafte) Ehre hatte zuteil werden lassen, den ersten Teil seiner Autobiographie zu korrigieren und dem Verlag zu überantworten, die heilige Initiationsphase ihrer Beziehung durch seinen Wunsch nach Nietzsches Teilhabe an einer bewußten Legendenbildung verunreinigt hatte. Vor diesem Hintergrund darf man Nietzsches *Ecce homo* als Komplementärstück zu Wagners Autobiographie *Mein Leben* lesen: Nietzsche suchte hier, ob erfolgreich oder nicht, dem Gegenmotiv zu folgen zu jenem, welches er Wagner meinte attribuieren zu müssen, wenn er nur wenige Monate vor Beginn seiner eigenen Autobiographie resümierte: „Er hatte nicht Stolz genug zu irgend einer Wahrheit über sich" (KSA 6: 41).

Auch wenn wir nun wissen, daß sich dieses Wort Nietzsches nicht beziehen läßt auf das angeblich von Wagner verheimlichte Wissen, seinerseits schon frühe Frucht seines späteren Stiefvaters gewesen zu sein: Daß Wagner wenn schon nicht auf Vatersuche, so jedenfalls doch schlecht vorbereitet war, das Amt zu bekleiden, das ihm Nietzsche bald andienen sollte, ist die mindeste Folgerung aus dem bisher Erzählten. Weitergehender noch ist die Konsequenz, die Franz Strunz zieht. Für ihn ist das „Trauma des Verlusts" das Wagners Leben „beherrschende, allerpersönlichste Leitmotiv" (Strunz 1986: 560) gewesen, wobei für dieses Urteil nicht nur das früh in Wagners Leben tretende Thema des Todes ausschlaggebend ist, sondern vor allem das Thema, das den von Cosima dokumentierten über vierhundert Träumen Wagners zugrunde liegt. Der Sache nach gehe es hierbei nämlich immer wieder um die Vision der „Erlösung des unbegünstigten Helden durch ein liebendes Weib" (Strunz 1986: 560). Wagners von Nietzsche beklagte späte Rückkehr zum Christentum gewinnt ausgehend von diesem Erlösungsmotiv, das sich auch im *Fliegenden Holländer*, im *Tannhäuser* sowie im *Lohengrin* identifizieren läßt (vgl. Schüler 1971: 21), weniger den Charakter einer „religiöse(r) Erlösung" denn das Merkmal einer „Erlösung von Allein-, Ausgeliefert-, Ungeborgen-, Unerkanntsein in *diesem* Leben und ihre Aufhebung in einer mütterlichen Protektorin" (Strunz 1986: 562). Wenn Nietzsche um diesen Hintergrund geahnt hätte, wäre sein Urteil über Wagner möglicherweise milder ausgefallen.

Ergänzend sei hier noch daran erinnert, daß ein zentrales Motiv von Wagners *Siegfried* wohl nicht ganz zufällig das der Vatersuche ist. Von dieser läßt sich Siegfried (= Wagner) auch von dem sich ihm als Ersatzvater anbiedernden, schmierigen und intriganten Schmied Mime (= Geyer) nicht aufhalten: Ebenso gewiß wie diesem der Tod durch die Hand des derart getäuschten furchtlosen Helden, ist Siegfried dann die Erlösung durch sein von ihm erlöstes Traumweib Brünnhilde – ein Szenario, das durchaus als eines in selbsttherapeutischer Absicht von Wagner verfaßtes und von Nietzsche bevorzugtes gelesen werden darf. „Verwundet hat mich, der mich erweckt!" – diese ambivalente Danksagung Brünnhildes an ihren, sie mit seinem Schwert von Harnisch wie Helm befreienden, quasi-deflorierenden Helden Siegfried zitiert Nietzsche denn auch in einem Brief an Wagner vom Oktober 1872 als die Sätze, die ihm „mit Erz (...) ins Gedächtniss geschrieben" seien, weil er ihre kompositorische Unterlegung im Mai 1869 bei seinem ersten Besuch in Tribschen vom Garten aus heimlich belauscht habe, Sätze, die ihm „so viel" (KSB 4: 61) zu sagen hätten. Worin die von Nietzsche erlauschte Maienbotschaft gründet, wird, nach guter Liebesbriefe Sitte, nicht verraten. Man gewinnt aber fast den Eindruck, er habe sich damals, ähnlich wie Siegfried, darauf verstanden, dem Gesang des Vogels (Wagner) einen nur für ihn bestimmten Sinn zu entnehmen. An psychische 'Verwundungen' allerdings wird er resp. diese durch Wagner-Siegfried vom Harnisch und Helm des Philologen befreite Ersatz-Brünnhilde im Mai 1869 gewiß nicht gedacht haben – im Gegensatz, wie man vermuten darf, zu dem Zeitpunkt, zu dem er Wagner dieses Geheimnis offenbarte: Im Oktober 1872 hatte er nämlich schon so seine Erfahrungen mit Wagners merkwürdiger Form der Liebeszuwendung und des Liebesentzugs machen dürfen.

Wir Heutigen sind noch etwas schlauer: Das „Sakrament der freien Liebe" (KSA 6: 20), das Nietzsche 1888 im Brünnhilde/Siegfried-Szenario zum Ausdruck gebracht sah, ist in der Anwendung auf das Nietzsche/Wagner-Tandem offenbar, psychoanalytisch gesehen, recht bald zu einer durchaus tragischen Form der 'gebundenen' und 'verwundenden' Übertragungs-/Gegenübertragungs-Problematik verkommen. Denn der 'erweckte' Nietzsche tappte anfangs zwar scheinbar friktionslos in die Falle des frühkindlich traumatisierten Wagner. Aber Wagner benötigte an sich jemanden, der den fügsamen Part eines ihm emotionale Anerkennung gebenden geistigen Erben zu übernehmen bereit war und ihn jedenfalls nicht mit der Nehmerattitüde eines Ersatzsohns behelligte. Nietzsche freilich war ein seinerseits 'erlösungsbedürftiges' Wesen und als solches eher auf die Rolle des Nehmenden denn auf die des Gebenden fixiert. Und er war ein Ersatzsohn, der zugleich still und heimlich mutmaßte, er selbst stünde an der Schwelle zum Genie und müsse in seiner ihm höchst eigenen Geistigkeit erkannt und anerkannt werden. Damit trat das erwähnte zentrale Motiv des *Siegfried*-Szenario unweigerlich in sein Recht. Denn dieses bot nicht nur Wagner, sondern auch Nietzsche Projektionschancen für die Abwicklung eines Vatermordmotivs: Indem er sich selbst fallweise als Siegfried fingierte und mithin als denjenigen, der mit seinem Vater ebenso abzurechnen hatte wie mit den sich als unwürdig erweisenden Ersatzvätern – zu denen Wagner schneller geriet, als ihm lieb gewesen sein dürfte.

Zunächst freilich ging alles noch seinen freundlichen Gang: Wagner lud Nietzsche ausgerechnet für jenes Wochenende nach Tribschen ein, an dem Cosima mit seinem ersten und einzigen Sohn Siegfried („Fidi") niederkommen sollte. Als sei dies an Symbolik noch nicht genug, spricht Wagner, dieser mitunter perfekte Theaterdirektor auch seines eigenen Lebens, im Juni 1870 in einem Brief an Nietzsche davon, daß er in wenigen Tagen den ersten Geburtstag seines Sohnes zu feiern gedenke – „und zugleich den Gedächtnisstag Ihres ersten Aufenthaltes in meinem Hause. Mögen die Sterne über dieser doppelten Gedächtnisfeier gütig walten!" (KGB II/2: 219). Daß sie dies taten, kann man nicht sagen: „In 6 Tagen feiern wir das 6jährige Gedenkfest des ersten Aufenthaltes Nietzsches auf Triebschen!!!" (zit. n. Schlechta 1936: 86), jubelt Wagner zwar am Ende eines Briefes an v. Gersdorff vom Mai 1875, aber dies doch eher schon im Gestus dessen, der die im selben Brief vorfindbaren abfälligen Äußerungen über den zu Feiernden am liebsten ungeschehen machen möchte.

Dabei hatte alles so schön begonnen: Er habe ihn über seinen Tod hinaus als „Wächter über die ... Angedenken an mich" (KGB II/2: 218) ausersehen, darf Nietzsche im Juni 1870 aus der Feder Wagners erfahren. Im Juni 1872 legt Wagner nach: „Genau genommen sind Sie, nach meiner Frau, der einzige Gewinn den mir das Leben zugeführt: nun kommt zwar glücklicher Weise noch Fidi dazu; aber zwischen dem und mir bedarf es eines Gliedes, das nur sie bilden können, etwa wie der Sohn zum Enkel" (KGB II/4: 29). Dies ist die offizielle Erhebung des Fans in den Rang eines Ersatzsohnes (vgl. auch Borchmeyer/Salaquarda 1994b: 1289), der seinerseits zu einer Art Nachlaßverwalter nicht nur des geistigen, sondern auch des leiblichen Erbes bestellt wird. Im Oktober 1872, diesmal in etwas verspäteter Reaktion auf Nietzsches Geburtstag, ist es soweit: Der nun bald sechzigjährige Wagner gibt, wieder einmal auf seinen inzwischen dreijährigen Sohn zu sprechen kommend, „schon aus reinem Familienegoismus" Nietzsche gegenüber seiner „Sucht" Ausdruck, „alle meine auf sie gegründeten Hoffnungen buchstäblich zur Erfüllung getrieben zu sehen: denn der Junge – ach! – braucht sie! –" (KGB II/4: 104). Wagner dürfte wohl kaum durchschaut haben, daß er mit diesem Anheuern Nietzsches als eines Quasi-Stiefvaters die Konstellation zu wiederholen im Begriff stand, die er selbst einige Jahre zuvor in seiner Autobiographie als die für das Verhältnis seines Vaters zu seinem Stiefvater maßgebliche ausgewiesen hatte. Diese Konstellation widersprach im übrigen durchaus nicht der Vision, der Nietzsche in seinen kühnsten Träumen Raum gab: Im Hinblick auf die „mannigfache Verpflichtung", die er „später einmal gegen Wagner's Familie haben könnte" (KSB 5: 12), so läßt er seine Schwester im Januar 1875 wissen, nachdem diese sich entschieden hatte, vorübergehend im Haus 'Wahnfried' einzuhüten, sei es durchaus nicht schlecht, wenn sie sich schon einmal genauer mit der Familie bekannt mache. Ein fürwahr imposantes Szenario dürfte sich da vor Nietzsches Augen aufgetürmt haben – mit sich selbst an der Seite Cosimas und seiner unverheirateten Schwester in der Rolle der Bayreuther Haushofdame.

Bei all dem wußte Nietzsche offenbar recht gut, worum es ging: „Als ich das vorletzte Mal dort war", so protokolliert er im August 1869 gegenüber Rohde mit bedeutungsschwangerem Unterton die auffällige Duplizität der neueren Tribschener Ereignisse, „kam gerade in der Nacht meines Aufenthaltes ein kleiner Junge zur Welt, 'Siegfried' zubenannt. Als ich das letzte Mal dort war, wurde Wagner gerade fertig mit der Composition seines 'Siegfried'" (KSB 3: 42). Zumindest die Frucht dieser geistigen Geburt sich einzuverleiben schien Nietzsche, diese gleichsam zweifach prämierte Quasi-Hebamme, einige Zeit später allen Anlaß zu haben: „Zu Weihnachten", so jubelt der großzügig beschenkte Ersatzsohn im Dezember 1870 aus Tribschen via Naumburg, „bekam ich (...) – etwas ganz Einziges – das *erste* Exemplar vom Klavierauszug des '*Siegfried*' erster Act, eben fertig geworden, während noch ein Jahr vergehen kann, ehe der Klavierauszug dieses Werkes in die Öffentlichkeit kommt" (KSB 3: 42). Vergleichsweise kühl ließ Nietzsche hingegen, entgegen Wagners Hoffen, der reale Siegfried, also diese etwas verquere Mischung von Wagner-Quasi-Enkel und Nietzsche-Stiefsohn in spe – aus „Eifersucht" (Stekel 1917/18: 58), wie mitunter allzu rasch gemutmaßt wurde. Wichtiger ist denn auch Nietzsches im Mai 1874 vollzogene endgültige Inthronisation Wagners als des neuen Ersatzvaters – natürlich: dargebracht in einem Geburtstagsbrief: „Es ist ein unvergleichliches Glück für einen, welcher auf dunklen und fremden Wegen tappt und stolpert, allmählich in die Helle geführt zu werden, wie Sie es mit mir gemacht haben; weshalb ich Sie gar nicht anders als einen

Vater verehren darf. So feiere ich Ihren Geburtstag auch zur Feier meiner Geburt“ (KSB 4: 228). Die Komplementarität dieses Bildes zu jenem Wagners ist unverkennbar, ebenso übrigens wie die Nähe zu jenem 1867 gegenüber Ritschl genutzten – mit einem kleinen Unterschied: Dankte Nietzsche Ritschl damals dafür, ihn „zum *Philologen* geboren“ (BAW 3: 300; Hervorhebung C. N.) zu haben, so steht nun, im Zusammenhang des Danks an den als Quasi-Hebamme ausgemachten Wagner, dessen Beihilfe zur Geburt des wahren Nietzsche zur Debatte – und dies konnte nur ein *philosophischer* sein.

Dieser Akt dürfte Nietzsche allein schon dadurch leichter gefallen sein, als Ritschl auf die Zusendung der *Geburt der Tragödie* betreten schwieg oder erst auf Nachfrage mit dem Hinweis antwortete, daß er zu alt sei, um sich „noch nach ganz neuen Lebens- und Geisteswegen umzuschauen“ (KGB II/2: 541). Cosima Wagner ließ diese Kerbe nicht ungenutzt: Der Brief Ritschls, so teilt sie Nietzsche mit, sei „nicht aufrichtig und warm genug für den väterlichen Lehrer, und nicht originell und bedeutend für den berühmten Gelehrten“ (KGB II/2: 559). Der neue ‘väterliche Lehrer’ sollte sich da schon anders verhalten: Er ließ Nietzsche noch im September 1873, in einem von Nietzsche irrtümlich auf seine gerade erschienene Streitschrift *David Strauss der Bekenner und Schriftsteller* bezogenen (vgl. KSB 4: 161), tatsächlich aber der *Geburt der Tragödie* zugedachten Urteil wissen: „Ich habe wieder darin gelesen und schwöre Ihnen zu Gott zu, dass ich Sie für den Einzigen halte, der weiss, was *ich* will!“ (KGB II/4: 295; Hervorhebung C. N.) Hierin aber verbarg sich auch schon das in der Sachebene gründende Rätsel für die Auflösung auch dieser Allianz. Denn erst als Nietzsche genauer wußte, was *er* wollte, war es ernst geworden für Ritschl: Er sah sich durch das Philologieverständnis seines Zöglings bald überboten, ebenso wie sich Wagner spätestens ab 1878 durch das Philosophieverständnis Nietzsches überboten sehen sollte.

Auf zwischenmenschlicher Ebene konkurrierte Nietzsche ohnehin schon vom ersten Augenblick an mit ihm. Im *Ecce homo* sprach er sich darüber etwas deutlicher aus: „Frau Cosima Wagner ist bei Weitem die vornehmste Natur; und damit ich kein Wort zu wenig sage, sage ich, dass Richard Wagner der mir bei Weitem verwandteste Mann war … Der Rest ist Schweigen …“ (KSA 6: 268) – was zugleich meint: der ‘Rest’ ist in jener von Nietzsche unterdrückten Textvariante (vgl. Montinari 1972: 396) zu suchen, die wie folgt lautet: „Frau Cosima Wagner ist bei weitem die vornehmste Natur, die es giebt und, im Verhältniß zu mir, habe ich ihre Ehe mit Wagner immer nur als Ehebruch interpretirt … der Fall Tristan“ (KSA 14: 473). Der Rückzug dieser Variante zeugt für das gute Funktionieren der Nietzsche im Herbst 1888 häufig genug bestrittenen Zensur. Denn was ihr zum Opfer fällt oder unter ihrem Diktat jedenfalls undeutlich wird, ist der Umstand, daß Nietzsche in der Tribschener Zeit offenbar auch einer – bei seiner Stellung als Ersatzsohn Wagners wenig überraschenden – ödipalen Verstrickung unterlag, in deren Verlauf er Cosima Wagner der von Marie Baumgartner und Malwida v. Meysenbug bis hin zu Louise Ott reichenden Reihenbildung einfügte (vgl. I.1.2).

Auf die Fährten dieses Motivs suchte Nietzsche die Leser seines *Ecce homo* ursprünglich gar, wie wir nun infolge des von Montinari aufgeklärten Sachverhalts sehen können, mit zwei Zeichen zu locken: einerseits natürlich mit dem sehr handfesten Ehebruchargument, zum anderen aber mit dem etwas filigraner strukturierten Verweis auf Wagners *Tristan und Isolde*, also auf ein Stück, das als ein ödipal strukturiertes Drama gelesen werden darf. Denn Tristan als Brautwerber von König Marke ist zugleich als dessen Ersatzsohn konstelliert, dem der von seiner kinderlosen Frau verlassene König ursprünglich gar, um seinen Rang als zukünftigen Erben nicht zu gefährden, meinte versprechen zu müssen, nicht wieder zu heiraten; Isolde als die von Tristan auf eigenes Drängen für den König geworbene Braut gewinnt damit den Rang einer Ersatzmutter in spe, die ihrerseits in Tristan nicht nur den Geliebten sieht, sondern, in seiner Eigenschaft als Stellvertreter Markes, auch den Vater (v. Raffay 1995: 99); Tristans plötzliche Liebe für Isolde, unterstützt durch einen Zaubertrank, der seine (Inzest-)Hemmung aufhebt und ihn außer Verantwortung setzt, ist allererstes Erfordernis ödipalen Konkurrierens; und Tristans Entscheidung für den Tod als Höhepunkt seines Liebeswerbens um die sich dann gleichfalls dem Tod weihende Isolde gewinnt seine Logik weniger aus der von Wagner adaptierten Willensmetaphysik Schopenhauers als aus dem Umstand, daß auf diese Weise die Liebeserfüllung als eigentliche Katastrophe jeder ödipalen Konstellation geschickt umgangen werden kann.

Folgt man nun dieser Fährte etwas weiter, gehört wenig Phantasie dazu, sich Nietzsches unterschwellig erwogenen Neubesetzungsplan auszumalen – mit ihm selbst in der Rolle des Tristan, Cosima als Isolde, Wagner als König Marke, was angesichts der Bereitschaft des Königs, Tristan zu verzeihen und ihm Isolde zu überlassen, vor allem meinen könnte: Nietzsches Phantasie zentriert sich weniger auf Isolde als potentielles Liebesobjekt denn auf König Marke. Dabei wird er getrieben von dem Motiv, sich der Stärke und Verläßlichkeit der (ersatz-)väterlichen Liebe angesichts des größten nur vorstellbaren Vertrauensbruchs des (Ersatz-)Sohns zu versichern. Für ein Wörtlichnehmen der diesem Zweck untergeordneten, auf Isolde (Cosima) zentrierten Liebesthematik gäbe es in der Logik dieser Deutung also keinerlei Anlaß. Aber auch die sonstigen vorliegenden Quellen sind in dieser Hinsicht mit Vorsicht zu betrachten. Denn Nietzsche hat Cosima zwar als Frau *an sich* verehrt, aber er hat sie gewiß nicht, in einem auch nur im entferntesten an die Bedeutung etwa Lou v. Salomés heranreichenden Ausmaß, als Frau *für sich* begehrt, wie dies beispielsweise Hellmut W. Brann (1931: 95ff.), Erich Podach (1963: 114) oder auch Manfred Eger (1988: 219ff.) je auf ihre Art nachdrücklich behaupteten. Hier wie auch beim Psychoanalytiker Wilhelm Stekel, der Nietzsches Zuneigung zu Cosima im Sinne eines „Überspringen(s) von der Liebe zu Wagner auf das von ihm geliebte Wesen" (Stekel 1917/18: 26) assoziationspsychologisch aufzubereiten suchte, bleibt das Tristan-Motiv aus *Ecce homo* zumindest in diesem Kontext unbeachtet, mit der Folge, daß die psychologische Funktion Cosimas für Nietzsche übersehen wird.

Dabei tritt diese Funktion, wenn man genauer hinschaut, auch aus jenem angeblich „untrüglichen" (Brann 1931: 105) Beweisstück in Sachen von Nietzsches Cosima-Liebe hervor, nämlich aus Nietzsches Schlußwort in einen Brief an Cosima vom Januar 1889: „Ariadne, ich liebe Dich! Dionysos" (zit. n. Montinari 1977: 302). Denn diese Formulierung steht zwar keineswegs lediglich für eine unter dem Einfluß des anhebenden Wahns nun jede Hemmung überspringende und in Tribschen noch geheimgehaltene Liebeserklärung des Dionysos-Nietzsche (vgl. Salaquarda 1996). Wenn man aber schon meint, sie biographisch kontextualisieren zu müssen, bestätigt sie die am Tristan-Motiv gewonnene Deutung. Gehen wir nämlich von ihr aus, muß es durchaus auffallen, daß auch der hiermit in den Blick geratenden griechischen Sage eine ödipale Struktur unterliegt: Die Königstochter Ariadne (= Cosima) wird von Theseus (= Wagner), den sie liebt und dem sie aus dem Labyrinth herausgeholfen hatte, auf der Insel Naxos (= Tribschen) zurückgelassen, wo sie dann von dem ihr ursprünglich versprochenen jungen Gott Dionysos (= Nietzsche) gefunden und gefreit wird. Diese ödipale Struktur nun, so die hier bevorzugte Annahme, wird von Nietzsche in seinem 1889er Brief an Cosima mit einer Absicht funktionalisiert, die nahtlos an seine 1888er Nutzung des Tristan-Motivs anschließt. Nietzsches späte Aussage, daß er als Dionysos Ariadne liebe, mag so gesehen zwar für das Zulassen einer noch in Tribschen verdrängten Phantasie zeugen; der Sinn dessen aber besteht darin, Wagner gleichsam posthum in seiner (ersatz-)väterlichen Güte und Verzeihensbereitschaft zu erproben.

Den Präzedenzfall dafür, daß man mit dem schon den frühen Nietzsche beschäftigenden Ariadne-Stoff auch etwas Biographisch-Reinterpretierendes anfangen könne, hatte Cosimas Ex-Mann Hans v. Bülow eröffnet. Denn bei seinem Besuch Nietzsches im März 1872 soll er, wenn man dem Bericht Förster-Nietzsches (1935: 57) trauen darf, spaßeshalber Cosima als Ariadne, sich selbst als Theseus und Wagner als Dionysos ausgelegt haben – eine mit Nietzsches (späterem) Bild zwar nicht übereinstimmende, für v. Bülow aber durchaus schmeichelhafte Vorstellung, hatte doch nicht er Cosima, sondern sie ihn verlassen. Ein weiterer Aspekt dieses scheinbar so harmlosen Spielchens enthüllt sich, wenn man es in die Optik Wagners einträgt. Denn dann will es fast als Paraphrase gelten auf die von Wagner in seiner Autobiographie geschilderte Konstellation zwischen seinem Vater (= Theseus) und seinem Stiefvater (= Dionysos). Ungeachtet dieser komplexen Verzweigungen mag hier aber als zusammenfassende These genügen, daß man das im Tristan- wie Ariadne-Thema anklingende ödipale Motiv in Rechnung zu stellen hat, wenn man das Wagner/Nietzsche-Verhältnis in seiner tatsächlichen Problematik verstehen will.

Besser verständlich wird auf diese Weise beispielsweise Nietzsches in der Tribschener Zeit so auffälliges Bemühen, Wagner möglichst keinen Anlaß zur Klage über seine Illoyalität zu geben. Denn hier ist offenbar Nietzsches Interesse wirksam, sich als verläßlich zu erweisen. Dem gehorcht auch noch der in der Sekundärliteratur vielfach skandalisierte Umstand, wonach sich Nietzsche, zumal in der Vorweihnachtszeit, für Einkäufe und Dienstleitungen der Tribschener klaglos zur Verfügung zu stellten hatte. Diese „Schule der Unterwerfung" (Köhler 1996: 62) hatte aus Sicht der Wagners den Sinn, für Asymmetrie zu sorgen und die Ungleichrangigkeit Nietzsches im Gedächtnis zu halten. Exemplarisch dafür ist Cosimas Mitteilung vom Mai 1872, Wagner habe Nietzsche „telegraphisch (...) zitiert" (CT 1: 392). So geht man mit einem Sohn um, dem man die gehörigen Regeln des Anstandes und die Differenz, auf der aufbauend derartige Verhaltensregeln in ihr Recht treten können, wohl noch nicht gehörig vermittelt hat. Diese Strategie fiel wegen Nietzsches Vaterübertragung auf besonders fruchtbaren Boden. Erst im Sommer 1875 begann er um die dem innewohnende Problematik zu ahnen: „Wagner zeigt seine Macht besonders darin, wie er die Widerwilligen unterjocht", notiert er sich privat im Blick auf die Wagner-Wirkung im Bewußtsein anderer Musiker, um sogleich, als rede er nun von sich selbst, hinzuzusetzen: „Viele, die durchaus etwas bedeuten wollen, ringen geradezu mit diesem sie überwältigenden inneren Reize, aber wo sehe man einen, der jetzt noch sich frei erhalten hätte?" (KSA 8: 211) Drei Jahre zuvor noch stand Nietzsche nicht der Sinn nach derartigen, zumindest dem Ansatz nach (selbst-)kritischen Fragen: „Sie geben mir Zeit, meiner Aufgabe entgegen zu reifen; ja Sie reuten mit gütiger Hand selbst das zähere widerborstige Unkraut aus meinem Wege" (KSB 4: 15), läßt er Wagner im Juni 1872 noch mit dem Gestus der Unterwerfung wissen, als rede hier ein kleiner Konfirmand, der sich seinen Psalm notiert, um zu dokumentieren, daß er weiß, wie man Gott huldigt. Wagner hätte sich eigentlich, intelligent wie er war, seinen Teil denken müssen angesichts dieses pastoralen Tons. Statt dessen aber kann er sich seiner eigenen Bedürftigkeit nicht entziehen – und zementiert in seiner Antwort erneut Nietzsches Abhängigkeit und seinen Rang als eines Ersatzsohnes, für den er zu gegebener Zeit schon die ihm gemäße Verwendung fände: „Aber: – halten Sie eben nur noch eine Zeitlang tüchtig aus; das Rechte findet sich am Ende gewiss“ (KGB II/4: 29f.).

Nietzsches Reaktion angesichts dieser vagen Offerte ist eine nahezu komplementäre: Er entläßt den ‘geliebten Meister’ nicht aus der Verstrickung, die dieser selbst immer wieder neu schnürt. Als ein Vorwand muß sein Bericht über angebliche Schwierigkeit bei der Ausarbeitung seiner Vorträge *Über die Zukunft unserer Bildungsanstalten* herhalten: Mit der ‘höheren’ Behandlung des Themas, so läßt er Wagner im Juli 1872 wissen, komme er nicht recht weiter, müsse also irgendwann „nach Bayreuth flüchten, zu Ihrer Nähe, als der wahren ‘Bildungsanstalt’“ (KSB 4: 39). Auch in der Folge zelebriert Nietzsche Wagner immer wieder als Erzieher, als „feste(n) Anker, der mich hält und der es verhindert, dass ich in die schlimme Strömung der Zeit gerathe“ (KSB 4: 61). 1888 zwar wird Nietzsche einen Schlußstrich auch unter diese Option ziehen, wenn er in seiner endgültigen Verdammnis Wagners diesem nun vorwirft, trotz allem „Kind seiner Zeit“ (KSA 6: 11), seiner dekadenten Zeit, geblieben zu sein. Aber zunächst noch, 1874, in *Schopenhauer als Erzieher*, gerinnt das so zu lesende Attribut des ‘Unzeitgemäßen’ noch zu einem, das er Wagner und selbstredend auch Schopenhauer zubilligt, insbesondere mit Blick darauf, daß es – zumal für einen Philosophen – gelte, sich „gegen unsre Zeit (zu) erziehen“ (KSA 1: 363). Der Sache nach sind damit Motive aufgegriffen, die Nietzsche, damit zugleich der Wachstums- und Gärtnermetaphorik der Reformpädagogik vorarbeitend (vgl. I.1.1), in den Rang eines „Geheimniss(es) aller Bildung“ erheben wird: „Befreiung ist sie, Wegräumung allen Unkrauts, Schuttwerks, Gewürms, das die zarten Keime der Pflanzen antasten will“ (KSA 1: 341).

Von ‘Befreiung’ *durch* Wagner ist freilich wenig zu spüren – eher schon von gelegentlichen Versuchen der Befreiung vom Befreier, so wie etwa in einem Brief Nietzsches an Wagner vom April 1873: „Ich wünschte mir so oft wenigstens den Anschein einer grösseren Freiheit und Selbständigkeit, aber vergebens. Genug, ich bitte Sie, nehmen Sie mich nur als Schüler“ (KSB 4: 144). Dies ist in der Tat ein interessantes Dokument der Hilflosigkeit, die Wagner auf seine Weise und mit großer Instinktsicherheit zu konservieren vermochte: Er läßt, nach schlechter Väter Sitte, Nietzsche beständig um die Verläßlichkeit seiner Gunstbeweise bangen. „Nun aber kein Wort weiter, denn Sie sind mir bedenklich geworden“ (KGB II/2: 116), bekommt Nietzsche beispielsweise Mitte Januar 1870 von Wagner zu hören, nur weil es der Ersatzsohn offenbar an der gebotenen brieflichen Danksagung für das gemeinsam in Tribschen verbrachte Weihnachtsfest hatte fehlen lassen. Im Mai 1871 kursierte in Tribschen gar das Gerücht, Nietzsche habe seine Arbeit über Homer, die er Cosima Wagner gewidmet hatte, nachträglich noch mit einer Widmung auch an seine Schwester versehen. Der deutlich durch Wagners Verlusttrauma gekennzeichnete Kommentar hierzu lautet, Nietzsche sei offenbar in besonderer Weise für die „Sucht des Verrats“ (CT 1: 387) empfänglich. Auch die Erklärung für diesen Verhaltenszug Nietzsches steht bereit: Nietzsche unterläge offenkundig dem Drang, „sich gegen einen großen Eindruck zu rächen“ (CT 1: 387) – gegen den ‘großen Eindruck’ selbstredend, den er seitens des Wagnerschen Œuvre empfing. Wenige Monate später, als Nietzsche den Wagners „recht unangenehm“ auffällt „durch eine nicht ganz natürliche Zurückhaltung seines Benehmens“, lautet der Kommentar denn auch: „Es ist gleichsam, als ob er sich gegen den überwältigenden Eindruck von Wagner's Persönlichkeit wehrte“ (CT 1: 424). Und noch 1878 wird Cosima aus Enttäuschung über Nietzsches Schrift *Menschliches, Allzumenschliches I* dem Autor das böse Wort nachwerfen, daß sie hoffe, dieser „Verrat“ werde ihm „gute Früchte einbringen“ (zit. n. Förster-Nietzsche 1913: 70). Ein Jahr darauf ließ sich auch Wagner nach Zeugnis Cosimas weitläufig darüber aus, „wie mit der Verehrung alles schwindet“, anfügend: „Aber unserer Zeit fehlt der Sinn für das Große, sie weiß einen großen Charakter nicht zu erkennen“ (CT 3: 298). Die Verbitterung, den ‘Sinn für das Große’ seines eigenen Schaffens in Nietzsche nicht dauerhaft erzeugt zu haben, schwingt in diesen Worten deutlich mit.

Daß Cosima höchst eigene Motive hatte, Nietzsche von Beginn an der Chiffre eines potentiellen Verräters einzufügen, wird sie erst Jahre später, unmittelbar nach Nietzsches Tod, bekennen. Nun nämlich erst läßt sie, die Nietzsches neuere Werke nur noch dem Hörensagen nach kennt und die ihre wenig später widerwillig aufgenommene Lektüre des *Zarathustra* mit dem Urteil „Spasmen der Impotenz“ (Wagner 1980: 573) abschließt, den Dirigenten Felix Mottl wissen, ihr Neffe (Clemens) Brockhaus habe sie bereits „in den Jahren 1868/69“ vor Nietzsche mit den Worten gewarnt: „Wenn Nietzsche um die Gedanken Schopenhauers und des ‘Kunstwerks der Zukunft’ sowie der anderen Schriften herumgekommen sein wird, wird ihm nur eines übrigbleiben: sie zu bekämpfen“ (Wagner 1980: 544). In der Logik dieser Lesart war Nietzsche also ein Dilettant und Epigone, der das große Glück gehabt hatte, vorübergehend dem Gunstkreis Wagners zuzugehören, ohne dies jedoch infolge der Selbstsuggestion künftiger eigener Größe frei von Ressentiments würdigen und mit der Preisgabe von unangemessenen Eigenambitionen beantworten zu können. „Auch in dieser Beziehung“, so resümierte Cosima, als ahne sie um ihres Mannes eigentliches Problem, „hat R. mehr Liebe verschwendet als er empfangen“ (CT 1: 414).

Nietzsche, der um diese Zusammenhänge natürlich ebensowenig wissen konnte wie um Wagners Verlusttrauma, stand der ganzen Situation entsprechend ratlos gegenüber: „Gott weiß übrigens, wie oft ich dem Meister

Anstoß gebe: ich wundere mich jedes mal von Neuem und kann gar nicht recht dahinter kommen, woran es eigentlich liegt" (KSB 4: 131), klagte er beispielsweise im März 1873 gegenüber Rohde, nachdem ihn Cosima von Wagners Kränkung wegen seines unterlassenen Bayreuth-Abstechers auf seiner Weihnachtsreise via Naumburg in Kenntnis gesetzt hatte (KGB II/4: 207). Und noch für das Jahr 1875 weiß Nietzsches Schwester von der geradezu paranoiden Angst ihres Bruders zu berichten, Wagner könne über seine abweichenden Kunstauffassungen unterrichtet werden (vgl. Gilman 1985: 235). Den Anlaß für diese Auftritte gab der Umstand, daß sich Nietzsche in diesem Jahr aus gesundheitlichen Gründen entschlossen hatte, nicht nach Bayreuth zu kommen, ein Beschluß, der dortselbst mit Skepsis aufgenommen wurde. Cosima Wagner jedenfalls läßt v. Gersdorff wissen, daß dies „in hohem Grade unerfreulich" (zit. n. Schlechta 1936: 87) sei. Zuvor schon hatte v. Gersdorff einem das gute Einvernehmen mit ihm lobenden Brief Wagners den Satz entnehmen können: „Wie oft ist dagegen die nähere Begegnung mit mir Anderen nur von verwirrenden, ja störenden Einfluss gewesen!" – ein Satz, dem zwar unmittelbar folgte: „Diess soll gewiss von unserem geliebten Nietzsche nicht gelten" (zit. n. Schlechta 1936: 86). Gleichwohl schien v. Gersdorff zu ahnen, daß Vorsicht geboten war: Er empfahl Nietzsche, „damit kein Misstrauen das gute Verhältniss trüben kann" (KGB II/6, 1: 137), sich umgehend krankschreiben zu lassen. Nur eine Woche später, als hätten die Bayreuther ihren Zweck der Züchtigung erreicht, erhielt v. Gersdorff aus Bayreuth einen Brief, dessen erste, in aller Unschuld daherkommende Sätze er an Nietzsche weiterleitete: „Beruhigen Sie etwas N⟨ietzsche⟩s kindliche Sorge ... Er soll sich vor Allem gesund machen" (KGB II/6, 1: 156). In derart dramatische Posen also läuft diese Geschichte einer weitgehend unreflektiert gebliebenen Vaterübertragung auf ein wegen der eigenen unerledigten Vaterproblematik gänzlich untaugliches Objekt aus.

Nur einmal noch ist Nietzsche später auf die psychologische Seite dieser ganzen Problematik zurückgekommen, in einem unter dem Titel *Das Genie des Herzens* bekannt gewordenen Aphorismus aus *Jenseits von Gut und Böse*. Wie wichtig Nietzsche dieser Aphorismus war, ist dem Umstand zu entnehmen, daß er ihn in Auszügen ursprünglich für die Vorrede der 1886 veranstalteten Neuausgabe von *Menschliches, Allzumenschliches I* nutzen wollte (KSA 11: 683ff.). Noch wichtiger ist, daß Nietzsche den Aphorismus im *Ecce homo* in der Absicht, einen Begriff von sich „als Psychologen zu geben" (KSA 6: 307), erneut in zentralen Auszügen zitierte und auch in einem wieder unterdrückten Zusatz zu *Nietzsche contra Wagner* unter der Chiffre anpries: „ich gebe auf den letzten Seiten von 'Jenseits von Gut und Böse' ein Stück Psychologie über mich, – ich hüte mich zu sagen, unter welchem Namen und Vorwande" (KSA 14: 526). Man kann diesen Aphorismus und das Rätsel, in das Nietzsche ihn hüllte, also gar nicht ernst genug nehmen, und die Nietzsche-Forschung liefert hierfür auch mancherlei Zeugnis (vgl. Sonderegger 1973: 5ff.; Thönges 1993: 17ff.; Ries 1996: 232), wobei sich die Aufmerksamkeit auf Dionysos und mithin auf jene Figur zentrierte, die Nietzsche selbst ins Zentrum gerückt hatte.

Die hier vertretene, von dieser Fährte Nietzsches absehende und statt dessen auf Nietzsches Verhältnis zu Wagner abstellende Deutung nimmt ihren Ausgang von dem auffälligen Sachverhalt, daß die zwei von Nietzsche wieder verworfenen Passagen, die auf den strittigen Aphorismus verweisen oder Teile von ihm bringen, ausgerechnet Schriften betreffen, die in einem engen Zusammenhang zu seiner Auseinandersetzung mit Wagner stehen. Dies gilt selbstredend für *Nietzsche contra Wagner*, aber auch für jene Vorrede zur Neuausgabe von *Menschliches, Allzumenschliches I*. In ihr spielt Nietzsche denn auch auf den Bayreuther Sommer 1876 an; und er führt dem Leser Wagner unter der Chiffre eines „Cagliostros" vor Augen, den er geliebt habe, obwohl er „hätte verachten sollen" (KSA 11: 683). Daß Nietzsche von einer Veröffentlichung dieser Vorrede absah, darf insoweit als Versuch gelesen werden, die Spur nicht zu verraten, auf die der Aphorismus *Das Genie des Herzens* eigentlich oder jedenfalls doch in der Hauptsache verweist.

Tatsächlich läßt sich diese Spur aber auch noch der letztlich veröffentlichten Version aus *Jenseits von Gut und Böse* entnehmen. Denn wenn Nietzsche davon spricht, er habe dem „Versucher-Gott und geborene(n) Rattenfänger der Gewissen" „einstmals" „in aller Heimlichkeit und Ehrfurcht" seine „Erstlinge" dargebracht, „als der Letzte (...), der ihm ein *Opfer* dargebracht hat: denn ich fand Keinen, der es verstanden hätte, was ich damals that" (KSA 5: 237f.), dann ist dies kaum anders zu lesen als ein präzises Protokoll der Situation, in die er 1872 mit der Wagner zugedachten Opfergabe seines Erstlings im Ansehen seiner Baseler Kollegen geraten war. Auch die weiteren Umschreibungen, die Nietzsche in diesem Zusammenhang benutzt, weisen auf Wagner hin. Denn das „Genie des Herzens, wie es jener grosse Verborgene hat (...), welcher nicht ein Wort sagt, nicht einen Blick blickt, in dem nicht eine Rücksicht und Falte der Lockung läge, zu dessen Meisterschaft es gehört, dass er zu scheinen versteht – und nicht Das, was er ist, sondern was Denen, die ihm folgen, ein Zwang *mehr* ist, um sich immer näher an ihn zu drängen, um ihm immer innerlicher und gründlicher zu folgen" (KSA 5: 237) – dieses Genie des Herzens war, wie wir nun wissen, auch Wagner eigen. Und daß Nietzsche sich selbst und die erste Phase seiner Abhängigkeit von Wagner meint, wenn er davon spricht, daß dieses Genie des Herzens „die tölpische und überrasche Hand zögern und zierlicher greifen lehrt" und „den verborgenen und vergessenen Schatz, den Tropfen Güte und süsser Geistigkeit unter trübem dickem Eise erräth und eine Wünschelruthe für jedes Korn Goldes ist, welches lange im Kerker vielen Schlamms und Sandes begraben lag" (KSA 5: 237), darf man gleichfalls als fast gewiß annehmen.

Von sich selbst spricht Nietzsche offenbar auch dort, wo es heißt, daß jeder von der Berührung durch jenes Genie des Herzens „reicher fortgeht, nicht begnadet und überrascht, nicht wie von fremdem Gute beglückt und bedrückt, sondern reicher an sich selber, sich neuer als zuvor, aufgebrochen, von einem Thauwinde angeweht und ausgehorcht, unsicherer vielleicht, zärtlicher zerbrechlicher zerbrochener, aber voll Hoffnungen, die noch keinen Namen haben, voll neuen Willens und Strömens, voll neuen Unwillens und Zurückströmens ..." (KSA 5: 237). Wagner, so darf man mithin mit noch größerer Gewißheit folgern, war für Nietzsche alles zugleich: Versucher-Gott, Rattenfänger, Wünschelrute, Tauwind. Und Wagner war auch jener „seltsame und nicht ungefährliche Geist ...", der ihm, „der von Kindesbeinen an immer unterwegs und in der Fremde war", „über den Weg gelaufen" (KSA 5: 237f.) ist, in Tribschen, wie wir nun ergänzen können. Damit hat Nietzsche zwar noch keine hinreichende psychologische Erklärung „über sich" selbst vorgelegt, wie er sie ja in jenem Zusatz für *Nietzsche contra Wagner* in Aussicht stellte; aber er hat doch immerhin eine derartige Erklärung angebahnt. Und er läßt sein Wissen darum erahnen, welche Folgen Wagner mittels der von ihm ausgelösten fatalen Dialektik des 'Willens und Strömens' sowie des 'Unwillens und Zurückströmens' für den Gehalt der frühen Theorien Nietzsches hatte. Dem gilt es sich nun näher zuzuwenden.

3.3.1.2 Der Überbau: Verwundet ist, was der frühe Nietzsche zur Theorie erweckt

Häufig wird gegen die elitäre Bildungsphilosophie des frühen Nietzsche (vgl. etwa Hebel/Porath 1989: 229) oder gegen dessen Auffassungen zur Sklaverei (vgl. etwa Türcke 1989: 116ff.) opponiert, ohne den mit dem Namen Wagner gesetzten Kontext und die in diese Richtung gehende Mahnung Nietzsches einzubeziehen. Ihm nämlich gedieh aus der Perspektive des Jahres 1886 die *Geburt der Tragödie* zu einem Buch, in dem er sich – und dies mit einem deutlichen Seitenblick auf Wagner – „einer Autorität und eignen Verehrung" (KSA 1: 13) gebeugt habe und das später wegen der „Nutzanwendung auf die Wagnerei" (KSA 6: 309) um seinen eigentlichen Ertrag gebracht worden sei. Dieser Hinweis kann pars pro toto genommen werden, läßt sich also auf weite Teile des Frühwerks – endend mit *Menschliches, Allzumenschliches* – ausdehnen. Entsprechend auch, so läßt sich nun, zumal vor dem Hintergrund der dargelegten massiven Vaterübertragung Nietzsches auf Wagner, folgern, ist Nietzsches Frühwerk weit weniger ernst zu nehmen, als man dies üblicherweise zu tun bereit ist, anders gesprochen: Was Nietzsche in diesen Jahren an Bildungs- und Kulturkritik vorlegte, ist, ebenso wie sein früher Antisemitismus, in weiten Teilen rhetorisch, dient also nur dem Zweck der Einverständniserklärung gegenüber dem, der von ihm die Mitwirkung an der Errichtung eines geistigen Überbaus für sein eigenes Streben erwartete. Dies ist die These, der es im folgenden nachzugehen gilt.

3.3.1.2.1 Nietzsches rhetorische Bildungs- und Kulturkritik

Im Februar 1870 signalisierte Wagner Nietzsche hoffnungsfroh: „Sie könnten mir nun viel, ja ein ganzes Halbtheil meiner Bestimmung abnehmen. Und dabei gingen Sie vielleicht ganz *Ihrer* Bestimmung nach" (KGB II/2: 145). Im Mai 1872 konkretisierte Wagner, was er darunter verstand: Nietzsche möge von seiner „Stellung als Fachmann, als Professor der Philologie aus, den Kampf gegen das Erziehungswesen" (KGB II/4: 9) beginnen, hieß es nun. Als wisse Nietzsche gar nicht um die Gefahr, *seine* Bestimmung zu verlieren, brachte er in seinen frühen Arbeiten vor allem jene Kultur- und Bildungsauffassungen in Erinnerung, die der Wagnerschen Absicht förderlich waren, und wandte sich gegen die anderen, die dieser Absicht hemmend gegenüberstanden. Entsprechend auch wuchs sein Ansehen bei den Tribschenern mit jedem seiner zahlreichen Besuche und, trotz je spezifischer Bedenken, mit jeder seiner frühen Schriften kontinuierlich an. Schon bald hatte man wenig Mühe, Nietzsche als den „bedeutendste(n) unter unsern Freunden" (CT 1: 405) zu würdigen resp. als, wie Cosima im Januar 1871 ihres Mannes Position zusammenfaßte, den einzigen außer Konstantin Frantz, „der mir etwas gebracht hat" (CT 1: 338).

Dieser Hinweis auf den bismarckfeindlichen politischen Schriftsteller Konstantin Frantz ist durchaus instruktiv. Denn schon in Münchener Zeiten hatte Wagner Ludwig II. für eine Anstellung von Frantz und mithin für das auch von diesem befürwortete Projekt einer Zusammenführung der Mittelstaaten unter Leitung Bayerns gewinnen wollen (vgl. Naegele 1995: 346f.). Und noch im März 1866, als sich Wagner brieflich gegenüber Frantz in einem Rückblick auf die Hochphase seiner politischen Einwirkung auf Ludwig II. von „bedeutungsvoller Ahnung" davon erfüllt sah, in welchem Sinne und in welcher Weise er „auf Deutschland selbst zu wirken berufen sein möchte", meinte er die Übereinstimmung mit Frantz in dem vielsagenden Satz bündeln zu können: „mit dem Heil Deutschlands steht und fällt auch mein Kunstideal" (LWB IV: 134f.). Diese Formulierung, die Wagner wenig später in deutlich demonstrativer Absicht auch gegenüber Ludwig II. wiederholte (LWB II: 27), kam der kulturpolitischen Sendung nahe, der Wagner 1867 mit seiner Schrift *Deutsche Kunst und deutsche Politik* Ausdruck verlieh, sich nun erneut in der Schuld jenes Konstantin Frantz sehend (vgl. GSD 8: 30). Ein Jahr später schließlich, in der Vorrede zur zweiten Auflage seiner erstmals 1851 herausgebrachten Abhandlung *Oper und Drama*, erklärte sich Wagner über die Frantz-Connection sogar dahingehend, daß bisher wohl selten „eine so vollständige Ergänzung eingetreten" sei wie hier zwischen „dem Politiker und dem Künstler" (GSD 8: 196f.). Warum also, so mochte Wagners Überlegung mit Blick auf Nietzsche lauten, nicht im Verhältnis von Philosoph und Künstler das wiederholen, was sich am Fall Frantz im Verhältnis von Politiker und Künstler bewährt hatte?

Theoretische Vorarbeiten in Richtung einer damit notwendig verknüpften Rollenbestimmung Nietzsches als eines politischen Philosophen oder jedenfalls doch als eines Philosophen neuer Art hatte Wagner schon erbracht. Denn den herkömmlichen Philosophen vermochte er immer nur als einen Philister zu sehen, der, im Gegensatz zum Künstler, „nur noch deuten, nicht aber vorausverkünden kann" (GSD 4: 227). Derartige Formulierungen kamen dem von philologischer Deutungsarbeit ermatteten und von Schopenhauers Kritik der 'Universitätsphilosophie' belehrten Nietzsche entgegen und beförderten seinen schon in der *Geburt der Tragödie* anhebenden und im *Zarathustra* besiegelten Wahn, auch er könne als Vorausverkünder des Neuen und insoweit als ein erster Repräsentant des lange vermißten neuen Typus des Philosophen-Künstlers geschichtsmächtig werden. Der Sprengstoff, den dies aber barg im Blick auf den an sich auf Arbeitsteilung sinnenden, aber gleichwohl seinerseits philosophierenden Künstler Wagner, ist nicht zu übersehen, wenngleich vor allem Nietzsche vorerst der Zünder fehlte: Voller Wohlgefallen begann er sich schon bald als Wagners „nächsten Vertrauten" (KSB 3: 262) wahrzunehmen, sich dabei erkennbar in den Gunstbezeugungen sonnend, die an sich Wagner selbst zugedacht waren.

Daß Nietzsche allerdings das Gebiet der philosophischen Rechtfertigung Wagners keineswegs in Autonomie zukam, machte ihm Wagner gleich von Beginn an klar, indem er ihn, ähnlich wie er dies schon im Fall Ludwig II. getan hatte, mit den wichtigsten seiner älteren und neueren Schriften versorgte. Nietzsche nahm sie begeistert auf und unterließ es auch nicht, bei seinen Freunden lebhaft werbend für sie einzutreten. Entsprechend unproblematisch waren die Signale aus Tribschen: Eine „positive Bereicherung *meiner* Anschauung" (CT 1: 338; Hervorhebung C. N.) lautete des Meisters Hauptdank in Richtung seines neuen Partners, wenn er mit Cosima den Ertrag der Nietzsche-Connection besprach. Besonders angebracht war dieses Urteil Wagners gegenüber dem Werk, von dem Cosima nach der Lektüre eines Vorentwurfs meinte, man sähe hier einen sehr begabten Menschen von ihres Mannes Gedanken „auf eigene Weise durchdrungen“ (CT 1: 375), um noch über zwanzig Jahre später (1893) ganz selbstverständlich davon zu sprechen, daß Nietzsche diese Arbeit „für uns“ (Wagner 1980: 324) verfaßt habe: die *Geburt der Tragödie*. Auch wenn die Originarität dieses Erstlings nicht unterschätzt werden sollte (vgl. v. Reibnitz 1992), ist es also durchaus ernst zu nehmen, wenn Wagner, dem Zeugnis Cosimas zufolge, begeistert ausrief: „‘das ist das Buch, das ich mir ersehnt habe’“ (CT 1: 478). Dieses Lob war, anders gesprochen, immer auch eines, das Wagner seinem *Beethoven* nachrief.

Dabei darf man allerdings die Differenzen in den Prämissen nicht übersehen: Wagner, getrieben offenbar von dem Eindruck, daß die politische Programmatik seiner Münchener Zeit in der Tribschener Abgeschiedenheit zur Makulatur zu geraten drohte und jedenfalls doch nicht jener Stützung gewiß sein konnte, wie er sie sich in den ersten beiden Regierungsjahren Ludwigs II. sukzessive zu sichern suchte, zielte mit seiner im September 1870 zu Beethovens 100. Geburtstag vorgelegten Abhandlung darauf, das „Streben der Deutschen nach einer höheren politischen Bedeutung“ mittels Rekurses auf „deutsche ... Kunstbestrebungen“ (GSD 8: 30f.) zu stärken. Diese kulturpolitische Sendung hatte er 1869 seiner erstmals 1850 deutlich hervorgetretenen antisemitischen Grundausrichtung eingefügt, indem er einer durch „Einmischung der Juden“ veranlaßten „Schwäche und Unfähigkeit der nachbeethovenschen Periode unserer deutschen Musikproduktion“ (GSD 8: 250) meinte das Wort reden zu können. 1878 sollte Wagner dieses Motiv dann auch noch, in einem kleinen, unscheinbaren Aufsatz mit dem Titel *Modern*, einer gleichfalls antisemitisch angelegten Modernitätskritik einarbeiten. Die *Beethoven*-Abhandlung markiert insoweit eine Mittelstellung, wobei der Frankreichfeldzug, gleichsam als Antisemitismus-Ersatz, die angemessene Kulisse und Beethoven die rechte Orientierung bereitstellten. Denn Beethoven, so las Wagner ihn jedenfalls, habe den Geist der Musik bereits zu seiner Zeit aus den – nun Wagners Auffassung zufolge im feindlichen Frankreich situierten – „Banden der Mode befreit ...“ (GSD 9: 123). Auf ihn zurückzugreifen würde sich deshalb, angesichts der anstehenden Aufgabe einer Neubeseelung der Zivilisation, anempfehlen.

Dabei entziffert man Wagners heimliche Hoffnung wohl nicht zu Unrecht so, daß man seinen Namen dort einzusetzen hatte, wo er selbst noch den Namen Beethoven vorsah. Daß sich all dies vor dem Horizont der Reichsgründung abspielte, war natürlich kein Zufall (Schüler 1971: 1ff.). Und so nimmt es nicht wunder, daß Wagner, dem die politische Schwäche des von ihm zunehmend als „Phantasten“ und „Crétin ...“ (CT 1: 167) abgewerteten bayerischen Königs während seiner Münchener Jahre evident geworden war und der folglich beschloß, ihn nur noch als Mäzen zu nutzen, sich in Sachen Bayreuth eher um die Schirmherrschaft Bismarcks und Kaiser Wilhelms I., nicht aber um jene Ludwigs II. bemühte, um schließlich gar seinen *Kaisermarsch* im Mai 1871 in Berlin in Anwesenheit des Kaisers zur Aufführung zu bringen (vgl. Naegele 1995: 379). Daß es mit dem *Kaisermarsch* Wagners „so viel und so wenig auf sich (hat) wie fünf Jahre später, als er Hoffnungen auf amerikanische Hilfsgelder setzt, mit einem Großen Festmarsch zur Jahrhundertfeier der amerikanischen Unabhängigkeit“ (Dieckmann 1983: 120), wird man mithin nur bei entsprechender Naivität glauben können. Um sich diese zu erhalten, wird man Nietzsche ernst zu nehmen haben, der noch 1888 witzelte: „nach Wagner's Kaisermarsch kann nicht einmal der junge deutsche Kaiser marschiren“ (KSA 6: 418). Allen anderen wird man vorerst nur versichern können, daß Wagner, jedenfalls auf dem Stand des Jahres 1871, „Politiker genug (war), seine Sache mit der des Bismarck'schen Reichs zu verbinden: er sah einen Erfolg ohnegleichen, er schloß den seinen daran, und die europäische Hegemonie seiner Kunst ist das kulturelle Zubehör zur politischen Hegemonie Bismarcks geworden“ (Mann 1933: 420).

Vor dem Hintergrund dieser politisch wie kulturphilosophisch höchst fragwürdigen Ambitionen hielt sich Nietzsche über weite Strecken seiner Ende 1871 fertiggestellten *Geburt der Tragödie* auffällig zurück. Umsonst sucht man bei ihm beispielsweise Anklänge an Wagners Loblieder auf die „Siege deutscher Tapferkeit“ oder auf den – in Beethoven symbolisch gewordenen – deutschen „Weltbeglücker“ und „Bahnbrecher in der Wildniß des entarteten Paradieses“ (lies: Frankreich), der, gleichsam im Rahmen eines Kulturfeldzuges, den ersten Rang vor dem deutschen „Welteroberer“ (GSD 9: 126) beanspruchen könne. Immerhin aber erinnert Nietzsche Wagner in dem diesem gewidmeten Vorwort seines Erstlings daran, daß er sich zu eben jener Zeit, in der dessen „herrliche Festschrift“ über Beethoven entstand, „dass heisst in den Schrecken und Erhabenheiten des eben ausgebrochenen Krieges“ (KSA 1: 23), zu diesen Gedanken sammelte. Dem läßt Nietzsche dann noch die Versicherung nachfolgen, daß man es (auch) bei seiner Schrift trotz ihres ästhetischen Kerns und der Rückwendung auf die griechische Antike mit einem „ernsthaft deutschen Problem“ zu tun habe, „das von uns recht eigentlich in die Mitte deutscher Hoffnungen, als Wirbel und Wendepunkt hingestellt wird“ (KSA 1: 24).

In welcher Hinsicht dies indessen der Fall sei, wird aus der Druckfassung dieses Vorworts weniger klar als aus dessen Entwurf vom Februar 1871. Er war an sich der nicht abgeschlossenen Abhandlung *Ursprung und Ziel der Tragödie* zugedacht, die ihrerseits dann wieder, zusammen mit einer wesentlich überarbeiteten und gekürzten Fassung dieses Vorworts, in die *Geburt der Tragödie* einfloß. Hier heißt es an entscheidender Stelle: „Die einzige produktive *politische* Macht in Deutschland, die wir Niemandem näher zu bezeichnen brauchen, ist jetzt in der ungeheuersten Weise zum Siege gekommen und sie wird von jetzt ab das deutsche Wesen bis in seine Atome hinein beherrschen“ (KSA 7: 355). Mit dieser unterschwelligen Anerkennung jener politischen Macht, die zu dieser Zeit in keiner anderen Figur denn in jener Bismarcks präsent war, hatte Nietzsche sich auch in dieser Hinsicht vollständig auf die Seite Wagners geschlagen. Das gilt auch für die dem angeschlossene Hoffnung, daß diese Macht den im Liberalismus kulminierenden „Krankheitszustand“ beenden werde, „an dem das deutsche Wesen vornehmlich seit der großen Französischen Revolution zu leiden hat“, denn: „Wer anders als der deutsche Jüngling wird die Unerschrockenheit des Blicks und den heroischen Zug in's Ungeheure haben, um allen jenen schwächlichen Bequemlichkeitsdoktrinen des liberalen Optimismus in jeder Form den Rücken zu kehren und im Ganzen und Vollen 'resolut zu leben'?“ (KSA 7: 355f.) Nietzsches dem angefügte Frage an Wagner: „Mein edler Freund, ob ich wohl bis hierher mich auch in ihrem Sinne geäußert habe?“ (KSA 7: 356), eine Frage, der sogleich ein bestätigendes Zitat aus Wagners *Beethoven* nachfolgt, bezeugt dabei ein weiteres Mal die übergroße, nur noch psychologisch zu erklärende Abhängigkeit Nietzsches von den Gunstbeweisen seines Ersatzvaters.

Henning Ottmanns These, Nietzsche sei spätestens seit November 1870 nicht mehr „Anhänger Bismarcks und der deutschen Politik“ (Ottmann 1991/92: 17) gewesen, kann vor dem Hintergrund dieser Äußerungen vom Februar 1871 als falsifiziert gelten, vorsichtiger formuliert: Ohne ein begründetes Argument dafür, daß diese Äußerungen nicht wörtlich zu nehmen sind, ist es fast nebensächlich, daß Nietzsche im November 1870 v. Gersdorff im Hinblick auf „die ungeheuren nationalen Erfolg“ geschrieben hatte: „Im Vertrauen: ich halte das jetzige Preußen für eine der Cultur höchst gefährliche Macht“ (KSB 3: 155). Kaum von Belang ist dann auch Nietzsches ganz im Sinne dieses Bedenkens gehaltene Bilanz von 1888: „'Deutscher Geist': seit achtzehn Jahren eine contradictio in adjecto“ (KSA 6: 62). Gleiches gilt für den Umstand, daß Nietzsche zu eben dieser Zeit meint, seine *Geburt der Tragödie* sei „politisch indifferent“ oder gar „undeutsch“ (KSA 6: 310) angelegt gewesen. Auch interessiert es dann wenig, daß sich Nietzsche 1879 nur noch mit Hohn ausließ über den von ihm selbst im Februar 1871 sowie von Wagner in *Deutsche Kunst und deutsche Politik* popularisierten Typus des patriotischen 'deutschen Jünglings'. Dieser Typus, so heißt es nun nämlich, sei Erbe der „Prediger … des Franzosenhasses“ (KSA 2: 652) und verhalte sich, zumal im Blick auf die ihn auszeichnenden, angeblich typisch 'deutschen Tugenden', undankbar gegenüber seinen eigentlichen, ausgerechnet Pariser resp. Genfer 'Großvätern', sprich: gegenüber Rousseau. Denn hier geht es noch nicht darum, *daß* Nietzsche sich nach seiner Abkehr von Wagner gewandelt hat und entsprechend neu bewertet wissen wollte, also den Eindruck nahelegte, Teile seiner frühen Bildungs- und Kulturkritik seien lediglich rhetorisch gemeint gewesen. Sondern hier geht es zunächst nur um die Frage, *ob* Nietzsche zur Zeit seiner ersten größeren schriftstellerischen Versuche im Geiste Wagners tätig wurde. Und diese Frage ist uneingeschränkt zu bejahen.

Dies läßt sich natürlich vor allem für jene Passagen der *Geburt der Tragödie* nachweisen, die sich als Wagner-Exzerpte kenntlich machen lassen oder jedenfalls doch auf Wagners Anregungen zurückgehen. So muß jedem Kenner von Nietzsches Erstling die Losung aus Wagners *Die Kunst und die Revolution*: „lieber einen halben Tag Grieche vor dem tragischen Kunstwerke sein (...), als in Ewigkeit – ungriechischer Gott!" (GSD 3: 12) vertraut vorkommen. Alles scheint hier schon verborgen: radikale, zeitdiagnostisch geschärfte Kultur-, Wissenschafts- und Gesellschaftskritik; romantisierender Rückblick auf die griechische Antike sowie, gleichsam als Besonderheit des damaligen Wagner: kühner Ausblick auf eine in der Idee des Gesamtkunstwerks kulminierende Theaterkonzeption einerseits sowie eine von der Vision eines „freien künstlerischen Menschentume(s)" (GSD 3: 30) getragene Kulturepoche andererseits, die mittels Rekurses auf eine vor allem griechische Gottesvorstellung ihre Adelung erfahren sollte. Dabei sollte man vor allem die catch words nicht übersehen, die Wagner seinem geistigen Zögling vorgeprägt hatte. Dazu gehört allererst das Wort von einer – recht verstandenen – „Wiederbelebung der Künste" (GSD 3: 17), die nach zweitausend Jahren Kulturarbeit unter dem Stichwort der Verdrängung der Kunst durch Christentum und Philosophie notwendig sei. Dazu gehört aber auch Wagners Kontrastieren der „höchste(n) gemeinschaftliche(n) Bildung" bei den Griechen mit der gegenwärtig vorherrschenden „soziale(n) Barbarei" (GSD 3: 24); seine sozialpsychologische Gegenwartskritik unter dem Stichwort der gerade in christlichen Jahrhunderten ausgeprägten „Heuchelei" (GSD 3: 16); der dazugehörige Tadel des Versuchs, „unsere allereigensüchtigsten Leidenschaften mit den schönen Hauptlügen von 'Patriotismus', 'Ehre', 'Gesetzlichkeitssinn' u.s.w. zu behängen" (GSD 3: 22); und schließlich gehört dazu der Einspruch gegen eine Sozialismus-Auffassung, die, „wie aus Rache, das Prinzip der Arbeit zur einzig berechtigten Religion der Gesellschaft" macht und damit einen sehr viel angemesseneren Weg aus der Krise übersieht: den der mit Hilfe der Kunst möglichen Anrufung der menschlichen Natur gegen „den Druck einer Civilisation, welche den Menschen vollkommen verläugnet" und gegen „den Übermuth einer Kultur, welche den menschlichen Geist nur als Dampfkraft der Maschine verwendet" (GSD 3: 31). Dabei spiegelt sich namentlich die diesem Zusammenhang zugehörende Wagner-Formel von einem Erwerbsleben, in dem „zu Gunsten der Reichen ... Gott Industrie geworden (ist)“ (GSD 3: 25f.), überdeutlich in Nietzsches dann in der *Geburt der Tragödie* bevorzugten Redeweise von einem „Gott der Maschinen und Schmelztiegel“ (KSA 1: 115).

Ganz so radikal ist Wagners Zeitdiagnose wie Kultur- und Bildungskritik in seiner fast ein Vierteljahrhundert später entstandenen *Beethoven*-Abhandlung zwar nicht mehr. Sie gelangt allerdings zu ähnlichen Ergebnissen wie später jene Nietzsches. Dies gilt für Wagners Kritik an der verbreiteten „Originalitätslosigkeit“ sowie der „Demokratisirung des Kunstgeschmackes“ (GSD 9: 119), aber auch für seine Demontage des ‘modernen Menschen’ unter Hinweis darauf, daß diesem „die bildende Kunst, wie nicht minder die Musik, ein Objekt des ‘Feuilleton’“ (GSD 9: 118) geworden sei. Vor allem aber findet sich in Wagners *Beethoven* eine interessante Anknüpfung an die – auch für Nietzsches Kulturkritik entscheidende – griechische Antike. „Jene Welt“, so Wagner hier, allerdings eher beiläufig, „hatte sich das Vorrecht erworben, selbst aus ihren Trümmern für alle Zeiten uns darüber zu belehren, wie der übrige Verlauf des Weltenlebens etwa noch erträglich zu gestalten wäre“ (GSD 9: 117). Diese Formulierung steht für nichts anderes als für den Vorgriff auf Nietzsches Zentralpostulat aus seiner *Geburt der Tragödie*, wonach Dasein und Welt nur als „ästhetisches Phänomen (...) ewig gerechtfertigt“ (KSA 1: 47) werden könnten. Nietzsches angeblich „erster eigenständiger philosophischer Gedanke“ (Gerhardt 1984b: 388), auch von Nietzsche selbst (gegenüber Rohde) „so ziemlich“ als „mein Eigenthum“ (KSB 3: 216) reklamiert, weist also zumindest eine bedeutende Patenschaft auf.

Insoweit hatte Nietzsche allen Anlaß, sich in dem erwähnten Vorwort seiner *Geburt der Tragödie* als ein Mann zu erkennen zu geben, der, der Bahn des „erhabenen Vorkämpfers“ folgend, gleichfalls „der Kunst als der höchsten Aufgabe und der eigentlich metaphysischen Thätigkeit dieses Lebens“ (KSA 1: 24) das Wort rede. Als gemeinsamer Bezugspunkt dieser Wagner wie Nietzsche verbindenden Option zeichnet sich dabei der Name Schopenhauer ab. Für Wagner hat Beethoven die von Schopenhauer vorgeprägte Bestimmung der Musik als „Offenbarung des innersten Traumbildes vom Wesen der Welt“ (GSD 9: 108) vorweggenommen, indem er „die zur bloßen gefälligen Kunst herabgesetzte Musik aus ihrem eigensten Wesen zu der Höhe ihres erhabenen Berufes erhob“ (GSD 9: 84). Die Musik habe hiermit also „die Kraft der Erlösung von der Schuld der Erscheinung“ zurückgewonnen und könne wieder als „Verkünderin des Wesens der Dinge“ (GSD 9: 81) begriffen werden. Ähnliche Formulierungen begegnen einem, unter ausdrücklicher Nennung der *Beethoven*-Abhandlung und unter Nutzung von Schopenhauer-Zitaten, auch in der *Geburt der Tragödie* (vgl. auch Borchmeyer/Salaquarda 1994b: 1298f.). An diese Passagen dürfte Nietzsche denn auch gedacht haben, als er Wagner im November 1870 versicherte, dieser habe mit dieser Schrift „*die* Philosophie der Musik“ (KSB 3: 156) vorgelegt.

Interessant ist dabei der zusätzliche Hinweis, daß Nietzsche durch seinen eigenen, im Sommer 1870 angefertigten Aufsatz *Die dionysische Weltanschauung* die Beweisführung Wagners „vollständig und mit tiefstem Genusse“ (KSB 3: 156) eingesehen habe. Denn bei diesem unveröffentlicht gebliebenen Aufsatz handelt es sich um nicht mehr und nicht mehr weniger als um eine bedeutende Entwurfsskizze der Ende 1871 abgeschlossenen *Geburt der Tragödie*, die den hier dominanten Gegensatz des Apollinischen zum Dionysischen zur ersten Entfaltung bringt. Dabei mag hier der Hinweis genügen, daß das Apollinische, im Gegensatz zu dem im späten Nachlaß mit dem Stichwort „wüthende Wollust des Schaffenden“ (KSA 12: 115) belegten Dionysischen, in Nietzsches Wahrnehmung für so etwas wie eine Art Totenstarre des Lebens oder jedenfalls doch für die Niederhaltung des Neuen stand. Zur Blüte gelangt sah es Nietzsche in dieser Eigenschaft im dorischen Staat, in dem es nur in Geltung zu halten war „in einem unausgesetzten Widerstreben gegen das titanisch-barbarische Wesen des Dionysischen“ (KSA 1: 41). Hieraus erwuchs, so Nietzsche weiter, die Nötigung, eine „kriegsgemässe und herbe Erziehung“ sowie ein „grausames und rücksichtsloses Staatswesen“ (KSA 1: 41) zu etablieren.

Staat und Erziehung sind damit als potentiell repressive Mächte ausgemacht, und es sind zugleich auch in Nietzsches Lesart die Mächte, die in seiner Epoche, die er nur als Abart des Apollinischen zu lesen verstand, das Regiment führten. *Auf was* dabei zugerichtet wird, suchte der frühe Nietzsche vor allem mit der Formel vom ‘sokratischen’ oder ‘theoretischen’ Menschen zu fassen. Und *daß* dabei zugerichtet wird, unterstreicht Nietzsches Wort: „Alle unsere Erziehungsmittel haben ursprünglich dieses Ideal im Auge: jede andere Existenz hat sich mühsam nebenbei emporzuringen, als erlaubte, nicht als beabsichtigte Existenz“ (KSA 1: 116). Wie sehr namentlich dieses letztgenannte Wort einen Reflex wirft auf Nietzsches gerade in diesen Jahren sich vollziehendes Ringen um sich selbst, braucht dabei wohl kaum noch gesagt zu werden. Wichtiger ist, daß Nietzsche mit dem Gegensatz zwischen Dionysos als Gott der Ekstase und als Gegenspieler des die Natur zu Ordnung und Schönheit bändigenden Apollo eine Kategorie für Fortschritts- und Vernunftkritik (Apollo) und eine Chiffre für eine Art neuer Empfindsamkeit (Dionysos) resp. für das durch Wagners Schaffen ausgelöste rauschhafte Musikempfinden verfügbar machen wollte, das dann seinerseits den Zugang zum als metaphysisch anzusetzenden ‘Wesen der Dinge’ im Sinne Schopenhauers eröffnete.

Von dem von Nietzsche in dieser Weise kontextualisierten Gegensatz zwischen dem Apollinischen und dem Dionysischen, der sich im griechischen Altertum allerdings so nicht auffinden läßt (vgl. Vogel 1984: 33), war zwar in Wagners *Beethoven* nicht die Rede gewesen, wohl aber in seiner Abhandlung *Über die Bestimmung der Oper*. Unklar allerdings bleibt, wer hier wem zuarbeitete. Rohde beispielsweise kommentierte diese Abhandlung im Mai 1871 gegenüber Nietzsche mit den Worten: „Oft meinte ich Dich, liebster Freund, souffliren zu hören, da wo vom griechischen Drama die Rede ist" (KGB II/2: 377). Diese Äußerung wird Nietzsches Schwester noch über vierzig Jahre später in den Rang eines der wichtigsten Indizien dafür erheben, daß Wagner den in seiner Abhandlung herausgestellten Gedanken eines Kompromisses zwischen apollinischer und dionysischer Kunst in der Tragödie „gewiß von meinem Bruder übernommen (hatte)" (Förster-Nietzsche 1915: 67). Eher im Gegenzug zu dieser Annahme hat in neuerer Zeit vor allem Erich Podach (1963: 72f.) auf diesbezügliche Anregungen hingewiesen, die Nietzsche, vor allem gesprächsweise, von Wagner empfangen habe. Jüngst suchte Martin Vogel den unerquicklichen Streit mit der diplomatischen Antwort zu schlichten: „Es wird sich ... dieser Gedanke in gemeinsamen Gesprächen herausgebildet haben" (Vogel 1984: 52). Insoweit mag dahingestellt bleiben, ob Nietzsche einschlägige Quellen für eine gleichgerichtete Verwendung des Dionysos-Motivs bei Goethe oder in der Romantik verschwieg (vgl. Baeumer 1977: 125), auf die ihn wiederum kein anderer als Wagner hingewiesen haben dürfte (vgl. Podach 1963: 72f.).

Die Handschrift Wagners verraten auch kleinere Arbeiten aus dem Umfeld der *Geburt der Tragödie*, etwa die Vorträge *Über die Zukunft unserer Bildungsanstalten*. Denn immerhin hatte sich auch Wagner über diese Thematik gelegentlich geäußert. Deutlicher noch als Nietzsche führte er den auch diesen leitenden Gesichtspunkt, wonach „die materielle Nützlichkeit der Volksbildung" (GSD 8: 97) zwar im Staatsinteresse sei, nicht aber im Interesse einer zu sich gekommenen Kulturauslegung des deutschen Volkes, auf die geistesgeschichtlichen Strömungen des 18. Jahrhunderts und das neuhumanistische Bildungsideal zurück. Wagner wollte mittels dieser Rückerinnerung die zweckfreie ästhetische Bildung mit neuem Gewicht ausstatten. Insoweit war Nietzsches in den Vorträgen geübte Kritik an denen, die in ihrem Bildungsstreben „die Dienstbarkeit der Masse, ihren unterwürfigen Gehorsam, ihren Instinkt der Treue unter dem Scepter des Genius" (KSA 1: 698) außer Anwendung zu setzen trachteten, indirekt diesem Streben förderlich. Dies gilt auch für die daran angeschlossene Forderung weniger nach einer „Bildung der Masse" denn nach einer „Bildung der einzelnen ausgelesenen, für große und bleibende Werke ausgerüsteten Menschen" (KSA 1: 698). Denn dies war eine Bildung, welche Menschen wie Wagner hervorzubringen und in Wertschätzung zu halten versprach. Ganz in diesem Sinne hatte Nietzsche schon im Februar 1871 in seinem ursprünglich der *Geburt der Tragödie* zugedachten und dann unterdrückten *Vorwort an Richard Wagner* verlauten lassen: „Weder der Staat, noch das Volk, noch die Menschheit sind ihrer selbst wegen da, sondern in ihren Spitzen, in den großen 'Einzelnen', den Heiligen und den Künstlern liegt das Ziel" (KSA 7: 354).

Von dieser Entgegensetzung von Genius und Masse herkommend, geriet Nietzsche die Kultur zu einem allererst durch Sklavenarbeit ins Werk gesetzten „bluttriefenden Sieger" (KSA 1: 768) – Formulierungen, die dann unanstößig sind, wenn man sie als analytische Sätze auf die Antike bezieht. Nietzsche indes begehrte nach zeitdiagnostischer Nutzanwendung – und leitete ab, daß hier „der Quell jenes Ingrimms (liegt), den die Kommunisten und Socialisten (...) jeder Zeit gegen die Künste, aber auch gegen das klassische Altertum genährt haben" (KSA 1: 767f.). Cosima Wagner bekam dies in den ihr vermachten *Fünf Vorreden zu fünf ungeschriebenen Büchern* Weihnachten 1872 zu lesen, eine Botschaft nicht ohne Hintersinn. Denn die Mittel für Bayreuth zahlte zwar der König, erwirtschaftete aber die Masse. Dieses Problem, das nach geistiger Adelung rief, war wie geschaffen für den im Gegensatz zu Wagner vom 1848er Geist gänzlich verschont gebliebenen Nietzsche. „Wir vernichten die Brüderlichkeit (...), insofern wir uns auf Kosten Andrer zu leben berufen fühlen" (KSA 7: 138), hatte er sich schon 1870/71 in ein Fragment notiert. Aber dies war nicht etwa Indiz für das erste Stadium der Selbst- und vor allem Wagner-Kritik; es war vielmehr das nüchterne Protokoll einer grausamen Wahrheit, die vor allem eines nicht in Frage zog: daß man *berufen* sein muß, um so leben zu dürfen. Diese Bedingung wurde, so hat man Nietzsche zu verstehen, vom gewöhnlichen Volk in der Regel nicht in Betracht gezogen: „Im lieben niederträchtigen Deutschland liegt jetzt die Bildung so verkommen auf den Straßen, regiert die Scheelsucht auf alles Große so schamlos und tönt der allgemeine Tumult der zum 'Glücke' Rennenden so ohrbetäubend, daß man einen starken Glauben (...) haben muß, um hier auf eine werdende Kultur doch noch hoffen (...) zu können" (KSA 1: 778). Insoweit sich damals keine anderen als die Wagners durch die 'Scheelsucht auf alles Große' betroffen wähnten, durfte zumindest für die mit diesem Text beschenkte Cosima außer Frage gestanden haben, wem Nietzsches Hoffen auf eine 'werdende Kultur' in erster Linie galt.

Auch Nietzsches in *Vom Nutzen und Nachteil der Historie für das Leben* nachlesbares Urteil, wonach die historische Bildung den „schaffende(n) Instinct" (KSA 1: 296) entkräfte und nur Achtung für das Gewordene habe, nicht aber für das sich in der Kunst offenbarende Zeitlose, darf als Lob des 'schaffenden Instinkts' Wagners gelesen werden. „Was mich persönlich ganz besonders an Ihrer Schrift ergriffen hat, ist die mir durch sie noch klarer gewordene Gewissheit dass Ihnen an dem Leiden des Genies in unserer Welt, die Erleuchtung der ganzen Zustände geworden ist"

(KGB II/4: 413), bekam Nietzsche denn auch im März 1874 von Cosima zu hören. Ein vergleichbares Lob hätte auch schon sein Nachlaßnotat von 1870/71 verdient, wonach das Kunstwerk, ebenso wie die Religion, „als Mittel zur Perpetuierung des Genius" (KSA 7: 195) in Frage komme. Die von Nietzsche hier aufgebotenen Sinnstiftungsmächte Kunst *und* Religion, die – wie es in der Historienschrift dann heißen wird – in Gegenstellung zur wissenschaftlichen Weltdurchdringung den „Blick von dem Werden ablenken, hin zu dem, was dem Dasein den Charakter des Ewigen und Gleichbedeutenden giebt" (KSA 1: 330), waren übrigens auch schon von Wagner ins Zentrum des Interesses gerückt worden. In seiner Abhandlung *Über Staat und Religion* von 1864 hatte Wagner vorgeschlagen, die „trostlos materialistische, industriell nüchterne, gänzlich entgöttlichte Gestaltung der modernen Welt" (GSD 8: 24) sowohl einer religiösen als auch einer künstlerischen Sinnstiftung zuzuführen. Wagner sollte diese Position in *Religion und Kunst* von 1880 so weit verstärken, daß ihm nun sogar die Kunst geeignet schien, „den Kern der Religion zu retten" (GSD 10: 211).

Diese Entwicklung Wagners konnte der frühe Nietzsche natürlich nicht unbedingt vorhersehen. Was aber gab ihm, der 1878 im Rückblick auf die Wagner-Episode meinte, er hätte damals gehofft, dem Deutschen durch die Kunst „das *abgestandene Christenthum*" (KSA 8: 535) verleiden zu können, vier Jahre zuvor Anlaß, die 1864 von Wagner entwickelte Religionsrechtfertigung in seine Historienschrift zu überführen? Diese Frage wird um so dringlicher, als Nietzsche das theoretische Rüstzeug zur Kritik der Prämisse dieser Entwicklung schon damals zur Verfügung stand. Denn auch wenn sein auf den *Parsifal* beziehbarer Einwand, daß „gewöhnlich die Religionen noch durch die Kunst conservirt (werden)", nämlich, im einzelnen, „durch Tempel Festaufzüge Ritual, dramatische Schaustellungen" (KSA 8: 206), erst im Sommer 1875 Gestalt gewann – mit der Folge, daß Nietzsche Religion wie Kunst nun unter der Kategorie „Betäubungen durch Vorstellungen" (KSA 8: 85) rubrizierte –, lagen die Eindrücke, auf die sich dieser Einwand stützte, doch spätestens seit Juni 1865 vor (und hätten insoweit auch 1874 nach Beachtung verlangt). Damals nämlich schon, also in seinem ersten Bonner Semester, skandalisierte Nietzsche in einem Brief an seine Mutter die angesichts eines Fronleichnamfestes praktizierte „sehr große Verschwendung mit Wachskerzen und Blumenguirlanden" sowie die „krampfhaft fromm thuende(n), quäkende(n) und krächzende(n) alte(n) Weiber" (KSB 2: 65), also diese höchst fragwürdige Art der 'dramatischen Schaustellung' und insoweit quasi-künstlerischen Präsentation von Religion.

Der Hauptextrakt dieser Beobachtung wird drei Jahre später (1868) nachgereicht: Metaphysik, so teilt Nietzsche Deussen mit, habe „weder als Religion noch als Kunst etwas mit dem sogenannten 'An sich Wahren oder

Seienden' zu thun" (KSB 2: 269). Diese deutlich antimetaphysische Position herrscht auch noch in Nachlaßfragmenten vor, die dem Jahr des Erscheinens der Historienschrift zugehören und die in dem skeptischen Satz kulminieren: „Nur um seiner Kunst eine Stätte in dieser Welt zu bereiten, sehen wir ihn (Wagner; C. N.) beschäftigt und activ: aber was geht uns ein Tannhäuser Lohengrin Tristan Siegfried an! Das scheint aber ein Loos der Kunst zu sein, in einer solchen Gegenwart, sie nimmt der absterbenden Religion ein Theil ihrer Kraft ab" (KSA 7: 767). Und es folgt, unter dem Stichwort 'Schwäche einer solchen Stellung der Kunst': „Die Verbesserung des Wirklichen ist nicht mehr das Ziel, sondern das Vernichten oder das Hinwegtäuschen des Wirklichen" (KSA 7: 768). Die Zweifel dessen, der seinerseits Wagners Programmatik beständig zu Hilfe kam, waren also durchaus schon vorhanden, und sie verschafften sich erstmals 1878 in *Menschliches, Allzumenschliches I* öffentlich Ausdruck, wenn es hier nun unmißverständlich heißt: „mit Religion, Kunst und Moral rühren wir nicht an das 'Wesen der Welt an sich'; wir sind im Bereich der Vorstellung, keine 'Ahnung' kann uns weitertragen" (KSA 2: 30). Warum also ließ Nietzsche nicht früher schon offiziell werden, was er inoffiziell doch seit 1868 ahnte und was zumal dem späten Nietzsche zur Gewißheit geriet?

Eine Aufklärung in dieser Sache läßt sich über Nietzsches im *Ecce homo* nahegelegte Deutung anbahnen, sein „Schweigen über das Christenthum" in der *Geburt der Tragödie* sei als ein immerhin „feindseliges" (KSA 6: 310) zu lesen, insofern ihm das bittere Wissen um die christliche Negation ästhetischer Werte zugrunde liege. Denn wenn man davon absieht, daß auch dieses Urteil ein stilisiertes ist, insoweit die *Geburt der Tragödie* wegen der hier von Nietzsche betriebenen Positivsetzung der griechischen Religion vor der Negativfolie des Christentums durchaus als „antichristliche Schrift" (v. Reibnitz 1992: 126) gelesen werden darf, scheint es fast so, als sollte Nietzsches 'feindseliges Schweigen' weniger das Christentum denn sein Verhältnis zu Wagner unbeschädigt lassen. Denn Wagner hatte zwar immer wieder vor kunstfeindlichen Religionstendenzen gewarnt, gleichwohl aber, eben mit seiner Schrift *Über Staat und Religion*, so etwas wie den Versuch einer Aussöhnung von Religion und Kunst unternommen. Probeweise ließe sich dann auch die von Nietzsche in der Historienschrift bezogene Position diesem Aussöhnungsmotiv einfügen.

Dem ließe sich dann noch als weiterer Fall die zeitverschobene Auseinandersetzung beigesellen, die Nietzsche mit dem Derivat eines Gedankens aus Wagners 1864er Schrift führt. Hier hatte Wagner die „unausweichliche Forderung" aufgestellt, das durch Glauben gesicherte religiöse Dogma „gegen die Angriffe der gemeinen menschlichen Erkenntniß zu verteidigen" (GSD 8: 24). Mit dieser Forderung schien Wagner zugleich auf das Frageverbot des *Lohengrin* ansprechen zu wollen, zu dem Nietzsche 1888 der Wagners Absichten sarkastisch abspiegelnde Satz einfallen wird: „Es ist ein Verbrechen am Höchsten, am Heiligsten, wissenschaftlich zu sein ...“ (KSA 6: 17). Bis hin zu dieser letzten Phase seiner Abrechnung mit Wagner blieb Nietzsche auch in dieser Sache auffällig stumm, obgleich doch selbst hier das nämliche Muster zu beobachten ist, das schon in den zuvor betrachteten zwei Fällen in Anschlag gebracht werden konnte. Nietzsche nämlich verfügte längst schon, in diesem Fall sogar seit spätestens 1864, über die Kategorien, die seiner 1888er *Lohengrin*-Kritik unterliegen. In eben jenem Jahr, in dem Wagner seine Schrift *Über Staat und Religion* vorlegte, ergoß Nietzsche seinen Spott über jene, die ihre Glaubensgewißheit durch Abwehr von Wissenschaft zu befestigen suchten, weil sie offenbar nur so „Seelenruhe und Glück“ (KSB 2: 61) zu erstreben in der Lage seien. Diesem Argument aber war auch Wagner mit dem *Lohengrin* und der 1864er Schrift ohne weiteres subsumierbar, und, so ist zu folgern: diesem Verdacht ist auch der frühe Nietzsche zu unterwerfen, indem er sich 'Seelenruhe und Glück' in seiner Verehrung Wagners für den Preis der Abwehr wissenschaftlichen Zugriffs auf dessen problematische Seiten erkaufte.

Was aber war, psychologisch gesehen, der Grund für diese offensichtliche Unfähigkeit des frühen Nietzsche, sich den Theorieoptionen Wagners zu widersetzen? Der Vergleich dreier Wagner betreffende Briefe Nietzsches aus den Jahren 1866, 1888 sowie 1869 kann in dieser Sache Aufklärung verschaffen. Im ersten, im Oktober 1866 an v. Gersdorff abgegangenen Schreiben referiert Nietzsche Zeitungsnachrichten, denenzufolge Wagner an einer Hohenstaufenoper arbeite und sich ab und zu von Ludwig II., „'dem holden Schirmherr seines Lebens', wie es in der Widmung heißt, besuchen (läßt)“ (KSB 2: 174). Nietzsches süffisanter Kommentar zu dieser, was die Hohenstaufenoper angeht, nicht ganz korrekten Meldung lautet: „Es schadete übrigens nichts, wenn der 'König mit dem Wagner gienge,' (gehen in des Wortes verwegenster Bedeutung), natürlich aber mit anständiger Leibrente“ (KSB 2: 174). Der als Zitat ausgewiesene Satz ist noch der harmloseste: Nietzsche paraphrasiert hier ein Wort aus Schillers *Die Jungfrau von Orleans* (KGB I/4: 439). Mit dem Rest jedoch, insbesondere mit dem Klammerausdruck, erweist sich Nietzsche als jener rasch zupackende, mitunter sarkastisch formulierende Virtuose, als der er bekannt, beliebt und manchmal eben auch verhaßt ist und als der er auch in dem zweiten, an Köselitz gerichteten Brief vom Juni 1888 in Erscheinung tritt. Diesmal gibt Nietzsche nicht eine Zeitungsmeldung Anlaß für eine Stellungnahme zu Wagners Verhältnis mit Ludwig II., sondern die Wagner-Biographie Ludwig Nohls und die hier wiedergegebene Anekdote, wonach Ludwig II. in einem Gespräch mit Wagner erleichtert zur Kenntnis genommen habe, daß auch Wagner die ach so langweiligen Weiber nicht möge. Nohl, der die in diesem Gespräch zutage tretende Haltung Ludwigs II. mit dem Attribut „'jugendlich umfangen'" belegte, habe dabei wohl übersehen, so Nietzsche mit beißendem Spott, daß der „König von Baiern ... ein bekannter Päderast war" (KSB 8: 338). Zwei Briefe also, aber eine Meinung, die im Kern darauf hinausläuft, den Bereich des Menschlich/Allzumenschlichen als solchen kenntlich zu machen und nicht im Bemühen um eine leicht durchschaubare Glorifizierung zu leugnen.

Der dritte hier einzubeziehende Brief Nietzsches vom August 1869 an Rohde ist indes von diesem Prinzip weit entfernt. Wodurch sich dies erklärt, machen die näheren Umstände deutlich: Es ist ein Brief aus der Zeit der tiefsten Wagnerverehrung Nietzsches, erkennbar schon daran, daß Nietzsche Rohde etwas von seinem „Juppiter" erzählen möchte, „von R. Wagner, bei dem ich von Zeit zu Zeit aufathme und mich mehr erquicke, als sich meine Collegenschaft vorstellen kann" (KSB 3: 42). Was Nietzsche da erzählt, ist bemerkenswert genug: Wagner habe ihm seine noch unveröffentlichte Schrift *Über Staat und Religion* von 1864 gegeben, und er, Nietzsche, sei ganz begeistert von der „Höhe und Zeitentrücktheit" dieser – aus heutiger Sicht doch eher peinlich berührenden – „Mémoire an den jungen Baiernkönig" (KSB 3: 42). Hiermit also, so könnte die Deutung dieser Briefpassage im Vergleich zu den beiden erstgenannten lauten, hat sich Nietzsche überdeutlich in die Reihe derer eingefügt, denen es nur noch um Glorifizierung geht, nicht aber mehr um Kritik eines im übrigen nicht nur im menschlich/allzumenschlichen, sondern auch im politischen Bereich problematischen Verhältnisses. Auffällig ist dabei der Zusatz, daß Nietzsche wünschte, „König zu sein ..., um solche Ermahnungen zu bekommen" (KSB 3: 42). Denn diese Formulierung deutet darauf hin, daß sich unser 'Königsgeburtstagskind' Nietzsche an die Stelle dessen wünschte, den er zu dieser Zeit als Bedrohung im Bemühen um Wagners Gunst erlebt haben dürfte: eben den fast gleichaltrigen Wagner-Mäzen Ludwig II. Es war Teil dieser quasi-kindlichen Utopie, über Wagners für den König geschriebenen Text ebenso begeistert zu sein wie Ludwig II. selbst. Solange Nietzsche dieses Motiv erfolgreich unter Kontrolle hielt, konnte er unbesorgt sein um sein Ansehen in den Augen dessen, den er ähnlich wie Ludwig II. wie einen Ersatzvater verehrte. Im Umkehrschluß folgt daraus, daß Nietzsches Abkehr da einsetzte, wo er dieser Art Vaterübertragung nicht mehr bedürftig war. Vor diesem Hintergrund ist es durchaus wortwörtlich zu lesen, wenn Nietzsche im November 1868, also ganz zu Anfang seiner Wagnerverehrung, Rohde mitteilt, daß er sich über einige Passagen in Wagners *Oper und Drama* „ganz kindisch" (KSB 2: 346) freue. In ähnliche Richtung weist Nietzsches acht Jahre älteres, eher rückblickend angelegtes Urteil, wonach „gewisse Schriften" Wagners – neben *Über Staat und Religion* nennt er u. a. auch die *Beethoven*-Abhandlung – jedes „Gelüst zum Widersprechen" zum Verstummen brächten und eher „ein stilles innerliches, andächtiges Zuschauen" erzwängen, „wie es sich beim Aufthun kostbarer Schreine geziemt" (KSA 1: 501 f.). Denn Vaterübertragung, Ersatzvaterehrung und – wie in diesem Zitat angedeutet – Heiligenverehrung weisen in die nämliche Richtung: Sie wirken widerspruchseliminierend und sorgen dafür, daß das Forschen verstummt und der Glaube einsetzt.

Ein geradezu klassisches Beispiel hierfür ist der Fall David Friedrich Strauß. Denn Nietzsche ist keineswegs von sich aus auf die Idee verfallen, das Anfang 1873 erschienene Strauß-Buch *Der alte und der neue Glaube* zum Anlaß einer umfänglichen Philippika des Bildungsphilisters zu machen. Vielmehr hatte ihn Wagner im Februar 1873 durch Cosima auf dieses von beiden als „entsetzlich seicht" (CT 2: 638) empfundene Buch hingewiesen (KGB II/4: 209), so geschickt, daß Nietzsche annehmen mußte, er könne sein in einem Brief an v. Gersdorff vom März 1873 angesprochenes Glück darüber, daß nun wieder, nach einer Reihe für ihn unerklärbarer Verstimmungen, „Frieden geschlossen" (KSB 4: 131) sei, auf Dauer stellen, wenn er sich diesmal dem verschlüsselten Begehren Wagners im Blick auf Strauß nicht entzöge. Denn neu waren ihm Wagners Vorbehalte in Sachen Strauß nicht: Schon im Dezember 1870 hatte Cosima angesichts des Erscheinens der Voltaire-Monographie von Strauß gegenüber Nietzsche angedeutet, daß sein Tätigwerden sehr erwünscht sei, dabei zugleich die Richtung andeutend: Dieses Buch sei im höchsten Grade unangenehm durch „Geschmacklosigkeit, Affektir⟨t⟩heit, Nachlässigkeit des Stiles, und eigentliche Plattheit der Ansichten" (KGB II/2: 275). Nietzsche, der Strauß durchaus schätzte, verstand es damals noch, diesen Hinweis zu ignorieren. Diesmal aber, sich bedroht fühlend in seiner Stellung und darum wissend, daß Wagner mit Strauß wegen einer Jahre zurückliegenden Auseinandersetzung noch eine Rechnung zu begleichen hatte, die zu kassieren er ihm bei einem Treffen im April 1873 auftrug (vgl. Janz 1981a: 533), reagierte er wie erwünscht: Er richtete Strauß in seiner ersten Unzeitgemäßen Betrachtung *David Strauss der Bekenner und Schriftsteller* mittels einer schwer verdaulichen Kampfschrift hin, die die von Cosima angesprochenen Unstimmigkeiten gründlich zu beseitigen versprach und deutlich machte, daß Nietzsche nun noch nicht einmal davor zurückschreckte, Wagners Stil der Polemik auch in ihren antisemitischen Gehässigkeiten zu kopieren (vgl. Köhler 1996: 108 f.). Wieder einmal hatte ihn also seine Vaterübertragung den Maßstab verlieren lassen für das, was der Sache nach erlaubt war und was nicht.

In derlei Liebesdiensten hatte Nietzsche zu dieser Zeit schon einige Erfahrung. Denn der Name Strauß begegnet einem, neben den Namen Hanslick oder Auerbach, unter dem Stichwort „Anzugreifen" (KSA 7:

500) auch auf einer Liste, die Nietzsche offenbar nach einem Tribschen-Besuch im Sommer 1872 erstellt hatte. Zwei der Fälle waren schon abgearbeitet: Über den Musikkritiker Eduard Hanslick, der sich vom Anhänger zum Kritiker Wagners gewandelt hatte und den Wagner deswegen dem 'Musikjudentum' zurechnete, hatte sich Nietzsche schon in der *Geburt der Tragödie*, wenn auch eher beiläufig und ohne ihn zu nennen, kritisch geäußert (vgl. v. Reibnitz 1992: 177f.), wobei insgesamt allerdings eine gewisse Reserve auffällig ist, sich auch in dieser Sache als blinder Parteigänger Wagners zu profilieren (vgl. Kropfinger 1985: 4). Immerhin aber war Nietzsche über den jüdischen Schriftsteller Berthold Auerbach, den er als Abiturient gelesen hatte, ohne sich gegen ihn auszusprechen, in seinen Vorträgen *Über die Zukunft unserer Bildungsanstalten* mit dem Wort hergefallen, daß man Auerbach „vor Ekel nicht mehr lesen" (KSA 1: 684) könne. Der Anlaß für diese Invektive war ähnlich gelagert wie im Fall Strauß oder im Fall Hanslick: Wagner hatte seinem Ersatzsohn einen entsprechenden Auftrag erteilt, in diesem Fall in der Absicht, seinem ehemaligen Freund Auerbach die Quittung zu präsentieren für dessen Weigerung, weiterhin werbend für seine Opern einzustehen (vgl. Köhler 1996: 109f.). Wagner hatte die neueste Opfergabe seines Ersatzsohns mit besonderer Ungeduld erwartet: „In Betreff ihrer Straussiana empfinde ich nur die eine Pein, dass ich sie gar nicht erwarten kann. Also: Heraus damit!" (KGB II/4: 248), meldete er Ende April 1873 nach Basel. Auf seiten Nietzsches hingegen setzte, ein knappes Jahr später, nachdem ihn die Nachricht erreicht hatte, Strauß sei gestorben, das Nachdenken und wohl auch die Scham ein. Jedenfalls erfährt v. Gersdorff nun von ihm: „Ich hoffe sehr dass ich ihm die letzte Lebenszeit nicht erschwert habe und dass er ohne etwas von mir zu wissen gestorben ist.- Es greift mich etwas an" (KSB 4: 200). Cosima indes, der diese Skrupel Nietzsches zu Ohren gekommen waren, kommentierte dies Nietzsche gegenüber nur dahingehend, daß sie „keinerlei Sentimentalitäten in Dingen des Geistes (gestatte), und es bleibt sich darin gleich ob einer krank oder sterbend ist wenn er schädlich erscheint" (KGB II/4: 414). Möglicherweise war es dieser zynische Kommentar, der Nietzsches Abwendung von Wagner einleitete. Einiges jedenfalls spricht dafür, zwischen dem Schamgefühl Nietzsches wegen seines Angriffs auf Strauß und seinen in diesen Wochen anhebenden kritischen Niederschriften über den, der ihn hierzu verleitet hatte, einen Zusammenhang zu sehen (Eger 1988: 74).

Zumal im Hinblick auf das, was diesen Niederschriften folgte, scheint die Folgerung erlaubt, daß Nietzsche in der Hauptsache nicht mehr der Theorie seiner nun überwundenen frühen Praxis das Wort redete, sondern Schritt für Schritt die Gründe demaskierte, die die Theorie- und Lebensoptionen von Menschen unter Bedingungen undurchschauter Abhängigkeit in Gang halten. Daraus folgt nicht, Nietzsche habe keine seiner frühen Positionen beibehalten oder in anderer Gestalt wiederaufgegriffen, im Gegenteil: Noch in der *Götzen-Dämmerung* wiederholt und aktualisiert Nietzsche seine nun gut sechzehn Jahre alte Bildungs- und Kulturkritik aus seinen Vorträgen *Über die Zukunft unserer Bildungsanstalten*. Erneut wird der selbstzweckhafte Charakter der Bildung betont und hervorgehoben, daß jede „höhere Erziehung" ein „Privilegium" sei und der „Niedergang der deutschen Cultur" (KSA 6: 107) sich vor allem aus der Verletzung dieses Gesichtspunktes ergebe. Und, um noch ein zweites Beispiel zu geben: Noch im Nachlaß des Jahres 1885 spricht Nietzsche davon, daß er Philosophen seiner Art nur dort fände, „wo eine vornehme Denkweise herrscht, eine solche, welche an Sklaverei und an viele Grade der Hörigkeit als an die Voraussetzung jeder höheren Kultur glaubt" (KSA 11: 589). Bevor man allerdings in dieser Sache zu einem raschen Urteil gelangt, so wie Bernhard Taureck, der um den Einfluß Wagners auf Nietzsche gänzlich unbekümmert bleibt und schlicht meint: „Von Anfang an trat Friedrich Nietzsche für eine Kultur ein, zu deren Bedingungen 'Sklaverei' und zu deren Zielen Rang- und Kastenordnung gehören" (Taureck 1989: 9), sei hier zunächst nur ein bescheidenes Zwischenergebnis gesichert. Es könnte, in Rückerinnerung an unsere Ausgangsthese, lauten: Nicht alles, aber vieles an der frühen Bildungs- und Kulturkritik Nietzsches erweckt den Eindruck, als habe er seinen Auftrag im wesentlichen darin erblickt, Loyalität zu signalisieren und Kulturwidriges aus der „Bahn des Genius" (KSA 7: 356), den er in Wagner verehrte, zu räumen. Insoweit kann, was diese Phase angeht, von einer in der Hauptsache rhetorischen Bildungs- und Kulturkritik gesprochen werden, die ihrerseits in manchen Teilen allerdings auch noch im Spätwerk von Bedeutung bleibt und mithin die tatsächliche Meinung auch schon des frühen Nietzsche wiederzugeben scheint.

3.3.1.2.2 Nietzsches rhetorischer Antisemitismus

Daß Wagner Antisemit war, geht schon aus den eben angesprochenen Fällen Strauß, Hanslick und Auerbach sowie aus seinem 1869 wiederveröffentlichten Pamphlet *Das Judentum in der Musik* von 1850 hervor. Die Wagnerforschung hat dies bisher allerdings zumeist nur zähneknirschend zur Kenntnis genommen. Jüngstes Beispiel dafür ist Dieter David Scholz, der sich nicht untersteht, Wagner auf Kosten Cosimas mittels der These entlasten zu wollen, daß diese „seit 1869 der verborgene Motor" (Scholz 1993: 83) der neuerlichen antisemitischen Veröffentlichungen Wagners gewesen sei. Scholz hat dem das Nietzsche-Zitat vorangestellt: „Ob nicht alle großen Künstler bisher durch anbetende Weiber verdorben worden sind?" (KSA 13: 16) Tatsächlich aber bezieht sich dieses Wort Nietzsches vom

November 1887 keineswegs auf Cosimas (unstrittigen) Antisemitismus, sondern auf ihren Katholizismus und dem von ihm ausgehenden Einfluß auf Wagners *Parsifal*. Insoweit mag das Urteil von Scholz zwar der Bagatellisierung von Wagners originärem Antisemitismus dienlich sein, nicht aber der Wahrheitsfindung. In deren Interesse wäre es zunächst zwingend gewesen, die – von Scholz nicht erwähnten – antisemitischen Äußerungen Wagners *vor* 1869 einzubeziehen. Angeboten hätten sich dafür beispielsweise, wie noch zu zeigen sein wird, Wagners *Tagebuchaufzeichnungen* von 1865.

Was Nietzsche angeht (vgl. auch Niemeyer 1997), so hat die ihn ins Zentrum stellende Forschung sich zumeist dahingehend beruhigt, daß dieser schließlich, zumal in seinem Spätwerk, als dezidierter „Anti-Antisemit ..." (KSB 7: 147) auftrete. In diese Richtung weist auch die erst seit einigen Jahren wieder im deutschen Sprachraum verfügbare Studie *Friedrich Nietzsche und die Juden* des 1937 aus Deutschland emigrierten, unter dem Pseudonym 'Lonsbach' aufgetretenen jüdischen Schriftstellers und Juristen Richard Cahen (vgl. Lonsbach 1939). Selbst ein so entschlossen Nietzsche als Protofaschisten aufarbeitender Autor wie Bernhard Taureck, der in Kurt Anglet (1995: 326) einen entschlossenen Anhänger hat, kann in seinem Buch *Nietzsche und der Faschismus* nicht umhin, lakonisch zuzugestehen: „Nietzsche ist Feind des Antisemitismus" (Taureck 1989: 23). Ob diese Aussage indes auch auf den ganzen Nietzsche ausgedehnt werden kann, scheint strittig. So meinte zwar Henning Ottmann unlängst noch sagen zu dürfen: „Wagners Nationalismus, Rassismus und Antisemitismus hat Nietzsche auch in seinen jungen Jahren nicht geteilt" (Ottmann 1991/92: 23; vgl. auch Heller 1988: 151). Zur gleichen Zeit betonte allerdings Barbara v. Reibnitz in ihrem beeindruckenden Kommentar zur *Geburt der Tragödie*, daß Nietzsche „den antijüdischen Allianzen, die man in Tribschen bildete, durchaus entgegenzukommen bereit war" (v. Reibnitz 1992: 40). Besonders nachdrücklich hat sich vor allem Joachim Köhler (1996) dieser These bemächtigt. Ausgehend von dem im Vorgehenden begründeten Rhetorikverdacht gegenüber Nietzsches früher Bildungs- und Kulturkritik stellt sich im folgenden die Frage, ob der Antisemitismus des frühen Nietzsche, sofern er denn nachzuweisen ist, gleichfalls diesem Muster eingefügt werden kann, also als ein durch Nietzsches Vaterübertragung auf Wagner gestärkter rhetorischer Antisemitismus gelesen werden darf.

Auf den ersten Blick will einem, wenn man zunächst wieder die *Geburt der Tragödie* als Maßstab nimmt, Antisemitisches im Schrifttum des frühen Nietzsche nicht begegnen. An einer Stelle allerdings, fast zum Ende seiner Schrift hin, wird Nietzsche in dieser Sache deutlicher – und spricht dann auch fast ungehemmt Originalton Wagner. Thema ist hier der „deutsche

Geist", der trotz des „abstracten Charakter(s) unseres mythenlosen Daseins" unzerstört ruhe und träume und dem Nietzsche insoweit auch meint in Aussicht stellen zu können, daß er sich eines Tages wieder wach finden werde, „in aller Morgenfrische eines ungeheuren Schlafes: dann wird er Drachen tödten, die tückischen Zwerge vernichten und Brünnhilde erwecken" (KSA 1: 153f.). Dies nämlich klingt verdächtig nach jener Mission, die Wagner einige Jahre zuvor Ludwig II. nahezubringen versucht hatte, ebenso übrigens wie der Zusatz: „Glaube Niemand, dass der deutsche Geist seine mythische Heimat auf ewig verloren hat, wenn er so deutlich noch die Vogelstimmen versteht, die von jener Heimat erzählen" (KSA 1: 154). Die 'Vogelstimme', die Nietzsche hier meint, ist jene Wagners, der sich seinerseits gelegentlich ja auch Ludwig II. gegenüber in der Gestalt eines „gutgelaunte(n) Waldvöglein(s)" (LWB I: 224) zu Gehör bringen wollte. Wagner verpflichtet ist auch Nietzsches Reden von der „lange(n) Entwürdigung, unter der der deutsche Genius, entfremdet von Haus und Heimat, im Dienste tückischer Zwerge lebte" (KSA 1: 154). Nietzsche fügt dieser Formulierung den Satz an: „Ihr versteht das Wort – wie ihr auch, zum Schluss, meine Hoffnungen verstehen werdet" (KSA 1: 154). Gerade weil diese Formulierung die Gestalt einer Art Geheimbotschaft für Eingeweihte annimmt, ist nun kaum noch Zweifel möglich: Nietzsche schließt sich hier in verschlüsselter Form dem Antisemitismus Wagners und dessen Strategie an, den *Ring der Nibelungen* auch als Moritat auf die Unterdrückung des deutschen Genius (Siegfried) durch die 'tückischen Zwerge' Mime und Alberich auszudeuten. Daß Nietzsche Jahre später die Auffassung vertrat, sein Wort von den 'tückischen Zwergen' habe sich auf „die christlichen Priester" (KSA 6: 310) bezogen, will man gern glauben: So muß man offenbar reden, wenn man sich des eigenen Kommentars zu den eindeutig als 'Judenkarikaturen' (vgl. Adorno 1952: 21) auszumachenden Wagner-Figuren schämt und die inzwischen eingenommene Position des Anti-Antisemitismus beglaubigen will (vgl. Köhler 1996: 106).

Brisant ist auch Nietzsches in der *Geburt der Tragödie* vorgelegte Ausdeutung der Prometheussage. Denn an sich verkörpert Prometheus, wie Hermann Josef Schmidt am gleichnamigen Einakter des Vierzehnjährigen (BAW 1: 62ff.) zeigen konnte, „am reinsten den 'muthaften' Teil der Persönlichkeit und des Denkens Nietzsches, der sich philosophisch u.a. in der Freigeistepoche, der Phase der kritischen Selbstaufklärung Nietzsches, ausspricht" (Schmidt 1983: 217). Was Nietzsche jedoch in der *Geburt der Tragödie* vorlegte, war der riskante Versuch, diese 'muthaften' Aspekte der Prometheussage mit arischen Vorzeichen zu belegen und abzugrenzen vom Sündenfallmythos und dem sich darin angeblich bezeugenden semitischen Wesen. In der Logik dieser Konstruktion legte er die Vorstellung nahe, daß die Erlangung des „Beste(n) und Höchste(n), dessen die Menschheit theilhaftig werden kann“ (KSA 1: 69), einen sich gleichsam in die Würde eines männlich-arischen Charakterzugs erhebenden Frevel gegen den Götterwillen erfordert, wie er sich beispielsweise in dem von Prometheus riskierten Griff zum Feuer dokumentiert. Den weiblich-semitischen Charakter des Sündenfallmythos hingegen suchte Nietzsche mit assoziativ nahegelegten Attributen wie „Neugierde“, „lügnerische Vorspiegelung“, „Verführbarkeit“ oder „Lüsternheit“ (KSA 1: 69) zu dokumentieren. Noch sechs Jahre später wird er in einem unveröffentlichten Fragment Attribute wie „Furchtbare Wildheit, das Zerknischte Vernichtete, der Freudenschrei, die Plötzlichkeit“ als „Eigenschaften, welche den Semiten innewohnen“, auflisten und als Erklärung dafür anbieten, daß „semitische Rassen ... der Wagnerischen Kunst verständnissvoller entgegen(kommen) als die arische“ (KSA 8: 549). Dies war zwar an sich nur ein kleiner Sarkasmus mehr in Richtung des von ihm inzwischen als Antisemiten geouteten Bayreuthers; es war aber auch nicht ganz im Unernst gesprochen, wie die vorgenannte Passage aus der *Geburt der Tragödie* ebenso zeigt wie ein Aphorismus aus *Die fröhliche Wissenschaft*, in dem davon die Rede ist, daß die Sünde für ein „jüdisches Gefühl“ zeuge und das Christentum insoweit tatsächlich darauf aus sei, „die ganze Welt zu ‘verjüdeln’“ (KSA 3: 486).

Insbesondere dieser Passus macht nun deutlich, daß Nietzsche in der *Geburt der Tragödie* nicht eigentlich „rassenideologisch-antisemitisch (argumentiert), wohl aber in antijudaistischem, und das heißt vor allem antichristlichem Interesse“ (v. Reibnitz 1992: 249). Dennoch sollte man die politische Problematik dieser Konstruktion nicht übersehen: Nietzsche begünstigte auf diese Weise die antisemitische Propaganda. Insoweit ist es beruhigend, daß zumindest der späte Nietzsche sein Unbehagen eingestand hinsichtlich der von Antisemiten – Nietzsche nennt hier nun auch Wagner – betriebenen „beständigen absurden Fälschungen und Zurechtmachungen der vagen Begriffe ‘germanisch’, ‘semitisch’, ‘arisch’, ‘christlich’, ‘deutsch’“ (KSB 8: 51). Statt ‘arisch’ ist in Nietzsches Spätwerk denn auch zunehmend von ‘aristokratisch’ die Rede; und dafür, daß zumindest der späte Nietzsche seine antichristlich orientierte Judenkritik von rassenideologischen Antisemitismen freihalten wollte, zeugt sein in *Jenseits von Gut und Böse* dargebotenes Wort, wonach die Juden „ohne allen Zweifel die stärkste, zäheste und reinste Rasse (sind), die jetzt in Europa lebt“, und zwar dies „vermöge irgend welcher Tugenden, die man heute gern zu Lastern stempeln möchte“ (KSA 5: 193). Dabei sollte man allerdings nicht übersehen, daß der in *Jenseits von Gut und Böse* entwickelte Gegensatz zwischen Herren- und Sklavenmoral zumindest Anklänge bereithält an jenen von ihm in der *Geburt der Tragödie* angedeuteten Gegensatz zwischen arischem und semitischem Wesen sowie Prometheussage und Sündenfallmythos.

Auskunftsträchtig im Blick auf Nietzsches frühen Antisemitismus ist auch das *Fragment einer erweiterten Form der „Geburt der Tragödie"*. Nietzsche schrieb es „in den ersten Wochen des Jahres 1871" (KSA 7: 333), also in jener Zeit, in der König Wilhelm I. im Schloß zu Versailles zum Deutschen Kaiser ausgerufen wurde. Es ist wohl diesen Zeitumständen geschuldet, daß sich hier eine Kriegsrechtfertigung findet, die durchaus dem antifranzösischen wie antisemitischen Geist Wagners nahe kommt. Nietzsche polemisiert nämlich nicht nur gegen die „Verbreitung der liberal-optimistischen Weltanschauung, welche ihre Wurzel in den Lehren der französischen Aufklärung und Revolution d.h. in einer gänzlich ungermanischen, *ächt romanisch* flachen Philosophie hat"; er zieht auch zu Felde gegen die seitens der „internationalen heimatlosen Geldeinsiedler" und „die von dieser Seite zu befürchtende Ablenkung der Staatstendenz zur Geldtendenz", um Zustimmung zu erlangen für einen „gelegentlich anzustimmenden Päan auf den *Krieg*", der dann deutlich zu machen habe, „daß der Staat nicht auf der Furcht vor dem Kriegsdämon, als Schutzanstalt egoistischer Einzelner, gegründet ist, sondern in Vaterlands- und Fürstenliebe einen ethischen Schwung aus sich erzeugt, der auf eine viel höhere Bestimmung hinweist" (KSA 7: 346). Hinsichtlich der Gründe dafür, daß Nietzsche diese Kriegsmetaphysik und die ihr innewohnende „kaum verschlüsselte ... Kriegserklärung an das 'internationale' Judentum" (Köhler 1996: 91) nicht in die *Geburt der Tragödie* übernahm, sondern lediglich in die knapp zwei Jahre später erstellten *Fünf Vorreden zu fünf ungeschriebenen Büchern* einfließen ließ, lassen sich nur Vermutungen anstellen. Offenbar aber wollte Nietzsche seinem Erstling nicht unnötige Brisanz verleihen, zugleich aber doch sichergestellt wissen, daß Wagner wenigstens erfuhr, daß er auch wie Wagner reden könne.

Wie Wagner reden wollte Nietzsche offenbar auch, als er v. Gersdorff im Juni 1871 vor „französisch-jüdischer Verflachung" (KSB 3: 203) warnte. Mazzino Montinari jedenfalls kommentierte lakonisch: „Wagner hätte es nicht anders sagen können" (Montinari 1991: 55). Dieser Kommentar läßt sich auch beziehen auf Nietzsches Brief an v. Gersdorff vom März 1870, in dem es heißt: „Unsern 'Juden' – und Du weißt, wie weit der Begriff reicht – ist vornehmlich verhaßt die idealistische Art Wagners" (KSB 3: 105). Dies klingt so, als sei Nietzsche gerade von Wagner eingeführt worden in die Motive, die diesem Anlaß gegeben hatten, sein Pamphlet *Das Judentum in der Musik* in leicht überarbeiteter Form erneut zu veröffentlichen. Zehn Jahre später wird man in Bayreuth angesichts einer judenfeindlichen Rede des – vom späten Nietzsche verachteten – antisemitischen Hofpredigers Adolf Stoecker nicht ohne Selbstzufriedenheit darüber lachen, daß

Wagners „Aufsatz über die Juden den Anfang dieses Kampfes gemacht hat“ (CT 3: 424). Zunächst aber hatte man in Tribschen besorgt den lauten Protest zu registrieren, den dieser Schritt Wagners bei einigen Bekannten und Verwandten nach sich zog. In dieser Situation sollte es ausgerechnet Nietzsche sein, der seinem neuen Heroen im Mai 1869 zu dessen Geburtstag versicherte, daß „vordringliches Judenthum“ dafür mitverantwortlich sei, wenn sich „fast alle Welt“ unfähig zeige, Wagners Weltanschauung zu würdigen und seine „Persönlichkeit als Ganzheit zu fassen“ (KSB 3: 9).

Die Motive des frühen Nietzsche, dem Judenhaß Wagners Reverenz zu erweisen, sind damit indes noch unbestimmt. Dabei entspringen sie am ehesten aus diesem von Joachim Köhler ins Zentrum gerückten Fall. Nietzsche nämlich begründete seine Ablehnung der Einladung Cosimas zu Wagners Geburtstag offiziell mit der „leidige(n) Kette“ (KSB 3: 9) seines Berufs, um eine Woche später privatim, gegenüber Rohde, deutlicher zu werden: „leider mußte ich ‘nein’ sagen, als Docent, nach dem Standpunkte der Tugend“ (KSB 3: 13). Joachim Köhler kommentierte diese Merkwürdigkeit mit den Worten: „Nicht Wagners vulgärer Judenhaß schreckte den Pastorensohn ab, sondern das illegitime Verhältnis des Meisters zu seiner Mätresse“ (Köhler 1996: 47). Dies ist gut beobachtet, aber unzureichend gefolgert. Denn der von Nietzsche gegenüber Rohde reklamierte ‘Standpunkt der Tugend’ ist wegen Nietzsches zugleich inakzeptabler Haltung zu Wagners Judenhaß ein Standpunkt mit untugendhaften Implikaten. Warum Nietzsche diesen Widerspruch nicht in Betracht zog, wird deutlicher, wenn man an ein Wort Zarathustra erinnert: „Dass eure Tugend euer Selbst sei und nicht ein Fremdes, eine Haut, eine Bemäntelung: das ist die Wahrheit aus dem Grunde eurer Seele, ihr Tugendhaften!“ (KSA 4: 121) Denn dieses Wort läßt sich durchaus auch auf die 1869er Situation Nietzsches beziehen, insoweit Nietzsche mit seiner angeblich aus Tugend resultierenden Absage seines Geburtstagsbesuchs nur ‘bemänteln’ wollte, was die Wahrheit auf dem Grunde *seiner* Seele war: nämlich sich durch seine Vaterübertragung auf Wagner und infolge von dessen damals noch uneindeutigem Verhältnis mit der wesentlich jüngeren Cosima v. Bülow in eine ödipale Konstellation hineingetrieben zu sehen, die in ihrer ganzen Zwiespältigkeit zu einem Vermeidungsverhalten aufforderte. Damit Wagner, so ließe sich weiter vermuten, aus diesem Verhalten nicht den falschen Schluß zöge, könnte Nietzsche auf die Idee verfallen sein, dessen Judenhaß, gleichsam in einem Akt der Überanpassung, in besonders nachdrücklicher und widerspruchsfreier Weise zu adaptieren.

Gewiß ist dies nur eine Hypothese. Sie gewinnt aber durch Nietzsches Verhalten im Streit um seinen Vortrag *Socrates und die Tragödie* von 1870 an Plausibilität. Nietzsche hatte diesen Vortrag mit einer Invektive gegen die „jüdische Presse“ (KSA 14: 101) ausklingen lassen. Dies löste in Tribschen taktische Bedenken aus. Cosima, die Übermittlerin dieser Bedenken, ließ Nietzsche in diesem Zusammenhang wissen: „Sie misverstehen mich hoffentlich nicht; dass im Grunde der Seele ich Ihrem Ausspruch beistimme, werden sie wissen; allein jetzt noch nicht und nicht so; ich sehe förmlich das Heer von Mißverständnissen dass sich um sie aufwirbelt“ (KGB II/2: 140). Die Bereitwilligkeit, mit der Nietzsche die von Cosima und mithin Wagner inkriminierte Passage unterdrückte und fortan einen Geheimcode bevorzugte, in dem Ausdrücke wie ‘sokratisch-optimistische Kultur’ für das einstanden, was er zuvor noch als ‘jüdische Welt’ bezeichnet hatte (vgl. Köhler 1996: 103f.), entsprach der Bereitwilligkeit, mit der Nietzsche dem Antisemitismus Wagners meinte Rechnung tragen zu müssen. Beides könnte ein Hinweis dafür sein, daß der Antisemitismus des frühen Nietzsche im wesentlichen für Rhetorik stand und dem Zweck diente, dem Ersatzvater Wagner unbedingte Ergebenheit zu signalisieren. In diese Richtung weist auch die Bemerkung Richard Lonsbachs, wonach der, der sich Wagner hingab, „auch seine Judenfeindschaft, die einen Teil seines Wesens bestimmte, teilen (mußte)“ (Lonsbach 1939: 43).

Für die Annahme eines durch seine Vaterübertragung auf Wagner verstärkten rhetorischen Antisemitismus Nietzsches spricht auch der Aufwand, den er betrieb, um Wagners Antisemitismus, nachdem er auch für ihn zum Problem geworden war, möglichst harmlos zu erklären. So schrieb er schon in einer fragmentarischen Notiz vom Frühling/Sommer 1878: „– sollte Wagner ein Semite sein? Jetzt verstehen wir seine Abneigung gegen die Juden“ (KSA 8: 500). Dies klingt fast erleichtert und sollte Nietzsche noch lange Jahre beschäftigen. So berichtete Resa v. Schirnhofer später, Nietzsche habe gesprächsweise in für ihn ganz ungewöhnlicher Weise darüber triumphiert, daß in Wagner das Blut derer fließe, die er immer verachtet habe (vgl. Lohberger 1969: 256). Und noch in einer von Nietzsche nur mit schlechtem Gewissen (vgl. KSB 8: 388) zum Druck freigegebenen Fußnote zu *Der Fall Wagner* heißt es: Wagners Vater „war ein Schauspieler Namens Geyer. Ein Geyer ist beinahe schon ein Adler …“ (KSA 6: 41) – Anspielungen nicht ohne Hintersinn. Denn der Name Adler ist, im Gegensatz zu dem Namen Geyer, ein verbreiteter jüdischer Familienname (vgl. Eger 1988: 158); und im Beruf des Schauspielers versinnbildlichte sich für Nietzsche der Inbegriff der gerade dem Juden abgenötigten „Anpassungskunst“ (KSA 3: 609). Worauf Nietzsche mit derlei Andeutungen also hinauswollte, war, ähnlich wie schon zehn Jahre zuvor, sein Bemühen, den von ihm häufig genug als „Schauspieler“ (KSA 6: 41) empfundenen Wagner in Sachen Antisemitismus nicht anzuschuldigen denn zu exkulpieren: indem er ihn als Fall jüdischen Selbsthasses aufbereitete.

Zwei Dinge setzte Nietzsche dabei aber zu Unrecht voraus: Die Vaterschaft des Wagner-Stiefvaters Ludwig Geyer sowie dessen Zugehörigkeit zum jüdischen Glauben. Insbesondere dieser Hintergrund gab, zumal in der Wagnerforschung, hinlänglich Anlaß, diese Einlassungen Nietzsches mit gebührender Verachtung zu strafen. In diesem Zusammenhang wird immer wieder auf die von Cosima überlieferte Antwort Wagners: „'Das glaube ich nicht'" auf ihre diesbezügliche Frage vom Dezember 1878: „'Vater Geyer ist gewiß dein Vater gewesen'" (CT 3: 272), verwiesen. Immerhin aber macht dieser von Dieter David Scholz als „unmißverständlich" (Scholz 1993: 62) verrechnete Beleg auch deutlich, daß selbst Cosima noch 1878 mit großer Selbstverständlichkeit von der Triftigkeit dieses – damals weit verbreiteten (vgl. Borchmeyer/Salaquarda 1994b: 1332) – Gerüchts ausging und daß im Hause Wahnfried Wagners Stiefvater unter dem Titel 'Vater Geyer' Thema war. Im übrigen hatte dieser seinerseits Mißverständnisse ausgelöst, weil er darauf bestand, Wagner habe sich in der Schule als 'Richard Geyer' auszugeben. Auch wurde Wagner noch sechs Jahre nach dem Tod des Stiefvaters, also 1827, auf den Namen Wilhelm Richard Geyer konfirmiert (vgl. Scholz 1993: 61). Und schließlich gibt es gute Gründe für die Annahme, daß Wagner selbst es war, der seinen Stiefvater mitunter für einen Juden hielt. Jedenfalls läßt sich die auch als Judenkarikatur zu lesende Figur des angeblichen Siegfried-Vaters Mime auch so interpretieren, als habe Wagner hiermit seinem Stiefvater ein (fragwürdiges) Denkmal setzen wollen, zumal dieser von Beruf Schauspieler (= Mime) gewesen war (vgl. Dieckmann 1983: 196). Diese Zusammenhänge haben selbst Wagnerianer dazu gebracht, mit der These Politik zu machen, wonach Wagners Antisemitismus aus Unklarheiten über seine Herkunft herrühre und insoweit durchaus als Indiz für jüdischen Selbsthaß genommen werden könne (vgl. Scholz 1993: 33ff.). Der Unterschied zwischen derlei Strategien und jener Nietzsches läßt sich allein im Reich der Psychologie sichern: Nietzsche benötigte die über das Selbsthaß-Argument zu lancierende Bagatellisierungsstrategie des wagnerschen Antisemitismus nicht nur, um sein Wagnerbild in Ordnung zu halten. Er benötigte sie auch wegen der ansonsten unabweisbaren Gefahren für sein Selbstbild. Denn er war für kurze Zeit in Sachen des Antisemitismus Mitwirkender gewesen und konnte seine allmählich anhebende Einsicht in die Verwerflichkeit dessen offenbar nur bewältigen, wenn er dem Idol, dem er darin Folge leistete, eine Exkulpation angedeihen ließ, deren er selbst in anderer Form auch bedurfte. Nur so auch ließ sich seine Vaterverehrung zumindest in Rudimenten über diese Krise hinwegretten.

Als weiteres Indiz in dieser Richtung ist in Betracht zu ziehen, daß Nietzsche sich in *Jenseits von Gut und Böse* bei seinen Lesern für eine sich im Antisemitismus entäußernde „politische ... Infektion" entschuldigte, die er sich bei „einem kurzen gewagten Aufenthalt auf sehr inficirtem Gebiete" (KSA 5: 192f.) zugezogen habe. Denn dies klingt so, als wolle er zumindest dem eingeweihten Leser eine Spur weisen, in deren Logik sich der gelegentliche Antisemitismus seiner Tribschener Zeit als Effekt nicht hinreichender Widerstandskraft gegen einen ihn überwältigenden Geist lesbar machen ließ. Tatsächlich aber fällt an dieser Stelle der Name Wagner ebensowenig wie der Name Tribschen – offenbar nicht von ungefähr: Nietzsche schreckt vor der ganzen Wahrheit zurück, weil er um Ausblendung der Irrationalität bemüht ist, die sich in seiner Tribschener Wagnerverehrung bekundet. Entsprechend zurückhaltend ist sein weiterführendes Argument. Die Rede ist nämlich nur von einer *wagnerianischen* „Benebelung … des deutschen Geistes und Gewissens" (KSA 5: 192). Daß es einen „'eigentlich deutschen' Wagner" nicht gäbe und die in diese Richtung weisende Vorstellung nur „die Ausgeburt sehr dunkler deutscher Jünglinge und Jungfrauen" (KSA 11: 591) sei, hatte Nietzsche schon in einem der Vorbereitung dieser Veröffentlichung dienenden Nachlaßnotat vom Sommer 1885 behauptet, wenn auch hier mit einigem Recht, insofern seine Absicht darauf ging, das spezifisch Französisch-Romantische im Naturell Wagners sowie seiner Musik deutlich zu machen. An der Hauptsache allerdings ändert dies nichts: Es ging Nietzsche erkennbar darum, Wagner als Opfer der Wagnerianer oder jedenfalls doch als einen eigentlich unpolitischen Musiker aufzubereiten.

Dies gilt der Tendenz nach auch noch für seine Darstellung in *Der Fall Wagner*. Wieder fällt hier der Begriff „Infektion", nun im Zusammenhang mit der auf die Wagnerianer ausgedehnten Bemerkung: „Die Anhängerschaft an Wagner zahlt sich theuer" (KSA 6: 44). Daß aber diese Infektion eine war, die sich Nietzsche selbst zuzog, bleibt unklar, und der Umstand, daß es sich vor allem um eine *politische* Infektion handelte, wird eher beiläufig, durch Hinweis auf die *Bayreuther Blätter*, zugestanden, nicht ohne daß dem der selbst diesen Wink wieder abschwächende Nachsatz folgt: „Am unheimlichsten freilich bleibt die Verderbniss der Nerven. Man gehe Nachts durch eine grössere Stadt: überall hört man, dass mit feierlicher Wuth Instrumente genothzüchtigt werden – ein wildes Geheul mischt sich dazwischen. Was geht da vor? – Die Jünglinge beten Wagner an" (KSA 6: 44). Dies liest sich zwar amüsant, kann aber nicht als Antwort gelten auf die Frage, die man von Nietzsche nun doch allmählich hätte beantwortet haben wollen.

Selbst im *Ecce homo* blieb Nietzsche eine entsprechende Antwort schuldig. Denn wieder einmal trennt er hier den 'guten' Wagner von den 'bösen' Wagnerianern, „welche Wagner damit zu ehren glauben, dass sie ihn *sich* ähnlich finden" (KSA 6: 288), versieht die Wagnerianer mit dem Kommentar: „Keine Missgeburt fehlt darunter, nicht einmal der Antisemit." – und beschließt das Ganze mit dem Ausruf: „Der arme Wagner! Wohin war er gerathen!" (KSA 6: 324) Die Folgerung, die der Leser ziehen soll, ist eindeutig und läuft erneut auf Exkulpation Wagners hinaus, die ihrerseits dann wiederum der Exkulpation Nietzsches zu dienen vermag, insoweit dieser damit von dem Vorwurf entlastet ist, er habe schon in Tribschen wissen können, auf wen er sich einließ. Dies aber ist die Vorbedingung, die Nietzsche benötigt, um sich nicht Aufschluß erteilen zu müssen über seine Vaterübertragung auf Wagner, deren dunkelste Seite eben darin gründet, Wagners Antisemitismus nicht nur billigend in Kauf genommen, sondern auch kopiert zu haben. Daß Nietzsche tatsächlich aber sehr genau um Wagners Antisemitismus wußte, belegt die von ihm im Zuge der letzten Umarbeitung des *Ecce homo* im Dezember 1888 gestrichene Textvariante, die noch den Wortlaut trug: „(…) die eigentlichen Wagnerianer von Rasse, eine gott- und geistverlassene Bande, die Alles gläubig hinunterfraß, was der Meister 'abfallen' ließ. (…) Und wie viel läßt Wagner 'abfallen'! …" (KSA 14: 493). Der Ausdruck 'abfallen' weist eine eindeutig antisemitische Konnotation auf, etwa in der Logik der Tagebucheintragung Cosimas vom Dezember 1979, wonach Wagner „alle Juden von sich abfallen lassen (will) 'wie die Warzen', gegen welche kein Mittel hilft" (CT 3: 460).

Die Frage, warum Nietzsche diese Konnotation unterdrückte, läßt sich mit der vorgenannten Annahme befriedigend aufklären: Nietzsche unterzog sein Wissen um Wagner sowie sein Wissen um sich selbst der Zensur, um nicht mit der Fragwürdigkeit seiner Wagnerverehrung sowie seines frühen Antisemitismus zum Thema zu werden. Darin folgte er offenbar seinem Aphorismus aus der *Götzen-Dämmerung*: „Auch der Muthigste von uns hat nur selten den Muth zu dem, was er eigentlich *weiss* …" (KSA 6: 59). In diese Richtung weist auch Nietzsches in *Nietzsche contra Wagner* gegebene Darstellung, wonach seine Abwendung von Wagner damit zu tun gehabt habe, daß dieser im Anschluß an seine Rückkehr nach Deutschland (lies: Bayreuth) „Schritt für Schritt zu Allem (condescendirte), was ich verachte – selbst zum Antisemitismus …" (KSA 6: 431). Denn diese Formulierung und die in ihr verborgene Weiterführung einer analog ausgerichteten Passage aus dem *Ecce homo* (KSA 6: 289) sowie der gleichfalls auf Bayreuth zentrierten brieflichen Mitteilung Nietzsches an Overbeck vom April 1884, wonach die „verfluchte Antisemiterei" (KSB 6: 493) ihn und Wagner verfeindet habe, erlaubte es Nietzsche, Wagner erneut als Opfer der Wagnerianer und sich selbst als Unwissenden in Sachen des Wagner selbstredend auch schon vor Bayreuth eigenen Antisemitismus aufzubereiten.

Eines indes ist richtig: Nietzsche dürfte Wagners Antisemitismus erst in Bayreuth als problematisch wahrgenommen haben. Dabei ist zu berücksichtigen, daß die in der Tribschener Zeit relevanten Freunde Nietzsches, wie insbesondere v. Gersdorff, aber auch Rohde, antisemitisch dachten, und zwar der Tendenz nach nicht nur im Einklang mit Wagner, sondern auch im Einklang mit breiten Schichten des Bürgertums. „Ich bin noch keinem Deutschen begegnet, der den Juden gewogen gewesen wäre" (KSA 5: 193), wird Nietzsche sich noch 1886 mit bitterem Ausdruck notieren, um noch zwei Jahre später deutlich Hemmungen erkennen zu lassen, sich als Anti-Antisemit erkennen zu geben. Im *Ecce homo* jedenfalls änderte er die Formulierung: „Meine natürlichen Leser sind jetzt schon Sclaven und Juden ..." in gleichsam letzter Minute ab in: „... Russen, Skandinavier und Deutsche" (KSA 6: 360). Und auch der wenig später vorgesehene Satz: „Wenn ich mir eine Art Mensch ausdenke, der allen meinen Instinkten zuwiderläuft, so wird immer ein Deutscher daraus – oder ein Antisemit ...", überlebte nicht die Überarbeitung, sondern wurde von Nietzsche im Hinblick auf die Druckfassung um die letzten drei Wörter gekürzt (KSA 6: 362). Aber dieser Umstand ist lediglich ein Indikator für den fehlenden Mut auch noch des späten Nietzsche, seine anti-antisemitische Überzeugung immer auch deutlich genug zu bekennen. Die entscheidende, ins Grundsätzliche weisende Frage Richard Lonsbachs ist damit keinesfalls gegenstandslos: „Wie war es möglich (...), daß Nietzsche an seinem Scheideweg stehenblieb, und nicht nur stehenblieb, daß er umkehrte, und daß ihm der Scheideweg zur Kopfstation wurde?" (Lonsbach 1939: 41)

Einen Teil der Antwort gab Lonsbach selbst: Nietzsche kam erst in späteren Jahren zunehmend in Kontakt mit Juden, wobei hier nur, pars pro toto, Lou v. Salomé erwähnt sei. Der erste oder jedenfalls doch für ihn bedeutendste Jude in dieser Reihe war dabei gewiß der Mann, mit dem er später um Lou konkurrieren sollte: Paul Rée. In jedem Fall wirkte sich Nietzsches Freundschaft mit Rée verändernd auf seine Wahrnehmung des Judenproblems aus, wie ein Brief Nietzsches an Siegfried Lipiner vom August 1877 belegt, in dem es heißt: „sagen Sie mir sodann ganz unbefangen, ob Sie in Hinsicht auf Herkunft in irgend einer Beziehung zu den *Juden* stehen. Ich habe nämlich neuerdings so manche Erfahrungen gemacht, die mir eine *sehr grosse* Erwartung gerade von Jünglingen dieser Herkunft erregt hat" (KSB 5: 274). Die letzte Bemerkung darf ohne Zweifel als Anspielung auf Rée verstanden werden. Aber auch Nietzsches Ablösung von Wagner wurde durch seine Freundschaft mit Rée, die im März 1876 anhob, beschleunigt, zumal dieser der von Wagner verachteten französischen Aufklärung nahestand und mit einer moralkritischen Schrift hervorgetreten war.

Auch die Bayreuther übersahen nicht die Bedeutung der Sympathie Nietzsches für Rée. Der Anlaß, in dieser Hinsicht aufmerksam zu werden, schien eher banal: Als Wagner mittels seiner ersten Nachricht an Nietzsche nach den Bayreuther Festspielen, einem ohne Anrede und Grußwort abgefaßten Telegramm aus Bologna, die Bitte vortrug, ihm Baseler Seidenunterwäsche zu besorgen, sprich: als Wagner den Versuch unternahm, den „flüchtigen Jünger (...) noch einmal durch die Reifen springen" (Köhler 1996: 133) zu lassen, blieb Nietzsche auffällig reserviert: Wagner habe ihm zwar, so eröffnete er seinen Antwortbrief von Ende September 1876, mit diesem „kleinen Auftrag" eine Freude gemacht und „an die Tribschener Zeiten" (KSB 5: 190) erinnert. Dem folgt aber sofort der mit Blick auf Nietzsches Festspielenttäuschung unmißverständliche Satz: „Der Herbst, nach *diesem* Sommer, ist für mich, und wohl nicht nur für mich allein, *mehr* Herbst als ein früherer" (KSB 5: 190). Die eigentliche Provokation aber, die deutlich machte, daß Nietzsche Wagner fortan keine Demütigung mehr schuldig bleiben sollte, enthielt die Schlußformel dieses Schreibens. Nietzsche nämlich gab seiner Hoffnung Ausdruck, daß die „herzlichsten Wünsche ... (...) Ihnen als gute Begleiter folgen mögen: Ihnen und Ihrer verehrten Frau Gemahlin, meiner 'edelsten Freundin' um den Juden Bernays einen seiner unerlaubtesten Germanismen zu entwenden" (KSB 5: 192). Schon diese ironische Anspielung auf Cosimas Antisemitismus dürfte durch Rée befördert worden sein. Mit ihm jedenfalls traf Nietzsche nur vier Tage später zusammen, um mit diesem, einem ein Jahr später ausgestellten Zeugnis Rées zufolge, die „Flitterwochen" (KGB II/6, 2: 717) ihrer Freundschaft zu zelebrieren.

Von diesen Zusammenhängen konnten die Wagners allenfalls etwas ahnen, als sie Nietzsches Antwort mit jener auffälligen Schlußformel erhielten. Immerhin waren sie nun gewarnt und bekamen nur vier Wochen später Gelegenheit, ihre Vermutung zu überprüfen. Dabei half ein Zufall nach: Denn nicht nur die Wagners waren inzwischen nach Sorrent weitergereist, sondern auch Nietzsche und Rée hatte der Weg über Genua nach Sorrent geführt. Nietzsche, krankheitshalber in Basel beurlaubt, wollte dort den Winter zubringen, mit Rée und in Malwida v. Meysenbugs Obhut sowie in der Absicht, seine während der Bayreuth-Flucht begonnenen Aufzeichnungen zu *Menschliches, Allzumenschliches I* weiterzuführen. Schon die räumliche Nähe machte es dabei zwingend erforderlich, den Wagners einen Besuch abzustatten, was dann auch Ende Oktober seitens der drei Genannten geschah. Brisanter aber als dieser Besuch verlief offenbar jener Rées, der wenige Tage später allein bei den Wagners erschien und diesmal keinen günstigen Eindruck hinterließ. Rée spreche durch sein „kaltes, pointiertes Wesen" nicht an, notierte Cosima in ihr Tagebuch, um hinzuzufügen: „bei näherer Betrachtung finden wir heraus, daß er Israelit sein muß" (CT 2: 1012). Damit schien die Lösung für die ironische Schlußformel in Nietzsches Brief vom September 1876 gefunden zu sein.

Der Sprengstoff aber, den dies tatsächlich in sich barg, wurde erst nach Erscheinen von *Menschliches, Allzumenschliches I* offenkundig. Denn Nietzsches hier vorgetragener Angriff gegen die „litterarische Unart (...), die Juden als Sündenböcke aller möglichen öffentlichen und inneren Uebelstände zur Schlachtbank zu führen" (KSA 2: 310), läßt sich durchaus lesen als ein durch Rée angeregter Angriff auf Wagners *Das Judentum in der Musik*. Den Bayreuthern jedenfalls war dies „ein Beispiel mehr für die verhängnisvolle Wirkung des Judentums, das nun auch Nietzsche in seinen Bann gezogen habe" (Borchmeyer/Salaquarda 1994b: 1329). So fiel es denn auch Cosima leicht, einer Freundin den ihrer Meinung nach letzten Grund für den Wandel in Nietzsches Anschauungen zu enthüllen: „Schließlich kam noch Israel hinzu in Gestalt eines Dr. Rée, sehr glatt, sehr kühl, gleichsam durchaus eingenommen und unterjocht durch Nietzsche, in Wahrheit aber ihn überlistend, im Kleinen das Verhältnis von Judäa und Germania. Nietzsche wußte nichts von Voltaire noch von französischer Literatur. Ich würde eine Wette eingehen, daß er jetzt noch gar nichts davon weiß" (zit. n. Du Moulin Eckart 1929: 842). Für Cosima war also alles klar: Nietzsche, der noch in Vorarbeiten zu seinem Erstling gegen die „gänzlich ungermanische ..., *ächt romanisch* flache ... Philosophie" (KSA 7: 346) der französischen Aufklärung angeschrieben hatte, war mit *Menschliches, Allzumenschliches I* vom vielversprechenden Anhänger ihres Mannes zum billigen Epigonen eines zweitrangigen jüdischen Literaten verkommen. Die dem innewohnende Vorstellung, nämlich daß sich zwischen Rée und Nietzsche 'im Kleinen das Verhältnis von Judäa und Germania' wiederhole, weist dabei deutlich hin auf das mit entsprechenden Analysen 'im Großen' aufwartende, 1879 erschienene antisemitische Pamphlet *Der Sieg des Judentums über das Germanentum* von Wilhelm Marr. Denn die hier enthaltenen Ansichten standen, wie Cosima in ihrem Tagebuch notierte, „R.'s Meinung sehr nahe" (CT 3: 309). Daß Nietzsche all dem nicht mehr zu folgen vermochte und Cosimas Invektive gegen Rée ihm nicht verborgen blieb, macht eine Nachlaßnotiz vom Sommer 1878 deutlich, in der er Wagners blinde Verleugnung des Guten jener sehenden Verleugnung Cosimas kontrastiert und als Exempel die Namen Lipiner und Rée auflistet (KSA 8: 548). Überhaupt machen die unveröffentlichten Aufzeichnungen aus dieser Zeit deutlich, daß Nietzsche Wagners Antisemitismus zunehmend beschäftigt. „Wie sich nur ein solcher Mann so tyrannisieren lassen kann! Z. B. durch seinen Judenhass" (KSA 8: 502), heißt es da beispielsweise von einem, der plötzlich merkt, daß Wagner noch viele Rätsel in sich birgt.

Den eigentlichen Höhepunkt seiner Auseinandersetzung mit diesem Thema erreichte Nietzsche allerdings erst Jahre später im Zuge eines Briefwechsels mit einem Gesinnungsgenossen Marrs, Theodor Fritsch mit Namen. Fritsch, der wohl wichtigste deutsche Antisemit vor Hitler (Ferrari Zumbini 1993: 137), hatte die Geschäfte des ehemaligen Nietzsche-Verlegers Ernst Schmeitzner übernommen und sollte 1924 für eine nationalsozialistische Gruppierung in den Reichstag einziehen. Bekannt wurde Fritsch aber vor allem durch den von ihm herausgegebenen *Antisemiten-Katechismus*, der unter dem Titel *Handbuch der Judenfrage* vierzig Auflagen erleben sollte und zu deren Autoren auch Wagnerianer wie Ludwig Schemann gehörten (vgl. Schüler 1971: 106). Fritsch war mit Nietzsches Schwager Bernhard Förster und insoweit auch mit Nietzsches Schwester befreundet und meinte wohl, nun auch Nietzsche für die antisemitische Sache gewinnen zu können. Darauf deutet auch das von Fritsch in einem Artikel für das erwähnte antisemitische Handbuch zum Ausdruck gebrachte Kalkül auf den (antisemitischen) „eigentliche(n) Drachentöter“, den „wahren Siegfried“ (zit. n. Pross 1959: 256) hin, insoweit Fritsch das Drachentöter-Motiv aus Nietzsches *Geburt der Tragödie* gekannt haben dürfte und wohl der Meinung war, dies ließe sich einem mit antisemitischen Vorzeichen versehenen Siegfried-Motiv aus Wagners *Ring der Nibelungen* einfügen. Unsicher indes war Fritsch offenbar nur noch – und hier dürfte ihn Bernhard Förster ebenso gewarnt haben wie Nietzsches Schwester –, ob Nietzsche auch der antisemitischen Propaganda zu folgen bereit war. Entsprechend wandte er sich in dieser Sache im März 1887 brieflich direkt an Nietzsche. Zwar ist der Brief verlorengegangen, aber aus Nietzsches Antwort darf auf seinen Inhalt geschlossen werden: Fritsch hatte offenbar aus Werken Nietzsches dessen Urteile über die Juden referiert und daran die Vermutung angeschlossen, Nietzsche werde „durch irgend eine gesellschaftliche Rücksichtnahme“ zu „schiefen Urtheilen“ (KSB 8: 46) hinsichtlich des Judentums verführt. Nietzsches Antwort ist eindeutig: Er habe, so ließ er Fritsch wissen, unter den Juden zwar keine Freunde (mehr) und insoweit diesbezügliche Rücksichten nicht zu nehmen, sein bisheriger Lebensweg gäbe aber auch keine Wahrscheinlichkeit dafür ab, daß er sich „von irgend welchen Händen ‘die Schwingen verschneiden lasse’“; im übrigen, so Nietzsche mit beißender Ironie weiter, fühle er sich „dem jetzigen ‘deutschen Geiste’ zu fremd ..., um seinen einzelnen Idiosynkrasien ohne viel Ungeduld zusehn zu können. Zu diesen rechne ich in Sonderheit den Antisemitismus“ (KSB 8: 46). Angefügt war dem noch der (fromme) Wunsch, Fritsch möge eine „Liste deutscher Gelehrter, Künstler, Dichter, Schriftsteller, Schauspieler und Virtuosen jüdischer Abkunft“ herausgeben, denn dies „wäre ein wertvoller Beitrag zur Geschichte der *deutschen Cultur* (auch zu deren Kritik!)“ (KSB 8: 46).

Als Hinweis auf Nietzsches Auseinandersetzung mit Wagners Antisemitismus scheint sich der mit dieser eleganten Pointe abgeschlossene Brief indes nicht lesen zu lassen – wäre da nicht der Umstand, daß Nietzsche sich nur eine knappe Woche später, in Reaktion auf die ihm von Fritsch übersandte und von diesem seit 1886 herausgegebene *Antisemitische Cor-*

respondenz, zu einer noch schärferen Reaktion genötigt sah, bei der er nun auch auf Wagner zu sprechen kam. Neben diesem, so Nietzsche, käme auch Dühring, Ebrard, Wahrmund und Lagarde die Verantwortung zu für „dieses abscheuliche Mitredenwollen noioser Dilettanten über den *Werth* von Menschen und Rassen", 'Autoritäten', „welche von jedem besonneneren Geiste mit kalter Verachtung abgelehnt werden" (KSB 8: 51). Informativ ist hier vor allem der Name des Orientalisten und Wagnerianers Adolf Wahrmund, war dieser doch Anfang 1887 in einer Rezension der *Bayreuther Blätter* wegen seines gerade erschienenen antisemitischen Pamphlets *Das Gesetz des Nomadentums und die heutige Judenherrschaft* nachdrücklich gelobt worden (vgl. Schüler 1971: 250). Nietzsche kannte vermutlich, als er Ende März 1887 an Fritsch schrieb, diese Rezension, er kannte vielleicht sogar das Wahrmund-Pamphlet. Hätte er aber geahnt, daß sein Nachfolger in Wagners Gunst, der noch von diesem eingesetzte Redakteur der *Bayreuther Blätter*, Hans v. Wolzogen, sich schon 1883 privat begeistert über den ihm damals von Wahrmund angebotenen „Giftbaum antisemitischer Polemik" (zit. n. Schüler 1971: 249) geäußert hatte und den Abdruck dieser Schrift nur im Blick auf die ansonsten gefährdete finanzielle Unterstützung seitens der jüdischen Mitglieder der Wagnervereine unterließ, hätte er seiner Auseinandersetzung mit Wagners Antisemitismus und dessen Folgen gewiß ein neues Kapitel anfügen können. So blieb es bei dem schon aus der Fritsch-Korrespondenz her bekannten Resümee, auf das Nietzsche noch an zwei Stellen seines Nachlasses zu sprechen kam. Beim ersten Mal versah er seine Darstellung des Geschehenen mit dem Kommentar: „Diese jetzigen 'Deutschen' machen mir immer mehr Ekel" (KSA 12: 200). Beim zweiten Mal heißt es, mit Seitenblick auf Fritsch: „Es giebt gar keine unverschämtere und stupidere Bande in Deutschland als diese Antisemiten. Ich habe ihm brieflich zum Danke einen ordentlichen Fußtritt versetzt. Dies Gesindel wagt es, den Namen Z⟨arathustra⟩ in den Mund zu nehmen! Ekel! Ekel! Ekel!" (KSA 12: 321) Dieser Ekel war, wie sich nun unschwer folgern läßt, auch einer, den Nietzsche im Rückblick auf Wagner als eine der zentralen Autoritäten der Antisemiten empfand.

Von einer systematischen Herausarbeitung des Antisemitismus und der damit verknüpften Deutschtümelei in Wagners Œuvre sowie seiner eigenen Verstrickung in diese Problematik kann bei Nietzsche allerdings nicht gesprochen werden. Allenfalls finden sich vereinzelte Indizien für ein schlechtes Gewissen. Dazu gehört möglicherweise auch, daß Nietzsche im Juli 1888 den *Kunstwart* wegen deutschtümelnder und antisemitischer Ausfälle gegen Heinrich Heine abbestellte. Denn schließlich war es Nietzsche selbst gewesen, der Heine noch 1873 mit Argumenten abgekanzelt hatte, die denen des *Kunstwart*, aber interessanterweise auch denen Wagners – vom Sommer 1873 – entsprachen (vgl. Müller-Buck 1986: 278f.). Bemerkenswerter aber ist ein Passus aus *Jenseits von Gut und Böse*, in dem sich Nietzsche für das Überwinden „atavistische(r) Anfälle von Vaterländerei und Schollenkleberei" sowie dafür ausspricht, „wieder zur Vernunft, will sagen zum 'guten Europäerthum' zurückzukehren" (KSA 5: 180f.) und „die antisemitischen Schreihälse des Landes zu verweisen" (KSA 5: 194). Nietzsche krönt diese Argumentation mit einem in Spottversform vorgetragenen Angriff auf Wagners *Parsifal* und das hier zelebrierte „Priester-Händespreizen" und „weihrauch-düftelnde Sinne-Reizen": „Ist das noch deutsch?" (KSA 5: 204) fragt er rhetorisch und so, als bereite er eine Entgegnung vor auf Wagners 1878er Text *Was ist deutsch?*, auf den Nietzsche schon einmal (1879) geantwortet hatte. Nietzsches damalige Antwort auf diese von Wagner in deutschtümelnder Manier beantwortete Frage lautete, ganz im Sinne seines 1886er Plädoyers für 'gutes Europäertum': „Gut deutsch sein heisst sich entdeutschen" (KSA 2: 511). Zur Begründung gab Nietzsche an, daß die „nationalen Unterschiede" vor allem auf „Unterschiede verschiedener Culturstufen" (KSA 2: 511) zurückführbar wären, so daß es für einen Kulturkritiker wie ihn evident sei, der kulturellen Entwicklung des einzelnen nicht im angeblichen Nationalcharakter gründende Hemmnisse aufzuerlegen.

Die Eleganz dieses Arguments sei nicht bestritten, nur: daß diese Antwort im Fall Wagner nicht ausreichte, hätte Nietzsche schon dem Kontext entnehmen können, dem Wagners *Was ist deutsch?* zugehört. Denn hervorgegangen war diese Schrift aus den *Tagebuchaufzeichnungen*, die Wagner 1865 für Ludwig II. verfaßt hatte. Und daß Wagner hier, unter dem Stichwort „sonderbare ... Erscheinung des Eindringens eines allerfremdartigsten Elementes in das deutsche Wesen" (LWB IV: 19), die Deutschtumsproblematik in antisemitischer Denktradition abhandelte, hätte Nietzsche wissen können, selbst wenn ihm die in Wagners *Was ist deutsch?* fortgelassene Fortführung aus den *Tagebuchaufzeichnungen* unbekannt war, die lautete: „In der Natur ist es so beschaffen, dass überall wo es etwas zu schmarotzen giebt, der Parasit sich einstellt: ein sterbender Leib wird sofort von den Würmern gefunden, die ihn vollends zersetzen und sich assimilieren. Nichts anderes bedeutet im heutigen europäischen Culturleben das Aufkommen der Juden" (LWB IV: 19). Daß die Herausgeber dieses erstmals 1936 veröffentlichten Textabschnitts derlei Formulierungen als „auffallend 'zeitgemäß'" (LWB IV: 19) lobten, will man gern glauben: Schließlich ging man in jenen Jahren daran, das 'deutsche Wesen' endgültig von jenem 'allerfremdartigsten Element' zu befreien. Der Tendenz nach scheute auch Wagner vor einer in dieser Richtung weisenden Ratgeberschaft gegenüber Ludwig II. nicht zurück. „Die deutschen Fürsten lieferten den Misverstand, die Juden beuteten ihn aus" (LWB IV: 20), heißt es da beispielsweise im weiteren Argumentationsverlauf von einem, der nun alles daran setzt, zumindest *diesen* Fürsten zur Vernunft zu führen und als „Erlöser“ (LWB IV: 33) der Deutschen zu präsentieren.

Daß sich Ludwig II. zwar gerne in dieser Rolle gesehen hätte, aber der antisemitischen Einbettung der damit verknüpften Programmatik widerstand, gehörte dabei gewiß zu einem der tiefsten Stachel Wagners. Ein Beleg hierfür ist sein Verhalten in der Auseinandersetzung um das Begehren Ludwigs II., die Bayreuther Aufführung des *Parsifal* 1882 vom Münchener Hoftheaterorchester einschließlich dessen jüdischem Dirigenten Hermann Levi durchführen zu lassen. Wagner, wiewohl deutlich irritiert ob der Vorstellung, „dass gerade der ‘Parsifal’, dieses allerchristlichste Werk, von einem jüdischen Kapellmeister aufgeführt werden solle“ (LWB III: 223), erklärte sich gegenüber Ludwig II. im September 1881 damit zwar einverstanden. Dabei mag hinzugekommen sein, daß eine Parteinahme für Levi die beste Art war, anonymen Briefen vom Juli, wonach Cosima ein Verhältnis mit Levi unterhalte, entgegenzutreten (LWB III: 223f.). Als Ludwig II. jedoch im Oktober Wagners Bemerkung vom September, daß er nicht danach fragen wolle, „ob der eine ein Christ ist, der andere ein Jude sei“ (LWB III: 223), verstärkend aufgriff und anfügte, daß nichts „widerlicher“ und „unerquicklicher“ (LWB III: 226) sei als der Versuch, zwischen Christen und Juden zu unterscheiden, redete Wagner Klartext: „Der ich mit mehreren dieser Leute freundlich mitleidvoll und theilnehmend verkehre, konnte diess doch nur auf die Erklärung hin ermöglichen, dass ich die jüdische Race für den geborenen Feind der reinen Menschheit und alles Edlen in ihr halte: dass namentlich wir Deutschen an ihnen zu Grunde gehen werden, ist gewiss, und vielleicht bin ich der letzte Deutsche, der sich gegen den bereits alles beherrschenden Judaismus als künstlerischer Mensch aufrecht zu erhalten wusste“ (LWB III: 229f.). Ludwig II. entgegnete im Januar 1882 darauf zwar noch, mit ersichtlichem Spott: „Recht eigenthümlich ist es, daß die Ihnen, geliebter Freund, so gründlich zuwideren Juden mit so zäher, Sie oft belästigender, durch nichts irrezumachender Anhänglichkeit Ihnen zugethan bleiben“ (LWB III: 233). Aber Wagner war für den Ernst dieses Wortes nicht mehr erreichbar. Er hatte bereits alle Hoffnung auf den deutschen Erlöser Ludwig II. fahren lassen und einen ganz neuen Heroen im Visier: den von Nietzsche abgelehnten französischen Rassetheoretiker Graf Gobineau.

Wagners Mesalliance mit Gobineau hatte, nach flüchtigem Kennenlernen 1876 in Bayreuth und kurzem Wiedersehen 1880 in Venedig, ihren eigentlichen Höhepunkt im Mai 1881 in Bayreuth erreicht (vgl. Schüler 1971: 235ff.). Zu dieser Zeit war Wagner wohl auch noch der Meinung, er könne Ludwig II. für die Sache Gobineaus gewinnen. Gobineau sei bei ihm zu Gast und sie hätten sich gegenseitig so lieb gewonnen, „dass vorläufig an ein Auseinandergehen nicht gedacht wird“ (LWB III: 211), hatte er Ludwig II. wissen lassen, zugleich auf des Grafen Hauptwerk *Versuch über die Ungleichheit der Menschenrassen* hinweisend, das zwischen 1853 und 1856 in vier Bänden erschienen war und, nicht von ungefähr, erst im ‘Dritten Reich’ in deutscher Übersetzung vorliegen sollte. Wagners Drängen in Richtung Ludwigs II., das in diesem Werk unterbreitete Szenario einer verhängnisvollen Rassenmischung vor dem Hintergrund einer angeblichen rassischen Höherwertigkeit der Arier zur Kenntnis zu nehmen, machte indes auf den König wenig Eindruck. Daran konnte auch Wagners Schmeichelei nichts ändern, wonach Gobineau in Ludwig II. „das letzte wahrhaft königliche Blut“ (LWB III: 212) in Wirksamkeit sähe. Denn der König hatte seine ihm höchst eigene Weltsicht, der er praktischerweise gleich jene Gobineaus einfügte: „Ich schwärme für recht frische Luft, woran es in meinen Alpen nicht fehlt, und entschädige mich für die im Ganzen ungeliebte Jetztzeit durch Vertiefen in vergangene Jahrhunderte. Ihrem Freunde, dem Grf. Gobineau, scheint unser Jahrhundert ebenfalls nicht zuzusagen“ (LWB III: 220), schrieb er im August nach Bayreuth. Wagner konnte daraus nur entnehmen, daß dieser Monarch, aus dessen Weltabgewandtheit und Vergangenheitsorientiertheit er lange Jahre Kapital geschlagen hatte, in Sachen Gobineau so gut wie nichts verstand und wohl auch nichts mehr verstehen würde.

Anders verhielt es sich da schon mit Wagner selbst. Denn es ist zumindest auffällig, daß er sich um die Zeit seiner höchsten Gobineau-Verehrung dahingehend vernehmen ließ, daß „alle Juden in einer Aufführung des ‘Nathan’ verbrennen“ (CT 4: 852) sollten. In diesem, wie Cosima meinte, „heftigen Scherz“ (CT 4: 852) kombinierte Wagner zwei Ereignisse: den Tod von über vierhundert jüdischen Zuschauern beim Brand des Wiener Ringtheater im Dezember 1881 sowie den Umstand, daß ein jüdischer Zuschauer bei einer anderen Aufführung jene Stelle in Lessings *Nathan der Weise*, in der davon die Rede ist, auch Christus sei ein Jude gewesen, mit einem lauten Bravo! kommentierte. Indessen bedurfte es nicht Gobineaus, um derlei ‘Scherze’ freizusetzen. So hatte der zeitweilige Nietzsche- wie Wagner Verleger Ernst Schmeitzner bereits im Mai 1878 gegenüber Köselitz zum Stichwort ‘Juden’ den in Bayreuth gefallenen Wagner-Satz kolportiert: „‘Es giebt Wanzen, es giebt Läuse. Gut, sie sind da! Aber die brennt man aus! Leute, die das nicht thun sind Schweine!’“ (KSA 15: 85) Außer an „Wanzen“ und „Läuse“ dachte Wagner beim Thema ‘Juden’ auch, bevorzugt ab Anfang 1879, an „Ratten und Mäuse“ (CT 3: 293), „Warzen“ (CT 3: 460) oder „Fliegen“ (CT 3: 599). Er wollte damit die in seiner Optik verachtenswertesten Eigenschaften dieser ‘Rasse’ kennzeichnen: nämlich ihre Fähigkeit, alle Widrigkeiten zu überleben; ihre Widerständigkeit gegenüber herkömmlichen Strategien der Ausrottung; und ihr massenhaftes Auftreten in durchgängig lästiger Gestalt. Daß die Juden, wie Wagner im Dezember 1879 meinte, „trichinenartig im Körper der anderen" (CT 3: 454) schmarotzten, war dabei ein Bedrohungsszenario, das er bereits, wie gesehen, in seinen *Tagebuchaufzeichnungen* von 1865 vorgeprägt hatte. Insoweit hat Gobineau derlei Radau-Antisemitismen möglicherweise befördert, aber gewiß nicht vorgeprägt. Dies dürfte auch für Wagners rassenhygienisch angelegten Kommentar vom Januar 1879 gelten, wonach Cosimas Besuch zweier in die Irrenanstalt verbrachten Schwägerinnen Hans v. Wolzogens zeige, daß durch die „Erhaltung solcher armen Wesen (...) die Kräfte der Gesunden und Guten aufgerieben würden" (CT 3: 293).

Bei dieser insoweit en passant vorgedachten Euthanasieprogrammatik zielte Wagner in der ihn beschäftigenden Hauptsache indes nicht eigentlich auf physische Vernichtung der Juden, sondern auf Überbietung des Judentums durch ein zu sich selbst gekommenes Deutschtum wie Christentum. Ganz in diesem Sinn wird Cosima später (1890) den jüdischen Wagnerforscher und Bayreuther Chordirigenten Heinrich Porges wegen seiner christlichen Orientierung und hohen Moralität als „rührende(s) Beispiel" dafür anführen, „daß das Judentum (...) durch das Christentum vernichtet werden kann" (Wagner 1980: 214). Der Substanz nach folgte sie mit diesem Urteil der Vorgabe Wagners. Er nämlich wollte im Ergebnis seines Antisemitismus die „Benennung 'deutsch'" nur dort zubilligen, wo von der „Wiedergeburt eines wahrhaften Racen-Gefühles" (GSD 10: 271) gesprochen werden konnte. Die von Wagner als Heil heraufbeschworene göttliche Reinigung durch „den Genuß des Blutes Jesu" (GSD 10: 283) stand dabei für den Versuch einer positiven Aufhebung der eher negativ angelegten, auf die Gefahr der unaufhaltsamen Rassenmischung abstellenden Botschaft Gobineaus. In diesem Sinne auch ist die folgende, von Cosima überlieferte Äußerung Wagners vom März 1881 zu deuten: „'Gobineau sagt, die Germanen waren die letzte Karte, welche die Natur auszuspielen hatte, Parsifal ist meine letzte Karte'" (CT 4: 718). Die Erlösungsbotschaft des *Parsifal*, die den Helden durch den Heiligen ersetzt und Religion wie Kunst ebenso zu versöhnen beabsichtigt wie Christentum und Deutschtum, vertritt zugleich also auch, wenn man so sagen darf, rassenhygienische Ambitionen im Sinne einer darüber einleitbaren Abschwächung des Judentums.

Die Gefahr des damit gerufenen Gedankens ließ sich allerdings nicht mehr recht kontrollieren, und sie trat besonders nachdrücklich in Erscheinung, als Cosima 1899 in einem Brief ausgerechnet jenem gegenüber von einem durch Wagner eröffneten „Ausblick auf die Möglichkeit des Schwindens des Juden durch unsere eigene Reinigung" (Wagner 1980:

474) sprach, der Alfred Rosenbergs *Mythos des 20. Jahrhunderts* die entscheidenden Stichworte liefern sollte: gemeint ist ihr späterer (1908) Schwiegersohn Houston Stewart Chamberlain, der 1896 mit einer Wagner-Monographie hervorgetreten war und 1898 seine Abhandlung *Die Grundlagen des XIX. Jahrhunderts* abgeschlossen hatte, in der er die Rassenlehre Gobineaus sowie den vorherrschenden Antisemitismus jener Epoche im Geiste des späteren Nationalsozialismus reformulierte (vgl. Schüler 1971: 252 ff.). Daß sich Chamberlain dabei angeblich, wie ein weiterer Wagner-Schwiergersohn, Henry Thode, monierte, nicht hinreichend ausgewiesener Ideen Wagners bemächtigt habe, gab Anlaß zu einem Hausstreit, bei dem Cosima offenbar auf der Seite Thodes stand (vgl. Schüler 1971: 116 ff.). „Ich halte die Verbreitung für sehr dienlich" (Wagner 1980: 513), meinte Cosima denn auch unmittelbar nach Erscheinen der Chamberlain-Abhandlung, deren Stellenwert wohl am ehesten Winfried Schüler gerecht wird, wenn er resümiert: „Nach Wagners Artikel über *Das Judentum in der Musik* und nach der Rezeption Gobineaus bezeichnen Chamberlains *Grundlagen* den dritten Markstein in der Entwicklungsgeschichte des Bayreuther Rassengedankens" (Schüler 1971: 253).

Stark beeinflußt zeigte sich von den Frühformen dieses Gedankens der als Wagnerianer in den *Bayreuther Blättern* auftretende Nietzsche-Schwager Bernhard Förster. Seiner Mutter gegenüber redete Nietzsche im Blick auf Förster Klartext: „Für meinen Geschmack ist ein solcher Agitator zum näheren Verkehre etwas Unmögliches" (KSB 7: 54). Bemerkenswert ist vor allem Nietzsches Umgang mit der ihm gegenüber geäußerten Hoffnung Försters, auch er vertrete einen „Enthousiasmus für 'deutsches Wesen'" oder hege den Wunsch, „diese 'herrliche' Rasse gar *rein* zu erhalten"; Nietzsche nämlich antwortete im März 1885 via Naumburg nur mit einem vornehmen „Im Gegentheil, im Gegentheil –" (KSB 7: 23). Wie ernst es Nietzsche mit dieser Bemerkung war, zeigte sich ein Jahr später, als er *Jenseits von Gut und Böse* vorlegte. Denn auch hier zielte Nietzsche nicht auf Reinhaltung des 'deutschen Wesens' ab, sondern, unzeitgemäß und provokant genug, auf dessen Niveauhebung unter Zuhilfenahme der jüdischen Rasse. Sie nämlich ist es, die Nietzsche nun, zumal vor dem Hintergrund der von ihr erfolgreich bewältigten Anfeindungen, als 'stärkste', 'zäheste' und 'reinste' Rasse Europas ausmacht – und entsprechend dem an sich extrem antisemitisch eingestellten märkischen Junkertum mit deutlich ironischem Unterton anempfiehlt. Dabei ragt aus Nietzsches „Festrede" in dieser Sache jener Satz hervor, in dem davon die Rede ist, daß es von vielfachem Interesse wäre zu sehen, „ob sich nicht zu der erblichen Kunst des Befehlens und Gehorchens – in Beiden ist das bezeichnete Land heute klassisch – das Genie des Geldes und der Geduld (und vor allem etwas Geist und Geistigkeit, woran es reichlich an der bezeichneten Stelle fehlt –) hinzuthun, hinzuzüchten liesse“ (KSA 5: 194f.).

Viele Interpreten haben in der Folge diese Äußerung Nietzsches sehr viel weniger ernst genommen als die dem angeschlossene ernste Bemerkung, wonach das „europäische Problem“ in der Frage der „Züchtung einer neuen über Europa regierenden Kaste“ (KSA 5: 195) gründe. So sah etwa Bernhard Taureck in dieser Bemerkung ein Indiz für Nietzsches Übereinstimmung mit späteren faschistischen Herrenrasse- und Weltherrschaftsprogrammatiken (vgl. Taureck 1989: 157). Tatsächlich aber könnte es sich durchaus umgekehrt verhalten: Nie war Nietzsche ernster als dort, wo er mittels seiner „heitere(n) Deutschthümelei“ (KSA 5: 195) danach trachtete, der sich damals bereits als Herrenrasse fühlenden arisch-antisemitischen Aristokratie jenes vor allem geistige Niveau der Juden als das vor Augen zu führen, dessen sie selbst wegen ihres einseitigen Vertrauens auf Autorität und Gehorsam entbehrte. Denn es waren Vereinseitigung wie rassenideologische Funktionalisierung dieser Sekundärtugenden, die Auschwitz ermöglichten und jenes Weltbürgertum verhinderten, auf das Nietzsche eigentlich abstellte, wenn er in diesem Zusammenhang von einer neuen ‘Kaste’ sprach.

Ein weiterer Beleg in Richtung dieser Interpretation ergibt sich aus dem Umstand, daß Nietzsche diesen Überlegungen sowie seiner bereits angesprochenen ironischen Reaktion auf die von Wagner aufgeworfene Frage *Was ist deutsch?* ein Kapitel anschließt mit der Überschrift *Was ist vornehm?*. Denn sowohl die hier als auch in der *Genealogie der Moral* gegebene Antwort erlaubt den Schluß: Wo für den militanten Antisemiten Wagner die Hauptsorge noch lautete, wie man in der „kosmopolitische(n) Synagoge der ‘Jetztzeit’“ (GSD 8: 46) die Glocke eines wahrhaften Deutschtums zum Klingen bringen könne, zielte der frankophil-kosmopolitische späte Nietzsche darauf, den Typus des ‘vornehmen Menschen’ als Vorgriff auf den Seelenadel eines neuen Weltbürgertums zu begründen. Nicht zuletzt deswegen warnte schon Ende des 19. Jahrhunderts Julius Hart nachdrücklich vor nationalistisch geprägten Versuchen der Nietzsche-Instrumentalisierung: „Aber Ihr guten deutschen Schwachköpfe“, so Hart im Gestus eines frühen ‘Biedermann-und-die-Brandstifter’-Motivs, „seht Ihr nicht, daß Ihr Eueren erbittertsten Feind in Euer Haus eingelassen habt? Wollt Ihr Euch ewig von den Fremden führen lassen, die Euer Eigenstes und Ursprünglichstes nicht verstehen können und stets suchen müssen, es zu zerstören und zu vernichten“ (Hart 1899: 88). Harts Einwand war also noch getragen von dem angeblichen Wissen darum, was das wahre Wesen des Deutschtums ausmachte – ein ‘Wissen’, das ein halbes Jahrhundert später seine tiefste Lektion erfahren sollte. Der Faschismus, so denn auch Thomas Mann, „ist dem Geiste dessen, für den alles sich um die Frage 'Was ist vornehm?' drehte, im tiefsten fremd" (Mann 1947: 703).

Derlei Zusammenhänge wurden im 'Dritten Reich' aktiviert, als sich die Auffassung durchzusetzen begann, daß der „Einzug in die nationalsozialistische Walhalla für beide – Nietzsche und Wagner – nicht gut möglich sei" (Ferrari Zumbini 1990: 283f.). Die führenden völkischen Ideologen des ursprünglich durch Cosima Wagner wie Hans v. Wolzogen organisierten 'Bayreuther Kreises', die ihrerseits über Jahre hinweg an der Wagner/Hitler-Verbindung geknüpft hatten (vgl. Schüler 1971: 52ff.) und dafür die Wagnerverehrung Hitlers sowie die Hitlerverehrung Winifred Wagners (vgl. Wagner 1945) ebenso nutzen konnten wie den nationalsozialistischen Wagnerkult (vgl. Mork 1990: 220ff.), sahen sich entsprechend zu einer Widerlegung der vom Nietzsche-Archiv sowie von Nietzsches Schwester vorangetriebenen Indienstnahme Nietzsches für die nationalsozialistische Kulturpolitik gezwungen. Besonders tat sich dabei der spätere (1956) Wagner-Biograph Curt v. Westernhagen hervor (vgl. Schüler 1971: 168). Er nämlich betonte 1936, im Gegenzug zu Alfred Baeumlers Fazit, Nietzsche sei „den Juden" „im Innersten abgeneigt" (Baeumler 1931: 158) gewesen, daß Nietzsche sehr wohl „in den Reihen des Judentums" (Ferrari Zumbini 1990: 288) gestanden habe. Diese Rückerinnerung, von den Bayreuthern selbstredend als Vorwurf an die Adresse Nietzsches gedacht, bestätigt en passant und nur an einem Einzelproblem, wie wenig Geltung nationalsozialistischen Instrumentalisierungen Nietzsches zukam, dem im *Ecce homo* zu dem „Deutsch denken, deutsch fühlen" nur noch ein Wort einfiel: „Ich kann Alles – aber das geht über meine Kräfte ..." (KSA 6: 301). Ein gutes Jahr zuvor hatte Nietzsche in ganz ähnlicher Weise geäußert, daß er „lange nicht 'deutsch' genug" sei, „um dem Nationalismus und dem Rassenhass das Wort zu reden, um an der nationalen Herzenskrätze und Blutvergiftung Freude haben zu können, derenthalben sich jetzt in Europa Volk gegen Volk wie mit Quarantänen abgrenzt" (KSA 3: 630).

Wie sehr man sich angesichts dieser Thematik in Irrwege verlaufen kann, sei zum Abschluß hin an einem Beispiel demonstriert. Bernhard Taureck hat unter Wegführerschaft eines weiteren Sekundärliteraten in Nietzsches Nachlaß von 1885 eine Passage gefunden, die mit dem Satz beginnt: „Die Deutschen *sind* noch nichts, aber sie *werden* etwas" (KSA 11: 572). Belegen will Taureck mit dieser Passage, Nietzsche habe auf „nationale ... Potenzen" Deutschlands abgestellt und insoweit zur Einigung des „Spektrum(s) der Rechten (Wilhelm II, Moeller van den Bruck, Spengler, Ernst Jünger und die Nationalsozialisten) im Inneren" (Taureck 1989: 157) beigetragen. Einfachheitshalber ließ Taureck jedoch die dieser Deutung widersprechende Fortführung des Nietzsche-Zitats weg: „also haben sie noch keine Kultur, – also *können* sie noch keine Cultur haben! Dies ist mein Satz: mag sich daran stoßen, wer es muß: nämlich wer Deutschthümelei im Schädel (oder im Schilde) führt!" (KSA 11: 572) Taureck mißachtete aber nicht nur dies, sondern auch den Kontext, in dem der von ihm inkriminierte Satz ein Jahr später in überarbeiteter Form Eingang fand in *Jenseits von Gut und Böse*: „Der Deutsche selbst *ist* nicht, er *wird*, er 'entwickelt sich'. 'Entwicklung' ist deshalb der eigentlich deutsche Fund und Wurf im grossen Reich philosophischer Formeln: – ein regierender Begriff, der, im Bunde mit deutschem Bier und deutscher Musik, daran arbeitet, ganz Europa zu verdeutschen" (KSA 5: 185). Daß Nietzsches dies sarkastisch meinte, nicht aber etwa affirmativ, wird wohl selbst Taureck nicht bestreiten. Aber wie sagte er doch so schön mit Kurt Tucholsky, offenbar ohne der geheimen Ironie im Blick auf seine eigene Arbeitsweise gewahr zu werden: „Sage mir, was du brauchst, und ich will dir dafür ein Nietzsche-Zitat besorgen" (zit. n. Taureck 1989: 61).

Wichtiger als dieser Einblick in die Tiefen zeitgenössischer Nietzsche-Forschung ist Richard Lonsbachs feinsinnige Bemerkung, daß nicht der Antisemitismus Wagners das war, „was Nietzsche von ihm führte, sondern das, wofür er Gleichnis und Symbol war" (Lonsbach 1939: 45). Wagner nämlich, so Lonsbach weiter, „der den Höhepunkt der Kultur schon überschritten wähnte", zog sich „erlöst und selbstzufrieden in die romantischen Gefilde einer völkisch-christlichen Vergangenheit zurück"; Nietzsche hingegen brauchte „für seine Zukunftskultur alle Menschen und alle Völker. Wie hätte er hierbei eines Volkes entraten können, dessen Wesen er selbst als genial erkannt hatte" (Lonsbach 1939: 46). Insoweit kann Lonsbach auch anmerken: „Nicht in der Freundschaft dieser beiden großen Repräsentanten ihres Jahrhunderts, im Bruch dieser Freundschaft liegt das Entscheidende" (Lonsbach 1939: 43). Über den weitestgehend rhetorischen Antisemitismus des frühen Nietzsche urteilen zu wollen, ohne diese Zusammenhänge zu bedenken, heißt also, nicht über Nietzsche zu reden, sondern über das, was Wagner aus ihm machte bzw. zu machen drohte. In diesem Sinne mag als Schlußwort in dieser Angelegenheit jenes Wort gelten, das Nietzsche in jenem von Taureck beigezogenen Nachlaß als erstes unter der Rubrik *„Deutsch"* notierte: „Der beleidigte Stolz, der Verdruß darüber, dort geliebt zu haben, wo man hätte verachten können, eine hinzugekommene Schwermuth über die entstandene Leere und Lücke, endlich der Biß der intellektuellen Eitelkeit, welche sagte 'du hast dich betrügen lassen' -: dies war das nächste Erlebniß" (KSA 11: 573). Dies ist selbstredend ebenso im Blick auf Wagner gesprochen, wie Nietzsches fünf Jahre älterer Protest gegen jene „Genies, die ihren Anhängern ein Stück Gehirn ausschneiden (...), so daß diese dann halbtrunken und schwankend die Reflexbewegungen der Anbetung ausführen" (KSA 9: 159).

3.3.2 Wagners Wahnfried: Ein Ersatzvater dekonstruiert den Unterbau

Daß Wagners Wahnfried Bayreuth war, bedarf kaum der Erläuterung. Nietzsche war von dem monumentalen Projekt gleichfalls begeistert, las den ganzen Vorgang aber bevorzugt aus der Optik des Ersatzsohns: „Nun haben wir ein Haus und das ist jetzt unser Wahrzeichen" (KSB 4: 176), meldet er im Herbst 1873 an v. Gersdorff in Sachen des Bayreuther Festspielhauses, als zöge er demnächst mit seiner Familie um. Gewartet hatte er darauf offenbar schon geraume Zeit: „Wir d.h. wir Tribschener haben ein Auge auf eine Villa am See, bei Fiume latte (...). Kannst Du diese Villa nicht einer Musterung und Kritik unterwerfen?" (KSB 3: 94), ließ er schon im Januar/Februar 1870 den gerade in Italien weilenden Rohde wissen, der sich ob dieses Ansinnens gewiß seine Gedanken gemacht dürfte über einen Nietzsche, dem offenbar mit seiner Distanz von den Tribschenern auch das Feingefühl dafür abhanden gekommen war, was man einem Freund wie ihm billigerweise zumuten konnte und was nicht. Der Grund für diesen Taktverlust Nietzsches lag ersichtlich in der zunächst ungehemmten Bedürftigkeit, die sein auf die Wagners projiziertes Wir-Gefühl antrieb. Später trat, mit der realistischer werdenden Bayreuth-Option, noch die Hoffnung hinzu, sein Ersatzvater Wagner könne ihm zum omnipotenten Garanten einer dem Ideal des wahrhaften Philosophen frönenden Lebensführung werden, der den Ersatzsohn, der mit der Philologie nur noch wenig Freude hatte und auch zunehmend über gesundheitliche Beschwerden klagte, aus dem Joch der Baseler Lehr- und Unterrichtstätigkeit befreite.

Erstaunlich ist, wie früh Nietzsche dieses Rettungssignal setzte und wie konsequent er es immer wieder in Erinnerung brachte. „Das habe ich von Ihnen selbst, wie unwürdig der Kreis ist, in welchem solch ein Fach-Philolog sich heute herumdrehen kann" (KGB II/2: 146), schreibt ihm Wagner schon im Februar 1870. Wenige Monate später, im Juni 1870, suchte Nietzsche die Ernte von derlei gezielter Information einzubringen: Als in Tribschen die Pläne für Bayreuth reiften, deutete er Cosima gegenüber an, daß es für ihn wohl das Beste sein dürfte, wenn er seine Professur für einige Jahre aufgäbe „und auch mit ins Fichtelgebirge wallfahre" (KSB 3: 125). Im Mai 1871 wird er etwas konkreter. Die Rede ist von einer Redakteursposition in Bayreuth für die Zwecke einer von ihm zusammen mit Wagner geplanten Kulturzeitschrift (CT 1: 390), ein Plan, den Wagner nach Lektüre der *Geburt der Tragödie* im Januar 1872 offenbar zustimmend aufgriffen hat (CT 1: 476). Entsprechend drängend wird denn auch in eben dieser Zeit der Ton Nietzsches: „Ich empfinde meine jetzige Existenz als einen Vorwurf und frage Sie aufrichtig an, ob Sie mich brauchen können" (KSB 3: 276). Zwei Monate später notiert Cosima Wagner in ihr Tagebuch: „Pr.

Nietzsche schickte mehrere Briefe, unter anderem einen von Pr. Ritschl an ihn, sehr ironischen Tones" (CT 1: 496). Der Sinn solcher Briefsendungen liegt auf der Hand: Die Wagners sollten in Kenntnis gesetzt werden über den Preis, den Nietzsche für seine in der *Geburt der Tragödie* öffentlich gemachte Annäherung an Wagner in seinem wagnerfeindlichen philologischen Herkunftsmilieu zu entrichten hatte.

Die erwünschte Wirkung blieb allerdings aus, obwohl die Zeichen mitunter auch anderes nahelegten. „Sie schreiben in Bayreuth das Buch, und wir machen dem Buche Ehre" (KGB II/2: 224), hatte Cosima Nietzsche noch im Juni 1870, aus dem Überschwang über einen Bayreuth-Besuch heraus, im Hinblick auf die von Nietzsche damals geplante *Geburt der Tragödie* versichert. Schon bald aber wurden die Signale andere: Es wäre, so wiederum Cosima, ein Frevel, wollte sie ihm raten, seine „ansehnliche ehrenvolle Stellung für etwas aufzugeben, wovon ich nicht ahne wie es Ihnen zusagen kann" (KGB II/2: 431), bekommt Nietzsche aus Tribschen, im Zusammenhang seiner Neigung, als Reisebegleiter eines Fürsten zu fungieren, im September 1871 zu hören. Ein Jahr später gibt Cosima ihrer Sorge Ausdruck, Nietzsche könne sich in der „Himmelsluft der Musik" und in der „Wassertiefe der Philosophie" verlieren, wenn er den „feste(n) Boden" (KGB II/4: 66f.) der Philologie verlasse. Und als Nietzsche im November 1872, nach dem Skandal um die *Geburt der Tragödie*, andeutet, daß er die Universität Basel, wenn er dieser nicht noch mehr schaden wolle, verlassen müsse (KSB 4: 90), antwortet Wagner keineswegs, daß kein Grund zur Sorge bestünde, insofern sein Nachdenken in puncto einer Bayreuth-Perspektive für Nietzsche zu einem konkreten Ergebnis geführt habe. Statt dessen dominieren Mitleidsbekundungen: „wir sind tief (...) affiziert" (CT 1: 595). 'Tief affiziert' ist man auch noch zehn Monate später: Wagner gerät mit seiner Schwester Ottilie Brockhaus hart aneinander, weil diese, offenkundig unter dem Einfluß des Ehepaares Ritschl, gegen Nietzsche Partei ergriffen hat, „ohne zu bedenken", so wiederum Cosima, „daß N. für ihren Bruder seine Karriere auf das Spiel gesetzt hat" (CT 2: 733). Das war zwar gut erkannt, aber, aus der Optik Nietzsches, schlecht gefolgert.

Den Grund für diese auffällige Zurückhaltung Wagners hat Nietzsche offenkundig selbst noch erraten. Im Oktober 1872 jedenfalls teilt er ihm mit, eine Zeitung habe ihn „neulich einmal als den einzigen aus dem 'Tross Ihrer litterarischen Lakaien' bezeichnet ..., der einen akademischen Lehrstuhl inne hat" (KSB 4: 63). Nietzsche plaudert so, als handele es sich um eine harmlose Anekdote; mitunter attribuierte er sich auch im privaten Verkehr mit einigem Stolz als einen „Wagnerschen Professor ..." (KSB 3: 316). Dabei mußte er selbst am besten wissen, daß ein Professor alles durfte, mit einer Ausnahme: Er durfte nicht zum Propagandisten einer Kulturauffassung oder Weltanschauung herabsinken. Eben dies aber wollte Wagner: „Nun zeigen Sie denn, zu was die Philologie da ist, und helfen Sie mir, die grosse 'Renaissance' zu Stande bringen" (KGB II/2: 146), hatte er Nietzsche schon im Februar 1870 aufgetragen, in der Erwartung, Nietzsche unterließe seine Ambitionen, die Philologie preiszugeben und gar selbst noch auf dem Felde der Musik reüssieren zu wollen. Dies eben hätte auch Nietzsche wissen müssen, und er bekam es durch v. Gersdorff im Mai 1872 (KGB II/4: 9) zur gefälligen Beachtung aus dem Bayreuther Umfeld vermeldet. Die Sache stand insoweit außer Frage: In den Augen Wagners war ein amtierender Philologieprofessor ein weit besserer Zeuge für die Triftigkeit des in Bayreuth Intendierten als ein von der Universität demissionierter, dilettantisch philosophierender und musizierender Wagnerianer. Entsprechend stellte Wagner, wie Nietzsches Schwester sich später erinnerte, Nietzsche wie dessen inzwischen seinerseits auf eine Professur berufenen Freund Rohde in Bayreuth mit Vorliebe mit den Worten vor: „Meine Freunde, die beiden Universitätsprofessoren" (zit. n. Förster-Nietzsche 1915: 104). Als wolle Nietzsche auf diesen Zusammenhang anspielen, notierte er sich später: „Es beleidigt unversöhnlich, zu entdecken, dass man dort, wo man überzeugt war geliebt zu werden, nur als Hausgeräth und Zimmerschmuck betrachtet wurde, an dem der Hausherr vor Gästen seine Eitelkeit auslassen kann" (KSA 2: 408). Hinter dieser Klage, die Nietzsche später um jene andere komplettierte, „dort geliebt zu haben, wo man hätte verachten können" (KSA 11: 573), verbirgt sich ein Stück weit gewiß auch noch der Ärger dessen, der mit seinen eigenen musikalischen Schöpfungen bei Wagner nicht reüssierte (vgl. Eger 1988). Zentraler indes für die Abwendung Nietzsches von Wagner war seine Wahrnehmung der Begleitumstände der Bayreuther Festspiele von 1876, die durch eine sich zunehmend von Wagners Sicht der Dinge entfernende Erwartungsbildung vorgeprägt war.

Wagners Erwartung an die Festspiele hatte sich über die Jahre gewandelt. In einer Art Projektskizze von Beginn der 1850er Jahre hieß es noch: „An eine Aufführung kann ich erst nach der Revolution denken, erst die Revolution kann mir die Künstler und die Zuhörer zuführen (...). Am Rheine schlage ich dann ein Theater auf, und lade zu einem großen dramatischen Feste ein: nach einem Jahre Vorbereitung führe ich dann im Laufe von vier Tagen mein ganzes Werk auf. Mit ihm gebe ich den Menschen der Revolution dann die Bedeutung dieser Revolution, nach ihrem edelsten Sinne, zu erkennen. Dieses Publikum wird mich verstehen; das jetzige kann es nicht" (SB: 783). Die Festspiel-Idee ist also, wie sich mit Thomas Mann sagen ließe, „gründlich revolutionären Ursprungs" (Mann 1951: 800), nur daß dieser Ursprung sich immer mehr verlor und immer mehr auch kenntlich wurde, daß hier nicht eigentlich ein „politischer Bürger“ angetreten war, sondern ein revolutionärer Künstler, der sich für seine Kunst „verbesserte Wirkungsbedingungen vom Umsturz des Bestehenden versprach“ (Mann 1933: 410). Am Ende dann, in Bayreuth und mithin längst bei der Einsicht angekommen, daß auch ohne Umsturz des Bestehenden revolutionäre Kunst nicht chancenlos sei, sah sich Wagner nur noch dem Gebot unterworfen, möglichst rasch einen funktionsfähigen Festspielbau, gut organisierte Wagnervereine und ein auch zur pekuniären Seite hin tragfähiges Festspielszenario auf die Beine zu stellen, um seine Vision einer vom Großstadtklamauk befreiten und nicht der flüchtigen Ablenkung unterworfenen Kunstdarbietung zu ermöglichen, die einer „Offenbarung des innersten Traumbildes vom Wesen der Welt“ (GSD 9: 108) nahekam.

Nietzsche stand einer so zu lesenden ästhetischen Rechtfertigung des Daseins und der Welt keineswegs entgegen, grübelte aber zusätzlich noch über dem Plan einer in Bayreuth zu gründenden „neue(n) griechische(n) Akademie“, mittels deren Schopenhauers Kritik an der „Universitätsweisheit“ aufgenommen und „ein Bruch mit der bisherigen Philologie und ihrer Bildungsperspektive geschehen sollte“ (KSB 3: 165). 1873 begegnet einem dieser Plan erneut – allerdings in deutlich veränderter Gestalt: Die Rede ist nun, jedenfalls in den Gesprächen des Ehepaars Wagner und im stillen Hoffen auf die Protektion durch Ludwig II., von einer „Musterschule, mit Nietzsche, Rohde, Overbeck, Lagarde“ (CT 2: 966). Die Beiziehung des Antisemiten Lagarde war für Nietzsche gewiß inakzeptabel, wenn man bedenkt, daß er zumindest 1887 über die Bücher dieses „ebenso gespreizten als sentimentalen Querkopfs“ (KSB 8: 46) nur zu lachen wußte. Aber auch so waren die Grenzen dieser Perspektive an sich schon seit Rohdes Reaktion auf Nietzsches 1870er Projektskizze deutlich gezogen: Er habe kein Recht, so der frischgebackene Privatdozent der Philologie damals, „sich in eine Welteinsamkeit zu flüchten, die dem schöpferischen Geist“ (KGB II/2: 295) – sprich Nietzsche – fraglos zustehe. Tatsächlich aber hätte Rohde auch antworten können: Er habe keine Lust, sich auf eine Vision einzulassen, die seine eigene Option für eine universitäre Karriere unterlief. Und diese Antwort hätte gewiß auch Overbeck auf das 1873er Vorhaben erteilt.

Nietzsche unterlag also wieder einmal, wie schon im Falle seiner Philologiekritik, der Gefahr, auf einem (Jugend-)Traum allein sitzenzubleiben. Und Wagner hatte, trotz seines gelegentlichen Aktionismus, in der für Nietzsche maßgeblichen Hauptsache aus den besagten Gründen – Gewährleistung der Präsenz eines Professors im Troß seiner ‘literarischen Lakaien’ – nur Unspezifisches zu vermelden, so wie etwa im Januar 1872: „Tief und weit blicke ich mit Ihnen, und unübersehbar weite Gebiete hoffnungsvollster Thätigkeit eröffnen sich vor mir, – vor mir – mit Ihnen zur

Seite“ (KGB II/2: 505). Nietzsche allerdings ist längst zu verstrickt, um noch auf subtile Zwischentöne zu achten: „Also“, so erfährt etwa Rohde im Januar 1873, „im Sommer Bayreuther Concil! Wir als die Bischöfe und Würdenträger der neuen Kirche!“ (KSB 4: 121). Einen Monat später, nachdem ihm zu Ohren gekommen war, daß Malwida v. Meysenbug nach Bayreuth gehen wolle, um Erziehungsanstalten und Kindergärten zu gründen, teilt Nietzsche derselben zuversichtlich mit: „Irgendwann einmal sitzen wir alle in Bayreuth zusammen und begreifen gar nicht mehr, wie man es anderswo aushalten konnte“ (KSB 4: 126). Nietzsche sollte irren: Im Sommer 1876 saß er in Bayreuth – und wußte nicht mehr, wie er es *dort* noch länger aushalten sollte. „Mein Fehler war der“, so resümierte Nietzsche später bitter, „dass ich nach Bayreuth mit einem Ideal kam“ (KSA 8: 522) – mit einem Ideal, wie man hinzuzusetzen hat, das er damals offenbar noch für jenes Wagners hielt.

Dabei war die Umschreibung dieses Ideals durchaus nicht umstandslos möglich. So war beispielsweise schon die Frage, wie Wagner politisch zu situieren war, ein Problem für sich. Noch 1849 etwa, auf dem Höhepunkt der Dresdener Revolutionsereignisse, in die Wagner als Dresdener Kapellmeister in führender Weise involviert war, hatte er gemeint, von dem „letzte(n) Aufflackern der unbeschränkten Fürstenmacht“ künden zu können, „die vor dem Lichte der Aufklärung täglich mehr dahinschmilzt“ (GSD 12: 238). Noch über zwei Jahre später, der inzwischen steckbrieflich gesuchte Wagner ist längst auf der Flucht, zieht Wagner gegen seines Dresdener Freundes Theodor Uhlig „Bangigkeit und Besorgniß“ zu Felde und läßt ihn wissen, daß er an keine andere Revolution mehr glaube als an die, „die mit dem Niederbrande von Paris beginnt“ (SB: 774f.). Und selbst in Wagners 1851 erschienenem und 1868 erneut aufgelegten Werk *Oper und Drama* ist, bei aller hier nun zurückgenommenen Revolutionsrhetorik, immerhin noch die Rede von dem Staat als einer „Ausbeute für die Willkür gewaltsamer oder ränkevoller Individuen“ (GSD 4: 65).

Von all dem ist in Wagners Arbeit *Über Staat und Religion* von 1864 nichts mehr zu spüren. Statt dessen bekommt es der Leser hier nun mit einer Art gehobener Absolutismusrechtfertigung zu tun, die einem Thomas Hobbes alle Ehre gemacht hätte und die den gerade inthronisierten, vom Schwanenritter-Mythos des *Lohengrin* durchdrungenen bayerischen König Ludwig II. auf seine Regentschaft einstimmen sollte, um ihm so ganz nebenbei noch das Hohe Lied des Patriotismus vorzusingen, als dessen höchstes Symbol sich kein anderer als der so Angesprochene wissen durfte. Vergessenmachen muß Wagner dabei dann entsprechend auch seine eigenen früheren Positionen in dieser Sache. Wer ihm, so heißt es gleich zu Beginn dieser Schrift ganz listig, „die Rolle eines politischen Revolutionärs“ zugeteilt habe, wisse gar nichts von ihm und urteile „nach einem äußeren Scheine der Umstände, der wohl einen Polizeiaktuar, nicht aber einen Staatsmann irreführen sollte“ (GSD 8: 4). Der Hinweis auf den ‘Polizeiaktuar’ ist, des Berufs seines Vaters halber, witzig, der Hinweis auf den ‘Staatsmann’ ist geschickt: So nötigt man einem König eine durch Staatsräson gebotene Amnestie gegen die 48er Generation ab, in deren Folge Wagner mit pekuniärer Zuwendung rechnen durfte für die Kunst – jene Wagners selbstredend –, die ein „Wahngebilde“ anbiete, „welches uns als solches tröstet und der gemeinen Wahrhaftigkeit der Noth entrückt“ (GSD 8: 29). Dies mußte einem König wie Ludwig II. imponieren, auf dessen Neigung zur wahnhaften Weltentrücktheit Wagner nun zielsicher baute. Denn nur unter dieser Voraussetzung vermochte er, zumal in seinen Münchener Jahren (1864/65), mittels seiner mit dieser Schrift auf eine Art ‘Revolution von oben’ getrimmten 1848er Programmatik und unter Beiziehung einiger seiner ehemaligen sächsischen Mitrevolutionäre zu einem der wichtigsten, seinerseits überaus ränkevoll agierenden (kultur-)politischen Ratgeber des ihm hoffnungslos verfallenen bayerischen Monarchen aufzusteigen (vgl. Naegele 1995).

Vor dem Hintergrund dieser in eine Staatskrise führenden und Wagner zur Abreise aus München ins Tribschener Exil nötigenden Affäre mochte es insoweit aus Wagners Perspektive ratsam sein, Ludwig II. Jahre später in seiner vor allem für diesen geschriebenen Autobiographie *Mein Leben* eine Darstellungsweise des Dresdener Geschehens von 1849 zu präsentieren, deren Botschaft lautet, Wagner sei eher unwillig und jedenfalls extrem naiv in ein sich rasch verselbständigendes Geschehen hineingestolpert. Dies entsprach zwar nicht der historischen Wahrheit, war aber zu dieser Zeit zweckmäßig, auch mit Blick auf Nietzsche, der 1869 Wagners Autobiographie redigierte und noch fünf Jahre später der (idealisierenden) Meinung war, daß Wagner die Revolution benutzt hatte, „um als Hof- und Kapellmeister sich unmöglich zu machen“ und „als Künstler frei zu sein“ (KSA 7: 792). Immerhin aber kannte Nietzsche Wagners Revolutionsschriften schon von Tribschen her und warf zumindest von hier aus die Frage auf, was das Bayreuth-Projekt aus dem 1848er Wagner zu machen drohte. Vorgearbeitet hatte dem schon v. Gersdorff, der sich 1872, nach Lektüre der Neuausgabe von *Die Kunst und die Revolution*, in einem Brief an Nietzsche deutlich fasziniert zeigte von der „titanenhaften Kraft“, mit der Wagner hier „seine Blitze (…) gegen unsere verlogene Cultur“ (KGB II/2: 568) geschleudert habe. Gedacht haben dürfte v. Gersdorff hierbei an Wagners Tiraden, etwa über korrupte Maler, die „die widerliche Fratze eines Millionärs porträtiren“ (GSD 3: 37), oder über „Eitelkeit“ und „Gefallsucht“ (GSD 3: 24) beim Theaterpersonal; über den Staat, der das Theater zur „industrielle(n) Anstalt“ herabwürdige und in ein „Ableitungsmittel für die gefahrdrohende Regsamkeit des erhitzten

Menschenverstandes" (GSD 3: 23) verwandele; und über Theaterdirektoren, die mit dem Publikum so verfahren, wie es auch ein „geschickter kaufmännischer Spekulant" (GSD 3: 38) täte. Das Resümee dieser Art Kritik der hier thematischen Kunst war damals noch eindeutig: „Das ist die Kunst, wie sie jetzt die ganze civilisirte Welt erfüllt! Ihr wirkliches Wesen ist die Industrie, ihr moralischer Zweck der Gelderwerb, ihr ästhetisches Vorgehen die Unterhaltung der Gelangweilten" (GSD 3: 19). Diese Sätze und die Lektüreerfahrung seines damals besten Freundes mußten Nietzsche beeindrucken. Dem Theatergenie Wagner nämlich, so auch Louis Kelterborn, zog Nietzsche allemal jenen Wagner vor, den er als „furchtlosen beharrlichen, tiefernsten urkräftigen Streiter für eine neue deutsche Cultur" (zit. n. Gilman 1985: 122) kannte.

Mithin mußte es für Nietzsche ernüchternd sein, daß sich Wagner ihm gegenüber nur selten noch mit dem alten Geist zu erkennen gab, so wie im Oktober 1872, als er ihm schrieb: „Ich wenigstens bin jetzt so weit, nach gar keiner Seite zu mir ein Blatt vor das Maul zu nehmen: und käme mir die Kaiserin Augusta in den Weg, sie sollte bedient werden" (KGB II/4: 103). Im Februar 1875 lautete Wagners Botschaft an Nietzsche schon ganz anders: „Ich bin jetzt reiner Geschäftsmann, d. h. Theater-Unternehmer geworden" (KGB II/6, 1: 44), mußte Nietzsche nun lesen, um sich, wohl nicht ganz von ungefähr, wenige Monate später in ein Fragment einzutragen: „Nieder mit der Kunst, welche nicht in sich zur Revolution der Gesellschaft, zur Erneuerung und Einigung des Volkes drängt!" (KSA 8: 218) Nietzsche, so sieht es nun also aus, meinte offenbar, Wagner an dessen Revolutionspathos von 1849 erinnern zu müssen. Denn er drohte zu dem zu werden, was die Hauptvertreter der kritischen Theorie ausgerechnet an seinem Idol Beethoven demonstrierten: ein großartiges, aber fragwürdiges „Beispiel der Einheit der Gegensätze Markt und Autonomie in der bürgerlichen Kunst" (Horkheimer/Adorno 1981: 181). Der Preis für dieses Ineinanderpressen des Inkommensurablen war erkennbar hoch: Bayreuth geriet zur Anlaufstelle derer, die für Wagner finanziell und reputationspolitisch wichtig waren, ohne daß sie an dem ursprünglichen Motiv seines kulturellen Wirkens Interesse nahmen.

Im Vergleich dazu waren Nietzsches konkrete Erwartungen an einen Besuch der Bayreuther Festspiele sehr hoch, wenngleich auch sehr unspezifisch. So hatte er noch 1875 an eine „Vereinigung aller wirklich lebendigen Menschen", an ein „allgemeines Bad der Seelen" oder gar an ein „Reich der Güte" (KSA 8: 247) geglaubt. In derartige Chiffren ließen sich vielfältigste Welt- und Zeitfluchtmotive einlagern. So sehnte Nietzsches alter Freund Rohde Bayreuth herbei als den einzigen Ort der Welt, wo er sich, seine „Leiden, und zugleich die Philologie und alle Wagnerei, und diese fatale akademische Dunstluft, völlig loswerde und in ein wonnereiches Meer ganz eintauchen kann!" (KGB II/6, 1: 354). Ganz so hätte allerdings auch ein universitär eingebundener, beliebiger großstädtischer workaholic in Vorfreude auf einen abendlichen Konzertbesuch reden können, also genau die Gattung 'zeitgemäßer' Menschen, der Rohde sich gerade nicht zurechnete und für die Bayreuth nicht gedacht war: Nicht, so hatte Wagner schon 1851 deklariert, um diese Art „Philister" sei es ihm zu tun, auch nicht um den „Kunstbrotgeber", dem alles an Kunst recht war, sofern es ihn nicht daran erinnerte, „daß er Mensch sein solle" (GSD 4: 226); und, so ergänzte Wagner 1867, sein Bayreuth-Projekt schon deutlich vor Augen habend: Nicht auf „Zerstreuung nach der Tagesanspannung", sondern auf „Sammlung nach der Zerstreuung eines selten wiederkehrenden Festtages" (GSD 8: 122f.) ziele seine theaterpolitische Absicht.

Und so mag es denn verständlich sein, daß Nietzsche, getragen von derlei Impulsen und von der Ahnung, daß infolge der heterogenen Erwartungen Dritter ordnend einzugreifen sei, das Ideal noch einmal theoretisch zu fassen suchte. Dies tat er mit seiner – extra für die 1876er Festspiele angefertigten – Schrift *Richard Wagner in Bayreuth.* Wagner selbst war begeistert: „Ihr Buch ist ungeheuer! – Wo haben Sie nur die Erfahrung von mir her?" (KGB II/6, 1: 362) Die Antwort war einfach: Nietzsche hatte Wagners Schriften und Musikdramen genau gelesen, wobei sich die Lesespuren von *Das Kunstwerk der Zukunft* bis hin zu *Beethoven* erstrecken (vgl. KSA 14: 81ff.), also alle Wendungen Wagners übergreifen und sich in ähnlicher Form auch für die vorbereitenden Ausarbeitungen des Jahres 1875 nachweisen lassen (vgl. Montinari 1978: 294ff.).

Vergleichsweise kompliziert ist allerdings die Antwort auf die Frage, warum viele der insbesondere im Nachlaß des Jahres 1874 nachweisbaren kritischen Wagner-Bezüge Nietzsches in der 1876er Festspielschrift kaum eine Rolle spielen. Die von Martin Vogel (1984: 157ff.) neuerlich ins Zentrum gerückte Auffassung, Nietzsche habe 1876 (mit der Festspielschrift) vor dem Hintergrund von Wagners absehbarem Bayreuthtriumph und mithin aus Opportunitätserwägungen die Abwendung von Wagner storniert, die er 1874 (im wagnerkritischen Nachlaß) wegen des sich damals aus fiskalischen Gründen kurzzeitig andeutenden möglichen Scheiterns des Bayreuth-Projekts eingeleitet hatte, scheint allzu grobschlächtig zu sein. Nietzsches Festspielschrift ist keineswegs, wie Vogel meint und im Interesse seiner Annahme meinen muß, „eine Wagnerschrift, wie sie wagnerischer kaum gedacht werden kann" (Vogel 1984: 158). Sie ist vielmehr, wie Nietzsche selbst im Rückblick schreibt, „eine Huldigung und Dankbarkeit gegen ein Stück Vergangenheit von mir", also „eine Loslösung, ein Abschiednehmen" (KSA 2: 370). Das Moment der Loslösung dominiert dabei eindeutig. So teilt Nietzsche zwar im Hauptteil seiner Schrift Wagners Diagnose des Verlustes der Verständigungsfunktion von Sprache und erklärt dessen Musik zum Impulsgeber für „die richtige Empfindung, die Feindin aller Convention“ und mithin für die „Rückkehr zur Natur“ (KSA 1:456). Damit weiß er sich zugleich auch in der Pflicht gegenüber der von Wagner in seinem *Beethoven* beschworenen, über den Schall sich herstellenden „Einheit mit der Natur“ (GSD 9:72). Aber man sollte auch nicht die diesen formbezogenen Aspekt überschreitende inhaltsbezogene Problematisierung übersehen (vgl. Caysa 1995: 169ff.), die in der Frage gipfelt: „Wo sind unter euch die Menschen, welche das göttliche Bild Wotan's sich nach ihrem Leben zu deuten vermögen und welche selbst immer größer werden, je mehr sie, wie er, zurücktreten? Wer von euch will auf Macht verzichten, wissend und erfahrend, dass die Macht böse ist? (...) Und die Freien, Furchtlosen, in unschuldiger Selbstigkeit aus sich Wachsenden und Blühenden, die Siegfriede unter euch?“ (KSA 1:509) Nietzsche weist diese an die Bayreuthbesucher gerichtete Frage als eine rhetorische aus, also als eine, die auf eine noch zu erfüllende Aufgabe verweist. Und er reduziert eben damit Wagner auf die Rolle eines „Deuter(s) und Verklärer(s) einer Vergangenheit“ und verweigert ihm jene Rolle, die er eigentlich für sich erstrebte: nämlich die Rolle des „Seher(s) einer Zukunft“ (KSA 1:510). In dieser Rolle aber wird sich nun Nietzsche einrichten.

Unklar blieb bei all dem, woraus sich Nietzsches ursprüngliche Hoffnung begründet hatte. Denn die Tendenz zur „große(n) Maskerade“, als die schon Schopenhauer die „civilisirte Welt“ (SW V: 191) entlarvt hatte, erfuhr, wie auch Nietzsche hätte ahnen können, durch das konventionell-elitäre Bayreuther Szenario kräftig Auftrieb. Nietzsche selbst hielt denn auch in einem 1873 entstandenen, wohl nicht umsonst „geheim gehaltene(n) Schriftstück“ (KSA 2: 370) namens *Über Wahrheit und Lüge im außermoralischen Sinne* Formeln zur Kritik dessen, was in Bayreuth geschah, in Vorrat: „Im Menschen“, so heißt es hier, komme die Verstellungskunst „auf ihren Gipfel: hier ist die Täuschung, das Schmeicheln, Lügen und Trügen, das Hinter-dem-Rücken-reden, das Repräsentiren, das im erborgten Glanze Leben, das Maskirtsein, die verhüllende Convention, das Bühnenspiel vor Anderen und vor sich selbst, kurz das fortwährende Herumflattern um die eine Flamme Eitelkeit so sehr die Regel und das Gesetz, dass fast nichts unbegreiflicher ist, als wie unter den Menschen ein ehrlicher und reiner Trieb zur Wahrheit aufkommen konnte“ (KSA 1: 876). Dies war nicht nur wie ein zweiter Schopenhauer, sondern auch wie ein zweiter Rousseau gesprochen – und harrte der Anwendung auf den 1876er Wagner und das Publikum, das er anlockte. Denn zur Zeit der Festspiele dominierte in der sich in Bayreuth zelebrierenden Welt des Adels und der Mächtigen der Adelsstolz, die Konvention und die Intrige – ein Aspekt, der Wagners Motivlage schrittweise verändern und die Nietzsches verstören mußte. In Nietzsches Wahrnehmung, so denn auch Hermann Broch, veränderte sich das Werk Wagners in „das genaue Gegenteil zu dem seinen: nichts von den verächtlichen und hassenswürdigen Zügen der Epoche wird hier bekämpft, nichts von ihrer (...) spezifisch deutschen Dumpfheit wird zur Klarheit gebracht, nein, nichts davon durfte angetastet werden, denn es wurde als Theaterfundus gebraucht, als Requisit einer Theaterwirkung, mit der die inartikuliert dumpfen, mystischen und patriotischen und dekorationslüsternen Appetite des deutschen Philisterpublikums zu kitzeln und zu befriedigen waren" (Broch 1974: 37).

Dies war wohl auch der eigentliche Hintergrund dafür, daß Nietzsches Bayreuth-Besuch des Jahres 1876 zum Fiasko geriet: Von Kopfschmerzen geplagt und mit Grauen vor den „langen Kunst-Abende(n)" (KSB 5: 181) und der „Barockkunst der Überspannung und der verherrlichten Maßlosigkeit" (KSB 5: 338), reiste er nach kurzem Aufenthalt noch während der Proben enttäuscht wieder ab, um nach gut einer Woche, pünktlich zu Beginn der Aufführungen, für gut zwei Wochen wieder zurückzukehren. Auch wenn diese Rückkehr einige Fragen aufwirft und Nietzsche einen deutlich stilisierten, im Sinne eines Bekehrungserlebnisses lesbaren Bericht über seine Abreise von Bayreuth abgab sowie Nietzsches Schwester im Nachgang mit geschickten Brieffälschungen den Umstand zu kaschieren suchte, daß ihr Bruder seine Bayreuther Kopfschmerzen mit jenen ihm schon von Basel her vertrauten in Verbindung brachte (vgl. Vogel 1984: 172ff.), stand zumindest für Nietzsche die zentrale Lektion seines Bayreuth-Besuchs außer Frage: „Krankheit ist jedesmal die Antwort, wenn wir an unsrem Recht auf *unsre* Aufgabe zweifeln wollen" (KSA 2: 373).

Andere sahen dies offenbar ganz anders. Jedenfalls berichtete Nietzsche Jahre später, im fünften Buch von *Die fröhliche Wissenschaft*, ein Wagnerianer habe ihm in Bayreuth auf seine „physiologischen Einwände" entgegnet: „Sie sind also eigentlich nur nicht gesund genug für unsere Musik?" (KSA 5: 618) Dies saß gewiß tief und gab Nietzsche offenbar Anlaß, seine in diesem Zusammenhang skizzierte Abrechnung mit Bayreuth in seinc ein Jahr später fertiggestellte Textzusammenstellung *Nietzsche contra Wagner* zu übernehmen. Die hier vorgelegte, leicht veränderte Fassung lautet: „In Bayreuth ist man nur als Masse ehrlich, als Einzelner lügt man, belügt man sich. (...) Im Theater wird man Volk, Heerde, Weib, Phantasie, Stimmvieh, Patronatsherr, Idiot – Wagnerianer: da unterliegt auch noch das persönlichste Gewissen dem nivellirenden Zauber der grossen Zahl, da regiert der Nachbar, da wird man Nachbar" (KSA 6: 420). Nietzsche dürfte sich bei diesem Urteil auch bezogen haben auf die Vorfälle des Jahres 1882. Denn damals war Lou v. Salomé und deren Beziehung zu ihm sowie seinem Freund Rée in all ihren vermeintlich skandalösen Facetten zum heimlichen Hauptthema des Bayreuther small talk verkommen, womit Lou Nietzsches Schwester „endgültig aus Wagners Gnadensonne in den Schatten gedrängt (hatte), wo sie nur noch die altjüngferliche Schwester eines krankhaften Renegaten war“ (Köhler 1989: 335).

Nietzsche stand mit seiner Negativwahrnehmung der Festspiele nicht allein. Unzulänglichkeiten, ob nun aus der Ungunst des sehr heißen Sommers, der gänzlich überforderten Bayreuther Gastronomie oder der technischen Seite der Aufführung herrührend, registrierten auch andere Zeitzeugen (vgl. Vogel 1984: 174ff.). „Mein Ideal ward mit den vorjährigen Aufführungen nicht erreicht“ (GSD 12: 329), notierte selbst Wagner, meinte aber vor allem, als sei die Attitüde des Geschäftsmanns tatsächlich die ihm einzig noch mögliche, künstlerische Mängel infolge finanzieller Hemmnisse. Cosimas Monitum war da schon etwas differenzierter, wenn sie Nietzsche, allerdings auf dem Höhepunkt des Bayreuther Trubels des Jahres 1875, mitteilte: „Sie fehlen uns sehr, und ich auch suche das Triebschen in den Lüften, in den Wolken“ (KGB II/6, 1: 162). Von dieser Vision entre deux, mit der Cosima ein gewisses Unbehagen zumindest über ihren Bayreuther Lebensstil andeutete, war Rohde zwar ausgeschlossen, aber er zielte in ähnliche Richtung: Abgesehen von „einer kleinen Rotte“, so erfuhr seine Braut angesichts der 1876er Festspiele von ihm, „haben die Üebrigen kein inneres Verhältniß zu der Sache, und wissen und wollen nicht wissen, *was* eigentlich hier vorgeht“ (zit. n. Patzer 1991: 360).

Alle seien „sehr verliebt, sehr gelangweilt und unmusikalisch bis zum Katzenjammer“ gewesen, notierte sich Nietzsche gleichsinnig im Rückblick auf Bayreuth in einer dann doch von ihm unterdrückten Passage des *Ecce homo*, um fortzufahren: „man fand in der durch ihre geheime Sexualität überredenden Musik Wagners ein Bindemittel für eine Gesellschaft, in der Jedermann seinen plaisirs nachgieng“ (KSA 14: 492f.). Erinnert haben dürfte sich Nietzsche hierbei auch an Briefe seiner Schwester, die ihrem bereits abgereisten Bruder 1876 seitenlang über Nachstellungen älterer ehefrustrierter Adeliger mit ihrer bajuwarischen „Handwerksburschengalanterie“ (KGB II/6, 1: 378) berichtete, dabei vor allem an Hugo v. Senger denkend, der Nietzsche noch von der Trampedach-Affäre her in unrühmlicher Erinnerung war. 1895 erreichte ihr Rückblick auf das Bayreuth des Jahres 1876 geradezu sarkastische Höhen: „Marienbad schien eine Anzahl seiner dicken Leute, Rentiers und Banquiers sammt ihren Frauen, herübergesandt zu haben, auf allzu hoch gewölbten Busen prangte der üppigste Schmuck, leuchteten die kostbarsten Brillanten, auf dicken Bäuchen baumelten schwere goldene Ketten – ach! und diese Zuschauer sollten ‘unzeitgemäße’ Menschen sein!“ (zit. n. Gilman 1985: 294) Diese gesellschaftskritische, später allerdings wieder bedeutend abgeschwächte (vgl. Förster-Nietzsche 1915: 245f.) Diktion entspricht der 1848er Emphase Wagners, hatte doch dieser damals noch seinem Spott über die angesichts der revolutionären Umtriebe „ängstlich zum Riechfläschchen greifenden Dämchen und den zähneklappernden Junkerchen" (GSD 12: 244) freien Raum gegeben. Die von der Schwester genutzte Formel von den 'unzeitgemäßen Menschen' war hingegen eine für Nietzsche typische und sollte offenbar die seinerzeitige Reaktion ihres Bruders einer breiten Leserschaft verständlicher machen.

In beachtlicher Analogie zu denen, die ihre Zeit und ihre Epoche ebenso selbstverständlich regierten wie das Geschehen um das Festspielhaus, baute sich Bayreuth auch im Bewußtsein derer als Glückschiffre auf, die an und in ihrer Zeit ihr Genügen *nicht* fanden und einer Wallfahrtsstätte quasi-therapeutischen Charakters bedürftig waren. Der Unterschied war nur der, daß die erste Gruppe, in Nietzsches Optik, des Kunstgenusses ohnehin nicht fähig war, wohingegen die zweite Gruppe den Sinn des ganzen Unterfangens mißverstand. Denn auch wenn Nietzsche schon als Student gelegentlich beim Anhören der Musik Wagners ein „andauerndes Gefühl der Entrücktheit" (KSB 2: 332) registriert hatte und, nicht zuletzt mit Blick auf seine eigenen Kompositionen, der Hoffnung Ausdruck gab, daß man mit Musik „seine Zeit vergessen kann" (KSB 5: 7), meinte er bei all dem doch scheiden zu können zwischen Fluchtmotiven derer, die an der „Überfülle des Lebens" leiden und die „Ruhe, Stille, glattes Meer" benötigten, sowie den anderen, die, aus einem Gefühl der „Verarmung des Lebens" heraus, „den Rausch, den Krampf, die Betäubung" (KSA 3: 620) verlangten. Zusammenfassend gesprochen war es nicht Nietzsches Interesse, daß das von ihm in der *Geburt der Tragödie* zu neuen Ehren gebrachte Dionysische zum Hochmotiv in einem Dasein der Öde verkam. Vielmehr hatte es sich als Ausdruck und Vehikel eines auch im Außer-Ästhetischen zu sich selbst gekommenen Lebens darzutun.

Tatsächlich aber bezeugten die Nachrichten, die zu Nietzsche drangen, die deutliche Dominanz quasi-therapeutisch orientierter Wagner-Nutzer, denen Wagner selbst im übrigen die Stichworte geliefert hatte mit seinem Angebot an den depressiven König Ludwig II., ihm mittels seiner Kunst „den freundlichen Lebensheiland" zeigen zu wollen, „der zwar nicht wirklich und völlig aus dem Leben hinausführt, dafür aber innerhalb des Lebens über dieses erhebt" (GSD 8: 29). In diesem Sinne Erhebungssüchtige gab es in dieser Epoche offenbar genug. So wußte Nietzsches Schwester ihrem Bruder 1874 zu berichten „von verschiedenen Menschen, welche nur durch die Wagneraufführungen noch an's Leben gefesselt wären" (KGB II/4: 604). Nietzsches Ersatzmutter Malwida v. Meysenbug, mal wieder nicht an sich, sondern an andere denkend, erzählte Nietzsche 1876 gar, sie sähe bei seinem suizidgefährdeten Baseler Schüler und Verehrer Albert Brenner, den sie nach Bayreuth verbracht hatte, schon nach Anhören der Proben die „Flügel wachsen" (KGB II/6, 1: 362). Und die Wiener Nietzsche- wie Wagner-Verehrerin Irma Regner v. Bleyleben teilte Nietzsche aus einer deutlichen Lebens- und Sinnkrise heraus im Herbst 1877 mit Blick auf Wagner mit: „Die ganze Zauberschönheit der Märchenwelt, die ich in meinen Kindertagen um mich webte, klingt mir in seiner Musik wieder. Er hat einen herrlichen Schleier über die häßliche Welt gebreitet" (KGB II/6, 2: 748). Ganz ähnlich äußerte sich im Juli 1878 gegenüber Nietzsche auch Mathilde Maier, der angesichts ihrer Enttäuschung über Nietzsches anti-metaphysische Schrift *Menschliches, Allzumenschliches I* nur noch die Anrufung der Gefühle blieb, die sie bei einer Aufführung des *Lohengrin* beschlichen hatten: „sie löst mich los von allem Kleinlichen, Engen, – von allem persönlichen Leiden, und hebt mich empor in eine Region wo der Schmerz aufhört Schmerz zu sein, und von wo man mit dem getrösteten Gefühl eines Kindes, das sich an der Mutterbrust ausgeweint, zurückkehrt!" (KGB II/6, 2: 947) Mathilde Maier, die ihrerseits die nicht ganz eindeutigen Angebote Wagners, als Haushälterin zu ihm zu ziehen, abgelehnt hatte, um ihn, wie die offizielle Lesart in der Wagner-Forschung lautet (vgl. Bauer 1988: 263), nicht zu kompromittieren, dürfte dabei zusätzlich ihre persönlichen Gründe gehabt haben, den fauxpas Elsas, der deren endgültigen Verzicht auf Lohengrin zur Folge hatte, als tröstend auch für sich zu empfinden. Für Nietzsche indes war, auch ungeachtet dieses besonderen Hintergrundes, die Gesamtbotschaft dieser Briefe und Rückmeldungen wohl Anlaß genug für seinen Ausruf: „Ah, dieser alte Räuber! Er raubt uns die Jünglinge, er raubt selbst noch unsere Frauen und schleppt sie in seine Höhle ..." (KSA 6: 45).

Hinter diesem Wagner als Minotauros aufbereitenden Scherz verbarg sich ein weitaus tieferer Einspruch: Nietzsche war, nicht zuletzt wohl über die sich in Briefen wie den angeführten deutlich aussprechende neurotisch-regressive Wagner-Wirkung namentlich auf die Wagnerianerinnen, deutlich geworden, wie sehr Wagner mit seiner an sich auf Regeneration des deutschen Wesens abstellenden Programmatik die Romantisierung des Krisenbewußtseins einer emotional entleerten Epoche zu verantworten hatte. Derlei Romantik aber schien Nietzsche, wie er in einem Nachlaßnotat von 1885 spöttisch zu verstehen gab, doch eher französisch denn deutsch und auf jeden Fall nicht mehr normal: „Auch jener hysterisch-erotische Zug, den Wagner am Weibe besonders geliebt und in Musik gesetzt hat, ist am besten gerade in Paris zu Hause: man frage nur die Irrenärzte –" (KSA 11: 591). Nietzsche jedenfalls wollte nicht mehr mitwirken an einer in kurativer Absicht genutzten Propagierung einer Welt des Scheins durch jene, die je auf ihre Art durch Wagners Musik offenbar auch irgendwie gelernt hatten, in ihr Inneres zu blicken, als würden sie da des „innere(n) Wesen(s) aller Dinge" (GSD 9: 78) ansichtig. Denn damit erfüllten sie nicht die ursprünglich auch von Nietzsche geteilte Vision, sondern führten lediglich den nicht zuletzt auch von Nietzsche aufbereiteten metaphysisch-ästhetischen Überbau ad absurdum. Deswegen auch ist Nietzsches giftigster Kommentar zu diesem ganzen Geschehen wohl jener, in dem es heißt: „Wagner hat lauter Krankheitsgeschichten in Musik gesetzt (...). Daß die lieben D<eutschen> dabei von Urgefühlen germanischer Tüchtigkeit und Kraft zu schwärmen verstehen, gehört zu den scherzhaften Anzeichen der psychologischen Cultur der Deutschen" (KSA 13: 465).

Nietzsches Abwendung von Wagner hat allerdings nicht nur mit der „Ablehnung ästhetischer Tröstungen" (Campioni 1976: 95) zu tun, sondern auch mit seiner Öffnung für Tröstungen christlicher Provenienz. Noch 1874 hatte Nietzsche geglaubt, Wagner mit dem Attribut eines 'modernen Menschen' belegen zu dürfen, der „sich nicht durch den Glauben an Gott zu ermuthigen und zu befestigen" (KSA 7: 765) suche, sondern der an sich selbst glaube. Vier Jahre später notierte sich Nietzsche in ein Fragment: „Damals glaubte ich das Christenthum im Verschwinden zu sehen, Wagner sandte ihm auch einige böse Worte nach" (KSA 8: 553). Genauere Angaben fehlen, aber man geht wohl nicht fehl in der Annahme, daß Nietzsche hier auf Wagners Schrift *Die Kunst und die Revolution* von 1849 anspricht. Denn tatsächlich galt Wagner hier das Christentum als Indiz für „Demut, Entsagung, Verachtung alles Irdischen" und als Zeichen für „Erschlaffung und Schwächung" und der Versündigung „gegen die wahre, gesunde Natur des Menschen" (GSD 3: 36). Indes hätte Nietzsche schon aus dieser Schrift Warnzeichen hinsichtlich einer übermäßigen Zelebrierung Wagners als eines Atheisten beziehen können. Denn am Ende seiner Kritik an christlichen Daseinsrechtfertigungen präsentierte Wagner Jesus als denjenigen, „der in liebevoller Entrüstung gegen jene heuchlerischen Pharisäer donnerte, die feig der römischen Gewalt schmeichelten, um desto herzloser nach unten hin das Volk zu knechten und zu binden, der endlich allgemeine Menschenliebe predigte, die er doch unmöglich Denen hätte zumuthen können, welche sich selbst alle verachten sollten" (GSD 3: 15). Damit waren die Schachfiguren im Weltgeschehen neu sortierbar, gemäß der Schlußbotschaft Wagners: „So laßt uns denn den Altar der Zukunft, im Leben wie in der lebendigen Kunst, den zwei erhabensten Lehrern der Menschheit errichten: – Jesus, der für die Menschheit litt, und Apollon, der sie zu ihrer freudenvollen Würde erhob!" (GSD 3: 41) Diese Botschaft kündigt in sich bereits das ganze Problem an, das Nietzsche dreißig Jahre später mit seinem Ersatzvater bekommen sollte. Denn die sich in der Jesusfigur zentrierende Option für eine gleichsam anti-kirchliche Christlichkeit ist von anderer Art als die von Nietzsche nun angezielte, sich in der Figur Zarathustras verdichtende Option für eine Ordnung der Dinge ohne Gott. Aber auch ungeachtet dessen trifft die 1874er Aussage

Nietzsches, wonach Wagner nicht an sich, sondern an Gott glaube, in dieser Form noch nicht einmal auf den Wagner von *Die Kunst und die Revolution* zu. Womit wir es also zu tun haben, ist, jedenfalls im erheblichen Umfang, eine Stilisierung, sprich: ein Wagner, an den Nietzsche glauben wollte.

Dies läßt sich auch ansatzweise dort beobachten, wo Nietzsche rückblickend bekannt gibt, er habe geglaubt, „in Wagner's Kunst den Weg zu einem deutschen Heidenthum" oder mindestens doch „eine Brücke zu einer spezifisch unchristlichen Welt- und Menschenbetrachtung" (KSA 8: 533) zu finden. Der *Ring der Nibelungen* läßt sich dieser Charakterisierung problemlos einfügen. So erinnerte Nietzsche noch in *Der Fall Wagner* daran, daß Wagner Siegfried als einen „typische(n) Revolutionär" konzipiert hätte, dessen Abkunft aus Ehebruch und Blutschande für eine „Kriegserklärung an die Moral" zeuge und in dessen Liebe zu Brünnhilde sich „die Götterdämmerung der alten Moral" (KSA 6: 19f.) zur Anzeige brächte. Ganz anders verhielt es sich mit der „Siegfried-Caricatur" (KSA 11: 592) Parsifal: Nietzsche vermochte, wie er sich in der *Genealogie der Moral* ausdrückte, in diesem „arme(n) Teufel und Naturbursche(n)", der mit „verfänglichen Mitteln schliesslich katholisch gemacht wird" (KSA 5: 341), nur ein Indiz für den heimlichen Wunsch und Willen des späten Wagner zu sehen, „ganz eigentlich Umkehr, Bekehrung, Verneinung, Christenthum, Mittelalter zu predigen" (KSA 5: 343). Insoweit, so schien es, war auch die Abkehr Nietzsches von Wagner unabweislich. Was Nietzsche allerdings dabei ausblendete, war der Umstand, daß ihm der *Parsifal* als Entwurf bereits seit 1869 bekannt war. Dies aber fügte sich offenbar nicht so recht in das Bild, dessen Nietzsche in eben dieser Zeit von Wagner bedurfte. Wiederum also treffen wir auf ein Stück Stilisierung: ein heidnisch-unchristlicher Wagner, den der frühe Nietzsche benötigte, wird durch Ignorieren eben jenes Werks aufgebaut, das der späte Nietzsche ins Zentrum rückte, um sich vom wieder christlich gewordenen späten Wagner endgültig absetzen zu können.

Daraus läßt sich nun auch eine Antwort entwickeln auf die Frage, wieso eigentlich der frühe Nietzsche offenbar beides für integrierbar hielt: seine Idealisierung des sich im *Siegfried*, ansatzweise aber auch in der *Beethoven*-Schrift und, vor allem, in *Die Kunst und die Revolution* aussprechenden optimistisch-revolutionären Wagner und die gleichzeitige Idealisierung der in seiner *Geburt der Tragödie* dominierenden, auf Schopenhauer-Impulse zurücklaufenden ästhetischen Metaphysik, in der einem vom Ansatz her der pessimistisch-antirevolutionäre Grundzug Schopenhauers begegnet, dessen Pointe dann in Wagners *Parsifal* zutage trat? Warum also, so könnte man auch anders fragen, hat der frühe Nietzsche übersehen, was der späte in aller Klarheit erkannte: daß Wagner als „Künstler der décadence" durch Schopenhauer, den „Philosoph(en) der décadence" (KSA 6: 21), seine treffliche Ergänzung erfuhr? Die Antwort könnte, unter Nutzung des bisher Gesagten, lauten, daß der frühe Nietzsche aufgrund seiner an Wagner herangetragenen Vaterübertragung gehindert war, die an Schopenhauer angelehnte metaphysische Kunstauslegung Wagners als eine auf den Revolutionär Wagner nicht recht passende zu tadeln. Aus ähnlichen Gründen unterließ er es, den christlichen Rest des Metaphysikers Schopenhauer auch schon in dieser frühen Phase zu demaskieren.

Der zentrale Beleg für diese These läßt sich zumindest ansatzweise einem Brief Nietzsches an Malwida v. Meysenbug vom Februar 1883 entnehmen: Meine „ganze Jugend und ihre Richtung", so argumentiert Nietzsche hier im Blick auf Wagners Rückwendung zum Christentum, „schien mir befleckt, insofern ich einem Geiste, der dieses Schrittes fähig war, gehuldigt hatte" (KSB 6: 335). Die Frage, die Nietzsche hier eigentlich ausspricht, lautet, warum er fähig gewesen war, einem Geiste wie jenem Wagners zu huldigen, obwohl er hätte erkennen müssen, daß Wagners Christentum der von diesem betriebenen Schopenhauer-Adaptation immanent war. Die 'Befleckung' gründet also nicht allein in Wagners angeblich erst spät in Erscheinung getretener Wiederhinfindung zum Glauben, sondern auch in Nietzsches eigenem frühen Glauben an Wagner wie Schopenhauer. Dieser Glaube sorgte dafür, daß er den Revolutionär Wagner überbetonte und die Problematik des Metaphysikers Schopenhauer zunächst außer Betracht ließ. Eines fällt dabei auf: Ebenso wie Wagner mit seinem Abfall vom revolutionär-atheistischen Frühgeist dokumentierte, seines Glaubens an sich selbst offenbar doch nicht sicher zu sein, ebenso bezeugte Nietzsches Verehrung seiner Ersatzväter Wagner wie Schopenhauer, daß auch seinerseits die Findung des eigenen Selbst noch ausstand.

Dieses Problem spiegelt sich dort, wo Zarathustra seine Jünger dazu auffordert, von ihm fortzugehen und sich gegen ihn zu wehren: „Ihr hattet euch noch nicht gesucht: da fandet ihr mich. So thun alle Gläubigen; darum ist es so wenig mit allem Glauben" (KSA 4: 101). Etwas deutlicher ist Nietzsche 1885 in einem Brief an seine Schwester. Er habe, so heißt es hier, Wagner und den „Stifter des Christenthums (...) geliebt, als ich noch nicht begriff, was der Mensch ist" (KSB 7: 24). Die hier als neuer geistiger Besitz reklamierte Bestimmung des Menschen findet sich im *Zarathustra* in der Variante des Übermenschen, der eine gottlose (lies auch: wagner- wie schopenhauerlose) Ordnung zu ertragen hat und bewältigen muß, eine Ordnung im übrigen, in der auch kein Zarathustra mehr ist. „Nun heisse ich euch", so fordert Zarathustra die von ihm auf den Weg zum Übermenschen gebrachten Menschen auf, „mich verlieren und euch finden; und erst, wenn ihr mich Alle verleugnet habt, will ich euch wiederkehren" (KSA 4: 101). Und dies eben, so läßt sich Nietzsche nun verstehen, ist auch die Crux des von Wagner anfänglich repräsentierten Atheismus: Die bloße Leugnung Gottes ohne gleichzeitigen starken Glauben an sich selbst ist noch keine hinreichende Wappnung gegen die Wiederkehr einer Vorstellung, die einem durch das Alter oder die Umstände – die Gläubigkeit Cosimas etwa – aufgenötigt worden sein mag und die dann durch Wagners merkwürdige Schopenhauer-Adaptation befördert wurde. In diesem Sinne ist der im *Zarathustra* verkündete Tod Gottes die letzte und radikalste Form des Vatermordes, mit dem Nietzsche endgültig den Rekurs auf eine im Außermenschlichen situierte Trostvorstellung verbauen wollte.

Nietzsches 1876 auf seiner Bayreuth-Flucht konzipierte Schrift *Menschliches, Allzumenschliches I* ist insoweit ein zentraler Meilenstein auf dem Weg zum *Zarathustra*. Denn es handelt sich hier um eine allererste Variante der für Nietzsche nun typisch werdenden Versuche aufklärerischer Mythen- und Metaphysikdekonstruktionen. Zentrale Impulsgeber hierfür waren Bayreuth als fragwürdiges Szenario und Wagner als zweifelhaftes Idol. Wie sehr Nietzsche dieses Idol zu demontieren im Begriff stand, verdeutlicht dabei der Umstand, daß er sich als neuen Heros ausgerechnet Voltaire auswählte, um ihm, „einem der grössten Befreier des Geistes", zu dessen 200. Geburtstag mit dem Erscheinen von *Menschliches, Allzumenschliches I* eine, wie es im Vorblatt zur Erstausgabe heißt, „persönliche Huldigung" (KSA 2: 10) darzubieten. Denn daß Wagner, dem Nietzsche nur sechs Jahre zuvor im Vorwort der *Geburt der Tragödie* in analoger Weise gehuldigt hatte, auf Voltaire nicht gut zu sprechen war, mußte er spätestens seit Cosimas Brief vom Dezember 1870 in Sachen der Voltaire-Monographie von David Friedrich Strauß wissen: Wagners Erregung galt selbstredend nicht nur dem Autor, sondern auch dessen Gegenstand. Unbekannt gewesen sein dürfte Nietzsche allenfalls der in dieser Hinsicht aufschlußreiche Brief Wagners vom März 1865 an Ludwig II., in dem es heißt: „Anders, als jener preussische Friedrich II mit seinem Voltaire, soll Ludwig der Deutsche seinem Volke vorleuchten" (LWB I: 72). Deutlicher werden die Intentionen, die Wagner mit dieser Bemerkung verfolgte, wenn man seine für den bayerischen König verfaßten *Tagebuchaufzeichnungen* vom September 1865 heranzieht. Denn Wagners hier dargebotene These, wonach die nach wie vor überfällige, im 18. Jahrhundert anhebende „Neugeburt des deutschen Geistes" damals durch den Umstand konterkariert worden sei, daß „Friedrich mit Voltaire französisch philosophirte" (LWB IV: 9), ließ sich nicht anders lesen, als daß Wagner im Interesse einer gedeihlichen Sicherstellung wahrhaften Deutschtums für sich am bayerischen Hof jenen Platz beanspruchte, den der Franzose Voltaire vorübergehend und mit angeblich hemmenden Folgen für die Regeneration des deutschen Geistes in Sanssouci innegehabt hatte (vgl. Naegele 1995: 139f.). Der Substanz dieses Arguments blieb Wagner auch noch bis in das Jahr hinein verpflichtet, in dem Nietzsche, der Verehrer Friedrichs II., mit seiner Voltaire-Huldigung hervortrat. Aber nicht nur darum hätte Nietzsche, wie Wagners aus den *Tagebuchaufzeichnungen* entwickelte Schrift *Was ist deutsch?* von 1878 zeigt, ahnen können. Er hätte auch, bevor er mit einer Huldigung des *französischen* Voltaire hervortrat, in Betracht ziehen können, daß Wagner weder seine Tribschener noch seine Bayreuther Existenz mit dem kühnsten seiner Münchener Träume, eben mit dem Traum, zum *deutschen* Voltaire aufzusteigen, in Einklang zu bringen wußte.

Nietzsche verstieß aber nicht nur gegen die aus derlei Zusammenhängen herrührenden Empfindlichkeiten Wagners, sondern auch gegen den Grundkonsens, den Wagner mit ihm hinsichtlich der Bedeutung der Kunst über lange Jahre hinweg meinte erzielt zu haben. Schon in seinen Vorarbeiten zu *Menschliches, Allzumenschliches I* ging Nietzsche in dieser Sache auf Konfrontationskurs. „Lesern meiner früheren Schriften", so notierte er sich beispielsweise 1876/77, als schriebe er schon an einer Vorrede für sein neues Buch, die auch die Leser der *Geburt der Tragödie* ansprechen sollte, „will ich ausdrücklich erklären, daß ich die metaphysisch-künstlerischen Ansichten, welche jene im Wesentlichen beherrschen, aufgegeben habe: sie sind angenehm, aber unhaltbar" (KSA 8: 463). Aufgegeben hatte Nietzsche damit auch seine frühe, durch Wagners Einfluß geschärfte Aufklärungs- und Wissenschaftskritik. „Der wissenschaftliche Mensch ist die Weiterentwicklung des künstlerischen" (KSA 2: 186), heißt es nun plötzlich in *Menschliches, Allzumenschliches I*, als sei es nicht Nietzsche selbst gewesen, der noch in der *Geburt der Tragödie* „den mit höchsten Erkenntniskräften ausgestatteten, im Dienste der Wissenschaft arbeitenden theoretischen Menschen" (KSA 1: 116) der Lächerlichkeit preisgab, um ihn durch den sich nicht zuletzt in der Figur Wagners explizierenden künstlerischen Menschen zu überbieten. Die nun geltende Wahrheit ist eine andere, gegenläufige, und sie läßt sich in einem wenn auch unausgesprochenen, so jedenfalls doch nahegelegten Satz bündeln: 'Der Wissenschaftler Nietzsche ist die Weiterentwicklung des Künstlers Wagner.' Aus dieser neuen Optik geriet Wagner zum Hemmnis des Fortschritts, und entsprechend unverblümt war Nietzsches Nekrolog: „Den Künstler wird man bald als ein herrliches Ueberbleibsel ansehen und ihm, wie einen wunderbaren Fremden, an dessen Kraft und Schönheit das Glück früherer Zeiten hieng, Ehren erweisen, wie wir sie nicht leicht Unseresgleichen gönnen" (KSA 2: 186). War dies noch fast freundlich gesprochen, so läßt sich dies gewiß nicht für jenen Aphorismus behaupten, mit dem Wagners Größe als Effekt der fragwürdigen Verehrung Nietzsches ausdeutbar wurde: „Ohne die blinden Schüler ist noch nie der Einfluss eines Mannes und seines Werkes gross geworden" (KSA 2: 121). Mit diesen süffisanten Worten hat Nietzsche zugleich auch Rache geübt für die Unbedenklichkeit, mit der sich Wagner über Jahre hinweg der Dienste seines noch nicht zu sich selbst gekommenen Ersatzsohns bemächtigt hatte.

Vor diesem Hintergrund irritiert es schon, daß Nietzsche allen Ernstes hoffte, die Wagners würden auf die im April 1878 erfolgende Übersendung von *Menschliches, Allzumenschliches I* mit Toleranz reagieren. Möglicherweise aber war diese Hoffnung Nietzsches nur Gebärde, Selbstschutz, Symptom für Ungeschehenmachenwollen und Zurückschrecken vor der eigenen Radikalität. Dafür spricht auch Nietzsches anfängliche Überlegung, das Buch unter einem Pseudonym erscheinen zu lassen. In ähnliche Richtung weist seine ersatzweise vorgenommene Anonymisierung des Namens Wagner im Manuskript. Erwähnt seien schließlich noch die Widmungsverse, die Nietzsche seiner Buchübersendung beilegte: „Dem Meister und der Meisterin/Entbietet Gruss mit frohem Sinn,/Beglückt ob seinem neuen Kind./Von Basel Friedrich Freigesinnt./Er wünscht dass sie mit Herzbewegen/Auf's Kind die Hände prüfend legen/Und schauen ob es Vater's Art" (zit. n. Eger 1988: 118). Denn wer so kleinkindhaft vor sich hindichtet, hofft offenbar verzweifelt, es werde übersehen, was doch nicht mehr zu ändern ist.

Monate zuvor, in einem Briefentwurf an Richard und Cosima Wagner von Anfang 1878, als Nietzsche die ersten Teile von *Menschliches, Allzumenschliches I* gerade in Druck hatte gehen lassen und die Sühne für die eigene Tat noch in einiger Ferne stand, war er noch etwas mutiger gewesen: „Dies Buch ist von mir: ich habe meine innerste Empfind<ung> über Menschen und Dinge darin ans Licht gebracht und zum ersten Male die Peripherie meines eigenen Denkens umlaufen" (KSB 5: 298). Dies war in aller Unschuld gesprochen, ließ aber, bei genauerem Zusehen, die eigene Schuld doch deutlich werden. Denn bei jenen 'innersten Empfindungen über Menschen' handelte es sich nicht nur um bisher unausgesprochene Empfindungen Nietzsches mit Blick auf Richard, sondern auch mit Blick auf Cosima Wagner. So mußte es Cosima fraglos kränken, Monate später aus Nietzsches Buch in verklausulierter Form das angesichts ihrer beachtlichen Körpergröße wenig geschmackvolle Bild entnehmen zu dürfen, wonach sie sich aus purem Geltungsdrang ihrem egoistischen und schwierigen Mann immer wieder als „Blitz-, Sturm- und Regenableiter" (KSA 2: 281) zur Verfügung stelle. Und daß Nietzsche, wie er in jenem Briefentwurf gleichfalls meinte, in seinem neuen Buch die Peripherie seines 'eigenen Denkens' nun zum ersten Mal umlaufen habe, meinte unausgesprochen zugleich, daß Wagner ihn bisher immer für 'fremdes Denken' instrumentalisiert hatte. „Das unzweideutigste Anzeichen von einer Geringschätzung der Menschen ist diess, dass man Jedermann nur als Mittel zu *seinem* Zwecke oder gar nicht gelten lässt" (KSA 2: 325), hätte Wagner hierzu, wenn er wollte, als Kommentar aus *Menschliches, Allzumenschliches I* erfahren können – ein Kommentar übrigens, der auch schon die neue Rolle Nietzsches vorzeichnete: Er nämlich galt nun in Bayreuth gar nichts mehr.

Doch trotz dieser Antizipation seiner neuen Rolle übte sich Nietzsche zunächst in der Attitüde des Erstaunten. Von Bayreuth aus sei sein Buch „in eine Art von Bann gethan", über den Autor habe man die „große Excommunikation" verhängt, und Wagner habe eine große Gelegenheit, „Größe des Charakters zu zeigen, unbenutzt gelassen" (KSB 5: 329), klagte er Ende Mai 1878 Köselitz, so, als sei er sich seiner Verantwortung hierfür nicht bewußt. Köselitz selbst ließ es auch diesmal an dem erwarteten Beistand nicht fehlen: In seinem Antwortbrief verglich er das anfänglich eisige Schweigen der Wagners auf die Zusendung von *Menschliches, Allzumenschliches I* mit „einer Gesellschaft, die nach irgendwelcher Ungeschicklichkeit eines ihrer Mitglieder in plötzliches Stillschweigen geräth und sich aus lauter Scheu vor weiteren Missliebigkeiten keine Rechenschaft über den Vorfall geben mag" (KGB II/6, 2: 883). Noch mehr aber freute Nietzsche wohl der Zusatz, wonach derjenige, der „sich den Widerstand (diese wohlthätige und nothwendige Bedingung der Cultur) von vornherein verbittet", einem „unfehlbare(n) Sultan" gleiche, „der nur dienstfertige, folgsame Sclaven um sich duldet" (KGB II/6, 2: 883f.). Denn den hier beschriebenen Menschentypus hatte Nietzsche schon vier Jahre zuvor in Wagner vermutet: „Der Tyrann lässt keine andere Individualität gelten als die seinige und die seiner Vertrauten" (KSA 7: 765), diagnostizierte Nietzsche damals, nachdem ihm Wagner sein Brahms-Lob verübelt hatte (vgl. Hudek 1989: 44). Damit standen Verhaltenszüge Wagners im Raum, die Nietzsche auch im 'alt gewordenen Gelehrten' Ritschl hatte entlarven und verachten lernen müssen und die er spätestens 1878, als er sich mit *Menschliches, Allzumenschliches I* gegenüber Wagner mit seiner ihm eigenen Individualität zur Geltung bringen wollte, auch in Wagner zu identifizieren nicht umhin konnte, womit der Vatermord auch an diesem unausweichlich und, vor allem, rationalisierbar wurde.

Wagner tat das Seinige, um dieser Interessenlage Nietzsches entgegenzukommen. In seiner im August 1878 erschienenen Polemik *Publikum und Popularität* meinte er nicht nur, in gleichfalls verschlüsselter Form, Nietzsche nun seinerseits als Bildungsphilister entlarven zu können. Sondern er zitierte ausgerechnet jene Passage aus *Menschliches, Allzumenschliches I*, in der sich Nietzsche darüber verwundert gezeigt hatte, „daß heute des Sonntags früh noch die Glocken für einen vor zweitausend Jahren gekreuzigten Juden läuten" (GSD 10: 87), und er tat dies in der alleinigen Absicht, Nietzsche den jüdischen Verächtlichmachern christlicher Glaubenssymbole einzufügen und mithin als neues Opfer seines ihm eigenen Antisemitismus zu markieren. Dem nachdenkenswerten Anti-Antisemitismus, dem Nietzsche mit seiner Äußerung vorarbeiten wollte, beschloß Wagner für sich also, erst gar nicht weiter Rechnung zu tragen. Noch infamer aber als hier argumentierte Wagner zur Jahreswende 1879/1880. Das Szenario lieferte ihm nun das soziale Elend dieser Zeit und vor allem der harte Winter mit „an den Juden verpfändete(n) Bauer(n)"; von hier ausgehend empörte er sich effektvoll gegenüber denen, die gleichwohl „Nihilisten jeder Art ... für sechs Mark mit philologischen Nachgeburten" (GSD 10: 29) beglücken. Gemeint ist damit wiederum kein anderer als Nietzsche, dessen *Der Wanderer und sein Schatten*, tatsächlich eine Art Nachgeburt zu *Menschliches, Allzumenschliches I*, im Dezember 1879 erschienen war. Wagner hingegen, so deutete er jedenfalls an, habe nicht zuletzt des sozialen Elends wegen dem Wunsch seiner Freunde, ihnen den Klavierauszug des *Parsifal* als Weihnachtsgeschenk zu präsentieren, nicht nachgegeben.

Man kann diese gänzlich maßlose Polemik Wagners, die Nietzsche vermutlich nicht bekannt geworden ist, nur nachvollziehen, wenn man sie als Indiz für die Verarbeitung einer Enttäuschung liest, die sich Wagner selbst durch seine Projektion ebenso maßloser Hoffnungen auf den Ersatzsohn Nietzsche notwendig bereiten mußte. Dem entspricht, daß die Bayreuther in der Folge und mit etwas mehr Abstand deutlich schwankten zwischen dem Urteil vom Juni 1882, wonach Nietzsche „eigentlich keine Intelligenz hatte, aber zu magnetisieren war" (CT 4: 986), sowie dem anderen vom Januar 1883 und mithin kurz vor Wagners Tod gefällten, demzufolge es eine „Schande für uns" sei, nicht verstanden zu haben, Nietzsche (und v. Gersdorff) „besser zu fesseln" (CT 4: 1094). Über all dem schwebte das melancholische, auch von Ludwig II. gegenüber Cosima verwendete (vgl. CLB: 253) *Faust*-Motiv: „entbehren sollst du, sollst entbehren" (CT 4: 783). Diesem extrem ambivalenten Hintergrund kam der komplementär eingebundene Nietzsche nicht auf die Spur. Immerhin aber bat er im September 1878 seinen Verleger, der ihn mit Wagners Streitschrift *Publikum und Popularität* bekannt gemacht hatte, ihn zukünftig mit solchen Hinweisen zu verschonen, weil er sich den Begriff von Wagners Größe erhalten wolle und sich dazu Wagners „Allzumenschliches etwas vom Leibe halten" (KSB 5: 352) müsse. Den darin verborgenen Vorwurf hätte er getrost auch auf sich selbst beziehen können. Denn auch seine Stellungnahme zu Wagner gewann nun nie mehr die Freiheit, die sie vom Allzumenschlichen gänzlich fern hielt. Und möglicherweise ist auch dies ein Grund dafür, warum sich manch Wagnerianer den Begriff von Nietzsches Größe nicht erhalten konnte.

3.3.3 Menschlich-Allzumenschliches Nachspiel

Der auffällig starke Anti-Wagner-Affekt namentlich des späten Nietzsche erklärt sich aus diesen Zusammenhängen nicht hinreichend. Es trat vermutlich noch hinzu, was in einem Brief Nietzsches an Overbeck vom Februar 1883 unter dem Stichwort der „tödtliche(n) Beleidigung“ (KSB 6: 337) figuriert. Die neuere Forschung zu diesem Komplex beginnt sich, ihrer einleitend bereits kritisierten anti-psychologischen Orientierung Folge leistend, auf die Deutung einzustellen, Nietzsche habe mit dieser ‘tödlichen Beleidigung’ auf Wagners Rückkehr zum Christentum abgestellt (vgl. Montinari 1985: 20f.; Wapnewski 1989: 421, Borchmeyer/Salaquarda 1994b: 1346f.). Anlaß gab ihr hierzu ein erstmals 1980 von Mazzino Montinari veröffentlichter Nietzsche-Brief vom Februar 1883 an Malwida v. Meysenbug, der die Quellenlage in entscheidender Hinsicht verbessert zu haben scheint. Denn der erwähnte Overbeck-Brief vom selben Monat erlaubt keine umstandslose Ableitung, worauf Nietzsche sein Wort von der ‘tödlichen Beleidigung’ bezogen wissen wollte. Der Meysenbug-Brief aber bringt den scheinbar unmißverständlichen Satz: „W⟨agner⟩ hat mich auf eine *tödtliche* Weise beleidigt – ich will es Ihnen doch sagen! – sein langsames Zurückgehn und -Schleichen zum Christenthum und zur Kirche habe ich als einen persönlichen Schimpf für mich empfunden“ (KSB 6: 335). So steht es da, und so soll es künftig, ginge es nach dem Mainstream in der neueren Nietzsche-Philologie, gelten.

Tatsächlich aber stellen sich einige Fragen, wie beispielsweise: Wieso zögert Nietzsche mitten beim Schreiben? Hatte er möglicherweise in der Vornehmheit seines Wesens wurzelnde Gründe, der Wagnerianerin v. Meysenbug Argumente anzubieten, mit denen sie leben konnte? Noch naheliegender ist die Frage, ob Nietzsches Angabe überhaupt glaubwürdig sein kann. So wird spätestens seit Thomas Manns (1933: 366) Einwänden auch in der Wagnerforschung die These vertreten, daß Nietzsches 1883er Empörung über Wagners Rückkehr zum Christentum nicht überzeuge. Interessanterweise ist es dabei Peter Wapnewski selbst, der darauf verwiesen hat, daß Nietzsche schon seit 1869 um – im damaligen *Parsifal*-Entwurf nachlesbare – „religiöse Expektorationen“ (Wapnewski 1989: 403) Wagners gewußt habe. Im übrigen hat sich Nietzsche schon Jahre vor diesem Brief gelegentlich gegen Wagners Rückkehr zum Christentum ausgesprochen, etwa in einem Passus der *Morgenröthe*, in dem er, allerdings ohne Wagner namentlich zu nennen, ausführlich die Frage untersucht, „woher ... jener tiefe plötzliche Widerwille ohne Gründe gegen Den (stammt), der einmal alle Freiheit des Geistes *hatte* und am Ende ‘gläubig’ *wurde*“ (KSA 3: 57). Die von Nietzsche nahegelegte Antwort, nämlich daß ihn als freien Geist das Verändern der Meinung (Wagners) nicht „als verächtlich“ erscheine, wohl aber die „ungeheure ... *Unredlichkeit*" überwältigt habe, „welche im Apostaten des freien Geistes gewaltet haben muss" (KSA 3: 58), überzeugt zwar nicht vollständig, erlaubt aber zumindest den Schluß, daß der Ausdruck 'tödliche Beleidigung' in diesem Zusammenhang übertrieben gewesen wäre und deswegen eben auch nicht fällt. Direkteren Aufschluß über Nietzsches Gebrauch des Ausdrucks 'tödliche Beleidigung' erhält der Leser etliche Seiten später. Hier, wo einem dieser Ausdruck zumindest in der als synonym zu lesenden Variante 'tödliche Verletzung' begegnet, liegt ein Kontext vor, der diesen Ausdruck offenbar deswegen berechtigt macht, weil wir es mit einer tiefgehenden Kränkung zu tun haben. Nietzsche nämlich berichtet hier über Rousseaus Ärger angesichts von Diderots Spott, wonach nur der Einsame böse sei – ein Spott, der den zu dieser Zeit die Einsamkeit vorziehenden und auf Gesellschaftsverderbnis zurechnenden Rousseau nicht nur als Verhöhnung seiner theoretischen Position, sondern auch als persönlichen Angriff empfand. Letzteres trug, so Nietzsche, dazu bei, daß Rousseau die theoretische Begründung für Diderots Argument übersah, also außer acht ließ, daß „jeder böse Hang inmitten der Gesellschaft (...) sich selbst in das Prokrustes-Bett der Tugend zu legen" (KSA 3: 293) habe, so daß 'das Böse' tatsächlich nur außerhalb der Gesellschaft, also in der Einsamkeit, in Erscheinung treten könne.

Berücksichtigt man diesen Verwendungskontext des Ausdrucks 'tödliche Beleidigung' resp. 'Verletzung' und die Nichtnutzung dieses Ausdrucks im vorgenannten Fall, bleibt, unter vorläufiger Abstraktion vom Fall Wagner, nur der Befund, daß Nietzsche den Auffassungswandel eines Menschen ebensowenig als 'tödlich beleidigend' resp. 'verletzend' erlebte wie den Umstand, daß dieser Mensch sich in seinem bisherigen Denken Gewalt antat, insofern er Positionen vertrat, die nicht eigentlich die seinigen waren. Was Nietzsche als 'tödlich beleidigend' resp. 'verletzend' erlebt, sind solche Auffassungen, die gezielt und in existentieller Weise in das Wertgefüge der derart Angesprochenen eingreifen. Da Nietzsche in seinem Brief an Malwida v. Meysenbug vom Februar 1883 lediglich auf Wagners Auffassungswandel abstellt und insoweit einen für ihn zumindest ungewöhnlichen Verwendungskontext des Ausdrucks 'tödliche Beleidigung' offeriert, erhebt sich auch von hier aus die Frage, welchen wahren Grund er für seine Wagner-Abwendung hinter dem genannten Argument verbarg. Dies nötigt im Verein mit den vorgenannten Gründen zu dem Schluß, die von Montinari wie Wapnewski abgewiesene, weil wegen des damals noch fehlenden Meysenbug-Briefes nicht mehr dem Stand der Quellenforschung gerecht werdende Studie von Curt Paul Janz (1975) wieder in Betracht zu ziehen, ganz zu schweigen von den einschlägigen Passagen in der Wagner-Biographie Martin Gregor-Dellins (1980) oder in den Büchern Joachim Köhlers (1989; 1996). Daß wir damit in den Bereich des Menschlich/Allzumenschlichen geraten, soll uns nicht bekümmern.

Um die hier bevorzugte Kontextualisierung plausibler zu machen, ist vorauszuschicken, daß Wagner Nietzsche schon im April 1874 über seine Bedenken angesichts von dessen überwiegend „männlichen Umgang, wie Sie ihn in Basel für die Abendstunden haben“ (KGB II/4: 654), in Kenntnis gesetzt hatte, verknüpft mit der Aufforderung, endlich zu heiraten und kulminierend in dem auf Nietzsches engsten Freund in dieser Zeit Bezug nehmenden vieldeutigen Stoßseufzer: „Warum muss nur Gersdorff gerade eine Mannsperson sein!“ (KGB II/4: 655) Man kann zwar diesen Brief als Zeugnis für den „wunderbaren Psychologen“ (Stekel 1917/18: 25) Wagner lesen; man mag ihn auch als Beleg nehmen für die zwischen Wagner und Nietzsche herrschende „einstige … unbefangene Vertrautheit“ (Wapnewski 1989: 416) oder für Wagners „herzliche … Anteilnahme“ (Borchmeyer/Salaquarda 1994b: 1307) an Nietzsches Schicksal. Und doch setzt zumindest Wagners Anspielung auf Nietzsches ‘männlichen Umgang’ auch andere Assoziationen frei – etwa dahingehend, daß hier ein Vorgriff auf eine ‘tödliche Beleidigung’ vorliegt, die auch dem Begriffsgebrauch jener Epoche korrespondiert. Und dieser stellt, wie wir wohl ohne weitere Begründung sagen dürfen, mit dem Ausdruck ‘tödliche Beleidigung’ auf eine gleichsam duellfähige Verleumdung der exklusiv auf das weibliche Geschlecht abzielenden Sexualkonstitution des Mannes ab. Nietzsche, der in seinem privaten Gebrauch des Ausdrucks ‘tödliche Beleidigung’ durchaus, wie wir gesehen haben, andere Konnotationen zuließ, war, auf den ersten Blick gesehen, für den Unterton von Wagners Argument nicht sonderlich empfänglich: Er inthronisierte Wagner ausgerechnet in seinem Antwortbrief als seinen zu verehrenden „Vater“ (KSB 4: 228), verlor ansonsten aber kein Wort über die Angelegenheit, jedenfalls nicht gegenüber Wagner. Seinem an den Bayreuther Überlegungen nicht ganz unbeteiligten Freund v. Gersdorff hingegen bekundete er schon wenige Tage später seine Empörung über die in Bayreuth versammelte „Heiraths-Überlegungs-Commission“ (KSB 4: 231).

An Dramatik gewann dieses Vorspiel erst, als Wagner Nietzsches Frankfurter Arzt Otto Eiser im Oktober 1877 mit seiner Vermutung konfrontierte, Nietzsches Ehelosigkeit sowie seine „Temperamentszüge … und charakteristischen Gewohnheiten“ seien „Folgen der Onanie“ (zit. n. Gregor-Dellin 1980: 683). Daß sich hinter diesem Hinweis die Befürchtung verbarg, Nietzsche könne homosexuell sein, läßt sich einem zeitgleichen Brief Cosimas an Malwida v. Meysenbug entnehmen (vgl. Köhler 1989: 176f.). Eiser jedenfalls brach gegenüber Wagner, aus einer Mischung von Kalkül und Koketterie, die ärztliche Schweigepflicht. „Wagner“, so faßte Martin Gregor-Dellin den Inhalt des 1980 von ihm erstmals vollständig veröffentlichten Antwortbriefs Eisers zusammen, „erfuhr hier schwarz und weiß und ärztlich beglaubigt, daß sich Nietzsche in der Jugend infiziert hatte, daß er unheilbar krank war, daß Nietzsche in Italien 'den Coitus ausgeübt' (...) hatte“ (Gregor-Dellin 1980: 684) – daß also im Fall Nietzsche, mit Eiser gesprochen, „die Fähigkeit zu normaler Befriedigung des Geschlechtstriebs nicht fehlt, was bei Onanisten seines Alters zwar nicht undenkbar, aber doch wo⟨hl⟩ nicht das Gewöhnliche ist“ (zit. n. Gregor-Dellin 1980: 683). Wagner gab sich mit dieser Auskunft zufrieden („Über unsern Freund kein Wort mehr: ich weiß ihn durch Ihre Liebe in bester Obhut. Nichts kann ich ihm jetzt helfen“), und auch Gregor-Dellin stellte keine tieferen Überlegungen mehr an: Die schon von Hofmiller sowie v. Westernhagen angestellte Vermutung, daß Eiser gegenüber Nietzsche Wagners Intervention erwähnte, stellt er deutlich zurück gegenüber der anderen, wonach der in die Interna verwickelte Redakteur der *Bayreuther Blätter*, Hans v. Wolzogen, geredet haben dürfte, und zwar „spätestens während der Festspiele 1882, als auch Nietzsches Schwester Elisabeth und Lou von Salomé Bayreuth besuchten“ (Gregor-Dellin 1980: 685).

Außer Betracht blieb auf diese Weise die zweite Spur, die sich aus einer ein Jahr später veröffentlichten Niederschrift ergibt, in der es heißt: „'Warum Nietzsche von Wagner abfiel'. Danach meinte Eiser einst: 'ich weiss es allein, denn in meinem Hause, in meiner Stube hat sich dieser Abfall vollzogen, als ich Nietzsche jenen Brief (Wagners; C. N.) in wohlmeinendster Absicht mitteilte. Ein Ausbruch von Raserei war die Folge. Nietzsche war ausser sich: Die Worte sind nicht wiederzugeben, die er für Wagner fand.- Seitdem war der Bruch besiegelt.' Das müsste im Herbst 1877 geschehen sein“ (zit. n. Gilman 1985: 345). Dieses Zitat entstammt den Aufzeichnungen eines ehemaligen Baseler Studenten Nietzsches, Eugen Kretzer mit Namen, die dieser im Jahre 1913 privatim für sich anfertigte – auffälligerweise in eben jenem Jahr, in dem Nietzsches Schwester ihr Buch *Der einsame Nietzsche* vorlegte, in dem sich gleichsam ein indirektes Dementi dieses Geschehens findet: eben dadurch, daß es keine Erwähnung findet. Statt dessen muß der Wagner-Aufsatz vom August 1878 herhalten, um Nietzsches endgültige Entfremdung von Wagner zu beglaubigen: „Erst jetzt kam der endgültige Bruch zwischen meinem Bruder und Wagner, erst jetzt der letzte Abschied und die peinlichste schmerzhafteste Enttäuschung über Wagners Charakter“ (Förster-Nietzsche 1914: 67). So muß man wohl argumentieren, wenn man dem Andenken Wagners und dem des Bruders keinen Schaden zufügen will und vor allem den Umstand zu kaschieren hat, daß man selbst Nietzsche auf dem Höhepunkt der Lou-Affäre mit in Bayreuth 1882 lancierten Indiskretionen über jene 'tödliche Beleidigung' versorgt hatte (vgl. Janz 1975). Der Preis für diese Theoriepolitik ist jedoch hoch und in der Münze einer wenig überzeugenden Erklärung für den Wagner/Nietzsche-Bruch zu entrichten. So deklariert es Nietzsches Schwester noch 1931, unter Verweis auf angeblich verlorengegangene Briefe, zu einem auch ihr nicht erklärbaren „Geheimnis" (zit. n. Gilman 1985: 641), warum ihr Bruder 1888 in *Der Fall Wagner* erneut und in so aggressiver Form auf das leidige Thema zurückgekommen war.

Ein Stück weit lüftet sich der Schleier um dieses Geheimnis, wenn man unterstellt, Nietzsche habe aus inneren und äußeren Rücksichten das Geschehen in Eisers 'Stube' vom Herbst 1877 bis hin zu Wagners Tod im Februar 1883 verdrängt. Diese Unterstellung ist nicht ganz unproblematisch. So hat Nietzsche beispielsweise im Juli 1883 Ida Overbeck wissen lassen, ihm seien „voriges Jahr" „einige Proben einer *abgründlichen* Perfidie der Rache" Wagners „zu Ohren gekommen" (KSB 6: 405). Worum es sich hierbei im einzelnen handelt, wird nicht ganz klar, geht aber aus einem Brief an Köselitz vom April 1883 hervor, als Nietzsche ersichtlich von Erinnerungen an Wagner überflutet wird und die Klage führt, daß Wagner mit seinen Ärzten Briefe gewechselt habe, „um seine *Überzeugung* auszudrücken, meine veränderte Denkweise sei die Folge unnatürlicher Ausschweifungen, mit Hindeutungen auf Päderastie.- Meine neuen Schriften werden an den Universitäten als Beweise meines allgemeinen 'Verfalls' ausgelegt; man hat eben etwas zuviel von meiner Krankheit gehört" (KSB 6: 365) – von wem?, ist damit klar, und wann?, auch: Wenn man die Zeitangabe aus dem Brief an Ida Overbeck („voriges Jahr") zugrunde legt, kann nur das Bayreuther Gerede um seine Lou-Affäre von 1882 gemeint sein.

Zumindest ansatzweise aber dürfte Nietzsche schon seit Herbst 1877 informiert gewesen sein. Dafür spricht eine Frage aus *Menschliches, Allzumenschliches I*, auf die Joachim Köhler (1996: 158f.) hingewiesen hat und die lautet: „Giebt es Menschen, welche nicht tödtlich zu verletzen sind, wenn sie erführen, was ihre vertrautesten Freunde im Grunde von ihnen wissen?" (KSA 2: 263) Diese Frage ist aus zwei Gründen bemerkenswert: Zum einen wird der Ausdruck 'tödliche Verletzung' hier wohl synonym zu gebrauchen sein zur Formulierung 'tödliche Beleidigung' aus den 1883er Briefen an v. Meysenbug und Overbeck, was zugleich meint, daß die in diesen Briefen gegebene Erklärung – Wagners 'Rückkehr zum Christentum' – der hier genutzten Konnotation nicht einfügbar ist. Zum anderen aber – und wichtiger – erlaubt Nietzsches Formulierung 'was ihre vertrautesten Freunde im Grunde von ihnen wissen' den Schluß, daß sein 'vertrautester Freund' Wagner mit seinen Vermutungen gegenüber Eiser richtig lag. Die 'tödliche Verletzung' (oder 'Beleidigung'), deren sich Wagner in Nietzsches Wahrnehmung schuldig machte, begründet sich insoweit nicht aus unzulässigen Verdächtigungen, sondern aus dem Bekanntmachen des verborgen zu Haltenden.

Auf Nietzsches frühe Kenntnis der Intervention Wagners gegenüber Eiser scheint auch der Umstand zu verweisen, daß sich im Nietzsche-Nachlaß vom Frühjahr/Sommer 1878 der Satz findet: „Verwundet hat mich der mich erweckt" (KSA 8: 507). Dies steht zwar zusammenhanglos da, klingt aber so, als erkenne Nietzsche nun erst die tragische Seite jenes von ihm noch im Mai 1869 so bedeutungsschwer als Initiationsritus in die Welt Wagners begrüßten *Siegfried*-Motivs. Auch andere Nachlaßpassagen aus dieser Zeit lassen sich dieser Deutung einfügen, wie etwa die folgende vom Sommer 1878: „Der weiss noch nichts von der Bosheit, der nicht erlebt hat, wie die niederträchtigste Verleumdung und der giftigste Neid sich als Mitleid geberden" (KSA 8: 528). Deutlicher noch ist die als Fortentwicklung aus diesem Passus zu lesende, 1879 veröffentlichte Textpassage: „Das Mitleiden hat eine eigene Unverschämtheit als Gefährtin: denn weil es durchaus helfen möchte, ist es weder über die Mittel der Heilung, noch über Art und Ursache der Krankheit in Verlegenheit und quacksalbert muthig auf die Gesundheit und den Ruf seines Patienten los" (KSA 2: 406). Der Name Wagner fällt in diesem Zusammenhang zwar nicht, aber daß er es war, der, zumal in seinem Brief an Eiser, um Nietzsches Ruf nicht hinreichend besorgt gewesen war, steht außer Frage und wird indirekt selbst durch Montinari (1985: 20) zugestanden. Gregor-Dellin (1980: 685) hielt Nietzsches Wagner-Kritik in *Menschliches, Allzumenschliches I* zwar nicht für gravierend genug, um die Annahme, derlei Passagen seien Indizien für Nietzsches damaliges Wissen um Wagners Intervention, zu rechtfertigen. Aber Gregor-Dellin wußte auch nichts von dem erst 1981 verfügbar gemachten Dokument Eugen Kretzers.

Immerhin gewinnt aber nun der eingangs zitierte und auch von Gregor-Dellin genutzte Brief Nietzsches vom Februar 1883 an Overbeck neue Bedeutung: „Wagner war bei weitem der *vollste* Mensch, den ich kennen lernte, und in *diesem* Sinne habe ich seit sechs Jahren eine große Entbehrung gelitten. A b e r es giebt etwas zwischen uns Beiden wie eine tödtliche Beleidigung" (KSB 6: 337). Dieter Borchmeyer und Jörg Salaquarda folgern hier, daß das Wort vom 'vollsten Menschen' „doch wohl" ausschließe, daß Nietzsche Wagner „im nächsten Satz einer Verletzung seiner persönlichen Ehre zeihen will" (Borchmeyer/Salaquarda 1994b: 1347). Die hier bevorzugte Lesart dieses Briefes ist eine gegenläufige und setzt an dem Wörtchen „aber" an, dessen auffällige Hervorhebung offenbar sagen soll: Ich, Friedrich Nietzsche, hätte die Entbehrung infolge der Trennung von Wagner als schmerzlicher empfunden, wenn Wagner mich nicht tödlich beleidigt hätte – wann: vor „sechs Jahren", also 1877: das Jahr des Geschehens in Eisers Praxis! Eben dies also, so ließe sich folgern, macht der Ersatzsohn dem Ersatzvater, jenseits aller theoretischen Divergenzen, zum allerletzten Vorwurf.

Dieser These einer in verschlüsselter Form unmittelbaren und in unverschlüsselter und insoweit bewußtseinszugänglicher Form bis hin zu Wagners Tod verzögerten Reaktion wäre auch einfügbar, daß Nietzsche im Frühjahr/Sommer 1883 in sein Notizbuch den Satz einträgt: „Man haßt den am meisten, der uns zu Empfindungen zurückverführt, über die wir mit größter Anstrengung Sieger wurden“ (KSA 10: 242). Denn dies klingt zumindest im hier unterbreiteten Kontext so, als sei Wagner und die durch dessen Tod ausgelöste Rückerinnerung an ein Geschehen gemeint, das zu verdrängen Nietzsche so manchen Kampf abnötigte. Auffällig ist auch, daß Nietzsche nun erst, im Nachgang zu Wagners Tod, gehäuft die Überzeugung ausspricht, „daß einmal ganze Jahrtausende auf meinen Namen ihre höchsten Gelübde thun“ (KSB 6: 510). Der herkömmliche, um die Hintergründe nicht besorgte und folglich psychiatrisierende Kommentar in Anbetracht von derartigen Wendungen lautet: „Nietzsche wird sukzessive größenwahnsinnig“ (Löwisch 1989: 215). Außer Betracht bleibt dabei die selbst von Heinz Pepperle als nachvollziehbar anerkannte Verbitterung Nietzsches über die fast gänzliche Mißachtung seines Schaffens, die „im Laufe der Zeit zu einer sich steigernden Aggressivität, Drastik und Maßlosigkeit des Ausdrucks (führte)“ (Pepperle 1986: 942). Außer Betracht bleibt aber auch, unter Konzentration auf das Wagner-Problem, die hier in Anschlag zu bringende besondere Psychodynamik, die dafür Sorge trug, daß Nietzsche den Namen Wagners als desjenigen, auf den Nietzsches selbst einst die ‘höchsten Gelübde’ tat, außer Geltung zu setzen trachtete. Nietzsche tat dies endgültig und radikal: indem er nun erst, nach Wagners Tod, das Wissen über Wagner zuließ, das er sechs Jahre in sich versiegelt hatte und das einen Vatermord à la Siegfried fraglos rechtfertigte. Möglicherweise mag dabei der endgültige Zeitpunkt hierfür, nämlich das Jahr 1888, durch das nun anhebende stärkere Interesse an Nietzsche sowie durch dessen Kalkül auf die günstigen Wirkungen eines öffentlichkeitswirksamen Paukenschlags befördert worden sein (vgl. Eger 1988: 154f.).

Das Interesse Nietzsches an der Entthronisierung Wagners dürfte insoweit außer Frage stehen. Es gelangt auch dort deutlich zum Ausdruck, wo er sich im Dezember 1883 gegenüber Overbeck mit Begeisterung darüber ausläßt, daß er einen Brief bekommen habe von einem neuen Verehrer, der ihn mit ‘verehrtester Meister’ angesprochen habe (KSB 6: 462). Denn dies ist eine Anrede, die Nietzsche bei Wagner gelernt und ihm gegenüber benutzt hatte – und die er, erkennbar demonstrativ, erst im September 1876 durch die Anrede ‘Hochverehrter Freund’ ersetzt. Als Nietzsche Overbeck im April 1884 seine Absicht darlegt, sich in Nizza eine Gesellschaft zu begründen, „unter der ich nicht ganz der ‘Verborgene’ bin“

(KSB 6: 495), verbunden mit dem Hinweis, daß er Besuch von Studentinnen empfange und Verehrungsbriefe bekomme, folgt in bezeichnender Manier, daß er offenbar „in manchen Stücken der Erbe R⟨ichard⟩ W⟨agner⟩'s sein werde" (KSB 6: 495). Vollständig erst wird er zu selbigem mit seiner in der Jenaer Irrenanstalt geäußerten Überzeugung, wonach ihn seine Frau Cosima Wagner hergebracht habe. Hiermit schließt sich der Kreis: Nietzsches Rachenahme für die „innere Besudelung" (KSA 6: 434), die er nicht zuletzt auch Wagner zugeschrieben haben dürfte, ist nun zu ihrem unheimlichen Abschluß geführt, weil er gelernt hat, sich selbst als den zu setzen, dem seine Suche die ganze Zeit über galt. Und so erhebt sich aus den Trümmern der Wagner-Erinnerung des geistig zusammengebrochenen Nietzsche ab und an noch die Vision des geistigen Erben und Vatermörders, dem siegreich auch noch die Frau des Überwundenen zufällt.

Erst im Wissen um diese Zusammenhänge kann die eigentliche Geschichte einer ins Zentrum des Nietzsche-Problems führenden Werkinterpretation beginnen. Sie hat auf einen gedanklichen Überbau hinzuführen, in dessen Zentrum eine Lebensrechtfertigung stehen wird, die weniger im Ästhetischen gründet denn in dem sich zum Übermenschen wandelnden und seiner Psychologie nach durchschauten 'Freigeist'.

Teil II

Nietzsches Absichten: „Philosophie der Zukunft“

Der Teufel weiß! – nun, nachdem ich soweit mein Stillschweigen gebrochen habe, bin ich zu „mehr“ verpflichtet, zu irgendeiner „Philosophie der Zukunft“ – eingerechnet „dionysische Tänze“ und „Narren-Bücher“ und anderes Teufelszeug.

(Friedrich Nietzsche, 1884)

Vertreter der literarischen Zunft haben Nietzsches Psychologe immer schon zu würdigen gewußt. Ob Paul Ernst (1890: 517), Thomas Mann (1947: 690) oder Gottfried Benn (1949: 297) – verbreitet war man sich einig über ein Urteil, das auch Hans-Georg Gadamer im Sinn hatte, als er schrieb, Nietzsche sei „ein genialer Psychologe, der die Oberfläche durchdringt und dahinter Verborgenes, Geheimes, Verstelltes, Ungesagtes gewahrt“ (Gadamer 1986: 3). Näheres freilich läßt sich aus diesem Einvernehmen in aller Regel nicht entnehmen, außer eine Bestätigung für Nietzsches Selbstbeurteilung: „Dass aus meinen Schriften ein *Psychologe* redet, der nicht seines Gleichen hat, das ist vielleicht die erste Einsicht, zu der ein guter Leser gelangt“ (KSA 6: 305).

Die zweite Einsicht blieb dann meist Leuten von Fach vorbehalten. Wenn man dabei von C. G. Jung absieht, war es vor allem Alfred Adler, der Nietzsche, stärker noch als dies Freud tat und auf jeden Fall weniger implizit, als Vordenker vieler seiner eigenen theoretischen Konstrukte und therapeutischen Maßgaben auswies. Zwei Jahre nach seiner Abkehr von Freud rief Adler Nietzsche gar zum „Führer im weiten Land der Seele“ (Adler 1913: 123) aus. Der Kontext unterstreicht den polemischen Kern dieser Aussage, mindert aber nicht ihre Berechtigung. Denn tatsächlich avancierte Nietzsche in diesen Jahren zu einem wichtigen Ideengeber vieler Psychologen unterschiedlichster Couleur, was wiederum Adler als einer der ersten registrierte. „Ununterbrochen werden Sie die Berufung auf *Nietzsche* finden“ (Adler 1930: 167), ließ er seine Hörer 1930 wissen, erkennbar besorgt um die Ununterscheidbarkeit der Botschaft, die er als Individualpsychologe unter dem Titel ‘Streben nach Macht’ aus Nietzsche und dessen Übermenschenkonstrukt meinte kondensieren zu können. Ein Jahr später war es dann mit C. G. Jung auch der zweite große Abtrünnige aus der ursprünglich noch recht harmonischen Familie der Psychoanalytiker, der in einer Art Nekrolog auf Freud Nietzsche als dessen größeren geistigen Zeitgenossen rühmte (Jung 1931: 59). Im Rücken dieses Nebenkriegsschauplatzes bereitete sich allerdings eine erste Ernüchterung vor. Sie dürfte dem Umstand geschuldet sein, daß die sich als Einzelwissenschaft etablierende Psychologie, ähnlich übrigens wie die Pädagogik, eine Art Autonomieanspruch für sich zu reklamieren begann und auf die

Dauer nur ungern von den Impulsen eines Philosophen zu leben gedachte. Es gelang also nicht, Nietzsche, den noch William Stern als einen der „Wegbereiter … in psychologischen Gebieten“ (Stern 1950: 9) präsentiert hatte, „den Fachpsychologen im eigentlichen Sinne“ (Stern 1950: 41) zuzuführen.

Möglicherweise war es dieser von William Stern bedauernd registrierten Tatsache geschuldet, daß sich die Nietzsche-Forschung der Bedeutung von Nietzsches Psychologie nur recht zögerlich annahm. So kann, wenn man einmal von Ludwig Klages (1920; 1926), Hans Prinzhorn (1928) oder Karl Jaspers (1936: 111 ff.) absieht, von einer philosophisch wie psychologisch resp. psychiatrisch gleichermaßen ambitionierten Nietzsche-Rezeption so gut wie nicht gesprochen werden. Aber auch in der noch von Auch-Philosophen mitgeprägten Fachepoche der Psychologie war für Psychologen, wenn sie es denn mit Nietzsche zu tun bekamen, weniger das ganze Œuvre von Interesse denn, mit besonderer Vorliebe, der Text *Menschliches, Allzumenschliches I.* Anlaßbildend hierfür war vermutlich die von Nietzsche schon in der Vorrede dieser Schrift ausgesprochene Frage: „Aber wo giebt es heute Psychologen?“ (KSA 2: 22) Wessen so mancher Leser bei seiner Lektüre dann gewahr wurde, war, wie beispielsweise auch Ludwig Klages registrierte, eine „noch nie dagewesene Mannigfaltigkeit seelenkundlicher Einzelaufschlüsse“ (Klages 1920: 29), die zu ordnen indes auch Klages, trotz seiner Belesenheit in Sachen Nietzsche, einige Mühe hatte. Denn als Nietzsches „einen einzigen Leitgedanken“ identifizierte er den von diesem gebahnten „Beginn der Wissenschaft von den Charakteren der Menschheit“ (Klages 1920: 29). Dieses Urteil umgreift noch nicht einmal jene Absichten, die Nietzsche als Psychologe hegte. Es illustriert allenfalls, welche Leseerwartungen ein sich in der Hauptsache als Psychologe betätigender Autor seiner Nietzsche-Lektüre zugrunde legt.

Immerhin markiert der Name Klages bis heute eine recht einsame Stellung in der psychologischen Nietzsche-Rezeption. Dies mag, was die Gegenwart angeht, darin gründen, daß im Vordergrund des Leseinteresses von Psychologen, salopp gesprochen, Texte stehen, die dem anglo-amerikanischen Sprachraum entstammen, nicht älter als zwei Jahre sind und eine experimentelle Orientierung aufweisen. Insofern ist es eher Außenseitern der Disziplin zu danken, wenn man in psychologischen Standardwerken doch noch Sätze findet wie etwa: „Keine ernstzunehmende Geschichte der Psychologie kommt an Friedrich Nietzsche (…) vorbei“ (Seidmann 1976: 382). Dies so zu sehen, mag zwar ein Gebot seriöser Wissenschaften abgeben. Einem Studierenden der Psychologie von heute aber ist wohl eher zu raten, an der geisteswissenschaftlichen Psychologie ebenso wie an Freud und Nietzsche vorbeizugehen, wenn er sich denn in seiner ihm im Studium nahegelegten Selbstauslegung nicht gefährdet sehen will.

Und da mag es nun als Beruhigung dienen, daß zumindest die psychologisch interessierten Exponenten der neueren Nietzsche-Forschung Nietzsche als Psychologen nicht außer Betracht lassen. An erster Stelle zu nennen ist dabei wohl Walter Kaufmann (1978), der sich allerdings auf eine überwiegend additiv angelegte Zitation der psychologisch belangvollen Passagen in Nietzsches Œuvre beschränkte. Abgesehen von der 1983 vorgelegten und unverständlicherweise erst 1996 veröffentlichten Arbeit von Volker Gerhardt (1996) überwiegen nach wie vor, etwa auch bei Ellenberger (1973: 382ff.), Auflistungen von Parallelstellen zwischen den Werken Nietzsches und Freuds, ganz abgesehen von den Bezügen, die sich von Nietzsche aus zu C. G. Jung und Alfred Adler (vgl. Wehr 1987) sowie zu den Hauptvertretern der Humanistischen Psychologie (vgl. Fischer 1981/82) herstellen lassen. Aber die Absicht, die Nietzsche als Psychologen umtrieb, bleibt dabei undeutlich. Dies gilt auch für die aufwendigen Versuche, die Quellen aufzuspüren, denen Nietzsche im Zuge seiner Traktierung psychologischer Einzelthemen, wie namentlich dem des Traums (vgl. Ungeheuer 1983; Treiber 1994), Reverenz erwies. Insoweit ist wohl Hays Steilberg recht zu geben, der eine Rezension neuerer amerikanischer Arbeiten zum Thema mit dem Urteil abschließt: „Die große neue umfassende Studie zur Psychologie Nietzsches läßt noch auf sich warten“ (Steilberg 1996: 430).

Etwas besser steht es um die Studien zum Freud/Nietzsche-Verhältnis (vgl. u. a. Haslinger 1993; Gödde 1996; Gasser 1997). Die vorzüglichste Quelle sind dabei die *Protokolle der Wiener Psychoanalytischen Vereinigung*, aber auch der Briefwechsel zwischen Sigmund Freud und Arnold Zweig. Interessant an letzterem ist vor allem Freuds auffälliger Widerstand gegen Zweigs Projekt eines Nietzsche-Romans, aber auch Zweigs Art und Weise, den Namen Freud da einzusetzen, wo bisher der Name Nietzsche stand. In Freud, so Zweig im April 1934 an den zu dieser Zeit von ihm noch als einen „Vater“ verehrten und angesprochenen Begründer der Psychoanalyse, habe er den Mann erkannt, der all das getan habe, „was der Nietzschefritz nur malte: der die Antike neu gebar, alte Werte umwertete, mit dem Christianismus aufräumte; der wirkliche Immoralist und A-theist, Neubenenner der menschlichen Triebe und Kritiker des bisherigen Kulturverlaufs“ (Freud/Zweig 1968: 85).

Wenn man diese sehr subjektive Lesart Zweigs vernachlässigt und nur auf den fürwahr imposanten Überschneidungsbereich des von Nietzsche wie Freud Thematisierten achtet, kommt Freuds bei einer der Verhandlungen der legendären Psychologischen Mittwoch-Gesellschaft vorgetragenes Argument, daß er Nietzsche nicht kenne und daß „ein gelegentlicher Versuch, ihn zu lesen, … an einem Übermaß von Interesse erstickt (sei)“ (zit. n. Nunberg/Federn 1976: 338), einige Bedeutung zu. In ähnlicher Form drückt sich Freud auch in späteren Veröffentlichungen aus, so, wenn er 1914 davon spricht, er habe sich die Nietzsche-Lektüre „mit der bewußten Motivierung versagt, daß ich in der Verarbeitung der psychoanalytischen Eindrücke durch keinerlei Erwartungsvorstellung behindert sein wolle" (GW X: 53). Ausgehend von Freuds Lob, wonach Nietzsches „Ahnungen und Einsichten" sich oft, ähnlich wie jene Schopenhauers, „in der erstaunlichsten Weise mit den mühsamen Ergebnissen der Psychoanalyse decken" (GW XIV: 86), dominiert in der Sekundärliteratur zu diesem Komplex die ihrerseits oft psychoanalytisch ambitionierte (Köhler 1989: 348ff.; Schlesier 1994) kritische Anfrage, ob Freud nicht doch, abweichend von dieser Selbstauslegung, Nietzsche intensiv gelesen habe oder durch Dritte – seinen frühen Freund Josef Paneth, seine spätere Schülerin Lou v. Salomé – über ihn informiert war (vgl. etwa Nitzschke 1983: 787ff.; Venturelli 1984: 472ff.). Daß es indes „zur Zeit der frühen Reife Freuds nicht nötig war, Nietzsche studiert zu haben, um von seinem Denken durchdrungen zu sein" (Ellenberger 1973: 382), sollte bei dieser mitunter mit erstaunlichem Aufwand geführten Debatte nicht aus dem Blick geraten. Gleiches gilt für die Beobachtung, daß die Mitglieder der Mittwoch-Gesellschaft im Durchschnitt eine Generation jünger waren als Freud und dieser mithin allein schon deswegen offenkundige Schwierigkeiten hatte, deren Nietzsche-Begeisterung im gleichen Ausmaß zu teilen (vgl. Giampieri Deutsch 1992: 69). Eine offene Frage ist es dabei, ob die offenkundige Nietzsche-Präferenz Alfred Adlers, der zunächst auch Mitglied der Mittwoch-Gesellschaft gewesen war, Freud nach 1911 an einer Nietzsche-Würdigung hinderte.

Ausgehend jedenfalls von dem insoweit unstrittigen und auch in neueren Nietzsche-Interpretationen zunehmend gewürdigten (vgl. Himmelmann 1996: 224ff.) Freud/Nietzsche-Konnex liegen inzwischen Untersuchungen vor zu Freuds (Kultur-)Philosophie (vgl. Wucherer-Huldenfeld 1968; 1974; 1996) resp. zu seiner psychologischen Philosophiekritik (vgl. Granier 1979) im Verhältnis zu jener Nietzsches, aber auch Studien zum Verhältnis der von beiden vertretenen Menschenbilder (vgl. Gödde 1993) sowie zu Nietzsches Vorarbeiten im Blick auf das Sublimierungskonzept (vgl. Hirschmüller 1985), den Begriff des Es (vgl. Nitzschke 1983; 1985; 1987; Will 1985; Küchenhoff 1985; Goldmann 1985; Kerz 1985), den Begriff der Verinnerlichung (vgl. Loewald 1973), das topologische Modell (vgl. Crawford 1985), das Konzept der Verdrängung (vgl. Kaiser-El-Safti 1987: 45ff.), das Eros-Thanatos-Konzept (vgl. Irion 1992) oder die Theorie des Traumes (vgl. Lissmann 1996). Von den zuletzt genannten zwei Monographien abgesehen, überwiegen dabei in Aufsatzform eingebundene Sehweisen, die durch eine jeweils durch die Fragestellung enggeführte Nietzsche-Kenntnis dominiert sind.

Um insbesondere zum Abbau dieses Defizit beizutragen, nimmt der zweite Teil der vorliegenden Arbeit seinen Ausgang von der These, daß man Nietzsches psychologischen Absichten nur wird gerecht werden können, wenn man sie einzubetten weiß in sein Spätprojekt einer 'Philosophie der Zukunft'. Dieser Ausdruck wurde dem vorstehenden, als Motto genutzten Nietzsche-Zitat entnommen. Es entstammt einem Brief Nietzsches an Köselitz vom März 1884, geschrieben zu einer Zeit also, zu der er den *Zarathustra* für abgeschlossen hielt. Nietzsche ist sich nun sicher, daß der Leser, der einmal im *Zarathustra „gelebt* hat, (...) mit einem andern Gesichte wieder zur Welt zurück(kommt)" (KSB 6: 479). Insoweit markiert der *Zarathustra* den die geistige Umkehr des Lesers bewirkenden „Abgrund der Zukunft" (KSB 6: 479), noch nicht aber, wie man hinzusetzen könnte, jene 'Philosophie der Zukunft', die zugleich auch die Rechtfertigungen für die Notwendigkeit dieser Umkehr und mithin auch für die Notwendigkeit einer nach-christlichen und gleichwohl sinnvollen und verantwortbaren Weltauslegung und Lebensführung vorzutragen hätte. Will man die Konturen einer so zu verstehenden 'Philosophie der Zukunft' bestimmen, hätte man folglich genauer zu betrachten, was dem *Zarathustra* folgt, wobei man als oberflächlichsten Suchcode aus dem Brief Nietzsches an Köselitz zunächst nur über den Hinweis '„Narren-Bücher" und anderes Teufelszeug' verfügt.

Etwas tiefer führt die Beobachtung, daß der späte Nietzsche, zumindest den Selbstanzeigen seiner letzten Werke zufolge, in Sachen Psychologie unterwegs ist: *Der Fall Wagner* wird von ihm angekündigt als „ein honnettes Duell eines Psychologen mit einem frommen Verführer" (KSB 8: 523); *Nietzsche contra Wagner*, wiewohl in der Hauptsache eine Zusammenstellung älterer Textpassagen und insoweit weniger von Belang, figuriert im Untertitel unter der Chiffre *Aktenstücke eines Psychologen*; die *Götzen-Dämmerung* ging ursprünglich unter dem Titel *Müssiggang eines Psychologen* an den Verlag; und der *Ecce homo* verdient es, schon wegen des autobiographischen Bezuges als Dokument für Nietzsches psychologische Neugier gelesen zu werden. Auch in den beiden Hauptwerken der Spätphase dominiert das Psychologische. So wird die *Genealogie der Moral* mit den Sätzen eröffnet: „Wir sind uns unbekannt, wir Erkennenden, wir selbst uns selbst: das hat seinen guten Grund. Wir haben nie nach uns gesucht" (KSA 5: 247). Und zumal das erste Hauptstück von *Jenseits von Gut und Böse* ist als ein (wissenschafts-)psychologisches zu lesen, mit dem Nietzsche seiner 'Psychologie der Philosophen' zuarbeitet. Zugleich aber trägt diese Schrift wohl nicht ganz zufällig den Untertitel *Vorspiel einer Philosophie der Zukunft*, ein 'Vorspiel' offensichtlich, das ohne Psychologie zu schreiben Nietzsche zunehmend unmöglich wurde. Nietzsche, so ließe sich mithin folgern, wollte in seinem hier als Motto genutzten Satz an

Köselitz vom März 1884 seiner dann auch realisierten psychologischen Absicht Ausdruck verleihen, in der Post-*Zarathustra*-Ära Bücher zu schreiben, in denen das Andere der Vernunft in der Fassade des Narrentums aufgespürt und der Begründung einer 'Philosophie der Zukunft' zugeführt wird. Eine derartige Philosophie belegte Nietzsche auch mit dem Ausdruck „Experimental-Philosophie", die, so heißt es von ihr im Nachlaß, „das freiwillige Aufsuchen auch der verwünschten und verruchten Seiten des Daseins" (KSA 13: 492) in das Zentrum ihres Selbstverständnisses erhebt. Damit ist die Fragestellung des folgenden umrissen.

1. Nietzsches Theismus-Dekonstruktion: Vom Ende Gottes und seiner Erbschleicher

Der Ausdruck 'Dekonstruktion' wird hier und auch im folgenden ganz pragmatisch genommen und nicht als methodologische Chiffre verstanden. Der Ausdruck 'Theismus-Dekonstruktion' sucht den Verfall sowohl der Gott- als auch der auf den Menschen bezogenen Ersatzgottvorstellung zu umgreifen. Die Voraussetzungen für seine so zu lesende Theismus-Dekonstruktion hatte Nietzsche bereits als Schüler gelegt und Erfahrungen in seinem Herkunftsmilieu zugerechnet. So schreibt er rückblickend, er habe als Verwandter von Pfarrern früh Einblick gewonnen in „geistige und seelische Beschränktheit Tüchtigkeit Hochmut" (KSA 8: 505). Und in der *Genealogie der Moral* ist die Rede von einer ihm eigenen Bedenklichkeit gegen die Moral, „eine ... Bedenklichkeit, welche in meinem Leben so früh, so unaufgefordert, so unaufhaltsam, so in Widerspruch gegen Umgebung, Alter, Beispiel, Herkunft auftrat, dass ich beinahe das Recht hätte, sie mein 'A priori' zu nennen" (KSA 5: 249).

Wohin ihn dieses Apriori trieb, zeigt ein *Germania*-Vortrag vom Frühjahr 1862, der mit den Worten beginnt: „Wenn wir mit freiem, unbefangenem Blick die christliche Lehre und Kirchengeschichte anschauen könnten, so würden wir manche den allgemeinen Ideen widerstrebenden Ansichten ausspre⟨c⟩hen müssen. Aber so, von unsern ersten Tagen an eingeengt in das Joch der Gewohnheit und der Vorurtheile, durch die Eindrücke unsrer Kindheit in der natürlichen Entwicklung unsers Geistes gehemmt und in der Bildung unsres Temperaments bestimmt, glauben wir es fast als Vergehn betrachten zu müssen, wenn wir einen freieren Standpunkt wählen, um von da aus ein unparteiisches und der Zeit angemessenes Urtheil über Religion und Christentum fällen zu können. Ein solcher Versuch ist nicht das Werk einiger Wochen, sondern eines Lebens" (BAW 2: 54). Und nach dieser gleichsam schon hier vorweggenommenen Definition der eigenen Sendung folgt, wiederum sehr weit vorauseilend: „Eine unendliche Gedankenverwirrung im Volke ist das trostlose Resultat; es stehen noch große Umwälzungen bevor, wenn die Menge erst begriffen hat, daß das ganze Christenthum sich auf Annahmen gründet; die Existenz Gottes, Unsterblichkeit Bibelautorität, Inspiration und anderes werden immer Probleme bleiben. Ich habe alles zu leugnen versucht: o, niederreißen ist leicht, aber aufbauen!“ (BAW 2: 55) In diesem Vortrag des Siebzehnjährigen findet sich also schon beides: Die leise und doch deutliche Rebellion gegen die Überladung „mit fremdem Character und fremdem Wissen“ (KSA 8: 506) einerseits; andererseits aber die Sehnsucht nach Selbstentdeckung und Befreiung bis hin zur kühnsten Form der Sprengung des überkommenen Jochs im Sinne der Formel ‘Gott ist tot’.

Drei Jahre später, Nietzsche ist inzwischen im zweiten Semester Philologiestudent in Bonn, nimmt er das Thema in radikalerer Form auf. Material hat ihm zwischenzeitlich sein schon im ersten Semester in Bonn geübtes Aufmerken auf „Volksleben und Sitten“ (KSB 2: 7) geliefert. Denn wessen er da in der Hauptsache, wie er seiner Mutter berichtet, gewahr wird, ist die „krampfhaft fromm thuend(e)“ „bigotte ... katholische ... Bevölkerung“ (KSB 2: 65) dieses Raums. Derlei demonstrative und insoweit von den Nachbarn überwachbare Glaubensbekundung gilt Nietzsche als höchst fragwürdig, und sie widerspricht auch seiner im Jahre 1862 entstandenen Auffassung, daß sich der wahre Glaube nicht in der Jenseitsorientierung bezeuge, sondern nur in der Verantwortung für das Diesseits, im Befolgen also des Aufrufs an den Menschen, „auf der Erde seinen Himmel (zu) gründe(n)“ (KSB 1: 202). So hat man denn auch den Stoßseufzer des seinen neuen Studienort Leipzig kritisch sichtenden Nietzsche zu verstehen: „Der Affe zeigt sich in unserer Zeit eclatant, aber wo bleibt der Gott?“ (KSB 2: 84) Deutlich schwankend zwischen Frivolität, Sarkasmus und Blasphemie, macht sich Nietzsche nun seinen Reim auf jene Abart des ‘Affen’, der, als „Gotteswortverächter“, bevorzugt seines „Nächste⟨n⟩ Töchter“ (BAW 3: 289) liebe.

Die dahinter verborgene Problematik hat Nietzsche dann in brieflicher Auseinandersetzung mit seiner Schwester zu ihrem Kern getrieben. Den Hintergrund gab hier Nietzsches Frage vom November 1865 an Mutter wie Schwester ab, ob sie es so leicht ertrügen, „dieses ganze widerspruchsvolle Dasein, wo nichts klar ist als daß es unklar ist?“ (KSB 2: 94). Denn diese Frage rüttelte nachhaltig an den Gewißheitsgrundlagen theologischer Daseinsrechtfertigungen. Und sie verriet bis in die Formulierung hinein deutlich die Spuren der in eben diesen Tagen anhebenden Schopenhauer-Lektüre Nietzsches. Schließlich hatte schon Schopenhauer reflektiert über „diese räthselhafte Existenz, an der nichts klar ist, als ihr Elend und ihre Nichtigkeit“ (SW II: 189). Erkennbar gestärkt jedenfalls durch diesen seinen allerneuesten Geistesheroen spricht Nietzsche nun brieflich seinen Ärger aus über die beständige Forderung von Mutter wie Schwester, er solle nicht so viel räsonieren, sondern seine Pflicht tun. Nietzsche kontert: „Hat man damit seiner Menschheit genug gethan (...)? Wer heißt uns denn von den Verhältnissen bestimmen zu lassen?“ (KSB 2: 95) Auch dies klingt nach Schopenhauer, nach dessen *Aphorismen zur Le-*

bensweisheit, die sich Nietzsche in diesen Tagen von Mutter wie Schwester in der Ausgabe der *Parerga und Paralipomena* als Weihnachtsgeschenk erbat (KSB 2: 101) und der er Schopenhauers harsche Kritik an der beständigen Reflexion unseres „Daseyns in der Meinung Anderer" und den Hinweis hätte entnehmen können: „Außerdem ist ja was in einem fremden Bewußtseyn vorgeht, als solches, für uns gleichgültig, und auch wir werden allmälig gleichgültig dagegen werden" (SW IV: 350f.). Ganz in diesem Sinne gibt denn auch Nietzsche seiner Mutter wie Schwester drohend zu verstehen, daß es möglicherweise besser sei, „die Menschen zu zwingen uns wie wir nun sind anzuerkennen" (KSB 2: 95).

Wie sehr dem schon der junge Nietzsche vorgearbeitet hat, verdeutlicht ein scheinbar so harmloser Gegenstandsbereich wie der des Qualitätswandels im Bereich von Naturschilderungen. Noch der Vierzehnjährige schrieb: „So hat auf mich stets ein Gewitter den schönsten Eindruck gemacht; der weithin krachende Donner und die hell aufzuckenden Blitze vermehrten nur meine Ehrfurcht gegen Gott" (BAW 1: 8). Der Einundzwanzigjährige hingegen notiert: „Das Gewitter entlud sich höchst gewaltig mit Sturm und Hagel, ich empfand einen unvergleichlichen Aufschwung und ich erkannte recht, wie wir erst dann die Natur recht verstehen, wenn wir zu ihr aus unsern Sorgen und Bedrängnissen heraus flüchten müssen. Was war mir der Mensch und sein unruhiges Wollen! Was mir das ewige 'Du sollst' 'Du sollst nicht'! Wie anders der Blitz, der Sturm, der Hagel, freie Mächte, ohne Ethik! Wie glücklich, wie kräftig sind sie, reiner Wille, ohne Trübungen durch den Intellekt!" (KSB 2: 121f.) Die Unterschiede sind bemerkenswert: In der ersten Schilderung noch ist es Gott, der sich in der Unbedingtheit seines Willens kundtut und dem man dann auch ein Gewitter als Indikator für seine Macht auszulegen hat. Dabei tritt in Nachbearbeitung des Vatertodes die Frage nach der Rechtfertigungsfähigkeit der durch Gott zu verantwortenden Schadenszufügungen in den Vordergrund (vgl. Schmidt 1991: 209ff.; 468ff.). Im zweiten Beispiel hingegen spielt Gott schon gar keine Rolle mehr, und das Gewitter steht nur für eine Allegorie auf den Menschen, der sich aus der ihm obliegenden Achtung der Tradition zu entbinden vermag, um sich zu getrauen, seinen 'reinen Willen' als einen 'ohne Ethik', was meint: als einen ohne Rechtfertigungsfähigkeit aus christlicher Moralbegründungstradition, zur Geltung zu bringen.

Damit scheint doch zumindest ein wesentlicher Zwischenbefund gesichert zu sein: „Dazu daß der Mensch seine irdische Bestimmung erfüllt, ist nicht nöthig die Anerkennung eines Gottes oder eines Faktums, das historisch unsicher ist" (BAW 3: 211). So notiert es sich Nietzsche 1866 als Student, damit zum Ausdruck bringend, daß einer in der Gottesvorstellung gründenden Morallehre dann der Geltungsgrund entzogen sei, wenn man auf sie die strengen Kriterien historischer Forschung anwendet. Dies ist zugleich auch eine vorläufige Lösung angesichts von Nietzsches Verwahrung gegenüber der Forderung der Schwester vom Juni 1865, dem nachzugeben, „was in den Kreisen der Verwandten und vieler guten Menschen als Wahrheit gilt"; das Ziel könne, so hatte er damals argumentiert, ja wohl nicht darin bestehen, eine „Anschauung über Gott (...) zu bekommen, bei der man sich am bequemsten befindet"; vielmehr gebe es jenseits des Glaubens auch noch das Wissen, und hier nun gelte, daß „für den wahren Forscher das Resultat seiner Forschung geradezu etwas Gleichgültiges" (KSB 2: 60) sei. Und in durchaus provozierender Manier legt Nietzsche seiner Schwester die Konklusion vor: „Hier scheiden sich nun die Wege der Menschen; willst Du Seelenruhe und Glück erstreben, nun so glaube, willst Du ein Jünger der Wahrheit sein, so forsche" (KSB 2: 61).

Diese Position, die eklatant jener widersprach, die Wagner im nämlichen Jahr in *Über Staat und Religion* bezog, hätte der Zwanzigjährige durchaus auch mit Schopenhauer rechtfertigen können, was nun meint: Nietzsches frühe Schopenhauer-Begeisterung könnte sich ein Stück weit auch daraus erklären, daß er seiner wenig später nachfolgenden Lektüre von *Die Welt als Wille und Vorstellung* eine Bestätigung für diese seine frühe Position entnahm. Zu denken wäre hier etwa an die von Schopenhauer eingeführte Differenz zwischen metaphysischen Systemen, die „zur Rekognition ihrer Beglaubigung ... Nachdenken, Bildung, Muße und Urtheil erfordern", sowie anderen Systemen wie etwa der Religion als einer Art „Volksmetaphysik", die sich an jene Mehrzahl wende, „als welche nicht zu denken, sondern nur zu glauben und nicht für Gründe, sondern nur für Autorität empfänglich ist" (SW II: 190). Ungeachtet dessen war aber auch Nietzsches Position vom Juni 1865 hinreichend, um jenes Doppelprogramm anzukündigen, das ihn endgültig von Schwester wie Mutter trennen sollte: das einer (Re-)Etablierung des Ideals absichtslosen Forschens für die Bereiche der Philosophie und Wissenschaften einerseits sowie das einer Demaskierung der Problematik absichtsvollen Glaubens für den Bereich der Theologie andererseits.

1872 rückte Nietzsche diese Erwägung in den ihr primär zugehörenden ideengeschichtlichen Zusammenhang, wenn er sich im Blick auf Kant exzerpiert, dieser habe „das Wissen aufheben (müssen), um zum Glauben Platz zu bekommen" (KSA 7: 426f.). Schon bald freilich sah Nietzsche, daß dem christlichen Glauben auch noch jenes Reservat zu rauben war, das ihm der Aufklärer Kant belassen hatte. Denn der kantische Ausweg, daß Gott nur eine Vorstellung sei, die der Mensch jederzeit, zumindest auf der Ebene des Wissens, als eine ohne Anschauung kennzeichnen könne und von der er sich, jedenfalls als Handlungsregulativ und im Interesse *seiner* Aufklärung sowie *der* Aufklärung, emanzipieren müsse, war für

Nietzsche noch unzureichend. Etwas nicht weniger Wichtiges noch trat hinzu: Nietzsche, selbst mit Ersatzgottvorstellungen beschäftigt, wollte den von Kant aufgeklärten Menschen die Illusion rauben, daß bereits ihre bloße Freisetzung von der Gottesvorstellung ausreichend sei und nahtlos übergehen könne in die Inthronisation ihrer selbst als Gott-Ersatz. Diese Illusion war, in Nietzsches Wahrnehmung, durch die Aufklärung genährt worden: Der Mensch sah sich durch sie „zur Hauptsache“ gemacht: „als ob der Spiegel sagte: ‘ohne mich ist nichts, ich bin der Urheber’“ (KSA 9: 245). Eben diese ‘Hauptsache’ war in Nietzsches Wahrnehmung der Menschen seiner Epoche nicht mehr präsent. Entsprechend kennt Nietzsches Theismus-Dekonstruktion immer auch zwei Seiten: Den Satz „Gott ist tot“ – und den Satz: ‘Der aufgeklärte Mensch, sofern er sich für einen Ersatz-Gott hält, ist gleichfalls tot und durch einen Menschentypus zu ersetzen, der sich, auch in psychologischer Hinsicht, als lebensfähig erweist.’

1.1 „Gott ist tot“

Die „Gott-ist-tot“-Formel trägt keine unmittelbaren, immerhin aber mittelbare psychologische Absichten vor – auch dahingehend, daß Nietzsche als der „erste … Psychologe des Christenthums“ (KSB 8: 482) zu fragen beginnt, welche Motivlage den bestimmt, der sich der Theismus-Programmatik oder gar dem asketischen Priesterideal unterwirft. Eine Antwort wies dabei in Richtung der über den Glauben möglichen Abgeltung der eigenen Unsicherheit: „Das heisst, je weniger Einer zu befehlen weiss, um so dringlicher begehrt er nach Einem, der befiehlt“ (KSA 3: 582). Im Zentrum der von Nietzsche in diesem Zusammenhang traktierten Thematik steht freilich die theologische und philosophische Problematik als solche, die vor allem im *Zarathustra* zur Aufführung gelangt. Dieser „Bibel der Zukunft“ (KSB 8: 492) wird man nur gerecht, wenn man zumindest das erste Buch als „Grabrede auf den Tod Gottes“ (KSA 9: 579) zu lesen weiß. Denn nur unter dieser Voraussetzung wird jene Perspektive freigesetzt, die man bei einer Ersatz-Bibel wohl zu Recht erwarten darf: die einer Ersatz-Schöpfungsgeschichte und die einer Ersatz-Vollendungsvision. Beides wird vorgetragen von einem, der fast sicher ist, wenn nicht *der*, so jedenfalls doch *einer* der Mörder Gottes zu sein – falls denn überhaupt, wie man zumal nach Marie-Luise Haases (1996) detektivischer Studie zu fragen hat, das Wort von einem Mord berechtigt ist.

Damit rückt nun aber auch Nietzsche selbst als derjenige, der diese (Kriminal-)Geschichte als Autor zu verantworten hat, ins Zentrum des Interesses. Denn der Sache nach war er es, der sich, vermittelt über seinen Protagonisten Zarathustra und dies jedenfalls doch in Begriffen einer

„Ordnung der Dinge, wo ein Gott über Leben und Tod bestimmt“ (KSA 9: 651), schuldig gemacht hatte, womit er der Sühne unterlag oder zumindest doch des Trostes bedürftig war. Muß der Mörder Gottes nicht, so hatte Nietzsche denn auch bereits im Nachlaß von 1881 gefragt, „der allmächtigste und heiligste Dichter selber werden“ (KSA 9: 590), um seine Schuld zu sühnen? *Daß* Nietzsche auf eine Ordnung der Dinge hinarbeitete, in der die Schuld für Mord (auch: an Gott) jedenfalls nicht mehr über ein von Gott kommendes Tötungsverbot ableitbar gewesen wäre, trägt dabei nichts aus für das Problem, daß Nietzsche noch die Werte der alten Ordnung vermittelt worden waren, die erst nach dem Tod Gottes außer Geltung traten. Was Nietzsche angesichts dieses Dilemmas, das von ihm einen Anfang verlangte, der moralisch durch nichts gedeckt war, vom Leser erwartete, war also eigentlich nur Zurückhaltung angesichts einer Dichtung, die, wie jene des *Zarathustra*, befremden und wohl auch beunruhigen mußte. Nietzsches Gegenleistung bestand darin, sich um die ‘Heiligkeit’ seines Dichtens zu bemühen. Denn nur auf diese Weise war der Schleier zu sichern über einer ‘Grabrede’, die zugleich doch immer auch Schuldentlastungsritual war, Teil also einer höchst privaten Selbsttherapie. „Mit dir zerbrach ich, was je mein Herz verehrte“ (KSA 4: 340), redet etwa Zarathustras Schatten diesem fast am Ende all der von ihm verkündeten Ungeheuerlichkeiten ins Gewissen, anfügend: „Nichts lebt mehr, das ich liebe, – wie sollte ich noch mich selber lieben?“ (KSA 4: 340) Wer für derlei Sätze und die sich in ihnen entäußernde Not des unter der Brisanz seines Denkens schwer tragenden Nietzsche unempfänglich ist, sollte über den *Zarathustra* besser schweigen.

Bereits Nietzsches Arrangement der ersten Szene des *Zarathustra* hat es in diesem Sinne in sich: Zarathustra, der von Nietzsche ausgestattet wird „mit der Autorität des teils freiwillig, teils vom Weltekel in die Einsamkeit vertriebenen Eremiten“ (Treptow 1993: 21), trifft einen Heiligen, der zu Gott betet. Als Zarathustra wieder allein ist, spricht er zu sich: „‘Sollte es denn möglich sein! Dieser alte Heilige hat in seinem Walde noch Nichts davon gehört, dass Gott todt ist!’“ (KSA 4: 14) Die Generalprobe zu dieser Szene findet sich in einer Passage aus der ein Jahr zuvor erschienenen Schrift *Die fröhliche Wissenschaft*. Hier ist es ein ‘toller Mensch’ – ein in einer nicht veröffentlichten Textvariante (KSA 14: 256f.) noch mit dem Namen Zarathustra belegter Handlungsträger (vgl. Montinari 1981: 80) –, der auf einem Marktplatz unter Menschen, „welche nicht an Gott glaubten“, dadurch auffällt, daß er „am hellen Vormittage eine Laterne anzündete, auf den Markt lief und unaufhörlich schrie: ‘Ich suche Gott! Ich suche Gott!’“ (KSA 3: 480). Zugleich aber weiß dieser ‘tolle Mensch’ doch auch, daß der, den er da sucht, tot ist, denn auf die spöttischen Reaktionen der Umstehenden sprang er, wie es weiter heißt, „mitten unter sie und durchbohrte sie mit seinen Blicken. ‘Wohin ist Gott?’ rief er, ‘ich will es euch sagen! Wir haben ihn getödtet, – ihr und ich! Wir alle sind seine Mörder!’“ (KSA 3: 480f.). Nachdem die Zuhörer verständnislos reagieren, wirft der ‘tolle Mensch’ seine Laterne auf den Boden, „dass sie in Stücke brach und erlosch. ‘Ich komme zu früh, ich bin noch nicht an der Zeit. Diess ungeheure Ereigniss ist noch unterwegs und wandert’“ (KSA 3: 481) – eine besondere Form der Erfahrung der Unzeitgemäßheit, wie man vielleicht sagen darf.

Die Lehre, die Nietzsche aus dieser Generalprobe zieht und die er in die Konzeption des *Zarathustra* einfließen läßt, ist eindeutig: Er verlagert, dies der Lektion erster Teil, das Szenario vom öffentlichen Markt in den einsamen Wald – und kehrt darüber die Beweislast um. Im Zweifel nämlich ist es immer der Heilige im Walde, der, abgeschnitten von allen Neuigkeiten und verwiesen auf die Zustimmung zu sich selbst, zweifeln muß, nicht auf dem neuesten Stand zu sein, also: in seinem Glauben an ein Wesen, von dem doch jeder zu wissen scheint, daß es tot ist, verrückt zu sein von dem, was nun das Zentrum des Wissens der kundigen Welt ist. Durch diese Variation ließ sich zwar der Glaube nicht erschüttern, insofern er sich ohnehin von Wissen unabhängig setzt. Aber immerhin hatte Nietzsche durch Zarathustra damit sichergestellt, daß man ihm jedenfalls nicht so antworten würde, wie man einem Geisteskranken antworten darf, indem man dessen Bezugssystem als Wahnvorstellung deutet, mehr noch: Zarathustra kann nun so sprechen, daß sich der Heilige genötigt sieht zu unterstellen, er habe es mit einem besser informierten und urteilsklareren Menschen zu tun.

Dabei aber nun redet Zarathustra, und dies ist Nietzsches Lektion zweiter Teil aus *Die fröhliche Wissenschaft*, zu einem Heiligen und eben nicht, wie der ‘tolle Mensch’, zu Marktbesuchern, die ohnehin nicht an Gott glauben. Diese Variation macht nur Sinn, weil Nietzsches Trachten nun, in der *Zarathustra*-Passage, auf den Nachweis der Unzeitgemäßheit des christlichen Glaubens geht, und zwar am Beispiel der theologisch an sich am besten informierten Exemplare. Das Szenario in *Die fröhliche Wissenschaft* hingegen ist dadurch bestimmt, daß die atheistischen Marktbesucher, die dem gottsuchenden ‘tollen Menschen’ in ebenso ironischer wie blasphemischer Attitüde entgegenhalten, Gott halte sich wohl nur „versteckt“ bzw. er habe sich bloß „verlaufen wie ein Kind“ (KSA 3: 480), nachdrücklich mit dem Hinweis konfrontiert werden, daß Gott tot sei. Damit demontiert Nietzsche so ganz nebenbei die Vorstellung, Gott sei ein unsterbliches Wesen. Und deswegen auch macht sich der nur lächerlich, der, dies auch noch mit der Laterne am hellichten Tag – Nietzsches verschlüsselter Spott über die Aufklärung –, nach ihm sucht, als sei Gott noch am Leben. Es ist nun vielmehr zu reden vom Mord am Gott, von der

Verantwortung der Mörder Gottes. Für die damit markierte Herausforderung bedarf der 'tolle Mensch' denn auch nicht mehr der Laterne, geht es doch darum, die Verantwortung des Menschen auf den Trümmern seiner Mitschuld für den Tod Gottes und mithin auch die Verantwortung des Menschen jenseits der ihm von der Aufklärung eröffneten Perspektiven zu errichten und zu begründen. „Was thaten wir", fragt denn auch der 'tolle Mensch', „als wir diese Erde von ihrer Sonne losketteten? Wohin bewegt sie sich nun? Wohin bewegen wir uns? Fort von allen Sonnen? Stürzen wir nicht fortwährend? (...) Irren wir nicht wie durch ein unendliches Nichts?" (KSA 3: 481) Was diesen verzweifelten Fragen unterliegt, mit denen Nietzsche auf das platonische Sonnenmotiv – die Sonne als „Grund der Welt" (Himmelmann 1996: 297) – anspielt, ist die sich hier anbahnende Folgerung aus der Dekonstruktion auch des Pantheismus als des Versuchs, Gott mit der Welt zu identifizieren. Denn nicht nur Gott ist nun nicht mehr da – auch die Welt, für die er zeugte, sieht sich ins Nichts versetzt und bedarf neuer Sinngebung.

Schon für Schopenhauer zeugte die Steigerung des Theismus zum Pantheismus eher für einen „Uebergang vom Unerwiesenen und schwer Denkbaren zum geradezu Absurden", weil „es ein übel berathener Gott seyn (müßte), der sich keinen bessern Spaaß zu machen verstände, als sich in eine Welt, wie die vorliegende, zu verwandeln" (SW V: 96f.). Um die Voraussetzung für derlei Polemik zu nehmen, suchte Schopenhauer die Welt nicht auszulegen als Werk Gottes, sondern als „Werk unserer eigenen Schuld, mithin als etwas, das besser nicht da wäre" (SW V: 272). Nietzsche hätte dem ersten Teil dieser Ableitung weitgehend zustimmen können, und sei es nur, weil er Teile der defätistischen Daseinsanalytik Schopenhauers aus eigener Tragik, etwa im Blick auf die aus dem Tod seines Vaters entspringende Sicht des Theodizee-Problems, zu bestätigen vermochte und mithin lange schon im Zweifel war, ob das Leid auf dieser Welt denn tatsächlich von dem ihm von Kindesbeinen an als gütig vorgestellten Gott gewollt worden sein und verantwortet werden konnte. Möglicherweise bezog Nietzsche sogar seine „Gott-ist-tot"-Formel aus Schopenhauer. Zu denken ist etwa nur an Schopenhauers Formel von der „Euthanasie der Religion" (SW V: 300) für den Fall des Aufkommens wahrer Philosophie. Zu denken ist aber auch an Schopenhauers Satz, wonach in der Logik des Pantheismus „der schaffende Gott selbst der endlos gequälte" sei, der „in jeder Sekunde ein Mal Sterbende" (SW V: 97). Denn Nietzsche brauchte nur diese von Schopenhauer als absurd bezeichnete Logik ernst zu nehmen, um die Rede vom Tod Gottes plausibel zu machen.

Anders aber als Schopenhauer vermied Nietzsche strikt jede weitergehende, in die Metaphysik treibende Folgerung über die Welt als Ort des Abarbeitens einer überkommenen Schuld. Statt dessen zielte er darauf, die gottlosen Menschen auf die Notwendigkeit der Begründung einer säkularisierten Ersatzgottvorstellung hinzuweisen, ohne die der Welt ihre Sinngebung nicht zurückzuverleihen und folglich der Nihilismus nicht zu vermeiden war. Man kann hierin zwar einen Ersatz-Pantheismus verborgen sehen, und Nietzsche war durchaus bereit, unter diesen Umständen seinen „Gegensatz zum Pantheismus“ (KSA 12: 213) fallenzulassen und einer entsprechenden Konsequenz einzuverleiben – im Gegensatz zu seinem wohl berühmtesten Interpreten, nämlich Heidegger (1961a: 321ff.). Dieser nämlich rätselte langatmig über der Frage, *ob* Nietzsche einen „Pantheismus“ gelehrt habe oder nicht. In anderer Hinsicht aber war Heidegger wesentlich weniger zurückhaltend als Nietzsche. Denn wo Heideggers Rhetorik gerade im Themenbereich der Metaphysik ihre eigentlichen Höhepunkte erzielte – was keineswegs nur pejorativ gemeint ist, insofern der Rückgriff auf Heideggers Argumentation auch heute noch die offenbar ewig wiederkehrende Tendenz zur Trivialisierung des Wiederkunftsgedankens zu unterlaufen verspricht –, stellte Nietzsche den (Über-)Menschen immer wieder in die Verantwortung, eine Theorieoption, die ihm letztlich auch das entscheidende Motiv gab zu seiner Metaphysik-Dekonstruktion.

Ganz in diesem Sinne fragt denn auch der ‘tolle Mensch’ die atheistischen Marktbesucher, sie in ihre Verantwortung für die Folgen auch ihrer Tat, des Mordes an Gott, hineinziehend: „Ist nicht die Grösse dieser That zu gross für uns? Müssen wir nicht selber zu Göttern werden, um nur ihrer würdig zu erscheinen?“ (KSA 3: 481) Dieser Gedanke, nämlich daß mit dem Tod Gottes die Chance wie auch Nötigung an den Menschen herantrete, gottähnlich zu werden, ist einer, der Nietzsche nie so recht losgelassen hat. So findet sich schon 1862 die Erwägung, daß die „absolute Willensfreiheit ... den Menschen zum Gott machen (würde)“ (BAW 2: 62). Diese Denklinie dominiert noch ein Vierteljahrhundert später, wenn es unter Bezug auf den Dostojewski-Helden Kirillow heißt, daß die absolute Unabhängigkeit, exemplifiziert am Beispiel des Selbstmordes, zum Attribut der „Göttlichkeit“ (KSA 13: 145) des Menschen gehöre. Aber schon die Erwägung: „Wir selber müssen, wie Gott, gegen alle Dinge gerecht, sonnenhaft sein und sie immer neu schaffen“ (KSA 9: 591), hatte derlei eher harmlose Optionen in eine durchaus problematische Nähe gerückt zum biblischen Schöpfungsmythos: Der Teufel stand gleichsam vor der Tür, in der Gestalt eines sich als gottähnlich fingierenden und selbstgerecht die Schöpfung korrigierenden Übermenschen namens Nietzsche.

Mit dieser Fiktion kokettierte Nietzsche auch in einem Fragmentnotat von 1885/86, in dem es heißt, daß er sich eigentlich nicht über die mangelnde Rezeption seines Œuvre beklagen dürfe, denn auch Gott habe „die Welt (nicht) um der Menschen willen geschaffen“ (KSA 12: 99). Weitere

Zufuhr erhielt Nietzsches Gottgleichheits-Vision aus der Lehre vom Sündenfall. Denn ihr entnahm Nietzsche die Moritat, daß Gott dem Menschen nur deshalb das Tier und das Weib geschaffen habe, „damit er Unterhaltung hat (damit er nicht auf schlechte Gedanken kommt, auf's Denken auf's Erkennen" (KSA 12: 373). So sehr also habe Gott die Erkenntnis gefürchtet, denn diese führe „zur Macht, zur Gottgleichheit" (KSA 12: 373) – eine Betrachtungsart, die den Schluß bezüglich der Gottgleichheit derer, die sich, wie Nietzsche, über dieses Verbot hinwegsetzten, zwingend nach sich zog. In profanisierter Form schließlich begegnet einem Nietzsches Gottgleichheits-Vision im *Ecce homo*, wo er im Zuge seiner endgültigen Abrechnung mit Mutter und Schwester verlauten läßt: Mit „solcher canaille mich verwandt zu glauben, wäre eine Lästerung auf meine Göttlichkeit" (KSA 6: 268).

All dies mag man noch, je nach Belieben, schulterzuckend oder kopfschüttelnd zur Kenntnis nehmen. Pathologievorbehalte aber sind dort angebracht, wo Nietzsche sich, kurz zuvor, notiert: „Es giebt keine höhere Instanz über uns: so weit Gott sein könne, sind wir jetzt selber Gott ..." (KSA 13: 143). In einem der 'Wahnsinnsbriefe' des Jahres 1888 wird es fast gleichsinnig heißen: „Die nächsten Jahre steht die Welt auf dem Kopf: Nachdem der alte Gott abgedankt ist, werde ich von nun an die Welt regieren!" (KSB 8: 522) Das Pathologische dieses Motivs gründet darin, daß Nietzsche die Idee der Freisetzung des Menschen von einer Ordnung, in der noch ein Gott ist, nun beendet durch die Vision des Antritts der Herrschaft seiner selbst als eines Ersatzgottes. Und so bringen dann auch die 'Wahnsinnsbriefe' des Januar 1889 dieses Motiv endgültig zum Durchbruch: „Die Welt ist verklärt, denn Gott ist auf der Erde. Sehen Sie nicht, wie alle Himmel sich freuen? Ich habe eben Besitz ergriffen von meinem Reich, werfe den Papst ins Gefängniß und lasse Wilhelm, Bismarck und Stöcker erschießen. Der Gekreuzigte" (KSB 8: 572). Dem folgt dann noch Nietzsches berühmter, beklemmend wahnsinniger und zugleich doch auch irritierend scharfsinniger Brief an Jacob Burckhardt, der das Signal gab für Overbecks dramatische Rückholaktion des endgültig zusammengebrochenen Freundes: „Lieber Herr Professor, zuletzt wäre ich sehr viel lieber Basler Professor als Gott; aber ich habe es nicht gewagt, meinen Privat-Egoismus so weit zu treiben, um seinetwegen die Schaffung der Welt zu unterlassen" (KSB 8: 577f.).

Unterhalb dieser so riskanten Ebene zu denken war Nietzsche spätestens ab 1881 nicht mehr möglich. So heißt es schon in der Planungsphase von *Die fröhliche Wissenschaft*: „Ihr macht es euch zu leicht, ihr Gottlosen!" (KSA 9: 611) Dahinter verbarg sich das an sich noch so friedliche Argument, daß Gott durch die Entziehung der Zuwendung jener Atheisten, die „sich nicht mehr um ihn ... kümmern" (KSA 9: 611), nicht der

Existenzursachen verlustig ginge, die sich aus der Gottesliebe der Theisten beständig ergeben. Die mitunter zirkulierende Rede von einem Nietzsche eigenen Atheismus, dies kann man also aus dieser Kritik entnehmen, ist irreführend und verharmlosend. Schon Heidegger formulierte, für seine Verhältnisse überraschend klar: „Nietzsche muß herausgehalten werden aus der fragwürdigen Gesellschaft jener oberflächlichen Atheisten, die Gott leugnen, wenn sie ihn nicht im Reagenzglas finden“ (Heidegger 1961a: 322). Und Karl Löwith (1974: 8) machte darauf aufmerksam, daß die vom Atheismus in der Variante der deutschen Aufklärung getragene Kritik der Religion immer auch ihrer philosophischen Rechtfertigung dienen wollte – ein Unternehmen, an dem Nietzsche jedenfalls kein Interesse mehr nahm. Ihm ging es nicht nur um eine atheistische Position, die auf Verneinung hinausläuft; ihm ging es um Bejahung, in Zarathustras Sprachmanier: „Gott starb: nun wollen *wir*, – dass der Übermensch lebe“ (KSA 4: 357).

Wie schwer Nietzsche der Weg hin zu dieser Position fiel, belegt seine Biographie. „Als Kind Gott im Glanze gesehn“ (KSA 8: 505), notierte sich der Pfarrerssohn beispielsweise 1878, im unklaren haltend, ob er hier wirklich Gott meine oder seinen ihm als gottähnlich imponierenden Vater. Wie sehr ihn jedenfalls die Herkunft aus einem Pfarrhaus band, belegt noch seine dem Jahr 1881 zugehörende Entschuldigung gegenüber Köselitz für den Fall, daß diesem die in der *Morgenröthe* beständig geführte „innerliche Auseinandersetzung mit dem Christenthume fremd, ja peinlich“ (KSB 6: 108f.) sei. Denn er sei, als „Nachkomme ganzer Geschlechter von christlichen Geistlichen“, dem Christentum „von Kindesbeinen an“ nachgegangen; und er sei in seinem Herzen nie „gegen dasselbe gemein gewesen“ (KSB 6: 109). In ähnliche Richtung geht die von Resa v. Schirnhofer wiedergegebene Anekdote, Nietzsche habe eine von ihm sehr geschätzte ältere Dame, eine überzeugte Katholikin, die in Sils-Maria ihren Urlaub verbrachte, unter Tränen gebeten, sie möge seine Bücher nicht lesen, da „so Vieles darin stünde, was sie tief verletzen müßte“ (zit. n. Lohberger 1969: 447). Hingewiesen sei auch auf Nietzsches briefliche Äußerung gegenüber Overbeck von 1885, daß Dante wie Spinoza ihre Einsamkeit immerhin noch ertragen hätten, weil sie, im Gegensatz zu ihm, „irgendwie einen ‘Gott’ noch zur Gesellschaft hatten“; ihm bleibe hingegen nur noch die Hoffnung, „daß mir Jemand meine ‘Wahrheiten’ unglaubwürdig mache“ (KSB 7: 63).

Noch der geistige Zusammenbruch Nietzsches vom Januar 1889 verrät etwas von dieser Hoffnung. So soll Nietzsche entsprechend einer erstmals von Erich Podach (1930) bekanntgemachten und neuerlich von Anacleto Verrecchia (1986: 259ff.) ins Zentrum gerückten Anekdote den eigentlichen Anlaß zum Einschreiten Dritter gegeben haben, als er Ende Dezember 1888 oder Anfang Januar 1889 einem von einem Kutscher mißhandelten Pferd um den Hals fiel. Setzt man einmal den Wahrheitsgehalt dieser in der Nietzsche-Forschung mit einiger Skepsis betrachteten Anekdote voraus, scheint sie für sich wenig Sinn zu machen und insoweit nur als Dokument für den anhebenden Wahn-Sinn Nietzsches gelten zu können. Etwas aufschlußreicher wird die Sache, wenn man einbezieht, daß Nietzsche einige Monate zuvor, als wolle er der Turiner Szene auf dem Reißbrett vorgreifen, an Reinhart v. Seydlitz schrieb: „Gestern dachte ich mir ein Bild aus von einer moralité larmoyante, mit Diderot zu reden. Winterlandschaft. Ein alter Fuhrmann, der mit dem Ausdruck des brutalsten Cynismus, härter noch als der Winter ringsherum, sein Wasser an seinem eigenen Pferde abschlägt. Das Pferd, die arme geschundne Creatur, blickt sich um, dankbar, *sehr* dankbar -" (KSB 8: 314). Man sieht hier: Die Fiktion entspricht noch nicht ganz dem, was sich später ereignete. Vor allem fehlt die Legitimation für den schützenden, helfenden oder jedenfalls doch mitleidsvollen Eingriff eines Dritten. Denn das Pferd erlebt die zynisch gemeinte Handlung des Kutschers durchaus als wohltuend. Deswegen wohl auch spricht Nietzsche von einer 'moralité larmoyante', von einer Moral also, die, von christlichen Werten getragen und durch menschliches Empfinden vermittelt, mitunter das Leiden der Kreatur zu Unrecht unterstellt. Der geistig gesunde Nietzsche, so könnte man folgern, wollte diese Antinomie verdeutlichen, im Gegensatz zu dem, der Monate später das Reißbrett verläßt und, all seiner Kritik an der Mitleidsmoral zuwiderhandelnd, dem geschundenen Tier helfend zur Seite springt. Denn dieser Nietzsche bezeugt jenseits aller Theorie die in ihm gründende unterschwellige Sehnsucht nach jener Mitleidsmoral, der er zu geistig gesunden Zeiten theoretisch jedes Recht absprach, obwohl er ihr praktisch doch immer wieder bedurfte und nun für immer bedürfen wird.

Fast noch bedrückender sind die Bezüge der Turiner Szene zu Dostojewskis Roman *Schuld und Sühne*. Dabei sind auch hier Unwägbarkeiten gegeben. So ist es nach wie vor nicht ganz sicher, ob Nietzsche diesen Roman, auf den er in zwei Briefen vom Mai 1887 (KSB 8: 75) sowie Oktober 1888 (KSB 8: 451) kurz anzuspielen scheint, tatsächlich auch gelesen hatte. Sicher ist nur, daß Nietzsches so skandalträchtiges Umarmen des geplagten Pferdes in Turin, wenn es denn tatsächlich wenige Wochen später stattgefunden haben sollte, an jene Schlüsselszene des Romans erinnert, in der Dostojewskis negativer Held Raskolnikow einem prügelnden Kutscher in die Parade fährt. Bemerkenswert ist dabei die Frage, die dieser Kutscher unmittelbar zuvor aus der ihn zum Teil anfeuernden Menge gestellt bekam: „'Ja, bist du denn kein Christ, du Teufel?'" (Dostojewski 1990: 76) Denn dies klingt so, als habe Raskolnikow mit seinem Eingreifen den rhetorischen Gehalt dieser Frage demonstrieren und sich insoweit als eine Art advocatus dei in Szene setzen wollen. Dabei ist zu bedenken, daß Raskolnikow gar nicht an Gott glaubt und Dostojewski dieses Geschehen deswegen als kindheitsbezogenen Traum konstellieren mußte. Dieses Gestaltungsmittel nutzt Dostojewski, um den inneren Kampf abzubilden, der sich in Raskolnikow abspielt, ist er es doch, der in eben dieser Zeit mit dem von ihm dann auch realisierten Gedanken spielt, gleichsam *seinen* 'alten Gaul' zu erschlagen, nämlich eine alte, im moralischen Sinn nutzlose, weil korrupte Wucherin. Bemerkenswert sind dabei die von Raskolnikow benannten Motive für diese Tat. Denn seine Aussage, er wolle auf diese Weise die These vom Tod Gottes und des von ihm herrührenden Tötungsverbots testen und zugleich die Idee einer höheren Form des Menschentums erproben, klingt so, als dränge hier einer danach, einen halbverdauten Nietzscheianismus in die Praxis umzusetzen, was angesichts des Erscheinungstermins des Romans (1866) natürlich nur als gedankliches Konstrukt zu lesen ist. Denkt man freilich in diesen Bezügen, scheint *Schuld und Sühne* das Dilemma der Rezeption des nietzscheianischen *Œuvre*, die Turiner Kutscheranekdote vom Januar 1889 hingegen das Drama der *Person* Nietzsches zu enthüllen. Die Pointe dieses Dramas gilt einem Menschen, der bis in den anhebenden Wahn hinein die Sehnsucht spürte nach unverrückter Geltung jenes an die Gottesidee gebundenen Kinderglaubens an das Gute, den systematisch zu dekonstruieren Nietzsche Lebensziel und Verpflichtung war.

1.2 Der Mensch als 'freier Gott' ist tot

Nietzsche arbeitete spätestens mit dem im *Zarathustra* deklarierten Tod Gottes an der Aufbereitung des Menschen als einer Art Ersatz-Gott. Dazu gehörte, denen ihr Handwerk zu legen, die eher als Erbschleicher Gottes denn als Repräsentanten der im Menschen zu beheimatenden selbsttäuschungsfreien Vernunft zu gelten hatten. Die Motive für diese Variante seiner Theismus-Dekonstruktion hatte sich Nietzsche über seine Lesart der Aufklärung beschafft. Denn gerade infolge der Aufklärung hatte die Selbstüberhebung des Menschen als eines Gott-Ersatzes eingesetzt, der sich die Welt und die Natur qua Wissen und Technik untertan machen wollte. Noch in der *Morgenröthe* huldigte Nietzsche dieser Vorstellung, wenn er Vernunft und Erfahrung als „Götter …, die in *uns* sind" (KSA 3: 44), ausweist und gegenüber dem Gefühl rehabilitiert. Weiterführender jedoch ist eine fragmentarische Notiz Nietzsches vom Herbst 1880: „Mit 'gut' und 'schön' und 'wahr' meint man die Ausnahmestellung, seine Göttlichkeit bewiesen zu haben: die Wissenschaft im Dienste der alten Triebe kämpft und vertheidigt den Gott im Menschen, nachdem sie ihn sonst hat fahren lassen – den freien Gott“ (KSA 9: 246). Den Tod dieses ‘freien Gottes’ galt es also gleichfalls noch auszurufen und zu begründen, bevor die um den Übermenschen zentrierte Vergöttlichungsrhetorik greifen konnte, ohne Mißverständnisse zu provozieren. Auf dem Weg hin zu dieser Einsicht mußte sich Nietzsche allerdings auch eigenen mißverständlichen Erbes entledigen, wie beispielsweise der von ihm unter Wagner-Einfluß vorangetriebenen Fiktion des ästhetischen Menschen als eines (wahrhaft) ‘freien Gottes’.

Den ersten Schritt auf dem Weg zur Demontage des Menschen als eines ‘freien Gottes’, der seine Ästhetik-Option überhaupt erst freisetzte, vollzog Nietzsche in seiner Antrittsvorlesung vom Mai 1869. Denn sie bereits bringt den alles weitere beeinflussenden zeitdiagnostischen Gedanken, wonach der ‘moderne Mensch’, der wegen des wissenschaftlichen Fortschritts im Begriff stünde, „in glücklicher Bewunderung vor sich selbst“ niederzufallen, auf das über seinem Haupt schwebende „Schwert des Barbarenthums“ (BAW 5: 286f.) hingewiesen werden müsse. Dies, so seine Position damals noch, könne am ehesten durch einen ästhetisch geschärften Blick auf das klassische Griechenland geschehen. Entsprechend auch sieht sich Nietzsche schon bald weniger als ein den Ideen der Aufklärung verpflichteter Jünger der Wahrheit denn als ein über die Dialektik der Aufklärung belehrter Exponent der über sich selbst zu Bewußtsein gelangten griechischen Antike. Entsprechend notierte er sich 1872/73 in ein Kant-Exzerpt den Satz: „Sonderbarer Gegensatz ‘Wissen und Glauben’! Was hätten die Griechen davon gedacht! Kant kannte keinen andern Gegensatz! Aber wir!“ (KSA 7: 427) Der Ausdruck ‘wir’ bezeichnet hier weniger einen pluralis maiestatis denn einen pluralis modestiae: Nietzsche dürfte an einen Gegensatz gedacht haben, den er meinte, schon in der griechischen Antike aufspüren und zeitdiagnostisch wie auch für eine Deutung Wagners nutzen zu können: den Gegensatz des Apollinischen zum Dionysischen. Einige Zeilen später folgt dann auch: „Die Bändigung des Erkenntnißtriebes – ob zu Gunsten einer Religion? Oder einer künstlerischen Kultur, soll sich nun zeigen; ich stehe auf der zweiten Seite“ (KSA 7: 427).

Dies eben war sein Programm in jener Zeit: die als dionysisch gefaßte ‘künstlerische Kultur’ zu stärken, um sie der apollinisch strukturierten, auf Erkenntnis, Wissenschaft und Wahrheit setzenden Gegenwart als andere Seite entgegenhalten zu können. Und wiewohl ihm Kant mit seiner erkenntnistheoretischen Begrenzung dessen, was man wissen kann, auch als Wegbahner dieser Art von „Weisheit“ (KSA 1: 118) galt, war ihm dessen Gegensatz von Wissen und Glauben doch allenfalls hilfreich, um zu erkennen, daß das Dionysische als Theologieersatz in Geltung treten könne. „Meine Religion“, so darf er denn auch 1875 schreiben, „liegt in der Arbeit für die Erzeugung des Genius" (KSA 8: 46). Der Stammvater dieser Art Religion, die auf ihre Art einen erneuten Anlauf machte, den Menschen gleichfalls als einen – wenn schon nicht über Wissenschaft, so jedenfalls doch über Kunst regulierten – 'freien Gott' zu denken, war für Nietzsche damals noch Wagner gewesen mit seiner dionysisch wirkmächtigen musikalischen Virtuosität und der sich darin explizierenden Auslegung der Kunst als der metaphysischen Tätigkeit des Lebens.

Zur anderen Seite hin war in Nietzsches Sicht Sokrates der Stammvater zeitgebundenen Verfalls der Wissenschaftskultur. Denn auf der dunklen Seite des „über dem Eingangsthor der Wissenschaft" (KSA 1: 99) prangenden mutigen Bekenntnisses des Sokrates, zu wissen, daß er nichts wisse, sichtete Nietzsche die dadurch allererst freigesetzte Verurteilung von Kunst wie Ethik unter dem Diktum des beiden je zugrundeliegenden „Mangel(s) der Einsicht" bzw. der sie je kennzeichnenden „Macht des Wahns" (KSA 1: 89). Sokrates geriet in dieser Lesart, die nicht frei von Eigentümlichkeiten ist (vgl. Schmidt 1969), zum Vorläufer einer verwissenschaftlichten Kultur, Kunst und Moral und mithin zum Urheber einer Epoche wie jener Nietzsches, die die bloße Vernunft zur Herrschaft zu bringen sucht, keine Mythen mehr kennt und sich insgesamt als mißlungenes Unterfangen lesen läßt, das Dasein „als begreiflich und damit als gerechtfertigt erscheinen zu machen" (KSA 1: 99).

Vergleichbar kritisch sah Nietzsche den 'sokratischen Menschen', der „an eine Correktur der Welt durch das Wissen, an ein durch Wissenschaft geleitetes Leben" glaubt und im Kampf liegt mit „dionysische(r) Weisheit und Kunst", um den „Gebildete(n) allein in der Form des Gelehrten" (KSA 1: 115f.) gelten zu lassen. Denn was daraus dann beispielsweise resultiere, so Nietzsches Bedenken, sei eine Dichtkunst, die „aus gelehrten Imitationen" (KSA 1: 116) schöpfe, eine Kunstnutzung, die nach „Dekoration des Lebens" (KSA 1: 333) begehre – und ein Kunstnutzer, dem letztlich nicht geholfen sei: „Umsonst dass man die ganze 'Weltlitteratur' zum Troste des modernen Menschen um ihn versammelt und ihn mitten unter die Kunststile und Künstler aller Zeiten hinstellt, damit er ihnen, wie Adam den Thieren, einen Namen gebe: er bleibt doch (...) der 'Kritiker' ohne Lust und Kraft" (KSA 1: 120). Er bleibt also, so könnte man noch hinzusetzen, derjenige, der der Ex-Philologe Nietzsche nicht mehr sein wollte – und derjenige, für den Wagner Bayreuth ursprünglich nicht gedacht hatte. Und er verfehlt damit das, was Nietzsche dem wahrhaft Gebildeten noch zuzutrauen bereit war, nämlich die Fähigkeit, das Ästhetische als eigenständiges Merkmal der Weltauffassung zu handhaben oder jedenfalls doch anzuerkennen.

Auf den damit eingeschlagenen wissenschaftskritischen Bahnen bewegte sich Nietzsche auch noch in *Vom Nutzen und Nachteil der Historie für das Leben*. Ein durch Wissenschaft beherrschtes Leben, so lesen wir hier, in dieser breit angelegten Philippika historischer Bildung, sei „nicht viel werth, weil es viel weniger *Leben* ist und viel weniger Leben für die Zukunft verbürgt, als das ehemals nicht durch das Wissen, sondern durch Instincte und kräftige Wahnbilder beherrschte Leben“ (KSA 1: 298f.). Und so meint Nietzsche denn auch, in einem fast schon pestalozzianisch anmutenden Gestus ausrufen zu können: „Ueberstolzer Europäer des neunzehnten Jahrhunderts, du rasest! Dein Wissen vollendet nicht die Natur, sondern tödtet nur deine eigene. Miss nur einmal deine Höhe als Wissender an deiner Tiefe als Könnender“ (KSA 1: 313). Die dem zugehörige Diagnose, wonach jeder neue Griff der Erkenntnis die Stützen des eigenen Lebensgrundes zum Einsturz brächte, hält deutliche Anklänge an Wagners Position in *Oper und Drama* bereit. Denn hier hatte Wagner, ausgehend von dem Grundsatz, daß der Mensch „nur im Zusammenhang mit den Menschen“ begriffen werden könne, das Dilemma des „moderne(n) Mensch(en)“ beschrieben als eines der Loslösung von seiner Umgebung – mit der Folge eines „rastlose(n) innere(n) Zwiespalt(s) dieses Menschen, der zwischen Wollen und Können sich ein Chaos von marternden Vorstellungen geschaffen hatte“ (GSD 4: 45).

Damit schien zugleich der sich schon fast als Ersatz-Gott zelebrierende ‘sokratische Mensch’ hinreichend demontiert, verbunden mit einer Option auf ein besseres Angebot, das Nietzsche in *Über Wahrheit und Lüge im außermoralischen Sinne* unterbreitete: „Es giebt Zeitalter, in denen der vernünftige Mensch und der intuitive Mensch neben einander stehen, der eine in Angst vor der Intuition, der andere mit Hohn über die Abstraction; der letztere eben so unvernünftig, als der erstere unkünstlerisch ist. Beide begehren über das Leben zu herrschen: dieser, indem er durch Vorsorge, Klugheit, Regelmässigkeit den hauptsächlichsten Nöthen zu begegnen weiss, jener, indem er als ein ‘überfroher Held’ jene Nöthe nicht sieht und nur das zum Schein und zur Schönheit verstellte Leben als real nimmt“ (KSA 1: 889). Dabei ist es von einigem Interesse, daß Nietzsche von einem ‘überfrohen Helden’ spricht. Denn mit diesem Attribut belegt Gunther in Wagners *Götterdämmerung* den arglosen und durch einen Zaubertrank seiner Welt entfremdeten Siegfried, kurz bevor dieser durch Hagen niedergestreckt wird. Indem Nietzsche diesen Ausdruck übernimmt, will er also, so ließe sich interpretieren, auf die Janusköpfigkeit der Welt des Scheins und der Schönheit anspielen und mithin auf die Hybris, von der sich auch der ‘intuitive’ Menschentypus nicht frei weiß. Zumindest in dieser Hinsicht scheint er also verbunden mit seinem Gegentypus, dem „überstolzen Europäer“ aus *Vom Nutzen und Nachteil der Historie für das Leben*. Dennoch gilt Nietzsches Sympathie, zunächst jedenfalls, eindeutig dem ‘intuitiven Menschen’, den er schon im vorsokratischen Griechenland siegreich sah, mit der Folge, daß sich „eine Kultur gestalten, und die Herrschaft der Kunst über das Leben sich gründen" (KSA 1: 889) konnte.

Diesen Sieg auch für die Gegenwart vorzubereiten, war folglich das allererste Anliegen des frühen Nietzsche. Entsprechend spielte der 'sokratische' resp., wie es nun zunehmend heißt, 'vernünftige' Mensch in seiner Aufbereitung des Themas eher den lächerlichen Part: „Jenes ungeheure Gebälk und Bretterwerk der Begriffe, an das sich klammernd der bedürftige Mensch sich durch das Leben rettet, ist dem freigewordenen Intellekt nur ein Gerüst und Spielzeug für seine verwegensten Kunststücke" (KSA 1: 888). Das Wort vom 'freigewordenen Intellekt' ist hier, als positives Attribut, dem 'intuitiven Menschen' beigegeben, aus zwei Gründen: Zum einen, um ihn unterscheidbar zu machen vom 'vernünftigen Menschen', dessen Intellekt noch dem Imperativ der „Verstellung" (KSA 1: 876) zum Zweck seines Bestehens im Kampf ums Dasein unterliegt; zum anderen aber, um das dem 'intuitiven' Menschen eigene „ästhetische ... Verhalten ..." (Bräutigam 1977: 55) im Umgang mit der Welt und den Begriffen zu kennzeichnen. Auch Zarathustra repräsentiert, wie man nun wohl sagen darf, in exemplarischer Form den Typus des 'intuitiven Menschen', und die Dichtung, die seinen Namen trägt, dokumentiert zugleich die Leistungskraft einer von Nietzsche als eines gleichfalls 'intuitiven Menschen' beförderten Literaturgattung, die zumal in ihren ästhetischen Motiven Rückerinnerungen bereithält an die von Nietzsche in der *Geburt der Tragödie* im Gegenzug zum Typus des Gelehrten eingeklagte Integration von Wissenschaft und Kunst. Bezieht man diesen Zusammenhang ein, wird noch deutlicher, daß das Konstrukt des 'intuitiven Menschen' dazu beitragen sollte, jene ästhetische Rechtfertigung des Daseins sicherzustellen, die Nietzsches Meinung nach im Rahmen der einseitigen Logoszentriertheit der Jetztzeit nicht zu beschaffen war.

Tatsächlich mochte dieser Menschentypus ästhetisch geboten sein und dazu beitragen, die Intuition als Erkenntnismodus zu rehabilitieren sowie die Unmittelbarkeit des Empfindens in einer Epoche der Vorherrschaft des 'vernünftigen Menschen' zu restituieren. Allerdings sollte man dabei nicht übersehen, daß der späte Nietzsche sich zumindest dort von seinem frühen Ideal des 'intuitiven Menschen' löste, wo er sich konfrontiert sah mit der grundlegenden Frage nach der Beschaffenheit der conditio humana im Anschluß an den im *Zarathustra* deklarierten Tod Gottes. Denn hiermit trat an den Menschen unabweisbar die Nötigung heran, sich selbst im Falschen als wahr zu setzen, anstatt nur in eigenkurativer Absicht im Falschen das Wahre zu suchen – eine Perspektive, wie Nietzsche am Beispiel der Bayreuth-Nutzer gelernt hatte, die Stillstand oder, schlimmer und mithin am Exempel Wagners gelesen, Hybris in sich barg. Denn der 'intuitive Mensch' Wagner, in dessen Nähe sich Nietzsche noch 1869 wie in der

Nähe „des Göttlichen" (KSB 3: 36) gefühlt hatte, unterlag in Nietzsches sich aus dieser Abhängigkeit befreienden Sicht eben jener Gefahr, auf die hin der frühe Nietzsche zumindest den 'vernünftigen Menschen' befragt hatte: der Gefahr einer sich dann freilich weniger im wissenschaftlichen denn im ästhetischen Schöpferbewußtsein des einzelnen artikulierenden Selbstillusionierung in Richtung eines vermeintlich 'freien Gottes'. Der Begriff für die dann noch verbleibende und von diesem Dilemma nicht berührte Option stand seit dem *Zarathustra* bereit: Der Mensch als ein tatsächlich 'freier Gott', der endgültige Überwinder aller Erbschleicher Gottes also, war Übermensch zu heißen.

Christoph Türcke verortet zwar auch den Übermenschen in der Linie des 'intuitiven Menschen' und nennt ihn mithin „Künstler des Daseins" (Türcke 1989: 135). Allerdings wird hierbei nicht beachtet, daß der Übermensch eher für einen vom späten Nietzsche weitgehend vollzogenen Austausch ästhetisch-metaphysischer durch psychologische Prämissen steht. Deswegen auch ersetzt Nietzsche das im *Zarathustra* entwickelte Übermenschenkonstrukt in der *Genealogie der Moral* durch das – psychologisch anschlußfähigere – Konstrukt 'vornehmer Mensch'. Ein Stück weit dokumentiert sich dieser Wandel hin zu einer stärker psychologisch untersetzten Vernunftkritik auch in *Jenseits von Gut und Böse*. Hier nämlich fordert Nietzsche dazu auf, den Menschen in die Natur zurückzuübersetzen, um der „vielen eitlen und schwärmerischen Deutungen und Nebensinne Herr (zu) werden, welche bisher über jenen ewigen Grundtext homo natura gekritzelt und gemalt wurden" (KSA 5: 169). Knapper noch argumentiert Nietzsche im *Antichrist*: „Wir leiten den Menschen nicht mehr vom 'Geist', von der 'Gottheit' ab, wir haben ihn unter die Thiere zurückgestellt" (KSA 6: 180). Erst infolge dieser Zurückstellung des sich als 'freien Gott' zelebrierenden Menschen in das Reich des Animalischen hoffte Nietzsche jenen Zusammenhängen auf die Spur zu kommen, um die der Mensch als Übermensch wissen mußte, wenn er nicht weiterhin einer unerkannten Selbsttäuschung hinsichtlich der untergründigen Konfundierung seines geistigen oder auch ästhetischen Wirkens unterliegen wollte.

Ähnlich, wenn auch zurückhaltender, hatte schon Schopenhauer (SW II: 230f.) argumentiert, der wohl auch kaum Probleme mit der dann naheliegenden Anschlußthese gehabt hätte, daß die Befragung des Menschen auf seine 'tierische' Seite zugleich meinte, die Triebnatur ins Kalkül zu ziehen und des Menschen 'Geistigkeit' letztlich nur als deren Kondensat gelten zu lassen. Das Gesamtargument ist dabei auch gleichsam Nietzsche-intern nicht ohne Vorbild. So begegnet einem die Formel von der 'Geistigkeit' als Effekt des Menschen als 'listigen Tiers' bereits in Nietzsches alter These vom Intellekt als „Mittel zur Erhaltung des Individuums" (KSA 1: 876), eine Vorstellung, die beim späten Nietzsche freilich eine gewisse Korrektur erfährt. Im *Antichrist* jedenfalls heißt es weiter: „Und indem wir das behaupten, behaupten wir noch zuviel: der Mensch ist, relativ genommen, das missrathenste Thier, das krankhafteste, das von seinen Instinkten am gefährlichste⟨n⟩ abgeirrte" (KSA 6: 180). Die Befreiungstat der Aufklärer des 18. Jahrhunderts, die den Menschen als 'freien Gott' zum Durchbruch bringen wollten, las Nietzsche mithin unter dem Siegel der Unvollkommenheit und dem der mangelnden Konsequenz im Blick auf die Notwendigkeit der Dechiffrierung auch des Anderen der Vernunft. Denn auch für die Aufklärer galt in Nietzsches Sicht, was er allen älteren Philosophen vorhielt: nicht den Mut gehabt zu haben „zur Theorie des 'unfreien Willens'" (KSA 13: 291 f.) und statt dessen, so ließe sich weiterführen, der „Lehre von der Freiheit des Willens" den Vorzug gegeben zu haben, die aber in nichts anderem „ihren Vater und ihre Mutter" habe denn „im Stolz und Machtgefühl des Menschen" (KSA 3: 118), gleichsam als „Erfindung herrschender Stände" (KSA 2: 545).

Dabei gewinnt man zumindest hier den Eindruck, als unterschlage Nietzsche Vorleistungen seines Jugendidols Schopenhauer. Denn schließlich war dieser schon in *Die Welt als Wille und Vorstellung* mit der dann in der *Preisschrift über die Freiheit des Willens* wiederholten These vom Vorrang des Willens vor dem Intellekt angetreten – und mit der daran angeschlossenen Pointe, daß Freiheit auf der Ebene des Wirkens und Tuns nicht nachzuweisen sei und auf die des Seins und Wesens verlegt werden müsse (vgl. SW II: 375 f.; SW III: 452 ff.). Zwar war, zumal mit dieser Art der Rehabilitierung der Metaphysik in der Gestalt einer den Willen zum Leben als „Prämisse aller Prämissen" (SW II: 420) setzenden Willensmetaphysik, eine erhebliche Differenz zu Nietzsche gegeben, nicht aber vom Anspruch ausgehend: Schopenhauer wie Nietzsche schien Philosophie, zumal als Unternehmen in Sachen jenes Schopenhauerschen Wortes von der „Weltweisheit", nur noch sinnvoll möglich, wenn sie sich dem psychologischen Wissen nicht verschloß und jedenfalls nicht mit der schlichten Setzung einer gänzlich inkommensurablen Seinsverfaßtheit von Mensch und Tier eröffnet wurde. Denn mit einer derartigen Setzung wäre in beider Wahrnehmung der Preis verknüpft gewesen, die Dimension der Sinnlichkeit oder Leiblichkeit des Menschen zu übersehen oder gar zu leugnen. Blieb die Philosophie gleichwohl ihrem alten, in der Aufklärung übersteigerten Denkmotiv einer Freiheitshypostasierung verhaftet, mußte notwendig, nun in Nietzsches Begrifflichkeit gesprochen, die Fiktion des Menschen als eines 'freien Gottes' folgen, die Selbstüberhebung mithin also auch eines Wesens, das keineswegs frei war, sondern das Gefangener seines eigenen 'Stolzes' und 'Machtgefühls' blieb. Eben dies galt auch für den aufgeklärten Mensch generell, der in Nietzsches Wahrnehmung nur ein hybrides, durch einen 'unfreien Willen' dominiertes Verfallsgebilde darstellte.

Nietzsches Resümee, so darf am Ende dieses gerafften Überblicks über seine denkerische Entwicklung auf dem Felde der Subjekttheorie gesagt werden, war folglich klar: Er wollte mitwirken an einer *„neue(n) Aufklärung“*, die in der hier maßgeblichen Nachlaßpassage vom Frühjahr 1884 aufgerufen wird gegen „die Kirchen und Priester“, „die Staatsmänner“, „die Gutmüthigen Mitleidigen“, „die Gebildeten und den Luxus“, „in summa gegen die Tartüfferie“ (KSA 11: 86f.). Wenige Monate später begegnet einem im Nachlaß der Ausdruck „neue Aufklärung“ erneut, diesmal aber schon mit deutlicher Bezogenheit auf die im *Zarathustra* entwickelte Zentralthematik seines späten Œuvre. Dazu gehört Aufklärung „in Betreff 'Wahrheit und Lüge' am Lebendigen“, „in Betreff 'Gut und Böse'“ – beides psychologisch ambitionierte Themenbereiche – und Aufklärung „in Betreff der gestaltenden umbildenden Kräfte“ (KSA 11: 295). In summa wird diese Absicht nun zusammengehalten durch das Übermenschen-Konstrukt und den Wiederkunftsgedanken als den beiden Grundpfeilern der Philosophie des *Zarathustra*. Dies geschieht mit dem Interesse, das in Nietzsches Lesart vor allem von Rousseau zu verantwortende sozialphilosophische Zentralproblem der *alten Aufklärung*, die „Gleichmachung Aller“, abzugelten durch die neue, eben nietzscheianische Aufklärung, die „den herrschenden Naturen den Weg zeigen (will)“ (KSA 11: 295). Insoweit ist die neue Aufklärung Nietzsches „eine Aufklärung mit neuen politischen Tönen“ (Ottmann 1985: 26), aber auch eine psychologisch gerichtete Aufklärung (vgl. auch Gödde 1993: 153f.), die als solche ihr Zentrum in der Analyse des Anderen der Vernunft erblickt, um so die im Konstrukt des Übermenschen kulminierende Ersatzgottvorstellung ohne Ideologieverdacht denkbar zu machen. Aus dieser Fragestellung, so soll im einzelnen gezeigt werden, gewann Nietzsches Psychologie den ihr eigentümlichen Charakter. Bei all dem ist indes noch eine Grundfrage zu klären: Kann Nietzsche überhaupt jener 'Wille zur Wahrheit' attribuiert werden, der die Voraussetzung allen aufklärungszentrierten Erkenntnisinteresses zu sein hat?

2. Nietzsches Wahrheitsbegriff: Von der Psychologisierung des Wissenserwerbs

Nietzsches Wahrheitsbegriff, den er in verschiedenen Phasen seines Schaffens immer mal wieder neu und jeweils anders exponiert zu haben scheint, ist offenbar selbstwidersprüchlich und wurde in dieser Charakteristik auch immer wieder Gegenstand der Nietzsche-Forschung (vgl. Simon 1972; 1989; Stegmaier 1985; Bittner 1987; Roth 1993). Als deren Ergebnis steht allenfalls fest, daß Strategien der Sicherung des Wahrheitsbegriffs mit Blick auf Nietzsche lesartenabhängig sind und von *dem* Wahrheitsbegriff Nietzsches nicht gesprochen werden kann. Wenn im folgenden also, unter der Chiffre 'Psychologisierung des Wissenserwerbs', ein Leitmotiv angeboten wird, das den Wahrheitsbegriff zumal des späten Nietzsche angemessen zu intonieren beansprucht, dann geschieht dies nicht im Gestus dessen, der in Ignoranz gegenüber der Forschungslage gleichwohl eines einheitlichen und verbindlichen Wahrheitsbegriffs in Nietzsches Œuvre meint habhaft geworden zu sein. Sondern es geschieht aus der Perspektive dessen, der meint, eine Lesart gefunden zu haben, die die verzweigten Interessen Nietzsches an diesem Thema bündelt. Zu dieser Lesart gehört, wie eben dargestellt, Nietzsche als Urheber einer 'neuen Aufklärung' anzusetzen. Folglich gilt es, sich dem Einwand zu stellen, daß die „Gott-ist-tot"-Formel zwar Indiz eines neuen Aufklärungsinteresses sein mag, allererst aber Indiz der Zerstörung von Wahrheitsansprüchen ist, auf denen jede Aufklärung und jede Art von Wissenserwerb gründet. Dieser Einwand wurde und wird sowohl im Zusammenhang mit dem von Nietzsche zitierten Aphorismus „Nichts ist wahr, alles ist erlaubt" als auch im Kontext des von ihm dargebotenen kleinen Abschnitts *Wie die „wahre Welt" endlich zur Fabel wurde* in jeweils exemplarischer Weise erhoben und läßt sich entsprechend auch exemplarisch diskutieren.

2.1 Die Mär vom „Nichts ist wahr, alles ist erlaubt" oder Nietzsches 'Wille zur Wahrheit'

In neuerer Zeit suchte insbesondere Reinhard Margreiter mit dem von Nietzsche mehrfach zitierten Assassinen-Wahlspruch „Nichts ist wahr, alles ist erlaubt" sein Argument zu stützen, Nietzsche habe mit dem Tod Gottes zugleich auch den Tod der Wahrheit deklariert und mithin alle Moral als hinfällig ausgewiesen „und so auch die Norm, wahrhaftig zu sein und nach letztgültigen Verbindlichkeiten im Erkennen und Handeln zu suchen" (Margreiter 1991: 49). Ähnlich hatte schon Wiebrecht Ries argumentiert, wenn er von Nietzsches „radikale(r) Verdächtigung des durch systematische Philosophie und erkenntnistheoretische Forschung vorgetragenen Wahrheitsbegriffes" spricht und folgert, in Nietzsches kritischen Schriften sei ein „Sinnlosigkeitsverdacht" universal geworden, der – in Anlehnung an ein Nietzsche-Wort – „den Rückschlag von 'Gott ist die Wahrheit' in 'Alles ist falsch' erzwingt" (Ries 1990: 23). Namentlich die Lesart von Ries tritt dabei nicht eigentlich als eine tadelnde auf, sondern als eine, mit der Nietzsche konzediert wird, er habe einer neuen Generation von Lesern die entscheidenden Stichworte geliefert angesichts der Notwendigkeit der Zweifelskultivierung in einer Epoche des allfälligen Gegenwartsnihilismus. Für diese Leser gilt die – jüngst in ähnlicher Form auch von Jyung-Hyun Kim (1995: 211) vorgetragene – Bilanz von Gerhard Schweppenhäuser: „Das 'anything goes', mit dem 'postmoderne' Theoretiker den Rationalitätszwang diskursiven Philosophierens glauben überwunden zu haben, gemahnt an das von Nietzsche begeistert zitierte 'Nichts ist wahr, alles ist erlaubt'" (Schweppenhäuser 1988: 10).

So positiv wurde die vermeintlich destruktive Pointe des in Rede stehenden Aphorismus nicht immer gelesen. Für den Neukantianer Paul Natorp beispielsweise war es vor fast einem Jahrhundert noch eine „harte Zumutung", Nietzsche als Philosophen anzuerkennen, nachdem dieser „die unbedingte Voraussetzung jedes Philosophierens, den Selbstwert der Wahrheit, in nicht zweideutigen Aussprüchen verneint hat" (Natorp 1920: 86). Daß einer dieser 'Aussprüche' Nietzsches „Nichts ist wahr, alles ist erlaubt" sei, sagte Natorp zwar nicht expressis verbis. Aber daß eine derartige Unterstellung wohl nicht ganz an der Sache vorbeigehen würde, darf man der 1926 vorgelegten Nietzsche-Kritik von Ludwig Klages entnehmen, mit der der in Rede stehende Aphorismus unter dem Thema „vollendete Skepsis" (Klages 1926: 185) verrechnet wurde. Im Anschluß an eine längere Diskussion der (antiken) Tradition, der Nietzsche mit diesem Skepsisbegriff unterläge, folgt der Befund: „Wir zweifeln nicht mehr: etwas in Nietzsche ringt leidenschaftlich um

Wahrheit, und etwas in Nietzsche ist in wilder Flucht vor der – Wahrheit“ (Klages 1926: 195). Auch wenn dieser Befund irritierend-banal sein mag: das ihm unterliegende, den angeblichen Wahrheitsskeptizismus Nietzsches tadelnde Argumentationsmuster trat von hier aus seine Karriere an und begegnet(e) einem in ähnlicher Form überall dort, wo es darum ging (und geht), die von Nietzsche vermeintlich betriebene Leugnung „alle(r) Wahrheit und Moral“ (Pfister 1952/53: 254) zu skandalisieren. Und so konnte denn auch ein Henri F. Ellenberger umstandslos folgern, Nietzsche habe mit diesem Aphorismus die ihm eigene Leugnung der „Existenz der Kausalität, der Naturgesetze und der Möglichkeit des Menschen, zu irgendeiner Wahrheit zu gelangen“ (Ellenberger 1973: 375), besiegeln wollen.

Immer öfter und mit einer Hartnäckigkeit, die schon staunen macht, mußte jenes „Nichts ist wahr, alles ist erlaubt“ also herhalten, Nietzsche wahlweise Wahrheitsskeptizismus, Nihilismus oder Anarchismus zu attestieren. Dies geschieht in der Regel mit negativer Konnotation, aber auch, und dies zumal in postmodernen Zeiten, ausgehend von dem Bestreben, Nietzsche als Vordenker einer Epoche auszumachen, in der nichts mehr gewiß ist und mithin, auch in moralischer Hinsicht, tatsächlich alles erlaubt zu sein scheint. Damit scheinen Rückerinnerungen erlaubt an das fin de siècle. Schon Wilhelm Weigand jedenfalls umriß 1893 das „neue ... herrische ... Evangelium ...“ der „politischen und ästhetischen Anarchisten“ unter den Nietzsche-Anhängern mit den Worten: „Es giebt keine moralischen Thatsachen! Die Wissenschaft muß unter der Optik des Künstlers gesehen werden! Nichts ist wahr, Alles ist erlaubt!“ (Weigand 1893: 109) Weigand ließ, ähnlich übrigens wie kurz danach Julius Duboc (1897: 20ff.) oder auch Thomas Achelis, der jenes „Nichts ist wahr, alles ist erlaubt“ in den Rang des „verwerflichsten aller moralischen Grundsätze“ (Achelis 1894: 108) erhob, an seiner Kritik gegenüber einem solchen Evangelium keinen Zweifel: „Nun erscheint auf einmal alles verfahrene Thun und feige Lassen, ja selbst die neronischen Gelüste und das Waten im Schmutz gerechtfertigt; nun haben brüchige Seelen doch den zweifelhaften Trost, dass am Ende auch die bedenklichsten Ausschreitungen in irgend einer Weise dem Leben zu Gute kommen; nun mag sich sogar der zweifelhafteste Catilinarier der Grossstädte, dieser Cloaken der späteren Civilisationen, für einen Schaffenden halten und sich des cynischen Mutes rühmen, mit dem er seinen auseinandergehenden Instincten folgt“ (Weigand 1893: 107f.). Dieser Entschlossenheit im Urteil folgte allerdings keine in der Sache weiterführende Nietzsche-Interpretation nach.

Wie weit man damals noch von einer solchen entfernt war, beleuchtet auch der in dieser Zeit vor allem in sozialdemokratischen Blättern ausgetragene Streit darüber, ob Nietzsche nicht wegen seines „Alles ist erlaubt" für die Begründung einer hedonistischen Sexualmoral in Anspruch genommen werden dürfe, die helfen könne, die Sphäre des Menschlichen vom „geschichtlichen 'Überbau'" (Vivarelli 1984: 545) zu befreien. Der Einspruch der Gegenseite lautete, daß man wohl eher Anlaß habe, gegen Nietzsche „das Banner der Moral" wieder ins Feld zu führen, um der „ethische(n) Zersetzung der Bourgeoisie" (Vivarelli 1984: 546) entgegentreten zu können. Heute läßt sich gewiß deutlicher sehen als damals, daß dieser ganze Streit mit Nietzsche nichts zu tun hatte, sondern eher Zeugnis ablegt für den Sprengstoff, der sich in der Nietzsche-Begeisterung anarchistischer sozialdemokratischer Intellektueller vor dem Hintergrund des gleichsam parteioffiziellen Nietzsche-Verdikts von Franz Mehring verbarg (vgl. Behler 1984: 511 ff.).

Die andere, ebenso fragwürdige Nutzung der Reduktionsformel „Alles ist erlaubt" entspringt der Aufarbeitung der Nazi-Diktatur und ist zu sehen in der Nachfolge zur demagogischen Nietzsche-Lesart von Georg Lukács (1954: 273 ff.), die sich auch bei Wolfgang Harich (1987: 1031) sowie, unter anderen Vorzeichen, bei Eugen Sandvoss (1969: 20) und, mit Schwerpunktsetzung auf Mussolini, bei Bernhard Taureck (1989: 98) wiederholt. Auch Pädagogen haben sich in dieser Hinsicht nicht zurückgehalten. So meinte Bruno Reifenrath, ob man jenes „Alles ist erlaubt" nicht einer Schaffensperiode Nietzsches überordnen solle, die die Losung trägt: „'Jenseits von Gut und Böse' ist alles erlaubt, ist alles gut, was aus der Macht stammt, jenseits von Wahr und Falsch gilt: 'Nichts ist wahr – Alles ist erlaubt'" (Reifenrath 1980: 247). Die besondere Perfidie von derlei Assoziationsketten gründet in dem Versuch, Nietzsche als Wegbahner der „Willkür des Übermenschen" (Reifenrath 1980: 248), wenn nicht gar als Legitimator nationalsozialistischer Vernichtungspraxis ausweisen zu wollen. Besonders rabiat argumentierte in diesem Zusammenhang Bernhard Taureck (1989: 98): Er sprach von „Nietzsches Leitsatz" (was ja erst zu untersuchen wäre), zitierte ihn ungenau (nämlich mit „'Nichts ist wahr, und folglich ist alles erlaubt'"), interpretierte ihn fahrlässig (nämlich dahingehend, daß diesem Leitsatz „die Entfesselung von Machtwillen und Machtkämpfen" entspräche) und kontextualisierte ihn auf fragwürdige Weise (nämlich so, daß Nietzsche hiermit „dem Faschismus nicht nur eine politische, sondern auch erkenntniskritische Legitimation" verschaffte). Selbst Margot Fleischer, die durch die vorstehenden Beispiele eigentlich hätte belehrt sein müssen, kommt am Ende ihrer Diskussion der Reduktionsformel „alles ist erlaubt", die sie mit höchst fragwürdig kompilierten Nietzsche-Zitaten unterlegt, zu dem Befund: „Der Übermensch jedenfalls *hat* das Vorrecht zu Verbrechen" (Fleischer 1993: 152). Dem wird dann noch die vieldeutige Fußnote angeschlossen: „Äußerungen wie die in diesem Kapitel zitierten (...) legen in besonderem Maße das Thema 'Nietzsche und der Nationalsozialismus' nahe“ (Fleischer 1993: 306). Die mit derlei suggestiver Pose operierende Theoriepolitik muß also, ähnlich wie schon bei den vorgenannten Autoren, als Ersatz herhalten für den an sich doch recht einfachen Blick auf den Kontext, in dem Nietzsche den strittigen Wahlspruch verwendet hat.

Aber nicht nur dieser Kontext interessierte selten. Auch die Annahme ist nicht zu tilgen, daß, wie schon im Fall Taureck gesehen, die strittige Devise einen originären Leitsatz oder jedenfalls doch Aphorismus Nietzsches repräsentiere. Bei derlei Leseungenauigkeit ist es allerdings ein leichtes, sich den Kontext selbst zu beschaffen. Bernhard Lypp etwa behauptete, Nietzsche habe diesen seinen Aphorismus im *Zarathustra* und seinen späten Schriften zur Moral als „oberste Maxime“ (Lypp 1980: 308) formuliert, und zwar im Sinne der Notwendigkeit, den Zufall zu inszenieren. Wer so argumentiert, arbeitet postmodernen Nietzsche-Lesarten vor, insofern für einige von diesen der Zufall und dessen Bedeutung in Nietzsches Œuvre zum eigentlichen Erklärungsgrund wird für das Interesse, das man heute, im Anschluß an das Scheitern der mit Kausalrelationen operierenden und auf Zufallstilgung abstellenden Weltverbesserungsprogrammatiken, noch an Nietzsche nehmen darf. Man mag, und diesen Weg beschreitet Christoph Türcke, dagegenhalten, Nietzsche habe den strittigen Aphorismus zwar „einmal begeistert zitiert“, aber es sei unzulässig, die darin ausgesprochene Erlaubnis Nietzsches, „alles Mögliche zu denken“, „mit seiner eigenen Methode zu verwechseln“ (Türcke 1989: 169f.). Aber selbst wem dieser Ausweg sympathisch ist und besser in das eigene Programm paßt als der Versuch, jenes „Nichts ist wahr, alles ist erlaubt“ in den Rang einer (postmodernen) 'obersten Maxime' Nietzsches zu erheben – mit einer auch nur philologisch korrekten Nietzsche-Diskussion hat all dies nichts zu tun.

„Nichts ist wahr, alles ist erlaubt“ gilt, so darf man vielleicht zusammenfassen, offenkundig in erster Linie für sehr viele Nietzsche-Interpreten – und die fast sechzig Jahre alte Warnung von Karl Jaspers scheint weitgehend ungehört verhallt zu sein: „Der Satz ist – für sich selbst – nicht verstehbar. Für sich genommen, ist er der Ausdruck völliger Bindungslosigkeit, Aufforderung zur Beliebigkeit, Sophistik und zum Verbrechertum“, schrieb Jaspers (1936: 202) damals, deutlich machend, daß keinerlei Anlaß besteht, diesen Satz 'für sich selbst' zu nehmen. Allererst bietet sich, wenn man anderes tut und sich nicht nur damit begnügt, der Herkunft dieses Satzes nachzugehen (vgl. etwa Kuhn 1994), ein Blick in die Textpassagen an, in denen einem der strittige Wahlspruch im Original-Nietzsche begegnet. In Betracht kommt dabei eine Passage aus dem *Zarathustra* und eine aus der *Genealogie der Moral* sowie eine aus dem Nachlaß. Mit letzterer verhält es sich am problematischsten. Nietzsche nämlich zitiert im Nachlaß des Jahres 1884 jenes „Nichts ist wahr, alles ist erlaubt", unmittelbar bevor er, als deutlich davon abgehobenes Notat, von der „edlen Art" redet, zu der der (Über-)Mensch aufgefordert sei, weil ihm Zarathustra „Alles" nahm, „den Gott, die Pflicht" (KSA 11: 88) – Sätze, die von Eugen Sandvoss (1969: 20) in Parallele zu Hitler-Zitaten gesetzt wurden, wozu sich Sandvoss offenbar auch deshalb berechtigt wähnte, weil Nietzsche dem dann noch folgen ließ: „- *wir machen einen Versuch mit der Wahrheit*! Vielleicht gehen die Menschen daran zu Grunde! Wohlan!" (KSA 11: 88) Zugestanden werden kann, daß diese Sätze interpretationsbedürftig sind; nicht zugestanden werden kann, daß sie ohne weiteres als Ausdeutungen jenes „Nichts wahr, alles ist erlaubt!" gelesen werden dürfen.

Im Rahmen einer seriösen Interpretation sind also nur die zuvor erwähnten Passagen aus von Nietzsche veröffentlichten Werken in Betracht zu ziehen. Dabei wird man der *Zarathustra*-Passage, die sich in dem Abschnitt *Der Schatten* findet, nur gerecht, wenn man die fünf Jahre ältere Schrift *Der Wanderer und sein Schatten* einbezieht, und dabei insbesondere den Dialog *Der Fanatiker des Mißtrauens und seine Bürgschaft*. Nietzsche stellt diesen 'Fanatiker des Mißtrauens' als 'Pyrrhon' vor, versieht ihn also mit dem Namen des Gründers der philosophischen Skeptiker-Schule, was Klages (1926: 187) wohl den Anlaß gab, diesen Dialog nur als Paraphrase des antiken Skeptizismusproblems zu lesen. Tatsächlich weist der Dialog scheinbar auch eine skeptizistische Pointe auf. Nachdem der 'Alte' nämlich 'Pyrrhons' Lob des Mißtrauens auch gegen die von letzterem vertretene Wahrheit gewendet hat und 'Phyrrhon' nur noch zu lachen weiß, endet der Dialog mit des 'Alten' Frage: „Ach Freund! Schweigen und Lachen, – ist das jetzt deine ganze Philosophie?" sowie mit 'Pyrrhons' Antwort: „Es wäre nicht die schlechteste" (KSA 2: 646).

Bevor man Nietzsche allerdings voreilig den Skeptizisten zuordnet, sollte man nicht übersehen, welche Bedeutung die Kategorie des Schweigens und vor allem die des Lachens in seiner Philosophie erfüllt. Erstere steht eher für etwas, über das noch nicht, aber über das unter den je gegebenen Voraussetzungen zu reden ist: „Man soll nur reden, wo man nicht schweigen darf; und nur von dem reden, was man *überwunden* hat" (KSA 2: 369), lesen wir hierzu in der 1886 verfaßten Vorrede zur Neuausgabe von *Menschliches, Allzumenschliches II*. Und schon Zarathustra hatte wenig Zweifel gelassen, im Blick worauf das Schweigen jedes Recht verliere: „alle verschwiegenen Wahrheiten werden giftig" (KSA 4: 149), erfahren wir von ihm, ein Satz, der fast wie ein Schopenhauer-Erbe anmutet, wenn man etwa nur denkt an dessen aufklärungsorientiertes Axiom: „jeder Irrthum trägt ein Gift in seinem Innern" (SW I: 71). War damit dem unmotivierten Schweigen der Ort des Anti-Aufklärerischen zugewiesen, repräsentierte das Lachen, jedenfalls auf dem Stand von *Die fröhliche Wissenschaft*, eher den Gegencode zu den schon von Schopenhauer getadelten „ernsthaften Bestien“ (SW V: 71), also zu der, in Nietzsches Worten, gängigen Vorstellung des Intellekts als „einer schwerfällige(n), finstere(n) und knarrende(n) Maschine“, wobei dem noch erläuternd nachfolgt: „Die liebliche Bestie Mensch verliert jedesmal, wie es scheint, die gute Laune, wenn sie gut denkt; sie wird ‘ernst’! Und ‘wo Lachen und Fröhlichkeit ist, da taugt das Denken Nichts’: – so lautet das Vorurtheil dieser ernsten Bestie gegen alle ‘fröhliche Wissenschaft’. – Wohlan! Zeigen wir, dass es ein Vorurtheil ist!“ (KSA 3: 555) Giorgio Colli moniert hier zwar sehr ‘ernst’, Nietzsche fehle „der ‘ernste’ Aspekt der Wissenschaft“, beispielsweise „die Fülle der Erfahrung und der erforderliche Fleiß, sie zu sammeln“; eingeräumt wird aber immerhin, daß sich Nietzsche „bevorzugt für die außergewöhnlichen Individuen und außergewöhnlichen Verhaltensweisen“ (KSA 3: 661) interessiert habe, also nicht etwa, und dies läßt sich auch mit Blick auf das zur Kategorie des Schweigens Gesagte ausdehnen, zum Skeptizismus neigte. Im übrigen: „Bloße Schlauheit befähigt wohl zum Skeptikus, aber nicht zum Philosophen“ (SW V: 18) – ein Schopenhauer-Aphorismus, der Nietzsche wohl bekannt gewesen sein dürfte, wenn man nur an sein Wort denkt: „Man muß von Zeit zu Zeit skeptische Perioden durchleben, wenn anders man ein Recht haben will sich eine wissenschaftliche Persönlichkeit zu nennen (KSA 8: 417).

Wichtiger aber ist, was den hier in Rede stehenden Dialog im Innersten prägt: nämlich des ‘Alten’ Frage, wie ‘Pyrrhon’ denn „das Ungeheure wagen“ wolle, nämlich „die Menschen im Großen (zu) belehren“; sowie ‘Pyrrhons’ Antwort, daß das Mißtrauen „gegen Alles und Jedes (…) der einzige Weg zur Wahrheit“ (KSA 2: 645) sei, anfügend: „Kleine harte Körner werdet ihr auf ihm finden, – das sind die Wahrheiten: Jahrzehende lang werdet ihr die Lügen händevoll verschlingen müssen, um nicht Hungers zu sterben, ob ihr schon wisset, dass es Lügen sind. Jene Körner aber werden gesäet und eingegraben, und vielleicht, vielleicht giebt es einmal einen Tag der Ernte“ (KSA 2: 646). In dieser Pointe verbirgt sich etwas mehr als nur eine Paraphrase des nietzscheianischen Ringens um Wahrheit. Das „Nichts ist wahr, alles ist erlaubt“ beispielsweise begegnet einem hier nicht, erst recht nicht im logisch problematischen Modus einer vermeintlich gesicherten Wahrheit über die Unwahrheit des Seienden. Aber es begegnet einem zumindest doch als Derivat, nämlich im methodologisch weiterführenden Modus des notwendigen ‘Mißtrauens gegen Alles und Jedes’. Eben dies bringt Karl Löwith auf den Punkt, wenn er im Zuge seiner Diskussion dieser Textpassage formuliert: „Die Wahrheit ist nicht mehr da im Vertrauen zum Sein in der Wahrheit, sondern im Mißtrauen gegen alle bis dahin geglaubt gewesene Wahrheit" (Löwith 1935/1955: 114). Ähnlich argumentierte auch Georg Picht in seiner Nietzsche-Vorlesung von 1967, in der er im übrigen unmißverständlich folgerte: „Nihilistisch ist nicht, wie man geglaubt hat, der Satz 'nichts ist wahr, alles ist erlaubt'; nihilistisch ist vielmehr jene Sucht nach listigen Kompromissen mit der bisherigen Lüge, die aus der Angst vor den Folgen der Wahrheit hervorgeht" (Picht 1988: 74f.).

Nietzsches Absicht ging folglich auf eine Strategie der sukzessiven Ausschaltung des Unwahren, wobei diese Strategie einem Bildungswerdegang eingearbeitet wird, als dessen Exempel und Vorbild sich Nietzsche selbst begreift. Er nämlich war es, der, vermittelt über seine Erzieher und Lehrer, jahrzehntelang 'Lügen händevoll verschlingen' mußte, 'um nicht Hungers zu sterben', um also nicht der Liebe derer, die ihm wichtig waren, vor der Zeit – und dies meint: vor dem Moment der Findung seiner selbst – verlustig zu gehen. Diese Lehre trägt in Kurzform noch Nietzsches Wort aus *Ecce homo* vor: „Ich erst habe die Wahrheit entdeckt, dadurch dass ich zuerst die Lüge als Lüge empfand" (KSA 6: 366). Die häufig allein wissenschaftstheoretisch interessierende Wahrheitsthematik hat Nietzsche hiermit auf die Ebene der Selbstermächtigung des aufstrebenden Subjekts angehoben.

Eine Illustration dessen bietet, wie angedeutet, der Abschnitt *Der Schatten* im *Zarathustra*. Zarathustra übernimmt hier, und dies zu sehen ist hilfreich für eine angemessene Interpretation, die Rolle des 'Pyrrhon' aus dem erwähnten Dialog von *Der Wanderer und sein Schatten*, wohingegen Zarathustras Schatten den 'Alten' repräsentiert. Nietzsche möchte also offenkundig, so darf man ihn verstehen, die Skeptizismus-Lektion Teil II darbieten. Denn Zarathustras Schatten ist keineswegs, wie Margot Fleischer (1993: 151) annimmt, ein „Nihilist", der sich zu dem Spruch „Nichts ist wahr, alles ist erlaubt" *bekennt*; vielmehr wird dieser Schatten von Nietzsche eingeführt als eine Art Bedenkenträger Zarathustras, der sich mit Blick auf dessen Lehren Mut macht: „'Nichts ist wahr, Alles ist erlaubt': so sprach ich mir zu. In die kältesten Wasser stürzte ich mich, mit Kopf und Herzen. Ach, wie oft stand ich darob nackt als rother Krebs da!" (KSA 4: 340) Das Bild, das Nietzsche hier nutzt, entstammt seinen Engadiner Badeerlebnissen, und es begegnet einem in abgeschwächter Form wieder im fünften Buch von *Die fröhliche Wissenschaft*, wenn Nietzsche von sich sagt: „Denn ich halte es mit tiefen Problemen, wie mit einem kalten Bade – schnell hinein, schnell hinaus. Dass man damit nicht in die Tiefe, nicht tief genug hinunter komme, ist der Aberglaube der Wasserscheuen, der Feinde des kalten Wassers; sie reden ohne Erfahrung" (KSA 3: 634).

Der Ausruf „Nichts ist wahr, Alles ist erlaubt" aus dem Munde von Zarathustras Schatten erfüllt also, wortwörtlich genommen, die Funktion einer Mutmacherformel angesichts frühjahrskalter Bergseen; dem Sinn nach genommen, geht es um das allein durch diesen Mut sicherzustellende ‘tiefe Problem’, denn, so noch einmal Nietzsche in *Die fröhliche Wissenschaft*: Es gibt „Wahrheiten von einer besonderen Scheu und Kitzlichkeit, denen man nicht anders habhaft wird, als plötzlich, – die man überraschen oder lassen muss ...“ (KSA 5: 634). Zu dieser Art Überraschungshandlung wird Zarathustras Schatten angesichts seiner Zweifel durch Zarathustra aufgefordert, nachdem dieser es, im Sinne jenes fünf Jahre älteren ‘Pyrrhon’-Motivs, gewagt hat, sein Mißtrauen auszusprechen „gegen Alles und Jedes“, namentlich: gegen die vermeintliche Wahrheit, daß der christliche Gott lebe. Der Satz „Nichts ist wahr, Alles ist erlaubt“ steht also, so dürfen wir zusammenfassen, auch in der *Zarathustra*-Passage nicht für eine wahrheitsrelativistische oder gar erkenntnisanarchistische Botschaft. Dies belegt insbesondere auch die Fortführung: „Manchmal meinte ich zu lügen, und siehe! da erst traf ich – die Wahrheit“ (KSA 4: 340). Denn sie bringt zum Ausdruck, daß der Wahrheitszugriff erst dort gelingt, wo Zarathustras Schatten unbekümmert bleibt um die herrschende, ihm durch Sozialisation vermittelte und in diesem Fall theologisch vorgeprägte Meinung.

Theoretisch weiterführender noch ist die Auslegung von „Nichts ist wahr, alles ist erlaubt“, die Nietzsche 1887 in der *Genealogie der Moral* präsentiert. Den Ausgang liefert dabei seine Auseinandersetzung mit zeitgenössischen „Atheisten, Antichristen, Immoralisten, Nihilisten“ (KSA 5: 398), als deren Merkmal er das „Stehen-Bleiben-*Wollen* vor dem Thatsächlichen“ (KSA 5: 399) sowie das „Verzichtleisten auf Interpretation überhaupt“ (KSA 5: 400) ausmacht. Insoweit, so will Nietzsche damit sagen, scheint für diese Art Theoretiker tatsächlich zu gelten: „Nichts ist wahr, alles ist erlaubt.“ Dieses Wort aber, so Nietzsche weiter, stehe in seinem ursprünglichen, historisch überlieferten Zusammenhang für Aufkündigung des Glaubens an die Wahrheit und insoweit für „Freiheit des Geistes“ (KSA 5: 399). Eben davon aber, so Nietzsches zentraler Vorwurf an die zeitgenössischen „Hektiker des Geistes“ (KSA 5: 398), sei bei diesen nichts zu spüren; vielmehr hielten sie ein Glaubenssubstitut zumindest im Sinne der Gewißheit von der Alternativlosigkeit von derlei Verneinung des Tatsächlichen in Ehren. Von dem eigentlichen Zeugnis für einen befreiten Geist hingegen, von dem, wie sich vielleicht formulieren läßt, Mut zur Bejahung des Geforderten, könne nicht die Rede sein. Und so nur kann man denn Nietzsches Resümee bezogen auf das Wort „Nichts ist wahr, alles ist erlaubt“ auch erst recht verstehen: als ein Resümee nämlich wider die Option für eine „‘voraussetzungslose’ Wissenschaft“ bzw. wider den Versuch, die Philosophie „auf streng wissenschaftliche Grundlage“ zu stellen, ergänzt um das Plädoyer dafür, daß „eine Philosophie, ein 'Glaube' … immer erst da sein (muss), damit die Wissenschaft eine Richtung, einen Sinn, eine Grenze, eine Methode, ein *Recht* auf Dasein gewinnt" (KSA 5: 400).

In diesem Zusammenhang verweist Nietzsche noch auf den Abschnitt *Inwiefern auch wir noch fromm sind* aus dem im nämlichen Jahr nachgetragenen fünften Buch von *Die fröhliche Wissenschaft*, in dem es heißt, „dass auch wir Erkennenden von heute, wir Gottlosen und Antimetaphysiker, auch *unser* Feuer noch von dem Brande nehmen, den ein Jahrtausende alter Glaube entzündet hat, jener Christen-Glaube (…), dass Gott die Wahrheit ist, dass die Wahrheit göttlich ist" (KSA 3: 577). Arthur Danto deutet diese Passage in seiner postmodernen Nietzsche-Lesart so, als habe Nietzsche hier einen „Angriff" vorgetragen „auf die Wahrheit als die letzte Gläubigkeit" und als habe er hiermit „uns ein für allemal von der Frömmigkeit *jeglicher* Form befreien" (Danto 1991: 145) wollen. Die nahezu gegenteilige Auslegung scheint plausibler: Der Nietzsche des Jahres 1887 ist zwar nicht wieder auf die mit dem *Zarathustra* endgültig preisgegebene Gottesvorstellung verfallen. Dem steht schon Nietzsches Anschlußfrage entgegen: „Aber wie (…), wenn sich nichts mehr als göttlich erweist, es sei denn der Irrthum, die Blindheit, die Lüge, – wenn Gott selbst sich als unsre längste Lüge erweist?" (KSA 3: 577) Gott bleibt mithin als Lüge präsent, aber um eben dies tun zu können, ist eine Reflexion auf den im Christentum unproblematisiert gelassenen, aber eben nicht fraglos gegebenen sowie mit dem Ausdruck „Wahrhaftigkeit" zu übersetzenden „Wille(n) zur Wahrheit" (KSA 5: 15) erforderlich, der, so darf man nun resümieren, erst im säkularisierten Quasi-Glauben des sich von der Gottesvorstellung freisetzenden Philosophen beheimatet ist, der diesen seinen Quasi-Glauben wiederum der Moralphilosophie zur weiteren Klärung anheimgibt.

Nietzsche hat sich diese Position erst allmählich erarbeitet. So hieß es noch 1882 seitens des seinerseits lange genug durch 'tugendhafte Ungeheuer und Vogelscheuchen' Domestizierten, daß es ein „Rückfall für uns" wäre, „gerade mit unsrer reizbaren Redlichkeit ganz in die Moral zu gerathen und um der überstrengen Anforderungen willen, die wir hierin an uns stellen, gar noch zu selber zu tugendhaften Ungeheuern und Vogelscheuchen zu werden" (KSA 3: 465). 1885 hingegen fragt Nietzsche schon: „Was ist das Suchen nach Wahrheit, Wahrhaftigkeit, Redlichkeit, wenn nicht etwas Moralisches?" (KSA 11: 510) Und 1887 schließlich wird diese Frage endgültig als rhetorische kenntlich: „Folglich bedeutet 'Wille zur Wahrheit' (…) 'ich will nicht täuschen, auch mich selbst nicht': – *und hiermit sind wir auf dem Boden der Moral*" (KSA 3: 576). Und im dazugehörigen Nachlaß findet sich gar die Steigerungsform, Wahrheit sei ein Name „für einen Willen der Überwältigung: Wahrheit hineinlegen, als (…) ein aktives Bestimmen, nicht ein Bewußtwerden von etwas, ⟨das⟩ ‘an sich’ fest und bestimmt wäre. Es ist ein Wort für den ‘Willen zur Macht’“ (KSA 12: 385). Auch wenn hier nun die Frage berechtigt scheint, ob Nietzsches *Moralisierung des Wahrheitsproblems* nicht eine in seinem Gesamtansatz an sich sehr viel zwingendere *Psychologisierung des Moralproblems* unterläuft, sei zunächst festgehalten, daß er Wahrheitserwerb für möglich und auch für notwendig hielt, vermittelt in der Hauptsache über die kritische Reflexion der eigenen Bildungsgeschichte, die auf Wiedereinsetzung ethischer Regulative hinzielt.

Deutlich macht dies vor allem Nietzsches Lob der Redlichkeit dort, wo es bildungsphilosophisch kontextualisiert wird. Redlichkeit nämlich gerät ihm in diesem Zusammenhang zu „einem angenehmen Laster“ (KSA 5: 162), zu jener Reminiszenz an Überwundenes also, deren positiven Gehalt erst der ‘freie Geist’ erfährt. Deswegen auch ruft Zarathustra aus: „Nichts nämlich gilt mir heute kostbarer und seltner als Redlichkeit“ (KSA 4: 360). Zarathustra adressiert diese Botschaft an die ‘höheren Menschen’. Sie sind es, die er als auf dem Weg zum Übermenschen befindlich ansieht und die er folglich des Wahrheitszugriffs als Extrakt ihrer Redlichkeit nahe wähnt. Dies nun auch ist der Hintergrund dafür, warum Wahrheit resp. Weisheit – eine Differenz, die ansonsten bei Nietzsche zu beachten ist – für Nietzsche Beute des redlichen Übermenschen ist, gemäß des *Zarathustra*-Wortes: „Muthig, unbekümmert, spöttisch, gewaltthätig – so will uns die Weisheit: sie ist ein Weib und liebt immer nur einen Kriegsmann“ (KSA 4: 49). Hiermit sowie mit der dazugehörigen Bestimmung aus dem Nachlaß, wonach der – stammesgeschichtlich gesehen an Krieg und Jagd gewöhnte – Mann „jetzt die Erkenntniß als die umfänglichste Gelegenheit für Krieg und Jagd“ (KSA 10: 131) liebe, lagert Nietzsche den ‘Willen zur Wahrheit’ in eine Metaphorik ein, die auf nichtdomestizierte Anteile (‘gewalttätig’, ‘Kriegsmann’) des Menschen Bezug nimmt, ohne daran doch die These vom Nicht-Verfügen über platonische Kardinaltugenden (‘mutig’, ‘unbekümmert’) zu knüpfen. Hiermit will Nietzsche offenbar gegen jene angehen, die die Klugheit und nicht die Redlichkeit in den Rang eines Handlungsregulativs erheben.

Wichtiger ist aber vielleicht noch, daß Zarathustra in diesem Aphorismus zugleich auch über die Voraussetzungen redet, deren *Philosophie*, als ‘Philosophie der Zukunft’ oder als Philosophie im Zeichen des Anderen der Vernunft, bedarf, wenn sie die Klugheit als *Erkenntnisregulativ* verabschieden will und die „Theile der Erkenntniß (ergreift), welche durch das Interesse der Klugheit nicht gefördert werden“ (KSA 9: 201). Deutlicher als der *Zarathustra* macht dies die dritte Abhandlung der *Genealogie der Moral*. Denn Nietzsche kündigt sie expressis verbis an als eine, die der Auslegung des ‘Kriegsmann’-Aphorismus des *Zarathustra* dient. Zwar scheint der dann folgende Text kaum auf diesen Aphorismus einzugehen. Statt dessen wird eine Kritik der häufig verleugneten Selbstkastration geboten, die dem Philosophen- und Priesterstand herkömmlicherweise innewohne. Und doch führt spätestens Nietzsches im fortgeschrittenen Argumentgang erhobene Frage zum Kern zurück: „Ist heute schon genug Stolz, Wagniss, Tapferkeit, Selbstgewissheit, Wille des Geistes, Wille zur Verantwortlichkeit, Freiheit des Willens vorhanden, dass wirklich nunmehr auf Erden 'der Philosoph' – möglich ist?" (KSA 5: 361) Namentlich vor dem Hintergrund dieser Konnotationen, die in eine rhetorische und insoweit für die Jetztzeit zu verneinende, für einen Repräsentanten der 'Philosophie der Zukunft' aber zu bejahende Frage eingebaut sind, wird die allerletzte, im Nachlaß von 1888 ausgeprochene Pointe der 'Kriegsmann'-Metaphorik erst so recht verständlich: „Für einen Kriegsmann der Erkenntniß", so lesen wir hier, „der immer im Kampf mit häßlichen Wahrheiten liegt, ist der Glaube, daß es gar keine Wahrheit giebt, ein großes Bad und Gliederstrecken. – Der Nihilismus ist unsre Art *Müssiggang* ..." (KSA 13: 491; Hervorhebung C. N.) – will sagen: Er ist keineswegs das, bei dem ein 'Kriegsmann der Erkenntnis' auf Dauer stehenbleiben darf.

Entsprechend schließt es die Gesamtanlage des Wahrheitsbegriffs Nietzsches aus, ihn aus diesem Grunde, wie etwa Rorty (1986: 30ff.) dafürhält, der Gruppe postmoderner Antimetaphysiker zuzurechnen. Zu einem analogen Ergebnis gelangte schon Kaufmann (1988: 416ff.) oder jüngst wieder Heidrun Hesse, wenn sie gegen Welsch resümiert: „Nietzsches durch und durch aufklärerischer Wille zur Wahrheit hat ihm offenkundig die wohlfeile Flucht in einen fröhlichen Relativismus, wie ihn einige seiner Epigonen heute leichtfertig propagieren, nicht erlaubt" (Hesse 1993: 896). Gleichsinnig damit kann man auch der Marxisten Zorn über Nietzsches angeblichen „subjektiv-idealistischen und relativistischen Agnostizismus" (Malorny 1989: 187) auf sich beruhen lassen. Gerade Nietzsche hat über die Entfaltung seines Wahrheitsbegriffs einen Zugang gefunden sowohl zur Kritik der Menschen in ihrer moralischen Verfaßtheit als auch zur Entwicklung einer in menschenkundlicher Absicht ansetzenden aufklärungskritischen Psychologie. Dies macht die folgende Auseinandersetzung vielleicht noch etwas deutlicher.

2.2 Die Fabel von der Welt als Fabel oder Nietzsches andere Vernunft

Lange schon, spätestens seit Heidegger, währt der in analoge wahrheitstheoretische Grundfragen führende Streit um den kurzen, eineinhalbseitigen Abschnitt *Wie die „wahre Welt" endlich zur Fabel wurde* aus Nietzsches *Götzen-Dämmerung*. Heidegger hat diesen Abschnitt als „kurze Darstellung des Platonismus und seiner Überwindung“ (Heidegger 1961 a: 235) gelesen und daran die Frage angeschlossen, „welche neue Auslegung und Einstufung des Sinnlichen und Übersinnlichen“ Nietzsche infolge dieser „Umdrehung des Platonismus“ (Heidegger 1961a: 243) anzubieten habe. Die hier bevorzugte Lesart (vgl. auch Niemeyer 1996c) nimmt ihren Ausgang, ähnlich wie jene Heideggers, von der in diesem Zusammenhang wohl provokantesten These Nietzsches: „Die wahre Welt haben wir abgeschafft: welche Welt blieb übrig? die scheinbare vielleicht? ... Aber nein! *mit der wahren Welt haben wir auch die scheinbare abgeschafft!*“ (KSA 6: 81) Anders aber als bei Heidegger wird im folgenden dieser Satz, den Nietzsche seiner Auseinandersetzung mit Gustav Teichmüller abgewann (vgl. Nohl 1913), nicht dem Platonismus-Problem als solchem kontrastiert, sondern der Botschaft Nietzsches aus *Die fröhliche Wissenschaft*: „Es giebt noch eine andere Welt zu entdecken – und mehr als eine! Auf die Schiffe, ihr Philosophen!“ (KSA 3: 530) Der Anlaß für diese Kontrastierung ergibt sich aus dem Umstand, daß der von Heidegger angeregte Streit um *Wie die „wahre Welt“ endlich zur Fabel wurde* Nietzsches Konzept einer ‘anderen’ Welt außer acht ließ und dadurch, zumal in neuerer Zeit, in problematischen Bahnen verlief. Denn dieser Streit konfrontiert den Leser zunehmend mit dem Bild eines ‘pessimistischen’ Nietzsche, der 1888 die Abgeschafftheit der ‘wahren’ und der ‘scheinbaren’ Welt deklarierte und der nicht mehr hinfand „zur Entdeckung eines positiv bestimmbaren Ortes schöpferischer Phantasie, der für sich letztlich doch wieder ‘Wahrheit’ beansprucht“ (Meuthen 1991: 169); eines Nietzsche, der nicht nur die „absolute Sinnlosigkeit“ der – ‘wahren’ und ‘scheinbaren’ – Welt deklarierte, sondern dem einzelnen zumutete, „sie im *amor fati* auch noch zu wollen“ (Himmelmann 1996: 328). Und zu diesem Bild will nicht recht passen, daß Nietzsche noch 1882, in gleichsam ‘optimistischer’ Manier, zur Entdeckung ‘anderer’ Welten aufgerufen hatte. Entgegen diesem Anschein der Unvereinbarkeit beider Sätze soll im folgenden also deren Anschlußfähigkeit belegt werden.

2.2.1 Der ‘pessimistische’ Nietzsche – und die ‘wahre’ sowie ‘scheinbare’ Welt

Der in sich mißverständliche Ausdruck ‘pessimistischer’ Nietzsche wird expressis verbis von Klaus Spiekermann verwandt. Er drückte sein Erstaunen darüber aus, daß sich der – wie er es nennt – ‘erkenntnistheoretische Pessimist’ Nietzsche selbst im Fall offenkundiger ‘kosmologischer Fabeleien’ (gemeint ist die Wiederkunftslehre) auf die Suche nach empirischen Beweisen begeben habe, obgleich ihm doch „die ‘wahre Welt’ zur Fabel geworden“ (Spiekermann 1988: 496) sei. Bei diesem Urteil interessiert nur das in ihm verborgene Mißverständnis über den Begriff ‘wahre Welt’. Denn bei Nietzsche bezieht sich dieser Begriff auf Metaphysisches, nicht aber auf Physisches. Nietzsche kann – im Gegensatz zu der Unterstellung Spiekermanns – also sehr wohl beides tun, nämlich die ‘wahre Welt’ für abgeschafft erklären und gleichwohl nach empirischen Beweisen für seine Wiederkunftslehre suchen. Ob letzteres sinnvoll war oder ist, steht hier nicht zur Debatte. Es geht nur um den Befund als solchen, und der lautet: Annahmen über die ‘wahre Welt’ berühren nicht die von Spiekermann angesprochene empirische Problemebene. Deswegen kann Nietzsche auch noch im Anschluß an die *Götzen-Dämmerung*, etwa in *Ecce homo* und im deutlichen Nachklang zu einer ähnlichen, auf die Kritik von „Priester(n) und Metaphysiker(n)“ (KSA 2: 541) zugeschnittenen Passage aus *Der Wanderer und sein Schatten*, empirische Forschung einklagen. Der Kontext ist dabei nicht uninteressant. Denn das Dual ‘wahre Welt’/‘scheinbare Welt’ begegnet uns hier erneut, nun aber mit dem erläuternden Zusatz „auf deutsch: die *erlogene* Welt und die Realität“ und mit dem Kommentar: „Die *Lüge* des Ideals war bisher der Fluch über der Realität ...“ (KSA 6: 258). Dem folgt, gleichsam als programmatische Umsetzung dieser ideologiekritischen Vorgabe, sein Urteil, daß die Begriffe „‘Seele’, ‘Geist’, zuletzt gar noch ‘unsterbliche Seele’“ erfunden worden seien, „um den Leib zu verachten, um ihn krank – ‘heilig’ – zu machen, um allen Dingen, die Ernst im Leben verdienen, den Fragen von Nahrung, Wohnung, geistiger Diät, Krankenbehandlung, Wetter, einen schauerlichen Leichtsinn entgegenzubringen!“ (KSA 6: 374). Deutlicher kann man gar nicht *für* empirische Forschung eintreten, gerade *weil* die ‘wahre’ Welt, wie dieses Zitat nun deutlich macht, nicht nur als abgeschafft zu gelten hat, sondern abgeschafft werden muß, wenn denn Ideologie nicht länger produziert und empirische Forschung durch das Beharren auf metaphysischen Entitäten nicht behindert werden soll.

Andere Beispiele für metaphysische Entitäten nennt Nietzsche im *Antichrist* unter dem Stichwort „Fiktions-Welt“ (KSA 6: 181), vor allem aber auch in der *Götzen-Dämmerung*, also in dem Text, der dem Abschnitt *Wie die „wahre Welt“ endlich zur Fabel wurde* den entscheidenden Kontext verleiht. Hier nämlich ist wenige Seiten nach diesem Abschnitt vom „Ich“ bzw. von den „geistigen Ursachen“ als „Fabel“ die Rede, allgemeiner gesprochen: Es ist die Rede von einer „Ursachen-Welt“ und einer „Willens-Welt“ und einer „Geister-Welt“, die der (philosophierende) Mensch in einem Akt des „Missbrauch(s)“ (KSA 6: 91) der (tatsächlichen) Empirie geschaffen habe, weil er eines Weltmodells bedürftig sei, in der die Gottesvorstellung ebenso zu beheimaten ist wie die Gottgleichheitsvorstellung des Menschen. Der Begriff 'wahre Welt', so darf man aus all dem also folgern, repräsentiert in Nietzsches Verständnis einen Sammelbegriff für metaphysische Optionen, die dem Menschen eine Adelung seiner Selbstauslegung erlauben und/oder die ihn antreiben, sich aus den Niederungen der empirischen Welt zu erheben. Insoweit Nietzsche diese 'wahre' Welt als abgeschafft deklariert, begegnet er uns also als Antimetaphysiker und Vordenker einer empirischen Humanwissenschaft.

Warum aber redet Nietzsche dann davon, daß auch die 'scheinbare' Welt abgeschafft sei? Denn dies klingt ja tatsächlich so, als stünde gar kein Weltkonzept für Theoriebildung und Forschung mehr zur Verfügung. Namentlich postmoderne Interpreten, wie etwa Gianni Vattimo (1984: 237f.), Jacques Derrida (1986: 135ff.) und Richard Rorty (1992: 58f.), haben denn auch aus Nietzsches These von der Abgeschafftheit der 'wahren' *und* der 'scheinbaren' Welt gefolgert, diese These sei identisch mit der generellen Einsicht in die Unmöglichkeit von Wahrheitserwerb und Daseinsrechtfertigung. In der Logik dieser Interpretationen und unter Mißachtung der Mahnung Heideggers, daß Nietzsche dieses „leere Nichts" nicht meinen könne, insofern er „die Überwindung des Nihilismus in jeder Form" (Heidegger 1961 a: 241) wolle, begegnet uns Nietzsche also wiederum als der, als den wir ihn eingangs bei Meuthen oder Spiekermann antrafen: als eine Art 'erkenntnistheoretischer Pessimist', nur, daß die helle Seite dieses 'Pessimisten' nun im Vordergrund steht, unter der Chiffre des 'anything goes'. Letztere hat offenbar auch Rorty im Blick, wenn er seinem Urteil, Nietzsche habe als erster vorgeschlagen, „die ganze Vorstellung, wir könnten 'die Wahrheit erkennen', fallenzulassen", die Kontextualisierung nachfolgen läßt, Nietzsches Befund, „daß Platons 'wahre Welt' nur eine Fabel ist", habe ihm, Nietzsche, die Folgerung erlaubt: „Seinen eigenen Geist zu konstruieren heißt, seine eigene Sprache zu konstruieren, statt sich das Maß des eigenen Geistes durch die Sprache, die andere Menschen uns hinterlassen haben, vorgeben zu lassen" (Rorty 1992: 58f.).

Schon vor fast dreißig Jahren sah Pierre Klossowski die Sache durchaus ähnlich, als er davon sprach, daß Nietzsches „Resorption der wahren und scheinbaren Welt durch die Fabel" nur noch eine „Pluralität von Normen" (Klossowski 1963: 39) erlaube. Dieser frohen Botschaft ließ Klossowski noch das Bedenken nachfolgen, ob Nietzsche mit dieser Resorption nicht das „Prinzip verantwortlicher Identität" aufhebe, womit ein Zustand vorläge, der identisch sei mit der in der „Gott-ist-tot"-Formel angesprochenen „ontologische(n) Katastrophe" (Klossowski 1963: 39f.). Die Stichhaltigkeit dieses Arguments läßt sich am besten dort prüfen, wo Nietzsche für diese 'ontologische Katastrophe' die nachdrücklichste Anschauung gibt, nämlich im berühmten Aphorismus *Der tolle Mensch* aus *Die fröhliche Wissenschaft*. Die entscheidende Botschaft dieses Aphorismus geht, wie bereits gesehen, dahin, daß sich Nietzsche hier keineswegs mit der Feststellung begnügt, daß die Welt, mit der und in der sich Gott bezeugt, mit Gottes Tod ihre Geltung verliert. Sondern Nietzsche will die Sinngebung für eine 'Ordnung der Dinge' *ohne* Gott und konzentriert deswegen sein Denken mit dem *Zarathustra* auf den Übermenschen. Wer diesen Zusammenhang auflöst oder jedenfalls doch, so wie Klossowski, jedwedes 'Prinzip verantwortlicher Identität' negiert, wird notwendig nur 'pessimistische' Nietzsche-Bilder zeichnen (vgl. auch Reschke 1994: 95f.), wenn nicht gar versucht sein, den „Teufelslärm aller freien Geister" (KSA 6: 81) anzustimmen und als Option für eine endgeschichtlich angelegte Zukunftsperspektive umzudeuten. Damit aber würde Nietzsches Geschichte der Genese einer Fabel unversehens selbst in eine Fabel verwandelt werden, insofern übersehen wäre, daß Nietzsches Wort vom 'Teufelslärm' ein durchaus kritisches ist und das Dilemma derer kennzeichnen soll, die, auf der fünften Stufe des Verfalls der Vernunftmetaphysik verharrend, ihrerseits – so wie Nietzsche selbst in seiner mit *Menschliches, Allzumenschliches I* eröffneten 'mittleren' Schaffensphase – nur Negation des Alten zu setzen vermögen, nicht aber Begründung und Rechtfertigung des Neuen.

Damit mögen postmoderne Einwände erledigt sein. Wie aber steht es mit den Einwänden jener, die vielleicht noch zuzugestehen vermögen, daß Nietzsche als Antimetaphysiker die – mit der Gottesvorstellung verknüpfte – metaphysische 'wahre' Welt als abgeschafft deklariert, ohne daß sie doch anders als 'pessimistisch' damit umgehen können, daß Nietzsche der 'wahren' Welt auch noch die 'scheinbare' Welt nachwirft? Denn auf welche Weltvorstellung können Wahrheitserwerb und Daseinsrechtfertigung noch Bezug nehmen, wenn die 'wahre' und die 'scheinbare' Welt als abgeschafft gelten müssen und auch die Sinnzufuhr qua 'wahrer' Kunst, und dies gilt insonderheit unter Rückblick auf den Nietzsche der *Geburt der Tragödie*, endgültig diskreditiert ist? Die Antwort auf diese Fragen hängt vor allem davon ab, was unter jener 'scheinbaren' Welt eigentlich zu verstehen ist. Nimmt man, wie Heidegger, das Platon-Problem zum Ausgangspunkt, ist die Antwort leicht: Die 'scheinbare Welt' steht für das Sinnliche und repräsentiert zusammen mit dem Übersinnlichen, also der 'wahren Welt', „das Seiende im Ganzen" (Heidegger 1961a: 241). Die Fortführung dieser Erwägung läßt sich dann bei Volker Gerhardt nachlesen: „Die deklarierte Abschaffung der 'scheinbaren Welt' beseitigt nicht die Vorgänge und Eindrücke, die uns die Welt bedeuten, sondern sie nimmt ihnen ihren von der Substanzmetaphysik zugewiesenen Charakter als bloßer Schein oder Erscheinung" (Gerhardt 1992a: 35). Aber auch an dieser Stelle bietet sich eine Vernachlässigung der von Heidegger wie Gerhardt in Erinnerung gerufenen platonischen Denk- und Begriffstradition an, insofern Nietzsche bei seinem Gebrauch des Begriffs 'scheinbare Welt' offenbar weniger an ein Komplementär- denn an ein Gegenkonzept zur metaphysisch unterlegten 'wahren Welt' denkt. Dies gilt zumindest für das eben angeführte Zitat aus *Ecce homo*. Denn Nietzsche hält hier den von ihm abgelehnten metaphysischen Entitäten ('wahre Welt') empirisch erforschbare Realitäten entgegen, besitzt also offenbar noch ein positiv gehaltenes, nicht der 'Abschaffung' zu überantwortendes Weltkonzept nicht-metaphysischen Charakters. Insoweit könnte man sagen, daß der Begriff 'scheinbare' Welt in Nietzsches Sprachgebrauch jene empirische Welt repräsentiert, auf die der Mensch in seinem Erkenntnisbemühen Bezug nahm, als er um die Grenze seines metaphysischen 'wahre'-Welt-Konzepts zu ahnen begann. Warum aber, so muß man nun fragen, ist hier dann überhaupt das Adjektiv 'scheinbar' zu situieren, und, vor allem: Warum deklariert Nietzsche die Abgeschafftheit dieser 'scheinbaren Welt', wenn er in ihr doch jenes empirische Wissen beheimatet glaubt, mit dessen Hilfe er das metaphysische 'wahre'-Welt-Konzept zu entwichten hofft?

Eine Antwort auf diese Frage eröffnet die bereits kurz angesprochene Passage der *Götzen-Dämmerung*, in der Nietzsche davon spricht, daß das 'Ich' zur „Fabel“ geworden sei, „zur Fiktion, zum Wortspiel“ und daß die „ganze angebliche Empirie“ über die „geistigen Ursachen“ „zum Teufel (gieng)“ (KSA 6: 91). Denn mit diesem indirekten Hinweis auf die Schwäche der empirisch konstituierten, aber eben nur 'scheinbaren' Welt ist ja nicht gesagt, daß nicht eine nicht-angebliche Empirie über nicht-geistige Ursachen möglich sei, daß die empirische Beweissicherung als solche also gänzlich ausgespielt habe und kein Weg mehr freistünde zur (psychologischen) Ermittlung der *tatsächlichen* Empirie. Es heißt nur, daß der, der – wie Nietzsche im *Antichrist* als der Komplementärschrift zur *Götzen-Dämmerung* – den Menschen „unter die Thiere zurückgestellt“ (KSA 6: 180) hat, nur von der *angeblichen* Empirie für 'geistige Ursachen' wird reden können. Damit ist allerdings keineswegs ausgeschlossen, daß es für – um im Sprachbild zu bleiben – 'tierische Ursachen' eine Empirie gäbe, im Gegenteil: Nietzsche kann den Menschen nur 'unter die Tiere zurückstellen', wenn er dafür argumentführende Gründe in irgendeinem Reich der Erkenntnis aufzuweisen vermag. Und dieses Reich ist nicht identisch mit der 'wahren Welt' der Metaphysik (das 'Ich') oder der 'scheinbaren Welt' der Empirie (die 'geistigen Ursachen'), sondern es ist identisch mit jener von Nietzsche immer wieder angeführten 'anderen Welt', in der, wie sich nun in einer ersten Annäherung sagen läßt, das Andere der Vernunft beheimatet ist, also die auch noch in der Aufklärung des 18. Jahrhunderts abgedunkelte Seite der Vernunft, die 'tierische' Seite des Menschen also.

Bei dieser ganzen Auslegung hat man zu berücksichtigen, daß der Mensch sich wohl nie zuvor so sehr wie im auslaufenden 19. Jahrhundert von Metaphysik und Philosophie entkoppelte, um voller Optimismus die

Naturvorgänge zu entschlüsseln. Die „Erfolge der Empirie“, so schon das frühe Nietzsche-Idol Schopenhauer zu diesem Vorgang in *Parerga und Paralipomena*, „haben bei Vielen eine solche Systems- und Theorie-Scheu bewirkt, daß sie die Fortschritte der Physik ganz von den Händen, ohne Zuthun des Kopfs erwarten, also am liebsten bloß experimentiren möchten, ohne irgend etwas dabei zu denken“ (SW V: 104). Daß Nietzsche sich selbst in seinen späten Jahren mit diesem Einwand des scheinbar längst Überwundenen solidarisch wußte, belegt seine gleichgerichtete Kritik in der *Genealogie der Moral*. „Hybris“, so kann man hier nachlesen, „ist heute unsere ganze Stellung zur Natur, unsre Natur-Vergewaltigung mit Hilfe der Maschinen und der so unbedenklichen Techniker- und Ingenieur-Erfindsamkeit (...); Hybris ist unsre Stellung zu uns, – denn wir experimentieren mit uns, wie wir es uns mit keinem Thiere erlauben würden, und schlitzen uns vergnügt und neugierig die Seele bei lebendigem Leibe auf: was liegt uns noch am ‘Heil’ der Seele!“ (KSA 5: 357) Namentlich mit dem letztgenannten Ausruf erweist sich Nietzsche als Kritiker einer in seiner Epoche um sich greifenden Tendenz zur Entphilosophierung der Wissenserwerbsgrundlagen.

Diese Position mußte sich Nietzsche allerdings erst erarbeiten. Denn 1873 meinte er den modernen Einzelwissenschaften noch positiv zurechnen zu können, daß es dort jetzt „logischer, behutsamer, bescheidner, erfindungsreicher, kurz (...) philosophischer ... als bei den sogenannten Philosophen“ (KSA 1: 420) zugehe. Dreizehn Jahre später hingegen gibt er zu bedenken, daß die Wissenschaft durch ihre Konzentration auf „Alles, was gezählt und gegriffen werden kann“, lediglich eine „souveräne Unwissenheit“ (KSA 12: 189f.) vorbereitet habe. Diesem wissenschaftskritischen Grundzug des späten Nietzsche korrespondiert der Einwand, wonach das „Regelsuchen“ zwar „der erste Instinkt des Erkennenden“ (KSA 12: 187) sei, aber gerade deswegen nicht der Weisheit letzter Schluß sein könne: „Die wissenschaftliche Genauigkeit ist bei den oberflächlichsten Erscheinungen am ersten zu erreichen“ (KSA 12: 190) – aber wer, so dürfen wir Nietzsche wohl ergänzen, gibt sich schon gerne mit der genauen Kenntnis des Oberflächlichen zufrieden? Konsequenterweise folgert Nietzsche, daß die ‘Physiker’ bloß die Regel wollten, „weil sie die Welt der Furchtbarkeit entkleidet“ (KSA 12: 188), womit sie allerdings „kein ‘Verstehen’“ erreichen, „sondern ein Bezeichnen zum Zwecke der Verständigung“ (KSA 12: 190). Und, so könnte man Nietzsche heutzutage fortschreiben: Auch die mehrheitlich am naturwissenschaftlichen Erkenntnisideal orientierten Psychologen wollen lieber die ‘Verständigung’ untereinander denn das ‘Verstehen’ ihres Gegenstandes; sie wollen lieber die ‘Regel’ denn das ‘Furchtbare’: das ‘Furchtbare’ etwa in Form des Traums, des Unbewußten, des Begehrens. Und so häufen sie das regelhaft Erkannte, aber gänzlich

Irrelevante und immer wieder aufs neue Verworfene endlos auf, Nietzsches Fragen vermeidend, Freuds Fragen unterlaufend und auf Wirkung als Extrakt spezialisierter einzelwissenschaftlicher Forschung zielend, mit entsprechend hoch entwickeltem Geltungssicherungsaufwand im Bereich der Hypothesenprüfung und mit dann insoweit notwendig nur noch schwach entwickeltem Konstruktwissen über den Gegenstand, um den es doch zu gehen hat.

Es ist also, so darf man Nietzsches Einsatz verstehen, das durch den Staat geförderte Interesse der Wissenschaftler an 'nützlichen Wahrheiten' gewesen, durch das sie sich veranlaßt sahen, Erklärungen oder gesetzesförmige Aussagen anzubieten, die die Natur- oder auch Menschenbeherrschung zumindest der Möglichkeit nach suggerierten. Der Preis dafür ist die Ausgrenzung von Störbedingungen und Bedenkenträgern. Der Verdacht aber, daß die abgekürzte Geschehensbeschreibung seitens einer nicht-abgekürzten delegitimiert werden kann, steht seitdem im Raum. Mit dem Beschluß in den Wissenschaften etwa, die überlieferte Naturbeschreibung oder auch Naturphilosophie durch eine Sprache zu ersetzen, die sich auf wenige Naturgesetze beschränkt, ist die Diskussion nicht mehr vermeidbar, ob diese Gesetze tatsächlich als exemplarisch gelten können oder ob sie nicht lediglich eine höhere Genauigkeit suggerieren, der aber keine Realität entspricht. „Nicht die Wahrheit, sondern die Nützlichkeit und Erhaltefähigkeit von Meinungen hat sich im Verlauf der Empirie beweisen müssen“ (KSA 9: 565), notiert sich Nietzsche denn auch 1881 in ein Fragment, sieben Jahre später hinzufügend: „Nicht der Sieg der Wissenschaft ist das, was unser 19tes Jahrhundert auszeichnet, sondern der Sieg der wissenschaftlichen Methode über die Wissenschaft“ (KSA 13: 442).

Diesen (Pyrrhus-)Sieg der Methode und, wie man wohl auch sagen darf, des Methodenzwangs rückgängig zu machen, ist also Nietzsches Anliegen gewesen, das ihn auch hinführte zu der Vision eines forschungsmethodologischen Konzeptes, das vom linear-kausalen Denken Abstand nahm: „Die Entwicklung der mechanistisch-atomistischen Denkweise“, so Nietzsche in einem Fragmentnotat vom Jahre 1885/86, „wird mit der Schaffung eines Systems von Zeichen endigen: sie wird auf Erklären verzichten, sie wird den Begriff 'Ursache und Wirkung' aufgeben“ (KSA 12: 88). Tatsächlich kann für die Gegenwart an dem – freilich in den verschiedenen Einzelwissenschaften unterschiedlich rasch eingetretenen – Bedeutungsverfall des Experiments als des bisherigen Königswegs zur Modellierung von Ursache-/Wirkungsannahmen nicht gezweifelt werden. Ebensowenig läßt sich der Geltungszuwachs übersehen, den das systemische Denken im Vergleich zum linear-kausalen Denken in den letzten Jahren erfahren hat. Und damit steht insgesamt ein Wissenschaftskonzept im Raum, das dem Problem der Wissensgenerierung mehr Raum gewährt denn dem der Hypothesenprüfung. Diese Entwicklung insgesamt unter dem Ausdruck der Rephilosophierung moderner Einzelwissenschaften zu fassen liegt dabei unmittelbar nahe.

Dies nun konfrontiert uns allerdings mit einem etwas irritierenden Zwischenresultat. Denn Nietzsches in *Wie die „wahre Welt" endlich zur Fabel wurde* gegebener Hinweis auf die Abgeschafftheit der 'wahren' Welt meinten wir ja lesen zu können als Indiz für seine Selbstauslegung als eines Anti-Metaphysikers, der für empirische Forschung eintritt. Indem Nietzsche zugleich aber auch die damit entdeckte und entdeckbare neue Welt des empirischen Wissens nur als 'scheinbare' deklariert und, ähnlich wie die 'wahre' Welt, für abgeschafft erklärt, erweist er sich als Wissenschaftskritiker, der als Rephilosophierer zu begreifen ist und vor kurzschlüssiger empirischer Forschung warnt. Wie aber kann beides zusammen gehen? Die Antwort auf diese Frage könnte lauten: sehr gut. Denn, um mit dem Anti-Metaphysiker zu beginnen: Nietzsches Interesse an empirischen Beweisen für die Wiederkunftslehre oder an – um noch einmal die Themen aus dem *Ecce-homo*-Zitat Revue passieren zu lassen – empirischer Erforschung der Zusammenhänge zwischen menschlichem Wohlbefinden einerseits sowie Nahrung, Wohnung, geistiger Diät, Krankenbehandlung und Wetter andererseits ist eher didaktischer Natur. Nietzsche will also, um dies nun noch etwas deutlicher zu machen, einen der Hauptsätze aus der *Götzen-Dämmerung*, nämlich die Formulierung „Es giebt mehr Götzen als Realitäten in der Welt" (KSA 6: 57), als Sarkasmus kenntlich machen und, im Bewußtsein der Leser, durch die Umdrehung ersetzen: 'Es gibt mehr Realitäten als Götzen in der Welt, und wer uns das Umgekehrte glauben machen will, betreibt Ideologie.'

Weitergehendere Ambitionen sind hiermit sowie mit dieser Inanspruchnahme des Realitätsbegriffs nicht verbunden, will sagen: Man wird dem ganzen Nietzsche nicht gerecht, wenn man hieraus folgert, Nietzsche habe ja doch an die empirische Konstitution einer – ansonsten von ihm als abgeschafft deklarierten – 'scheinbaren' Welt geglaubt. Insoweit erreicht auch die gegen Spiekermann naheliegende Setzung, Nietzsche sei *kein* 'erkenntnistheoretischer Pessimist', noch nicht das Zentrum des uns überantworteten Nietzsche-Problems. Daraus folgt im Umkehrschluß: Dieses Zentrum ist erst dort erreicht, wo Nietzsche als ein – allerdings über seine Metaphysik-Kritik belehrter – Rephilosophierer verstanden wird, der nach den methodologischen Vorkehrungen fragt, welche sicherstellen, dem Publikum eine Welt des Wissens zu präsentieren, die – wie sich in Anlehnung an Kant variieren ließe – für Leerheit der Begriffe ohne Anschauung ('wahre Welt') ebensowenig Zeugnis ablegt wie für Blindheit der Anschauung ohne Begriffe ('scheinbare Welt'). Diese Welt des Wissens ist jene 'andere' Welt, die Nietzsche erstmals in *Die fröhliche Wissenschaft* in den Blick nahm.

2.2.2 Der 'optimistische' Nietzsche – und die 'andere' Welt

Nietzsches Annahme, wonach es für die Philosophen noch eine „andere Welt" (KSA 3: 530) zu entdecken gäbe, beschließt den Aphorismus *Auf die Schiffe!* aus *Die fröhliche Wissenschaft.* „Erwägt man", so eröffnet Nietzsche diesen Aphorismus, „wie auf jeden Einzelnen eine philosophische Gesammt-Rechtfertigung seiner Art, zu leben und zu denken, wirkt, (...) so ruft man zuletzt verlangend aus: oh dass doch viele solche neuen Sonnen noch geschaffen würden! Auch der Böse, auch der Unglückliche, auch der Ausnahme-Mensch soll seine Philosophie, sein gutes Recht, seinen Sonnenschein haben!" (KSA 3: 529). Die Anrufung der Sonnenmetapher in diesem Zusammenhang belegt, daß Nietzsche hier in sinngebender Absicht tätig ist. Denn die Frage „Fort von allen Sonnen?" (KSA 3: 481) markierte ja den höchsten Punkt des Sinnlosigkeitsverdachts des wenige Seiten zuvor aufgebotenen 'tollen Menschen'. Die 'andere' Welt, auf die Nietzsche abzielt, ist also, so das erste Resultat, identisch mit einem neuen, sinngebenden philosophischen Grundgedankengang, der tauglich ist zu einer alternativen, aus herkömmlichen Philosophien nicht beziehbaren Daseinsrechtfertigung insbesondere für den 'Bösen', den 'Unglücklichen', den 'Ausnahme-Menschen', also, kurz und im Vorblick auf den *Zarathustra* gesprochen: den Übermenschen.

In *Jenseits von Gut und Böse* sehen wir Nietzsche erneut 'auf die Schiffe' gehen, nun ein fast noch neues „Reich ... gefährlicher Erkenntnisse" (KSA 5: 38) entdeckend, ein Reich psychologischer Erkenntnisse vor allem, wie man hinzuzusetzen hat und wie noch deutlicher werden wird. Verknüpft damit ist auch das Plädoyer für eine neue Erkenntnismoral, die Nietzsche denen abverlangt, die sich gleich ihm aufmachen, eine 'andere' Welt zu suchen. Und so lesen wir auch im – 1887 nachgereichten und mit der Überschrift *Wir Furchtlosen* versehenen – fünften Buch von *Die fröhliche Wissenschaft*, und zwar an einer Stelle, an der sich Nietzsche als „Antimetaphysiker" zu erkennen gibt: „Es ist kein Zweifel, der Wahrhaftige, in jenem verwegenen und letzten Sinne, wie ihn der Glaube an die Wissenschaft voraussetzt, *bejaht damit eine andre Welt* als die des Lebens, der Natur und der Geschichte" – also, wie Nietzsche noch erläuternd hinzusetzt: eine 'andere Welt' als „diese Welt, *unsre* Welt" (KSA 3: 577), für die gelte, daß sie vor allem moralisch diskreditiert sei. Nicht von ungefähr wird denn auch in *Jenseits von Gut und Böse* die damit gerechtfertigte – und von Nietzsche nun immer häufiger in Anspruch genommene (vgl. Large 1995; Gasser 1995) – Kolumbusmentalität aus *Die fröhliche Wissenschaft* strapaziert: „nun! wohlan! jetzt tüchtig die Zähne zusammengebissen! die Augen aufgemacht! die Hand fest ans Steuer! wir fahren geradewegs über die Moral weg, wir erdrücken, wir zermalmen vielleicht dabei unsern eignen Rest Moralität" (KSA 5: 38).

Die Schätze, die Nietzsche angesichts seiner durch diese Mutmacherformel vorangetriebenen Eroberungstätigkeit an Land bringt, können sich durchaus sehen lassen, zumal sie bereits ein Stück weit die methodologischen Optionen eines moralisch geschärften Psychologieinteresses belegen. So erklärt Nietzsche etwa, als habe er gerade Freud gelesen: „Eine eigentliche Physio-Psychologie hat mit unbewussten Widerständen im Herzen des Forschers zu kämpfen, sie hat 'das Herz' gegen sich: schon eine Lehre von der gegenseitigen Bedingtheit der 'guten' und der 'schlimmen' Triebe, macht, als feinere Immoralität, einem noch kräftigen und herzhaften Gewissen Not und Überdruss, – noch mehr eine Lehre von der Ableitbarkeit aller guten Triebe aus den schlimmen" (KSA 5: 38). Eines hat Nietzsche nun also erkannt: Die Rehabilitation des 'Bösen' bedarf des psychologisch subtilen Blicks auf das Andere der Vernunft des vermeintlich 'Guten', auf dessen – in der etwas späteren Terminologie der *Genealogie der Moral* geredet – Ressentimentstruktur. Denn *ohne* Psychologie bliebe diese Struktur, diese auf Selbstidealisierung und Fremdverachtung beruhende Ideologie des 'Guten', in Geltung – eine Ideologie, zu der gehört, das 'Böse' immer nur als das (durch Moral) zu Überwindende zu lesen, nicht aber als „lebensbedingende(n) Affekt ..." (KSA 5: 38) beziehungsweise, wie es im *Zarathustra* heißt, „des Menschen beste Kraft" (KSA 4: 359). Indem Nietzsche diese alternative Lesart des 'Bösen' zur Geltung bringt, löst er eben das ein, was er in *Die fröhliche Wissenschaft* als Desiderat einklagte: eine 'philosophische Gesamt-Rechtfertigung' der Lebens- und Denkart des 'Bösen' resp. des Übermenschen. Daß damit dem 'Guten', sofern dieser sich über seine geheime Immoralität Selbsttäuschungen auferlegt, die philosophische Rechtfertigung *entzogen* ist, gilt damit zugleich als mitgesagt. Die 'andere' Welt, auf die Nietzsche abzielt, ist also, so ließe sich nun auch und mit größerer Präzision formulieren, identisch mit einem neuen (philosophischen) Grundgedankengang, dessen philosophischer Anteil im wesentlichen in der Psychologie – und in gekonnter Psychologienutzung auf die Kritik der Ressentimentstruktur des 'Guten' hin – gründet.

Damit nun kann auch ein zentrales Element der Ausgangsfrage aufgenommen werden – die Frage nämlich, wieso Nietzsche 1888, in offensichtlich (erkenntnis-)'pessimistischer' Manier, die Abschaffung der 'wahren' und der 'scheinbaren' Welt deklariert, obgleich er doch noch 1882, in offensichtlich (erkenntnis-)'optimistischer' Manier, die Entdeckung einer 'anderen' Welt für möglich gehalten hatte. Nietzsche nämlich, dieser Eindruck drängt sich jedenfalls zunehmend auf, kam bei seiner 1882 einsetzenden Suche nach einer 'anderen' Welt zu der Erkenntnis, daß das psychologisch in den Blick genommene Dilemma der Welt des 'Guten' strukturidentisch ist mit dem Dilemma der 'wahren' Welt. Beide Welten nämlich können der metaphysisch ausgerichteten Sicherung ihres Bestandes nicht entraten. „wir haben“, lesen wir hierzu im Nachlaß vom Frühjahr 1888, „die ‘wahre Welt’ als ‘erlogene Welt’ und die Moral als eine Form der Unmoralität erkannt“ (KSA 13: 322). So war es für Nietzsche auf seinem Weg in eine ‘andere’ Welt denn auch ein leichtes, auf diese gleichsam in doppelter Hinsicht fragwürdige ‘wahre’ Welt Verzicht zu leisten. Entsprechend sind auch die von Nietzsche im eben erwähnten Nachlaßfragment benutzten begrifflichen Konnotationen zur ‘wahren’ oder zur ‘scheinbaren’ Welt eher negativ, im Gegensatz etwa zum Konzept der ‘anderen’ Welt, zu dem Nietzsche, gleichfalls 1888, beispielsweise ausführt: „vielleicht wird alles gut, wir haben nicht umsonst gehofft ... die Welt, wo es anders, wo wir selbst – wer weiß? anders sind ...“ (KSA 13: 351).

Auch die Abgeschafftheit der ‘scheinbaren’ Welt konnte Nietzsche, zumal vor dem Hintergrund dieser Zukunftsoption, in *Wie die „wahre Welt“ endlich zur Fabel wurde* ohne weiteres deklarieren. Denn die ‘scheinbare’ Welt ist zwar – im Gegensatz zur ‘wahren’ Welt – eine Welt ohne Metaphysik, eine Welt, die durch empirische Forschung konstituiert wird und der sich Nietzsche, wie bei minder wichtigen Themen (Nahrung, Wohnung, geistige Diät, Krankenbehandlung, Wetter) zu sehen war, durchaus mitunter nahe wußte. Aber gegenüber der ‘anderen’ Welt nimmt sich die ‘scheinbare’ Welt doch eher kärglich aus, weiß sie sich doch (beispielsweise) bar des Wissen um die von Nietzsche in *Jenseits von Gut und Böse* dem Ansatz nach entschlüsselte Selbsttäuschung in Gestalt der Ideologie des ‘Guten’. Dabei gibt die ‘andere’ Welt im Gegensatz zur ‘scheinbaren’ Welt ihr Geheimnis nicht preis durch (naturwissenschaftsanaloge) empirische Forschung, sondern durch (geisteswissenschaftsanaloge) psychologische Hermeneutik. Denn auf nichts anderes als auf letztere treibt eine Erkenntnismethodologie zu, die, wie jene Nietzsches, die ‘unbewußten Widerstände im Herzen des Forschers’ zu bekämpfen sich anheischig macht. Mit diesem Erkenntnisinteresse erweist sich Nietzsche mithin tatsächlich als der, als den wir ihn ausgangs des letzten Kapitels meinten sehen zu müssen: als ein Rephilosophierer, der sein Veto einlegt gegen die in seiner Epoche um sich greifende Entphilosophierung der Einzelwissenschaften.

Damit steht auch unsere andere, mit dem Stichwort ‘Rephilosophierung’ zusammenhängende Vermutung wieder im Raum, derzufolge das Hauptinteresse des späten Nietzsche darin zu gründen scheint, eine ‘andere’ Welt des Wissens zu entdecken, die sich von der Leerheit der Begriffe ohne Anschauung (‘wahre Welt’) ebensoweit entfernt weiß wie von der Blindheit der Anschauung ohne Begriffe (‘scheinbare Welt’). Überraschend ist allenfalls die Bedeutung, die Nietzsche der Psychologie zugewiesen hat hinsichtlich ihrer begrifflichen Leistungen zur Entdeckung dieser 'anderen' Welt. Überraschend scheint allerdings auch (und nach wie vor) die Frage, warum Nietzsche, wenn er so großes Gewicht auf die Entdeckung und Entdeckbarkeit einer 'anderen' Welt des Wissens legte, noch 1888 in *Wie die „wahre Welt" endlich zur Fabel wurde* derart apodiktisch von der Abgeschafftheit der 'wahren' und der 'scheinbaren' Welt redete, ohne ein Wort über diese 'andere' Welt zu verlieren. Denn damit ging Nietzsche das Risiko ein, mißverstanden zu werden. Indes, und das Wort vom Mißverständnis deutet es bereits an, steht doch sehr in Frage, ob es sich hier tatsächlich um ein Problem Nietzsches oder nicht vielmehr um eines seiner Interpreten handelt. Insoweit sei abschließend der Nachweis geführt, daß Nietzsche trotz des knappen Textangebots von *Wie die „wahre Welt" endlich zur Fabel wurde* jene Informationen nicht außer acht läßt, die ihn als souveränen Anwender seiner eigenen Psychologie kenntlich machen.

2.2.3 Die andere Vernunft in *Wie die „wahre Welt" endlich zur Fabel wurde*

Der kurze, eineinhalbseitige Abschnitt *Wie die „wahre Welt" endlich zur Fabel wurde* aus der *Götzen-Dämmerung* gehört zu einem jener Nietzsche-Texte, die ohne Mobilisierung eines größeren Kontextes kaum zu interpretieren sind: Zu spärlich (vom Umfang her) ist das Gebotene, zu stichwortartig das Gesagte, zu rätselhaft das Gemeinte. Außer Frage scheint nur die Bedeutung zu stehen, die Nietzsche selbst diesem Abschnitt verlieh, den er ursprünglich als erstes Kapitel von *Der Wille zur Macht* geplant hatte (vgl. Montinari 1984: 73). Weitgehend unstrittig ist auch, daß Nietzsche hier mittels sechs stichwortartig geraffter Punkte die – mit Heidegger gesprochen – „wichtigsten Zeitalter des abendländischen Denkens" (Heidegger 1961a: 234) Revue passieren läßt, wenn nicht gar, etwas deutlicher gesagt, die Verfallsgeschichte der Vernunftmetaphysik erzählt. Das bisher ins Zentrum gerückte Diktum von der Abgeschafftheit der 'wahren' und der 'scheinbaren' Welt repräsentiert dabei die sechste und letzte Stufe des Verfalls, also das – mit Nietzsche gesprochen – „Ende des längsten Irrtums" (KSA 6: 81). Wenn nun, wie behauptet, Nietzsche seine eigentlichen Hoffnungen jenseits der 'wahren' und der 'scheinbaren' Welt auf die 'andere' Welt und deren psychologische Erkundung gerichtet hat, wären Aussagen hierüber zu beheimaten auf einer – aus der sechsten Stufe sich entwickelnden – siebten Stufe, die zugleich für die erste Stufe des Nicht-Verfalls sowie für die erste Stufe eines Vernunftgebrauchs stünde, der nicht heimgesucht wäre von den Dilemmata klassischer Vernunftmetaphysik. Die erste Frage an den Text *Wie die „wahre Welt" endlich zur*

Fabel wurde muß damit lauten, ob sich Hinweise in dieser Richtung identifizieren lassen.

Es liegt nahe, die Sucharbeit in dieser Richtung zunächst auf Nietzsches Ausführungen zur sechsten Stufe zu konzentrieren. Bemerkenswert ist dabei vor allem, daß uns hier der Name Zarathustras begegnet. Denn Zarathustra ist für Nietzsche gewiß kein Symbol des Verfalls, sondern, eher im Gegenteil, Signum einer neuen Menschheitsepoche, die sich auf den Tod Gottes einzurichten weiß und mithin eine 'Ordnung der Dinge' ohne Gott vorzubereiten hat, eine Ordnung, deren 'ewige Wiederkunft' guten Gewissens gewünscht werden kann. Karl Löwith hat so auch vorgeschlagen, die von Nietzsche nur angedeuteten Stichworte zur sechsten Stufe folgendermaßen fortzuschreiben: „*Ich*, Nietzsche-Zarathustra, *bin* die Wahrheit der *Welt*, denn ich habe zuerst, über die ganze Geschichte des längsten Irrtums hinweg, die Welt vor Plato wiederentdeckt. Ich will gar nichts anderes als diese ewig wiederkehrende und mir nicht mehr entfremdete Welt, welche ineins mein Ego und Fatum ist; denn ich will selber mich ewig wieder, als einen Ring im großen Ring der sich-selber-wollenden Welt" (Löwith 1935/1955: 226). Diese Formulierung, mit der Löwith seine Hauptthese variiert, Nietzsche wiederhole die Antike auf der Spitze anti-christlicher Modernität, stellt die antiken Vorbilder des vom späten Nietzsche mit eigenem Sinngehalt aufgeladenen Wiederkunftsgedankens sehr deutlich ins Zentrum.

Indes: Daß uns Nietzsche Zarathustra als „Lehrer der ewigen Wiederkunft" (KSA 4: 275) und als Proponenten einer Ordnung der Dinge ohne Gott vorführt, will noch nicht viel besagen hinsichtlich der hier maßgeblich interessierenden Frage, ob wir in Zarathustra auch jemand sehen dürfen, der mittels seiner anderen Vernunft eine 'andere' Welt entdeckte. Und doch ist genau dies der Auftrag, den Zarathustra den von Gott freigesetzten und auf den Übermenschen verwiesenen Menschen erteilt: „Und was ihr Welt nanntet, das soll erst von euch geschaffen werden: eure Vernunft, euer Bild, euer Wille, eure Liebe soll es selber werden!" (KSA 4: 110) Angetrieben wird Zarathustra bei dieser – hier nun deutlich auf eine 'neue' oder 'andere' Vernunft zulaufenden – Impulsgebung von jener „Leidenschaft der Erkenntniss" (KSA 3: 265), die Nietzsche erstmals in der *Morgenröthe* aufgeboten hatte (vgl. Montinari 1969: 78) und die sich Zarathustra unter dem Titel 'Willen zur Wahrheit' einverwandelt, in diesem Zusammenhang ausführend: „Und mag doch alles zerbrechen, was an unseren Wahrheiten zerbrechen – kann! Manches Haus giebt es noch zu bauen!" (KSA 4: 149)

Noch deutlicher ist die unveröffentlicht gebliebene Variante: „Mag die Welt doch zerbrechen an unseren Wahrheiten! – so giebt es eine neue Welt zu schaffen!" (KSA 14: 302) Damit und mit der in *Ecce homo* dargebotenen Titulierung Zarathustras als „Psycholog(e) der Guten" und „Freund der Bösen" (KSA 6: 369) – und nicht nur als Pädagoge und Theismus-Dekonstrukteur – sind die entscheidenden Stichworte genannt, die eine 'neue' oder 'andere' Welt des Wissens entdecken helfen und die für eine alternative, aus herkömmlichen Philosophien nicht beziehbare Daseinsrechtfertigung, insbesondere für den (vermeintlich) 'Bösen', tauglich sind. „Siehe die Guten und Gerechten! Wen hassen sie am meisthen?", fragt auch Zarathustra, der 'Psychologe der Guten', und seine Antwort ist der eines 'Freundes der Bösen' würdig: „Den, der zerbricht ihre Tafeln der Werthe, den Brecher, den Verbrecher: – das aber ist der Schaffende" (KSA 4: 26). Mit diesem Wort, so ist hier im Blick auf das vorherige Kapitel zu erinnern, legt Zarathustra *seine* – von Nietzsche in *Die fröhliche Wissenschaft* eingeklagte – 'philosophische Gesamt-Rechtfertigung' der Lebens- und Denkart des 'Bösen', des 'Unglücklichen', des 'Ausnahme-Menschen' vor.

Die Gegenprobe auf diese Deutung, an deren Horizont sich die 'andere' Welt des Wissens als Ertrag einer hermeneutisch gerichteten Psychologienutzung abzeichnet, würde es erforderlich machen, auch für die anderen fünf Stufen der in *Wie die „wahre Welt" endlich zur Fabel wurde* erzählten Verfallsgeschichte der Vernunftmetaphysik analoge Argumente, nur mit umgekehrtem Ergebnis, zu plausibilisieren. Es wäre also, anders gesprochen, zumindest je an einem zentralen Repräsentanten der jeweiligen Stufe ein – begriffliches oder auch persönliches – Psychologiedefizit nachzuweisen, dem der Rang eines Verfallsindikators zukommt, von dem sich Zarathustra als Repräsentant der sechsten Stufe unbetroffen weiß. Diese Erwartung verträgt sich mit Christoph Türckes Annahme, wonach man die Geheimnisse der menschlichen Vernunft nach Nietzsches Überzeugung „nicht durch so etwas Abstraktes wie Erkenntnistheorie (errät), sondern an dem jeweiligen Typus Mensch, in dem sie auf unverwechselbare Weise Gestalt, Gesicht, Geruch – konkret werden" (Türcke 1989: 95). Ein derartiges, auf Rekonstruktion des Typus Mensch abzielendes Vorhaben scheint im Fall von Nietzsches *Wie die „wahre Welt" endlich zur Fabel wurde* jedoch schon an dem schlichten Umstand zu scheitern, daß das knappe Textangebot entsprechendes Material nur für die erste und dritte Stufe ansatzweise zur Verfügung stellt. Gleichwohl scheint der Versuch lohnend, zu sehen, wie weit sich damit kommen läßt, wobei mit der ersten Stufe begonnen werden soll.

Als Name wird auf dieser Stufe nur der Platons genannt, aber man hat dabei Anlaß, an Sokrates zu denken, den Nietzsche schon in der *Geburt der Tragödie* als Vorläufer der Verwissenschaftlichung von Kultur, Kunst und Moral brandmarkte, um ihn später, mit den Antipoden „décadence gegen Wohlgeratenheit, Philosophieren aus dem Mangel gegen ein Denken aus der Fülle, Verneinung versus Bejahung des Lebens, Denken im Banne der Moral gegen ein Denken Jenseits von Gut und Böse" (Salaquarda 1989: 323), gegen Zarathustra auszuspielen. Vor dem Hintergrund dieser Begriffsduale will es durchaus einleuchten, warum es Sokrates ist, an dem Nietzsche – wie dies Christoph Türcke im Rahmen seines Ansatzes formuliert – „des ganzen psychologischen Geheimnisses von Philosophie innezuwerden glaubt" (Türcke 1989: 95). Tatsächlich aber ist die Sokrates-Kritik im Umfeld des Textabschnitts, um den es hier geht, kaum psychologisch ambitioniert. Sokrates, so lesen wir beispielsweise, habe „aus der Vernunft einen Tyrannen" (KSA 6: 72) gemacht und stünde in dieser Eigenschaft für ein „Verfalls-Symptom ..." (KSA 6: 68). Immerhin: Wenn Nietzsche in *Wie die „wahre Welt" endlich zur Fabel wurde* die mit dem Namen Sokrates assoziierbare erste Stufe der Verfallsgeschichte der Vernunftmetaphysik mit den Worten charakterisiert: „Die wahre Welt erreichbar für den Weisen, den Frommen, den Tugendhaften, er lebt in ihr, *er ist sie*" (KSA 6: 80), läßt sich zumindest vermuten, daß er hier in kritischer Absicht auf Selbststilisierungen abstellt, die Sokrates (resp. Platon) eigentümlich waren und die des zu fordernden psychologisch subtilen Blicks auf das Andere der Vernunft des vermeintlich 'Guten' ebenso entraten wie der Voraussetzungen zum Zugriff auf eine Rehabilitation des 'Bösen' resp. auf die 'andere' Welt des Wissens.

Etwas fruchtbarer in Richtung der hier beabsichtigten Gegenprobe sind die Ausführungen Nietzsches zur dritten Stufe. Sie ist nach Nietzsches Auffassung gekennzeichnet durch das Diktum: „Die wahre Welt, unerreichbar, unbeweisbar, unversprechbar, aber schon als gedacht ein Trost, eine Verpflichtung, ein Imperativ" (KSA 6: 81). Diese Umschreibungen spielen deutlich auf die kritische Philosophie Kants an. Die letzten drei Attribute der im Klammerausdruck nachgereichten Erläuterung bringen denn auch Kant, zumal als psychologischen Typus, ins Spiel: „bleich, nordisch, königsbergisch" (KSA 6: 81). Gewiß: Auf den ersten Blick besagen diese Attribute noch nicht viel. Sie entfalten aber eine eigentümliche Aufklärungskraft, wenn man sie auf Nietzsches Selbstattribut, wonach er seiner Art nach „kriegerisch" (KSA 6: 274) sei, ebenso bezieht wie auf Zarathustras Wort, wonach die Weisheit ein Weib sei, das immer nur einen mutigen, unbekümmerten, spöttischen und gewalttätigen „Kriegsmann" (KSA 4: 49) liebe, nicht aber – wie es in *Jenseits von Gut und Böse* ergänzend heißt – den „schauerliche(n) Ernst" und die „linkische Zudringlichkeit" (KSA 5: 11) der Philosophen. Kant nämlich, so könnte man dann schließen, verfügte als (psychologischer) Typus in Nietzsches Sicht nur über unzureichende Apriori, um den Verfall seiner 'wahre'-Welt-Konzeption aufzuhalten sowie sich den Zutritt in jene 'andere' Welt zu verschaffen, der sich Nietzsche, der „Don Juan der Erkenntniss" (KSA 3: 327), zu nähern wußte.

Wichtiger aber vielleicht noch als diese typologische Erwägung ist das treibende theoretische Motiv in Nietzsches Bemühen, Kants „Behauptungen" auf „de(n) Behauptenden" (KSA 10: 262) zurückzuführen. Nietzsche nämlich, so könnte man dann sagen, exekutierte an Kant exemplarisch ein bedeutendes Teilstück seiner „Psychologie der Philosophen" (KSA 13: 285), indem er die Frage stellte, welche 'Wahrheiten' Kant als psychologischem Typus nötig und welche ihm verwehrt waren. Der kategorische Imperativ beispielsweise war für Nietzsche folgerichtiges Produkt eines Menschen, der ihm immer nur, „wenn er durch seine Gedanken hindurchschimmert, als wacker und ehrenwerth im besten Sinne, aber als unbedeutend" (KSA 3: 286) zu imponieren vermochte. Diese Formulierung aus der *Morgenröthe* weist ihrem Sinne nach auf die *Götzen-Dämmerung* vorweg, also auf das Werk, das dem hier in besonderer Weise interessierenden Abschnitt *Wie die „wahre Welt" endlich zur Fabel wurde* den unmittelbaren Kontext verleiht. „Götzen aushorchen" auf das hin, was ihren „geblähten Eingeweiden" an Substantiellem zu entnehmen ist, so Nietzsche beispielsweise im Vorwort dieser Schrift, allerdings ohne Kant zu nennen, sei ein „Entzücken (...) für mich alten Psychologen" (KSA 6: 57f.). Diesem 'Entzücken' gab Nietzsche auch unter dem Abschnittstitel *Die Vernunft in der Philosophie* Raum. Hier nämlich untersucht er „Alles, was Philosophen seit Jahrtausenden gehandhabt haben" (KSA 6: 74). Der Hauptertrag dieser Untersuchung sei nicht vorenthalten: „Die Sprache gehört ihrer Entstehung nach in die Zeit der rudimentärsten Form von Psychologie; wir kommen in ein grobes Fetischwesen hinein, wenn wir uns die Grundvoraussetzungen der Sprach-Metaphysik, auf deutsch: der *Vernunft*, zum Bewusstsein bringen: *Das* sieht überall Thäter und Thun: das glaubt an Willen als Ursache überhaupt; das glaubt an's 'Ich'" (KSA 6: 77) – und das glaubt letzten Endes auch an Gott: „Ich fürchte", so Nietzsche nur eine Seite später, „wir werden Gott nicht los, weil wir noch an die Grammatik glauben ..." (KSA 6: 78).

Vor dem Hintergrund dieses Zitats macht das offenkundige Losgekommensein Zarathustras von Gott ebenso hellhörig wie seine Worte: „'Ich' sagst du und bist stolz auf diess Wort. Aber das Grössere ist, woran du nicht glauben willst, – dein Leib und seine grosse Vernunft: die sagt nicht Ich, aber thut Ich" (KSA 4: 4: 39). Zarathustra bezeugt hiermit nämlich, so könnte man sagen, daß er als 'Psychologe der Guten' und 'Freund der Bösen' nicht die '*rudimentärste* Form von Psychologie' vertritt, sondern die *elaborierteste*. Denn er jedenfalls sieht nicht mehr nur 'Täter' und 'Tun' und 'Wille' und 'Ich', sondern er sieht allererst die 'kleinen Leute', die sich der Obhut der Priester anvertrauen und sich ansonsten über ihre tatsächlichen Handlungsimpulse Selbsttäuschungen hingeben. Diese Problemsicht Zarathustras geht auf theoretische Entlegitimierung der 'wahren Welt' (mit Hilfe der „Gott-ist-tot“-Formel); und sie geht auf psychologische Demaskierung sowie pädagogische Abschaffung der 'scheinbaren Welt' (der 'kleinen Leute'). Insoweit wäre Zarathustra tatsächlich nicht (nur) Vollender der sechsten Stufe des Niedergangs der Vernunftmetaphysik, sondern er wäre (auch) Vorbereiter der siebten Stufe, auf der ein nicht sprachmetaphysisch unterlegter Vernunftgebrauch freisetzbar wird, von dem ausgehend sich über die Abgeschafftheit der 'wahren' und der 'scheinbaren' Welt in Ruhe urteilen läßt, weil nun jene 'andere' Welt zu Gebote steht. Diese 'andere' Welt ist eine Ordnung der Dinge ohne Gott und ohne 'Götzen', erworben unter Verzicht auf Agnostizismus oder Erkenntnisanarchismus und unter Nutzung psychologischen Wissens, das zu mehren, wie nun im einzelnen zu zeigen ist, zumal des späten Nietzsche Ziel und Auftrag war.

3. Nietzsches Menschenkunde: Vom „Genie der Wahrheit“

Nietzsches allererstes Interesse an Psychologie weist, um zunächst bewußt einen möglichst unambitionierten Ausdruck zu wählen, in Richtung einer Art Menschenkunde. Dies verdeutlicht schon sein Ausruf von 1873: „Was weiss der Mensch eigentlich von sich selbst!“ (KSA 1: 877) Eine entsprechende Programmatik, nun als Selbstauftrag, begegnet einem auch in Nachlaßfragmenten aus dieser Zeit, etwa wenn sich Nietzsche notiert: „Die Kenntniss des Menschen vorwärts zu bringen!“ (KSA 8: 45) Zentral wird dieses menschenkundliche Interesse allerdings erst in *Menschliches, Allzumenschliches I.* Er sei in diesem Werk „als Abenteurer und Weltumsegler jener inneren Welt, die ‘Mensch’ heisst“ (KSA 2: 21), tätig gewesen, vermeldet Nietzsche aus dem Rückblick des Jahres 1886, um anzufügen, daß die Überschrift „die psychologische Beobachtung“ (KSA 2: 57) an sich die geeignetere gewesen wäre. Selbstredend wird auch Zarathustra, entsprechend seiner Stellung als eines ‘Psychologen der Guten’, diesem menschenkundlichen Interesse verpflichtet. Nietzsche nämlich bezeichnet ihn angesichts dessen, „was Bruchstück ist am Menschen und Räthsel und grauser Zufall“, „als Dichter, Räthselrather und Erlöser des Zufalls“ (KSA 4: 248).

In erster Linie trieb Nietzsche diese Menschenkunde, gemäß seiner im Begriff ‘neue Aufklärung’ verborgenen Zielsetzung, in vernunftkritischer Absicht voran. Dabei suchte er en passant die überlieferten pädagogischen Praktiken und Morallehren so zu delegitimieren. „Allen moralischen Systemen, welche befehlen, wie der Mensch handeln soll, fehlte die Kenntniß und Untersuchung, wie der Mensch handelt“ (KSA 9: 266), heißt es da beispielsweise im Nachlaß vom Herbst 1880, und, wenig später, in *Die fröhliche Wissenschaft*: „alle Vorschriften des Handelns (beziehen) sich nur auf die gröbliche Aussenseite“ (KSA 3: 563). Schopenhauers: „Wir werden überhaupt ganz und gar nicht von Sollen reden“, klingt hier durch, ebenso wie sein daran angeschlossenes Wort: „Unser philosophisches Bestreben kann bloß dahin gehen, das Handeln des Menschen (...) zu deuten und zu erklären“ (SW I: 358f.). Schopenhauer folgte in diesem Bestreben der Überzeugung als der „Grundlage und Propädeutik zu aller Menschenkenntniß“, „daß das Handeln der Menschen, im Ganzen und

Wesentlichen, nicht von seiner Vernunft und deren Vorsätzen geleitet wird“ (SW V: 209). Im Zentrum der gleichgerichteten Ambitionen Nietzsches, die freilich von Schopenhauers weitergehenderen, metaphysisch untersetzten Annahmen über die eigentliche Motiviertheit menschlichen Handelns absahen, stand sein Interesse, die „Unvernunft in den menschlichen Dingen ans Licht zu bringen“, und zwar „ohne jede Verschämtheit“ (KSA 8: 45). In diesem Sinne wollte Nietzsche, zumal in seiner mittleren Periode, „der Philosoph der unangenehmen Wahrheiten“ (KSA 10: 348) sein, wobei er sich seiner Verpflichtung gegenüber Schopenhauer durchaus bewußt war: Dieser habe „die Leiden der Menschheit endlich einmal wieder ernst genommen“ (KSA 3: 56), lesen wir etwa in der *Morgenröthe*. Nietzsche wollte also Schopenhauers pessimistische Daseinsanalytik als Menschenkunde im Dienste psychologischer Vernunftkritik verstanden wissen, und er zog zu diesem Zweck Schopenhauers „Thatsachen-Sinn“ das „bunte Leoparden-Fell seiner Metaphysik“ (KSA 2: 394) ab.

Beim späten Nietzsche, etwa in *Jenseits von Gut und Böse*, wird das Interesse an Psychologie noch drängender und grundlegender. „Die menschliche Seele und ihre Grenzen, der bisher überhaupt erreichte Umfang menschlicher innerer Erfahrungen, die Höhen, Tiefen und Fernen dieser Erfahrungen, die ganze bisherige Geschichte der Seele und ihre noch unausgetrunkenen Möglichkeiten: das ist für einen geborenen Psychologen und Freund der ‘grossen Jagd’ der vorherbestimmte Jagdbereich“ (KSA 5: 66). Dieses innovative Moment seiner Fragehaltung gibt Nietzsche später Anlaß für den Hinweis an seinen Verleger, daß es in seinen Schriften „ein Uebergewicht der seltneren und neuen Zustände der Seele“ gäbe und daß er für „diese noch ungefaßten und oft kaum faßbaren Zustände“ „Zeichen“ (KSB 8: 244) suche. Bei dieser Suche sichtet Nietzsche auch die feindlichen Mächte, die sich bisher der Eroberung des Neuen widersetzten: „Die gesammte Psychologie ist bisher an moralischen Vorurtheilen und Befürchtungen hängengeblieben: sie hat sich nicht in die Tiefe gewagt“ (KSA 5: 38). Unmittelbar drängt sich hier der Begriff ‘Tiefenpsychologie’ für Nietzsches Absichten auf, zumal wenn man die Nachlaßnotiz aus dieser Zeit einbezieht: „Alle unsere bewußten Motive sind Oberflächen-Phänomene: hinter ihnen steht der Kampf unserer Triebe und Zustände, der Kampf um die Gewalt“ (KSA 12: 15).

Ein Ergebnis dieses von Nietzsche riskierten Blicks unter die Oberfläche steht schon seit *Menschliches, Allzumenschliches I* bereit: „Gute Handlungen sind sublimirte böse; böse Handlungen sind vergröberte, verdummte gute“ (KSA 2: 104). Freud meinte später etwas durchaus Analoges, als er schrieb: „Unsere besten Tugenden sind als Reaktionsbildungen und Sublimierungen auf dem Boden der bösesten Anlagen erwachsen“ (GW VIII: 420). Nietzsches Formulierung birgt also bereits den Vorgriff auf den psychoanalytischen Sublimierungsbegriff in sich (vgl. Hirschmüller 1985; Gasser 1997: 312ff.) und wird dann in der *Götzen-Dämmerung* unter der ideologiekritischen Losung wieder aufgenommen: „Es giebt mehr Götzen als Realitäten in der Welt: das ist *mein* 'böser Blick' für diese Welt, das ist auch mein 'böses *Ohr*'" (KSA 6: 57). Der Welt also wollte Nietzsche ihre andere, ihre von ihr verleugnete oder jedenfalls doch ideologisch überformte Seite zu Gehör bringen. Dabei ging es ihm vor allem, einer Formulierung aus *Die fröhliche Wissenschaft* zufolge, um die Aufdeckung von vier Irrtümern, in deren Dienst der Mensch bisher erzogen worden sei: Der Mensch „sah sich erstens immer nur unvollständig, zweitens legte er sich erdichtete Eigenschaften bei, drittens fühlte er sich in einer falschen Rangordnung zu Thier und Natur, viertens erfand er immer neue Gütertafeln und nahm sie eine Zeit lang als ewig und unbedingt, sodass bald dieser, bald jener menschliche Trieb und Zustand an der ersten Stelle stand und in Folge dieser Schätzung veredelt wurde. Rechnet man die Wirkung dieser vier Irrthümer weg, so hat man auch Humanität, Menschlichkeit und 'Menschenwürde' hinweggerechnet" (KSA 3: 474).

Auch ausgehend von dem mit diesem Ergebnis aufwartenden Projekt der Umwertung aller Werte läßt sich die Verbindung zu Freud mühelos herstellen, wenn man etwa an dessen Variante 'Umwertung aller psychischen Werte' (vgl. Schlesier 1994) denkt. Eine zentrale Besonderheit des späten Nietzsche im Vergleich zu Freud aber bleibt: Nietzsche ging es nicht lediglich um die Dekonstruktion des vermeintlich 'Guten' und dessen Relektüre als des sublimierten Produkts des vermeintlich 'Bösen'; ihm ging es auch um Rehabilitation jener 'schlimmen Triebe' „als lebensbedingende Affekte, als Etwas, das im Gesammt-Haushalte des Lebens (...) noch gesteigert werden muss, falls das Leben noch gesteigert werden soll"; entsprechend auch lanciert er seine Psychologie unter dem Etikett einer „Morphologie und Entwicklungslehre des Willens zur Macht" (KSA 5: 38), nicht aber unter dem Titel einer bloßen 'Tiefenpsychologie'. Mit dieser auch von Günter Gödde (1993: 149) herausgestellten Differenz zwischen Nietzsche und Freud, die das Interesse erklärt, das Alfred Adler an Nietzsche nahm (vgl. Fischer 1981/82: 483f.), ist die strittigste Umformung des menschenkundlichen Unterfangens Nietzsches benannt.

Als Beispiel hierfür mag die Art gelten, in der Nietzsche in *Die fröhliche Wissenschaft* die Frage abhandelt, mit welchen Nebenfolgen und in welcher Absicht der Mensch seine „Macht an Andern" (KSA 3: 384) ausübe. „Wohlthun" beispielsweise, von Nietzsche definiert als eine Form der Macht, bei der es angenehm sei, den „Vortheil (zu) zeigen, den es hat, in unserer Macht zu stehen" (KSA 3: 384), geriet ihm zur Tugend derer, „welche wenig stolz sind und keine Aussicht auf grosse Eroberungen haben"; sie war ihm mithin eine „Tugend der Freudenmädchen" (KSA 3:

386). Ganz anders sah Nietzsche das „Wehethun“: Für ihn war diese Form der Machtausübung zwar nicht so angenehm wie das „Wohlthun“; aber er ließ doch keinen Zweifel daran, daß sie dort notwendig war, wo der Mensch seine Macht erst „fühlbar“ zu machen hatte oder gar auf einen „plötzlichen“, nicht aber etwa, wie beim „Wohlthun“ resp. Mitleid, auf einen „sicheren“ (KSA 3: 385f.) Machtzuwachs abstellte. Insoweit gerieten ihm auch weniger die Freudenmädchen denn „die Menschen der ritterlichen Kaste“ (KSA 3: 385) zu den paradigmatischen Vertretern dieser Art von Machtausübung – eine Überlegung, die ihrem psychologisch-deskriptiven Gehalt nach wohl eher zu vertreten ist als hinsichtlich der ihr unterliegenden pädagogisch-normativen Implikate. Denn daß Nietzsche damit seiner das „Wehethun“ in Kauf nehmenden Herrenmoral jene Rechtfertigung liefern wollte, derer die durch das „Wohlthun“ gekennzeichnete Sklavenmoral entbehrte, liegt allzu deutlich auf der Hand.

In der Hauptsache aber bewegen sich Nietzsches psychologische Beiträge, möglicherweise gegen seine Absicht, unterhalb dieser Programmatik. Sie sind, deutlicher gesprochen, weniger als Elemente einer ‘Morphologie und Entwicklungslehre des Willens zur Macht’ zu lesen denn als Bestandteile einer künftigen ‘Tiefenpsychologie’. Von hier aus gewinnen sie auch ihre Analogie zu ähnlich orientierten Bemühungen in Nietzsches Epoche. Nietzsche selbst dachte dabei vor allem an Dostojewski, aber auch an Paul Bourget, Anatole France oder Guy de Maupassant. In letzteren erblickte er „delikate Psychologen“, die ihm eine „charmante Gesellschaft“ (KSA 6: 285) seien. Unter dem Stichwort des „Litteratur-Pessimismus Frankreichs“ (KSA 13: 75) würdigte Nietzsche aber auch Gustave Flaubert, Edmond und Jules Goncourt, Charles Baudelaire, auch Emile Zola. Deren literarisches Gestalten kennzeichnete er mit Ausdrücken wie „Brutalität der Farben, des Stoffes, der Begierden“ (KSA 12: 473), wobei er durchaus nicht frei war von Kritik gegenüber derlei „Colportage-Psychologie“: „*Das* lauert gleichsam der Wirklichkeit auf, *das* bringt jeden Abend eine Handvoll Curiositäten mit nach Hause … Aber man sehe nur, was zuletzt herauskommt – ein Haufen von Klecksen, ein Mosaik besten Falls, in jedem Falle etwas Zusammen-Addirtes, Unruhiges, Farbenschreiendes“ (KSA 6: 115). Eines jedoch wollte Nietzsches den „Pariser romanciers“ konzedieren, ungeachtet seines Hinweises auf den Mangel an metapsychologischer Struktur sowie auf den Verstoß gegen das für einen „geborne(n) Psycholog(en)“ selbstevidente Verbot, „zu sehn, um zu sehn“ (KSA 6: 115): „Die Dinge sind häßlich, die sie zeigen“ (KSA 13: 241) – und sie nicht zu zeigen, würde bedeuten, sich der Perpetuierung des ‘Häßlichen’ schuldig zu machen.

Der Ausdruck ‘häßlich’ markiert hier eine Leerstelle für den zeitgenössisch verbreiteten, wohl durch Lektüre eines 1883 erschienenen einschlägigen Textes von Paul Bourget (vgl. Weigand 1893: 67f.) verstärkt in Nietzsches Aufmerksamkeitshorizont getretenen Begriff der décadence. „Was mich am tiefsten beschäftigt hat", so heißt es denn auch in *Der Fall Wagner* in einem Ton, als wolle Nietzsche seinen Interpreten noch einmal unter die Arme greifen, „das ist in der That das Problem der décadence, – ich habe Gründe dazu gehabt" (KSA 6: 11). Nietzsche sprach hier auch auf persönliche Gründe an, wie sein Brief an Köselitz vom Juni 1887 belegt, in dem er im Zusammenhang des Auftretens erneuter Krankheitssymptome schreibt, daß bei ihm „eine förmliche décadence" (KSB 8: 95) ausgebrochen sei. Von seinem Gebrauch her birgt der Begriff der décadence in sich das den Geist des fin de siècle prägende Interesse an zeitkritisch gelesenen Diagnosen gesellschaftlichen, moralischen und körperlichen Verfalls. Ganz in diesem Sinne sah sich Nietzsche als „Kind dieser Zeit, will sagen ein décadent" (KSA 6: 12). Möglicherweise war es diese Selbstbetroffenheit, die Nietzsche in der *Götzen-Dämmerung* auf die Idee brachte, eine kleine „Psychologen-Casuistik" vorzulegen, also die Frage aufzunehmen, was den Psychologen oder psychologisch Interessierten eigentlich dazu motiviere, Menschen zu studieren: „Er will kleine Vortheile über sie erschnappen, oder auch grosse, – er ist ein Politikus!", lautete die erste, die Psychologie als Herrschaftswissen entlarvende Antwort, der Nietzsche noch eine zweite beifügte: „Vielleicht will er sogar noch einen *schlimmeren* Vortheil: sich dem Menschen überlegen fühlen, auf sie herabsehn dürfen, sich nicht mehr mit ihnen verwechseln" (KSA 6: 121). Man kann gewiß sein, daß sich Nietzsche damit auch selbst beschrieb.

Der Substanz nach blieb Nietzsche jedoch von derlei Zweifeln verschont und rechnete sich ganz besondere Fähigkeiten zu, Verfallsdiagnosen betreiben zu können. „Man hat", so schreibt er beispielsweise 1886, „meine Schriften eine Schule des Verdachts genannt, noch mehr der Verachtung, glücklicherweise auch des Muthes, ja der Verwegenheit. In der That, ich selbst glaube nicht, dass jemals Jemand mit einem gleich tiefen Verdachte in die Welt gesehn hat" (KSA 2: 13). Und in einem Brief vom Oktober 1888, in dem er sich mit dem Attribut „Genie der Wahrheit" belegt, heißt es: „Ich bin, in Fragen der décadence, die höchste Instanz, die es auf Erden giebt: diese jetzigen Menschen, mit ihr⟨er⟩ jammervollen Instinkt-Entartung, sollten sich glücklich schätzen, Jemanden zu haben, der ihnen in dunkleren Fällen reinen Wein einschenkt" (KSB 8: 452). Ein vergleichbares Eigenlob Nietzsches als eines Vorläufers einer anderen Vernunft findet sich auch im *Ecce homo*: „Mein Loos will, dass ich der erste anständige Mensch sein muss, dass ich mich gegen die Verlogenheit von Jahrtausenden im Gegensatz weiss ..." (KSA 6: 366). In *Der Fall Wagner* bündelt Nietzsche den Hauptertrag seiner durch die so zu verstehende 'Unzeitgemäßheit' charakterisierten anderen Vernunft: „Hat man sich für die Abzeichen des Niedergangs ein Auge gemacht, so versteht man auch die Moral, – man versteht, was sich unter ihrem heiligsten Namen und Werthformeln versteckt: das verarmte Leben, der Wille zum Ende, die grosse Müdigkeit“ (KSA 6: 11f.). Dieser Satz kennt dann auch die Umkehrung, die lauten könnte: ‘Hat man für die Abzeichen des Niedergangs kein Auge, also keine andere Vernunft, so hält man für Moral, was nur Zeugnis verarmten Lebens ist’.

Diesen ideologiekritischen Grundzug seines menschenkundlichen Interesses mußte sich Nietzsche allerdings erst erarbeiten. So war er noch in *Schopenhauer als Erzieher* der Auffassung, daß eine umfängliche Selbstanalyse, ein Hinabsteigen in den „Schacht“ des eigenen Wesens, gefährlich und entbehrlich sei, denn: „Wozu wäre es nöthig, wenn doch Alles Zeugniss von unserm Wesen ablegt, unsre Freund- und Feindschaften, unser Blick und Händedruck, unser Gedächtniss und das, was wir vergessen, unsre Bücher und die Züge unsrer Feder“ (KSA 1: 340). Im übrigen, so Nietzsche weiter, könne man ja auch auf sein eigenes Leben zurückschauen und sich fragen: „Was hast du bis jetzt wahrhaft geliebt, was hat deine Seele hinangezogen, was hat sie beherrscht und zugleich beglückt?“ (KSA 1: 340) Der dieser Zugangsweise unterliegenden Voraussetzung, nämlich daß es viel mehr Sprachen gäbe, als man denke und daß „der Mensch ... sich viel öfter (verräth) als er wünscht“ (KSA 10: 262), blieb Nietzsche zwar bis zum Schluß treu. Aber sein Wissen um die Schwierigkeiten, den eigenen Geheimnissen und denen des je anderen auf die Spur zu kommen, wurde zunehmend differenzierter. 1877 beispielsweise, als der seinerseits zu dieser Zeit erfolglos auf Ehesuche befindliche Nietzsche ob der Nachricht, die junge Frau seines Freundes Rohde sei „ein höchst liebliches“ Wesen, in Tränen ausbricht, kommentiert er dies gegenüber Rohde mit den Worten: „Wir wollen einmal die Psychologen fragen; die bringen am Ende heraus, es sei der Neid, dass ich Dir Dein Glück nicht gönne oder der Ärger darüber, dass mir jemand meinen Freund entführt habe“ (KSB 5: 277).

Wenig später, in der *Morgenröthe*, scheint Nietzsche die Theorie zu dieser Erfahrung unterbreiten zu wollen, wenn er schreibt, daß wir bei der Beurteilung eines anderen zunächst darauf sähen, „was aus ihr *für uns* herauskommt, – wir sehen sie nur unter diesem Gesichtspunct. *Diese* Wirkung nehmen wir als die *Absicht* der Handlung – und endlich legen wir ihm das Haben solcher Absichten als *dauernde* Eigenschaft bei und nennen ihn zum Beispiel von nun an ‘einen schädlichen Menschen’“ (KSA 3: 90). Lange also schon vor der 1958 durch Fritz Heiders *Psychologie der interpersonalen Beziehungen* inaugurierten Attributionsforschung (vgl. Heider 1977) unterstellte Nietzsche eine Art Gleichsetzung der vom Beobachter registrierten Wirkung mit der vom Handelnden (angeblich) verfolgten Absicht, die in eine dispositionale Attribution ausläuft (vgl. Jones/Davis 1965). Angesichts dessen blieb ihm nur der Ausruf: „O pudenda origo! Heisst das nicht: die erbärmliche, gelegentliche, oft zufällige *Relation* eines Anderen zu uns als sein *Wesen* und Wesentliches auszudichten, und zu behaupten, er sei gegen alle Welt und gegen sich selber eben nur solcher Relationen fähig, dergleichen wir ein- oder einigemal erlebt haben? Und sitzt hinter dieser wahren Narrheit nicht noch der unbescheidenste aller Hintergedanken, dass wir selber das Princip des Guten sein müssen, weil sich Gutes und Böses nach uns bemisst?" (KSA 3: 90f.)

Bei diesen Fragen blieb Nietzsche allerdings nicht stehen. Ihm ging es vielmehr, nun einmal aufmerksam geworden auf die relationale Dimension interpersonaler Wahrnehmungsprozesse, um das darin verborgene epistemische Problem: „Was begreifen wir denn von unserem Nächsten als seine Gränzen, ich meine, Das, womit er sich auf und an uns gleichsam einzeichnet und eindrückt? Wir begreifen Nichts von ihm, als die *Veränderungen an uns*, deren Ursache er ist, – unser Wissen von ihm gleicht einem hohlen *geformten* Raume" (KSA 3: 111). Freud sollte später auf das hier von Nietzsche umschriebene Problem der Selbstreferentialität mit dem Vorschlag reagieren, die Veränderungen des anderen an uns mittels Gegenübertragungskontrolle auf jene Anteile hin zu befragen, die eine eigene, lebensgeschichtliche Vorprägung aufweisen und als solche dafür sorgen, daß wir weniger den anderen als uns in ihm thematisieren. Nietzsche ging zwar nicht so weit, hat aber immerhin in der Konsequenz seiner Überlegungen den je anderen als „Satellit unseres eigenen Systems" ausgewiesen sowie hinzugefügt: „und wenn er uns leuchtet oder sich verfinstert, und wir von Beidem die letzte Ursache sind, – so glauben wir doch das Gegentheil! Welt der Phantome, in der wir leben! Verkehrte, umgestülpte, leere, und doch *voll* und *gerade* geträumte Welt!" (KSA 3: 111) Damit war, zumindest unausgesprochen, die Frage gestellt nach einer methodischen Kontrolle, deren Auftrag dahin ging, den vom Menschen üblicherweise gehegten Traum einer 'vollen' und 'geraden' Welt entbehrlich zu machen, damit eine Konstruktion des je anderen möglich wird, die auch anderen Bedeutungsgebungen Gerechtigkeit widerfahren läßt als denen, die aus der 'Satellitenfunktion' des Beobachtungsobjekts entspringen.

Etwas weiter ging Nietzsche in *Die fröhliche Wissenschaft* mit seinem nun nicht nur die Relationalität von interpersonaler Wahrnehmung, sondern auch von Reizverarbeitung generell behauptenden Satz: „dass ein heftiger Reiz als Lust oder Unlust empfunden werde, das ist die Sache des *interpretirenden* Intellects, der freilich zumeist dabei uns unbewusst arbeitet" (KSA 3: 483). Denn mit dieser Annahme, die für sich gesehen den Gegenwartsstreit um die epistemologische Angemessenheit streng behavioristischer Lern- und Subjektmodelle (vgl. Groeben/Scheele 1977) im Grunde hätte entbehrlich machen können, war die Auslegung des Menschen als Interpret seiner Erlebnisse (KSA 3: 550) und die Forderung nach einem Modus der Selbstreflexion verknüpft, der absichtsvollen Fehlinterpretationen entgegenzuwirken vermochte. Wir „Vernunft-Durstigen“, so illustriert Nietzsche diese Forderung, „wollen unseren Erlebnissen so streng in's Auge sehen, wie einem wissenschaftlichen Versuche, Stunde für Stunde, Tag um Tag! Wir selber wollen unsere Experimente und Versuchs-Thiere sein“ (KSA 3: 551). Nicht von ungefähr wählt Nietzsche hier zwecks Abgrenzung zu dieser von ihm geforderten Hermeneutik der Erlebnisse die Sprache des naturwissenschaftlichen Erkenntnisideals. Denn wenn wir Nietzsches in der *Genealogie der Moral* deutlicher zutage tretendes Bemühen um eine 'andere Welt' psychologischen Wissens in Betracht ziehen, fällt auf, daß Nietzsche hier wie dort hermeneutisch orientierten Erkenntniserwerb bevorzugt und von einem naturwissenschaftsanalogen Procedere abgrenzt. Entsprechend, so könnte man dann folgern, wäre der Mensch, der sich durch Nietzsche dazu nötigen läßt, aus seinen Erlebnissen „eine Gewissenssache der Erkenntniss“ (KSA 3: 551) zu machen, zugleich auch der Mensch, der über seine andere Vernunft verfügt und sich mithin in der 'anderen Welt' des Wissens eher heimisch weiß als jener, der meint, er müsse sich der Selbstreflexion nicht befleißigen und ihm könnten bezüglich der Kenntnis seiner selbst humanwissenschaftliche Experimente weiterhelfen.

Dabei war sich Nietzsche über die Hemmnisse, die seiner Forderung entgegenstanden, durchaus im klaren: „Wie viel Menschen verstehen denn zu beobachten! Und unter den wenigen, die es verstehen – wie viele beobachten sich selber! 'Jeder ist sich selbst der Fernste' – das wissen alle Nierenprüfer, zu ihrem Unbehagen; und der Spruch 'erkenne dich selbst!' ist, im Munde eines Gottes und zu Menschen geredet, beinahe eine Bosheit“ (KSA 3: 560). Um zumal den ersten Teil dieses Desiderats beheben zu können, erteilte sich Nietzsche, unter der deutlich antimetaphysisch orientierten Losung „Hoch die Physik!“, den Selbstauftrag, zum „besten Lerner und Entdecker alles Gesetzlichen und Nothwendigen in der Welt (zu) werden“ (KSA 3: 561). Damit war keineswegs das Projekt einer Hermeneutik der Erlebnisse zugunsten einer nun doch quasi-naturwissenschaftlich verfahrenden Datenerhebung dementiert. Vielmehr wollte Nietzsche das Bewußtsein für die Notwendigkeit der Erforschung der möglicherweise auch gesetzesförmigen Feinstruktur menschlichen Urteilens wie Handelns schärfen, um die verbreitete voreilige Moralisierung eines nur abgelehnten, nicht aber seiner psychologischen Ablauflogik nach verstandenen Handlungsvollzugs unterlaufen und neue Möglichkeiten der Selbstsetzung des Menschen auch von der Psychologie her begründen zu können. Nietzsches Psychologie ist von hier aus zu lesen als Versuch, Zeugnisse der genauen Beobachtung und, in eingeschränkter Form, auch der Selbstbeobachtung zu offerieren und jenen Menschen, die aus ihren Erlebnissen *keine* Gewissenssache der Erkenntnis machten, das psychologische Grundwissen zur Verfügung zu stellen, dessen sie bedurften, um sich selbst, nach Überwindung entsprechender Widerstände, in kritischer Reflexion thematisieren zu können.

Ein Exempel für dieses psychologische Grundwissen offerierte Nietzsche in *Die fröhliche Wissenschaft* unter der Überschrift „Wir sind stets nur in unserer Gesellschaft" und mit dem erläuternden Zusatz: „Alles, was meiner Art ist, in Natur und Geschichte, redet zu mir, lobt mich, treibt mich vorwärts, tröstet mich –: das Andere höre ich nicht oder vergesse es gleich" (KSA 3: 498). Diesen Hinweis auf motivierte Formen der Wahrnehmung nutzte Nietzsche Jahre später, im *Ecce homo*, für seine „Psychologie des guten Menschen": „Die Existenzbedingung der Guten ist die Lüge -: anders ausgedrückt, das Nicht-sehn-*wollen* um jeden Preis, wie im Grunde die Realität beschaffen ist" (KSA 6: 368). Dieser Vorwurf, den Nietzsche im nämlichen Jahr (1888) auch gegenüber Malwida v. Meysenbug erhob (KSB 8: 458), war zugleich auch Teil einer „Psychologie des 'Glaubens', der 'Gläubigen'" (KSA 6: 229), die Nietzsche im *Antichrist* vorlegte und mit der nur leicht variierten Maßgabe versah: „'Glaube' heisst Nicht-wissen-*wollen*, was wahr ist" (KSA 6: 233). Diese insoweit in glaubensanalogen Erkenntnisinteressen eingefügten Strategien der Verkehrung der Welt in eine 'Welt der Phantome' war der eigentliche Grund dafür, warum Nietzsche in *Jenseits von Gut und Böse* die vermeintlich moralische Überzeugung oder Handlungsabsicht des Menschen zunehmend nur noch als „Zeichen und Symptom" gelten ließ, „das erst der Auslegung bedarf" (KSA 5: 51), am Beispiel gesprochen: „überall wo Jemand immer nur Hunger, Geschlechts-Begierde und Eitelkeit sieht, sucht und sehn *will*, als seien es die eigentlichen und einzigen Triebfedern der menschlichen Handlungen (...), da soll der Liebhaber der Erkenntniss fein und fleissig hinhorchen", denn: „Niemand *lügt* soviel als der Entrüstete" (KSA 5: 45). Freud wird später sagen: „Die Verdrängung (...) geht (...) von der Selbstachtung des Ichs" (GW X: 160) aus, und er wird damit etwas Ähnliches meinen.

Als ein Abwehrmechanismus, den der Mensch im Dienste der Verdrängung zu nutzen weiß, ist von der Psychoanalyse her die Idealisierung des Gegenteils bekannt. Auch in dieser Hinsicht leistete Nietzsche Vorarbeiten, insofern er im Nachlaß von 1880 bemerkt: „Schopenhauer idealisierte das Mitleiden und die Keuschheit, weil er am meisten von dem Gegentheil litt" (KSA 9: 195). Weitere Beispiele listete er in der *Morgenröthe* auf: „Unter den Feiglingen ist es von schlechtem Tone, etwas gegen die Tapferkeit zu sagen, und erregt Verachtung; und rücksichtslose Menschen zeigen sich erbittert, wenn Etwas gegen das Mitleiden gesagt wird“ (KSA 3:218). Von hier aus war es nicht mehr weit bis zu der Feststellung, „daß jedes romantische Ideal eine Selbstflucht, eine Selbst-Verachtung und Selbst-Vertheilung dessen ist, der es erfindet“ (KSA 12: 111). Psychologisch gesehen subtil ist auch Nietzsches offenbar im Blick auf Wagner getroffene Beobachtung, daß man „den am meisten (haßt), der uns zu Empfindungen zurückverführt, über die wir mit größter Anstrengung Sieger wurden“ (KSA 10: 242). Im *Antichrist* findet sich all dies dann zusammengefaßt: „Die gewöhnlichste Lüge ist die, mit der man sich selbst belügt; das Belügen Andrer ist relativ der Ausnahmefall“ (KSA 6: 238).

Gänzlich neu war Nietzsche diese Einsicht gleichwohl nicht. So hatte er schon in *Über Wahrheit und Lüge im außermoralischen Sinne* angedeutet, daß der Mensch die Wahrheit nur in einem beschränkten Sinn will: „Er begehrt die angenehmen, Leben erhaltenden Folgen der Wahrheit; gegen die rein folgenlose Erkenntniss ist er gleichgültig, gegen die vielleicht schädlichen und zerstörenden Wahrheiten sogar feindlich gestimmt“ (KSA 1: 878). Der Mensch war von hier aus gesehen nicht viel mehr als die vordergründige Attrappe eines hintergründigen Geschehens. „Wehe der verhängnisvollen Neubegier“, so Nietzsche im gleichen Zusammenhang, „die durch eine Spalte einmal aus dem Bewusstseinszimmer heraus und hinab zu sehen vermöchte und die jetzt ahnte, dass auf dem Erbarmungslosen, dem Gierigen, dem Unersättlichen, dem Mörderischen der Mensch ruht, in der Gleichgültigkeit seines Nichtwissens, und gleichsam auf dem Rücken eines Tigers in Träumen hängend“ (KSA 1: 877). Der Mensch, so könnte man mit Schopenhauer variieren, „ist im Grunde ein wildes, entsetzliches Thier“ und werde nur deshalb zunächst für unschuldig gehalten, weil wir „es bloß im Zustande der Bändigung und Zähmung“ (SW V: 192f.) kennen und das „Böse“ seiner Natur erst mit der Zeit in die Erkenntnis träte: „Zuletzt lernen wir uns selbst kennen, als ganz Andere, wofür wir uns *a priori* hielten, und oft erschrecken wir dann über uns selbst“ (SW I: 387) resp. über den, der da auf dem ‘Rücken eines Tigers in Träumen hängt’. Die ‘Träume’ repräsentieren hier die Sprache, in der sich die – in der Tigermetapher zum Ausdruck gebrachte – Triebnatur des Menschen entäußert.

Der späte Nietzsche korrigierte zwar den hiermit nahegelegten Eindruck, wonach der Mensch an sich ‘böse’ sei und nur durch Moral und Konvention in Schranken gehalten werde; statt dessen, so Nietzsche im fünften Buch von *Die fröhliche Wissenschaft*, verhalte es sich so, daß mittels der „moralischen Verkleidung“ nicht „das schlimme wilde Thier in uns“ vermummt werde, „sondern das Heerdenthier mit seiner tiefen Mittelmässigkeit, Angst und Langenweile an sich selbst“ (KSA 3: 588f.). Der Sache nach war davon aber der Einwand unbetroffen, wonach vernunftaufklärerische Modelle, die den Menschen als zwecksetzendes Subjekt begriffen, ihrerseits nur dieser 'Verkleidung' zuarbeiteten und die gesellschaftliche Verfaßtheit der Subjektivität außer acht ließen. „Überall wo unsere Triebe reden, ist der '*Zweck*' eine Großthuerei!" (KSA 9: 363) heißt es so auch im Nachlaß von Ende 1880, in der Umkehrung gesprochen: „Der Mensch affektirt überall nach Zwecken zu handeln – diese große Komödie geht durch, er thut 'verantwortlich'" (KSA 9: 291).

Daß der Mensch diese Verantwortlichkeit allerdings nicht durchgängig reklamiert, ist Nietzsche nicht entgangen. „In Allem wollt ihr verantwortlich sein! Nur nicht für eure Träume! Welche elende Schwächlichkeit, welcher Mangel an folgerichtigem Muthe! Nichts ist *mehr* euer Eigen als eure Träume! Nichts mehr *euer* Werk! Stoff, Form, Dauer, Schauspieler, Zuschauer, – in diesen Komödien seid ihr Alles ihr selber!" (KSA 3: 117) Diese Traumtheorie des 'mittleren' Nietzsche, die in bedeutender Hinsicht jene Freuds vorwegnimmt (vgl. Kemper 1955: 115; Lissmann 1996: 102), mußte Nietzsche allerdings erst seiner neun Jahre älteren Auffassung aus der *Geburt der Tragödie* abgewinnen. Denn damals sprach er lediglich von dem „schöne(n) Schein der Traumwelten, in deren Erzeugung jeder Mensch voller Künstler ist" (KSA 1: 26). Der Vorteil dieser Wagner verpflichteten Vorrangerteilung des Ästhetischen vor dem Psychologischen liegt auf der Hand: Nietzsche konnte auf diese Weise (selbst-)kritische Anschlußfragen in Richtung der Bedeutung seiner eigenen Träume vermeiden, namentlich in Richtung der Bedeutung des auf den Tod seines Bruders bezogenen Vorsehungstraums. In der Hauptsache jedoch wurde Nietzsches bei seiner frühen Traumtheorie nicht von diesem privaten Motiv regiert, sondern von seinem damaligen Interesse an ästhetischer Rechtfertigung des Daseins. Dies unterstreicht vor allem seine in *Über Wahrheit und Lüge im außermoralischen Sinne* nachgereichte Ergänzung, wonach die Welt des Traums „bunt unregelmässig folgenlos unzusammenhängend reizvoll" (KSA 1: 887) sei und insbesondere dem – ästhetisch orientierten – 'intuitiven Menschen' zu Gebote stünde. Noch Nietzsches 1880 in *Der Wanderer und sein Schatten* vorgetragenes Diktum: „Wir verbrauchen im Traum zu viel Künstlerisches – und sind desshalb am Tage oft zu arm daran" (KSA 2: 639), zeugt für diese frühe ästhetische Option, insoweit ihr unterschwellig die Kritik an einem ästhetisch entleerten Alltagsleben unterliegt sowie die Hoffnung, der 'intuitive Mensch' werde dieses Defizit eines Tages zu heilen wissen.

Der Substanz nach aber hat Nietzsche in der angeführten Passage seine frühe Traumtheorie schon hinter sich gelassen. Dies unterstreicht vor allem seine Auffassung, Träume seien „symbolische Scenen- und Bilder-Ketten an Stelle einer erzählenden Dichter-Sprache", die „unsere Erlebnisse oder Erwartungen oder Verhältnisse" (KSA 2: 639) umschrieben.

Denn hiermit ist dem frühen ästhetischen ein psychologisches Motiv hinzugefügt, von dem ausgehend sich Träume nicht länger als zwar ästhetisch gehaltvolle, inhaltlich gesehen aber unzusammenhängende Produkte der Intuition lesen ließen, sondern ihren Charakter gewannen als symbolische Umarbeitungen des vom Träumer Erlebten oder ihn Bewegenden. Deutlicher noch macht dies die von Nietzsche ein Jahr später nachgereichte und bereits angeführte Passage aus der *Morgenröthe*, mit der der Träumer mitsamt seiner von ihm verantworteten Bedeutungsgebungen endgültig in das Zentrum des Interesses rückt. Der Mensch, dieser, wie schon Schopenhauer wußte, „heimliche Theaterdirektor ... seiner Träume“ (SW IV: 219), war aus dieser ideologiekritischen Optik ein Wesen, das die Träume, die es seinerseits in Regie gesetzt hatte und insofern ‘verantwortete’, deswegen bagatellisierte oder ins Reich des Vergessenen abschob, weil und insofern sich in ihnen Abscheuliches, nicht mit dem heimlichen Selbstideal Übereinstimmendes bekundete. „Wäre es anders“, so schließt Nietzsche messerscharf, „wie sehr würde man seine nächtliche Dichterei für den Hochmuth des Menschen ausgebeutet haben!“ (KSA 3: 118)

Dies waren aber nicht die einzigen Ungereimtheiten des ‘auf dem Rücken eines Tigers in Träumen hängenden’ Menschen. „Die beständige Herrschaft der Furcht über die Begierde macht ... den sittlichen Menschen aus“ (KSA 9: 84), notierte sich Nietzsche beispielsweise 1880 in ein Fragment, erkennbar die These Schopenhauers fortentwickelnd, wonach „die Gehässigkeit unsrer Natur“ allein durch „eine gehörige Dosis Furcht“ (SW V: 195) in Schranken gehalten werde. Und so nimmt es nicht wunder, daß sich in diesen ganzen Formulierungen Nietzsches schon in Ansätzen das psychoanalytische Instanzenmodell identifizieren läßt, mithin also das Über-Ich (‘Herrschaft der Furcht’), das Es (‘Begierde’) und das Ich (‘sittlicher Mensch’). Angedeutet war damit zugleich, daß die vermeintlich auf eine Quelle sui generis verweisende Sittlichkeit der Menschen in Wahrheit nicht viel mehr ist als die Internalisierung von Negativsanktionen normwidersprechenden Verhaltens. „Erst zwingt der *Zwang* etwas oft zu thun, und später entsteht das *Bedürfniß*, nachdem der Zwang einverleibt ist“ (KSA 9: 552). Nietzsche kannte auch schon das Prinzip, das bei all dem wirksam ist und dem Freud später das eigentliche Recht, wenn auch nicht den Namen geben wird: das Prinzip der „Verinnerlichung“: „Alle Instinkte, welche sich nicht nach Aussen entladen, *wenden sich nach Innen*“ (KSA 5: 322), heißt es hierzu in der *Genealogie der Moral*. Daß hier von Instinkten und nicht etwa von negativen Aggressionen oder destruktiven Trieben die Rede ist, hat einen einfachen Grund: Nietzsche argumentiert nicht ontogenetisch, sondern phylogenetisch, er will also dem Ursprung des ‘schlechten Gewissens’ im menschheitsgeschichtlichen Verlauf auf die Spur kommen. Und dabei bot sich eben der Ausdruck ‘Instinkt' sowie die Annahme einer durch die Domestizierung des Menschen bewirkten Hemmung seiner Instinkte an: „Die ganze innere Welt, ursprünglich dünn wie zwischen zwei Häute eingespannt, ist in dem Maasse aus einander- und aufgegangen, hat Tiefe, Breite, Höhe bekommen, als die Entladung des Menschen nach Aussen *gehemmt* worden ist" (KSA 5: 322). Daß der Ausdruck 'Hemmung' später auch bei Freud eine große Rolle spielte und Freuds 'Über-Ich' erkennbar an die Stelle trat, die Nietzsche noch mit dem Ausdruck 'schlechtes Gewissen' belegte, bedarf dabei wohl kaum eines gesonderten Nachweises.

Wie sehr Nietzsche Freud vorgriff, sei schließlich am berühmten Wort Freuds gezeigt, wonach die Menschheit nach Kopernikus und Darwin ihm die dritte „und empfindlichste" Kränkung ihrer Eigenliebe zu danken habe, insofern seine Arbeit zu der Einsicht geführt habe, daß das Ich „nicht einmal Herr ist im eigenen Hause" (GW XI: 295). Denn allererst war es Nietzsche gewesen, der mit ähnlichen Gedanken spielte, der also sowohl für die Vernunft des Menschen als auch für dessen Ich eine Art Souffleur ausmachte, mal Trieb (KSA 3: 113), mal Ich-Vorstellung (KSA 12: 250) genannt, mit der Folge, daß ihm das Ich zunehmend durch eine leibhaft gefaßte Vernunft entwichtet schien: „Es denkt: aber dass dies 'es' gerade jenes alte berühmte 'Ich' sei, ist, milde geredet, nur eine Annahme, eine Behauptung, vor allem keine 'unmittelbare Gewissheit'" (KSA 5: 31).

Namentlich das letztgenannte Zitat wird in neuerer Zeit immer wieder genutzt, um Nietzsche in einen Zusammenhang zu bringen mit der in Philosophie wie Erziehungswissenschaft heimisch werdenden Rede vom Tod des Subjekts (vgl. etwa Meyer-Drawe 1993). Psychoanalytiker hingegen sind zumeist weniger ambitioniert: Sie nehmen derartige (vgl. Brandt 1977: 1047 f.; Nitzschke 1983: 781 ff.; Will 1985: 156; Küchenhoff 1985: 145; Kerz 1985: 131 ff.) und andere, minder wichtige, dem Nachlaß entnommene (vgl. Nitzschke 1987) Passagen zum Anlaß, eine intensive Debatte darüber zu führen, ob Nietzsche nicht Teile der von Freud 1923 eingeführten Instanzenlehre auch schon vom Begrifflichen her vorweggenommen habe. Den Auslöser für diese These hatte Freud selbst gegeben mit seinem Argument, er sei hinsichtlich des Begriffs des Es nicht nur seinem vorübergehenden Mitstreiter, dem Psychosomatiker und Nietzsche-Kenner Georg Groddeck verpflichtet, sondern auch Nietzsche selbst (vgl. Freud/Groddeck 1988: 59). Bei diesem nämlich sei, wie Freud zwecks Erläuterung hinzufügte, allerdings ohne Textbelege anzuführen, der Begriff des Es zumindest als „grammatikalische(r) Ausdruck für das Unpersönliche und sozusagen Naturnotwendige in unserem Wesen durchaus gebräuchlich" (GW XIII: 251).

Nun interessiert hier nicht sonderlich die beispielsweise von Will (1985) als zu kühn verworfene, detektivisch vorgetragene These Nitzschkes (1983:

796ff.), Freud habe im Interesse des Verbergens der vielfältigen Quellen der Psychoanalyse Nietzsche als Quelle für seinen Begriff des Es nur vorgeschoben, um seinen tatsächlichen Ideengeber in dieser Sache – sowie in Sachen des Unbewußten generell (vgl. Nitzschke 1985: 1112ff.) –, nämlich den frühen Nietzsche-Antipoden und Schopenhauerianer Eduard v. Hartmann, zu verbergen. Marginal ist hier auch die – freilich genereller angelegte und ebenso aufwendig wie grandios vorgetragene – These von Margret Kaiser-El-Safti (1987), Freud habe bezüglich seiner Metapsychologie im Vergleich zu Schopenhauer und Nietzsche lediglich als „Nachdenker“ zu gelten. Hier genügt der Hinweis, daß sich Freud (GW XII: 12), ähnlich wie Nietzsche (KSA 7: 427), in Sachen des Unbewußten in Schopenhauers Schuld wußte, wobei Nietzsche dem Begriffsverständnis Freuds gewiß sehr viel weiter vorarbeitete als Schopenhauer. So war es Nietzsche gewesen, der in der *Morgenröthe* mit der Vermutung aufwartete, „dass all unser sogenanntes Bewusstsein ein mehr oder weniger phantastischer Commentar über einen ungewussten, vielleicht unwissbaren, aber fühlbaren Text ist“ (KSA 3: 113).

Ein Jahr später ließ Nietzsche dem die Annahme nachfolgen, daß das Bewußtsein nur eine Art „verkehrte(s) Urtheilen und Phantasiren mit offenen Augen“ sei, durch das der Mensch nur deshalb keinen Schaden nähme, weil er sich im Blick auf die Richtigkeit seines Tuns noch der phylogenetisch älteren Instinkte als „Regulator(en)“ (KSA 3: 382) vergewissern könne. Für Nietzsche entsprang daraus die Aufgabenstellung an den Menschen, „das Wissen sich einzuverleiben und instinctiv zu machen“ (KSA 3: 383). Noch weiter in Richtung der später von Freud propagierten Notwendigkeit der Bewußtmachung des Unbewußten weist Nietzsches im fünften Buch von *Die fröhliche Wissenschaft* nachgereichte Beobachtung, wonach „das *bewusst* werdende Denken“ nur der „kleinste“, „oberflächlichste“ und „schlechteste“ Teil des Denkens sei, der Teil also, der in „Mittheilungszeichen“ (KSA 3: 592) geschähe. Denn hieran ließ sich mühelos die Folgerung anschließen, den insoweit wichtigeren Teil des Denkens, der sich unbewußt vollzog, im Nachgang und möglicherweise eben auch unter Zuhilfenahme Dritter mit jenen ‘Mitteilungszeichen’ zu versehen, die ihn kommunikabel machten.

Insoweit scheint die Folgerung nicht abwegig, daß schon Nietzsche, wie immer nun seinerseits beeinflußt durch weitergehendere geistesgeschichtliche Strömungen, das Problem, das hinter dem Begriff des Es und auch hinter dem des Unbewußten verborgen ist, erkannte und zu handhaben sich bemühte, und zwar mit einiger Affinität zu späteren Positionen Freuds und mithin auch mit dem Interesse am korrigierenden Eingriff in Bildungsschicksale. Zentraler aber ist zunächst der Befund, daß Nietzsches Psychologie, soweit sie als Menschenkunde lesbar ist, tatsächlich dem Auftrag gehorcht, jene 'neue Aufklärung' voranzutreiben, die erforderlich ist, um den Menschen als ein Subjekt denkbar zu machen, dem die nach dem Tod Gottes erforderliche Herrschaft über seine ihm eigene Handlungs- und Wertungsweise ohne Ideologieverdacht zugetraut werden kann.

4. Nietzsches Verstehenskonzept: Von der Psychologie als Behandlungslehre

In Psychoanalytikerkreisen wird in der Regel beruhigt hervorgehoben, daß Nietzsche zwar durchaus „eine Ahnung der unbewußten Motive" aufgewiesen, aber noch keine Psychologie vermittelt habe, die „systematisch genug wäre, unsere Mitmenschen zu verstehen, ihre Möglichkeiten zu beurteilen und ihre Schwierigkeiten günstig zu beeinflussen" (Kuiper 1965: 248). Diese Position hatte in den Grundzügen schon Arnold Zweig vorweggenommen, wenn er auf dem Höhepunkt der Verehrung seines Ersatzvaters Freud (vgl. Cremerius 1973) diesem 1930 brieflich versicherte, daß er erreicht habe, „was Nietzsche gern vollbracht hätte: die wissenschaftliche Beschreibung und Verständlichmachung der menschlichen Seele – und darüber hinaus, da Sie ja Arzt sind, ihre Regulierbarkeit" (Freud/Zweig 1968: 35f.). Diese Lesart erlaubte es, die Diskussion über den Freud/Nietzsche-Konnex im Metapsychologischen mit einem klaren Punktsieg für Freud zu beenden und die Originarität Freuds als Grundleger der Psychoanalyse als Behandlungslehre schon allein darüber zu manifestieren, daß schließlich dieser der Mann von Fach gewesen sei.

Dies scheint insoweit berechtigt, als Freud die Psychoanalyse im therapeutischen Zusammenhang allererst als Widerstandsanalyse ansetzte und entsprechend die Annahme vertreten konnte, „daß die Korrektur der inneren Wahrnehmung nicht ebenso große Schwierigkeiten bietet wie die der äußeren, daß das innere Objekt minder unerkennbar ist als die Außenwelt" (GW X: 270). Nietzsche hingegen gab noch 1884 der These Raum, daß die „'innere' Welt ... unfaßbarer (ist) als die äußere" (KSA 11: 99), um 1888 die „gutmüthige Erfindung" zu verabschieden, „daß das Objekt etwas ist, das von Innen gesehn Subjekt wäre" (KSA 13: 57). Bei all dem sollte man allerdings nicht übersehen, daß Nietzsche in eben diesem Nachlaß von 1888 auch die Auffassung vertrat: „Die 'innere Erfahrung' tritt uns ins Bewußtsein, erst nachdem sie eine Sprache gefunden hat, die das Individuum *versteht* ... d.h. eine Übersetzung eines Zustandes in ihm *bekanntere* Zustände" (KSA 13: 460). Denn sehr viel besser hat auch Freud ein Vierteljahrhundert später dies nicht auszudrücken vermocht, wenn er davon redet, „daß die Deutungen der Psychoanalyse zunächst Übersetzungen aus einer uns fremden Ausdrucksweise in die unserem Denken vertraute sind" (GW VIII: 403). Was hier, über den Deutungsbegriff, explizit gemacht ist, nämlich daß ein Dritter erforderlich ist mit der Befähigung, das nicht laut oder nur symbolisch Gesagte des Analysanden zur Sprache zu bringen, liegt bei Nietzsche also zumindest latent bereit.

Vorbereitend in dieser Richtung wirkte schon sein Aphorismus aus *Jenseits von Gut und Böse*: „Mancher versteht sich darauf, das eigne Gedächtniss zu trüben und zu misshandeln, um an diesem einzigen Mitwisser seine Rache zu haben" (KSA 5: 58), dessen berühmtere Variante lautet: „'Das habe ich gethan' sagt mein Gedächtniss. Das kann ich nicht gethan haben – sagt mein Stolz und bleibt unerbittlich. Endlich – giebt das Gedächtniss nach" (KSA 5: 86). Adlerianer suchten mit diesem Aphorismus Fälle überhitzten Geltungsstrebens bei Kindern zu illustrieren (vgl. Seif 1928: 256f.). Stärker ins Zentrum führt aber hier Freud, der, ähnlich wie später C. G. Jung (1961: 21), den Aphorismus Nietzsches im therapeutischen Zusammenhang (GW VII: 407), aber auch im Zuge seiner Analyse alltäglicher Fälle des Vergessens mit deutlicher Zustimmung zitierte, um zu kommentieren, daß schon Nietzsche den Beitrag gewürdigt habe, „den das Abwehrstreben gegen Unlust zum Vergessen leistet" (GW IV: 162). Diese Folgerung findet sich allerdings bereits bei Nietzsche: „Dass es ein Vergessen giebt, ist noch nicht bewiesen; was wir wissen, ist allein, dass die Wiedererinnerung nicht in unserer Macht steht" (KSA 3: 117). Daß die aus dem Nachsatz filterbare Ausrede nicht von Bestand wird sein können, machte Nietzsche unmißverständlich deutlich: Der Satz, daß die Wiedererinnerung nicht in unserer Macht stünde, bezeichne nur eine „Lücke unseres Wissens um unsere Macht" (KSA 3: 117). Und diese Lücke zu stopfen, hat Nietzsche nach Kräften vorgearbeitet. „Etwas Unbekanntes auf etwas Bekanntes zurückführen, erleichtert, befriedigt, giebt ausserdem ein Gefühl von Macht. Mit dem Unbekannten ist die Gefahr, die Unruhe, die Sorge gegeben, – der erste Instinkt geht dahin, diese peinlichen Zustände *wegzuschaffen*" (KSA 6: 93), lesen wir beispielsweise in der *Götzen-Dämmerung*, als denke Freud über *Das Unheimliche* nach und als wolle Nietzsche an seine Nachlaßnotiz von 1870/71 anschließen, in der es hieß: „Alle Erweiterung unserer Erkenntniß entsteht aus dem Bewußtmachen des Unbewußten" (KSA 7: 116).

Der Psychoanalytiker Wolfgang Loch formulierte dann auch unter Einbau von Nietzsche-Zitaten: „'Wahrheit' (ist) in einer Therapie, die bestrebt ist, Leiden zu vermindern, auch immer 'Wille, Herr zu werden'" (Loch 1974: 446). Loch hätte getrost auch an Nietzsches Bestimmungen von 1887 resp. 1888 erinnern können, wonach das „Maaß dessen, was uns überhaupt bewußt" werde, abhängig sei „von grober Nützlichkeit des Bewußtwerdens" (KSA 13: 57) bzw. daß „das Maß des Erkennenwollens" abhängig sei von dem „Maß des Wachsens des Willens zur Macht der Art"

(KSA 13: 302). Mit diesen Formulierungen, die jener Freuds vorgreifen, wonach nicht das Nichtwissen an sich das pathogene Moment sei, „sondern die Begründung des Nichtwissens in inneren Widerständen, welche das Nichtwissen zuerst hervorgerufen haben und es jetzt noch unterhalten“ (GW VIII: 123), hatte Nietzsche auf die Macht verwiesen, die dem Bewußtwerden sich entgegenstellt: eben die ‘Nützlichkeit’ in Gestalt des Vorteils, den der einzelne aus dem sicheren Verwahren seiner ihm eigenen Geheimnisse im Unbewußten zieht. Und damit stand zumindest der, der sich diesem Nützlichkeitsdiktat und mithin der „Winkelperspektive des Bewußtseins“ (KSA 13: 57) enthoben wußte, in diesem ihm damit verfügbaren ‘Willen zur Wahrheit’ als Opponent des je seine Wahrheiten verwaltenden Einzelsubjekts bereit.

Außer Betracht kann in diesem Zusammenhang auch nicht bleiben, daß Nietzsche mit seiner Frage „Wo sind die neuen Ärzte der Seele?“ und mit seinem Bemühen, der „Quacksalberei“ ein Ende zu machen, „mit der (...) die Menschheit ihre Seelenkrankheiten zu behandeln gewöhnt ist“ (KSA 3: 56), der seelenärztlichen Orientierung Freuds kräftig vorgearbeitet hat. Dies gilt auch für Nietzsches Hoffnung auf eine Zukunft, in der „jenes hungrige Interesse an diesen Dingen“ vorliegen wird, „das vielleicht einmal dem Sturm und Drang jener alten religiösen Erregungen nicht unähnlich erscheinen wird“ (KSA 3: 178). Etwas skeptischer schon ist Nietzsches Prognose, wonach es dereinst „zahllose Anstalten“ geben werde, „in welche man sich zeitweilig begiebt, um seine Seele in Cur zu nehmen; hier wird der Zorn bekämpft, dort die Wollust usw“ (KSA 9: 67f.). Diese im schnodderigen Ton gehaltenen Beispiele belegen, daß Nietzsche zugleich doch auch immer die Dialektik jener Aufklärung sah, die er selbst anregte.

Der Sache nach ging Nietzsches Hoffnung darauf, daß eines Tages „Das, was wir bisher praktische Moral nannten, sich in ein Stück ... Heilkunst und Heilwissenschaft“ (KSA 3: 178) verwandeln möge. Diese Entwichtung der Ethik zugunsten der Medizin resp. Psychologie schien ihm vor allem aufgrund des zeitgenössischen Umgangs mit Verbrechern ratsam. So plädierte Nietzsche vehement gegen „unsere abscheulichen Strafordnungen (...) samt ihrer Krämerwaage und dem Aufwiegenwollen der Schuld durch die Strafe“ (KSA 3: 177). Ersatzweise trat er dafür ein, dem Verbrecher „Gewissensbisse wie eine Sache der Unreinlichkeit ... von der Seele (zu) wischen und ihm Fingerzeige (zu) geben, wie er den Schaden, welchen er vielleicht an dem Einen geübt, durch eine Wohltat am Anderen, ja an der Gesammtheit ausgleichen und überbieten könne“ (KSA 3: 177). Mit diesen Vorschlägen griff Nietzsche dem Ansatz nach nicht nur den modernen Bemühungen um Täter/Opferausgleich vor, sondern er stellte sich auch, wohl eher unwissend, in krassen Gegensatz zu den zeitgenössischen Gefängnisreformbemühungen eines Theologen wie Johann Hinrich

Wichern, der noch 1852 seinen später mehrfach wiederholten Grundsatz aufgestellt hatte, wonach Gott nur mittels der vom Gefangenen als gerechte Vergeltung zu definierenden Strafe seinen Weg in dessen Herz und Gewissen fände (vgl. Wichern 1852: 26). Nietzsche bahnte den Zugang zu seiner hiervon abweichenden Denkweise mittels der ironischen Bemerkung, daß der, der ohnehin glaube, „die übliche *moralische* Denkweise sei die Denkweise der *geistigen Gesundheit*", an sich keine Schwierigkeiten damit haben dürfe, den Verbrecher mit einem Geisteskranken gleichzusetzen; dessen Behandlung habe dann aber nicht „mit hochmüthiger Barmherzigkeit, sondern mit ärztlicher Klugheit zu geschehen" (KSA 3: 176).

Nietzsche brachte aber nicht nur die Indienstnahme der ärztlichen Klugheit zum Zwecke der Entmachtung der (christlichen) Moral und der in ihr Gebiet gehörenden Schuldbelastungsrhetoriken in Vorschlag, sondern er problematisierte auch die psychologischen Hintergründe jener, die am Bestand des bisher Geltenden interessiert waren. Sein Urteil beispielsweise, daß es der „Instinkt des *Strafen- und Richtenwollens*" sei, der den Menschen überall nach Verantwortlichkeiten suchen lasse, gehörte seinem Programm einer „Psychologie des Verantwortlichmachens" zu, in deren Logik ihm das Christentum nur noch als „Metaphysik des Henkers" (KSA 6: 95 f.) zu imponieren vermochte und selbst der Eindruck nicht mehr abweisbar war, „als ob die Phantasterei von Kerkermeistern und Henkern bisher die Erziehung des Menschengeschlechts geleitet hätte!" (KSA 3: 26). Entsprechend lautete sein Resümee: „Heute, wo wir in die *umgekehrte* Bewegung eingetreten sind, wo wir Immoralisten zumal mit aller Kraft den Schuldbegriff aus der Welt wieder herauszunehmen (...) suchen, giebt es in unsern Augen keine radikalere Gegnerschaft als die der Theologen, welche fortfahren, mit dem Begriff der 'sittlichen Weltordnung' die Unschuld des Werdens durch 'Strafe' und 'Schuld' zu durchseuchen" (KSA 6: 96). Die von Nietzsche als Alternative zur christlichen Moral aufgebotene Psychologie und die an sie heranzutragenden Leistungserwartungen sind hier schon deutlich erkennbar: Es hat eine Psychologie zu sein, die vom Schuld- wie Strafbegriff abzusehen und die 'Unschuld des Werdens' wieder in ihr Recht zu setzen vermag, was in diesem Zusammenhang meint: die das üblicherweise negativ sanktionierte Neue und insoweit Unverständliche am Menschen als verstehbar auszuweisen in der Lage ist.

Deutlicher wird dies dort, wo Nietzsche davon spricht, daß „die Unkenntniß des Menschen und das Nicht-Nachdenken" dafür verantwortlich seien, daß der durch plötzliche Antriebe fortgerissene Mensch das Gefühl entwickele, in ihm wirkten „Dämonen" (KSA 12: 13). Denn hiermit war zugleich gesagt, daß nur Fortschritte in der Menschenkenntnis den Ausschluß der (voraufklärerischen) Dämonenmetaphorik gewährleisten konnten. Ähnlich sollte später auch Freud die Sache sehen, wenn er davon spricht, daß die Neurosen früherer Zeiten im „dämonologischen Gewande“ (GW XIII: 317) auftreten würden, in der Umkehrung gesprochen: Man würde heutzutage – jedenfalls in psychoanalytischer Lesart, wie wohl hinzuzusetzen ist – unter Dämonen „böse, verworfene Wünsche, Abkömmlinge abgewiesener, verdrängter Triebregungen“ verstehen und auch darauf verzichten, sie in die äußere Welt zu projizieren; man ließe sie vielmehr nun „im Innenleben der Kranken, wo sie hausen, entstanden sein“ (GW XIII: 318). Nietzsche prägte zwar nicht diese Semantik vor, wohl aber den Gedanken, daß man in „rohen Zuständen der Cultur“ das „dämonische ... Wesen“ immer nur auf dem Grunde der Kranken gesichtet habe, und zwar geleitet von der Vorstellung, daß sich hier ein Wesen Bahn bräche, welches sich dem Kranken „in Folge einer Schuld einverleibt“ (KSA 3: 178) habe. Diese voraufklärerische Moritat wollte Nietzsche durch jene neue Botschaft ersetzen, bei der man das Dämonische auf dem Grunde der vermeintlich Schuldigen zu identifizieren in der Lage war.

Das Dämonische gerät hiermit zur Leerstelle für einen erst noch zu dechiffrierenden psychodynamischen Sachverhalt, der das Verhalten desjenigen, der durch sein Tun eine Schuld auf sich geladen hat, zu erklären vermag. Bemerkenswert ist dabei, daß erst diese aufklärerische Variante („Jeder 'Schuldige' ist ein Kranker“) der voraufklärerischen Urfassung („Jeder Kranke ist ein Schuldiger“) Nietzsche den Umgang mit seinem eigenen und einem ihm höchst nahestehenden 'Dämon', eben seinem Vater, erlaubt haben dürfte. In beiden Fällen nämlich war die Krankheit möglicherweise Folge einer Schuld, die sich mit Nietzsches Theoriekonstruktion doch zugleich auch wiederum ein Stück weit als eine – nun allerdings psychologisch informative, in jedem Fall zur Exkulpation geeignete – Krankheit fassen ließ. Gesetzt war damit zugleich, daß der moderne Dämon des Schuldigen, im Gegensatz zum vormodernen Dämon des Kranken, mittels moderner 'Heilwissenschaft' (Psychologie) dechiffriert und mittels moderner 'Heilkunst' (Psychotherapie) kultiviert werden müsse, wenn man sich denn des Menschseins würdig erweisen wolle.

Den Zugang zu der Frage, wie dies im einzelnen geschehen könne, eröffnete sich Nietzsche mittels einer kritischen Reflexion auf die Hilfepraxis seiner Zeit, die in weiten Teilen theologischer Rechtfertigung und Handhabung unterlag. „Ist er aber eigentlich ein *Arzt*, dieser asketische Priester?“ (KSA 5: 377) fragte Nietzsche angesichts dessen scheinbar naiv, der Sache nach seinen Finger aber doch in die entscheidende Wunde eines Gewerbes legend, das sich Ende des 19. Jahrhunderts infolge staatlicher Zurückhaltung in manchen Feldern sozialer Tätigkeit, insbesondere in der Armen- und Krankenpflege sowie Fürsorgeerziehung, fast monopolartig in Szene gesetzt hatte und dabei einigen Kult trieb um die Unverdächtigkeit christlicher Nächstenliebe (vgl. Uhlhorn 1895). Nietzsche nämlich vermochte in dem asketischen Priester, dem gleichsam „vorherbestimmte(n) Heiland, Hirt und Anwalt der kranken Heerde“, nicht viel mehr zu sehen als einen höchst fragwürdig einzuschätzenden Arzt neuer Art: einen ‘Arzt’, der um des ‘Berufserfolgs’ willen ähnlich ‘krank’, sprich ressentimentgeladen zu sein hatte wie sein Klientel, die „Schlechtweggekommenen“, und der deswegen „der natürliche Widersacher und Verächter aller rohen, stürmischen, zügellosen, harten gewaltthätig-raubthierhaften Gesundheit und Mächtigkeit“ (KSA 5: 372) zu sein hatte; einen ‘Arzt’, der seine Herde zwar tapfer gegen die Gesunden verteidigte, aber eben damit auch „die in der Heerde selbst glimmende Schlechtigkeit, Tücke, Böswilligkeit“ (KSA 5: 373) übersah; einen ‘Arzt’ schließlich, der die nagende Frage des Kranken, woher seine Krankheit rühre, nur mit Attributen wie „Schuld“, „Sünde“, „Sündhaftigkeit“, „Verderbnis“ und „Verdammnis“ zu beantworten gewillt war und mit dieser „blossen Affekt-Medikation (...) nicht ... eine wirkliche Kranken-*Heilung* im physiologischen Verstande“ erreichte, sondern nur eine Indienstnahme der „schlechten Instincte aller Leidenden ... zum Zweck der Selbstdisciplinierung, Selbstüberwachung, Selbstüberwindung“ (KSA 5: 375f.).

Hiermit stand die Antwort auf die Frage fest, ob auch der asketische Priester möglicherweise ein Arzt sei: „Nur das Leiden selbst, die Unlust des Leidenden wird von ihm (dem asketischen Priester; C. N.) bekämpft, *nicht* deren Ursache, *nicht* das eigentliche Kranksein, – das muss unseren grundsätzlichsten Einwand gegen die priesterliche Medikamentation abgeben“ (KSA 5: 377). Der insoweit eher nebensächliche Einwand ergab sich aus Nietzsches Vorwurf, daß der asketische Priester einen ‘Arzt’ darstelle, der als „Trostmittel“ der „Physiologisch-Gehemmten“ das „Glück der ‘kleinsten Überlegenheit’“ verordne, wie es „alles Wohlthun, Nützen, Helfen, Auszeichnen“ mit sich brächte, und zwar getragen von der Absicht, mit dieser „Ordinierung einer *kleinen Freude*“, der „Freude des Freude-*Machens*“ (KSA 5: 383), zur Linderung der gesamtgesellschaftlichen Depression beizutragen.

Bei alldem bezog Nietzsche wesentliche Kritikvoraussetzungen aus seiner persönlichen Eingebundenheit in das von ihm untersuchte Handlungsfeld, womit nicht nur sein Rätselraten über seine Krankheit sowie die seines Vaters gemeint ist, sondern auch der Aufforderungscharakter, der für ihn in der Not des anderen verborgen war. „Wo liegen deine grössten Gefahren? – Im Mitleiden“ (KSA 3: 519), heißt es beispielsweise in der *Morgenröthe*, in der Nietzsche wenig später gar „eine heimliche Verführung“ im „Mitleid-Erweckenden und Hilfe-Rufenden“ ausmacht, eine Tendenz zur Flucht „unter das Gewissen der Anderen und hinein in den lieblichen Tempel der ‘Religion des Mitleidens’“, zu der er sich durch seinen Vater disponiert sah: „Ich weiss es eben so gewiss: ich brauche mich nur dem Anblicke einer wirklichen Noth auszuliefern, so bin ich auch verloren!" (KSA 3: 567) Im *Zarathustra* dekliniert Nietzsche diese Verlustgefahr in einigen Varianten durch, indem er Zarathustra dem Hilfebegehren Dritter aussetzt und letztlich auf den – in der Gestalt des 'häßlichsten Menschen' auftretenden – Mörder Gottes treffen läßt, der den zunächst noch widerstrebenden Zarathustra vor zuviel Mitleid warnt und ihn hinweist auf die Tugend der Nichthilfe, also beispielsweise auf „Ehrfurcht vor grossem Unglück, vor grosser Hässlichkeit, vor grossem Missrathenem" (KSA 4: 330). Der Hintergrund dieser Lektion ist unmißverständlich: Gott, dieser, wie es in dem Zusammenhang nun heißt, „Neugierigste, Über-Zudringliche, Über-Mitleidige", dessen Mitleid „keine Scham" kannte und der in die „schmutzigsten Winkel" (KSA 4: 331) kroch, hat mit seinem Tod auch den Rückgriff auf die (fragwürdige) christliche Mitleidsethik verbaut und die Perspektive einer neuen, vom Menschen als Übermenschen zu verantwortenden Helferlogik freigesetzt.

Daß in deren Zentrum eher der Nichteingriff denn der Eingriff zu stehen hat, läßt sich schon Nietzsches Position entnehmen, wonach der, der helfen wolle, daran zu denken habe, „dass es eine persönliche Nothwendigkeit des Unglücks giebt" und „der Pfad zum eigenen Himmel immer durch die Wollust der eigenen Hölle geht" (KSA 3: 566). Deutlich macht dies auch Nietzsches auf Eigenerfahrung abstellender Grundsatz: „Das tiefe Leiden macht vornehm; es trennt" (KSA 5: 225). Denn – so Nietzsches Begründung – „vermöge seines Leidens *mehr zu wissen*, als die Klügsten und Weisesten wissen können, in vielen fernen entsetzlichen Welten bekannt und einmal 'zu Hause' gewesen zu sein, von denen '*ihr* nichts wisst!' ... dieser geistige schweigende Hochmuth des Leidenden (...) findet alle Formen von Verkleidung nöthig, um sich vor der Berührung mit zudringlichen und mitleidigen Händen und überhaupt vor Allem, was nicht Seinesgleichen im Schmerz ist, zu schützen" (KSA 5: 225). Folglich gehöre es „zur feineren Menschlichkeit ..., Ehrfurcht 'vor der Maske' zu haben und nicht an der falschen Stelle Psychologie und Neugierde zu treiben" (KSA 5: 226). Die eine Pointe aus dieser mit unendlicher Traurigkeit vorgetragenen Botschaft zielt also auf so etwas wie psychologischen Takt.

Die andere Pointe läuft auf die Forderung nach neuem Verständnis für den Maskenträger hinaus. Nietzsches Aussage von 1885 beispielsweise, es sei sein Los, sich „nur unter Masken" (KSB 7: 26) zeigen zu können, gewinnt nun erst ihren eigentlichen Sinn: Es handelt sich bei diesem Maskentragen um Nietzsches persönliche Gegenwehr gegen die „beständig ... falsche ..., nämlich *flache* ... Auslegung jedes Wortes, jedes Schrittes, jedes Lebens-Zeichens" (KSA 5: 58). Deutlicher macht die darin angesprochene

Mißdeutung seiner selbst Nietzsches wenige Seiten später vorgetragener, wiederum deutlich aus Eigenerfahrung herrührender Protest gegen die bei hilfreichen und wohltätigen Menschen verbreitete „plumpe Arglist (...), welche sich Den, dem geholfen werden soll, erst zurecht macht: als ob er zum Beispiel Hülfe 'verdiene', gerade nach *ihrer* Hülfe verlange, und für alle Hülfe sich ihnen tief dankbar, anhänglich, unterwürfig beweisen werde, – mit diesen Einbildungen verfügen sie über den Bedürftigen wie über ein Eigenthum, wie sie aus einem Verlangen nach Eigenthum überhaupt wohltätige und hülfreiche Menschen sind“ (KSA 5: 116). Nietzsches Resümee stand folglich fest: „Es hilft nichts: man muss die Gefühle der Hingebung, der Aufopferung für den Nächsten, die ganze Selbstentäusserungs-Moral erbarmungslos zur Rede stellen und vor Gericht führen (...): Es ist viel zu viel Zauber und Zucker in jenen Gefühlen des 'für Andere', des '*nicht* für mich', als dass man nicht nöthig hätte, hier doppelt misstrauisch zu werden“ (KSA 5: 52).

In der Logik dieses Selbstauftrages registrierte Nietzsche im Rücken des Hilfehandelns, ganz abgesehen vom 'Verlangen nach Eigentum', den Mangel an „Scham“, an „Ehrfurcht“, an „Zartgefühl vor Distanzen“ (KSA 6: 270), das Interesse am Empfinden unseres „Glücks-Gegensatz(es)“ oder am Sieg über die „Langenweile“ (KSA 3: 126) bzw. auch nur die profane „Neugierde“ (KSA 2: 255), ganz zu schweigen vom fatalen „Mitleiden Derer, welche leiden“ (KSA 5: 236). Auch „Ohnmacht“ oder „Feigheit“, also die Sorge um die „Verringerung unserer Ehre vor anderen oder vor uns selber“, zog Nietzsche bei seinem Bemühen um Klärung der Motivstruktur des Helfers in Betracht, und er scheute auch nicht davor zurück, im Mitleid eine „feine Notwehr oder Rache“ (KSA 3: 125) dafür verborgen zu sehen, daß uns der Hilfsbedürftige mit unserer eigenen Gefährdetheit oder Gebrechlichkeit konfrontiert. Der psychologisch zentrale Ertrag dieser Analyse gründet in dem, was auch in der psychoanalytisch orientierten Debatte um das Helfersyndrom (vgl. Schmidbauer 1977) als zentral angesehen wird: in der These, daß wir „im Mitleid (...) zwar nicht mehr bewusst an uns (denken), aber *sehr stark unbewusst*“ (KSA 3: 125). Folgerichtig ist Nietzsches Ausruf im *Ecce homo*: „Meine Erfahrungen geben mir ein Anrecht auf Misstrauen überhaupt hinsichtlich der sogenannten 'selbstlosen' Triebe, der gesammten zu Rath und That bereiten 'Nächstenliebe'“ (KSA 6: 270). Ähnlich hatte er sich auch schon im *Zarathustra* geäußert: „Ihr drängt euch um den Nächsten und habt schöne Worte dafür. Aber ich sage euch: eure Nächstenliebe ist eure schlechte Liebe zu euch selber./Ihr flüchtet zum Nächsten vor euch selber und möchtet euch daraus eine Tugend machen: aber ich durchschaue euer 'Selbstloses'“ (KSA 4: 77).

Damit waren aber auch Verdachtsmomente gegeben in Richtung des notwendigen Scheiterns von Morallehren überhaupt, insoweit diese offenkundig nicht in der Lage waren, die Triebnatur des Menschen ohne die Suggestion von Lohn, und sei es in der Form der Selbstzufuhr von Entschädigung für die eigene Hilfsbereitschaft, in 'Tugend' zu überführen. Daß ein selbstbelohntes Handeln nicht als ein moralisches gelten kann, wußte Nietzsche der antiken philosophischen Tradition nach und bringt er auch in der *Morgenröthe* zum Ausdruck: „Die Unterwerfung unter die Moral ist ... nichts Moralisches" (KSA 3: 89). Dieses Urteil zielte vornehmlich auf die, die der Gottesvorstellung als des entscheidenden Begründungsmotivs ihres eigenen moralischen Handelns Raum gaben: „Wenn immer ein Andrer um uns ist, so ist das Beste von Muth und Güte in der Welt unmöglich gemacht. Möchte man nicht gegen diese Zudringlichkeit des Himmels, gegen diesen unvermeidlichen übernatürlichen Nachbar ganz des Teufels werden!" (KSA 3: 279) Gott figuriert hier noch, und auch dies ist deutlich biographisch geprägt, in der Rolle eines Kontrollorgans: „Wie? Niemals allein sein dürfen? Nie mehr unbewacht, unbehütet, ungegängelt, unbeschenkt?" (KSA 3: 279) Nietzsches Antwort auf diese ihn deutlich beängstigende Frage war eindeutig: Er verwandelte sich in jenen 'Teufel', der sich der 'Zudringlichkeit des Himmels' erwehrte – und deklarierte im *Zarathustra* den Tod Gottes, um den Ausblick auf eine Tugendlehre ohne Gott freizulegen. „Verlernt mir doch", so Zarathustras Lektion zweiter Teil, „diess 'Für', ihr Schaffenden: eure Tugend gerade will es, dass ihr kein Ding mit 'für' und 'um' und 'weil' thut" (KSA 4: 362). Und dem konnte dann nahtlos die neue Hauptbotschaft folgen: „Dass eure Tugend euer Selbst sei und nicht ein Fremdes, eine Haut, eine Bemäntelung: das ist die Wahrheit aus dem Grunde eurer Seele, ihr Tugendhaften!" (KSA 4: 121) Die nicht zuletzt in dieser Botschaft verborgene Idee einer Ethikbegründung als Selbstbegründung (vgl. Gerhardt 1992a: 40ff.) bezieht die Norm für moralisches Handeln also weder aus christlichen Geboten noch aus der Reflexion auf eine Maxime des Handelns, der auch andere vernunftbegabte Wesen zustimmen würden. Sie inthronisiert vielmehr den Menschen als einen gottähnlichen Gesetzgeber seines eigenen Tuns, Lassens und Erkennens, dies aber unter der Voraussetzung, daß er Herr jener Bildungsbedingungen geworden ist, denen er sich in seiner Biographie unterworfen sah.

Folgen hat Nietzsches Ansatz allerdings nicht nur für die Begründung tugendhaften oder verstehensorientierten Handelns; Folgen hat er auch für die Selbstauslegung des Menschen und für dessen Erwartungen an die Verstehensleistungen Dritter. „Es fehlt", so Nietzsche in einem Nachlaßfragment des Jahres 1888, „jeder Ort, jeder Zweck, jeder Sinn, wohin wir unser Sein, unser So-und-so-sein abwälzen könnten", und zwar „weil es nichts giebt außer dem Ganzen" (KSA 13: 426). Damit aber fehlte auch eine Verstehensmethode, die mit dem Begriff des 'Ganzen' umzugehen vermochte und die folglich darauf verzichtete, mit Begriffen wie 'Ursache' und 'Wirkung' zu operieren. In der therapeutischen Nutzung etwa der Psychoanalyse sind an derartige Begriffsstrategien gebundene Betrachtungsarten eher die Regel, womit der Mechanismus der Entlastung von Verantwortung ein wohlfeiles Motiv gewinnt. So läßt sich ein frühkindliches Trauma als 'Ursache' einer im Erwachsenenalter als 'Wirkung' auftretenden Versagensangst auslegen. Nietzsches Alternative mußte folglich darin bestehen, seiner Verstehenslehre die Verantwortungskategorie der praktischen Philosophie reflexiv einzuverwandeln.

Dem Ansatz nach ist eine derartige Theoriestrategie dort beobachtbar, wo Nietzsche das Verstehen nicht als „Zeichen höchster Kraft", sondern als ein solches „einer tüchtigen Ermüdung" (KSA 12: 223) auslegt. Denn hiermit war das Subjekt des Verstehens seinerseits einer gewissen Kontrolle seiner Eingriffsimpulse unterwerfbar – als Effekt der Diagnose einer kulturellen Schwächeperiode, der Nietzsche, seinen wehmütigen Blick beharrlich auf die Renaissance als Stärkeperiode der Menschheitsgeschichte heftend, nichts Gutes abzugewinnen vermochte. Das Verstehen, so Nietzsche in der *Morgenröthe*, sei, ähnlich wie das Sich-Verstellen, weniger unter den stolzen denn „unter den ängstlichen Völkern zu Hause" (KSA 3: 135), weil und insofern es die Furcht vor dem Fremden zu mildern verspricht. Im Gegensatz etwa zum Urteil eines Eugen Dühring sah Nietzsche folglich als Gefahr seines Zeitalters weniger das Universellwerden beispielsweise von Korruption als „die große Mittelmäßigkeit" (KSA 11: 293). In seiner Parteinahme gegen „Rechtlichkeit und Gutartigkeit" (KSA 11: 293) sowie gegen den in Europa grassierenden „Cultus des Leidens", gegen „Verzärtlichung" und „Unmännlichkeit" (KSA 5: 236) und gegen den Satz 'Tout comprendre c'est tout pardonner' als des „Lieblingswort(es) der Schlaffen und Gewissenlosen" (KSA 12: 20) mochte sich ein Stück berechtigter Sorge zur Anzeige bringen, die freilich weniger gegen 'das' Verstehen denn gegen bestimmte Verstehenskulte gerichtet war. Dafür spricht auch, daß Nietzsche in der *Morgenröthe* einer Nächstenliebe, die als „eine milde, betrachtsame, gelassene Freundlichkeit" aufzutreten verstünde, durchaus Sinn abzugewinnen vermochte, im Gegensatz zu der „lärmende(n), ungleiche(n), nervöse(n)" Hilfe „der Geselligen und Gefallsüchtigen" (KSA 3: 282). Die Pointe aus *Die fröhliche Wissenschaft* ist denn auch unmißverständlich: „Du wirst auch helfen wollen: aber nur Denen, deren Noth du ganz *verstehst*, weil sie mit dir Ein Leid und Eine Hoffnung haben – deinen *Freunden*: und nur auf die Weise, wie du dir selber hilfst: – ich will sie muthiger, aushaltender, einfacher, fröhlicher machen!" (KSA 3: 568)

Insbesondere in diesem letzten Plädoyer drückt sich die These Nietzsches aus, wonach nur die „Zucht des Leidens“ „alle Erhöhungen des Menschen bisher geschaffen hat“ (KSA 5: 161). Allerdings erlaubt Nietzsches Positivsetzung der ‘Zucht des Leidens’ nicht den Schluß, er habe einem Rückfall in die Alternative des beharrlichen Nicht-Verstehens im Sinne der Steigerung dieses Zuchtmotivs das Wort geredet. Dagegen spricht schon, daß Nietzsche selbst, bei aller im Dienste seiner Selbstüberwindung stehenden Inkaufnahme der ihm mit seiner eigenen Krankheit auferlegten ‘Zucht des Leidens’, doch bis zuletzt auf die hoffte, die ihn in seiner Not verstanden. „Wenn ich R. Wagner ausnehme“, so bilanzierte er beispielsweise ein gutes Jahr vor seinem geistigen Zusammenbruch in einem Brief an Overbeck, „so ist mir Niemand bisher mit dem Tausendstel von Leidenschaft und Leiden entgegengekommen, um mich mit ihm ‘zu verstehn’“ (KSB 8: 196). Dem Zugleich von ‘Leidenschaft’ und ‘Leiden’, hiermit als Verstehensvoraussetzung im interpersonalen Bereich ausgewiesen, begegnet der Leser zur nämlichen Zeit auch in einem Fragment. Hier wird es freilich eingebunden in eine Aussage, mit der sich Nietzsche nicht als Objekt des fehlenden Verstehens seitens Dritter beklagt, sondern als Subjekt eigener Verstehenstheorien ausweist, die zu exponieren eigentlich nicht lohne, denn: „Wie man zum Wissen in solchen fremden und entscheidenden Dingen kommt“, dies zu klären sei, so Nietzsche, dem „mesquinen Zeitalter“, dem er nun einmal zugehöre, offenkundig nicht abzuverlangen, eben weil auch in dieser Hinsicht jenes „Tausendstel von Leidenschaft und Leiden“ (KSA 12: 219) fehle. Aus diesen beiden Zitaten entspringt nicht nur ein nachhaltiges Indiz für die Bedeutung, die Nietzsche dem Verstehen als Methode beimaß. Noch wichtiger fast ist, daß Nietzsche beide Vorgänge, den des Nichtverstehens seiner selbst und den des Nichtverstehens seiner Verstehenstheorien, letztlich demselben Umstand zurechnete, nämlich, modern gesprochen, dem fehlenden Engagement (‘Leidenschaft’) und der fehlenden Selbstbetroffenheit (‘Leiden’). Damit lag dem Ansatz nach ein erster, entwicklungsfähiger Kompetenzkatalog für helfendes Handeln im Raum – getragen freilich von dem Vorbehalt, daß eine gewisse Selbstüberwindung dem, der Hilfe braucht, abzuverlangen sei, und zwar im Interesse seiner ‘Erhöhung’ resp. Höherentwicklung.

Dieses Kompetenzmodell, das auch immer eines mit orientierungsleitenden Funktionen für die andere Vernunft Nietzsches ist, differenziert er dort aus, wo er den Beruf des Arztes infolge des Fraglichwerdens der „Beschwörungskünste“ der „sogenannten Seelsorger“ auszustatten sucht mit den „Kunstgriffe(n) und Kunstvorrechte(n) aller andern Berufsclassen“ (KSA 2: 203). Das daraus resultierende Potpourri an Fertigkeiten – „Beredsamkeit“, „Männlichkeit“, „Diplomaten-Geschmeidigkeit“, „Feinheit eines Polizeiagenten und Advocaten, die Geheimnisse einer Seele zu verstehen, ohne sie zu verrathen" (KSA 2: 203) – zog zwar den Spott von Psychoanalytikern auf sich (vgl. Pfister 1952/53: 252). Immerhin aber läßt sich an das Zitat die These knüpfen, daß Nietzsche gleichermaßen an Verfachlichung wie an Professionalisierung des Arztberufs interessiert war. Auch weist sein Lob der „grossen Leidenschaft", die als „eine stille düstere Gluth im Innern wohnend und dort alles Heisse und Hitzige sammelnd, ... den Mensch nach Aussen hin kalt und gleichgültig blicken (lässt) und ... den Zügen eine gewisse Impassibilität auf(drückt)" (KSA 3: 282), deutliche Vorgriffe auf im Blick auf Semantiken moderner 'Burnout'-Prophylaxen. Und tatsächlich wußte auch schon Nietzsche zu berichten von jenen Psychologen, die sich den „ausgesuchteren Fällen und Menschen" zuwandten und die folglich der Gefahr unterlagen, „am Mitleiden zu ersticken" resp., zwecks Gegenwirkung, „Härte und Heiterkeit nöthig" hätten, im Zuge dessen „eine verrätherische Vorneigung und Lust am Umgange mit alltäglichen und wohlgeordneten Menschen" (KSA 5: 222f.) demonstrierend.

Einklagbar war infolge von derlei Erfahrungen eine Konkretion dessen, was Nietzsche unter jener 'großen Leidenschaft' verstanden wissen wollte. Dies galt um so mehr, als Nietzsche schon 1880, im Vorgriff auf die ihm erst sehr viel später nachfolgende wissenschaftstheoretische Verstehens/Erklärens-Kontroverse, dem Gedanken Raum gab, daß beim Verstehen „Ursache und Wirkung" nicht stattfänden, sondern „nur Association" (KSA 9: 260). Was man sich unter letzterer vorzustellen hat, erläutert Nietzsche mittels des Satzes: „Unser Auge sieht mit all unserer Moralität und Cultur und Gewohnheiten in die Landschaft" (KSA 9: 261), am Beispiel: „Der Landmann sieht seine Felder mit einer Emotion des Werthes, der Künstler trägt seine Farben, der Wilde trägt seine Angst, wir unsere Sicherheit hinein, es ist ein fortwährendes feinstes Symbolisieren und Gleichsetzen, ohne Bewußtsein" (KSA 9: 261). Ein Jahr später trägt Nietzsche nach, „daß wir nur sehen, was wir kennen" (KSA 9: 446), eine Erwägung, die ein Psychoanalytiker mühelos zur Rechtfertigung seiner Übertragungslehre verwenden könnte. Ausgehend von dieser psychologischen Perspektive auf den von Volker Gerhardt (1989) herausgestellten erkenntnistheoretischen Perspektivismus Nietzsches ist cs durchaus nicht abwegig, mittels eines lehranalytischen Zugriffs für die Bewußtseinszugänglichkeit therapeutisch relevanter Assoziationen und Gegenübertragungen Sorge zu tragen. Und hier nun ist Nietzsche zuzugestehen, daß schon in der Logik seines Ansatzes das Verstehen faßbar hätte werden können als ein prinzipiell methodisierbarer Vorgang, der auf die Korrektur lebenslagenspezifischer und zumeist unbewußter Voraussetzungen der Selbstauslegung und Weltauffassung Bezug nahm.

Bei all dem freilich ist im Auge zu behalten, daß Nietzsche weniger der

Kategorie des 'Guten' denn der des 'Bösen' Vorrang verlieh. Dies tat er freilich nicht in der Attitüde etwa eines Kant, dem wohl die bittere Bemerkung gewidmet ist: „Wie böse hat man sich die Menschheit dadurch gemacht, daß man ihr Unvermögen in den Willen verlegte" (KSA 9: 88). Das 'Böse', so hätte Nietzsche vielleicht auch formulieren können, war bei Kant und den ihm folgenden Pädagogen bloße Folge der Negativetikettierung dessen, was auf seine Psychologie hin zu befragen man noch nicht recht sich bemüht hatte. In diesem Sinne war Nietzsche im Zuge seiner 'zweiten Aufklärung' an einer Austreibung des so zu verstehenden 'Bösen' gelegen. Diesem Interesse steht nicht entgegen, daß Nietzsche das 'Böse' dort, wo es sich in seiner Wahrnehmung als produktive Macht zu erweisen vermochte, in Geltung zu setzen suchte. Ein Weg bestand dabei darin, immer wieder darauf hinzuweisen, daß auch die „guten Dinge ehemals schlimme Dinge (waren)" (KSA 5: 358). Zarathustra jedenfalls spricht nicht von ungefähr: „Das Böse ist des Menschen beste Kraft", anfügend: „Das Böseste ist nöthig zu des Übermenschen Bestem" (KSA 4: 359).

Diese durchaus ungewohnte Sehweise hat in der Folge eine Vielzahl von Bedenken ausgelöst. Traugott Oesterreich etwa verpaßte Nietzsche das Attribut der mit „maßloser Leidenschaftlichkeit" gepredigten „Verherrlichung des Verbrechers" (Oesterreich 1921: 388), und Thomas Mann erhob den Einspruch: „Wie zeitgebunden, wie theoretisch auch, wie unerfahren mutet uns Nietzsche's Romantisierung des Bösen heute an! Wir haben es in seiner ganzen Miserabilität kennengelernt und sind nicht mehr Ästheten genug, uns vor dem Bekenntnis zum Guten zu fürchten, uns so trivialer Begriffe und Leitbilder zu schämen wie Wahrheit, Freiheit, Gerechtigkeit" (Mann 1947: 710). Dies war zwar, zumal als Einspruch aus der Erfahrung des Faschismusdesasters, brav gesprochen, zeigte aber doch ein überraschendes Maß an Unverständnis nicht nur für Nietzsches Psychologie, sondern auch für seine Biographie und den sich aus ihr erhebenden psychologischen Hintergrund sowie die Systematik des Gesamtarguments. So hat Nietzsche zwar so fragwürdige Gestalten wie Cesare Borgia oder Don Juan als die „großen Virtuosen des Lebens" (KSA 13: 72) gelobt, ein Lob übrigens, das er mit dem mehr als koketten, vielleicht aber schlicht nur witzigen Schluß verband: „Hat man bemerkt, daß im Himmel alle interessanten Menschen fehlen? ... Nur ein Wink für die Weiblein, wo sie ihr Heil am besten finden ..." (KSA 13: 73). Aber Nietzsche hat doch auch keinen Zweifel darüber gelassen, wofür ihm diese 'Virtuosen' stehen: nicht für ein theoriepolitisches Programm, das auf – wie ein zeitgenössischer Kritiker meinte – „Abschaffung aller anständigen Gefühle" (KSA 6: 136) geht; sondern für eine historische gerichtete Aufklärung, die die Zeit der Renaissance als „die letzte grosse Zeit" sehen lehrt, insofern die Tugenden damals jedenfalls nicht, wie Nietzsche seinen Zeitgenossen zu bedenken gibt, „bedingt“ gewesen seien, „*herausgefordert* durch unsre Schwäche“ (KSA 6: 138). Insoweit ging es Nietzsche auch nicht um die Wiederbegründung der Renaissance, sondern um die Reflexion auf eine Tugendlehre, die sich den Geboten der Zeit zu entziehen weiß.

Deutlicher noch macht dies der von Thomas Mann nicht berücksichtigte biographische Zusammenhang, auf den Nietzsche abstellt, wenn er beispielsweise in der *Morgenröthe* schreibt: „Jede individuelle Handlung, jede individuelle Denkweise erregt Schauder; es ist gar nicht auszurechnen, was gerade die seltneren, ausgesuchteren, ursprünglicheren Geister im ganzen Verlauf der Geschichte dadurch gelitten haben müssen, dass sie immer als die bösen und gefährlichen empfunden wurden, ja dass *sie sich selber so empfanden*“ (KSA 3: 24). Nietzsches angebliche ‘Romantisierung des Bösen’ zielt also, so gelesen, vor allem darauf ab, den Skandal kundzutun, der an ihm selber im Verlauf seiner Erziehung begangen wurde, weil und insofern die Neuheit seines eigenen Denkens, zumal seitens seiner Mutter, immer wieder mit Attributen wie ‘böse’ und ‘gefährlich’ belegt wurde. Erst aus dieser Skandalisierung heraus erhoffte sich Nietzsche neue Freiräume für die Einsicht, daß „in allen ursprünglichen Zuständen der Menschheit ... ‘böse’ so viel (bedeutet) wie ‘individuell’, ‘frei’, ‘willkürlich’, ‘ungewohnt’, ‘unvorhergesehen’, ‘unberechenbar’“ (KSA 3: 22). Weil Nietzsches Interesse darauf ging, das auslaufende 19. Jahrhundert wieder in einen in diesem Sinne ‘ursprünglichen Zustand’ zu versetzen, forderte er entsprechend dazu auf, die „Verunglimpfung wieder zurückzunehmen, mit der die Menschen alle Jene bedacht haben, welche durch die *That* den Bann einer Sitte durchbrachen, – im Allgemeinen heissen sie Verbrecher“ (KSA 3: 33). Dem nämlichen Ziel diente Nietzsches Klage dagegen, daß noch kein Denker den Mut gehabt habe, „die Gesundheit einer Gesellschaft und der Einzelnen darnach zu bemessen, wie viel Parasiten sie ertragen kann“ (KSA 3: 178). Im dazugehörigen Nachlaß formuliert Nietzsche: „Die Gesellschaft muß ihrer so sicher werden, daß sie eine leidliche Summe Verbrechen ertragen kann, ohne im Ganzen dadurch gestört zu werden“ (KSA 9: 65). Hinter der insoweit nur als Metapher zu lesenden Kategorie des ‘Verbrechers’ (und des ‘Bösen’) verbirgt sich damit das Problem des Schaffens des Neuen und die Frage, wie die Gesellschaft mit Hilfe von Toleranz die Regeneration ihrer selbst sicherstellen kann.

In *Die fröhliche Wissenschaft* äußerte sich Nietzsche erneut zu diesem Themenkomplex. Das Problem wird nun eingebunden in das Ziel der Aufweichung der Gewißheitsbasis der „Freunde ‘des gesunden Menschenverstandes’“, als sei „die Wahrheit und Gewissheit ... der Gegensatz der Welt des Irrsinnigen“ resp., so darf man wohl ergänzen, des Verbrechers; vielmehr, so Nietzsche, bestünde der Gegensatz zum Irrsinn und der sich in ihm bekundenden Normabweichung allein in der „Allgemeinheit und Allverbindlichkeit eines Glaubens", in dem Geltendmachen also des „Nicht-Beliebigen im Urtheilen" (KSA 3: 431). Nur von der Basis der Einsicht in das damit gekennzeichnete Dilemma der „Gläubigen des grossen Gesammtglaubens", so Nietzsches Hoffnung, ließe sich Toleranz begründen für die Anderen resp. das Andere, für „die Ausnahme und die Gefahr" (KSA 3: 432). Diese Pointe verdeutlicht vielleicht noch besser das, was jener vermeintlichen 'Verherrlichung des Verbrechers' resp. 'Romantisierung des Bösen' in Wahrheit unterliegt, nämlich das Interesse Nietzsches an einer Gesellschaft, die zu ihrer Weiterentwicklung der Toleranz gegenüber dem Neuen bedarf, wobei letzteres im Bewußtsein der im Alten Verharrenden nichts anderes als einen Normverstoß repräsentiert. Im 'bösen Menschen' tritt so gesehen in Nietzsches Wahrnehmung nicht in erster Linie der Widerpart des zum Durchbruch zu bringenden 'guten Menschen' hervor, sondern zunächst lediglich das fragliche Ergebnis des Übereinkommens der definitionsstarken Mehrheit resp. derer, die „bei einander bleiben und ihren Tanz weitertanzen" (KSA 3: 432), und zwar denen gegenüber, die Neues und jedenfalls Anderes wollen. Dieser Umstand macht, so wollte Nietzsche sagen, gegenwirkend den Hinweis erforderlich, daß auch schöpferisches, 'schaffendes' Handeln nicht anders in die Welt treten kann als mittels Opposition gegen das, was das herrschende Bewußtsein für Normalität hält. „Der freie Mensch ist unsittlich, weil er in Allem von sich und nicht von seinem Herkommen abhängen will" (KSA 3: 22), heißt es dazu in der *Morgenröthe*. Die Bilanz trägt Nietzsche dann in der *Götzen-Dämmerung* vor: „Die Moral, insofern sie *verurtheilt* (…), ist ein spezifischer Irrthum (…), die unsäglich viel Schaden gestiftet hat! … Wir Anderen, wir Immoralisten, haben umgekehrt unser Herz weit gemacht für alle Art Verstehn, Begreifen, *Gutheissen*" (KSA 6: 87).

Wenn Nietzsche hier das herrschende Bewußtsein von dem anderen jener 'Immoralisten' abhebt und deren Procedere mit dem Begriff des 'Gutheißens' belegt, so geschieht auch dies mit einigem Bedacht. Der Verstehensbegriff etwa hätte hier nur Verwirrung gestiftet, zumal bereits Nietzsches (empfindsame) Metapher vom 'Weitmachen des Herzens' zu suggerieren scheint, es gehe um ein Projekt des bedingungslosen Verzeihens. Die Rede vom 'Gutheißen' hingegen eröffnet, zusammen mit jener von 'Verurteilen', den Zugang zu dem für Nietzsche zentralen Dual vom dionysischen Jasagen ('Gutheißen') seitens des Übermenschen einerseits sowie vom bloßen Verneinen ('Verurteilen') seitens der 'kleinen Leute' andererseits. Damit aber ist beim 'Gutheißen', anders als bei dessen Substitut, dem 'Verstehen', ein bestimmter Menschentypus als Bedingung alles weiteren mitbedacht. Nietzsches Verstehenskonzept ist also immer schon gebunden an die Vision einer neuen conditio humana, die im Übermenschen ihr Exempel findet. Nietzsche, so ließe sich vielleicht auch resümieren, war es um die im Geiste seiner 'zweiten Aufklärung' liegende Durchsetzung der im Modell des Übermenschen präsenten Vision eines wahrhaft freigesetzten Menschen zu tun sowie einer diese Vision ermöglichenden Begründung von Philosophie. Dies schien notwendig den nächsten Schritt zu erzwingen: den einer 'Psychologie der Philosophen'.

5. Nietzsches Philosophenkunde: Von der „Psychologie der Philosophen"

Dem Ausdruck 'Psychologie der Philosophen' begegneten wir bereits im Zusammenhang mit unserer Auslegung der Kant-Reminiszenz in dem Abschnitt *Wie die „wahre Welt" endlich zur Fabel wurde* aus der *Götzen-Dämmerung*. Impulsgebend für das mit diesem Ausdruck zu belegende Projekt einer psychologisch gerichteten Philosophenkunde scheint Lou v. Salomé gewesen zu sein. Nietzsche jedenfalls begrüßte in einem Brief vom September 1882 ihren „Gedanke(n) einer Reduktion der philosophischen Systeme auf Personal-Acten ihrer Urheber" als einen „Gedanke(n) aus dem 'Geschwistergehirn'" (KSB 6: 259). Die so Angeschriebene zitierte dann auch in ihrer erstmals 1894 publizierten Abhandlung *Friedrich Nietzsche in seinen Werken* das, was sie offenbar für Nietzsches Geschwistergedanken hielt, nämlich den Satz aus *Jenseits von Gut und Böse*: „Allmählich hat sich mir herausgestellt, was jede grosse Philosophie bisher war: nämlich das Selbstbekenntniss ihres Urhebers und eine Art ungewollter und unvermerkter mémoires" (KSA 6: 19). Und sie zögerte auch nicht, der Druckfassung ihrer Abhandlung, die sie Nietzsche in Auszügen schon im Oktober 1882 vorgelesen hatte, den Nietzsche-Brief vom September 1882 in faksimilierter Form und gleichsam als Vorwort-Ersatz voranzustellen, damit das Signal dafür gebend, daß Nietzsches 'Psychologie der Philosophen' auch auf ihn selbst Anwendung erfahren könne. Tatsächlich aber ging es Nietzsche um etwas mehr als nur, wie Lou v. Salomé wohl vermutete, darum, „den Denker durch den Menschen zu erläutern" (Andreas-Salomé o. J.: 11). Es ging ihm um ein nicht mehr zur gänzlichen Ausführung gebrachtes Spätprogramm, dessen Absicht auf Etablierung der Psychologie als „Herrin der Wissenschaften" (KSA 5: 39) zielte. Damit wollte Nietzsche sein aus früher, philologiekritischer Phase herrührendes Interesse an Inthronisation der „Göttin Philosophie" (KSB 2: 329) durchkreuzen und durch das an Entmachtung der „Göttin 'Vernunft'" (KSA 11: 641) ersetzen.

Die Hauptkonturen dieses Projekts hatte Nietzsche bereits in *Jenseits von Gut und Böse*, aber auch im Vorwort zur 1887 erschienenen Neuausgabe von *Die fröhliche Wissenschaft* dargelegt. „Ein Psychologe kennt wenig so anziehende Fragen, wie die nach dem Verhältniss von Gesundheit und Philosophie" (KSA 3: 347), heißt es hier fast drohend und im Vorgriff auf die Bemerkung aus dem *Ecce homo*: „Wer war überhaupt vor mir unter den Philosophen *Psycholog* und nicht vielmehr dessen Gegensatz 'höherer Schwindler', 'Idealist'? Es gab vor mir noch gar keine Psychologie" (KSA 6: 371). Wohin Nietzsche diese philosophiekritische Neuauslegung seiner Psychologenrolle führen sollte, zeigt jenes erwähnte Vorwort von 1886: „Bei dem Einen sind es seine Mängel, welche philosophiren, bei dem Andern seine Reichthümer und Kräfte. Ersterer hat seine Philosophie *nöthig*, sei es als Halt, Beruhigung, Arznei, Erlösung, Erhebung, Selbstentfremdung; bei Letzterem ist sie nur ein schöner Luxus, im besten Falle die Wollust einer triumphierenden Dankbarkeit, welche sich zuletzt noch in kosmischen Majuskeln an den Himmel der Begriffe schreiben muss" (KSA 3: 347). Wenige Wochen zuvor, in *Jenseits von Gut und Böse*, hatte Nietzsche eine vergleichbare, allerdings auf die psychologischen Probleme praktischer Philosophen bezogene Liste unterbreitet: „Es giebt Moralen, welche ihren Urheber vor Anderen rechtfertigen sollen; andere Moralen sollen ihn beruhigen und mit sich zufrieden stimmen, mit anderen will er sich an's Kreuz schlagen und demüthigen; mit andern will er Rache üben, mit andern sich verstecken, mit andern sich verklären und hinaus in die Höhe und Ferne setzen; diese Moral dient ihrem Urheber, um zu vergessen, jene, um sich oder Etwas von sich vergessen zu machen; mancher Moralist möchte an der Menschheit Macht und schöpferische Laune ausüben (...) – kurz: die Moralen sind auch nur eine *Zeichensprache der Affekte*" (KSA 5: 107). Der eigentliche „Vater der Philosophie", sei also nicht, so Nietzsche weiter, der allerorten vorgeschützte „'Trieb zur Erkenntniss'", sondern „jeder Trieb" sei „herrschsüchtig: und als *solcher* versucht er zu philosophiren" (KSA 5: 20). Für Nietzsche stand damit der Schluß außer Frage: „Psychologie ist nunmehr wieder Weg zu den Grundproblemen" (KSA 5: 39).

Daß das Kognitive bei der Weltauslegung nicht ohne weiteres die Oberhand gewinnt, hatte Nietzsche schon Jahre vorher geahnt: „Unser Wissen ist die abgeschwächteste Form des Trieblebens; deshalb gegen die starken Triebe so ohnmächtig" (KSA 9: 210). In dieser Logik, nach der sich auch die Worte als „*Claviatur* der Triebe" und die Gedanken als „Akkorde darauf" (KSA 9: 266) lesen ließen, schien es konsequent, ganze Wissenssysteme ihrerseits als mühsam dem Triebgeschehen abgewonnene Interpretamente auszulegen. „Vielleicht", so Nietzsche zunächst noch mit einiger Vorsicht, „ist die ganze Moral eine *Ausdeutung* physischer Triebe" (KSA 9: 195). Dem folgte dann die Pointe: „Ehemals fragte man: ist der Gedanke wahr? Jetzt: wie sind wir auf ihn gekommen? Welches war seine treibende Kraft?" (KSA 9: 232) 1883 folgte dem der entscheidende Satz: „Der Philosoph ist nur eine Art Gelegenheit und Ermöglichung dafür, daß der Trieb einmal zum Reden kommt“ (KSA 10: 262). Die Folgerung namentlich des späten Nietzsche war kühn und hat vor allem die Gemüter derer beschäftigt, die, zumal in neuerer Zeit, über die Herkunft des seit Freud in der Psychoanalyse üblichen Ausdrucks des Es stritten: Das „ehrliche alte Ich“ hat sich zu einem „kleinen ‘es’“ (KSA 5: 31) verflüchtigt.

Entsprechend auch, so darf man Nietzsche verstehen, verflüchtigen sich bei näherem Hinsehen die aus der vermeintlichen Gewißheit über ein verfügungsfähiges Philosophen-Ich aufgestellten philosophischen resp. metaphysischen Positionen. Hinter der Annahme beispielsweise, „dass das Bestimmte mehr werth sei als das Unbestimmte“ und „der Schein weniger werth als die ‘Wahrheit’“ (KSA 5: 17), verbirgt sich, so Nietzsche, das Interesse an „Erhaltung von Wesen, wie wir sind“ (KSA 5: 18) – eine modernisierte Variante der antiken Setzung des Menschen als des ‘Maßes der Dinge’, wie Nietzsche hinzuzufügen nicht unterläßt. Nicht also, daß es Nietzsche, im Vorgriff auf postmoderne oder ästhetisierende Positionen, um das Lob des Unbestimmten und des Scheins zu tun war, ist der eigentliche Clou dieser hier angedeuteten, psychologisch aufgeklärten neuen philosophischen Logik. Viel eher schon handelt es sich darum, daß Nietzsche einer Weltauffassung vorzuarbeiten sucht, die einen von jeder Anthropozentriertheit unbefangenen Zugriff auf die philosophischen Grundprobleme ermöglicht. Dazu bedurfte es eines Vernunftbegriffs, der sich frei weiß vom Interesse der Philosophenzunft an der Adelung ihrer Selbstauslegung als einer Gemeinschaft, deren höchste Werte im asketischen Ideal kulminieren.

Von hier ausgehend ist es beispielsweise nur Vordergrund, wenn wir im *Ecce homo* lesen: „Ich habe keinen Wunsch gehabt. Jemand, der nach seinem vierundvierzigsten Jahre sagen kann, dass er sich nie um Ehren, um Weiber, um Geld bemüht hat!“ (KSA 6: 295) Der Hintergrund zu dieser offiziösen Lektion findet sich erst dort, wo Nietzsche sich allein weiß – im Nachlaß aus dieser Zeit: „Die Antinomie meiner Existenz liegt darin, daß alles das, was ich als radikaler Philosoph radicaliter nöthig habe – Freiheit von Beruf, Weib, Kind, Freunden, Gesellschaft, Vaterland, Heimat, Glauben, Freiheit fast von Liebe und Haß – ich als ebenso viel Entbehrung empfinde, insofern ich glücklicher Weise ein lebendiges Wesen und kein bloßer Abstraktions-Apparat bin“ (KSA 12: 197). Im Sommer/Herbst 1884 hatte Nietzsche, auf Hölderlin und Leopardi anspielend, dies noch etwas deftiger ausgedrückt: „Irgend Etwas muß derb und grob sein am Menschen: sonst geht er auf eine lächerliche Weise zu Grunde vor lauter Widersprüchen mit den einfachsten Thatsachen: z.B. mit der Thatsache, daß ein Mann von Zeit zu Zeit ein Weib nöthig hat“ (KSA 11: 257). Nietzsches Anliegen war es also nicht, das Andere der Vernunft auch des Philosophen zu leugnen, nur um die Größe des Werkes unbeschädigt zu lassen.

Diesen Gesichtspunkt vertiefte Nietzsche in der dritten Abhandlung der *Genealogie der Moral.* Nietzsche fragt hier nach Bedeutung und Stellenwert des asketischen Ideals, dem sowohl Philosophen als auch Theologen Tribut zollen. Die „Philosophen-Gereiztheit und -Rancune gegen die Sinnlichkeit" sowie die „Philosophen-Voreingenommenheit und -Herzlichkeit in Bezug auf das ganze asketische Ideal" scheint ihm dabei bedingt zu sein durch den Umstand, daß nur diese Einstellungen das „Optimum der Bedingungen höchster und kühnster Geistigkeit" (KSA 5: 350f.) gewährleisten. Im Rücken dieser Philosophen-Rationalität tut sich dann allerdings das Andere der Vernunft auf: Nietzsche identifiziert hier „la bête philosophe", also eine im Philosophen sich entäußernde Unterform der 'Bestie Mensch', die bei ihrer Art des Kampfes ums Dasein im Reich der Philosophie über das Ziel hinausschießt „und mit einer Feinheit der Witterung, die 'höher ist als alle Vernunft', alle Art Störenfriede und Hindernisse" (KSA 5: 350) beseitigt. Der Effekt dessen ist für Nietzsche eindeutig negativ: „Ruhe in allen Souterrains; alle Hunde hübsch an die Kette gelegt; kein Gebell von Feindschaft und zotteliger Rancune; keine Nagewürmer verletzten Ehrgeizes; bescheidene und unterthänige Eingeweide, fleissig wie Mühlwerke, aber fern; das Herz fremd, jenseits, zukünftig, posthum" (KSA 5: 352). Diese Metaphorik, in der sich ein zweifelndes Porträt der freiwillig-unfreiwilligen asketischen Existenzweise Nietzsches mit bitteren Reminiszenzen an seine Zeit als Philologe mischt, steht für die dunkle Seite von Philosophie als Lebensform. Auf dieser Seite begegnet uns der Philosoph als jemand, der des asketischen Ideals im Interesse seiner Arbeitsbedingungen bedürftig ist, zugleich aber doch auch dieses Ideal immer wieder mißbraucht, und sei es durch Ruhigstellen dessen, was nach Ausdruck und Berücksichtigung verlangt: die Seinsverfaßtheit des Menschen etwa oder auch nur der Einspruch von Kollegen. Dabei allerdings übersah Nietzsche nicht, daß er damit doch nur geredet hatte von einem „Nothstand ... von Bedingungen, unter denen Philosophie überhaupt bestand und entstand" (KSA 5: 360), nicht aber von Faktoren, die der „Freiheit des Willens" (KSA 5: 361) auch auf seiten des Philosophen ihr Recht einräumen.

Wichtiger als dieser in weiten Teilen wissenschaftspsychologische Befund ist der die Anfangssätze der Abhandlung paraphrasierende Schlußsatz: „lieber will noch der Mensch *das Nichts* wollen als *nicht* wollen ..." (KSA 5: 412). Denn zum einen ist dies Nietzsches sarkastische Antwort auf die Frage, warum sich das asketische Ideal bei der ihm innewohnenden Fragwürdigkeit überhaupt durchsetzen konnte. Zum anderen aber kann Nietzsche nun auch jene Philosophien oder Weltanschauungen, denen das Nichts zu wollen inhärent ist, als dem asketischen Ideal zuarbeitende Ideologien entlarven und, psychologisch, auf die immanenten

Nebengründe befragen. Dabei denkt Nietzsche vor allem an Schopenhauer, „der die Geschlechtlichkeit in der That als persönlichen Feind behandelt hat“, der, der diese Art des Nichts oder der Askese geradezu existentiell benötigte, weil er gewiß krank geworden wäre „ohne seine Feinde, ohne Hegel, das Weib, die Sinnlichkeit und den ganzen Willen zum Dasein“ (KSA 5: 349).

Auf eine neue Betrachtungsebene führt Nietzsche in diesem Zusammenhang der Fall Wagner. Ihn liest er nun, in seiner späten Perspektive, als Exempel für den Mißbrauch, der mit Philosophie seitens der Künstler betrieben wird. Wagner nämlich habe Schopenhauer als „Schutzwehr“ (KSA 5: 345) instrumentalisiert, um über die damit verfügbare ästhetische Metaphysik Rechtfertigungen zu beschaffen für das Ansehen der Musik im Bewußtsein des Publikums. Diesen Einwand bereichert Nietzsche noch, mit einem Seitenblick auf den späten Wagner, um den spöttischen Hinweis, daß Wagner ohne die Philosophie Schopenhauers nicht „den *Muth* zu einem asketischen Ideal gehabt hätte“ (KSA 5: 345). Das Wort aus dem Nachlaß von 1885/86: „unser Denken und Werthschätzen ist nur ein Ausdruck für dahinter waltende Begehrungen“ (KSA 12: 17), rundet diese Analyse ab, ließe sich allerdings auch dem Projekt einarbeiten, Nietzsche zu nötigen, seine eigenen ‘Begehrungen’ kritisch zu sondieren, die ihn kurz nacheinander in zunächst gänzlich unkritisch zur Herrschaft gebrachte ‘Wertschätzungen’ Schopenhauers wie Wagners hineintrieben.

Aber auch in seiner Auseinandersetzung mit anderen, ihn nicht so existentiell berührenden Figuren der Philosophie- und Geistesgeschichte entriet Nietzsche der Selbstanwendung der von ihm an andere herangetragenen, wissenschaftspsychologisch geschärften Erkenntnishaltung. So offenbart insbesondere das Beispiel der Kant-Adaptation Nietzsches die Folgen der Unterlassung einer diesbezüglichen Metareflexion. In Kant nämlich, jenem „verwachsensten Begriffs-Krüppel, den es je gegeben hat“ (KSA 6: 110), verfolgte Nietzsche eben das, was er nicht war und seinem Naturell nach auch nicht sein konnte: ein Muster an philosophischer Schulung, dem folglich, zumal es in Nietzsches Wahrnehmung doch für mehr nicht zeugte als für Verfall, der Prozeß zu machen war. Auffällig ist dabei, wie sehr Nietzsche, etwa in seiner Auseinandersetzung mit Kants kategorischem Imperativ, die subtile Kant-Kritik seines frühen Vorbildes Schopenhauer unterschritt. Ein Stück weit mag dies damit zu erklären sein, daß er die Sache seitdem für erledigt hielt und seine Aufgabe allein noch darin erblickte, Kants Theoreme auf biographische Verdachtsmomente hin zu befragen. Dies gilt etwa dort, wo er das, was Kant angeblich insgeheim umtrieb, mittels der Formel paraphrasiert: „‘Was an mir achtbar ist, das ist, das ich gehorchen kann, – und bei euch *soll* es nicht anders stehn, als bei mir!’“ (KSA 5: 107) Man muß Kant eine entsprechende Affektlage gar nicht bestreiten, um zu erkennen, daß der Sinngehalt des kategorischen Imperativs mit dieser Variante verfehlt wird. Aber auch dort, wo Nietzsche als Variante des kategorischen Imperativs die Formel anbietet von der „'Unbedingtheit' des Gefühls, 'so wie ich, müssen hierin Alle urtheilen'" (KSA 3: 562), wird er weniger von dem Interesse an Rekonstruktion des von Kant Gemeinten getrieben als von der Neigung zur Bloßstellung dessen, was sich ihm als Wirkung der Philosophie Kants offenbarte: deren Nützlichkeit „zu Gunsten der Biedermännerei und Beamten-Tugend" (KSA 11: 45).

Ähnlich gelagerte Unbedenklichkeiten zeigt der Fall Rousseau. Denn obwohl Nietzsche Rousseau schon als Schüler las und weiterempfahl (KSB 1: 216) und, jedenfalls seiner Sozialpsychologie nach, ganz zu schweigen von der Empfindsamkeit seiner Lebenshaltung und der Tragik seines Lebensentwurfs, durchaus als 'zweiter Rousseau' gelten darf (vgl. etwa Riehl 1901: 18), wußte sich Nietzsche mit dieser (geheimen) Übereinstimmung nie zu arrangieren. In der Summe galt ihm Rousseau nur als „Moral-Tarantel" (KSA 3: 14), die die „Lehre von der Gleichheit" (KSA 6: 150) gepredigt habe und einem Menschenbild nachhing, das diametral jenem widersprach, dessen das auslaufende 19. Jahrhundert bedurfte: „der Mensch ist *leider* nicht mehr böse genug" (KSA 12: 421), notierte sich Nietzsche hierzu im Nachlaß vom Herbst 1887 unter dem Stichwort *Gegen Rousseau*. Dies mochte konsequent argumentiert sein. Aber die hinzukommenden psychologischen Hintergründe seiner Rousseau-Verachtung enthüllte Nietzsche doch erst im *Ecce homo*. Voltaire, so heißt es hier, war „ein grandseigneur des Geistes: genau das, was ich auch bin" (KSA 6: 322) – und, so darf man wohl fortsetzen: Er war das, was Rousseau nicht war. Rousseau entschwand also Nietzsches Sympathie aus ähnlichen Gründen, die Voltaire Zuwendung sicherten: weil Nietzsche sich jenem dem Habitus und Sprachduktus nach so fremd wußte wie diesem ähnlich.

Einigen Aufschluß über die Hintergründe des nietzscheianischen Interessiertseins an anderen gibt auch das Beispiel Dostojewski. Auch hier liege bei ihm, so Nietzsche, ein „Instinkt der Verwandtschaft" (KSB 8: 27) vor. Dies erscheint glaubhaft, wenn man etwa nur an Dostojewskis Roman *Die Dämonen* denkt, der zumal in Nietzsches Nachlaß von 1887/1888 deutliche Spuren hinterlassen hat (KSA 13: 139ff.), die ihrerseits die frappierende Nähe der von Dostojewski wie Nietzsche erörterten Problematik unterstreichen (vgl. Lehmann 1993: 224). Kiríllows Lösung beispielsweise, infolge der ihm unglaubwürdig gewordenen Gottesvorstellung den Freitod zu wählen, um den Beweis für seine damit erlangte gottähnliche Unabhängigkeit zu erbringen, scheint deutlich das Hauptthema der Spätphilosophie Nietzsches vorwegzunehmen – mit dem Unterschied freilich, daß sich Nietzsche mit dieser Lösung keineswegs anfreunden konnte (vgl. Hillebrand 1984: 90f.). „Niemals, niemals würde ich mich erschießen können ..." (KSA 13: 142), erfahren wir im Nachlaß von einem, der längst schon beschlossen hat, daß die Vergöttlichung des Menschen die einzig akzeptable Reaktion auf den Tod Gottes sein kann. Gemünzt worden war das Nietzsche-Urteil vom 'Instinkt der Verwandtschaft' allerdings gar nicht auf *Die Dämonen*, sondern auf eine zweiteilige, unter dem Titel *L'esprit Souterrain* angebotene Novellensammlung, die Nietzsche, wie er Overbeck im Februar 1887 mitteilte, zufällig in einer Buchhandlung in Nizza entdeckt haben will – vergleichbar zufällig, wie er als Einundzwanzigjähriger auf Schopenhauer und als Fünfunddreißigjähriger auf Stendhal stieß (KSB 8: 27f.). Die von Nietzsche bemühte Parallele zu seinem Schopenhauer-Erlebnis weist auf eine Parallele auch der Ausgangslage hin. Ähnlich wie damals war Nietzsche auch nun, und dies zumal nach der enttäuschenden *Zarathustra*-Rezeption, geradezu süchtig nach einem bedeutenden Zeitgenossen, mit dem er sich zumindest den Grundfragen nach einig wissen konnte. Nietzsche war aber auch eines Menschen oder gar Psychologen bedürftig, der ihm einen Zugang bot zur Spiegelung der Not auch seiner höchst eigenen Existenzweise.

Möglicherweise kommt dieses Motiv für Nietzsches allererste Eindrucksbildung im Fall Dostojewski sogar als das ausschlaggebende in Betracht. Der Erwähnung wert sind allemal die Einleitungssätze aus der Novelle, die Nietzsche vermutlich, wenn auch in einer stark gekürzten französischen Übersetzung (vgl. C. A. Miller 1978: 130f.), in jener erwähnten Buchhandlung in Nizza im Februar 1887 in Händen gehalten, wenn nicht gar gelesen haben dürfte: „Ich bin ein kranker Mensch (...). Ich bin ein boshafter Mensch. Kein einnehmender Mensch. Ich glaube, ich bin lieber krank. Übrigens habe ich keinen blaßen Schimmer von meinem Leiden und weiß gar nicht, was bei mir nicht in Ordnung ist. Ich stehe nicht in ärztlicher Behandlung und habe mich nie behandeln lassen, obwohl ich die Medizin und die Ärzte achte. (...) Ich lebe schon lange auf diese Weise, wohl an die zwanzig Jahre lang. Jetzt zähle ich bereits vierzig. Früher hatte ich ein Amt, im Augenblick aber habe ich keins mehr" (Dostojewski o. J.: 504f.). Nietzsche ist zu dieser Zeit 42 Jahre alt, seit gut fünfzehn Jahren mehr oder weniger stark krank, seit fast zehn Jahren ohne Amt – Gründe genug, sich durch Dostojewski porträtiert zu wähnen. Dies könnte auch schon für Dostojewskis Roman *Schuld und Sühne* gelten. Dessen Held Raskolnikow tritt als ein zwar genial veranlagter, aber ungeselliger und sich über seine Kommilitonen erhebender (Ex-)Student auf, der seinen Zweifel, ob es Gott gäbe, bis zur letzten Konsequenz, bis zur Tötung vermeintlich lebensunwerten Lebens, steigert und in Auseinandersetzung mit denen, die ihm helfen wollen, seine Mitleidsskepsis zu kultivieren beginnt. Auch die fiktiven biographischen Details erinnern in mitunter irritierender Weise an das im Fall Nietzsche präsente Urbild: Ebenso wie Nietzsche hatte Raskolnikow einen kleinen Bruder, der mit sechs Monaten starb; ebenso wie Nietzsche sah sich Raskolnikow umsorgt von Mutter wie Schwester, die indes an seinen Handlungsmotiven weniger Anteil nehmen als an der Frage, wie und ob es wohl gelänge, ihn zum christlichen Glauben zurückzuführen.

Vor dem Hintergrund dieses insoweit einer psychologischen Relektüre zu überantwortenden Rezeptionsverhaltens Nietzsches dürfte die Rangaufstufung der Psychologie in seinem Spätwerk so lange problematisch sein, solange die mit ihr mögliche Analyse des Anderen der Vernunft der Anderen nicht gebunden wird an eine Reflexion auf das Andere der Vernunft dessen, der da analytisch tätig wird. In diesem Sinne läßt sich für Nietzsche zusammenfassend nur sagen, daß er selbst jenen Einwänden nur schwer zu entziehen ist, die er gegenüber anderen erhob. Wenn er beispielsweise formuliert: „Man nehme es als symptomatisch, wenn einzelne Philosophen, wie zum Beispiel der schwindsüchtige Spinoza, gerade im sogenannten Selbsterhaltungs-Trieb das Entscheidende sahen, sehen mussten: – es waren eben Menschen in Nothlagen“ (KSA 3: 585), läßt sich kaum die Anschlußfrage vermeiden, ob nicht auch Nietzsche aus einer ihn höchst existentiell berührenden ‘Notlage’ heraus philosophierte. Das Dilemma, in das Nietzsche damit gerät, zeigt schon der weitere Fortgang seines Arguments. Nietzsche nämlich deklariert auch die seiner Meinung nach neuesten Vertreter der spinozistischen Selbsterhaltungsphilosophie, die darwinistisch orientierten Naturforscher, zur Spezies dieser ‘Menschen in Notlagen’: „ihre Vorfahren waren arme und geringe Leute, welche die Schwierigkeit, sich durchzubringen, allzusehr aus der Nähe kannten“ und denen insoweit, so soll der Leser folgern, die Losung vom ‘Kampf ums Dasein’ zu einer ganz natürlichen Formel geriet, dabei den für Nietzsche sehr viel gewichtigeren Satz außer acht lassend, wonach der Kampf sich weniger ums Dasein denn „allenthalben um's Uebergewicht (dreht), um Wachsthum und Ausbreitung, um Macht, gemäss dem Willen zur Macht, der eben der Wille des Lebens ist“ (KSA 3: 585f.). Tatsächlich aber läßt sich auch die von Nietzsche bevorzugte Formel ‘Wille zur Macht’ ohne weiteres, unter Beiziehung seiner eigenen, psychologischen wie milieuorientierten Problematik, mittels jenes Denkansatzes entkräften, den Nietzsche gegenüber Spinoza ebenso wie gegenüber den Darwinisten in Anwendung brachte.

Ähnliches ließe sich für Nietzsches in *Jenseits von Gut und Böse* vorgelegte Annahme zeigen, wonach es Moralen gäbe, mit Hilfe deren Urheber „an der Menschheit Macht und schöpferische Laune ausüben“ (KSA 5: 107). Denn ohne weitere Zusatzannahme ist der Eindruck kaum vermeidbar – und sogar mit seiner eigenen ‘Psychologie der Philosophen’ zu rechtfertigen –, Nietzsche spräche hier von sich und der Motivstruktur, die ihm Anlaß wurde, als Menschersatz den Übermenschen zu konzipieren. So wußte Paul Federn schon 1908 in Freuds Psychologischer Mittwoch-Gesellschaft vorzutragen, Nietzsches „Philosophie sei die Kontrastbildung gegen seine eigene Existenz“ (zit. n. Nunberg/Federn 1976: 337). In dieser Logik geriet Nietzsches Übermensch sehr schnell zum „Wunschtraum einer kranken Seele“ (Carrière 1949/50: 127) resp. zur „gedankliche(n) Schutzreaktion einer verwundeten Seele“ (Türcke 1989: 170) resp. zum „narzißtischen Wunschtraum“ (Kjaer 1990: 103). Dem entspricht auch die jüngst vorgetragene Lesart Klaus Gochs: Ihm gerann der *Zarathustra* als „groß angelegte Macht- und Männerphantasie“ zu einem „Akt der Befreiung im schönen Schein der Kunst: Das schwache, durch alles Weibliche verstörte und darum angstvolle Ich rettet sich mit der Zarathustra-Figur in die Zwangspose männlicher Omnipotenz“ (ÜF: 219).

Es war zwar Nietzsche selbst – und nicht etwa Freud – gewesen, der den von den hier angeführten Autoren durchweg in Anwendung gebrachten Mechanismus der Idealisierung des Gegenteils als erster beschrieben hatte; bei Nietzsche findet sich auch das wohl treffendste Porträt der sich dieses Mechanismus bedienenden Menschen: „Es ist ihr Höhepunkt: sie *ruhen* dann *über* ihrem Wehe, mit einem verächtlichen Blick nach unten“ (KSA 9: 195). Aber zugleich hätte Nietzsche sein Mutmaßen wohl nur in seltenen Fällen dunkler Ahnungen darauf erstreckt, man könne dereinst sein eigenes philosophisches Wollen mit diesen von ihm vorbereiteten psychologischen Waffen derart unvermittelt zu entwichten sich bemühen. Im übrigen hätte er darauf beharrt, daß man erst den Beweis anzutreten hat für eine tragfähige Werkinterpretation, bevor man sich an so komplizierte Dinge wie an jene vor allem im ersten Teil dieser Arbeit beleuchteten psychologischen Hintergründe wagt. Und doch scheint damit das Mißbrauchspotential, das seinem eigenen Projekt einer ‘Psychologie der Philosophen’ innewohnt, auf nur sehr vordergründige Weise bewältigt zu sein. Insoweit hätte es in Nietzsches ureigenem Interesse liegen müssen, seinem Projekt Grenzen zu ziehen, wenn sich eine Diskussion über Sinn und Zweck des Übermenschen-Konstrukts nicht in den unwegsamen Niederungen der psychologistischen Reflexion über die verborgene Motivlage des Konstruktproponenten verlaufen soll.

Vor diesem Hintergrund ist es durchaus auffällig, wie sehr Nietzsches Spätwerk zumindest der Präsentation nach den Eindruck erweckt, als sei die einzig triftige philosophische Position nun allein jene, die, wie die seine, unter Anerkennung der Herrschaft der Psychologie und im Interesse des Vermeidens der mit ihr zu entlarvenden unerkannten Nebenabsichten allen Theoretisierens und Kulturschöpfens entworfen werde und die mithin nicht eines fernen Tages gleichfalls der psychologischen Sezession unterworfen werden könne. So gesehen gewinnt auch die Selbstetikettierung Nietzsches als „Dynamit“ (KSB 8: 492) resp. als eines Denkers, „der die Geschichte der Menschheit in zwei Hälften spaltet“ (KSB 6: 485), eine gesonderte Bedeutung. Pate stand bei diesem Selbsturteil offenbar Emersons von Nietzsche schon 1874 mit deutlichem Wohlbehagen zitiertes Wort, wonach alles in Gefahr sei und in der Wissenschaft eine gänzliche „Umdrehung“ einsetzen könne, „wenn der grosse Gott einen Denker auf unsern Planeten kommen lässt“ (KSA 1: 426). Nietzsche hat dieses Wort damals schon klammheimlich und nach dem *Zarathustra* durchaus lautstark auf sich selbst bezogen und suchte damit seine Auffassung zu untermauern, daß er mit diesem Werk die christliche von der nachchristlichen Zeitrechnung abgespalten habe.

Nimmt man aber Nietzsches Psychologie zur Grundlage, steht dieses Wort möglicherweise auch für ein gleichsam inoffizielles Selbstverständnis Nietzsches als desjenigen, von dem die Scheidung einer vorpsychologischen von einer psychologischen Welt- und Philosophieauslegung, begrifflich gesprochen: die Scheidung einer ‘Philosophie der Vergangenheit’ von einer ‘Philosophie der Zukunft’, ihren Ausgang nahm. War aber nicht dann der von Nietzsche an sich nur Zarathustra zugedachte Rang als „jener prädestinirte Mensch, der die Werthe für Jahrtausende bestimmt“ (KSA 11: 541), in Wahrheit einer, den er sich selbst zurechnete, weil er sich selbst für einen großen Psychologen hielt? Etwas anders gefragt: War Nietzsche im Zuge der Selbstanwendung seiner ‘Psychologie der Philosophen’ klammheimlich zu dem Ergebnis gekommen, daß ihm die christliche Ordnung der Dinge nur deshalb in unwiderlegbarer Weise hatte unglaubwürdig werden können, weil er der erste war, der sein eigenes Wollen als Philosoph beharrlich auf das üblicherweise verborgen gehaltene psychologische Regime befragt hatte? Ein Stück weit jedenfalls will einem dies so scheinen, wenn man Nietzsche recht unverstellt davon reden hört, daß er in seinem Erkenntnisstreben weniger der Tugend der Redlichkeit denn der Untugend der Grausamkeit gehorche, insofern „jedes Tief- und Gründlich-Nehmen“ eine „Vergewaltigung“ sei, „ein Wehe-tun-wollen am Grundwillen des Geistes, welcher unablässig zum Scheine und zu den Oberflächen hin will“ (KSA 5: 167). Denn daß Nietzsche seinen Vorgängern und Kollegen eben jene psychologische Bereitschaft oder auch nur kognitive Fähigkeit zur Tiefe und mithin zu einer „*gegen sich selbst* gewendeten Grausamkeit“ (KSA 5: 166) nahezu durchgängig nicht zusprach, steht außer Frage und mithin auch: daß er offenbar meinte, hier ersatzweise tätig werden zu müssen. Hat Nietzsche also eigentlich nur Nietzsche ernst genommen?

Diese Fragen lassen es an sich ratsam erscheinen, jenes Reflektieren über die „Reduktion der philosophischen Systeme auf Personal-Acten ihrer Urheber“ einzustellen, das über die eingangs angedeutete, theoriebiographische Nutzanwendung Lou Andreas-Salomés hinausgeht. Dies scheint auch Jürgen Habermas zu meinen, wenn er am Ende seiner frühen Auseinandersetzung mit Nietzsche zu dem Schluß kommt, „daß Selbstreflexion der Wissenschaften nur zur Psychologisierung von Verhältnissen führt, die als logische und methodologische Verhältnisse mit empirischen Beziehungen nicht auf *eine* Ebene gestellt werden dürfen“ (Habermas 1973: 364). Gänzlich fahrlässig schiene jedenfalls die Forderung, die Philosophie habe, allerdings ohne dabei zur Wissenschaft zu verkommen, eine auch im psychologischen Sinne kritisch gesicherte und kleinteilig erarbeitete Erfahrung in den Rang einer conditio sine qua non ihrer Daten- und Theorieorganisation zu erheben. Wenn dieses Problem gleichwohl noch eines ernsteren Bedenkens bedarf und wenn Nietzsche mithin beharrlicher an seinem Projekt der psychologischen Dekonstruktion von Philosophen und Philosophien arbeitete, als dies vielleicht bisher deutlich wurde, hat dies Gründe, die weit über das in diesem Kapitel Abgehandelte hinausgehen.

6. Nietzsches Metaphysik-Dekonstruktion: Vom Anfang aller psychologisierten Philosophie?

Der mit der Kapitelüberschrift erzeugte Verweisungsbezug von Metaphysik und Psychologie ist ungewöhnlich und nicht frei von Risiken. Sie mögen Anlaß geben, die psychologische Frage der metaphysischen gegenüber als so wesensfremd auszuweisen wie die wissenschaftliche in bezug auf die philosophische. Diese Gegenstellung mag zwar in Zeiten des anhebenden Bewußtseins über die Zwänge nachmetaphysischen Denkens oder aber auch über die Nötigung zu nachmetaphysischem Denken in Auflösung begriffen sein. Immerhin gilt aber manchem bedeutenden Nietzsche-Forscher Metaphysik immer noch als Inbegriff dessen, was die Philosophie dem Wesen nach bestimmt und der ideengeschichtlichen Tradition zufolge zusammenhält. So wird beispielsweise für Volker Gerhardt die Philosophie dort, wo sie sich, wie etwa bei Platon, Kant und Nietzsche, auf den Anspruch einläßt, das Dasein zu transzendieren, metaphysisch – mit der Umkehrung: Wenn die Philosophie sich gegenüber diesem Anspruch spröde verhalten würde, verlöre sie „mit der metaphysischen Reichweite zugleich auch den Charakter von Philosophie" (Nietzsche-Studien 1981/82: 221).

Gefällt worden ist dieses Urteil als Schlußwort einer von Volker Gerhardt ausgelösten erneuten Diskussion der Frage, ob Nietzsche als Metaphysiker oder als Antimetaphysiker zu verstehen sei. Und so mag denn hier auch nur als stilles Bedenken die Frage nachgeschoben werden, wie sich diese Position Gerhardts zu jener verhält, die er selbst, wie wir noch sehen werden, wenig später einnahm, als es darum ging, die von Nietzsche nicht zuletzt mit psychologischen Mitteln geleistete Dekonstruktion seiner eigenen frühen ästhetischen Metaphysik nachzuzeichnen (vgl. Gerhardt 1984a). Vordringlicher freilich ist es, Gerhardts Position jener Heideggers zu kontrastieren, insofern Heidegger es gewesen war, der die von Gerhardt (1981/82) pointierte Diskussion ihrem Höhepunkt zutrieb. Heidegger nämlich, der in der Frage der notwendig engen Verknüpfung von Metaphysik und Philosophie wohl als unverdächtig gilt, hatte zugleich doch auch den Konnex von Wissenschaft und Philosophie enggeführt und den Maßstab für den philosophischen Gehalt von Wissenschaften „in der Sicherheit, Klarheit und Ursprünglichkeit des Fragens und in der Tragkraft des *denkerischen* Willens“ festzumachen versucht, eines Willens, „der nicht an Ergebnissen der Wissenschaft sich berauscht und beruhigt, sondern diese immer nur als Mittel und Durchgang begreift“ (Heidegger 1961a: 375). Der Philosophiebegriff ist hier deutlich ein im Ausdrucksmittel der Frage kulminierender und auf die Bestimmung des Philosophen als eines *Denkers* Bezug nehmender, der von metaphysischen Konnotationen gänzlich absieht.

Eben in dieser Form war der Philosophiebegriff auch für den frühen Nietzsche von Interesse. Dies ist seinem im ersten Teil dieser Arbeit geschilderten Interesse an einer Philosophierung zeitgenössischer Philologie ebenso zu entnehmen wie seinem Programm einer Rephilosophierung bloß noch ‘zeitgemäßer’ Universitätsphilosophie. In beiden Fällen machte sich Nietzsches Kritik daran fest, daß Philologie wie Universitätsphilosophie je für sich nur noch den Typus des *Forschers* kannten bzw. hervorbrachten. Ob die Reaktualisierung eines so zu verstehenden Projekts der (Re-)Philosophierung einigen (Sozial-)Wissenschaften der Gegenwart gut anstünde, soll hier nicht diskutiert werden (vgl. Niemeyer 1994). Zu schweigen ist hier auch von der Gegenwartsphilosophie, die mitunter, als philosophische Forschung und zumal als Nietzsche-*Forschung*, den Eindruck erweckt, als habe auch hier der Typus des wissenschaftlichen Forschers die andere Figur des philosophischen Denkers verdrängt. Wichtiger ist, daß Nietzsche der seiner philologischen Epoche entspringenden Vorrangerteilung für die Philosophie auch noch in seinen späteren Schriften treu blieb, allerdings unter je besonderen Konditionen.

So wird die Philosophie in der *Morgenröthe* unter dem Titel einer durch sie leistbaren „Verschönerung“ der ‘häßlichen’, ‘trockenen’, ‘trostlosen’, ‘schwierigen’ und ‘langwierigen’ Wissenschaften geführt. Dabei überwiegen allerdings die skeptischen Konnotationen, mit denen Nietzsche diese Verschönerungsprogrammatik versieht. Nietzsche nämlich denkt dabei an das Modell der „Rokoko-Gartenkunst“, der die Philosophie in diesem Verschönerungsstreben nachgebe; er denkt also an das Streben der Philosophie, „so viel Unbestimmtheit, Unvernunft und Träumerei“ in die Wissenschaften einzumischen, „dass man in ihr ‘wie in der wilden Natur’ und doch ohne Mühsal und Langeweile wandeln könne, – das ist kein geringer Ehrgeiz: wer ihn hat, träumt sogar davon, auf diese Art die Religion entbehrlich zu machen, welche bei den früheren Menschen die höchste Gattung von Unterhaltungskunst abgegeben hat“ (KSA 5: 263). Das nicht eben günstige Philosophieporträt, das sich aus dieser Bildersprache gewinnen läßt, erlaubt den Schluß, daß zwar auch der späte Nietzsche eine Rephilosophierung der Wissenschaften für notwendig hielt. Aber er legte dem einen Philosophiebegriff zugrunde, der metaphysikfrei gearbeitet ist und der nur als ein solcher die Ästhetisierung der Problembearbeitung ebenso unterläuft wie die ersatzreligiöse Theologienutzung. Dies unterstreicht auch Nietzsches Ausblick auf ein Zeitalter, „das die mächtigste Schönheit gerade in den 'wilden, hässlichen' Theilen der Wissenschaft entdeckt" (KSA 5: 263). Diese Entdeckungsleistungen wird wohl nur ein Philosophiebegriff bereitstellen können, der seine Leistungskraft vor allem mittels umfänglicher Theoretisierung der von der Wissenschaft vorgegebenen Thematisierungsrichtungen entfaltet, der also, um noch einmal Heideggers Diktum aufzugreifen, die Ergebnisse der Wissenschaft als 'Mittel und Durchgang' zu nutzen in der Lage ist.

Dem Projekt einer Vorrangerteilung der Philosophie gegenüber den Wissenschaften blieb Nietzsche auch noch in *Jenseits von Gut und Böse* treu, insofern er hier das Hohe Lied des wahrhaften Philosophen als des „Befehlende(n) und Gesetzgeber(s)" (KSA 5: 145) und als des „cäsarischen Züchter(s) und Gewaltmenschen der Cultur" (KSA 5: 136) anstimmt. Dem schließt sich eine Polemik an gegen die die Philosophie in die „Botmässigkeit der Wissenschaft" (KSA 5: 131) zurückbringenden Modephilosophen Eugen Dühring und Eduard v. Hartmann, die nur der Tendenz „junger Naturforscher und alter Ärzte", ihrerseits „den Philosophen zu spielen" (KSA 5: 129), Auftrieb gäben. Nietzsches Gegenmittel, das Ziehen enger Grenzen für die Wissenschaften bei gleichzeitigem Beharren auf dem Bemühen, die Philosophie aus jeder Popularisierungstendenz herauszuhalten und in ihrem Rang als einer Orientierungsmacht disziplinübergreifender Denkleistungen zu befestigen, kam dabei, ähnlich wie dies schon für seine Position in der *Morgenröthe* galt, ohne metaphysische Unterlegungen des Philosophiebegriffs aus. Im Gegenteil scheute Nietzsche trotz seiner vielfältigen Kritik an der gerade in seiner Epoche anhebenden Selbstüberhebung von Wissenschaftlern gegenüber Philosophen nicht davor zurück, die Wissenschaft auch gegenüber philosophischer Hybris ins Feld zu führen. Diesem Interesse verdankt sich nicht zuletzt seine Dekonstruktion der Vernunftmetaphysik, aber auch sein Projekt einer 'Psychologie für Philosophen'. Entsprechend können wir zunächst resümieren, daß die Frage als unklar zu gelten hat, ob bestimmte Verwendungsweisen des Philosophiebegriffs nicht doch ein Absehen vom Metaphysikgebot erzwingen, wenn nicht der Einfluß der Philosophie auf die Wissenschaften endgültig verlorengehen soll.

Die engere Frage nun, nämlich die, ob Nietzsche als Metaphysiker oder als Antimetaphysiker zu gelten hat, versucht man gerade in neuerer Zeit wieder einmal einem Entscheid zuzutreiben. Dies geschieht mitunter, wie das Beispiel Richard Rorty (1992) lehrt, mit einer Zielsetzungsenergie, die durch den Argumentationsaufwand nicht so recht gedeckt ist. Wichtiger aber vielleicht noch als dies ist der gerade an diesem Exempel deutlich zu machende Umstand, daß der lange Zeit herrschende Konnex von Philosophie und Metaphysik, insbesondere bei denen, die sich als Repräsentanten nachmetaphysischen oder gar postmodernen Philosophierens auslegen, der Auflösung anheimzufallen beginnt. Diese Auflösung vollzieht sich in aller Regel jenseits des Bemühens, die Aufklärungskraft von Psychologie zu nutzen und gegen die sich noch als Metaphysiker lesenden Philosophen in Anschlag zu bringen. Unter Konzentration auf die Nietzsche-Forschung heißt dies: In der Regel wurde und wird die Debatte hier nicht mit der Frage verkoppelt, ob der jeweilige Diskutant, der in Sachen 'Nietzsche und die Metaphysik' mitzureden wünscht, Nietzsches psychologische Absicht ernst nehme oder nicht. Deutlich aber sind in der Diskursgeschichte solcher Debatten Zyklen der Streitkonjunktur zu unterscheiden, die von einer frühen Bestärkung des Anti-Metaphysischen in Nietzsches Denken über die Gegenposition (vgl. Gerhardt 1981/82: 194f.) bis hin zu einer erneuten Bestreitung auch dieser Position führen.

Diskursstiftend im Sinne der nun, zumal in postmoderner Nietzsche-Lesart, teilweise vehement bestrittenen Position war, wie angedeutet, vor allem Heidegger. *Nietzsches Metaphysik* betitelt sich denn auch ein Abschnitt seiner berühmten zweibändigen Nietzsche-Darstellung (Heidegger 1961a, b), eine Formel, die wohl als pars pro toto gelesen werden darf. Denn die von Heidegger gewählte Zwischenüberschrift deutet an, worum es ihm in der Hauptsache zu tun war: um die Darstellung der Philosophie Nietzsches unter dem Stichwort der „*Vollendung* der abendländischen Metaphysik" und im bewußten Gegenzug zu Versuchen, an Nietzsche „die Absage an alle Metaphysik", wenn nicht gar den Schritt zu ihrer „endgültigen Verleugnung" (Heidegger 1961 b: 7) sichtbar machen zu wollen. In diesem Erkenntnisinteresse rückte Heidegger in das Zentrum seiner Interpretation vor allem das Übermenschen-Konstrukt, den Wiederkunftsgedanken sowie die Rede vom Willen zur Macht. Für die damit erschlossenen begrifflichen Zusammenhänge, so hat man Heidegger zu verstehen, gelte, daß das Wesen der Metaphysik, nämlich „die Gründung der Wahrheit über das Seiende im Ganzen" (Heidegger 1961b: 36), zum Thema werde; so ziele beispielsweise der Wille zur Macht auf „das Sein des Seienden als solchem", der Wiederkunftsgedanke auf „das Seiende im Ganzen" und das Übermenschen-Konstrukt bezeichne „jenes Menschentum, das von diesem Ganzen gefordert wird" (Heidegger 1961b: 260). Aber auch Nietzsches Umwertung aller Werte ist für Heidegger „als Gründung des Prinzips einer neuen Wertsetzung Metaphysik" (Heidegger 1961b: 36), ganz zu schweigen von Nietzsches Psychologie: Sie sieht Heidegger (1961b: 263f.), im Aufgreifen der Bestimmung Nietzsches, Psychologie müsse als „Morphologie und Entwicklungslehre des Willens zur Macht" (KSA 5: 38) verstanden werden, als „Metaphysik schlechthin", konkreter: als (philosophische) Anthropologie, sofern sie „nach dem Wesen des Menschen aus dem Hinblick auf die wesentlichen Bezüge des Menschen zum Seienden im Ganzen" fragt; darüber hinausgehend aber auch als „Frage ... nach dem 'Psychischen', d.h. Lebendigen im Sinne jenes Lebens, das alles Werden im Sinne des 'Willens zur Macht' bestimmt" (Heidegger 1961b: 61).

Die Folgen dieser beeindruckend geschlossenen, die Aufdeckung des „*einzigen* Gedanken(s)" (Heidegger 1961a: 481) Nietzsches beanspruchenden Interpretation sind nicht unproblematisch. So bemerkt Heidegger an charakteristischer Stelle: „Wenn alles Seiende Wille zur Macht ist, dann 'hat' nur Wert und '*ist*' nur ein Wert solches, was die Macht in ihrem Wesen erfüllt. Macht ist aber nur Macht als Machtsteigerung" (Heidegger 1961b: 37). Dies 1940, nur ein Jahr nach Kriegsbeginn, so zu schreiben und zu sagen – wenn auch nicht zu veröffentlichen –, hätte sich aus der zeitgebundenen Perspektive heraus durchaus deuten lassen als Versuch der nachträglichen metaphysischen Adelung eines diktatorischen Systems unter Zuhilfenahme eines entsprechend reformulierten Nietzsche. Dies gilt auch für den Zusatz, daß „im Menschen, d.h. in der Gestalt des Übermenschen, der Wille zur Macht sein reines Machtwesen uneingeschränkt entfaltet" (Heidegger 1961b: 62), denn diese Bestimmung hätte man ohne weiteres der Rechtfertigung des arischen Herrenmenschentums zuführen können. Auch das gleichfalls 1940 gesprochene Heidegger-Wort von der „sich selbst in die Hand nehmenden Selbstprägung der Menschen" resp. das von der „einfachen Strenge der Vereinfachung aller Dinge und Menschen auf das Eine der unbedingten Ermächtigung des Wesens der Macht *für die Herrschaft über die Erde*" (Heidegger 1961b: 308) war mißverständlich, wenn es nicht gar für einen Mißverstand des von Nietzsche Intendierten zeugte. Denn wenn dieser von einer „herrschende(n) Kaste" oder von einer „Erdregierung" (KSA 11: 72) sprach, dachte er doch keineswegs daran, wie Heidegger offensichtlich anzunehmen scheint, „daß die Weltentdeckung und Welteroberung und die jeweiligen Aufbrüche dazu von *hervorragenden Einzelnen* übernommen und geleistet werden müssen" (Heidegger 1961b: 171; Hervorhebung C. N.). Vielmehr zielte Nietzsche auf eine „*Gemeinschaft freier Einzelner*" (KSA 9: 395, Hervorhebung C. N.) als einer Sozialform der Bindung, nach der er selbst existentiell bedürftig war und deren die Zeit namentlich dann und dort bedurfte, wo sie sich als Barbareiepoche darlegte. Nietzsches sozialphilosophisches Konzept war also ein gerade der Epoche, in der Heidegger über ihn schrieb, zuwiderlaufendes, noch weitergehender und mit Wolfgang Müller-Lauter gesprochen: Die von Heidegger „erörterte 'Sache Nietzsches' ist von anderer Art, als Nietzsche selber 'seine Sache' verstand" (Müller-Lauter 1981/82: 134). In ähnliche Richtung argumentierte Ernst Behler: „Wegen ihrer außergewöhnlich persönlichen Auffassungsweise und ihrer bedenklichen philologischen Textkritik ist Heideggers Deutung Nietzsches als letzter traditioneller Metaphysiker eher ein integraler Bestandteil seiner eigenen Philosophie als ein verläßliches Stück der Nietzscheforschung“ (Behler 1985: 94).

Aber man muß gar nicht einmal an diese Zusammenhänge erinnern oder der Nietzsche-Interpretation Heideggers widersprechen oder auch nur Heideggers Metaphysik-Begriff diskutieren, um die einzige Rechtfertigung zu erzeugen, um die es hier in erster Linie geht: die für eine Zwischenüberschrift wie die bevorzugte. Sie mag methodologische Assoziationen auslösen, wenn man etwa an die von Ernst Behler (1988: 147ff.) rekonstruierte Debatte zwischen Gadamer und Derrida über das Verhältnis von Hermeneutik und Dekonstruktion denkt. Derartige Assoziationen sind hier aber nicht beabsichtigt. Es geht lediglich um den *Ausdruck*, nicht aber um den *Begriff* ‘Dekonstruktion’. Dieser Ausdruck begegnet einem auch in gleichsinnig angelegten Kapitelüberschriften bei Vattimo (1992) oder Fleischer (1993), wo von *Nietzsches Metaphysik-Dekonstruktion* die Rede ist, um offenbar auf diese Weise den Gegenakzent zu setzen zu Heideggers programmatischer Überschrift *Nietzsches Metaphysik*. Die Ansprüchlichkeit dieses Programms zu ‘dekonstruieren’, also, schlicht gesprochen, seine Geltungsgründe argumentativ zu erschüttern, ist hier wie dort das Bestreben.

Der hier aufgesuchte Gegenakzent findet dabei, wie nun nicht noch eigens zu begründen ist, sein Zentrum in dem Bemühen der Rekonstruktion von Nietzsches psychologischen Hintergründen und Absichten. Diesen Themenbereichen gegenüber hat sich Heidegger, die „eigentliche Philosophie“ (Heidegger 1961a: 17) Nietzsches im Nachlaß bzw. in der – unsachgemäßen – Textkompilation *Der Wille zur Macht* vermutend, als weitgehend unbekümmert erwiesen. So gilt für Nietzsches Biographie zwar, daß Heidegger selbst es war, der, wie er stolz berichtet, die Veröffentlichung autobiographischer Skizzen des jungen Nietzsche veranlaßte; aber dies geschah doch lediglich im oberlehrerhaften Gestus des Sensibilisierens der Jugend für die „denkerische *Aufgabe*“ eines großen Denkers in einem je gegebenen „geschichtliche(n) Augenblick“ (Heidegger 1961a: 260). Unberührt von dieser Konzession gegenüber der Bedeutung des Lebensgeschichtlichen blieb aber die von Heidegger schon im ersten Satz seines Nietzsche-Buches gegebene Rechtfertigung für die Wahl des Titels – *Nietzsche* – mit dem Argument, daß ihm der Name „als Titel für *die Sache*“ (Heidegger 1961a: 9) gelte. Eine vergleichbare Engführung der Lesart läßt sich dort beobachten, wo Heidegger seine auf die Programmatik der Spätpsychologie Nietzsches sich konzentrierende Interpretation – ‘Metaphysik schlechthin’ – nur durch Ignoranz gegenüber jenem Psychologiebegriff Nietzsches durchzusetzen vermag, dessen Auftrag darin gründet, eine im Interesse der ‘zweiten Aufklärung’ betriebene Demaskierung des Anderen der Vernunft zu leisten. Erst unter Rückerinnerung an diese Zusammenhänge wird der von Heidegger vernachlässigte Kontext, aus dem heraus sich Nietzsche immer wieder als ein dezidierter Antimetaphysiker auszuweisen suchte, sichtbar und erkennbar.

Am deutlichsten tritt diese Selbstauslegung Nietzsches auf der Basis der 1967 eröffneten und Heidegger noch nicht zugänglichen Edition der *Kritischen Gesamtausgabe* von Colli/Montinari hervor, die, wie Josef Simon (1992) betonte, das Nietzsche-Bild „entscheidend geändert" hat, nämlich dahingehend, daß es ihm nicht um eine „‘neue Metaphysik'" (Simon 1992: 1f.) gegangen sei. Stützen läßt sich diese Auffassung beispielsweise mit der bereits angeführten Stelle aus *Ecce homo*, in der Nietzsche dazu aufruft, die „Fragen der Politik, der Gesellschafts-Ordnung, der Erziehung" nicht weiterhin dadurch zu verfälschen, daß man die Begriffe „‘Gott', ‘Seele', ‘Tugend', ‘Sünde', ‘Jenseits', ‘Wahrheit', ‘ewiges Leben'" (KSA 6: 296) ins Zentrum der Aufmerksamkeit rückt. Mit dieser damit indirekt ausgesprochenen Forderung nach sozialwissenschaftlicher Forschung gehorchte Nietzsche auch auf dieser Ebene seinem Wort: „Götzen (mein Wort für ‘Ideale') umwerfen – das gehört schon eher zu meinem Handwerk. Man hat die Realität in dem Grade um ihren Werth, ihren Sinn, ihre Wahrhaftigkeit gebracht, als man eine ideale Welt erlog ..." (KSA 6: 258). Systematisch bedeutungsvoller als diese – auch in einem Brief an Malwida v. Meysenbug enthaltene (KSB 8: 458) – Passage ist eine erst im Rahmen der Colli/Montinari-Ausgabe erstmals veröffentlichte Textumarbeitung vom Januar 1888, mit der sich Nietzsche als Repräsentant einer „antimetaphysische(n) Philosophie" darbietet bzw. als Repräsentant „eine(r) eigentliche(n) Philosophie des Werdens, welche an ein ‘An-sich' überhaupt nicht glaubt und folglich ebensowohl dem Begriffe ‘Sein' als dem Begriffe ‘Erscheinung' das Bürgerrecht verweigert" (KSA 14: 119). Heidegger (1961b: 79) würde dieser Textpassage gegenüber vermutlich sein angedeutetes Argument entfalten, daß Nietzsche sich hier zu Unrecht als „Antimetaphysiker" bezeichne. Dies mag insoweit auch einsehbar sein, als eine ‘Philosophie des Werdens' durchaus als *Metaphysik des Werdens* gelesen werden könnte und in dieser Eigenschaft offenkundig die *ästhetische Metaphysik* seiner Frühzeit ablösen soll. Dieses Argument gilt es nun zu prüfen.

6.1 Die psychologische Dekonstruktion der ästhetischen Metaphysik

Margot Fleischer hat nachdrücklich das Wort von Nietzsches (früher) ästhetischer Metaphysik gegen das andere von Nietzsches Ästhetik zur Geltung zu bringen versucht und daran die These geknüpft, „daß Nietzsche im Gegendenken gerade auch gegen eine eigene (eigenständige) metaphysische Position zum Antimetaphysiker geworden" (Fleischer 1988: 74) sei. Dieser These wird auch hier gefolgt, wenngleich ihre Kontextualisierung eine andere, eben psychologische ist. Das Thema selbst ist gegenwärtig von überragender Bedeutung, weniger wohl für die Nietzsche-Forschung als vielmehr für den postmodern eingestimmten Gegenwartsdiskurs. Denn in ihm wird mit Vorliebe Nietzsche konsultiert, wenn es darum geht, die eigenen Ästhetikinteressen metaphysisch aufzuwerten und mit dem Namen des angeblichen 'Vaters der Postmoderne' zu rechtfertigen. Dies gilt für Michel Foucault und dessen Entwurf einer „Ästhetik der Existenz" (Foucault 1986: 18), der selbst Wolfgang Welsch zu weit geht, weil er den derart entstehenden „schönen neuen Subjekte(n)" (Welsch 1993: 12f.) keine Authentizität zuzubilligen vermag. Dies gilt aber auch für Richard Rortys Plädoyer für eine „ästhetisierte Kultur", die von der Annahme getragen ist, daß sich die „echten Prüfsteine der Wahrheit" nicht mehr von denen unterscheiden lassen, „die nur kulturelle Artefakte sind" (Rorty 1992: 99). Die Herausstellung der Namen Foucault und Rorty ist hier als eine exemplarische zu verstehen und soll nicht suggerieren, hiermit sei der Umfang ästhetisch folgenreicher postmoderner Nietzsche-Instrumentalisierungen erschöpfend dargestellt. Dies ist auch nicht notwendig, weil es hier um Nietzsche und um die – mit der Überschrift an sich schon vorentschiedene – Frage geht, welcher Stellenwert seiner ästhetischen Metaphysik zukommt. Wie im Verfolg dieses nun zu erläuternden Vorentscheids das dann eintretende Begründungsdefizit der benannten und wohl auch weiterer Postmoderne-Ansätze behoben werden kann, liegt aber außerhalb des hier thematischen Feldes.

Die Rede von Nietzsches ästhetischer Metaphysik läßt sich knüpfen an das in der *Geburt der Tragödie* artikulierte Projekt, wonach das Dasein und die Welt nur als „ästhetisches Phänomen (...) ewig gerechtfertigt" (KSA 1: 47) werden könne. Wesentliche Anregungen zu dieser Auffassung bezog Nietzsche von Wagner sowie Schopenhauer. Denn auch wenn Schopenhauer selbst die Rechtfertigungsfähigkeit des Daseins geleugnet hätte (vgl. Decher 1985: 121f.): Seine Überlegungen zur Metaphysik des Schönen und zur Ästhetik, die in dem Satz kulminierten: „die Musik überhaupt ist die Melodie, zu der die Welt der Text ist" (SW V: 378), haben zumal Wagner motiviert und ließen auch Nietzsche damals nicht unberührt. „Mit dieser ausserordentlichen Werthsteigerung der Musik", so Nietzsche denn auch Jahre später in der *Genealogie der Moral*, als er sich schon längst von Wagner wie Schopenhauer verabschiedet hatte, „stieg mit Einem Male auch der Musiker selbst im Preise: er wurde nunmehr ein Orakel, ein Priester (...), eine Art Mundstück des 'An-sich' der Dinge, ein Telephon des Jenseits, – er redete fürderhin nicht nur Musik, dieser Bauchredner Gottes,

– er redete Metaphysik: was Wunder, dass er endlich eines Tags asketische Ideale redete? ...“ (KSA 5: 346). Damit war endgültig das Todesurteil über die ursprünglich auch von Nietzsche adaptierte ästhetische Metaphysik gesprochen, verbunden mit dem Ausblick auf ein Todesurteil auch über die ethische Metaphysik.

Die Verknüpfung beider Themen hatte Wagner schon in *Die Kunst und die Revolution* angedeutet, indem er seinem Ästhetikbegriff die Annahme unterlegte, daß eine *christliche* Daseinsrechtfertigung wohl kaum gelingen könne. Im Grundzug folgte Nietzsche dem noch fast vier Jahrzehnte später: In der Logik des Christentums, so lesen wir in seinem *Versuch einer Selbstkritik*, den er der 1886 besorgten Neuausgabe seiner *Geburt der Tragödie* vorangestellt hatte, sei seine 1872 noch angezielte ästhetische Lösung des Rechtfertigungsproblems nicht vorstellbar gewesen, insofern das „Christenthum als die ausschweifendste Durchfigurierung des moralischen Thema's, welche die Menschheit bisher anzuhören bekommen hat“ (KSA 1: 18), weniger einer ästhetischen als einer ethischen Metaphysik das Wort rede. Nietzsche hat sich damit zugleich auch noch einmal den Hauptertrag seiner frühen ästhetischen Option in Erinnerung gerufen: die ihr zugrundeliegende, wenn auch noch nicht ausgesprochene Theismus-Dekonstruktion, die man auch als Teil der Metaphysik-Dekonstruktion zu lesen hat; und der sich in der ästhetischen Metaphysik ankündigende Vorgriff auf eine Formel für die Rechtfertigung des Daseins und der Welt, die zwar keine ästhetische mehr sein wird, die aber zumindest „sich einmal auf jede Gefahr hin gegen die *moralische* Ausdeutung und Bedeutsamkeit des Daseins zur Wehre setzen wird“ (KSA 1: 17). Dies mochte zwar nur eine andere Wege ausschließende und insoweit noch nicht hinreichend klare Antwort sein auf die Frage, was den späten Nietzsche im Reich der Metaphysik oder besser wohl: im Reich des Metaphysikersatzes umtrieb; aber sie war dem Zweck einer Vorrede angemessen, und sie mag auch hier zunächst genügen, um zu verdeutlichen, was der späte Nietzsche seiner frühen ästhetischen Metaphysik meinte danken zu können und worin er ihre Grenzen erblickte.

Daß Nietzsche seine frühe ästhetische Metaphysik überwand, steht mithin außer Frage. Volker Gerhardt (1984a) hat die Stationen nachgezeichnet, auf denen Nietzsche zu seiner Spätposition fand. Entsprechend stark ist der Erklärungsdruck, der auf denen lastet, die, wie etwa Jürgen Habermas, mit der starken These aufwarten, Nietzsche habe „alles, was ist und sein soll, aufs Ästhetische zurück(ge)führt“ und seine Erkenntnis- und Moralkritik auch nur mit dem Interesse an dem Nachweis geführt, daß es „weder ontische, noch moralische Phänomene“ gäbe, „jedenfalls nicht in dem Sinne, in dem Nietzsche von ästhetischen Phänomenen spricht“ (Habermas 1988: 118). Die Folgen dieser Interpretation sind beachtlich. Über die Perspektive einer probeweise von Nietzsche als Ersatz aufgebotenen, psychologisch dekonstruierten ethischen Metaphysik muß, ginge es nach Habermas, nicht mehr verhandelt werden. Zugleich wird Nietzsche nun vorführbar als jemand, der das Ästhetische „zum Anderen der Vernunft hypostasiert(e)" (Habermas 1988: 120), womit Habermas wohl Nietzsches Eignung, als Drehscheibe der Postmoderne zu fungieren, verständlich zu machen vermochte, ihn damit zugleich allerdings auch aus dem Kreis der mit Ernst zu bedenkenden Autoren hinauskomplimentierte.

Immerhin konzedierte Habermas noch, wenn auch weitgehend belegfrei und folgenlos, daß der späte Nietzsche die „jugendliche Naivität" (Habermas 1988: 120) seiner in der *Geburt der Tragödie* angedeuteten ästhetischen Metaphysik kritisiert habe. Wolfgang Welsch und Wiebrecht Ries, je auf ihre Art Nietzsche und dessen ästhetischen Optionen weitaus freundlicher zugetan, sind da schon unbedenklicher. Ries etwa erweckt den Eindruck, Nietzsches ästhetische Metaphysik sei identisch mit einem auf das Ganze seiner Absichten abhebenden Programm. Allerdings erfüllen die von Ries (1990: 121) angeführten Textbelege aus Nietzsches *Nachlaß der achtziger Jahre* werkimmanent zumeist den Zweck der Selbstkritik, stehen aber nicht für die Wiederholung des frühen Programms. Mit besonderer Klarheit gilt dies für Nietzsches Wort von 1885/86: „Die Übertragung der Musik in's Metaphysische war ein Akt der Verehrung und Dankbarkeit; im Grunde haben es alle religiösen Menschen bisher so mit ihrem Erlebniß gemacht" (KSA 12: 118). Denn wenn Nietzsche hier so spricht, dann, weil er einen Rückblick betreibt auf die dunklen Seiten seiner frühen Wagner-Verehrung.

Diese Hintergründe scheinen Wolfgang Welsch unbekannt zu sein. Er nämlich suchte an Nietzsches Satz aus seinem *Versuch einer Selbstkritik* von 1886, wonach es gelte, „die Wissenschaft unter der Optik des Künstlers (...), die Kunst aber unter der des Lebens" (KSA 1: 14) zu sehen, seine These zu befestigen, Nietzsche habe gefordert, die Wissenschaft „fortan" dem – von Welsch protegierten – „Projekt" „ästhetischen Denkens" (Welsch 1989: 45) zu überantworten. Zeitgleich hat Eckhard Heftrich das dem innewohnende Argument, Nietzsches *Geburt der Tragödie* sei als „Vorwegnahme seiner ganzen Philosophie" (Heftrich 1989: 109) aufzufassen, zumindest mit großer Skepsis betrachtet. Wolfgang Welsch könnte zwar für sich geltend machen, daß Nietzsche in jenem *Versuch einer Selbstkritik* davon spricht, daß er der in der *Geburt der Tragödie* markierten „Aufgabe selbst nicht fremder wurde" (KSA 1: 14). Dies meint aber vor allem, daß auch der späte Nietzsche daran festhalten wollte, das „Problem der Wissenschaft" (KSA 1: 13) nicht auf den Boden der Wissenschaft, sondern auf den der Kunst zu stellen. Von da aus ist es aber noch ein weiter Weg zu dem Bemühen, Nietzsche auch noch die Verantwortung für den antiwissenschaftlichen Ästhetikkult postmodernen Denkens zuweisen zu wollen, der einem in seiner wohl dekadentesten Form bereits in dem von Nietzsche mit psychologischer Zeitverzögerung demaskierten Wagner-Selbstmißverständnis und Wagner-Kult der 1870er Jahre begegnet.

Diese Zusammenhänge machen nun im übrigen auch verständlich, warum Nietzsche in seiner mittleren Phase damit begann, die metaphysische Option Wagners zu destruieren. Es war der Raub dieses metaphysischen Unterbaus, der für den eigentlichen Verdruß auf seiten vieler Freunde Nietzsches sorgte. Exemplarisch belegen dies die nach Erscheinen von *Menschliches, Allzumenschliches I* abgegangenen Briefe an Nietzsche von Erwin Rohde, Malwida v. Meysenbug und Mathilde Maier vom Juni/Juli 1878 (vgl. KGB II/6, 2: 895ff.). Was diese empörten Briefschreiber nicht hinreichend in Betracht zogen, war der Umstand, daß Nietzsche – wie er sich im Nachlaß vom Sommer 1878 ausdrückte – eine „Art Sühne" zu betreiben hatte dafür, daß er „früher einer gefährlichen Aesthetik Vorschub leistete" (KSA 8: 531). Als sei es ein Teil dieser Sühne, trägt Nietzsche in diesem Nachlaß unter dem Stichwort „Wagner's Vertheidigung seiner Kunst gegen den Zeitgeschmack" nach: „das Metaphysische treibt zur Verachtung des Wirklichen" und sei insofern „zuletzt culturfeindlich" (KSA 8: 552). Liest man auch Nietzsches *Menschliches, Allzumenschliches I* unter dem Aspekt einer Sühnehandlung – und der Titel scheint fast dafür zu sprechen –, fallen insbesondere Analysen auf, mit denen Nietzsche das destruiert, dessen Rang er durch seine eigene Wagner-Verehrung eher noch erhöht hatte: den „Cultus des Genius", der, wie es nun heißt, seine besondere Förderung aus unser aller Eitelkeit erfahre, denn nur wenn der Künstler „ganz fern von uns gedacht wird, als ein miraculum, verletzt er nicht" (KSA 2: 151).

Mit diesem psychologischen Zugriff demontierte Nietzsche zugleich den von ihm selbst noch wenige Jahre zuvor um Wagner betriebenen Geniekult. Der Künstler – und dies meint zugleich auch immer Wagner, ein Name, den Nietzsche an einigen Stellen des Manuskripts in ähnlichen Kontexten ursprünglich auch noch verzeichnet hatte (vgl. KSA 14: 137) – imponierte ihm nun weniger als das hoffnungsfroh registrierte Subjekt einer höheren Form der Weltauslegung denn als das skeptisch gesehene Objekt sezierender Ideologiekritik. Volker Gerhardt, der auf einige dieser Passagen aus Nietzsches mittlerer Schaffensperiode nachdrücklich hingewiesen hat, schließt seine wichtige Studie über Nietzsches ästhetische Metaphysik so auch mit der auf das Spätwerk bezogenen Folgerung ab, daß hier zwar die Kunst eine gewisse Aufwertung erfahre, etwa als „generative Kraft in allem Begreifen und Urteilen" (Gerhardt 1984b: 383); von einer ästhetischen Metaphysik aber könne nun keine Rede mehr sein, eher schon von einer Art „'Physiologie der Kunst'" (Gerhardt 1984b: 388). „Ästhetik ist ja nichts anderes als eine angewandte Physiologie", wird es dann auch mit großer Selbstverständlichkeit in *Nietzsche contra Wagner* heißen, wobei die Reflexion auf sein Bayreuth-Erlebnis des Jahres 1876 Pate gestanden haben dürfte: „Protestiert aber nicht auch mein Magen? mein Herz? mein Blutlauf? betrübt sich nicht mein Eingeweide?" (KSA 6: 418f.)

Den Zwischenschritt auf dem Weg zu dieser letzten Position in Sachen der ästhetischen Metaphysik absolvierte Nietzsche in *Die fröhliche Wissenschaft*, wo es unter dem aufschlußreichen Zwischentitel *Unsere letzte Dankbarkeit gegen die Kunst* heißt: „Als ästhetisches Phänomen ist uns das Dasein immer noch *erträglich*" (KSA 3: 464). Zum Ausdruck gelangt hiermit immerhin, daß die *Rechtfertigung* des Daseins sich jedenfalls nur im Modus von Nicht-Kunst, im Modus von Wissenschaft also, wie man getrost sagen darf, vollzieht. Denn das Lob geht nun eindeutig, und zwar fast im vom frühen Nietzsche noch abgelehnten 'sokratischen' Gestus, auf „die Einsicht in die allgemeine Unwahrheit und Verlogenheit, die uns jetzt durch die Wissenschaft gegeben wird" (KSA 3: 464). Und die Kunst bzw. der in ihr seitens des sich von seiner Wagner-Verehrung emanzipierenden Nietzsche identifizierte „Cultus des Unwahren" spielt nun nur noch die Rolle einer Art „Gegenmacht" (KSA 3: 464) im Sinne der durch sie möglichen Selbstdistanzierung von der Gefahr der Überschätzung der Redlichkeit als Garanten der Entdeckung von Wahrheit: „Wir müssen zeitweilig von uns ausruhen, dadurch, dass wir auf uns hin und hinab sehen und, aus einer künstlerischen Ferne her, über uns lachen oder über uns weinen; wir müssen den Helden und ebenso den Narren entdecken, der in unsrer Leidenschaft der Erkenntniss steckt, wir müssen unsrer Thorheit ab und zu froh werden, um unsrer Weisheit froh bleiben zu können!" (KSA 3: 464f.)

Und selbst wenn sich Nietzsche im Mai/Juni 1888, scheinbar gegenläufig hierzu, in einem Fragment notierte: „Die Kunst und nichts als die Kunst!" (KSA 13: 521), zeugt dies und das dem folgende keineswegs dafür, daß Nietzsche „1888 alle Kräfte seines Gegenkonzeptes im und am Phänomen Kunst (bündelt)" (Reschke 1995: 1) oder, wie vor ihr schon Wiebrecht Ries argumentierte: daß Nietzsche im Nachlaß der achtziger Jahre immer stärker in Richtung einer „Philosophie der ästhetischen Sinn- und Welterkenntnis" und mithin in Richtung einer Auffassung argumentiere, bei der der „ästhetische Grundzug" seiner Experimental-Philosophie zum „Programm für eine mögliche Überwindung des Nihilismus" (Ries 1990: 121) erhoben werde. Denn auch wenn Nietzsche hier die Kunst als „Wille zum Schein, zur Illusion, zur Täuschung" lobt und als metaphysisch wertvoller auszuweisen trachtet als etwa den „Wille(n) zur Wahrheit, zur Wirklichkeit, zum Sein" (KSA 13: 522), wobei sein Notat endet mit einer zustimmenden Rückerinnerung an das in der *Geburt der Tragödie* entfaltete Programm einer Auslegung der Kunst als metaphysische Tätigkeit des Lebens, sollte man nicht übersehen, daß Nietzsche das damit in Erinnerung gerufene antinihilistische Therapeutikum zugleich doch auch als ein sehr fragwürdiges ausweist. So fertigt er die Kunst ab als „das große Stimulans des Lebens", als Mittel zur „Erlösung"; und der Mensch als Künstler ist ihm entsprechend derjenige, der für sich zwar so etwas wie einen „Glaube(n) an das Leben" schafft und der sich für einen Moment auch als „Herr über die Wahrheit" (KSA 13: 521) fühlen mag. Gerade dieses letzte Attribut deutet an, daß es jenseits dieser selbstsuggestiven Macht der Ästhetik eine Wahrheit zu entdecken gilt, der gegenüber der Mensch sich tatsächlich als Herr zu erweisen hat, wohlwissend freilich, daß die Aufgabe selbst ihren Abschluß erst erfährt, wenn jenseits dieser Welt des Seins auch der Zugang gebahnt wird zu einer Welt des „Werden(s) und Wechseln(s)", der „*objektiven* Täuschung" (KSA 13: 522; Hervorhebung C. N.). Der zuletzt genannte Ausdruck weist eine deutlich positive Konnotation auf, im Gegensatz, so müssen wir Nietzsche nun verstehen, zu jener Welt der *subjektiven* Täuschung, zu der die Kunst, in der, wie es in der *Genealogie der Moral* heißt, „die *Lüge* sich heiligt" (KSA 5: 402), den Weg zu bahnen allein in der Lage ist.

Dieses auf das 'Werden und Wechseln' abzielende Projekt einer 'objektiven Täuschung' erlaubt nun die Folgerung, daß auch und gerade der späte Nietzsche dem Einwand des mittleren Nietzsche gegenüber dem frühen zugestimmt hätte; dem Einwand nämlich, daß die Kunst das Leben allenfalls *erträglich* zu machen, aber nicht zu *rechtfertigen* vermag. Denn eine akzeptable Rechtfertigung des Lebens geht bei Nietzsche nun nicht auf das je herrschende Jetztzeit-Leben, sondern nur auf eine Lebensform, die in sich noch die Perspektive des 'Werdens und Wechselns' birgt. Und diese Perspektive ist grundsätzlich nicht mittels Ästhetik erfüllbar, sondern, und dies gilt durchgängig für die Post-*Zarathustra*-Ära, sie muß bezogen werden auf ein Leben in einer Ordnung ohne Gott. Nur unter diesen Umständen wird eine gänzliche Neubegründung des in diesem Leben Werdenden resp. des in ihm ins Werden zu setzenden neuen Lebensentwurfs, des Übermenschen also, möglich. „Der objektive Mensch", so heißt es in *Jenseits von Gut und Böse* im Blick auf den hier von Nietzsche demontierten Gelehrten, „ist kein Ziel, kein Ausgang und Aufgang, kein complementärer Mensch, in dem das *übrige* Dasein sich rechtfertigt, kein Schluss – und noch weniger ein Anfang, eine Zeugung und erste Ursache, nichts Derbes, Mächtiges, Auf-sich-Gestelltes, das Herr sein will" (KSA 5: 136). Auch wenn einem der Begriff des Übermenschen hier, in einer für das Spätwerk nicht untypischen Weise, nun nicht mehr begegnet, darf doch immerhin gefolgert werden, daß Nietzsche ihn als einen solchen 'complementären', also als einen das (übrige) Dasein rechtfertigenden Menschen würde gelten lassen. Denn die benutzten Chiffren und Attribute sind solche, die auch Zarathustra dem Übermenschen mit auf den Weg gab.

So gelesen ist der Übermensch als ein Wesen zu begreifen, das in seinem Streben nach Daseinsrechtfertigung zwar nicht notwendig jenseits des Ästhetischen steht, das allerdings zunächst jenseits von Gut und Böse und mithin im Rahmen des damit gesetzten neuen Anfangs seine Begründung aufzusuchen hat. Der frühe Nietzsche hingegen, um eine Kategorie wie die des Übermenschen ebenso noch verlegen wie um eine Fundamentalkritik der christlichen Gottesvorstellung, zentrierte sein Rechtfertigungsdenken unter Einfluß Wagners auf den Kunstbegriff und die durch ihn beförderbare Kultur- und Bildungskritik. Entsprechend auch ging sein Trachten noch dahin, im Ästhetischen gründende Optionen der Rechtfertigung des je Gegebenen zu ersinnen. Deswegen auch gerann ihm die 'dionysische Musik' Wagners zu einem der kritisch an die Jetztzeit angelegten Maßstäbe. Der damit verknüpfte Kunstbegriff war ihm dann auch hilfreich für seine Kritik des sich von jeder Ästhetik freisetzenden 'vernünftigen Menschen' sowie für das Lob des ästhetisch gearteten 'intuitiven Menschen'.

Auch war ihm – um zum folgenden Kapitel überzuleiten – die Notwendigkeit des 'Werdens und Wechselns' in der damit umrissenen, auch geschichtsphilosophischen Problematik noch nicht hinreichend bewußt. So kann es beispielsweise nicht überraschen, daß Nietzsche in einem anderen Nachlaßfragment aus etwas früherer Zeit (1887/88) die Kunst zumindest dort aus seinem Reflexionshorizont verabschiedet, wo er von der Notwendigkeit einer „Weltconception" redet, die „das Werden" „in jedem Augenblick" rechtfertigt und die mithin nicht bei „finalen Absichten" Zuflucht nimmt, mit der dann unvermeidbaren Folge, „das Gegenwärtige um eines Zukünftigen wegen oder das Vergangene um des Gegenwärtigen willen" (KSA 13: 34) zu rechtfertigen oder, besser wohl, in Kauf zu nehmen. Nietzsche formuliert diese geschichtsphilosophische Idee im Nachklang zu seinem Wiederkunftsgedanken: Dieser nämlich ist es, dem die Last aufgetragen wird, die Rechtfertigungsfähigkeit des Vollkommenheitsanspruchs an den je gegebenen Augenblick zu sichern. Nietzsche formuliert seine Idee aber auch unter Bezug auf seine Einsicht in einen Gott als eines „nichts *wollenden* Wesens" (KSA 13: 35). Damit geriet, so darf man weiter folgern, der Übermensch in seiner Eigenschaft als Ersatz-Gott zum eigentlichen Garanten des Werdens des Neuen. Insoweit haben wir es weniger mit einer *ästhetischen* Metaphysik denn mit einer *Metaphysik des Werdens* zu tun, die nun freilich, so wäre sogleich hinzuzusetzen, der Übertragung bedarf in Richtung einer *Psychologie der Entstehung des Neuen.*

6.2 Die psychologische Dekonstruktion der Metaphysik des Werdens

Es war wiederum Volker Gerhardt (1985), der vehement und mit durchaus nachvollziehbaren Argumenten das Recht verteidigte, Nietzsche eine Metaphysik des Werdens zu attribuieren. Die hier vorzutragende Lesart sucht indes einen etwas anderen Ausgangspunkt: Sie will, und dies in Übereinstimmung mit dem den zweiten Teil der vorliegenden Arbeit organisierenden Leitmotiv, der an Nietzsche anknüpfenden Auslegung nachgehen, Nietzsche habe in der Post-Zarathustra-Ära eine 'Philosophie der Zukunft' konturiert, in der sich seine psychologische Absicht auspräge. Mit Blick auf die Metaphysik des Werdens macht das erforderlich, deren psychologische Dekonstruktion zugunsten einer Psychologie der Entstehung des Neuen aufzuweisen, wobei dies weniger auf die Ästhetik als vielmehr auf die Ethik verweist. Insofern wäre an sich auch das Wort von einer psychologisch dekonstruierten ethischen Metaphysik angemessen. Der Ausdruck 'ethische Metaphysik' ist nicht dadurch schon unbrauchbar, weil Nietzsche ihn, wie wir anfangs des vorhergehenden Kapitels sahen, eher auf christliche Moralmodelle bezogen wissen wollte. Denn im Reich der Ethik hat sich zu artikulieren, was sich in Gegenstellung zum schlechten Alten begreift und insofern, metaphysisch besehen, als werdend gelten will. Und in die Psychologie ist dieses Neue zu überführen, wenn es sich im alltäglichen Handlungsvollzug zu bewähren hat. Gleichwohl kann damit der Ausdruck 'Metaphysik des Werdens' nicht als abgeschafft gelten. Denn er umgreift die umfänglichere Aufgabe der Geltungsbegründung des Neuen resp. Werdenden, legt sich aufgrund des Spätwerkes Nietzsches nahe und vermeidet die für ihn gewiß inakzeptable Assoziation, daß hier nur der Bereich der praktischen Philosophie zu konsultieren sei.

Wie psychologische Metaphysik-Dekonstruktion vor dem Hintergrund dieser begrifflichen und thematischen Abklärung anzulegen ist, verdeutlicht ansatzweise Nietzsches Versuch einer Selbstkritik von 1886. Der Hauptzweck dieses bereits eingangs des letzten Kapitels diskutierten Textes geht dahin, der Dekonstruktion der in der Geburt der Tragödie noch propagierten ästhetischen Metaphysik zuzuarbeiten. Allerdings läßt sich auch ein Nebenzweck sichtbar machen. So ist etwa Nietzsches Wort, wonach es gelte, „die Moral selbst in die Erscheinung zu setzen, herabzusetzen und nicht nur unter die 'Erscheinungen' (im Sinne des idealistischen terminus technicus), sondern unter die 'Täuschungen', als Schein, Wahn, Irrthum, Ausdeutung, Zurechtmachung, Kunst“ (KSA 1: 18), als ein Wort in Sachen Dekonstruktion der ethischen Metaphysik zu lesen. Deutlicher macht dies der Nachlaß. So findet sich beispielsweise in einem wichtigen

Fragment vom Frühjahr 1888 die, wenn man so sagen darf, Bilanz des Bemühens Nietzsches, die 'Moral selbst in die Erscheinung zu setzen': „Es kommt in der ganzen Entwicklung der Moral keine Wahrheit vor: alle Begriffs-Elemente, mit denen gearbeitet wird, sind Fiktionen, alle Psychologica, an die man sich hält, sind Fälschungen; alle Formen der Logik, welche man in dies Reich der Lüge einschleppt, sind Sophismen. Was die Moral-Philosophen selbst auszeichnet: das ist die vollkommene Absenz jeder Sauberkeit, jeder Selbst-Zucht des Intellekts: sie halten 'schöne Gefühle' für Argumente: ihr 'geschwellter Busen' dünkt ihnen der Blasebalg der Gottheit" (KSA 13: 291f.). Dieses Wort vom 'Blasebalg der Gottheit' komplettiert erkennbar jenes andere vom „Bauchredner Gottes" (KSA 5: 346), mit dem Nietzsche im Zuge seiner Dekonstruktion der *ästhetischen* Metaphysik den dem Geist Schopenhauers folgenden wagnerianischen Musiker belegt hatte. Auf den Namen Schopenhauer stößt man aber auch, wenn man der von Nietzsche mit den Mitteln psychologischer Ideologiekritik betriebenen Dekonstruktion der *ethischen* Metaphysik nachgeht. Denn es war Schopenhauer gewesen, der die in der philosophischen Tradition gängige Unterstellung einer Differenz von metaphysischem 'Ding an sich' und nichtmetaphysischer 'Erscheinung' den Zwecken der Imputation einer höheren Form von (Mitleids-)Moral zuzuführen gedachte. Nietzsches schon in *Menschliches, Allzumenschliches I* anhebender „Kampf gegen die Moral", so denn auch Georges Goedert, ist „fast ausschließlich gegen Schopenhauer gerichtet" (Goedert 1978: 8).

Schopenhauer hatte dabei damit argumentiert, daß der als Antagonist von Mitleid zu deutende verbreitete Egoismus in seiner verhängnisvollen Vorherrschaft Folge des Umstandes sei, daß der Mensch bei einem Blick ins eigene Innere das 'Ding an sich', „den Kern und Mittelpunkt der Welt", entdecke, wohingegen er bei einem Blick nach außen lediglich auf dem Gebiete der bloßen 'Erscheinung' operiere und sich selbst sähe, „als ein höchst Unbedeutendes, ja gänzlich Verschwindendes"; der daraus resultierende „große Unterschied zwischen Dem, was nothwendig Jeder in seinen eigenen Augen, und Dem, was er in den Augen aller Andern ist", sei dann, so Schopenhauer weiter, prädisponierend für eben jenen Egoismus, „den Jeder Jedem vorwirft" (SW II: 698). Dieser resignative Befund, der nicht ohne psychologisches Raffinement vorangetrieben wurde, verhieß dem von Schopenhauer protegierten Neuen also wenig Aussicht auf Erfolg – es sei denn, man konnte, wie Schopenhauer, darauf hinweisen, daß die je protegierte Mitleidsmoral das 'Ding an sich' repräsentiere und mithin für nichts anderes stünde als für das Übersetzen seiner Metaphysik „in Handlungen" (SW II: 698). Viel gewonnen war damit für die praktische Seite des Problems allerdings nicht, und auf der Begründungsseite klaffte eher ein großes Loch: Schopenhauer betrieb nichts anderes als – so mußte Nietzsche die Sache sehen – die Bereitstellung von erschlichener Autorität, die er sich in einem angeblich bestehenden Reich metaphysischer Gewißheiten über praktisch-philosophisch akzeptable Organisationsformen des Daseins besorgt hatte.

Gravierender aber wohl noch als dies war der Umstand, daß Schopenhauer damit sein Interesse an einer Art „Christliche(r) Philosophie" (SW V: 280) beförderte, in deren Begründung er noch der von Kant übernommenen Setzung folgte, daß die Metaphysik die „Stütze der Ethik" (SW III: 314) abgeben müsse, belehrt allerdings um zwei Einsichten: Zum einen die auf die praktische Philosophie bezogene Einsicht, wonach Kants kategorischer Imperativ nur als „erkünsteltes Substitut der theologischen Moral" (SW III: 525) gelten könne; und zum zweiten die der Theologie zugedachte Einsicht, wonach „in allen Religionen das Metaphysische falsch", aber immerhin „das Moralische" (SW V: 303) wahr sei. Diese Bauanleitung für eine zukünftige 'Christliche Philosophie' oder, in Nietzsches Worten, „verkappte Theologie" (KSA 9: 177) und die ihr innewohnende Absicht der philosophischen Rehabilitierung christlicher Nächstenliebe wäre Nietzsche, und zwar selbst in seiner frühen Phase, nie in den Sinn gekommen. Deswegen auch suchte er seinen Zugang zum Moralproblem und speziell zur Mitleidsmoral im wesentlichen mit nichtmetaphysischen Denkmitteln und in nichtmetaphysischer Absicht, indem er die Motive der Konstrukteure von Mitleidsmoralen und die Problematik altruistischen Hilfehandelns ins Zentrum einer vornehmlich psychologischen Ideologiekritik rückte, die ihrerseits frei war von jedem Bemühen, eine Ersatz-Metaphysik zu konstruieren. Und deswegen auch konnte Nietzsche lakonisch urteilen: „Schopenhauer's Theorie ist unpsychologisch" (KSA 9: 31), ergänzt um den erläuternden Zusatz: „Um über das Mitleid so zu phantasiren, wie Schopenhauer, muß man es an sich nicht aus Erfahrung kennen" (KSA 9: 55).

Allerdings mochte sich Nietzsche bei seinerseits wohlwollender Schopenhauer-Exegese durchaus als Repräsentant der Schopenhauerschen Auslegung der Philosophie als „Weltweisheit" sehen, zumal Schopenhauer die „wahre Philosophie" nicht aus abstrakten Begriffen „herausspinnen", sondern auf „Beobachtung und Erfahrung, innere wie äußere" (SW V: 15), gründen wollte. Rechnet man dem noch Schopenhauers mitunter äußerst scharfe Christentumskritik hinzu, ganz zu schweigen von seinem aus einem antitheologischen Affekt entstandenen grundbegrifflichen Zusatz, daß alle Philosophie ihren Wert und ihre Würde darin habe, „daß sie alle nicht zu begründenden Annahmen verschmäht und in ihre Data nur Das aufnimmt, was sich in der anschaulich gegebenen Außenwelt, in den unsern Intellekt konstituierenden Formen derselben und in dem Allen gemeinsamen Bewußtseyn des eigenen Selbst sicher nachweisen läßt"

(SW II: 711), mochte Nietzsche durchaus Anlaß haben, sich geraume Zeit als Schopenhauerianer zu titulieren. Dies galt mit Blick auf das Problem der Ethik um so mehr, als Schopenhauer neben seinen metaphysischen Grundlegungsversuchen nichtegoistischen Handelns durchaus auch, etwa in den analytisch und nicht synthetisch verfahrenden Passagen seiner *Preisschrift über die Grundlage der Moral*, der seine Kant-Kritik resümierenden Einsicht Geltung zu verleihen suchte, daß „zur Auffindung des Fundaments der Ethik kein anderer Weg (bleibt), als der empirische" (SW III: 551). Namentlich der in diesem Zusammenhang offerierte Befund, „daß die legalen und lobenswerthen Handlungen der Menschen" oft „auf Motiven beruhen, deren Wirksamkeit zuletzt auf den Egoismus des Handelnden zurückzuführen ist" (SW III: 466), mußte Nietzsche versöhnen und war ihm möglicherweise sogar Motiv für sein eigenes Projekt. Man wird also zumindest sagen dürfen, daß es ein arger Stachel für Nietzsche war, daß sein frühes Jugendidol der Mitleidsmoral gleichwohl höchste metaphysische Weihen verliehen hatte.

Deutlich tritt diese freilich ins Generelle weisende nichtmetaphysische Grundorientierung Nietzsches im Eröffnungsaphorismus von *Menschliches, Allzumenschliches I* hervor. Hier heißt es, daß es „weder ein unegoistisches Handeln, noch ein völlig interesseloses Anschauen" gäbe; in beiden Fällen könne allenfalls von „Sublimirungen" gesprochen werden, „bei denen das Grundelement fast verflüchtigt erscheint und nur noch für die feinste Beobachtung sich als vorhanden erweist" (KSA 2: 23). Die dieser Aussage zugehörende Vermutung, wonach auch auf dem Gebiet von Kultur und Gesellschaft „die herrlichsten Farben aus niedrigen, ja verachteten Stoffen gewonnen sind" (KSA 2: 24), begegnet einem auch dort, wo es bei Nietzsche heißt: „Fast Alles, was wir 'höhere Cultur' nennen, beruht auf der Vergeistigung und Vertiefung der Grausamkeit" (KSA 5: 166). Dies scheint dem Wort Freuds, die Kultur sei „auf der Unterdrückung von Trieben aufgebaut" (GW VII: 149), zu nahe zu stehen, als daß man nicht erneut versucht wäre, Nietzsche Absichten in Begriffen der psychoanalytischen Sublimierungstheorie zu reformulieren (vgl. etwa Hirschmüller 1985).

Nietzsche selbst freilich hat den Begriff der Sublimierung nicht in vornehmlich kulturkritischer oder menschenkundlicher, sondern in vor allem philosophiekritischer Absicht genutzt. Das Wissen beispielsweise las Nietzsche als „die abgeschwächteste Form unseres Trieblebens", mit der Pointe, daß es eben deshalb „gegen die starken Triebe so ohnmächtig" (KSA 9: 210) sei. Auch die gesamte Moral ließ Nietzsche versuchsweise nur als „Ausdeutung physischer Triebe" (KSA 9: 195) gelten, mit der Folge, daß ihm beispielsweise die Ruhmsucht der Menschen weniger als bewundernswertes Tun denn als Indiz für eine tiefe Selbstverborgenheit imponierte. Ohnehin unterlag Nietzsches Annahme, daß viele Kulturphänomene und Handlungsweisen als 'Zeichensprachen' lesbar zu machen seien, also auf anderes verwiesen, aus dem sie geworden und auf das hin sie zu deuten sind, einer Vorstellung, die auf einen noch weitgehend unerkannten Veränderungsprozeß und in diesem Sinne auf den Sublimierungsbegriff Bezug nahm. Und so fügte Nietzsche dann auch im erwähnten Eröffnungsaphorismus von *Menschliches, Allzumenschliches I* den Sublimierungsbegriff der Frage ein, wie „Etwas aus seinem Gegensatz entstehen (kann), zum Beispiel Vernünftiges aus Vernunftlosem, Empfindendes aus Todtem, Logik aus Unlogik, interesseloses Anschauen aus begehrlichem Wollen, Leben für Andere aus Egoismus, Wahrheit aus Irrthümern" (KSA 2: 23). Die gängige Antwort auf diese Frage nach dem Werden gründe in der Neigung vieler Philosophen, „für die höher gewertheten Dinge einen Wunder-Ursprung" (KSA 2: 23) anzunehmen. Erklärt freilich, so darf man Nietzsche fortführen, sei mit solchen Antworten nichts.

Der Name Schopenhauers wird in diesem Zusammenhang zwar elegant umschifft. Dafür aber läßt die 1886 vorgelegte Vorrede zur Neuausgabe dieser Schrift keinen Zweifel mehr, um wen es insgeheim auch schon damals ging. Der Leser der 1878er Ausgabe, so lesen wir hier nämlich, hätte einigen Grund gehabt, Nietzsche der Falschmünzerei zu zeihen, weil er damals „wissentlich-willentlich die Augen vor Schopenhauer's blindem Willen zur Moral zugemacht hätte", und dies zu einer Zeit, zu der er „über Moral schon hellsichtig genug war" (KSA 2: 14). Dies ist deutlich genug – indes nicht ganz so deutlich wie der Nachlaß: 1878 verteidigt der sich damals auf Voltaire berufende Nietzsche Schopenhauer noch als „Voltairianer", der „mit den Metaphysikern nichts zu thun (hat)" (KSA 8: 495); 1885 spielt das Etikett vom „Voltairianer" zwar immer noch eine Rolle, aber ergänzt um ein Klagelied über Schopenhauers – jetzt als Jugendsünde gelesene – „Metaphysik des Willens" (KSA 11: 459f.). Damit erst war Nietzsches 1876/77 einsetzende Schopenhauer-Überwindung abgeschlossen: Schopenhauer wurde nun vollends jenen Philosophen zurechenbar, die für das Höhere einen 'Wunder-Ursprung' annahmen.

Die psychologische Bedeutung dieser so zu lesenden Metaphysik-Dekonstruktion Nietzsches wird deutlicher, wenn man sich an Eduard Sprangers Versuch der Psychoanalyse-Dekonstruktion erinnert. Noch 1958 nämlich meinte Spranger, die „Anschauungen" der Tiefenpsychologie seien „sämtlich ein bißchen alchimistisch, insofern aus unedlen Stoffen Gold, hier aus bloß Triebhaftem, Tierischem, Geistiges gemacht werden soll. Wenn nicht wenigstens der Keim zu einem geistigen Subjekt vorgegeben ist", so Sprangers Folgerung aus dieser Diagnose, „wird seine 'Hervorbringung' kaum glücken" (Spranger 1958: 315). Was hier vorliegt, ist eben jene dezisionistische Position, die beharrlich jenem von Nietzsche schon achtzig

Jahre zuvor kritisierten 'Wunder-Ursprung', und zwar in der Variante des 'Keims zu einem geistigen Subjekt' als Kraftquelle für die Höherentwicklung des Menschen, meint das Wort reden zu dürfen. Nietzsche hätte derartige Antworten wie jene Sprangers in der „metaphysische(n) Philosophie" beheimatet gesehen, wohingegen er sich selbst, in der zur Diskussion stehenden Eröffnungspassage von *Menschliches, Allzumenschliches I*, der „allerjüngste(n) aller philosophischen Methoden" zurechnete, der mit den Naturwissenschaften eng assoziierten „historische(n) Philosophie" (KSA 2: 23). Peter Heller hat den Vorschlag unterbreitet, das von Nietzsche hiermit Intendierte als „Methode der 'wissenschaftlichen' Reduktion" zu fassen, die ihm ein Mittel war zum Zweck „der Destruktion der bestehenden Werthierarchien und zur Umwertung aller Werte" (Heller 1972: 222). Insoweit, so darf man wohl hinzufügen, ist auch der Sublimierungsbegriff, so wie Nietzsche ihn verstand, dieser Reduktionsabsicht einzufügen, ebenso wie dem Interesse Nietzsches an einer nichtmetaphysischen Philosophie des Werdens.

Acht Jahre später (1886) nahm Nietzsche dieses Thema wieder auf. Dies geschieht erneut an pointierter Stelle, nämlich in dem Eröffnungsabschnitt von *Jenseits von Gut und Böse*. Wiederum übt er hier Kritik an den „Metaphysiker(n) aller Zeiten", die erfolglos einen „eigenen Ursprung" für „die Dinge höchsten Werthes" „im Schoosse des Sein's, im Unvergänglichen, im verborgenen Gotte, im 'Ding an sich'" (KSA 5: 16) suchten bzw. gesucht hätten. Und auch diesmal hält Nietzsche, ähnlich wie schon 1878, derlei Metaphysik seine These entgegen, daß jene „Dinge höchsten Werthes" in jedem Fall aus dem je Gegebenen, also „aus dieser vergänglichen verführerischen täuschenden geringen Welt, aus diesem Wirrsal von Wahn und Begierde" (KSA 5: 16) ableitbar sein müßten. Wie dies geschehen könne, verdeutlicht eine im Januar 1888 vorgenommene und einleitend bereits erwähnte Umarbeitung des 1878er Passus. Nun nämlich muß das Wort von der 'historischen Philosophie' Ausdrücken weichen wie „umgekehrte Philosophie", „eigentliche Philosophie des Werdens" oder auch „antimetaphysische Philosophie" (KSA 14: 119). Zwecks Erläuterung heißt es weiter: „Um mit solchen (…) viereckigen Gegenüberstellungen wie 'egoistisch' und 'unegoistisch', Begierde und Geistigkeit, 'lebendig' und 'todt', 'Wahrheit' und 'Irrthum', ein für alle Mal fertig zu werden, bedarf es einer mikroskopischen Psychologie ebensosehr als einer Geübtheit in aller Art historischer Perspektiven-Optik" (KSA 14: 119f.). Auch wenn viele postmetaphysische oder postmoderne Denker, wie Volker Gerhardt kritisierte, den hier angedeuteten Perspektivismus Nietzsches überschätzen mögen, mit der Pointe, daß ihre These, Nietzsche habe „die Metaphysik endgültig überwunden", eher „Ausdruck einer Erwartung" sei denn eine „Tatsache" (Gerhardt 1989: 264): Es bleibt eine Tatsache, daß die tragende Säule der vom späten Nietzsche vertretenen 'antimetaphysischen Philosophie' jene – freilich erst noch als Wissenschaft zu entwickelnde – 'mikroskopische Psychologie' ist. Dies gilt in dem Sinne, daß sie auf eine Kritik und Freisetzung des Neuen oder Anderen hinzuzielen hat, das in der gegebenen Welt aus 'Wahn und Begierde' nur in verschleierter Form enthalten ist. Dies auch war der Hintergrund, der Michel Foucault zum Zweck der Begründung seiner eigenen Genealogie Interesse nehmen ließ an Nietzsches Dekonstruktion der 'Wunder-Ursprungs'-Metaphysik (vgl. Foucault 1974).

Dabei war es vor allem Nietzsche, der eines solchen psychologischen Erklärungssystems bedürftig war, wollte er dem Vorwurf entfliehen, er selbst würde beständig 'Geistigkeit' aus 'Begierde' oder 'Wahrheit' aus 'Irrtümern' oder gar den Übermenschen aus dem Menschen qua metaphysischer Setzung filtrieren. Namentlich der letztgenannte Vorgang ist also, wenn man Nietzsches psychologische Absicht richtig versteht, als Akt der Sublimierung des im vermeintlich 'guten Menschen' gründenden Uneigentlichen zu lesen. Mit der sich in dieser Pointe erschöpfenden Demontage der Voraussetzungen, auf denen Metaphysik wie Aufklärungsdenken gründeten, mit der Demontage auch des Versuchs der Rettung 'Gottes im Menschen', stand in Nietzsches Wahrnehmung so nur noch ein Weg zum Wiedergewinn von Verantwortlichkeit als Handlungsgrund der insoweit zweifach aufgeklärten Menschen zur Verfügung: der psychologisch wie pädagogisch gleichermaßen ambitionierte Durchgang durch den 'Dämon', durch das 'Böse', durch das also, was bis dahin für irrational gehalten wurde. So erst eröffnete sich Nietzsche den Ausblick auf ein Menschenbild, mittels dessen, wie er hoffte, die Gottähnlichkeit des Menschen neu gedacht werden konnte: nicht mehr im Sinne einer bloßen Setzung des Menschen als Sinngeber seiner Handlungen, sondern im Sinne eines Rekurses auf den Menschen als eines tatsächlich freigewordenen Gottes, der auch durch das Andere seiner Vernunft hindurchgegangen ist und der nicht mehr der Selbstillusion unterliegt, er könne auch jenseits davon sein Wesen vollenden. Entsprechend kann man wohl die programmatische Formel Zarathustras: „Gott starb: nun wollen wir, – dass der Übermensch lebe" (KSA 4: 357) im Blick auf den Hauptertrag der psychologischen Beiträge Nietzsches, insbesondere seiner Menschenkunde, dahingehend variieren: 'Der Mensch als 'freier Gott' starb: nun erst kann, jenseits von idealistischen Setzungen, gewollt werden, – daß der Übermensch lebe.'

7. Nietzsches Übermensch: Von der Psychologisierung eines bildungsphilosophischen Konstrukts

Nietzsches Übermensch imponierte bisher hauptsächlich als Platzhalter für ein Konstrukt, in dem sich Nietzsches Vision von einem wahrhaft freigesetzten Menschen ausspricht. Dabei mag man vielleicht zunächst nur zugestehen, daß Nietzsches Übermensch zwar eine mittelbare Folge seiner philosophischen Destruktion Gottes und seiner psychologischen Destruktion des Menschen als 'freien Gottes' ist. Ob aber Nietzsche selbst den Übermenschen, mit theoretischen Gründen, gemahnt hat, auch das Andere seiner eigenen Vernunft, im Sinne einer Radikalisierung des Freisetzungsmotivs, zu dechiffrieren, steht doch sehr in Frage, ganz abgesehen davon, ob man denn überhaupt das Konstrukt des Übermenschen in das Ganze seiner Absichten einfügen solle oder auch nur könne (vgl. zum Folgenden auch Niemeyer 1995). So meinte beispielsweise Ulrich Irion, daß die – freilich unbiologische – „Züchtungsidee des Übermenschen vor allem daran (krankte), daß sie jene aufklärerische Überschätzung normativer Setzungen fortschrieb, deren schärfster Kritiker Nietzsche selbst war" (Irion 1992: 77). Klaus Goch assistierte, Nietzsches Gegenentwurf einer auf „Züchtung eines 'neuen' (Über-)Menschen" abstellenden und insoweit „'eugenische' Ziele" verfolgenden Ehe sei „reinste, schrecklichste Inhumanität im schönsten deutschen Sprachgewand" (ÜF: 241). Und Margot Fleischer kündigte an, daß „sich der 'Zauber' des Übermenschen als des Sinns der Erde" für (von ihr!) informierte „zivilisierte oder (im traditionellen Verständnis) humane Leser in nichts auflösen (dürfte)" (Fleischer 1993: 152). Vor dem Hintergrund dieser düsteren Bilder und suggestiven Posen hat man allen Anlaß, Nietzsche ein Selbstmißverständnis zu bescheinigen und allenfalls einen Nietzsche ohne Übermenschen für eine ersprießliche Gestalt zu halten, die man dann auch der radikal aufklärungskritischen Gegenwart anempfehlen kann. Tatsächlich begegnet einem gerade in neuerer Zeit mit auffälliger Häufung die Kultivierung Nietzsches als eines Kritikers der Moderne. Nietzsches Übermensch hingegen erscheint immer wieder unter dem Kapitel jener Menschenverbesserungsprogrammatiken, die sich, zumal vor dem Hintergrund nationalsozialistischer Perversionen, hinlänglich als verhängnisvoll erwiesen haben und die entsprechend auszusortieren sind.

Pädagogen als die in Sachen des Übermenschen auf den ersten Blick noch am ehesten zuständigen Ansprechpartner dürften diesen Befund wohl ohne weiteres teilen. Das kühnste Urteil aus neuerer Zeit fällte dabei Bruno Reifenrath, wenn er für Nietzsches letzte Schaffensperiode verlauten läßt: „Hier wird die Brutalität des Niedertretens propagiert, die Entfesselung der elementaren Bestie wird als Recht und Pflicht des Starken dargestellt (...). Hier wird die von Kant entdeckte Autonomie der Vernunft zugunsten der Willkür des Übermenschen suspendiert" (Reifenrath 1980: 248). Auf welche problematischen Seiten der *Nietzsche-Rezeption der nationalsozialistischen Pädagogik* Reifenrath angesichts dieses Einvernehmens mit dem dominanten pädagogischen Nietzsche-Bild der Nachkriegszeit meint hinweisen zu können, bleibt allerdings unerfindlich. So hat beispielsweise schon Albert Reble den nationalsozialistischen Nietzsche-Instrumentalisierungen nachträglich Rechtfertigung erteilt mit seinem Urteil, Nietzsche habe mit dem Übermenschen der 'Herrenmoral' des rücksichtslosen Machtmenschen das Wort reden wollen: „Bildung heißt hier natürlich Erziehung zu jenen Herrschertugenden, durch Härte und Entfaltung der Vitalität" (Reble 1975: 254). Hierzu paßt als allerjüngster Ertrag aus diesem Themenfeld Eliyahu Rosenows Urteil, Zarathustra verhalte sich gegenüber den „verborgenen Eigenschaften und inhärenten Entwicklungsmöglichkeiten" des Zöglings „gleichgültig" und sähe diesen lediglich als „ein prägsames Objekt, dessen Anziehungskraft nur in den Gestaltungsmöglichkeiten liegt, die er dem Erzieher bietet" (Rosenow 1992: 12). Aber auch jenseits solcher Extravaganzen sieht man sich in der Pädagogik immer wieder mit dem Urteil konfrontiert, Nietzsche sei „bis zuletzt" der „Befürwortung einer Eliten-Bildung" (Hebel/Porath 1989: 229) treu geblieben. Ähnlich argumentiert Dieter-Jürgen Löwisch, wenn er meint, der späte Nietzsche habe der Vision einer an das antike Vorbild angelehnten „Gelehrtenrepublik" gefrönt und sei darin dem von ihm angestimmten „Hohelied des Genius" (Löwisch 1989: 212) gefolgt.

Auch Josef Leonard Blaß zentrierte seine unter dem Stichwort *Die Destruktion des Begründungszusammenhangs der Pädagogik* dargebotene differenzierte Nietzsche-Interpretation nahezu vollständig auf die genieästhetischen Auffassungen des frühen Nietzsche, mit der Folge, daß ihm der Übermensch fast zwangsläufig als eine Art Über-Genie imponiert. Die sozialphilosophischen Überlegungen des späten Nietzsche interpretiert Blaß dann so, daß es Nietzsche um Restauration der „Entstehungsbedingungen des Genius" (Blaß 1978: 31) gegangen sei. Von da aus liegt dann entsprechend der Verdacht nahe, daß diese bildungsphilosophische Konzeption der nationalsozialistischen Ideologie so nahe stünde, daß es kaum eines Schrittes mehr bedürfe, „um die Identifizierung von Leben, Volkstum und Rasse mit 'Bildung', 'Kultur' und 'Geist' vorzunehmen" (Blaß

1978: 43). Freilich liest sich dieser Einwand so, als sei hier nicht von Nietzsche, sondern von Richard Wagner die Rede. Im übrigen scheint Blaß eher auf eine von Nietzsche nicht mehr zu verantwortende pädagogische Wirkungsgeschichte zu reflektieren. Und namentlich dort, wo gegen diese „ideologieträchtigen Aspekte des Nietzscheschen Lebens- und Bildungsbegriffs" (Blaß 1978: 44) die 'geisteswissenschaftliche Pädagogik', die 'rationalistische Pädagogik' oder auch die 'Kritische Erziehungswissenschaft' aufgeboten werden, dominiert erkennbar eine eher theoriepolitische Zielsetzung, die allerdings verbreiteter Zustimmung sicher zu sein scheint. So herrscht in bezug auf Nietzsche im pädagogischen Gegenwartsdiskurs eher der Ton kühler Distanz (vgl. Löwisch 1989), selektiver Anleihe (vgl. Rosenow 1992) oder jedenfalls doch deutlicher Verunsicherung (vgl. Gamm 1993) vor. Dabei tritt insgesamt eher in den Hintergrund, daß einem in Gestalt des bildungskritischen frühen Nietzsche immer auch ein Autor begegnet, der sich wegen der Dominanz seiner erst noch zu überwindenden Wagner-Verehrung des ihm eigenen Wissens noch nicht gewiß war.

Vorgearbeitet hatte dieser eigentümlichen Pädagogen-Lesart schon Karl Friedrich Sturm mit seinem Urteil, daß der „späte Nietzsche wohl schärfere und klangvollere Formulierungen gefunden, nicht aber eigentlich Neues hinzugebracht (hat)" (Sturm 1930: 7). Hinter diesem Gewinn auf seiten der Lektüreökonomie verbirgt sich möglicherweise handfeste Ideologie. So besteht beispielsweise einiger Anlaß zu der jüngst von Jürgen Oelkers vorgetragenen Vermutung, daß die Rezeption von Nietzsches Spätwerken – Oelkers denkt an *Jenseits von Gut und Böse* und *Zur Genealogie der Moral* – deshalb an den Pädagogen vorbeiging, weil nichts anderes als die „Destruktion des gesamten pädagogischen Anspruches" (Oelkers 1996: 71) das Ergebnis einer diesbezüglichen Rezeptionsbemühung gewesen wäre. So weit muß man allerdings nicht gleich gehen: Es genügt bereits, zu zeigen, daß der psychologische Einsatz des späten Nietzsche solche pädagogischen Ansprüche delegitimieren hilft, die sich Nietzsches ideologiekritischen Einsichten gegenüber sperrig verhielten.

Diese Auffassung im Zusammenhang des Übermenschen-Konstrukts zu verdeutlichen, meint allererst, daß zumindest den späten Nietzsche dessen Kontrapart, der Massenmensch, weniger als Objekt seiner Verfügungsmacht interessierte denn als Subjekt einer psychologisch reflektionsbedürftigen Welt- und Selbstgestaltung. Die Pädagogik, so darf hier nun vereinfachend im Interesse der Zuspitzung der im folgenden interessierenden These formuliert werden, überlas diese psychologischen Absichten Nietzsches und entnahm seiner mittels des Übermenschen-Konstrukts lancierten Impulsgebung im günstigsten Fall immer nur, daß hiermit das urpädagogische Motiv der Höherbildung des Educanden Verstärkungen erhalte. Und sie ahnte, daß der, der dieses Motiv grundsätzlich verwerfe, an sich für das Ende der Erziehung plädiere und mithin jedem gestaltungsfähigen pädagogischen Räsonieren, auch jenem über die sich auch ohne Zutun von Pädagogen darlegende 'Höherbildung' im Sinne von Entwicklung, den Garaus mache. Dies ließ sie, mit den skizzierten Vorbehalten, immer wieder an Nietzsche Interesse nehmen. Bedarf also auch die Pädagogik, wenn man sich nun nicht erneut der bloßen Bestärkung fürwahr mißbrauchter und mißbrauchbarer Höherbildungs-Semantiken schuldig machen will, im Interesse ihres Bestandserhalts als eines ernstzunehmenden Argumentationssujets für die Gegenwart der von ihr immer wieder abgewiesenen Psychologiezufuhr – so wie dies Nietzsche, wie hier behauptet, schon für seinen Übermenschen erkannte? Und bedarf dessen auch, im Sinne der Elaborierung ihrer Rezeptionslogik, die Nietzsche-Forschung, wenn sie nicht weiterhin Nietzsches Übermenschen als Fremdkörper auszuscheiden sich anheischig machen will? Die Antwort auf diese Fragen kann hier nur in kleinen Schritten angestrebt werden. Dabei gilt es zunächst, die rein bildungsphilosophische Lesart des Übermenschen-Konstrukts von konkurrierenden Sehweisen abzugrenzen und an jene Grenze zu führen, an der die Psychologie als Überstiegshilfe unentbehrlich wird.

7.1 Der Übermensch als bildungsphilosophisches Konstrukt

Ein für das Verständnis des Übermenschen-Konstrukts entscheidendes Zarathustra-Wort findet sich im Nachlaß: Ich „nahm euch Alles, den Gott, die Pflicht, – nun müßt ihr die *größte Probe* einer *edlen* Art geben" (KSA 11: 88). Der Begriff Übermensch fällt in diesem Zusammenhang zwar nicht. Aber daß das von Zarathustra hier Geforderte eine Plazierung dieses Begriffs erforderlich macht, steht außer Frage, wobei Nietzsches Hervorhebungen auf offenbar sehr vornehme Wesensarten des im Übermenschen ausgeprägten Menschenmöglichen reflektieren. Berücksichtigt man freilich die von Eugen Sandvoss (1969: 20) herausgehobene Kontextualisierung dieser Nachlaßstelle mit dem unmittelbar zuvor von Nietzsche zitierten und, wie Sandvoss offenbar meint, sich von selbst verstehenden „Nichts ist wahr, alles ist erlaubt", wäre das Übermenschen-Konstrukt Teil einer *politischen Philosophie*, die sich weitgehend mit jener Hitlers deckt. Analoge Ableitungen erlaubt der Beitrag von Georg Lukács, dessen Argument allerdings seine Wirksamkeit im Gegensatz zu jenem von Sandvoss nicht aus einer Fehlkontextualisierung, sondern aus einer Zitatfälschung bezieht. Lukács nämlich – und Wolfgang Harich (1987: 1031) folgt ihm darin – tut so, als habe Nietzsche nicht eine edle *Art*, sondern eine „edle …

Tat“ (Lukács 1954: 276; Hervorhebung C. N.) gefordert. Auf diese Weise bleibt vom Übermenschen jener Tatmensch übrig, den Lukács wie Harich benötigen, um ihrer Dämonisierung Nietzsches den angemessenen Auftrieb zu verleihen.

Der Unterschied zwischen Lukács’ „edlen Tat“ und Nietzsches „*edlen* Art“ erklärt schließlich noch, warum Lukács auch in begriffsassoziativer Hinsicht fehlgreifen mußte. Folgen wir ihr, ist es bei einem so sehr von Wagner geprägten Autor wie Nietzsche fast unvermeidlich, auch den Begriffsverwendungen im *Lohengrin* nachzugehen. Lohengrin nämlich verbietet Elsa von Beginn an die Frage, welcher Art er sei, und auch im weiteren Handlungsverlauf gehören dieser Ausdruck und das Rätsel, das sich aus Lohengrins Abkunft speist, zu den tragenden Säulen des Geschehens. Zum Ende hin wird dann klar, daß Lohengrin der wohl edelsten Art entstammt, die sich denken läßt, wobei die ihm beigegebenen Attribute in dem Ausdruck Reinheit gipfeln. Selbst wenn Nietzsche an diese Begriffsverwendungen nicht gedacht haben mag und im übrigen seine späteren Vorbehalte gegen die Gesamtkonzeption des *Lohengrin* berechtigt scheinen, rechtfertigt der Ausdruck ‘edle Art’ wenn schon nicht die Ineinssetzung von Lohengrin und Übermensch, so jedenfalls doch die Rubrizierung des Konstrukts des Übermenschen unter der Chiffre einer *philosophischen Anthropologie*. Das ist im übrigen auch die im *Zarathustra* nahegelegte Auslegung: „Alle Wesen bisher schufen Etwas über sich hinaus“ (KSA 4: 14), trägt Zarathustra in seiner Vorrede dem von ihm aufgesuchten Volk vor. Angelegt ist darin die Frage, warum ausgerechnet der so zweifelhafte Jetztzeit-Mensch mit einem selbsttäuschungsgesättigten Gestus der Selbstgenügsamkeit meint, dieser ubiquitären Selbstschöpfungstendenz enthoben zu sein – und dies zumal noch, wenn doch mit dem Tod Gottes die Schöpfungsvollmacht an sich wieder verfügbar ist. Prägend für den Begriff des Übermenschen war mithin, schon von seinem Präfix her, eine hauptsächliche Konnotation des Ausdrucks in Richtung eines Wesens, das für gelungene Überwindung des den einzelnen bisher bindenden Artcharakters steht.

Gegeben hat Nietzsche damit zugleich auch eine indirekte Antwort auf seine über zwanzig Jahre ältere Frage aus *Fatum und Geschichte*. „Hat dies Werden denn nie ein Ende?“ (BAW 2: 56), hatte der Siebzehnjährige damals noch gerätselt angesichts des (darwinistischen) Befundes, daß auch der Mensch nur das Ergebnis einer langen Entwicklung ist. Jahre später, in der *Morgenröthe*, schien Nietzsche dieses Thema endgültig ad acta legen zu wollen. „Ehemals suchte man zum Gefühl der Herrlichkeit des Menschen zu kommen, indem man auf seine göttliche *Abkunft* hinzeigte: diess ist jetzt ein verbotener Weg geworden, denn an seiner Thür steht der Affe, nebst anderem greulichen Gethier, und fletscht verständnisvoll die Zähne, wie um zu sagen: nicht weiter in diese Richtung!" (KSA 3: 53f.) Auch den anderen, eher umgekehrten Weg, nämlich den Versuch der Sicherung der Gottverwandtschaft des Menschen mittels des zukunftsorientierten Verweises auf den edlen Gehalt seiner Zielsetzungen, verwarf Nietzsche in diesem Zusammenhang: „Wie hoch die Menschheit sich entwickelt haben möge (...) es giebt für sie keinen Übergang in eine höhere Ordnung, so wenig die Ameise und der Ohrwurm am Ende ihrer 'Erdenbahn' zur Gottverwandtschaft und Ewigkeit emporsteigen" (KSA 3: 54). Trotz dieser insoweit an sich klaren Position ist Nietzsche, zumindest was den Nachlaß aus dieser Zeit angeht, deutlich auf der Suche nach einem dritten Weg. Anlaß hierfür gab ihm die „Spannung zwischen dem immer reiner und ferner gedachten Gott und dem immer sündiger gedachten Menschen" und die sich hieran anschließende Frage, ob es nicht „vermittelnde ... Brücken zwischen zwei solchen Klüften" gäbe, „Neuschöpfungen", wobei er sich hierzu die drei Stichworte notierte: „Engel? Offenbarung? Gottessohn?" (KSA 9: 287f.) Drei Jahre später, im Anschluß an den zwischenzeitlich im *Zarathustra* verkündeten Tod Gottes, ist diese zunächst noch mit Begriffen aus dem Metaphysik-Inventar belegte 'Neuschöpfung' da und wird, nun deutlich schon in nicht-metaphysischer Absicht, 'Übermensch' geheißen. Zarathustra stellt sich also, im Rückblick auf Nietzsches Position in *Fatum und Geschichte* gesprochen, entschlossen in die Botschaft des notwendigen Werdens des Neuen hinein, so, als wolle er sagen, daß mit dem Übermenschen das Werden tatsächlich an sein Ende komme. Der Übermensch scheint damit ein auf Finalisierung metaphysischer Werdensvorstellungen bezogenes anthropologisches Konstrukt zu repräsentieren, das als ein solches auch Anschlußstellen bietet in Richtung nicht-philosophischer wissenschaftlicher Disziplinen.

Ein Hauptanschluß ist gleichwohl noch philosophieintern zu sichern und verweist in Richtung der *praktischen Philosophie*. Dies folgt schon aus der von Zarathustra benannten Freisetzung des Menschen von „Gott" und „Pflicht". Denn diese ihrerseits als Sollensanforderung auftretende Impulsgebung für eine anthropologisch 'edlere' Form der menschlichen Seinsauslegung und Weltgestaltung setzt einen Geltungsverfall jener Moralsicherungssysteme voraus, denen auch Nietzsches Sozialisation ursprünglich unterworfen war. „Das Christenthum setzt voraus, dass der Mensch nicht wisse, nicht wissen *könne*, was für ihn gut, was böse ist: er glaubt an Gott, der allein es weiss" (KSA 6: 114). Entsprechend stellt der Übermensch jenen Typus des neuen Menschen vor, zu dem der Mensch den Zugang nur findet, „indem er sich in seiner *eigenen* Kraft realisiert – gehemmt nicht durch eine von Christus abhängige Moral, die jeden auf Rücksicht verpflichtet, abgelenkt nicht durch Mitleid, schon gar nicht durch jene 'Verstellung', die die alltäglichen Bewältigungsabforderungen aufnötigen" (Treptow 1993: 21). Daß diese „Metaphysik ohne Gott" (Treptow) auf eine Ersatzgottoption zuläuft und somit den Tod Gottes zwingend voraussetzt, verdeutlicht Zarathustras an den höheren Menschen adressiertes und auf den Tod Gottes bezogenes Wort: „Seit er im Grabe liegt, seid ihr erst wieder auferstanden" (KSA 4: 357).

Mit dieser kühnen Wendung des christlichen Wiederauferstehungsdogmas zelebriert Nietzsche den höheren Menschen als Initiator der Befreiung seiner selbst und als Agenten der Wiederauferstehung Christi in seiner neuen, menschlichen Gestalt: in der Gestalt des (damit vergöttlichten) Übermenschen. Insoweit setzt der *Zarathustra* die Losung des Jahres 1880 um: „Erst nach dem Tode der Religion kann die Erfindung im Göttlichen wieder luxuriiren" (KSA 9: 288). Angesichts dieser kühnen Ersatzgottrhetorik sieht sich Nietzsche einem vor allem auch moralphilosophischen Begründungsnotstand ausgesetzt. „Dass der Einzelne sich sein *eigenes* Ideal aufstelle", so lesen wir in *Die fröhliche Wissenschaft*, „und aus ihm sein Gesetz, seine Freuden und seine Rechte ableite – das galt wohl bisher als die ungeheuerlichste aller menschlichen Verirrungen und als die Abgötterei an sich" (KSA 3: 490). Zarathustra wird schon einen Schritt weiter denken: „Die Guten müssen Den kreuzigen, der sich seine eigne Tugend erfindet!" (KSA 4: 266) Dieses Bild, das für nichts anderes steht als für eine Art Christusanalogie, sollte sich später auch Nietzsche zu eigen machen, indem er einige seiner 'Wahnsinnsbriefe' mit „Der Gekreuzigte" zeichnete. Doch anders als Christus sucht das Nietzsche-Vorbild Zarathustra in seiner Rede an seine „Jünger" (KSA 4: 101) nicht die Neubegründung des Glaubens zu stiften, sondern er versucht, sein Motiv, daß er sich eine eigene Tugend erfunden habe, zum Motiv aller zu machen. „Eine Tugend muss *unsre* Erfindung sein, *unsre* persönlichste Notwehr und Nothdurft", führt Nietzsche im *Antichrist* hierzu aus, um wenige Zeilen später das Gebot anzuschließen, „dass Jeder sich *seine* Tugend, *seinen* kategorischen Imperativ erfinde" (KSA 6: 177).

Insoweit auch diese Formulierung die Gestalt einer Sollensanforderung annimmt, ist der Übertritt in pädagogische Bereiche fast unvermeidbar. Denn schon vor Nietzsche und, wenn man an die geisteswissenschaftliche Neuauslegung des pädagogischen Gewerbes denkt, auch und namentlich nach ihm vermochte sich die Pädagogik mit der Ethik jedenfalls eher ins Benehmen zu setzen als etwa mit der Psychologie. Dem korrespondiert, daß Zarathustra, der eigentliche Sachwalter der von Nietzsche eingeleiteten Neuorientierung der Ethikdebatte, zugleich auch als Erzieher oder Lehrer konzipiert ist, der seine Hauptaufgabe in der Beförderung der Idee des Übermenschentums erblickt. In seinem Vorgehen folgt er dabei einer Vorgabe aus einem Fragmentnotat von 1881. „Welches", so hatte Nietzsche hier gefragt, „sind die tiefen Umwandlungen, welche aus den Lehren kommen müssen, daß kein Gott für uns sorgt und daß es kein ewiges Sittengesetz giebt (...)? daß wir Thiere sind? daß unser Leben vorbeigeht? daß wir unverantwortlich sind?" (KSA 9: 461) Die Antwort Nietzsches lautete damals noch: Der „Weise und das Thier werden sich nähern und einen neuen Typus ergeben!" (KSA 9: 461) Es ist kein anderer als Zarathustra, der in dem zwei Jahre später erschienenen ersten Teil des *Zarathustra* diesen Weisen darstellt und schon in seiner Vorrede das Volk fragt, ob es „lieber noch zum Thiere zurückgehn, als den Menschen überwinden" (KSA 4: 14) wolle. Die Antwort steht für Zarathustra außer Frage: Der Mensch sei „eine Brücke ... und kein Zweck" (KSA 4: 248), er sei etwas, „das überwunden werden soll" (KSA 4: 14), er müsse lernen, den „Pfeil seiner Sehnsucht" (KSA 4: 19) über sich hinauszuwerfen, er sei – so Nietzsche in *Jenseits von Gut und Böse* – „das noch nicht festgestellte Thier" (KSA 5: 81). Der Übermensch, so auch Heidegger, ist „derjenige Mensch, der über den bisherigen Menschen hinausgeht, einzig um den bisherigen Menschen allererst in sein noch ausstehendes Wesen zu bringen und ihn darin fest zu stellen" (Heidegger 1954: 76).

Die Pädagogik, spätestens seit Kant an das hiermit umschriebene Projekt der Menschwerdung des Menschen gebunden, hatte also allen Anlaß, Nietzsches Übermenschen immer wieder in bildungsphilosophische Sicht zu nehmen. Dabei ist allerdings Nietzsches Warnung zu beachten, daß *ein* Gott „immer ein Teufel" bliebe, fortfahrend: „Es muß viele Übermenschen geben" (KSA 11: 541). Nietzsche hat hiermit eben das geklärt, was ungeklärt hinterlassen zu haben ihm Albert Reble noch fast siebzig Jahre später anlastete, nämlich die Frage, „ob der Übermensch dann ein seltenes, die Masse überragendes Genie oder der Typ der ganzen späteren Menschheit sein soll" (Reble 1975: 254). Zu sagen nämlich, 'es muß viele Übermenschen geben', meint eher letzteres. Genommen ist damit aber auch, wie Nietzsche 1888 im Aufgreifen zeitgenössischer Mißverständnisse ausdrücklich betonte, die Möglichkeit eines „Heroen-Cultus" (KSA 6: 300) um den Übermenschen. Schon Nietzsche hat also der Bildsamkeit des Menschen in Richtung des Übermenschen-Motivs als Bildungsideal das Wort geredet, auf das, wie er in geradezu klassisch-pädagogischer Pose sagt, „man den Glauben an den Menschen festhalten darf!" (KSA 5: 278). Das damit erreichte Problembewußtsein war dem frühen Nietzsche nicht unvertraut. Dies verdeutlicht schon seine Frage aus *Schopenhauer als Erzieher*: „Aber wie finden wir uns selbst wieder?" (KSA 1: 340) Dieser Frage unterliegt ein Aufruf an die Menschen, ihrem eigenen „Genius" (KSA 1: 338) nicht auszuweichen. Und so schreibt denn auch der Nietzsche des Jahres 1874, fast schon im Geist des *Zarathustra* (vgl. auch Kaufmann 1988: 360ff.), weiter: Dein „wahres Wesen liegt (...) unermesslich hoch über dir oder wenigstens über dem, was du gewöhnlich als dein Ich nimmst" (KSA 1: 341).

Es war vor allem Nietzsche selbst, der dieses 'wahre Wesen' in seinem eigenen Bildungswerdegang zum Durchbruch zu bringen suchte. Das bezeugt der erste Teil der vorliegenden Arbeit ebenso wie Zarathustras Parabel von der Verwandlung des Geistes über die drei Stufen des Kamels, des Löwen und des Kindes. Denn diese Parabel darf als eine autobiographisch gerichtete Exposition des Bildsamkeitstheorems gelesen werden. So steht das Kamel, das die erste Stufe der Geistesentwicklung repräsentiert und das vorgestellt wird als der „tragsame ... Geist", der „gut beladen sein (will)" (KSA 4: 29) und der sich dabei „zu viele *fremde* schwere Worte und Werthe" (KSA 4: 243) auflädt, für Nietzsches Rückerinnerung an seine Kindheit sowie Schul- und Studienzeit. Des Kamels Frage beispielsweise, ob der Sinn tatsächlich darin liegen könne, „sich von Eicheln und Gras der Erkenntniss nähren und um der Wahrheit willen an der Seele Hunger leiden" (KSA 4: 29), war exakt Nietzsches selbstquälerische Frage als Student, die ihn notwendig von der Philologie weg und in die Philosophie hineinführte. Und so darf man sich denn auch diese mutige Entscheidung in der Figur des Löwen repräsentiert denken, die Zarathustra auf der zweiten Stufe der Geistesverwandlung plaziert. Zarathustras Befund: „Welches ist der grosse Drache, den der Geist nicht mehr Herr und Gott heissen mag?" „'Du-sollst' heisst der grosse Drache. Aber der Geist des Löwen sagt 'ich will'" (KSA 4: 30), weist dabei deutliche Anklänge auf an die Drachentöter-Metaphorik, die sowohl in der *Geburt der Tragödie* als auch im *Zarathustra* eine gleichsinnige Rolle spielt, nämlich Nietzsches Hoffnung auf ein siegfriedhaftes „neues Geschlecht" ausdrückt, das sein moralisches „So soll es sein" unerschrocken gegen das geschichtliche „So ist es" (KSA 1: 311) setzt. Dabei bleibt auch der innere Kampf, den Nietzsche auszufechten hatte, nicht unerwähnt: „Recht sich nehmen zu neuen Werthen – das ist das furchtbarste Nehmen für einen tragsamen und ehrfürchtigen Geist. Wahrlich ein Rauben ist es ihm und eines raubenden Thieres Sache" (KSA 4: 30) – kurz: Sache des Löwen.

Auffällig ist, daß der Löwe nicht die dritte, die Geistesverwandlung des Menschen an sich abschließende und auf ihren Höhepunkt führende Stufe symbolisiert, als andere Chiffre für den Übermenschen – dem im übrigen, wie wir nun belegfrei unterstellen dürfen, viele unbesehen das löwenhafte 'Rauben' 'neuer Werte' zutrauen würden. Als habe Nietzsche vielen entsprechend justierten Interpreten ein Schnippchen schlagen wollen, präsentiert er auf dieser Stufe weder das eine noch das andere, sondern er präsentiert ausgerechnet das Kind. Das Rätsel löst sich sofort, da Zarathustra die entscheidende Frage stellt: „Aber sagt, meine Brüder, was vermag noch das Kind, das auch der Löwe nicht vermochte?" (KSA 4: 31) In der Antwort, die offensichtlich von den derart Angesprochenen kommt, werden Attribute genannt wie „Unschuld", „Vergessen", „Neubeginnen",

„Spiel", „rollendes Rad", „erste Bewegung", „heiliges Ja-sagen" – Attribute, die zu der Antwort Zarathustras führen: „Ja, zum Spiel des Schaffens, meine Brüder, bedarf es eines heiligen Ja-sagens: *seinen* Willen will nun der Geist, *seine* Welt gewinnt sich der Weltverlorene" (KSA 4: 31). Zumindest das Attribut „rollendes Rad" eröffnet zwanglos den Bezug auf den Übermenschen. Denn derlei Metaphern stehen im Œuvre des späten Nietzsche durchgängig für den – die Weltbejahung überhaupt erst ermöglichenden – Gedanken der ewigen Wiederkunft des Gleichen, der für Nietzsche erst mit dem Ausblick auf den Übermenschen erträglich wird. Dabei ist die Kindmetaphorik insgesamt gekennzeichnet durch den Bezug auf das Spielerisch-Zweckfreie. Sie setzt damit, wie schon das frühe Nietzsche-Vorbild Schopenhauer (SW II: 461) wußte, Assoziationen frei in Richtung des noch durch kein zweckhaftes Erkenntnisinteresse dominierten Genies, ein Bezug, der wiederum an den Übermenschen denken läßt. Zugleich ist dabei, und auch dies hat schon Schopenhauer mitbedacht, immer die Differenz zum ernsthaft-vernünftigen Erwachsenen gesetzt, der in seinen persönlichen Interessen aufgeht, nur durch sein Nützlichkeitsstreben diktiert wird und insoweit eher für Verfall zeugt.

Aber nicht nur daran und somit an die Notwendigkeit der Überbietung der Dekadenz der Erwachsenen erinnert die Kindmetaphorik des *Zarathustra*. Sie verweist vielmehr auch auf Nietzsches in *Über Wahrheit und Lüge im außermoralischen Sinne* unterbreitetes Ideal vom 'intuitiven' Menschen. Der Unterschied ist allerdings beträchtlich: Das Ideal des *Zarathustra* läßt sich nicht mehr, wie das des frühen Nietzsche, als Anspielung auf einen noch in der Antike präsenten und durch Wagner resp. Bayreuth wieder möglich gewordenen anti-modernen Menschentypus verstehen; vielmehr verweist Zarathustras Ideal, also der in die Unschuld kindlichen Schaffens gesetzte Übermensch, auf die Notwendigkeit eines zur Befreiung zu führenden Bildungswerdegangs in der Epoche, der Nietzsche zugehört und aus der eine romantisierende oder wagnerianisierende Flucht nicht mehr erlaubt ist. Zarathustra und mithin der späte Nietzsche, so läßt sich auch reformulieren, fragen nicht mehr nach dem Glück aus dem Leben im Schein, sondern sie fragen nach der Möglichkeit der Bejahung eines Lebens, das sich seiner schwersten (Kamel) und einschränkendsten (Löwe) Lasten ledig weiß und das darüber in den Vorhof seiner Freisetzbarkeit geführt wurde.

Bestärkungen lassen sich für diese Deutung aus einem gleichgerichteten Bild in Nietzsches Jugendschrift *Fatum und Geschichte* beziehen. Ausgehend von der sich auf Platons *Phädros* beziehenden Frage (vgl. Schmidt 1994 a: 73), „was die Seele vieler Menschen mit Macht zu dem Gewöhnlichen niederzieht und einen höhern Ideenaufflug so erschwert", entwickelte der Siebzehnjährige hier die Vision, „durch einen starken Willen die

Weltvergangenheit umzustürzen" und damit „in die Reihe unabhängiger Götter" (BAW 2: 58) einzutreten. „Weltgeschichte", so die Pointe, „hieße dann für uns nicht⟨s⟩ als ein träumerisches Selbstentrücktsein; der Vorhang fällt, und der Mensch findet sich wieder, wie ein Kind mit Welten spielend, wie ein Kind, das beim Morgenglühn aufwacht und sich lachend die furchtbaren Träume von der Stirne streicht" (BAW 2: 58 f.). Die Kindmetaphorik erfüllt hier eine ähnliche Funktion wie im *Zarathustra.* Im Unterschied zu diesem Werk ist es für den jungen Nietzsche aber offenbar noch bedrohlich, sich in den Rang eines weltentrückten kindlichen Schaffens, das gleichwohl Weltgestaltungsabsichten vorträgt und insoweit Ersatzgottvorstellungen genügt, hineinzuwünschen, und deswegen konstelliert er die Geschichte als einen 'furchtbaren Traum'. Die Nötigung, in diese Richtung dereinst zu träumen, wird jedoch schon deutlich aufgezeigt. Anders nämlich, so lernt der Leser, wird der 'Ideenaufflug' nicht gelingen und die 'Macht des Gewöhnlichen' nicht zu brechen sein, was wir nun reformulieren können mit: Anders wird der Löwe nicht ins Werk treten können, um das Kind und darin den Übermenschen freizusetzen.

Um die Nötigung zu dieser Art des Durch- und Aufbruchs weiß der Nietzsche des *Zarathustra* ebenso, wenn nicht noch nachdrücklicher. Nur ist er der Angst von damals ledig, daß es sich dabei um einen 'furchtbaren Traum' handele, denn nach dem Tod Gottes gibt es keine Alternative zur Setzung des Menschen als Weltgestalters. Deswegen kann auch die Utopie nun einen neuen Anlauf nehmen. Dabei bestärkt gerade die fast vollständige Vorwegnahme der Kindmetapher schon in *Fatum und Geschichte* die hier vertretene These, wonach Nietzsche mit Zarathustras Lehre von den drei Verwandlungen des Geistes keineswegs dem angeblichen Nihilismus seiner Spätphase Ausdruck verliehen (so Bröcker 1972: 140) bzw. *vorgearbeitet* hat. Vielmehr hat er seine Jugendvision *nachbearbeitet*, aber nicht, wie Jørgen Kjaer meint, in Richtung der Bestärkung einer sich im Spiel des Kindes aussprechenden „narzißtische(n) Selbstvergöttlichung" (Kjaer 1990: 219), sondern in Richtung des Arguments, daß die Fähigkeit des spielerischen Weltgestaltens dem erwachsen gewordenen Kind dann wieder zukommt, wenn es den Löwen-Mut bewiesen hat, sich von dem ihm oktroyierten Wissen zu befreien. Was Nietzsche hiermit insgesamt vorgelegt hat, ist also die Skizze einer auf Behebung negativer Sozialisationserfahrungen abstellenden, befreiungsorientierten Theorie des Bildungsgangs, die ihr Zentrum erkennbar auf der zweiten Stufe findet: auf der des Löwen also, der zugleich als 'Löwe des Geistes' imponiert, an Nietzsche in seiner nach-philologischen Ära erinnert und dessen Auftrag ein zweigleisiger ist: Nach hinten hin hat er, in Analogie zu Nietzsches Bildungswerdegang gesprochen, die Destruktion der das Kamel (den Philologen Nietzsche) noch regierenden Klugheit ebenso zu leisten wie die Zerstörung der die Unbefragtheit dieser Bildungsetappe noch konfundierenden Pseudo-Wahrheiten; und nach vorn hin muß dieser Löwe die Schaffung neuer Werte und mithin eine Lebensform vorbereiten, in der dann, in Gestalt des hier als Übermenschen gelesenen Kindes, die Weisheit und das Motiv der Selbstbestimmung das Regiment übernehmen kann.

Nietzsche suchte also seine eigene Bildungsgeschichte als Exempel für die Realisierbarkeit der bildungsphilosophischen Absicht des Übermenschen-Konstrukts aufzubereiten. Daß er dabei nur auf „Glücksfälle" rechnen wollte, „auf ein fortwährendes Gelingen einzelner Fälle an den verschiedensten Stellen der Erde und aus den verschiedensten Culturen heraus" (KSA 6: 171), läßt sich nicht nutzen für eine Widerlegung der hier geführten, im Bildsamkeits-Theorem sich bündelnden Rede von der bildungsphilosophischen Absicht, die Nietzsche mit seinem Übermenschen-Ideal umgetrieben habe. Mit derlei vorsichtigen und relativierenden Bedenken wollte Nietzsche nur illustrieren, was er an die Stelle herkömmlicher geschichtsoptimistischer Vorstellungen zu setzen gedachte: kein Kalkül auf ein Geschichtsgesetz oder auf eine Fortschrittsidee, sondern auf die wechselhaften kulturellen und gesellschaftlichen Phänomene, die auf (theoretisch erwünschte) Entwicklungen Einfluß nähmen. In diesem Prinzip bleibt Nietzsche also seinem 'anti-metaphysischen' Grundsatz verhaftet, wonach die „Dinge höchsten Werthes" in jedem Fall „aus dieser vergänglichen verführerischen täuschenden geringen Welt" (KSA 5: 16) begründet werden müßten.

Diesem Gebot gehorcht auch noch Nietzsches im Nachlaß von 1887/88 als „Schlußsatz" angekündigte Formel, wonach „alle 'Wünschbarkeiten' in Hinsicht auf den Menschen absurde und gefährliche Ausschweifungen waren" und ihm so „der *wirkliche* Mensch einen viel höheren Werth darstellt als der 'wünschbare' Mensch irgend eines bisherigen Ideals" (KSA 13: 56). Damit wird keineswegs, wie Reinhart Maurer annimmt, „Nietzsches gelegentliches Übermenschenzukunftspathos" (Maurer 1994: 113) korrigiert. Nietzsche kritisiert hier lediglich eine Strategie, mit der eine „einzelne Art von Mensch ihre Erhaltungs- und Wachstumsbedingungen über der Menschheit als Gesetz aufhängen möchte" (KSA 13: 56). Wie der Sprachgebrauch schon verrät, zielt Nietzsche mit dieser Kritik in der Hauptsache auf nichts anderes als auf den vom Christentum protegierten Typus des vermeintlich 'guten', christlichen Tugendidealen unterworfenen Menschen, bei dem übersehen wird, „daß die Fähigkeit des Menschen, Werthe anzusetzen, bisher zu niedrig entwickelt war, um dem tatsächlichen, nicht bloß 'wünschbaren' *Werthe des Menschen* gerecht zu werden" (KSA 13: 56). Maurer, der diesen Passus bezeichnenderweise nicht zitiert, übersieht so, daß damit der Übermensch wieder im Raum steht. Er begegnet uns hier als ein Wesen, dessen Fähigkeit, neue Werte anzusetzen, hoch entwickelt ist und auch entsprechend entwickelt sein muß, weil mit dem Tod Gottes keine Instanz mehr verfügbar ist, die für irgendeine mit dem Wort von den Idealen umschreibbare „welt- und menschenverleumdende Kraft“ (KSA 13: 56) eintreten könnte, wie sie sich Nietzsches Ansatz zufolge im Christentum ausspricht. Um die damit allein noch mögliche „große Verführung zum Nichts“ (KSA 13: 56) *abzuwenden* – und nicht etwa, wie man bei dem Nietzsche allzuhäufig attribuierten Nihilismus mitunter übersieht, um ihr *vorzuarbeiten* –, ist also auch auf dieser Stufe der Reflexion des späten Nietzsche der Übermensch, selbst wenn er hier nun nicht mehr expressis verbis genannt wird, erforderlich und gefordert als ein Wesen, das einzutreten verspricht für die allein von ihm zu verantwortende neue Wirklichkeit und Wertbegründungsfähigkeit.

Faßt man nun diese beiden Argumente zusammen, eröffnen sie die gesuchte Überstiegshilfe ins Reich der Psychologie. Denn allein hier werden wir erwarten dürfen, daß der ‘wünschbare Mensch’ pädagogischen Hoffens übersetzt und abgeleitet werden kann aus dem ‘wirklichen Menschen’ psychologischen Wissens. Allein hier ist auch der Ort, wo uns aus dem Gehege des psychologischen Wissens um die ‘vergängliche verführerische täuschende geringe Welt’ die ‘Dinge höchsten Wertes’ entgegentreten. Dies tun sie aber nun nicht als Postulate, resultierend aus Annahmen über die Verantwortlichkeit des Menschen in einer Ordnung der Dinge ohne Gott, sondern als analytische Sätze, resultierend aus dem Wissen um die psychologischen Hemmnisse, die den Menschen hindern an einer verantworteten und selbsttäuschungsfreien Kulturleistung. Damit soll keineswegs behauptet werden, der späte Nietzsche habe dieses Problem durchgängig in eben der Eindeutigkeit gesehen, die diese stilisierte Formulierung suggeriert. Die im folgenden vertretene These lautet vielmehr, daß seine diesbezüglichen Vorarbeiten den Schluß erlauben, er selber hätte eine derartige Formulierung nicht als eine seinen letzten Absichten widersprechende wahrgenommen.

7.2 Der Übermensch in psychologischer Lesart

Erst mit dem Tod Gottes ist, Nietzsche zufolge, Abweichung vom überkommenen und vom herrschenden Typus begründbar sowie lebbar. Es darf nun gedacht werden an die Verschiedenheit der Menschen in ihrer moralischen Zulässigkeit – und mithin an eine Existenzform, für die der Übermensch steht. Zarathustra segnet denn auch die Gegenstellung ab: „Denn die Menschen sind nicht gleich: so spricht die Gerechtigkeit. Und was ich will, dürften sie nicht wollen!“ (KSA 4: 162) Mit dieser Wegbahnung verwarf Nietzsche über Zarathustra in später häufig skandalisierter

Weise die herkömmliche Gerechtigkeitskonzeption und die ihr unterliegende Gleichheitsdoktrin, sowohl ihrer aufklärerischen wie christlichen Variante nach. Am deutlichsten macht dies vielleicht sein Urteil aus dem *Antichrist*, wonach das Diktum von der „Gleichheit der Seelen vor Gott" einen „Vorwand für die rancunes aller Niedriggesinnten" geliefert habe und insoweit einem „Sprengstoff von Begriff" gleiche, „der endlich Revolution, moderne Idee und Niedergangs-Princip der ganzen Gesellschafts-Ordnung geworden ist" (KSA 6: 252).

Zu den psychologischen Anschlußfragen gehört hier beispielsweise die danach, wie es denn dazu kommen konnte, daß die Menschen mehrheitlich in jener dekadenten Gleichheit versanken, aus der zu erheben des Übermenschen Auftrag ist. Nietzsche machte hierfür vor allem einen im zwischenmenschlichen Zusammenleben unerkannt wirksamen repressiven Imperativ aus, demzufolge der Mensch „alle Verschiedenheit als unmoralisch empfinde. So entsteht nothwendig der Sand der Menschheit: Alle sehr gleich, sehr klein, sehr rund, sehr verträglich, sehr langweilig" (KSA 9: 73). Zarathustra äußert sich später in diesem Punkt noch ein Stück unversöhnlicher: „Jeder will das Gleiche, Jeder ist gleich: wer anders fühlt, geht freiwillig in's Irrenhaus" (KSA 4: 20). Dies ist eine durchaus beklemmende Aussage angesichts Nietzsches letzter Jahre. Es ist aber auch eine Aussage, die deutlich auf die im Rücken der allfälligen Konformität eingeforderten Preise der Nonkonformisten hinweist. Dieses Problem wird dort zu seinem Kern geführt, wo Nietzsche die Frage stellt, wie denn die Konformität im alltäglichen Handeln der Menschen ihre Bestärkung erfahre.

Dabei sind zwei psychologische Motive zu unterscheiden, die sich bei Nietzsche immer wieder verschränken. Das erste ist sozialpsychologischer Charakteristik und erreicht seinen Höhepunkt mit der Ressentimentanalyse in der *Genealogie der Moral*. Rudimente dessen waren aber auch schon dem frühen Nietzsche nicht unvertraut. „Die Massen", so lesen wir etwa in *Schopenhauer als Erzieher*, „scheinen mir nur in dreierlei Hinsicht einen Blick zu verdienen: einmal als verschwimmende Copien der grossen Männer, auf schlechtem Papier und mit abgenutzten Platten hergestellt, sodann als Widerstand gegen die Grossen und endlich als Werkzeuge der Grossen; im Uebrigen hole sie der Teufel und die Statistik!" (KSA 1: 320). Diese Formulierung ist noch deutlich durch das genieästhetische Interesse des seine Wagner-Verehrung kultivierenden aufstrebenden Genies geprägt. Immerhin liegt aber schon der Gedanke nahe, daß die Ununterscheidbarkeit des in der Masse aufgehenden einzelnen für jene Dekadenz der Gleichheit zeuge. Im Ergebnis dessen vermochte Nietzsche nur noch „Scheinmenschen" (KSA 1: 338) zu sichten, die infolge ihrer Furchtsamkeit, „dem Geschick mit Entschiedenheit entgegenzutreten" (BAW 2: 60), der Konvention folgten und entsprechend „heerdenmässig zu denken und zu handeln“ (KSA 1: 337) gewohnt seien resp. die, wie es unter dem Stichwort ‘Bildungsphilister’ heißt, „um sich herum lauter gleiche Bedürfnisse und ähnliche Ansichten“ (KSA 1: 166) wahrnehmen würden. Die Analyse selbst folgt dabei weitgehend noch den Intentionen der Aufklärung, den sozialpsychologischen Motiven auch eines Rousseau oder Schopenhauer, ohne die Notwendigkeit einer ‘neuen Aufklärung’ anzumelden, die dann den psychologisch geschärften Blick auch zu wagen hätte hinter die Kulissen desjenigen, der sich, etwa im Sinne der berühmten Formel Kants, zu dem Mut zu bekennen hat, seinem Verstand ohne Leitung eines anderen zu folgen.

Etwas anders schon verhält es sich dort, wo Nietzsche den Gründen nachspürt, die immer wieder den „Heerden-Instinct“ (KSA 3: 415) in ihm selbst zum Erklingen brächten. Auch Zarathustra wird diesem Thema verpflichtet, wenn er den Typus der ‘kleinen Leute’ kritisiert, die „Alle Ergebung und Bescheidung und Klugheit und Fleiss und Rücksicht und das lange Und-so-weiter der kleinen Tugenden“ (KSA 4: 358) predigten. Hinter diesen Worten verbirgt sich auch ein Porträt von Nietzsches Mutter. Denn sie war es vor allem, die ihrem Sohn lebenslang den Kanon der ‘kleinen Tugenden’ aufsagte und die folglich auch dem Wort von den ‘kleinen Leuten’ zurechenbar ist. Schon Nietzsches dem Jahr 1862 zugehörende Schelte der „kleinen schwächlichen Naturen, die einer großartigen Entwicklung von Kraft nicht fähig in ihren Handlungen nur die eigene Beschränktheit wiederspiegeln“ und „über die lebensvolle Gluth in leidenschaftlichen Charakteren zu spotten oder zu moralisieren (pflegen)“ (BAW 2: 129), darf in diesem Sinne als verklausulierte Kritik der eigenen Mutter verstanden werden. In Anbetracht dieser bösen Seite des Guten kann Nietzsche dann auch, sich in ironischer Attitüde als „Immoralist“ definierend und damit seine Absicht der Umwertung der Werte komplettierend, im *Ecce homo* die Ernte einfahren: „Ich verneine … einen Typus Mensch, der bisher als der höchste galt, die Guten, die Wohlwollenden, Wohltäthigen“ (KSA 6: 367).

Aber auch dies ist letztlich noch Präliminarie im Vergleich zu den Erträgen, die Nietzsche in der *Genealogie der Moral* unterbreitet. Das „eigentliche Problem vom Menschen“, so lesen wir hier, bestünde darin, ein „Thier heran(zu)züchten, das versprechen darf“ (KSA 5: 291). Anders als es der Ausdruck ‘Zucht’ vermuten läßt, steht bei diesem Wort das Theorem der Artumwandlung nicht im Vordergrund. Statt dessen dominiert eine menschheitsgeschichtlich angelegte Domestizierungsanalyse. Dabei schließt Nietzsche nicht aus, daß es im Verlauf der ‘vorhistorischen’ „Arbeit des Menschen an sich selber“ gerechtfertigt gewesen sein mochte, „den Menschen zuerst bis zu einem gewissen Grade nothwendig, einförmig, gleich unter Gleichen, regelmässig und folglich berechenbar zu machen“, und zwar „mit Hülfe der Sittlichkeit der Sitte und der socialen Zwangsjacke“ (KSA 5: 293). Aber diese ganze ‘Arbeit’, so folgt gleich, sei nie als Selbstzweck, sondern immer nur als Mittel späterer Früchte gedacht oder jedenfalls doch akzeptabel. Und eben diese Früchte blieben in der Regel aus: Das „souveräne Individuum“ jedenfalls, „das nur sich selbst gleiche“ (KSA 5: 293), trete nur als Rarität auf.

Nietzsche fragt also nach der ‘hellen’ Seite der Domestizierung, derzufolge der Mensch bei all dem, was er an Unterwerfung seitens Dritter erleiden muß, zugleich doch auch zu einer eigenen „Kriegserklärung“ gegen seine „Thierseele“ (KSA 5: 323) bereit sein müsse, wenn er denn wolle, daß man in ihm noch nicht das „Ziel“ der Menschheitsgeschichte sehe, „sondern nur ein(en) Weg, ein(en) Zwischenfall, eine Brücke, ein grosses Versprechen“ (KSA 5: 324). Man sieht: Dies sind Formeln, die auch auf den von Nietzsche hier nicht erwähnten Übermenschen passen könnten. Aber sie spielen doch schon deutlich in die Psychologie hinein. Dabei geht diese psychologische Blickrichtung von der Voraussetzung aus, daß viele Menschen im Erfahrungsaufbau gebunden bleiben durch Erinnerungen, durch Traditionen, durch Gewöhnung, also: daß sie im lebensgeschichtlichen Ablauf herabsinken zu Wesen, die nichts Neues mehr ‘versprechen’, sondern nur Altes perpetuieren. Abhilfe sieht Nietzsche folglich nur noch darin, daß der Mensch eine Art „aktive … Vergesslichkeit“ setzt gegen das in ihm bisher Akkumulierte, daß er, wie es im Anklang an ein Wort Schopenhauers (SW V: 57) heißt, „ein wenig Stille, ein wenig tabula rasa des Bewußtseins“ schafft, „damit wieder Platz wird für Neues, vor allem für die vornehmeren Funktionen und Funktionäre, für Regieren, Voraussehn, Vorausbestimmen“ (KSA 5: 291). Dies, so Nietzsche weiter, erfordere dann aber auch, daß sich der Mensch „ein Gegenvermögen an()züchtet, ein Gedächtniss, mit Hülfe dessen für gewisse Fälle die Vergesslichkeit ausgehängt wird, – für die Fälle nämlich, dass versprochen werden soll“ (KSA 5: 292). Aus diesem Zugleich von ‘aktiver Vergeßlichkeit’ und Konsolidierung des den eigenen Wert und Willen bestimmenden Neuen mittels des Gedächtnisses entspringt also, so darf man Nietzsche verstehen, jener Mensch, der ‘versprechen darf’ bzw. der, „wie es ein Versprechender thut, für sich als Zukunft gut sagen“ (KSA 5: 292) darf.

Diese Perspektive war zwar nicht gänzlich neu. So hatte Nietzsche schon in *Vom Nutzen und Nachteil der Historie für das Leben* das Dilemma des Menschen darin gesehen, „das Vergessen nicht lernen zu können und immerfort am Vergangenen zu hängen“ (KSA 1: 248). Das Vergangene geriet aus dieser Sicht zum „Todtengräber des Gegenwärtigen“, und der Forschungsauftrag lautete entsprechend, die Größe der „plastischen Kraft eines Menschen, eines Volkes, einer Cultur“ zu bestimmen, „aus sich heraus eigenartig zu wachsen, Vergangenes und Fremdes umzubilden und einzuverleiben, Wunden auszuheilen, Verlorenes zu ersetzen, zerbrochene Formen aus sich nachzuformen“ (KSA 1: 251). Aber wie diese ‘plastische Kraft’ auf Individualebene sich darstellt, blieb dabei doch im Dunkeln, und das Beibehalten des Kraftbegriffs hätte dieses Rätsel wohl auch auf Dauer gestellt. Denn dieser Begriff legte die Analyse fest auf einen vermögenspsychologischen Dezisionismus.

Ähnlich verhält es sich mit Nietzsches Annahme aus *Jenseits von Gut und Böse*, wonach zwei Kräfte des Geistes zu unterscheiden seien: Eine, durch die der Mensch dem Hang nachgibt, „das Neue dem Alten anzuähnlichen, das Mannigfaltige zu vereinfachen, das gänzlich Widersprechende zu übersehen oder wegzustossen“; und eine scheinbar gegenläufige, in deren Dienst „ein plötzlich herausbrechender Entschluss zur Unwissenheit“ steht, also „ein inneres Neinsagen zu diesem oder jenem Dinge, ein Nicht-heran-kommen-lassen, eine Art Vertheidigungs-Zustand gegen vieles Wissbare, eine Zufriedenheit mit dem Dunkel, mit dem abschliessenden Horizonte, ein Ja-sagen und Gutheissen der Unwissenheit“ (KSA 5: 167f.). Denn auch dieser zweifellos interessanten Beobachtung kann Nietzsche nur die vergleichsweise ratlose Auskunft anfügen, daß der Entscheid für die eine oder andere Option von dem Grad der „aneignenden Kraft“ (KSA 5: 168) des Geistes abhänge, also, wie man heutzutage in kognitionspsychologischer Sprache sagen würde, an scheinbar unverrückbare Grenzen der Informationsverarbeitungskapazität gebunden ist. Daß hinter dieser ‘Kraft’ indes Motivstrukturen verborgen sind, also Wahrnehmungs- und Erkenntnisinteressen, die der Mensch mittels einer Art ‘aktiver Vergeßlichkeit’ steuern kann, sprach Nietzsche hier, im Gegensatz zum angeführten Passus aus der *Genealogie der Moral*, noch nicht aus.

Belangvoller fast noch als diese kognitionspsychologischen Aspekte sind die sozialpsychologischen Implikate der damit im Raum stehenden Theoriesprache. Dabei sei zugestanden, daß diese Theoriesprache auch andere als sozialpsychologische Assoziationen freisetzt. So erinnert Nietzsches Wort von der ‘aktiven Vergeßlichkeit’ zweifellos an Freuds Lehre von der Verdrängung (vgl. Kaiser-El-Safti 1987: 46). Auch ließe sich diskutieren, ob Nietzsches Rede von den ‘vornehmeren Funktionen und Funktionären’ der Metapher Freuds (GW X: 253) vom Ich als ‘Reiter’ des Es vorarbeitet (vgl. Kerz 1985: 133). Von hier aus wäre schließlich die Erinnerung naheliegend an Schopenhauers Bestimmung, wonach das, „was, für ein unbändiges Roß, Zügel und Gebiß“ seien, „für den Willen im Menschen der Intellekt“ repräsentiere, konkret: der „mittelst Belehrung, Ermahnung, Bildung u. s. w.“ (SW II: 247) zur Herrschaft über das Abgründige zu bringende Intellekt. Wenn hier aber gleichwohl weniger nach den schon von Schopenhauer subtil erörterten psychodynamischen Hintergründen des damit angesprochenen vielfältigen Geschehens im Gehäuse der vermeintlichen Rationalität der Menschen gefragt wird als vielmehr nach sozialpsychologischen Zusammenhängen, dann deshalb, weil zunächst den von Nietzsche in der *Genealogie der Moral* nahelegten Hinweisen nachgegangen werden soll. Diese konfrontieren uns mit einer Gattungsvariante des Menschen, die Nietzsche mittels eines (späteren) sozialpsychologischen Grundbegriffs kennzeichnete, dem des Ressentiments. Die diesen Spuren nachgehende Nietzsche-Forschung hat diesem Begriff auch entsprechend große Aufmerksamkeit zugewandt (vgl. etwa Wiehl 1973; Koecke 1994). Gilles Deleuze befand gar in seinem Buch über Nietzsche: „Wiese seine Philosophie auch nur diesen einen Aspekt auf, wäre ihr schon größte Bedeutung sicher" (Deleuze 1991: 212).

Wir wollen uns hier mit dem theorieimmanenten Befund begnügen, daß Nietzsches Wort von den 'vornehmeren Funktionen und Funktionären' sowie das von den 'vornehmen Menschen' seine zentrale Bedeutung vom Negativ-Begriff des Ressentiments aus gewinnt. Im Vordergrund steht dann nämlich nicht, wie noch in *Jenseits von Gut und Böse*, der Versuch, mittels des Ausdrucks 'vornehm' jene Seinsverfaßtheit des Menschen zu umschreiben, die sich durch „Glaube an sich selbst" und „Stolz auf sich selbst" (KSA 5: 210) auszeichnet und die den Menschen damit, im Gegensatz zur herrschenden christlichen Sklavenmoral, in den Rang eines aktiven 'Schöpfers' bringt und aus der Rolle eines passiven 'Geschöpfes' befreit. Im Vordergrund des Begriffsgebrauchs des Ausdrucks 'vornehm' in der *Genealogie der Moral* steht vielmehr das, was diese schöpferische Seinsverfaßtheit des Menschen allererst charakterisiert, nämlich die relative Ressentimentfreiheit in der Bewertung von Erfahrungen mit Dingen und Personen. Ein Beleg hierfür ist der Ausdruck „vornehme ... Werthungsweise", den Nietzsche diametral verankert zu der aus der Sklavenmoral resultierenden, eher verneinend angelegten Betrachtung des Fremden und dahingehend übersetzt, daß eine derartige Wertungsweise „ihren Gegensatz" nur aufsuche, „um zu sich selber noch dankbarer, noch frohlockender Ja zu sagen" (KSA 5: 270f.).

Vor allem die Fortführung macht klar, daß Nietzsche damit zugleich auf das sozialpsychologische Implikat einer bestimmten Seinsverfaßtheit des Menschen abzielt: „Während der vornehme Mensch vor sich selbst mit Vertrauen und Offenheit lebt (...), so ist der Mensch des Ressentiment weder aufrichtig, noch naiv, noch mit sich selbst ehrlich und geradezu. Seine Seele *schielt*; sein Geist liebt Schlupfwinkel, Schleichwege und Hinterthüren, alles Versteckte muthet ihn an als *seine* Welt, *seine* Sicherheit, *sein* Labsal; er versteht sich auf das Schweigen, das Nicht-Vergessen, das Warten, das vorläufige Sich-verkleinern, Sich-demüthigen" (KSA 5: 272). Was Nietzsche hier beschreibt, scheint zugleich auch der Versuch einer Antwort zu sein auf die in *Jenseits von Gut und Böse* ungeklärt hinterlassene Frage, wie die 'aneignende Kraft' des Geistes gesteigert werden könne. Der 'vornehme Mensch' jedenfalls ist im Vergleich zum 'Menschen des Ressentiments' in dieser Hinsicht wegen der Offenheit seiner Weltwahrnehmung eindeutig im Vorteil und darf insoweit auch aus diesem Grund als eine Art Idealtypus verstanden werden, den Nietzsche anbietet im Sinne einer psychologisierten Variante des Übermenschen.

Ausmaß und Bedeutung dieser sozialpsychologischen Wende läßt sich auch indirekt demonstrieren, so am Beispiel der *Geburt der Tragödie* und den Arbeiten aus dieser frühen Zeit. Damals noch hatte Nietzsche einen ganz anderen Menschentypus als Idealfigur ins Bewußtsein zu heben versucht, den 'intuitiven Menschen'. Dieser spielte den Gegenpart zu dem vom frühen Nietzsche abgelehnten, mit der Aufklärung hervorgetriebenen, auf Weltkontrolle durch Wissensanwendung zielenden 'vernünftigen Menschen'. In Gegenstellung zu diesem Menschentypus imponierte Nietzsche der 'intuitive Mensch' als eine Art ästhetisierende, vom Kampf ums Dasein entlastete Frohnatur, die nun allerdings vor den Augen des deutlich psychologisch interessierten späten Nietzsche keine Gnade mehr findet, sprich: nicht mehr erwähnt wird. Der Grund ist leicht erkennbar: Nietzsche reflektiert nun zunehmend auf ein Handeln aus Selbstaufgeklärtheit und Subjekthaftigkeit. Diese Reflexion widerstrebt aber fundamental jener auf Intuition, Metaphorikrehabilitation und Geschichtslosigkeit abstellenden Handlungslogik, der Nietzsche noch mit seinem Konstrukt eines 'intuitiven Menschen' zuarbeiten wollte.

Daraus folgt nun allerdings nicht, der vom frühen Nietzsche abgelehnte 'vernünftige Mensch' feiere im Spätwerk seine Wiederauferstehung, im Gegenteil: Die Kritik an diesem hält sich durch, wird aber psychologischer. Nietzsche nämlich liest den 'vernünftigen Menschen' als eine Art 'Mensch des Ressentiments'. Denn eines fällt durchaus auf: Die auf den 'Menschen des Ressentiments' bezogenen Negativattribute („weder aufrichtig, noch naiv, noch mit sich selbst ehrlich und geradezu"; KSA 5: 272) aus der *Genealogie der Moral* lassen sich ohne weiteres in jene abwertenden Urteile übersetzen, mit denen Nietzsche in *Über Wahrheit und Lüge im außermoralischen Sinne* den 'vernünftigen Menschen' assoziativ verknüpfte, um diesen Menschentypus dann wegen des ihm eigenen Drangs, den Kampf ums Dasein mittels intelligenter „Verstellung" (KSA 1: 876) zu bewältigen, für einen ästhetisch orientierten und zweckfrei denkenden Menschen diffamierbar zu machen. Das kontinuierende Motiv zwischen dem frühen und dem späten Nietzsche gründet also darin, daß sowohl die 'Menschen des Ressentiments' als auch die 'vernünftigen Menschen' der strategischen Handhabung des Intellekts beschuldigt werden. Das differierende Motiv hingegen gründet darin, daß Nietzsche noch 1873 die wegen der verbreiteten Klugheit der 'vernünftigen Menschen' geringe Aussicht, einen „ehrliche(n) und reine(n) Trieb zur Wahrheit" (KSA 1: 876) zu identifizieren, nutzte, um für sein Projekt eines eher ästhetisch-metaphorisch angelegten Umgangs mit der sogenannten 'Wahrheit' Politik zu machen. Der Nietzsche des Jahres 1887 hingegen argumentiert bei weitem seriöser: Er verwirft den 'Menschen des Ressentiments' nicht zugunsten einer kunstmetaphysischen Option, sondern in dem Interesse, in Gestalt des 'vornehmen Menschen' vorurteilsfreiere 'Wertungsweisen' von Erfahrungen zur Anschauung zu bringen, die auch auf der Ebene der Selbstorganisation von Wissenschaft nach Geltung verlangen. Es ist wohl kein Zufall, daß Nietzsche in *Jenseits von Gut und Böse*, im deutlichen Vorgriff auf die Ressentimentanalyse aus der *Genealogie der Moral*, den Typus des 'wissenschaftlichen Menschen' mit den Worten kritisiert: „er hat Arbeitsamkeit, geduldige Einordnung in Reih und Glied, Gleichmässigkeit und Maass im Können und Bedürfen, er hat den Instinkt für Seinesgleichen und für das, was Seinesgleichen nöthig hat", um diese ganze Analyse dann mit dem Urteil zu beschließen: er ist „eine unvornehme Art Mensch" (KSA 5: 133f.).

Nietzsche, so ließe sich zusammenfassen, hat sein frühes Begriffsdual – 'vernünftiger' vs. 'intuitiver' Mensch – spätestens in der *Genealogie der Moral* durch ein neues ersetzt, das mit dem Gegensatz 'unvornehme Art Mensch' resp. 'Mensch des Ressentiments' vs. 'vornehmer Mensch' operiert und (sozial-)psychologischen Einsichten Rechnung trägt. Der Vorteil dieser Theorieinnovation liegt auf der Hand: Mit dem neuen Begriffsdual rückt ein Subjektmodell ins Zentrum, das eine psychologisch gehaltvolle Ideologiekritik des 'Menschen des Ressentiments' erlaubt. Zugleich verfügt Nietzsche nun, in der Gestalt des 'vornehmen Menschen', über das Konzept eines idealtypischen Subjekts, das dem Modell moralgesteuerter Wahrheitssuche einfügbar ist und insoweit jenen Bedingungen gehorcht, die Nietzsches später Moralisierung des Wahrheitsproblems innewohnen. Gedacht werden kann nun also an ein reifes, über einen starken Willen – auch zur Wahrheit – verfügendes Subjekt, das Herr ist über seine „vornehmeren Funktionen und Funktionäre" (KSA 5: 291) und das dem Motto unterliegt: „Für sich gut sagen dürfen und mit Stolz, also auch zu sich Ja sagen dürfen – das ist (...) eine reife Frucht, aber auch eine späte Frucht" (KSA 5: 295). Auffällig an diesem letztgenannten Zitat ist, daß das dionysische Motiv der (Selbst-)Bejahung, anders als bei jenem 'intuitiven Menschen' des Jahres 1873, nicht einem Selbstapplaus mit Blick auf die diesem Menschentypus eigene (erkenntnis-)anarchistische Lebensform einverwandelt wird, sondern einer Letztbegründung von „vornehme(r) Moral" (KSA 5: 270), womit einem die nun wieder freigelegten und von ihrem Selbstmißverständnis bereinigten siegfriedhaften Züge jenes 'überfrohen Helden' des Jahres 1873 in ihrer unverfälschten Gestalt begegnen. Entsprechend gering auch ist des späten Nietzsche Bereitschaft, sich mit dem Lob ästhetisierender 'intuitiver Menschen' oder auch nur mit der musikästhetischen Restitution von deren Empfindungsweise zufriedenzugeben. Er möchte statt dessen einem Subjekt Geltung verschaffen, das in seiner Art der Selbstauffassung und Weltauslegung auch auf andere verpflichtend wirkt.

Der letzte Anlaß für diesen Auffassungswandel dürfte in dem Umstand zu suchen sein, daß der Nietzsche des Jahres 1887, von seiner Wagner-Verehrung ebenso geheilt wie von seiner jugendlichen Unbekümmertheit, den 'vornehmen Menschen' auf ganz neue und hochdramatische Weise dem Kampf ums Dasein ausgeliefert sieht. Deswegen auch fragt Nietzsche, die individualanalytische Ebene verlassend, deutlicher nach den überlebenstechnischen Vorteilen jenes Kollektivums, das sich unter dem Banner 'Menschen des Ressentiments' versammelt. Der Befund ist ernüchternd: „Eine Rasse solcher Menschen des Ressentiments wird nothwendig endlich klüger sein als irgend eine vornehme Rasse, sie wird die Klugheit auch in ganz andrem Maasse ehren: nämlich als eine Existenzbedingung ersten Ranges, während die Klugheit bei vornehmen Menschen leicht einen feinen Beigeschmack von Luxus und Raffinement an sich hat" (KSA 5: 273). Nietzsche kondensiert hieraus seine nachdrückliche Warnung vor der Vorherrschaft einer bloß 'klugen Rasse' – und sein Gebot der Abwehr „der Verschwörung der Leidenden gegen die Wohlgerathenen" (KSA 5: 369) resp. der Organisierung des Widerstandes der Sachwalter „des aufsteigenden Lebens" (KSA 6: 184). Was einem in dieser Programmatik wiederbegegnet, ist die elaborierte Aufstufung einer Lektion, die Nietzsche schon 1875 bei Eugen Dühring gelernt hat: nämlich die von Dühring gegen Schopenhauer geltend gemachte Rechtfertigung des Optimismus unter der Chiffre einer notwendigen „Selbstvertheidigung der Glücklichen gegen die Behauptungen der Pessimisten" (KSA 8: 132).

Angetrieben wird Nietzsche bei dieser Option von einer Geschichtsphilosophie, die das Aufkommen der 'klugen Rasse' unter dem Stichwort der Herauszüchtung des „zahme(n) und civilisierte(n) (...) Hausthier(s)" aus dem „Raubthier ... 'Mensch'" abzulagern weiß und die folglich berichten kann von „jene(n) Reaktions- und Ressentiments-Instinkte(n), mit deren Hülfe die vornehmen Geschlechter sammt ihren Idealen schliesslich zu Schanden gemacht und überwältigt worden sind" (KSA 5: 276). Das Dual 'Haustier'/'Raubtier' beleuchtet hier also jene Seite des Duals 'Mensch des Ressentiments'/'vornehmer Mensch', die über die zeitdiagnostisch-sozialpsychologische Ebene hinausgehend in die Tiefe des geschichtlichen Raums zu denken erlaubt und die es folglich ermöglicht, die Geschichte von Bildung, Erziehung und Kultur unter dem Stichwort von Domestizierung abzulagern. Eine derartige Sehweise findet sich, mit durchaus analoger Metaphorik, auch schon bei Pestalozzi. Radikaler aber noch als bei Pestalozzi offeriert die Domestizierungslogik Nietzsches Perspektiven einer Art Geschichtsprophetie, die den Selbstschutz der 'vornehmen' Rasse als ein Problem zu denken nötigt, das zwar auch die Frage nach der Bildsamkeit des Menschen erzwingt, diese Frage aber nicht mehr meint jenseits von Psychologie stellen zu können.

Es ist Teil dieser Theorieprogrammatik, wenn Nietzsche die 'Menschen des Ressentiments' als fragwürdigste Produkte dieser Domestizierungslogik kenntlich macht und angesichts der Sozialisation der Deutschen hin zu einem 'Volk von Denkern' ausruft: „Ah, die Vernunft, der Ernst, die Herrschaft über die Affekte (...), alle diese Vorrechte und Prunkstücke der Menschen: wie theuer haben sie sich bezahlt gemacht! wie viel Blut und Grausen ist auf dem Grunde aller 'guten Dinge'!" (KSA 5: 297) Nietzsche, so ist hier festzustellen, nutzt seine Ressentimentanalyse nun auch zu einer in fast völkerpsychologischer Absicht vorgenommenen Demaskierung jenes Volkscharakters, aus dem sich selbsternannte Übermenschen, wie sich in der Geschichte dann noch zeigen sollte, nur allzu bereitwillig erhoben. Vorgearbeitet hatte auch hier schon Schopenhauer mit seiner lakonischen Anmerkung, der Nationalstolz verrate „in dem damit Behafteten den Mangel an individuellen Eigenschaften, auf die er stolz seyn könnte, indem er sonst nicht zu Dem greifen würde, was er mit so vielen Millionen theilt" (SW IV: 357f.). Nietzsche ging aber noch einen Schritt weiter: Er machte jenseits der gerade bei den Deutschen so gern vorgeführten Fassade der 'guten Dinge' den „Geist der Kleinheit und Knechtschaft" sowie „eine ... gedankenarme Unverschämtheit gegen alle selbständigen Menschen und Völker" (KSA 9: 375) aus. Die „Verödung des deutschen Geistes", so kann er dann auch in der *Genealogie der Moral* fortfahren, sei in der Hauptsache verantwortlich für den Antisemitismus, der im einzelnen befördert werde durch „eine ... allzuausschließliche ... Ernährung mit Zeitungen, Politik, Bier und Wagnerischer Musik" (KSA 5: 407) sowie durch „die nationale Einklemmung und Eitelkeit, das starke, aber enge Princip 'Deutschland, Deutschland über Alles'" (KSA 5: 408). Die Quellenlage im Blick auf Nietzsches Urteil über die Deutschen ist also, jenseits aller auch im ersten Teil dieser Arbeit gelegentlich besichtigten Versuche, ihn politisch zu mißbrauchen, eindeutig: Gerade Nietzsche hätte den Deutschen die Fortschreibung ihrer eigenen Geschichte mit 'viel Blut und Grausen', bis in den Holocaust hinein, problemlos zugetraut, und seine psychologische Reformulierung des Übermenschen-Konstrukts ist dafür ein beruhigender Indikator.

7.3 Vom Ende aller Psychologie?

Die dunkle Seite dieser an sich hehren Programmatik tritt dort unabweisbar hervor, wo Nietzsche das Bedrohungsszenario, das den 'vornehmen' Menschen infolge der Vorherrschaft der 'klugen Rasse' harre, zugleich auch in Gestalt einer rassenideologischen Semantik vorträgt. So spricht er beispielsweise auch davon, daß die „unterworfene Rasse" in Europa wieder die Oberhand bekommen habe, „in Farbe, Kürze des Schädels, vielleicht sogar in den intellektuellen und sozialen Instinkten", um mit der deutlich rhetorischen Frage fortzufahren: „wer steht uns dafür, ob nicht die moderne Demokratie, der noch modernere Anarchismus und namentlich jener Hang zur 'Commune', zur primitivsten Gesellschafts-Form, der allen Socialisten Europa's jetzt gemeinsam ist, in der Hauptsache einen ungeheuren *Nachschlag* zu bedeuten hat – und dass die Eroberer- und *Herren-Rasse*, die der Arier, auch physiologisch im Unterliegen ist? …" (KSA 5: 264). Nicht zu Unrecht kommentierte Bernhard Taureck diese Passage dahingehend, daß sie „von dem, was 40 bis 50 Jahre später in Deutschland häufig gedruckt wurde, nicht unterscheidbar" (Taureck 1989: 31) sei.

Allerdings ist hier zu differenzieren. Wenn Nietzsche beispielsweise zu eben dieser Zeit im Nachlaß davon spricht, daß es ihm nicht um eine „Herren-Rasse" gehe, deren Aufgabe sich darin erschöpfe „zu regieren", sondern daß ihm an einer „*bejahenden* Rasse" „mit *eigener* Lebenssphäre" gelegen sei, „mit einem Überschuß von Kraft für Schönheit, Tapferkeit, Cultur, Manier bis ins Geistigste (…), stark genug, um die Tyrannei des Tugend-Imperativs nicht nöthig zu haben, reich genug, um Sparsamkeit und Pedanterie nicht nöthig zu haben" (KSA 12: 426), dann unterstellt diese Passage keineswegs, wie Taureck meint, „einen Konsens zur Rasseneugenik einschließlich mörderischer Konsequenzen" (Taureck 1989: 35). Vielmehr paraphrasiert Nietzsche hier seine im *Zarathustra* ausgesprochene Forderung nach einem „*neuen Adel* …, der allem Pöbel und allem Gewalt-Herrischen Widersacher ist und auf neue Tafeln neu das Wort schreibt 'edel'" (KSA 4: 254). Damit aber liegt die Annahme nahe, daß Nietzsche den Rassebegriff in seinen späten Schriften häufig lediglich in rhetorischer Absicht nutzte und insoweit der humanistisch orientierten Programmatik verpflichtet blieb, die er mittels der im *Zarathustra* vorgelegten Sozialutopie skizziert hatte.

Ungeachtet dessen läßt sich eine durchaus auffällige Entpsychologisierung bei gleichzeitiger Politisierung in Nietzsches letzten Schriften nicht bestreiten. Dies gilt auch für ein Nachlaßfragment vom Frühjahr 1888, das den Titel *Anti-Darwin* trägt und das in stark abgemilderter Form auch in die *Götzen-Dämmerung* Eingang fand. Hier, in dieser veröffentlichten Variante, spricht Nietzsche noch recht zurückhaltend davon, daß der Kampf ums Dasein entgegen Darwins Annahme eher „zu Ungunsten der Starken, der Bevorrechtigten, der glücklichen Ausnahmen“ (KSA 6: 120) ausgehe. Hierfür, so heißt es weiter, sei der Umstand verantwortlich, daß die Schwachen über mehr „Geist“ verfügten, was Nietzsche sarkastisch übersetzt mit „Vorsicht“, „Geduld“, „List“, „Verstellung“, „Selbstbeherrschung“ und „mimicry“ (KSA 6: 121). Die Ausdrücke zeigen, daß Nietzsche eine Fortschreibung der mit der *Genealogie der Moral* eröffneten Ressentimentanalyse betreibt, deren Pointe sich fatal ausnimmt. Dies verdeutlicht allerdings weniger der von Nietzsche noch veröffentlichte Text als die lange Jahre unveröffentlicht gebliebene Nachlaßvariante. Nietzsche nämlich begnügt sich hier nun nicht mehr, wie in der Logik der Ressentimentanalyse erwartet werden dürfte, mit der Erneuerung der in gegenwirkender Absicht vorgelegten Skizze 'vornehmer' Moral, sondern er fordert (sozial-)politische Maßnahmen zum Schutz der „Starken“, „Glücklichen“ und „Gesunden“ gegen die „Schwachen“, die „Mißglückten“ und die „Verkommenen und Erblich-Belasteten“ (KSA 13: 304).

Diese deutliche Politisierung der (sozial-)psychologischen Problemsicht des späten Nietzsche kennzeichnet auch einzelne Passagen aus dem mit der *Götzen-Dämmerung* zusammenhängenden, aber von Nietzsche nicht mehr zur Veröffentlichung freigegebenen *Antichrist*. Schon der Titel verrät etwas von dem Wandel, der in Nietzsches Denken nun eingetreten ist. Die Analyse des Christen und zumal des christlichen Priesters hatte, etwa in der *Genealogie der Moral*, bisher noch die Blickrichtung dominiert, in der Nietzsche den asketischen Priester vor allem unter Ideologieverdacht stellte wegen dessen Funktion als „Hirt und Anwalt der kranken Heerde“ (KSA 5: 372), also als Sachwalter der Ressentiments, der diesen zugleich eine Richtungsveränderung verleiht, weg von der Gesellschaft hin zu der Sündhaftigkeit des einzelnen. Dieses Urteil bewegte sich noch ganz im Horizont der Ressentimentanalyse, über die sich zwar streiten läßt, die aber jedenfalls nicht die Grenze des theoretisch Zulässigen überschreitet. Dies gilt auch noch für die Ausführungen im *Ecce homo*, die in nochmals verschärfter Form auf die Annahme hinauslaufen, daß der Priester die „Entartung“ der Menschheit nicht nur als etwas Schutzbedürftiges vorfindet, sondern auch aus herrschaftspolitischen Motiven will: „darum *conservirt* er das Entartende – um diesen Preis beherrscht er sie …“ (KSA 6: 331). Im *Antichrist* hingegen versucht sich Nietzsche selbst als – wie es schon 1882 in einem Fragment hieß – „advocatus diaboli“ (KSA 10: 27) zur Geltung zu bringen, der, gleichsam als Schutzpatron der „Starken“, jene Komplementärrolle zu belegen sucht, die der christliche Priester mit Blick auf die „Schwachen“ erfüllt.

Übersehen hat Nietzsche bei dieser Konsequenz, daß diese Rolle es erforderlich macht, Ressentiments der „Starken“ gegenüber den „Schwachen“ zu entwickeln und ihnen eine komplementäre Richtungsänderung zuteil werden zu lassen. Diese Perspektive aber hebt den bisher herausgestellten Vorzug der Ressentimentanalyse auf. Denn ihr wohnt inne, die „Starken“ einer ‘vornehmen Moral’ zu unterstellen und als ‘vornehme Menschen’ vorzuführen, die sich ihrer Überlegenheit gegenüber den ‘Menschen des Ressentiments’ gewiß sein dürfen. Indem Nietzsche diesen Vorzug im *Antichrist* zur Disposition stellt, konnte er der Geister, die er rief, nicht mehr Herr werden: Allzuviel vermeintlich „Starke“ beschafften sich bei Nietzsche, wie die Wirkungsgeschichte zeigt, Rechtfertigungen dafür, eigene Ressentiments gegen die „Schwachen“ zu adeln.

Wie sehr sich Nietzsche in Richtung dieser fatalen Perspektive verrannte, unterstreicht auch seine im *Antichrist* erneuerte Kritik an der Mitleidsethik. Sie wird nun nicht mehr, wie noch in *Jenseits von Gut und Böse*, mit psychologischen Denkmitteln durchgeführt, sondern unter Hinweis darauf, daß die von ihr ausgehenden Handlungsimperative das Elend konservierten und insoweit „das Gesetz der Selection“ (KSA 6: 173) kreuzten. Auch hier ist also ein Austausch der analytischen Prämissen festzustellen, und zwar wiederum zuungunsten der Psychologie, die sich durch eine nun deutlich hervortretende sozialdarwinistische Problemsicht verdrängt sieht, bei der der „Starke“ von Hilfeleistungen für die „Schwachen“ endgültig entlastet wird. Dabei spricht Nietzsche diese Position mit einer Unbekümmertheit aus, die zumal den Vertretern der Nach-Auschwitz-Generationen gründlich abhanden gekommen sein dürfte. Hatte Nietzsche, so ist also zu fragen, nicht doch teilgehabt an der geistigen Wegbereiterschaft der Euthanasie bis hin zur Vorbereitung der Weltherrschaft des Übermenschen in der Variante der ‘blonden Bestie’? Und: Ist dieses Problem nicht mit dem Hinweis auf eine beim späten Nietzsche deutlich politisierte Ressentimentanalyse ebenso unzulänglich erklärt wie unter Bezug auf ein Nietzsche eigenes Ressentiment, das bei ihm zur Herrschaft brachte, was bei anderen zu demaskieren er sich zum Auftrag gemacht hatte, eine Erklärung im übrigen, die man als eine psychologisierende lesen könnte?

Dem letzten Einwand soll nun ohne weiteres recht gegeben werden. Anders steht es um die Frage nach Nietzsches geistiger Wegbereiterschaft für das ‘Dritte Reich’, die uns bereits kursorisch begegnete, wobei die bisher gegebenen Antworten nun gleichfalls einem Psychologisierungsverdacht unterzogen werden könnten. Allerdings sind wir nun auch auf eine Antwort besser vorbereitet als im ersten Teil dieser Arbeit. Wir können nun trennen zwischen dem, was bei Nietzsche theoriesystematisches Erfordernis war und dem, was sich ihm aus anderen Gründen und anderen Kontexten aufgedrängt haben mag und was mithin verzichtbar ist. Die erwähnten sozialdarwinistischen Positionen Nietzsches beispielsweise sind, abgesehen von ihrer unzureichend durchdachten logischen Struktur – bezogen etwa auf Nietzsches Ressentimentanalyse – ganz und gar verzichtbar: Sie sind ohne Bedeutung für die Theoriearchitektur und ohne Vorbild in der vornehmlich die Psychologie als Aufklärungsinstanz nutzenden Spätphilosophie Nietzsches. Im übrigen weist die Gegenwartsgesellschaft, wie wohl auch jene, in der Nietzsche lebte, ganz gewiß keinen Mangel an denen auf, die die Rolle des 'advocatus diaboli' der „Starken" zu spielen sich anheischig mach(t)en. Daß Nietzsche die Gefahr, in deren Nähe gesichtet zu werden, nicht hinreichend ernst nahm, steht dabei außer Frage. Und dabei nützt es auch wenig, daß ihn selbst mitunter tiefer Schrecken überkam davor, „was für Unberechtigte und gänzlich Ungeeignete sich einmal auf meine Autorität berufen werden" (KSB 6: 499). Denn dem Mißbrauch vorzubeugen, hätte sein *allererster* Auftrag sein müssen.

Wenig Trost kann angesichts dessen die Auslegung vermitteln, wonach es Nietzsche nicht um „irgendwelche ... direkten tätigen Eingriffe ..." (Spindler 1913: 54f.) zuungusten der Schwachen gegangen sei, sondern um das Popularisieren einer – im Wiederkunftsgedanken präsenten – „Lehre, stark genug, um *züchtend* zu wirken: stärkend für die Starken, lähmend und zerbrechend für die Weltmüden" (KSA 11: 69). Unter der nämlichen Einschränkung sei hier an Nietzsches Nachlaßwort von 1880 erinnert: „Auch ein Trieb, individuell zu leben, ist *da*: ich denke in seinen Diensten. Andere, die ihn nicht haben, werden zu nichts von mir *verpflichtet* werden können" (KSA 9: 226). Schließlich ließe sich auch noch an den Nachlaß vom Frühjahr 1888 erinnern, in dem Nietzsche mitunter eine Nachdenklichkeit zeigt, die seinem veröffentlichten Œuvre aus dieser Zeit gut angestanden hätte. Hier nämlich stellt er die entscheidenden Fragen, wie beispielsweise die, ob nicht im Sieg der Schwachen und Mittleren „eine größere Garantie des Lebens" läge, ob also eine Welt, in der die Starken Herren geworden wären, eigentlich „wünschenswerth" sei, oder, in der Umkehrung gesprochen: „möchten wir eigentlich eine Welt, wo die Nachwirkung der Schwachen, ihre Feinheit, Rücksicht, Geistigkeit, Biegsamkeit fehlte? ..." (KSA 13: 323f.). Ausgehend von diesen Fragen bliebe nur zu sagen, daß Nietzsche offenbar allmählich die Kontrolle verloren hat über ein Gedankenspiel, dem er auch im *Ecce homo* Raum gab, wenn er dort an das Beispiel des Physiologen erinnert, der die „*Ausschneidung* des entartenden Theils", ohne „jede Solidarität mit dem Entartenden", verlange und verlangen müsse, weil es ihm um Gewährleistung der „Selbsterhaltung" des „Organismus" (KSA 6: 331) zu gehen habe. Bei all dem hätte Nietzsche wissen müssen oder jedenfalls doch von Thomas Hobbes' oder auch Richard Wagners unglücklicher Vorläuferschaft auf diesem Gebiet lernen können, daß eine Gesellschaft unter keinen Umständen als unbeseelter Organismus begriffen werden darf.

Anders aber als mit Nietzsches – wie Franz-Peter Hudek zu Recht gesagt hat – „naiven und deshalb gefährlichen Versuchen einer Pragmatisierung seiner Theorien" (Hudek 1989: 121) verhält es sich mit der damit eng zusammenhängenden, allein dem Bereich reiner Theorie zugehörenden Frage nach der Begründbarkeit des Tötungsverbots in einer Ordnung der Dinge ohne Gott. Diese Frage nämlich ist theoriesystematisch gesehen unabweisbar, dies jedenfalls in der Immanenz des nietzscheianischen Grundgedankengangs. Sie begegnet uns in anderer Gestalt in der wichtigen Nachlaßbemerkung vom Frühjahr 1884: „*Wer soll der Erde Herr sein*? Das ist der Refrain meiner praktischen Philosophie" (KSA 11: 76). Wer den Tod Gottes erklärt, kann diese Frage nicht vermeiden; und er muß sie, so läßt sich interpretieren, als eine Art Refrain all denen vorhalten, die diese letzten Konsequenzen angstvoll umgehen. Nietzsche selbst war nicht frei von dieser Scheu. So heißt es zaghaft und eher ratlos noch in *Die fröhliche Wissenschaft*, und zwar in einem Absatz, der die Überschrift *Was heisst Leben?* trägt: „Leben – das heisst: grausam und unerbittlich gegen Alles sein, was schwach und alt an uns, und nicht nur an uns, wird. Leben – das heisst also: ohne Pietät gegen Sterbende, Elende und Greisse sein? Immerfort Mörder sein? – Und doch hat der alte Moses gesagt: 'Du sollst nicht tödten!'" (KSA 3: 400) Deutlich noch ist hier des Pastorensohnes Kampf mit dem, was ihm als geradezu sakrosankt überliefert worden war: die Zehn Gebote. Aber schon das dazugehörige Fragment vom Herbst 1881 verzeichnet den auch mit diesem Teil des ihm überlieferten Wissens aufräumenden kühnen Gedanken, wonach das fünfte Gebot schließlich nur „in eine Ordnung der Dinge (gehört), wo ein Gott über Leben und Tod bestimmt" (KSA 9: 651). Die schwere Konsequenz aus diesem Satz spricht Nietzsche hier noch nicht aus. Aber sie liegt mindestens schon seit sieben Jahren bereit – seit Nietzsches Klage über den viel zu frühen Tod Raffaels, die in Wahrheit eine Klage über den viel zu frühen Tod seines Vaters zu sein scheint. Die hier vertretene These lautet folglich, daß der späte Nietzsche, ähnlich wie der frühe, wenn auch radikaler, weil nun um den Tod Gottes wissend, die moralfreie Selbstläufigkeit des geschichtlichen Ablaufs mittels der Geschichtsmächtigkeit eines moralischen Subjekts konterkariert wissen wollte.

Dieses Subjekt ist der Übermensch, anders gesprochen: Erst der Mensch, der seinen Subjektstatus als Übermensch erwirbt, darf sich mit seiner von Gottesvorstellungen freigesetzten moralischen Selbstauslegung als Antwort auf den angeführten Refrain der praktischen Philosophie Nietzsches lesen. Der Unterschied zwischen dem frühen Nietzsche und dem Nietzsche des *Zarathustra* besteht demnach darin, daß dieser im Gegensatz zu jenem eine Ordnung der Dinge freisetzt, die die Vision eines auch das Tötungsverbot in eigene Regie übernehmenden Übermenschen ermöglicht. Dies allerdings bleibt Theoriefiktion, die ihrerseits erst zwingend macht, der Moralfrage jene Bedeutung zu verleihen, die ihr so lange vorenthalten bleibt, solange der Mensch über sich eine höhere, in der Gottesvorstellung präsente außerirdische Instanz weiß, die die Grundfragen der Moral in ihre Regie übernimmt und der er sich folglich anvertrauen dürfe. Diese Theoriefiktion im Bereich praktischen Handelns überschreiten zu wollen, etwa dahingehend, daß dem Menschen als Übermenschen irgendein konkretes Weltherrschafts- oder Tötungsrecht zukäme, bezeugt also einen groben Mißverstand des von Nietzsche mit dem Übermenschen Intendierten.

Vor diesem Mißverständnis schützt einerseits die diskutierte bildungsphilosophische Auslegung des Übermenschen-Konstrukts, aus der folgt, daß es viele Übermenschen geben müsse, wenn denn jener benannte Refrain der praktischen Philosophie Nietzsches in dem Sinne zur Geltung treten kann, daß der Mensch, als Übermensch, zur Herrschaft über sein eigenes Wollen in dieser Welt gefunden hat. Andererseits schützt vor dem benannten Mißverständnis die angeführte psychologisierte Auslegung des Übermenschen in Richtung jenes 'vornehmen Menschen', der auch zu seiner ressentimentfreien Wertungsart von Erfahrung gefunden hat und dessen Wollen insoweit auch Abstützung erfährt durch sein Können. Deswegen auch kann das Übermenschen-Konstrukt, selbst wenn man um dessen Mißbrauchbarkeit weiß, nicht zur Disposition stehen. Es ist vielmehr theoriesystematisches Erfordernis. Das Übermenschenkonstrukt fallenzulassen – was in der Gegenwart leider nur allzuoft passiert –, bedeutet, Nietzsches Gesamtansatz Gewalt anzutun und jedenfalls nicht mehr über Nietzsche zu reden. Das Übermenschen-Konstrukt und der es konfundierende Refrain der praktischen Philosophie Nietzsches, so kann man auch formulieren, ist im Bereich reiner Theorie, also zum Zwecke des radikalen Durchdenkens der theoretischen Konsequenzen, die das Postulat einer gottesfreien Ordnung für die Moralphilosophie mit sich bringt, erlaubt und unverzichtbar. Unerlaubt aber war zweifellos die von Nietzsche dann nicht mehr kontrollierte Verselbständigung dieses Motivs im Rahmen angewandter Theorie. Denn dies gab ihm, gewiß auch unter dem Einfluß unkontrollierter eigener Ressentiments, Anlaß für die skizzierten indiskutablen sozialdarwinistischen Programmatiken. Insoweit ist Nietzsche nicht gänzlich von den dunkelsten Episoden der Wirkungsgeschichte seines Œuvre freizusprechen. Die theoretische Relevanz des Übermenschen-Konstrukts und seiner psychologischen Weiterentwicklung bleibt davon unbetroffen.

7.4 Vom Anfang aller Pädagogik?

Inwieweit kann dies nun aber auch eine Antwort sein auf die eingangs aufgewiesenen Nöte, in die sich Pädagogen regelmäßig gestürzt sehen, wenn sie über Nietzsches Übermenschen-Konstrukt nachdenken? Vielleicht darf eine abschließende und zusammenfassende Antwort auf diese Frage einsetzen mit der Erinnerung daran, daß Nietzsche durch eigene leidvolle Sozialisationserfahrungen skeptisch geworden war gegenüber dem je Überkommenen. Zugleich aber hat ihn dies auch neugierig werden lassen auf den Übermenschen. Zarathustra spricht sich darüber deutlich aus: „Der Übermensch liegt mir am Herzen, der ist mein Erstes und Einziges, – und nicht der Mensch: nicht der Nächste, nicht der Ärmste, nicht der Leidendste, nicht der Beste –" (KSA 4: 357). Dem nämlichen Zusammenhang gehört Zarathustras Kritik der „Liebe zum Nächsten" und sein Lob der „Liebe zum Fernsten und Künftigen" (KSA 4: 77) zu, wobei seine Kritik durch den Umgang mit seiner Schwester und sein Lob aus seiner Liebe zu Lou v. Salomé Zufuhr erhielt. Der 'Fernste' und 'Künftige' vertritt dabei, so ließe sich nun sagen, jenen 'vornehmen Menschen', auf den, pädagogisch gesehen, allein im Horizont einer unterstellten Bildsamkeit zugerechnet werden kann. Der 'Nächste' hingegen vertritt das – im 'Menschen des Ressentiments' präsente – Hemmnis, dem nachzugeben bedeuten würde, die Entdeckung des Neuen zu behindern. Deutlicher noch macht dies die Vorbereitung dieses Gedankens in der *Morgenröthe*, in der es heißt, entferntere Zwecke seien „unter Umständen auch durch das Leid des Anderen zu fördern" (KSA 3: 137). Wieder einmal steht hier ein biographischer Hintergrund Pate, nämlich der Umstand, daß Nietzsche darum wußte, daß er durch seine „Freigeisterei" „die Anderen" (lies: Mutter, Schwester, Ritschl etc.) „in Zweifel, Kummer und Schlimmeres" (KSA 3: 137) warf, ein Preis allerdings, den er ihnen abfordern mußte, denn: „Warum sollten den kommenden Geschlechtern nicht einige Individuen der gegenwärtigen Geschlechter zum Opfer gebracht werden dürfen? sodass ihr Gram, ihre Unruhe, ihre Verzweiflung, ihre Fehlgriffe und Angstschritte für nöthig befunden werden, weil eine neue Pflugschar den Boden brechen und fruchtbar für Alle machen sollte?" (KSA 3: 138) Diese so gedachte und im Interesse der Entdeckung des Neuen geforderte Umkehrung des in der Pädagogik seit Schleiermacher anerkannten Generationenverhältnisses wird einem später in der Reformpädagogik wiederbegegnen in der Bemerkung etwa eines Ludwig Gurlitt: „Es ist die Bestimmung der nächsten Generation, die ältere zu überholen" (Gurlitt 1909: 12).

Dieser Hintergrund nun macht schon deutlich, warum Nietzsche nicht so ohne weiteres Programmatiken der geisteswissenschaftlichen Pädagogik einfügbar war. Zwar setzen auch diese verbreitet auf Höherbildung der Menschheit, wie sie sich etwa auch in Nietzsches Konzeption des Übermenschen als eines bildsamen Subjekts bekundet. Insoweit ist Nietzsche als Teil einer Menschenverbesserungspolitik zu verrechnen, die noch die aufklärungszentrierten Ideale einer Modernisierung der conditio humana in sich trägt. Andererseits suchten aber gerade geisteswissenschaftliche Pädagogen wie Herman Nohl gegen die durch Nietzsche inaugurierte Reformpädagogik das Generationenverhältnis, also den pädagogischen Bezug und die durch die ältere Generation getragene Kultur wieder als Bildungsträger in Kraft zu setzen. Dem gehörte zu, die Psychologie in ihrer Tauglichkeit zur Entlarvung des je Überlieferten und zur Begründung des neu zu Fordernden aus dem Spiel zu halten sowie die Thematik dort zu traktieren, wo sie ihrer Auffassung nach allein hingehörte: in den Bereich von praktischer Philosophie, philosophischer Anthropologie und Bildungsphilosophie – Fachgebietsbezeichnungen, die man gleichsam als Chiffren für psychologiefreie Zonen verstanden wissen wollte.

Psychologieabstinenz wie Hochkulturbeflissenheit der Mainstream-Pädagogik gehören dabei zu den zentralen Anlässen dafür, daß derartige Programmatiken heutzutage weitgehend außer Kurs gesetzt sind. Vielerorts sucht man Nietzsche dem damit aufgerissenen Strudel, durch den er sich gar nicht gefährdet sehen muß, zu entreißen und als „Vaterfigur der Postmoderne" auszuweisen. Aber die im Grunde als Rettung vor der pädagogischen Hybris alter Prägung gedachte postmoderne Weltauffassung, die sich über die Kampfformel „Nichts ist wahr, alles ist erlaubt" organisiert, scheitert bei diesem Versuch schon dort, wo sie Nietzsches Konzeption des 'Willens zur Wahrheit' überliest. Damit geraten auch die 'vornehmen Menschen' nicht in den Blick, die diesen Willen, wie man nun vielleicht sagen könnte, zur Bedingung ihres Menschseins erheben. Die anderen Ansatzpunkte für eine postmoderne Nietzsche-Vereinnahmung sind nur in Kraft in einer Welt, in der sich das erkennende Subjekt seiner Selbstüberhebung ebensowenig stellt wie der Fragwürdigkeit der Kulturgüter, auf die es vertraut. Sie gelten aber nicht in einer Welt, für die Nietzsche eintrat und der er mit der psychologischen Decouvrierung der die alte Welt dominierenden 'Zeichensprache' vorzuarbeiten suchte. Dies aber war, weit hinausgehend auch über die Interessen geisteswissenschaftlicher Pädagogen, Nietzsches – psychologisch aufgeklärte – bildungsphilosophische Absicht. Beides trieb ihn dabei an: Zum einen die Suche nach einer psychologischen Menschenkunde, die auf Dechiffrierung des Anderen der Vernunft abstellt; und, zum anderen, das Interesse an einer philosophischen Anthropologie, die es erlaubte, in einer Epoche der Dekadenz die Hoffnung auf Gegenwirkung wieder an das zu knüpfen, was dem Menschen als Tier, das 'versprechen darf', der Möglichkeit nach eigen ist. Entsprechend auch ist die herkömmliche Welt der klassischen pädagogischen

Hybris und der ihr nachfolgenden postmodernen Resignation eine, aus der der (Über-)Mensch sich abstößt, zugleich das durch den Tod Gottes eingetretene Interregnum beendend durch den Antritt seiner Regentschaft, die im Ideal eine Regentschaft aller ist.

Es war das so zu kontextualisierende, in der Nach-*Zarathustra*-Ära wieder deutlich anwachsende psychologische Interesse Nietzsches, dem die Verantwortung dafür zukommt, daß der späte Nietzsche das Wort Übermensch möglichst mied zugunsten eines Theoriemodells, das, so mochte seine stille Hoffnung gewesen sein, anschlußfähig war insbesondere für solche Psychologen (und Pädagogen), die die mit dem *Zarathustra* gesetzten Signale verstanden hatten. Diese Hoffnung darf wohl als enttäuscht gelten. Margot Fleischer beispielsweise, um nur einen der jüngsten, ausdrücklich den Übermenschen ins Zentrum rückenden Interpretationsversuche zu nennen, vermerkt zwar „in Parenthese", „daß Nietzsche in der Spätphilosophie auf den Übermensch weitgehend verzichtet und eine Vielzahl anderer, nicht so ambitiöser Bezeichnungen verwendet" (Fleischer 1993: 147). Aber dieser Hinweis wird nicht weiter verfolgt. Und die Formulierung, die nahelegt, Nietzsche habe für dieses Vorgehen eher sprachästhetische und taktische Gründe gehabt, suggeriert ohnehin, daß eine weitere Diskussion entbehrlich ist. Eben damit aber wird die gängige Entpsychologisierung sowie nachfolgende Dämonisierung Nietzsches, die einem neuerlich vor allem in einer Arbeit Günther Lehmanns (1993) begegnet, ebenso auf Dauer gestellt wie die Verdrängung des Übermenschen-Konstrukts aus dem Bereich des ernsthaft Bedenkenswerten. Wenn aber richtig ist, daß dieses Konstrukt, in der ihm eigenen psychologischen Unterlegung, nur ein Symbol ist für das Bemühen, das allerorten proklamierte Ende der Erziehung verantwortungsvoll zu unterlaufen, wäre der Anfang aller Pädagogik möglicherweise überhaupt erst und erstmals in Sicht.

8. Nietzsches Wiederkunftsgedanke: Vom Kern der 'Philosophie der Zukunft'

Nietzsches Wiederkunftsgedanke scheint gegenwärtig von ähnlichen Strategien der Exkommunikation betroffen zu sein wie sein Übermenschen-Konstrukt. Noch schwerer aber als im vorstehenden Fall dürfte der Versuch sein, auch diesen Gedanken sinnvoll einer Darstellung einverleiben zu wollen, die nach den psychologischen Absichten Nietzsches fragt. Man mag das, was darüber hinausgeht, als a-thematisch für diese Arbeit bezeichnen – und zum Schlußsatz übergehen. Man mag aber auch das Bedürfnis spüren, am Exempel dieses Gedankens Nietzsches Programm einer 'Philosophie der Zukunft' auf die Frage hin zu untersuchen, ob sich aus ihm die Idee der gänzlichen Auflösbarkeit der Absichten Nietzsches in Psychologie entwickeln lasse. Man wird, um die Sorgen und Nöte der Philosophen unter den Lesern nicht unnütz zu strapazieren, dies wohl verneinen und Nietzsche als Philosophen bestehen, wenn nicht gar, nach all den Präliminarien, in Geltung treten lassen müssen. Dann aber stünde allenfalls noch die Frage im Raum, ob man es bei dem Wiederkunftsgedanken mit einer – auch psychologisch erklärungsbedürftigen – Wiederkehr des Rest-Metaphysischen im Denken des späten Nietzsche zu tun habe.

Diese Frage bejahte der Tendenz nach Nietzsches große Liebe Lou Andreas-Salomé schon 1894: „Eine neue tiefere Bedeutsamkeit der Dinge, ein neues Suchen und Fragen nach den letzten und höchsten Problemen – dies alles, was Nietzsche als Metaphysiker gekannt, als Empiriker aber schmerzlich vermißt hatte, das war es, was ihn in die Mystik seiner Wiederkunftslehre hineintrieb" (Andreas-Salomé o. J.: 198). Der Ausdruck 'Mystik' unterstellt dabei eine nur begrenzte Theoriefähigkeit des in Rede stehenden Konstrukts. Dies scheint auch die wenige Seiten zuvor plazierte Schilderung eines Gesprächs mit Nietzsche über diesen Gedanken zu bestätigen: „Unvergeßlich sind mir die Stunden, in denen er ihn mir zuerst, als ein Geheimnis, als etwas, vor dessen Bewahrheitung und Bestätigung ihm unsagbar graue, anvertraut hat: nur mit leiser Stimme und mit allen Zeichen des tiefsten Entsetzens sprach er davon" (Andreas-Salomé o. J.: 196). Dieser in ähnlicher Form auch von anderen Gesprächspartnern Nietzsches überlieferte Eindruck, dem im Œuvre wohl am ehesten der von Jörg Salaquarda (1989) sorgsam herausgearbeitete Bezug auf eine an den Wiederkunftsgedanken gekoppelte mystische Erfahrung korrespondiert, sorgte mancherorts, etwa neuerdings bei Jochen Zwick (1995: 160ff.), dafür, Nietzsche einer gekonnten Selbstinszenierung zu zeihen angesichts eines Gedankens, für den er keine Priorität beanspruchen könne, sondern der ihm als gelerntem Philologen von der Antike her zumindest dem Grundzug nach längst bekannt sein müsse. Über die Gründe für diese Selbstinszenierung, wenn es denn eine war, vermochte man sich allerdings in aller Regel nicht ins Einvernehmen zu setzen – außer für den Preis der Annahme, daß man hier der Ankündigung des späteren geistigen Zusammenbruchs Nietzsches ansichtig werde.

Lou Andreas-Salomé nahm Nietzsche und seinen Wiederkunftsgedanken etwas ernster. Sie eröffnete ihre Problematisierung mit der naheliegenden Frage, warum Nietzsche einer Vorstellung verhaftet blieb, vor der ihm grauen mußte, wenn man den frappierenden Kontrast zwischen seinem krankheitsbedingten Lebensüberdruß und der in der Wiederkunftslehre ausgesprochenen „Gewißheit der ewigen Lebenswiederkehr" (Andreas-Salomé o. J.: 196) in Rechnung stelle. Ihre Antwort, Nietzsche habe lieber die Seelenqualen dieser Vorstellung auf sich genommen, als auf der „Entgötterung und Entgeistung" (Andreas-Salomé o. J.: 199) des Lebens, die er in seiner 'empirischen' Phase selbst vorangetrieben hatte, zu beharren, deutet eine Richtung an, der hier gefolgt werden kann. Denn dementiert wird damit, daß die Lebenswiederkehr als solche Nietzsches Problem war und nur von einer begrenzten Theoriefähigkeit des damit neu justierten Problems zu sprechen ist. Und vorbereitet wird die Einsicht, daß es Nietzsche um die – in der Antike sich so noch nicht stellende – Frage ging, wie jenseits des Todes Gottes gleichwohl eine wiedervergöttlichte Seinsverfaßtheit begründet und in der ewigen Wiederkunft ihrer selbst bejaht werden kann. Es ging Nietzsche also, wenn man so sagen darf, um einen gleichsam nach-christlichen Pantheismus.

8.1 Der Rekonstruktionsvorschlag: Nietzsches nach-christlicher Pantheismus

Nietzsche war freilich nicht unbekannt, daß die Lehre der ewigen Wiederkunft, jedenfalls als „Mysterien-Glaube" (KSA 10: 340), schon bei den alten Griechen eine Rolle gespielt hatte und „auch schon von Heraklit gelehrt worden sein (könnte)" (KSA 6: 313). Die aufgrund derartiger Hinweise und weiterer Bezüge (vgl. Ôkôchi 1972) angestellten Erkundungen haben Bedeutungsbeimessungen der Wiederkunftsidee ins Bewußtsein treten lassen, die in der Regel doch nur mit der These „vom relativ hohen

Grade der Unabhängigkeit“ (Djuric 1979: 16) Nietzsches aufwarten konnten und insoweit einem Verständnis des von Nietzsche Intendierten jedenfalls nicht besonders förderlich waren. Analoges gilt für als Beiträge zur Quellenforschung angelegte Versuche, den von Nietzsche mit großem Aufwand konsultierten naturwissenschaftlichen Bezügen des damit fast in den Rang einer falsifizierbaren Theorie erhobenen Wiederkunftsgedankens nachzugehen (vgl. Spiekermann 1988). Denn derartige Untersuchungen, so verdienstvoll sie auch immer für die Nietzsche-Forschung sein mögen, sind nicht freizusprechen von dem Verdacht der Verdoppelung eines Nietzsche nicht nur in dieser Sache eigenen szientistischen Selbstmißverständnisses. „Ins Zentrum des ‘Gedankens’“, so denn auch Henning Ottmann, „führt dessen Nebenrolle als ‘wissenschaftliche’ Hypothek nicht“ (Ottmann 1985: 33).

Vergleichsweise interessanter für eine Rekonstruktion des von Nietzsche als eines Philosophen mit dem Wiederkunftsgedanken Intendierten ist ein Rekurs auf die Reflexion des frühen Nietzsche-Idols Schopenhauer über die sowohl christliche als auch hinduistische als auch antike Lehre von der „Wiederbringung aller Dinge“ (SW II: 568). Ins Auge sticht dabei vor allem Schopenhauers Bemerkung, vielleicht werde „nie ein Mensch, am Ende seines Lebens (...) wünschen, es nochmals durchzumachen, sondern, eher als das, viel lieber gänzliches Nichtseyn erwählen“ (SW I: 422). Denn diese Formulierung erscheint fast wie eine negative Abspiegelung von Nietzsches Wiederkunftsgedanken, wobei Schopenhauer versuchte, seine deprimierende Botschaft durch eine metaphysische und eine pragmatische Vorstellung abzumildern: Ersteres dahingehend, daß im Menschen, der das Nichtsein wähle, etwas sei, „das der Tod nicht zerstören kann“ (SW II: 569); letzteres in dem Sinne, daß der im Dasein ausharrende Mensch immerhin des Umstandes eingedenk sein solle, „daß der heutige Tag nur Ein Mal kommt und nimmer wieder“ (SW IV: 413). Diese Argumentationsstrategie Schopenhauers trägt zumindest indirekt einiges zum Verständnis des Wiederkunftsgedankens bei. Denn für den sich allmählich als Antimetaphysiker auslegenden Nietzsche der mittleren Phase war die erstgenannte, metaphysische Beruhigung Schopenhauers gewiß inakzeptabel. Und an der pragmatischen Trostvorstellung Schopenhauers dürfte zumal der späte Nietzsche das Metaphysische vermißt haben. Denn ihm ging es, wie im übrigen auch schon die einleitend wiedergegebene Einlassung Lou Andreas-Salomés deutlich gemacht hat, zunehmend um die ‘letzten und höchsten Probleme’, in der Logik des Wiederkunftsgedankens gesprochen: Ihm konnte es nicht genügen, den Menschen auf seine Verantwortung für jeden einzelnen Augenblick hinzuweisen, sondern er wollte diesen Augenblick auch in den Kreislauf der Ewigkeit gestellt wissen. Insoweit darf man mit Georges Goedert (1978: 15) sagen, daß der

Wiederkunftsgedanke den „absoluten Höhepunkt" in Nietzsches Schopenhauer-Überwindung markiert.

Ein weiterer Schritt zur Klärung des von Nietzsche Gemeinten läßt sich bewältigen, wenn man einem Nachlaßfragment Nietzsches von 1873 nachgeht (vgl. auch Fleischer 1996). Hier zitiert Nietzsche David Humes Frage an seine Bekannten, „ob sie die letzten zehn oder 20 Jahre ihres Lebens noch einmal zu durchleben wünschten" (KSA 7: 667). Wenige Monate später nahm Nietzsche diese Frage, aus deren üblicher Verneinung auf des Menschen Hoffen auf Fortschritt im Geschichtsprozeß zu schließen sei, wieder auf, nun aber schon als Antwortalternative den Gedanken erprobend, daß man dereinst diese Frage zwar auch verneinen werde, aber mit einer etwas anderen Begründung: „Mit der Begründung des un(über)historischen Menschen, welcher nicht im Process das Heil sieht, sondern an jedem Menschen und jedem Erlebniss und wiederum in jedem durchlebten Zeitraum, in jedem Tage, an jeder Stunde zu erkennen meint, wozu überhaupt gelebt wird: so dass für ihn die Welt in jedem einzelnen Augenblick fertig ist und ihr Ende erreicht" (KSA 7: 728). Damit lag der spätere Wiederkunftsgedanke Nietzsches in nuce vor.

Eine entscheidende Differenz ist allerdings zu beachten, die in ähnlicher Form auch schon gegenüber Schopenhauer geltend gemacht wurde: Der frühe Nietzsche sah die Vision einer vollkommenen, einer gleichsam zeitlosen Welt, eines Endes der Geschichte also im alltäglichen Horizont des je Erlebenden exemplarisch dort verwirklicht, wo eine dionysische Kunstauffassung wie die Wagners das Regiment führe. So jedenfalls haben wir nun, aus der Perspektive des Wiederkunftsgedankens, Nietzsches Formulierung von 1874 zu verstehen, wonach Kunst und Religion „dem Dasein den Charakter des Ewigen und Gleichbedeutenden" (KSA 1: 330) aufzuprägen in der Lage seien. Ihren vollen Gehalt gewann diese rudimentäre Form der Lehre der ewigen Wiederkunft allerdings erst mit dem Nietzsche des *Zarathustra*. Er erst wußte sich jenseits Wagners und jenseits Gottes und hatte mithin Kunst und Religion aus ihrem Rang als metaphysische Sinnstiftungsmächte verstoßen. Im übrigen war Nietzsche inzwischen auch hinreichend die Grundauffassung jener 'kleinen Leute' suspekt geworden, die weder an Fortschritt noch an Sinnstiftung Interesse nahmen, wenn nur alles beim vermeintlich bewährten Alten bliebe. In Absetzung von derlei geschäftsmäßiger Augenblicksapologetik, aber auch in Absetzung von dem überzeitlichen Anspruch einer in Religion oder Kunst angelegten Sinnstiftung suchte der Nietzsche des *Zarathustra* mit dem Wiederkunftsgedanken eine neue Option für die überzeitliche Sinngebung in einer gottesfreien Ordnung der Dinge zu begründen, die zugleich den Nekrolog auf die Mächte des Stillstandes und der Dekadenz gestattete.

Wenn Nietzsche im *Ecce homo* sagen wird, die ewige Wiederkunft sei sein „eigentlich *abgründlicher* Gedanke" (KSA 6: 268), spielt er auf diesen Nekrolog an. Denn das von ihm hervorgehobene Adjektiv begegnet einem in substantivischer Form auch dort, wo er die Botschaft zu kennzeichnen suchte, die der *Zarathustra* zu erfüllen hatte. Einen „Abgrund der Zukunft" sollte dieses Werk eröffnen, einen 'Abgrund', aus dem der Leser hervorkommt „mit einem andern Gesichte ... zur Welt" (KSB 6: 479). Mit diesem Bild suchte Nietzsche seine Überzeugung zu begründen, er habe im *Zarathustra* einen Gedanken geäußert, der „die Geschichte der Menschheit in zwei Hälften spaltet" (KSB 6: 485). Um welchen Gedanken es sich handelt, deutet der Kontext an: Die Rede ist von einem Gedanken, zu dem ihm so recht noch der „Muth zum Tragen" (KSB 6: 485) fehle – pathetische Formeln, hinter denen sich bei Nietzsche in der Regel der Wiederkunftsgedanke verbirgt, was dann auch der Nachlaß bestätigt: „Die Lehre der Wiederkehr ist der *Wendepunkt der Geschichte*" (KSA 10: 515).

Der Nachlaß verdeutlicht auch, in welche Richtung diese Geschichte gewendet werden soll, um welche 'zwei Hälften' es sich also handelt, die nach dem Wirksamwerden des Wiederkunftsgedankens hinterbleiben: „Das 20te Jahrhundert", so heißt es hier in einem visionären Ausblick, „hat zwei Gesichter: eines des Verfalls. Alle die Gründe, wodurch von nun an mächtigere und umfänglichere Seelen als es je gegeben hat (vorurtheilslosere, unmoralischere) entstehen können, wirken bei den schwächeren Naturen auf den Verfall hin" (KSA 11: 72). Erkennbar ist hier von nichts anderem die Rede als von den Folgen, die Nietzsche dem Tod Gottes zurechnet. Denn es war Gott, dem die 'schwächeren Naturen' ihre Pseudo-Stärke dankten, weitergehender: Es war Gott, der dafür Sorge trug, „dass der 'zahme Mensch', der Heillos-Mittelmässige und Unerquickliche bereits sich als Ziel und Spitze, als Sinn der Geschichte, als 'höheren Menschen' zu fühlen gelernt hat" (KSA 5: 277). Folglich sahen diese Menschen mit dem Tod Gottes ihrem Verfall als moralisch gerechtfertigten und historisch unüberbietbaren Subjekten entgegen. Zugleich aber ist es der Tod Gottes, dem die Gottlosen des 20. Jahrhunderts ihre neue 'Mächtigkeit', ihre neue 'seelische Umfänglichkeit', ihre 'Vorurteilslosigkeit' und eben auch ihre 'Unmoral' – in Begriffen einer christlichen Morallehre – zu verdanken haben werden. Nun erst sind sie imstande, die moralische Zulässigkeit des ihnen eigenen Willens zu behaupten und das Begehren nach einem unbegrenzten Wissenserwerb durchzusetzen: Endlich „dürfen unsre Schiffe wieder auslaufen, auf jede Gefahr hin auslaufen, jedes Wagniss des Erkennenden ist wieder erlaubt, das Meer, *unser* Meer liegt wieder offen da, vielleicht gab es niemals ein so 'offnes Meer'" (KSA 3: 574).

Nietzsche selbst sah sich als eine Art Wortführer dieses neuen, von Gott freigesetzten Menschentyps. Er sah sich als „Erstling ... und Frühgeburt ... des kommenden Jahrhunderts" (KSA 3: 574), die durch die

Zeit zu bringen und denen eine Orientierung zu geben er für seine Aufgabe hielt. Der Ausblick schien Nietzsche nun auch möglich auf ein von ihm schon früher beschworenes „kommende(s) Zeitalter, welches wir das bunte nennen wollen und das viele Experimente des Lebens machen soll" (KSA 9: 48). Daß „das Leben ein Experiment des Erkennenden sein dürfe – und nicht eine Pflicht, nicht ein Verhängniss, nicht eine Betrügerei!" (KSA 3: 552), geriet auch wenig später, in *Die fröhliche Wissenschaft*, zu einem der beglücktesten Ausrufe Nietzsches, mit dem er nicht nur Abschied von Schopenhauer, sondern auch vom 19. Jahrhundert nahm. Diesem hielt er entsprechend einen Nekrolog, in dem er auf nicht viel mehr zurückzublicken vermochte als auf „düsteren Trübsinn" und „träge Beschaulichkeit" (KSA 9: 135). Die Lehre der ewigen Wiederkehr markiert also, als 'Wendepunkt der Geschichte', das Vermittlungsglied dieser rückwärtsgerichteten Verfallsdiagnose und der nach vorne orientierenden Freisetzungsvision. So gesehen steht diese Lehre für den Höhepunkt des Sendungsbewußtseins Nietzsches, und der sie fundierende Gedanke zeugt für die Substanz dessen, was Nietzsches 'Philosophie der Zukunft' prägt.

Damit ist freilich nur etwas gesagt zum Stellenwert des Wiederkunftsgedankens in der Architektur des Gesamt-Œuvre, nicht aber zu der Frage, welche Bedeutungsbeimessung der Wiederkunftsgedanke im einzelnen erfährt und wie er die ihm hier von Nietzsche zugemutete Leistungserwartung rechtfertigen soll. Den Einstieg zur Klärung dieser Fragen eröffnet Nietzsches Aussage im *Ecce homo*, wonach der „Ewige-Wiederkunfts-Gedanke(n)" motivierend gewesen sei für die „Grundconception" (KSA 6: 335) des *Zarathustra*. Damit läßt sich der Wiederkunftsgedanke als Ertrag jener die *Zarathustra*-Konzeption anregenden Schlüsselszene verrechnen, die ihren ersten literarischen Niederschlag im vorletzten Aphorismus des vierten Buchs von *Die fröhliche Wissenschaft* findet und über die Nietzsche selbst in einem Fragmentnotat des Jahres 1881 Bericht erstattet, sich dabei hastig notierend: „Unendliche Wichtigkeit unseres Wissen's, Irren's, unsrer Gewohnheiten, Lebensweisen für alles Kommende. Was machen wir mit dem Reste unseres Lebens – wir, die wir den größten Theil desselben in der wesentlichsten Unwissenheit verbracht haben? Wir lehren die Lehre – es ist das stärkste Mittel, sie uns einzuverleiben. Unsre Art Seligkeit, als Lehrer der grössten Lehre" (KSA 9: 494). Nietzsche zeichnet dieses Ideenstakkato mit den pathetischen Worten ab: „Anfang August 1881 in Sils-Maria, 6000 Fuss über dem Meere und viel höher über allen menschlichen Dingen!" (KSA 9: 494) Nur vier Wochen später legt Nietzsche eine erste Skizze des *Zarathustra* nieder, dies bemerkenswerterweise noch unter dem Arbeitstitel *Mittag und Ewigkeit. Fingerzeige zu einem neuen Leben*. Für das geplante vierte Buch des *Zarathustra* verzeichnet Nietzsche dabei das Stichwort: „Begierde, alles noch einmal und ewige Male zu erleben" (KSA 9: 520). Die Bedeutung der Sils-Maria-Vision vom Gedanken der Wiederkunft des Gleichen, auch und namentlich für die Planung des *Zarathustra*, ist also unbestreitbar.

Was den Bedeutungsgehalt selbst angeht, so darf man aus dem Angeführten schließen, daß die Sils-Maria-Vision auf die Theorie eines von Menschen erwerbbaren finalisierten Wissens hinwies, das seinerseits die Basis abgab für eine künftige heilsgewisse Lebensführung, in der sich die 'Begierde, alles noch einmal und ewige Male zu erleben', aussprach. Insbesondere diese Pointe mußte, wie einleitend bereits angesprochen, einen so kränkelnden Menschen wie Nietzsche in einige Aufregung versetzen. Noch anderes aber kam bei einen Pastorensohn wie ihm vermutlich hinzu. In der Bergpredigt etwa, so schrieb Nietzsche später an Georg Brandes, sei die – dem hier nicht erwähnten Wiederkunftsgedanken innewohnende – „Sorge um den andern Tag" noch als „unchristlich" verboten worden; aber, so setzt er trocken hinzu, schiene ihm diese Sorge „im höchsten Grade philosophisch" (KSA 8: 318). Was hier in so knapper Setzung aufscheint, läßt sich dahingehend deuten, daß Nietzsche von der zutiefst philosophischen Charakteristik des Wiederkunftsgedankens überzeugt war; dies wird ihm hinreichend Anlaß gewesen sein, nicht nur die christlichen Bedenken Dritter, sondern auch die aus seiner eigenen Lebensempfindung resultierenden eigenen Einwände gegen diesen Gedanken zu überwinden. Nicht um die Triftigkeit der Theologiekritik Nietzsches ist es uns dabei zu tun, sondern um die Funktion, die er ihr für seinen eigenen Ansatz abgewann.

Dies gilt auch für Nietzsches Fragmentnotat von 1887/1888, das den Titel *Meine Theorie vom Typus Jesu* trägt und das in dem hier interessierenden Auszug auch teilweise Eingang fand in den *Antichrist* (KSA 6: 214ff.). Mittels der neutestamentarischen Botschaft vom Jüngsten Gericht, von der Wiederkunft und von der Auferstehung, so heißt es im Fragment, werde „der ganze Sinn des Evangeliums auf einmal eskamotirt ... zu Gunsten eines Zustandes – 'nach dem Tode' ..." (KSA 13: 177). Infolgedessen, so Nietzsche weiter, „hatte man in der zweiten Generation nach Jesus bereits alles das als christlich, was am tiefsten den evangelischen Instinkten zuwider ging", beispielsweise „ein Auseinanderhalten von Diesseits und Jenseits, von Zeit und Ewigkeit", aber auch „eine Theologie statt einer Praxis, ein 'Glaube' statt einer Lebensweise" (KSA 13: 178). Was Nietzsche hier also auf allerkürzestem Raum zur Kenntnis gibt, ist eine – gewiß sehr subjektive – Verfallsgeschichte der Theologie. Diese Geschichte nutzte er als Lektion für sich selbst, und seine Lesart des Wiederkunftsgedankens sollte deutlich machen, daß er seine Lektion gelernt hatte. Dieser Gedanke erst hilft, die Aufmerksamkeit auf „Praxis" wie „Lebensweise" zu konzentrieren und zumindest von einer metaphysischen Option wie der des „Jenseits" Abstand zu nehmen.

Eingelöst ist damit die Perspektive, die Nietzsche in einem knappen Fragmentnotat des Jahres 1881 angedeutet hatte: „Nicht nach fernen unbekannten Seligkeiten und *Segnungen* und *Begnadigungen* ausschauen, sondern so leben, daß wir nochmals leben wollen und in Ewigkeit *so* leben wollen! – Unsere Aufgabe tritt in jedem Augenblick an uns heran" (KSA 9: 503). Der *Antichrist* und das ihm zugehörende Nachlaßexposé bringen also nichts eigentlich Neues in der Sache, wohl aber einen neuen Grad in der Elaborierung des Problems, wie auch die zusammenfassende Formulierung unterstreicht: „Wenn man das Schwergewicht des Lebens *nicht* in's Leben, sondern in's 'Jenseits' verlegt – *in's Nichts* –, so hat man dem Leben überhaupt das Schwergewicht genommen" (KSA 6: 217). Auch der Umstand, daß Nietzsche den Wiederkunftsgedanken unter dem Titel *Das grösste Schwergewicht* (KSA 3: 570) in die Diskussion einführte, erfährt hiermit, wie schon Wolfgang Müller-Lauter (1971: 142) deutlich machte, beiläufig seine Aufklärung. Bei all dem hat Nietzsche den *Antichrist* im Vorwort nicht umsonst als ein Buch ausgewiesen, das für die sei, „welche meinen Zarathustra verstehn" (KSA 6: 167). Denn nun erst wird auch das Wort ganz verständlich, das Zarathustra lautstark und erkennbar ungeduldig seinen Gästen im vierten Buch des *Zarathustra* entgegenhält: „Aber wir wollen auch gar nicht in's Himmelreich: Männer sind wir geworden, – so wollen wir das Erdenreich" (KSA 4: 393).

Dies aber ist nur die eine Hälfte der Botschaft. Die andere gründet darin, wie Nietzsche sich das theologische Problem der „Ewigkeit" einverwandelt. Hilfreich zur Erklärung dessen ist der Roman *Die Dämonen* von Dostojewski. Auf die an Kiríllow gerichtete Frage Stawrogins, ob er an ein „künftiges ewiges Leben" glaube, antwortet der wegen seines Atheismus zum Selbstmord entschlossene Romanheld: „'Nein, nicht an ein künftiges ewiges, sondern an ein ewiges hier. Es gibt Augenblicke, man gelangt zu Augenblicken, und die Zeit bleibt plötzlich stehen und wird ewig.'" (Dostojewski 1977: 270) Nietzsche hat seine Antwort schon längst fertig, als er auf diesen Roman aufmerksam wird, den er nicht umsonst so sehr geschätzt hat. Denn was Dostojewski mit leichter Hand andeutet, hat Nietzsche zum Prinzip des *Zarathustra* erhoben. Hier nämlich begegnet einem der Übermensch vor allem in der Rolle desjenigen, der an ein 'künftiges ewiges Leben' gleichfalls nicht mehr glaubt, wohl aber sich dem unterwirft, was nach Heidegger das „Schwerste und Eigentliche" der Wiederkunftslehre prägt: die Sorge dafür, daß „die Ewigkeit im Augenblick *ist*" (Heidegger 1961 a: 312).

Der Kampf, den Zarathustra um diese Einsicht austrägt, gelangt im dritten Buch des *Zarathustra*, in einem Abschnitt mit dem Titel *Der Genesende*, zur Darstellung. So recht verständlich wird dieser Abschnitt allerdings erst, wenn man ihn als Widerhall der Sils-Maria-Vision Nietzsches, vor allem aber als Reflex auf die Schopenhauer-Krise Nietzsches vom Herbst 1865 zu lesen weiß. Sie bezog ihre Hauptmotive aus Nietzsches Adaptation der defätistischen Daseinsanalytik Schopenhauers. Allerdings war Nietzsche damals noch nicht des Wiederkunftsgedankens mächtig, den Zarathustra in der Komplementärszene anruft, um sogleich niederzustürzen „gleich einem Todten“ (KSA 4: 271). Wieder zu sich gekommen von einem siebentägigen, schlaflosen, krankenähnlichen Lager kommentiert Zarathustra diesen Schwächeanfall mit dem Wort: „Allzuklein der Grösste! – Das war mein Überdruss am Menschen! Und ewige Wiederkunft auch des Kleinsten! – Das war mein Überdruss an allem Dasein!“ (KSA 4: 274) Dieses Überdrußempfinden, vor allem aber das Krankenlager-Szenario, nimmt deutlich Motive der Schopenhauer-Krise Nietzsches auf. Anders als damals aber wird Zarathustra zusätzlich noch geschreckt durch den Wiederkunftsgedanken: „‘Ewig kehrt er wieder, der Mensch, dess du müde bist, der kleine Mensch’ – so gähnte meine Traurigkeit und schleppte den Fuss und konnte nicht einschlafen“ (KSA 4: 274). Der ‘kleine Mensch’ ist hier der sich christlich dünkende und folgerichtig vor allem auf die Erlösung und auf das Jenseits hoffende Mensch, also der Repräsentant jener so unendlich vermessenen Schar jener – wie es im Nachlaß des Jahres 1881 mit unüberbietbarer Dichte heißt – „mit ewigen Seelen und ewigem Werden und zukünftigem Besserwerden“ (KSA 9: 105).

Eine Lösung freilich zeichnet sich bei dieser so unerquicklichen Aussicht auf die ewige Wiederkehr auch dieses Typus ab. Zarathustra nämlich wird nach sieben Tagen – gleichsam am siebenten Tag *seiner* Schöpfung – durch seine Tiere belehrt, daß er „der Lehrer der ewigen Wiederkunft“ (KSA 4: 275) zu sein habe. Dies will an sich noch nicht viel besagen. Dazu gehört zunächst nur, wie die Tiere weiter ausführen, Lehrer der Lehre zu sein, „dass alle Dinge ewig wiederkehren und wir selber mit, und dass wir schon ewige Male dagewesen sind, und alle Dinge mit“ (KSA 4: 276). Diese Botschaft läßt noch den Schluß zu, daß auch die ‘kleinen Menschen’, derer Zarathustra „müde ist“ (KSA 4: 274), ewig wiederkehren werden. Hinzu kommt aber noch ein weiterer Auftrag an Zarathustra, nämlich der, daß er „den Menschen den Übermenschen künde“ (KSA 4: 276). Dies ist die entscheidende Option, um die Schopenhauer ebensowenig wußte wie sein treuer Leser Nietzsche vom Herbst 1865. Sie erlaubt es Zarathustra, die deprimierende Kunde von der ewigen Wiederkunft auch noch der ‘kleinen Menschen’ reflexiv zu handhaben, also, wie es im *Ecce homo* heißen wird, aus dem „Grausen vor dem Menschen überhaupt (...) ‘fortzuschweben in ferne Zukünfte’“ (KSA 6: 370). Denn der Wiederkunfts*gedanke*, um den Zarathustras schon wußte, ist hier nun bereichert um die Wiederkunfts*lehre*, um die zunächst nur Zarathustras Tiere wußten und die es nun auch Zarathustra erlaubt, für die Hervorbringung der

Übermenschen als derjenigen Sorge zu tragen, die, im Gegensatz zu den 'kleinen Menschen', die Aussicht auf ewige Wiederkunft ertragen können und im Blick auf die der Wiederkunftsgedanke seinen Schrecken verliert bzw., als der „große … *züchtende* … Gedanke" (KSA 11: 73), seine Wirkung entfaltet. Damit ist die Schöpfungsgeschichte, die Zarathustra neu arrangieren kann, weil dem Menschen mit dem Tod Gottes die vor allem auf den Übermenschen hinweisende Schöpfungsvollmacht zufällt, an ihr Ende geführt. „Die Welt ist vollkommen" (KSA 4: 343), spricht Zarathustra. Mit diesem Vollkommenheitsanspruch ist der (Über-)Mensch endgültig in das von ihm zu gestaltende Diesseits gestellt. Und das 'Jenseits' ist aus dieser Perspektive lediglich noch ein Zustand in Parenthese, ein Zustand, „da ein Diesseits kein Jenseits braucht, um mit dem Jenseits das elende Diesseits zu bekräftigen: da Wahrheiten nicht machtwillig gefälschte Irrtümer und Irrtümer nicht verfolgte Ketzerwahrheiten sind. Es ist der Zustand der unzerrissenen, emphatischen – der seienden Wahrheit" (Schweppenhäuser 1980: 255).

Diese Pointe wird noch ein Stück weit überschritten durch Nietzsches wichtiges Nachlaßfragment *Der europäische Nihilismus* vom Juni 1887, in dem es heißt: „'Gott' ist eine viel zu extreme Hypothese" – mit der Folgerung: „Aber extreme Positionen werden nicht durch ermäßigte abgelöst, sondern wiederum durch extreme, aber *umgekehrte*" (KSA 12: 212). Auf den ersten Blick scheint diese Formulierung nur eine Kritik der Gottes-Kritik der Aufklärung im Sinn zu haben. Kant beispielsweise hatte insofern lediglich eine extreme durch eine ermäßigte Hypothese abgelöst, als er ein Reich des Wissens von einem Reich des Glaubens sonderte, um Platz für Gottesvorstellungen zu schaffen, Diskussionen über Gottesbeweise hingegen zu entlegitimieren. Kant, so denn auch Schopenhauer, ließ den Theismus „als eine theoretisch unerweisliche, aber zum praktischen Behufe gültige Antwort bestehn" (SW V: 199). Die Quintessenz war daraus mühelos zu beschaffen: Das „Problem" der Philosophie „ist die Welt: mit dieser allein hat sie es zu thun und läßt die Götter in Ruhe, erwartet aber dafür, auch von ihnen in Ruhe gelassen zu werden" (SW II: 218). Im Rücken dieser die Philosophie im Sinne der Aufklärung als „Weltweisheit" auslegenden Definition drohte indes eine andere Form der Unruhe, um die Nietzsche deutlicher wußte als Schopenhauer: nämlich der Aufstieg des Menschen in der Variante des 'freien Gottes' als eines Wesens, das sich frohgemut die Freiheit seines Willens zurechnete, obwohl es doch noch gebunden blieb durch die andere Seite seiner Vernunft. Diesen untauglichen Gott-Ersatz überbot Nietzsche durch den Übermenschen; und diesem Übermenschen meinte er im Spätwerk – und dies macht das Fragment *Der europäische Nihilismus* deutlich – einen gleichsam unchristlichen Gott beiseite gesellen zu müssen, einen, wie es hier heißt, „Gott 'jenseits von Gut und Böse'" (KSA 12: 213). Mit dieser extremen, aber umgekehrten Hypothese zur christlichen Gottesvorstellung schickte sich Nietzsche zugleich an, die auf den christlichen Gott bezogene ermäßigte Hypothese Kants durch eine erneut extreme, aber umgekehrte zu überbieten.

Ganz in diesem Sinne gesellt Nietzsche seiner im *Antichrist* vorgenommenen Verneinung des „Gott(es) der Guten" resp. des „Gott(es) der kleinen Leute" (KSA 13: 523), des Gottes also, der heruntergesunken sei auf das „Symbol eines Stabs für Müde, eines Rettungsankers für alle Ertrinkenden" (KSA 6: 184), die These bei, daß bisher zwar der „Gott der Guten" (KSA 13: 523) ad acta gelegt sei, die Begründung eines „bösen Gott(es)" (KSA 6: 182) – im Sinne jener extremen, aber umgekehrten Hypothese – aber ausstünde. Auf diesen Typus zu verzichten, hieße, so hat man Nietzsche zu verstehen, daß andernfalls die Existenzbedingung des zu fordernden neuen Menschentypus gefährdet sei: „Man hat den bösen Gott so nöthig wie den guten: man verdankt ja die eigne Existenz nicht gerade der Toleranz, der Menschenfreundlichkeit" (KSA 6: 182). Folglich bedurfte es eines Gottes, der freundlich ist auch zu denen, die anders sind als die 'kleinen Leute'. Dabei sei hier von der problematischen Erweiterung dieses Gedankens in Richtung eines sich als Antichristen auslegenden Schutzpatrons der „Starken" ebenso abgesehen wie von der Aufsteigerung dieses Gedankens in Richtung eines Volksgott-Motivs.

Ein anderer Schluß aber scheint nun erlaubt: Nietzsche wollte mittels seiner im Fragment *Der europäische Nihilismus* vom Juni 1887 unterbreiteten extremen, aber umgekehrten Hypothese zur christlichen Gottesvorstellung eine Art Ersatz-Pantheismus begründen, mit der Aussage, daß nun der Ersatz-Gott in der Welt ist und für sie Verantwortung trägt. Diese nach-christliche Variante des christlichen Pantheismus muß dann allerdings auch dessen Motiv des „Alles vollkommen, göttlich, ewig" und vor allem den im Gefolge dieses Motivs selbstläufigen „Glauben an die 'ewige Wiederkunft'" (KSA 12: 213) kompensieren und zugleich überbieten, und zwar durch einen nach-christlich geprägten Wiederkunftsgedanken, so wie ihn Nietzsche mit diesem seinem „aufklärerischen Mythos" (Ottmann 1985: 29) vorlegte. Den hiermit erreichten Höhepunkt der Spätphilosophie Nietzsches darf man daher dahingehend zusammenfassen, daß Nietzsches Wiederkunftsgedanke sich nur dann Fehlinterpretationen entziehen läßt, wenn man ihn an dreierlei koppelt: an die Lehre vom Übermenschen, an das Konzept eines neu-aufklärerisch konzipierten nach-christlichen Pantheismus und an den – in den Nachlaßfragmenten noch deutlicher hervortretenden (vgl. Haase 1984) – Umstand, daß Nietzsche Zarathustra als Lehrer des Übermenschen *und* als Vertreter der Lehre von der ewigen Wiederkunft einführte.

8.2 Die Streitkonjunkturen: Nietzsches ewige Wiederkunft

Wer Streit sucht, könnte diesen gewiß am ehesten durch die – gar nicht einmal so abwegige – These erreichen, seit 1894, seit der Nietzsche-Monographie von Lou Andreas-Salomé (o. J.: 194ff.), sei alles über den Wiederkunftsgedanken gesagt. Konventioneller und berechtigter ist der Hinweis, daß erst seit Wolfgang Müller-Lauters (1971: 135ff.) und Karl-Heinz Volkmann-Schlucks (1991: 108ff.) subtiler Argumentation wieder über den Wiederkunftsgedanken und das Übermenschen-Konstrukt in Richtung des von Nietzsche Intendierten gesprochen werden kann. Gleichwohl führt Nietzsches ewige Wiederkunft im Bewußtsein immer neuer Leser und das darüber immer wieder neu aktualisierbare Streitszenario nach wie vor zu Verwirrungen. Sie kulminierten erstmals bei Alfred Baeumler, der nach 1933 zu einem der führenden nationalsozialistischen Bildungsideologen aufsteigen sollte. Offenbar in Vorbereitung auf diese Aufgabe war Baeumler daran interessiert, Nietzsche vor allem als Politiker sowie als Ideologen des Willens zur Macht auszuweisen. Zu dieser Absicht paßte Nietzsches Wiederkunftsgedanke nicht. Denn mit diesem Gedanken, so Baeumler, habe Nietzsche das im Willen zur Macht noch präsente Bild des „ewigen Werden(s)" durch das Bild des „ewigen Seins" (Baeumler 1931: 80) ersetzt – und damit, gleichsam über die darin sich aussprechende Selbstzufriedenheit mit dem je Geschaffenen, eine Perspektive verbaut, die Baeumler meinte aus Nietzsche herauslesen zu können als die des beharrlichen Arbeitens an einem deutschen Zukunftsstaat, der nicht eine Fortsetzung der Schöpfung Bismarcks sein werde, sondern der zu schaffen sei „aus dem Geiste Nietzsches und dem Geist des Großen Krieges" (Baeumler 1931: 183). Es war Teil der Absicherung dieser in derart verheerenden Sätzen auslaufenden Nietzsche-Auslegung Baeumlers, wenn Nietzsche zur einen Seite hin lediglich eine „*Religion* der ewigen Wiederkunft" (Baeumler 1931: 82) bescheinigt bekam, zur anderen hin aber gefeiert wurde mit dem Wort von einer „*Philosophie* des Willens zur Macht" (Baeumler 1931: 80; Hervorhebung C. N.), mit der Folgerung, der Wiederkunftsgedanke sei, von Nietzsches eigentlichem „*System* aus gesehen, ohne Belang" (Baeumler 1931: 80).

Im Anschluß an die Baeumler-Kritik Heideggers (1961a: 30f.) und die dahinter verborgene weiträumige Intervention des Freiburger Philosophen, der, dabei gleichsam indirekt die Rede von einem Nietzsche eigenen System verstärkend, die grundlegende Bedeutung des von ihm dezidiert als Wiederkunfts*lehre* Bezeichneten und dessen Bezogenheit auf die Rede vom Willen zur Macht sowie den metaphysischen Gehalt beider Konzepte nachzuweisen suchte, hat in den letzten Jahren, teilweise im Zuge der sich ausbreitenden Lesart Nietzsches als eines Anti-Metaphysikers, wieder eine gewisse Entmystifizierung des nur noch als Wiederkunfts*gedanken* Gelesenen Platz gegriffen. Dies geschieht zwar nicht mehr mit der Ambitioniertheit eines Alfred Baeumler, der den Wiederkunftsgedanken Nietzsches abwertete, um kompensatorisch einen anderen Gedanken Nietzsches aufzubereiten und den Philosophen auf diese Weise für eine bestimmte politische Programmatik brauchbar zu machen. Politische Deutungen des Wiederkunftsgedankens sind allerdings nach wie vor zu verzeichnen, ebenso wie Deutungen, die auf die vermeintlich entpolitisierenden Folgen dieses Gedankens Bezug nehmen. Exemplarisch dafür ist die aus spätsozialistischer Perspektive geschriebene Arbeit Günter Lehmanns, in der Nietzsches Wiederkunftsgedanke unter dem Stichwort des „Schicksalsglaubens“ und der damit erteilten Absage an jedes „Fortschritts- und Entwicklungsdenken“ (Lehmann 1993: 92f.) abgehandelt wird. Der einzige dann noch verbleibende Ausweg für den, der beides will: Nietzsche und ‘Fortschritt’, ist von Baeumler vorgezeichnet – eine Wegmarke, an der dann allerdings wohl, im Interesse Lehmanns, andersfarbige politische Vorzeichen anzubringen wären.

Ernster also als derartige same-procedure-as-last-year-Positionen, die gewiß nicht an die Stelle von Nietzsche-Interpretationen treten können, hat man Versuche zu nehmen, eine von bildungsphilosophischen Motiven absehende Auslegung des Wiederkunftsgedankens neuer Aufbereitung zuzuführen. Argumentführend scheint dabei das Bemühen, einer Nietzsche-Lesart näherzutreten, die in der Lage ist, den – von Baeumler mittels des Willen-zur-Macht-Gedankens pervertierten – bildungsphilosophischen Überschwang des Übermenschen-Konstrukts durch Kappung von dessen Verbindung zum Wiederkunftsgedanken zu vermeiden. Trotz dieser gut gemeinten Absicht wird dabei allerdings mitunter und wohl ungewollt die von Baeumler vorangetriebene anti-metaphysische Lesart des Wiederkunftsgedankens „als Ausdruck eines höchst persönlichen Erlebnisses“ (Baeumler 1931: 80) kopiert. So sieht beispielsweise Volker Gerhardt in dem Wiederkunftsgedanken eine „durch und durch individuelle Erfahrung“ (Gerhardt 1992b: 191) ausgesprochen, die „im strengen Sinn“ nur für Zarathustra gelte und dessen „Geheimnis“ bleibe: „Als solches haben wir es zu respektieren“ (Gerhardt 1992b: 193). Man täte der auf hohem Niveau gehaltenen Nietzsche-Monographie Gerhardts gewiß Unrecht, aber man könnte sich bei dieser Auslegung an Heideggers – ersichtlich gegen Baeumler gerichtetes – Wort zurückerinnern, wonach derjenige Nietzsche „in das Platte heutigen Meinens“ herabzerre, der „den Wiederkunftsgedanken als unbewiesene und unbeweisbare Merkwürdigkeit verzeichnet und ihn den dichterischen und religiösen Anwandlungen Nietzsches gutschreibt“ (Heidegger 1961b: 12).

In der Logik des hier von Heidegger Kritisierten scheint auch Josef Simon zu argumentieren, wenn er, kritisch gegenüber Heidegger, den Wiederkunftsgedanken dahingehend übersetzt, daß er „ein affirmatives Einverständnis mit allem, wie es ist", zum Ausdruck brächte, das weniger für eine „Lehre" Nietzsches stünde als für so etwas wie die Paraphrase einer Wertungspräferenz Zarathustras: „Es leuchtet ein, daß sich solch eine individuelle Affirmation nicht 'lehren' läßt" (Simon 1992: 7). Die Absicht, die sich hinter derlei Auslegung verbirgt, sollte nicht verkannt werden: Namentlich mit der zuletzt genannten Folgerung ist die *Lehre* von der ewigen Wiederkunft zurückgestutzt auf eine bloße *Position* und, vor allem, abgekoppelt von der Auslegung Zarathustras als *Lehrer* des Übermenschen – ein bedeutender Fortschritt, wie es manchem scheinen mag. Denn in der Folge darf über den Autor des *Zarathustra* wieder so geredet werden, wie es einem zukommt, der als Anti-Metaphysiker zu verstehen ist. Und selbst dort, wo, wie etwa bei Margot Fleischer, der Zusammenhang von Übermensch und ewiger Wiederkunft deutlich noch herausgearbeitet wird, herrscht im Ergebnis der Befund vor, der Wiederkunftsgedanke stünde für Determinismus und Negation von Willensfreiheit und sei entsprechend dafür verantwortlich, daß in Nietzsches Spätphilosophie der „Enthusiasmus des Schaffens" (Fleischer 1993: 143) zurücktrete.

Rechtfertigungen für diese neueren Positionen – von Gerhardt, Simon und Fleischer –, denen neuerdings auch Beatrix Himmelmann (1996: 322) nahekommt, scheinen leicht zu beschaffen. Im vierten, *Sanctus Januaris* überschriebenen Buch von *Die fröhliche Wissenschaft* beispielsweise stimmt Nietzsche das Hohe Lied auf seine nun vorherrschende Haltung an, „das Nothwendige an den Dingen als das Schöne" sehen zu wollen, mit dem Ergebnis: „Amor fati: das sei von nun an meine Liebe! Ich will keinen Krieg gegen das Häßliche führen" (KSA 3: 521). Im sechs Jahre älteren Nachlaß des Jahres 1888 wird dieses Argument dann auch expressis verbis auf den Wiederkunftsgedanken bezogen, wenn Nietzsche etwa sagt, daß seine „Experimental-Philosophie" von einer bloßen Negation hindurch wolle „zu einem dionysischen Jasagen zur Welt, wie sie ist, ohne Abzug, Ausnahme und Auswahl – sie will den ewigen Kreislauf, – dieselben Dinge, dieselbe Logik und Unlogik der Knoten", wobei dem noch hinzugesetzt wird: „meine Formel dafür ist amor fati ..." (KSA 13: 492). Was sich hierin andeutet und im *Ecce homo* mit der Bestimmung fortsetzt, daß die „Grösse am Menschen" darin zur Anzeige gelange, daß er „Nichts anders haben will, vorwärts nicht, rückwärts nicht, in alle Ewigkeit nicht" (KSA 6: 297), scheint tatsächlich für eine Verwendung des Wiederkunftsgedankens zu zeugen, die vom Übermenschen-Konstrukt absieht und die nicht so recht deutlich macht, worin denn die von Heidegger (1961a: 470) postulierte „metaphysische Grundstellung" jenes von Nietzsche gelobten amor fati zum Tragen kommen soll. Vielmehr scheint das Wort von einer höchstpersönlichen Lektion wenn schon nicht Zarathustras, so jedenfalls doch Nietzsches durchaus berechtigt zu sein. Denn in zwei der drei angeführten Zitate ist die Rede von Lehren, die Nietzsche aus seinem bisherigen Umgang mit seiner Krankheit (so die Referenz in *Die fröhliche Wissenschaft*) bzw. aus seinem bisherigen Leben (so die Referenz im *Ecce homo*) gezogen habe. Insoweit scheint Nietzsche hier durchaus, einmal im Vorgriff auf und das andere Mal im Nachgang zum *Zarathustra*, eine 'durch und durch individuelle Erfahrung' (Gerhardt) zum Ausdruck gebracht zu haben, die auf 'ein affirmatives Einverständnis mit allem, wie es ist' (Simon), hinausläuft, angesichts dessen einem ein Wort wie das von einem Nietzsche eigenen 'Enthusiasmus des Schaffens' (Fleischer) tatsächlich nicht mehr von den Lippen will. Ähnlich hat Nietzsche selbst, zumindest im Blick auf die angeführte Passage aus *Die fröhliche Wissenschaft*, die Sache gesehen, wenn er Rée den Tip gibt: „Lesen Sie doch den Sanctus Januaris einmal im Zusammenhang! Da steht meine Privat-Moral beisammen, als die Summe *meiner* Existenz-Bedingungen, welche nur ein *Soll* vorschreiben, falls ich *mich* selber will" (KSB 6: 247).

Und doch will diese Lebensweisheitsdoktrin Nietzsches, vor allem aber die bei den angeführten drei Nietzsche-Interpreten und auch bei Alexander Nehamas (1991: 22, 244) beobachtbare Psychologisierung der Wiederkunftslehre und die dieser Strategie innewohnende Depotenzierung ihres daseinskritischen sowie bildungsphilosophischen Gehalts nicht so recht überzeugen. Dies gilt ungeachtet des Umstandes, daß man auch diese Lesart metaphysisch aufwerten könnte, etwa indem man sich eines Arguments von Wiebrecht Ries bedient. Er nämlich las den Wiederkunftsgedanken nicht als „rationale Konstruktion", sondern als „Mythologem" und insofern „als das Herzstück von Nietzsches eigener ästhetischer Metaphysik", mit der Pointe, daß der Übermensch nun der scheint, „der die absolute Zweck- und Sinnlosigkeit der Welt als ihren Grundcharakter erkennt und dennoch zur kosmischen Anarchie des Lebens, seiner Sinnlichkeit und Grausamkeit, 'Ja' sagt" (Ries 1990: 127). Damit mag tatsächlich der geadelt sein, der so denkt und sein Leben so führt, wie Ries dies hier für den Übermenschen behauptet. Am ehesten wäre dabei wohl an einen renovierten Schopenhauer zu denken, wenn man etwa dessen *Aphorismen zur Lebensweisheit* in Betracht zieht, die sich ja deutlich dispensieren von dem Zweck- und Sinnlosigkeitsverdacht, der Schopenhauer dort eigen ist, wo er metaphysisch argumentiert. Aber Nietzsche selbst hat den Übermenschen nicht als Repräsentanten eines sich im Wiederkunftsgedanken verdichtenden Nihilismus ausgelegt; auch ist das Wort von einer – sich in dieser Auslegung exemplifizierenden – ästhetischen Metaphysik nicht auf Nietzsches Spätphilosophie anwendbar.

Eines freilich gilt es, gleichsam im verstärkenden Aufgreifen des zu Nietzsches *Sanctus Januaris* Gesagten, zu konzedieren: Nietzsche war es, der der Lesart der Lehre von der ewigen Wiederkunft in Chiffren einer Art Lebensweisheitsdoktrin, einer „neuen Lebenskunst" (Schmid 1992: 61), immer wieder Vorschub leistete. So preßte er seine Lehre beispielsweise 1881 in die Formel: „*so* leben, daß du *wünschen* mußt, wieder zu leben" (KSA 9: 505), um diese Frage dann 1888 dem Ansatz nach zu bejahen: zum einen im *Ecce homo* im Rückblick auf die Tribschener Zeit (KSA 6: 288); zum anderen in einem Brief, in dem die Rede davon ist, daß er „kein Wölkchen Wunsch" (KSB 8: 318) mehr vor sich habe. Noch 1885 war dies, im Rückblick auf die letzten drei Jahre seines Lebens, anders gewesen, weil ihm, zumal unter Vergegenwärtigung der Lou-Affäre und deren Folgen, „Spannung und Gegensätze" (KSB 7: 116) zu groß seien. Allerdings übersah Nietzsche in diesem spielerischen Eigenbrauch völlig die *philosophische* Tiefe seiner eigenen Lehre: Sie erreicht ihren Rang als Teil der sie fundierenden Metaphysik des Werdens und damit als Extrakt eines philosophischen *Gedankens* erst dort, wo sie geknüpft wird an die Vorstellung einer „Welt, wie sie sein *sollte*": Diese nämlich allein ist es, der Nietzsche, jedenfalls auf der Höhe seines Denkens im Herbst 1887, Existenzrecht zubilligt, im Gegensatz zur „Welt, in der wir leben", die ihm immer nur ein „Irrthum" war und die folglich nicht, je nach Stand des eigenen Wohlseins, zu begrüßen oder abzulehnen war, sondern die besser „*nicht* existiren" (KSA 12: 365) sollte. Zum großen Antipoden geriet zumal dem späten Nietzsche entsprechend gar nicht einmal so sehr der „Glaube an das Seiende", sondern die „Geringschätzung alles Werdens" sowie ein dekadent gewordener 'Wille zur Wahrheit', der in sich die „Ohnmacht des Willens zum Schaffen" (KSA 12: 365) barg. Erst wenn dem grundlegend abgeholfen war, konnte mithin von Bejahung des Lebens im philosophischen Sinn die Rede sein.

Die so zu lesende Grundanlage des Wiederkunftsgedankens nimmt immer Bezug auf ein Noch-Nicht, erreicht ihre Erfüllung also erst in einer neuen Weltordnung, zu der Nietzsche mit dem *Zarathustra* einen ersten Beitrag geliefert hatte und die allein dann erwartet werden konnte, wenn der Mensch als Übermensch über den Zugang zu einer vergöttlichungsfähigen Selbstauslegung und Weltgestaltung verfügte. Entsprechend auch hat Nietzsche die Wiederkunftslehre immer wieder als eine ausgewiesen, die erst *nach* der Aussicht auf den Übermenschen „erträglich ist" (KSA 10: 530). Heidegger (1961b: 304) hat diese Aussage Nietzsches ausdrücklich hervorgehoben und jenen umstrittenen amor fati auszulegen versucht als etwas, das auf den „Schaffende(n)", den „Entschiedene(n)" Bezug nehme und jedenfalls nicht den meine, dem das fatum „wüst und wirr und niederschlagend" (Heidegger 1961a: 471) sei. Schon Richard Wagner hatte in *Oper und Drama* streng geschieden zwischen dem „Fatum der Griechen“ und dem der Gegenwartsmenschen; gründete ersteres in der „innere(n) Naturnothwendigkeit“ und in dem daraus entspringenden Streben, sich „in den willkürlichen politischen Staat zu befreien“, so sei dem Gegenwartsmenschen eben dieser Staat zum unerträglichen Fatum geraten, aus dem in die Naturnotwendigkeit gleichsam zurückzubefreien nun nicht nur verständlich, sondern auch ratsam sei, wobei allerdings das derart freigesetzte Individuum seine Kraft auch zur Organisierung der Gesellschaft einzusetzen hätte (GSD 4: 53ff.). Das Problem auf diese Weise angehen, so Wagners Pointe, „heißt aber soviel, als – *den Staat vernichten*; denn der Staat schritt durch die Gesellschaft zur Verneinung der freien Selbstbestimmung des Individuums vor, – von ihrem Tode lebte er“ (GSD 4: 67). Die Liebe des Fatums wäre so zu lesen als rückblickende Danksagung in Richtung jenes Impulses, der der Selbstbefreiung des einzelnen vorherlief – und als deren höchstes Symbol Wagner hier noch Antigone resp. den sich über ihrer Leiche aus Liebe zu ihr meuchelnden Sohn des Kreon zelebriert, dessen Liebesschwert „furchtbar schneidend in sein Herz (drang): tief im Innersten verwundet stürzte *der Staat* zusammen, um im Tode *Mensch* zu werden“ (GSD 4: 63).

Die Spuren dieser „politische(n) Allegorese“ (Borchmeyer/Salaquarda 1994b: 1359) des Ödipusmythos lassen sich noch in Wagners *Siegfried* aufweisen. Auch er ist ein aus Blutschande gezeugtes Kind, und auch er wird vorgeführt als ein freier Mensch, der „den 'Verträgen' (dem Herkommen, der Moral) den Krieg erklärt“ (KSA 6: 20) und dem in seinem Fall versagenden Götterwillen trotzen kann. Dann aber scheint auch ein Brückenschlag erlaubt in Richtung des Übermenschen, als dessen frühes Symbol Siegfried zu sehen ist. Der Anschluß an Heideggers Lesart des von jedem Fatalismusverdacht freizusetzenden Wiederkunftsgedankens, der sage, „*wie* das Seiende (...) im Ganzen sein muß“ (Heidegger 1961b: 38), scheint dann problemlos möglich, zumal das Subjekt dieser Begründung des Seienden nicht unbenannt bleibt und ein durchaus siegfriedhaftes ist: „Der Übermensch ist der Mensch, der das Sein neu gründet – in der Strenge des Wissens und im großen Stil des Schaffens“ (Heidegger 1961a: 254). Deutlicher macht das von Heidegger hier Gemeinte wohl Gianni Vattimos von jeder Metaphysik-Rhetorik absehendes Resümee, wonach der Wiederkunftsgedanke für einen Nietzsche zeuge, der „nicht einfach nur eine resignierte Hinnahme der Dinge (will), wie sie eben sind. Er will vielmehr eine Welt, in der es möglich ist, die ewige Wiederkehr des Gleichen zu wollen“ (Vattimo 1992: 78). Erkennbar hat dies nichts mit Schicksalsergebenheit zu tun, sondern mit Bejahung einer Ordnung der Dinge, der, und so ließe sich Vattimo noch ergänzen, das Siegel der Vollkommenheit und mithin das der ewigen Wiederkunft dann aufzudrücken ist, wenn sie nicht von Gott, sondern vom Übermenschen gemacht und in Gang gehalten wird. Dieser sozialphilosophischen Option Nietzsches ist nun genauer nachzugehen.

8.3 Das Sicherungsterrain: Nietzsches Sozialphilosophie

Als Sozialphilosoph begegnete uns Nietzsche bereits im ersten Teil dieser Arbeit (vgl. I.2.3). Dort ging es darum, den biographischen Hintergrund zu umreißen, der Nietzsche den Anlaß gab zur Reflexion über eine Gesellungsform, die er mit dem Stichwort 'Gemeinschaft freier Einzelner' belegt hat. Auch sollten die psychologischen Hintergründe deutlich werden, die Nietzsche davon abhielten, Sozialstaatsoptionen oder sozialistischen Gerechtigkeitsprogrammatiken nahezutreten, die ihr zentrales Motiv weniger aus dem Interesse an Freisetzung des einzelnen als aus dem an Stiftung sozialer Gemeinschaftlichkeit empfangen. Wenn Nietzsche hier nun erneut als Sozialphilosoph interessiert, können wir die Darstellung also von dem Einbezug dieser Aspekte entlasten. Im Zentrum steht dabei das Interesse, dem sozialphilosophischen Gehalt des Wiederkunftsgedankens Rechnung zu tragen. Denn Vollkommenheitsvisionen im Blick auf 'eine Welt, in der es möglich ist, die ewige Wiederkehr des Gleichen zu wollen', sind immer sozialutopischen Gehalts und mithin einer sozialphilosophischen Rechtfertigung bedürftig.

Dabei will es auf den ersten Blick nicht so scheinen, als habe Nietzsche eine derartige Rechtfertigung in geschlossener Form vorgelegt. Unbestritten allerdings scheint die Attraktion beispielsweise der Staatskritik Nietzsches für zeitgenössische Individualismus- wie Anarchismus-Programmatiken. Noch 1939 fügte beispielsweise der inzwischen deutlich distanzierte Heinrich Mann dem Rückblick auf seine eigene frühe Nietzsche-Begeisterung der 1890er Jahre den erklärenden Satz ein: Nietzsche „stellte an die Spitze seiner geforderten Gesellschaft den stolzen Geist, – warum nicht uns selbst? Nach uns der König, die Adligen und Krieger, dann lange nichts. Welcher Zwanzigjährige läßt sich das zweimal sagen?“ (Mann 1939: 277). Zugleich aber gehört es zur Grundlogik neuzeitlicher sozialphilosophischer Argumentation spätestens seit Thomas Hobbes' *Leviathan*, weniger dem Recht des (jugendbewegten) 'stolzen Geistes' zu frönen denn mit Hilfe staatlicher Institutionen den im Naturzustand wirksamen 'Krieg aller gegen alle' zu verhindern. Der Staat gilt in dieser Lesart als Friedensstifter im Inneren, und jeder Verzicht auf ihn kann nur hinauslaufen auf Inkaufnahme von Bindungslosigkeit im geradezu barbarischen Sinne. Wieder einmal also steht man vor dem Problem von Freisetzung und Bindung, und tatsächlich hat Nietzsche, und dies ist wohl der erste Befund, jene Bindung, die durch herkömmliche Staatskonzepte hergestellt werden sollte, abweichend von jenem durch Hobbes repräsentierten sozialphilosophischen Mainstream anzustreben versucht.

Ansetzen ließe sich hierbei an jener Diskussion, die, überwiegend in Gegenstellung zu Hobbes und maßgeblich bei Locke, Rousseau oder Pestalozzi, um den die Staatsgründung einleitenden Sozialvertrag geführt wurde. Strittig waren hier vor allem die Randbedingungen, die erfüllt sein müßten, damit von einer Vertragsfähigkeit der einzelnen und von deren Mitwirkung an der Erstellung eines Vertrages auch tatsächlich gesprochen werden konnte. Durchaus im Geiste dieser Vorarbeiten hatte auch Jacob Burckhardt auf die Absurdität der „Kontrakthypothese für den zu errichtenden Staat" verwiesen, zwecks Erläuterung hinzufügend: „Abtretungen und Ausgleichungen wie die zwischen zitternden Romanen und siegreichen Germanen sind keine echten Kontrakte" (Burckhardt 1960: 42). Diese Worte dürften gefallen sein im Rahmen eines Kollegs, dem auch Nietzsche in seinem zweiten Baseler Semester beiwohnte. Und daß Nietzsche durch diesen Gedanken, der die im geschichtlichen Ablauf immer wieder belegbare Vertragsenthobenheit des Stärkeren betonte, nachdrücklich geprägt wurde, darf seinem Nachlaß aus dieser Zeit entnommen werden. „Im Volke finden wir überall die zurückgelassenen Spuren der durchgegangenen Löwen des Geistes: in Sitte Recht Glauben, überall hat sich die Menge dem Einfluß Einzelner gebeugt" (KSA 7: 120), kann man hier beispielsweise lesen.

Abweichend freilich von den auf Durchsetzung der Gleichheits- und Demokratieidee abstellenden Impulsen eines Rousseau wandte Nietzsche seine Aufmerksamkeit nicht so sehr der Frage zu, wie angesichts der Macht der Herrschenden an der Vertragsbefähigung der ansonsten Beherrschten gearbeitet werden könne. Sein Interesse zielte viel eher auf die Problematik des Vertragsgedankens als solchen. So ist noch siebzehn Jahre nach seiner frühen Burckhardt-Lektion in der *Genealogie der Moral* der Satz zu finden: „Wer befehlen kann, wer von Natur 'Herr' ist, wer gewaltthätig in Werk und Gebärde auftritt – was hat der mit Verträgen zu schaffen!" (KSA 5: 324) Es sind solche Formulierungen, die Anlaß sein könnten, Nietzsche allein unter dem Gesichtspunkt zu lesen, er habe der Freisetzung jenes auch von Heinrich Mann beschworenen 'stolzen Geistes' das Wort geredet, kontrollierende Instanzen hingegen, wie etwa Verträge und die damit verbundene Rechtsförmigkeit politischen Tuns und staatlichen Handelns, diffamiert. Dann freilich wäre es ein leichtes, diesen Sachverhalt ebenso dem gängigen Klagelied über einen Nietzsche einzufügen, der nationalsozialistischen Eroberungskriegern als Vordenker hilfreich war, wie das 1887er Nietzsche-Wort von dem Staatengründer mit seinem „furchtbare(n) Künstler-Egoismus, der (...) sich im 'Werke', wie die

Mutter in ihrem Kinde, in alle Ewigkeit voraus gerechtfertigt weiss“ (KSA 5: 325). Abschreckender noch fast mag das damit im Zusammenhang stehende Fabulieren Nietzsches vom „Rudel blonder Raubthiere“ sein, das seine „furchtbaren Tatzen auf eine der Zahl nach vielleicht ungeheuer überlegene, aber noch gestaltlose, noch schweifende Bevölkerung legt“ (KSA 5: 324). Und doch gibt es keinen Anlaß zu der Annahme, Nietzsche rechtfertige derlei gewalttätige Praxen. Nicht um ein Lob des starken Staates oder der ‘blonden Raubtiere’ war es ihm zu tun, sondern um den Tadel von Sozialvertragstheorien, die mit ihrem begrifflichen Werkzeug naiv blieben gegenüber den eigentlichen Motiven und Mitteln gewalttätiger Staatengründer.

Nietzsche war allerdings nicht nur der Vertragsgedanke suspekt, sondern auch die Staatsidee als solche. Schon ein Fragmentnotat von 1873 hält hierzu im Rahmen einer Zeitdiagnose fest: „Die willkürlichen Begrenzungen Staat Nation sind ohne Mysterium allmählich und erscheinen viel grausamer und schlechter“, ergänzt um: „Die Institutionen werden auf Furcht und Noth basirt“ (KSA 7: 693). Skizziert ist mit letzterem die Logik herkömmlicher Staatsgründungstheorien und, mit ersterem, der Einspruch gegen sie, ein Einspruch, der mittels einer Verlustrechnung präsentiert wird. Der Preis nämlich für die größere Sicherheit des einzelnen, die durch den Staat gewährt wird, ist in der Münze der Entbehrung an Geborgenheit im vorstaatlichen Zustand zu entrichten. Näher ausgeführt wird dies ein Jahr später in einer Passage aus *Vom Nutzen und Nachteil der Historie für das Leben*. Hier nämlich legt Nietzsche heftigen Widerspruch ein gegen jene, die „die kommende Geschichte auf dem Egoismus zu errichten“ (KSA 1: 321) trachteten und dabei des Staates bedürften als des „Patron(s) der klugen Egoismen, um sie mit seiner militärischen und polizeilichen Gewalt gegen die schrecklichen Ausbrüche des unklugen Egoismus zu schützen“ (KSA 1: 322). Hinter diesem deutlich ironischen Widerspruch verbirgt sich die Sorge Nietzsches, das Volk werde auf diese Weise „am egoistischen Kleinen und Elenden, an Verknöcherung und Selbstsucht“ zugrunde gehen und aufhören, „Volk zu sein“ (KSA 1: 319). Staats- wie Volksbegriff Nietzsches verhalten sich also eher diametral zueinander, wobei der Begriff des Staates negativ konnotiert wird, also in einen Zusammenhang gehört mit Ausdrücken wie „System ... von Einzelegoismen“ (KSA 1: 319). Mit dem Begriff des Volkes hingegen sind Vorstellungsinhalte verknüpft, die auf organismische Gestaltungsaspekte sowie altruistische und sozialintegrative Motive Bezug nehmen und voraussetzen, daß man „seine Erfahrung mit einander *gemein*“ (KSA 5: 221) hat.

Nietzsche brauchte einige Zeit, um diesen an sich positiven Volksbegriff staatskritisch zur Wirksamkeit zu bringen. Zu sehr wohl auch hatte er in seiner eigenen Sozialisation das Volk, also, wie er 1861 in einer Schülerarbeit über *Die Kindheit der Völker* definierte, die Gemeinschaft derer, die sich gleich sind nach Herkommen, Religion, Sitte und Sprache (BAW 1: 235ff.), als repressiv erfahren. Die dem drei Jahre später angeschlossene Definition, wonach „wir unter Volk vor allem die Massen verstehen, nicht einzelne durch Bildung und höhere Einsicht hervortretende Stände" (BAW 2: 416), weist deutlich schon in die Richtung einer über einen negativ gefaßten Volksbegriff vereinheitlichten Kulturkritik. Dem Konsum etwa als der „herrschende(n) Macht in der Seele der modernen Menschheit" (KSA 1: 462) vermochte Nietzsche in *Richard Wagner in Bayreuth* nur mit beißendem Spott zu Leibe zu rücken, ebenso wie den Massenmedien, die, wie er meinte, „die Allgegenwart einer schmutzigen unersättlichen Begehrlichkeit und einer überallhin spähenden Neugierde bei Jedermann" an die Stelle der ursprünglichen „Sorge für die ewigen Angeliegenheiten" (KSA 1: 462) gerückt hätten. „Sie lauern einander auf, sie lauern einander Etwas ab, – das heissen sie 'gute Nachbarschaft'" (KSA 4: 263), wiederholte noch der Nietzsche des *Zarathustra*, ein Urteil, das er in der *Genealogie der Moral*, mit Attributen ergänzte wie „gegenseitige Bewachung" (KSA 5: 274).

Von dieser Zeitdiagnose unberührt blieb aber die Idee als solche. „Irgendwo giebt es noch Völker und Heerden, doch nicht bei uns, meine Brüder: da giebt es Staaten" (KSA 4: 61), formuliert Zarathustra. Die These, daß das eine das andere verdränge, war darin wiederum angelegt. Denn alles, was das Volk in positiver Hinsicht ursprünglich ausmachte, „seine Zunge des Guten und Bösen" (KSA 4: 62) etwa oder eben auch seine „Sitten und Rechte ..." (KSA 4: 61), ging, so hat man Nietzsche nun zu verstehen, infolge des Aufkommens der Staatsidee verloren und wurde restlos überformt im Zuge der Staats- und Kulturentwicklung und der von ihr ausgehenden Wirkung auf die Empfindungsweise der Menschen. Darin war zugleich der Auftrag angelegt, die verlorengegangene Volkskultur zu restituieren. Im Gegensatz hierzu ging es dem frühen Nietzsche, nicht zuletzt aufgrund seines eher negativ konnotierten Volksbegriffs, eher um staatliche Förderung von Hochkultur; es ging ihm um einen Staat, „der die Basis einer Kultur abgäbe" und der die Beförderung der „edlere(n) Menschlichkeit" (KSA 7: 734) zu seinem Ziel erhebe. Darin verbarg sich, ganz im Geiste Wagners, die Hoffnung auf einen 'Kulturstaat', der seine Rolle als „Refugium der Kultur" (KSA 7: 733) auch glaubwürdig zu spielen vermochte.

Skeptisch hinsichtlich dieser Programmatik war Nietzsche damals, zumindest privatim, mit Blick auf Preußen, das er, nicht zuletzt infolge der „ungeheuren nationalen Erfolge", „für eine der Cultur höchst gefährliche Macht" (KSB 3: 155) hielt. Dem einfügbar ist Nietzsches dem Jahre 1874 zugehörende und gegen Hegel gerichtete Äußerung: „Wer ... erst gelernt hat, vor der 'Macht der Geschichte' den Rücken zu krümmen (...), der nickt zuletzt chinesenhaft-mechanisch sein 'Ja' zu jeder Macht" (KSA 1: 309). Fünf Jahre später demaskierte Nietzsche die Schule neben dem Heer als ein Mittel, „das Volk von sich abhängig zu erhalten" (KSA 2: 509). Und im Privatschulverbot und dem damit im Zusammenhang stehenden Aufstieg des Berufsbeamtentums im Lehrerbereich sah Nietzsche, zur Zöglingsseite hin, die Absicht verborgen, „die begabte Armuth" zu gewinnen; zur Lehrerseite hingegen identifizierte er das Interesse an Rekrutierung eines „geistigen Hofstaat(s)", mit der Pointe: „Dann fehlt Nichts weiter als Gelegenheit zu grossen Kriegen" (KSA 2: 509f.). Und noch im Februar 1888 resümierte Nietzsche in einem Brief aus Nizza an den damals in Kairo weilenden Reinhart v. Seydlitz mit klammheimlicher Freude, daß Gott, „mit dem ihm eigenen Cynismus, gerade über *uns* seine Sonne schöner scheinen (läßt) als über das so viel achtbarere Europa des Herrn von Bismarck (– das mit fieberhafter Tugend an seiner Bewaffnung arbeitet und ganz und gar den Aspekt eines heroisch gestimmten Igels darbietet.)" (KSB 8: 249). Bis zuletzt also behielt Nietzsche diese Skepsis in Sachen der Vereinbarkeit von Kultur und Staat bei, etwa auch in der *Götzen-Dämmerung*: „In der Hauptsache – und das bleibt die Cultur – kommen die Deutschen nicht mehr in Betracht", weil sie Themen Vorrang gäben wie „Wirthschaft, Weltverkehr, Parlamentarismus, Militär-Interessen" (KSA 6: 106). Markiert war damit zugleich der Antagonismus von Kultur und Staat, mit der Pointe auch zur anderen Seite hin, nämlich daß „Alle grossen Zeiten der Cultur ... politische Niedergangs-Zeiten (sind)" (KSA 6: 106), wobei Nietzsche als Exempel daran dachte, wie Goethe „das Herz auf(gieng) bei dem Phänomen Napoleon" (KSA 6: 106). Daß auch dem späten Nietzsche bei diesem Phänomen 'das Herz aufging', darf man angesichts dessen, was er andernorts zu Napoleon, diesem „Granit-Menschen" (KSB 6: 452), zu sagen wußte, umstandslos hinzusetzen.

Daraus folgt, daß der Nietzsche des *Zarathustra* deutlicher als der der *Geburt der Tragödie* sah, daß der Staat nicht nur Kulturentwicklung behindere, sondern auch mitunter der Stützung durch Kultur bedürfe. „Was gross ist im Sinn der Cultur war unpolitisch, selbst antipolitisch" (KSA 6: 106), läßt sich jedenfalls der Nietzsche des Jahres 1888 vernehmen. In diesem Sinne als 'unpolitisch', als 'antipolitisch', expressis verbis als „politisch indifferent" (KSA 6: 310) nahm Nietzsche nun auch seine eigene *Geburt der Tragödie* aus dem Jahre 1872 wahr: „Man würde sich nicht träumen lassen, dass sie unter den Donnern der Schlacht bei Wörth begonnen wurde" (KSA 6: 309f.). Wenn man diese Aussage wortwörtlich nimmt, also den rhetorischen Gehalt von Nietzsches früher, aus Loyalität gegenüber Wagner deutlich politisch aufgeladener Bildungs- und Kulturkritik in

Rechnung stellt, ließe sich resümieren, daß dem späten Nietzsche die Forderung nach politischer Kultur ungleich näher lag. Dabei ging es ihm vor allem um die Beförderung einer (Hoch-)Kultur, die empfehlenswerte Staatszwecke stärkte, was, wie man Nietzsche nun verstehen darf, im Fall Napoleon wohl gegeben war.

Die Frage der Restitution der Volkskultur ist eher anzusiedeln im Zusammenhang der 'sozialen Frage' und der in Reaktion auf sie einsetzenden Sozialpolitikdebatte der Bismarck-Ära. Vom Ansatz her geriet damit eine vom (Sozial-)Staat ins Werk zu setzende Strategie des Schutzes vor Aufruhr, der Verrechtlichung von Hilfeanlässen und der sozialen Gerechtigkeit ins Zentrum. Vor diesem Hintergrund hat man Nietzsches 1879 geübte Kritik der Besitztümer als der „giftträgerischen Verbreiter jener Volkskrankheit, welche als socialistische Herzenskrätze sich jetzt immer schneller der Masse mittheilt" (KSA 2: 503), zu verorten. Denn eine 'Volkskrankheit' zu diagnostizieren, die sich in sozialer Ungleichheit und reaktivem Sozialneid entäußere, gehörte zum gängigen Sprachmuster derer, die, wie nicht zuletzt auch die Sozialpädagogen der allerersten Generation, den anhebenden Volkskulturprogrammatiken des auslaufenden 19. Jahrhunderts zugehörten. Nietzsches in dieser Situation formulierter Rat an die Besitzenden: „Euch müsst ihr zuerst besiegen, wenn ihr irgendwie über die Gegner eures Wohlstandes siegen wollt" (KSA 2: 503), war in dieser Zeit nicht untypisch und in interessierten Kreisen auch nicht unbeliebt, half er doch, jene 'Volkskrankheit' im Besitz als solchem zu verorten, nicht aber nur in dessen ungerechter Verteilung. Auch damit, so will es scheinen, befindet sich Nietzsche in einiger Nähe zu der zeitgenössisch verbreiteten und etwa auch durch den erklärten Nietzsche-Gegner Paul Natorp vertretenen, auf Wiederherstellung der Volkskultur zielenden sozialpädagogischen Option.

Als Fehleinschätzung zu verbuchen ist folglich Natorps offenkundig schon in den 1880er Jahren einsetzender Widerspruch gegenüber Nietzsche, der sich in der Hauptsache festmacht an dem Lobgesang, den Nietzsche angeblich auf die „unmittelbare ... Erfassung des selbstgelebten Lebens des Einzelnen in der Zuspitzung des Augenblicks" (Natorp 1921: 155) angestimmt hatte. Natorp monierte, hiermit werde der ohnehin bestehende „Hang nach rücksichtslosem Erraffen aller äußeren und inneren Lebensgüter für sich und nur für sich" verstärkt, „und zwar bis alle seelische Musik in den sich so erhaben dünkenden Höhenmenschen selbst wie in den tief verachteten, zu Maschinenteilen herabgewürdigten, geistig und seelisch geopferten Massen drunten in den schrillen Dissonanzen eines wilden Krieges aller gegen alle und eines jeden in sich selbst wider sich selbst" (Natorp 1921: 155) abreiße. Nietzsche hätte sich durch derlei Polemik nicht angesprochen fühlen müssen, wie auch sein 1874er Einspruch gegen „Verbrüderungen zum Zweck raubsüchtiger Ausbeutung der Nicht-Brüder“ sowie andere „utilitaristische ... Gemeinheit(en)“ (KSA 1: 319) belegen mag.

Interessanter aber ist fast noch, daß die von Natorp vertretene Position, weniger einer durch den (Sozial-)Staat zu verbürgenden Politik der sozialen Gerechtigkeit zu folgen, als der Frage, wie der Verfall der gemeinsamen Stiftungskräfte des Volkes aufgehalten werden könne, in Nietzsche wohl kaum einen Opponenten gefunden hätte. Auch dieser war kaum einer Lösung zugeneigt, die im Staat das zentrale Medium zur Heilung gesamtgesellschaftlichen Verfalls erblickte. Natorps Urteil beispielsweise, wonach ein „Übermaß von Staatlichkeit (...) immer eine ungesunde innere Verfassung des sozialen Körpers“ (Natorp 1924: 87) verrate, liest sich fast wie die Paraphrase einer fünfzig Jahre älteren Bemerkung Nietzsches: „Je besser der Staat eingerichtet ist, desto matter die Menschheit“ (KSA 8: 91), heißt es in einer Nachlaßnotiz vom Jahre 1875. Dem gehört dann auch Nietzsches Veto zu gegen den „ideale(n) Staat, den die Socialisten träumen“, denn dieser zerstöre „das Fundament der großen Intelligenzen, die starke Energie“ (KSA 8: 93). Von hier aus war es zwar etwas weiter zu Natorp. Gleiches gilt für Nietzsches Ausspruch: „Jede Gemeinschaft macht, irgendwie, irgendwo, irgendwann – ‘gemein’“ (KSA 5: 232). Tatsächlich aber opponierte Nietzsche hiermit sowie mit seinem Votum denen gegenüber, die ein „Reich der Gerechtigkeit und Eintracht auf Erden“ anstrebten, ohne zu sehen, daß dieses „unter allen Umständen das Reich der tiefsten Vermittelmässigung und Chineserei sein würde“ (KSA 3: 629), nicht gegen die von Natorp visionierte Gemeinschaft ihrer Idee nach, sondern lediglich gegen jene Verfaßtheit von repressiver Gemeinschaftlichkeit, die er in Ansätzen schon vorfand und durch Sozialstaatlichkeit endgültig um ihre Individualisierung ermöglichende Substanz gebracht sah. Am Ende dessen erwartete Nietzsche so auch „die Erde als Hospital: und ‘Jeder Jedermanns Krankenpfleger’ wäre der Weisheit letzter Schluß“ (KSA 12: 181).

Durchaus in der Linie dieser Kritik wird Aloys Fischer in der Weimarer Epoche die Etablierung des ‘Wohlfahrtsstaates’ und die in dessen Gefolge greifende weiträumige Institutionalisierung fürsorgerischer Hilfen mit den skeptischen Worten kommentieren, daß am „Ende einer solchen Entwicklung ein Zustand“ erreicht sein könne, „in dem jedem einzelnen Menschen für alle vorkommenden Notfälle (...) und für alle Lebensalter (...) ein Stab wegweisender Fürsorger und Berater zur Verfügung steht und schließlich das System der Fürsorge Selbstzweck wird“ (Fischer 1925: 332). In wesentlich schärferer Form artikulierte sich dieses Unbehagen gut zwanzig Jahre später, als Max Horkheimer und Theodor W. Adorno, ihre Abhängigkeit von Nietzsche erst gar nicht leugnend, auf die Dialektik der

Aufklärung aufmerksam wurden. Für den hier diskutierten Zusammenhang interessant ist dabei ihre – insbesondere durch Erfahrungen im nordamerikanischen Exil stimulierte – Klage, daß zunehmend niemand „vergessen" werde, daß also überall „Nachbarn, Sozialfürsorger (...) und Heimphilosophen (bereitstünden) mit dem Herzen auf dem rechten Fleck, die aus der gesellschaftlich perpetuierten Misere (...) heilbare Einzelfälle machen" (Horkheimer/Adorno 1981: 135). Offenbar also, so ließe sich nun ausgehend von diesen prominenten Beispielen resümieren, war das treibende Motiv in Nietzsches durchaus analog angelegter Sozialstaatskritik nicht ein sozialzynisches, sondern es war geprägt von der Sorge um den Rückgewinn von Subjektivität in einer verwalteten Welt, die es in ihrer kolonialisierungsträchtigen Neugier für den in Not Geratenen zu depotenzieren galt.

Deutlicher wird der Hintergrund, aus dem heraus Nietzsche mit dieser Pointe argumentierte, wenn man den Abschnitt *Vom neuen Götzen* aus dem ersten Teil des *Zarathustra* einbezieht. Er nämlich bringt schon im zweiten Satz die deutlich das Leserinteresse stimulierenden Worte: „Staat? Was ist das? Wohlan! Jetzt thut mir die Ohren auf, denn jetzt sage ich euch mein Wort vom Tode der Völker" (KSA 4: 61). Die Bedeutung dieser Einleitung wird häufig übersehen, aber sie springt unmittelbar ins Auge, vergegenwärtigt man sich Nietzsches Rechtfertigung für die Gesamtkonzeption des ersten Teils des *Zarathustra*: Eine „Grabrede auf den Tod Gottes" (KSA 9: 579) wollte er hier halten, eine Grabrede, von der wir nun sagen können, daß sie durch den hier thematischen Abschnitt um eine Grabrede auf den Tod der Völker ergänzt wird. Und ebenso wie Zarathustras Sehnen einem neuen (Ersatz-)Gott gilt, erfährt es hier nun seine Ergänzung durch die Suche nach einem neuen Volk. Entsprechend wird dann aber auch die Suche nach dem Mörder Gottes der Komplettierung bedürftig durch die Suche nach dem Mörder des Volkes. Mit der so zu verstehenden Parallelstellung der Grabrede auf den Tod der Völker mit der Grabrede auf den Tod Gottes gelangen, so könnte man des späten Nietzsche Gesamtabsicht umgreifen, alle Momente zur Anzeige, die den *Zarathustra* auch als Sozialutopie lesbar werden lassen.

Nietzsches Prämisse lautete dabei, daß Sozialintegration im Rahmen des Staates oder auch nur im Rahmen staatlicher Regulation schwer oder unmöglich ist, denn: „Staat heisst das kälteste aller kalten Ungeheuer. Kalt lügt es auch; und diese Lüge kriecht aus seinem Munde: 'Ich, der Staat, bin das Volk'" (KSA 4: 61). Ein vorweggenommener Einspruch gegen das die nationalsozialistische Ideologie kennzeichnende Identischsetzen von Staat und Volk klingt in diesen Kältemetaphern an, in zumindest sprachlicher Anlehnung an das 'L'état, c'est moi'. Beides macht Sinn. Denn ebenso wie die absolutistische Herrschaftsform des Sonnenkönigs den Volkswillen nie erfragte, sondern eher schleichend einverwandelte in einen Willen 'von Gottes Gnaden', damit das Volk dem Staat zum Opfer bringend, ebenso sollte die spätere nationalsozialistische Diktaturidee keineswegs Volkes Stimme Rechnung tragen, sondern allenfalls der (Pseudo-)Zustimmung propagandistisch vereinheitlichter Konformisten.

Die Hauptsache des Themas behandelte Nietzsche allerdings erst im zweiten Teil des *Zarathustra*, insbesondere in dem Abschnitt *Von grossen Ereignissen*. Zarathustra beschwört hier aus der Tiefe der Erde heraus, gleichsam als „Bauchredner der Erde" (KSA 4: 168), ein seltsames Wesen, Feuerhund genannt, mit dem er ein längeres Gespräch führt, das er mit den Worten eröffnet: „Die Erde (...) hat eine Haut; und diese Haut hat Krankheiten. Eine dieser Krankheiten heisst zum Beispiel: 'Mensch'. Und eine andere dieser Krankheiten heisst 'Feuerhund': über *den* haben sich die Menschen Viel vorgelogen und vorlügen lassen" (KSA 4: 168). Die gesamte Metaphorik weist enge Bezüge auf zu einer von Justinus Kerner stammenden Quelle aus dem Jahr 1833, auf die, inklusive der bei Nietzsche hier offenbar wirksam gewordenen Kryptomnesie, C. G. Jung (1902: 243ff.) aufmerksam gemacht hat (vgl. Köhler 1989: 491f.; Haase 1996). Gedacht werden darf aber auch an ein Bild, durch das Thomas Hobbes' *Leviathan* berühmt wurde: das Bild eines – den Staat symbolisierenden – (künstlichen) Menschen, der damit beschäftigt ist, seine Haut auf Erkrankungen zu inspizieren, auf Geschwüre etwa, Geschwulste und Beulen, die in Hobbes' Metaphernlehre 'unrechtmäßige Vereinigungen' (Hobbes 1970: 211) repräsentieren und die es auszurotten gilt, denn: „Einigkeit ist gesunder, Aufruhr hingegen kranker Zustand und Bürgerkrieg der Tod" (Hobbes 1970: 6). Hobbes rechtfertigte mit derlei Argumenten sein Plädoyer für einen starken Staat in der Logik absolutistischen Gottesgnadentums, ein Argumentationszusammenhang, der bereits dem frühen Nietzsche, wie sein gelegentlicher Bezug auf Hobbes' bellum omnia contra omnes belegt (KSA 1: 194), bekannt gewesen sein dürfte.

Bleibt man in dieser hiermit sich anbietenden Lesart und unterdrückt zunächst den Nekrolog, den Nietzsche Hobbes – und Hume wie Locke – noch in der *Genealogie der Moral* zudachte mit seinem Wort von den (englischen) Autoren, deren Wirken „eine Erniedrigung und Werth-Minderung des Begriffs 'Philosoph' für mehr als ein Jahrhundert" (KSA 5: 195) gebracht habe, scheint Nietzsche in seiner Figur des Zarathustra auf den ersten Blick dieser Hobbesschen Themenausrichtung nicht abgeneigt. Denn Zarathustra nennt den Feuerhund, im Anklang an die hier nun erneut genutzte, aber eher in den Kontext des Subversiven gerückte Maulwurfsmetapher, einen „Umsturz- und Auswurf-Teufel" (KSA 4: 168), der mit „viel Gebrüll und Rauch" (KSA 4: 169) die Freiheit fordere – eine Chiffre wiederum, wie Venturelli (1986: 134) deutlich machen konnte, mit der Nietzsche seinen Zeitgenossen Eugen Dühring belegt (vgl. auch Haase 1994: 519f.). Aber trotz des wenig schmeichelhaften Dühring-Bildes Nietzsches scheint es zunächst so, als wolle Zarathustra – abweichend im übrigen auch vom Geist des *Leviathan* – dem subversiven Feuerhund seine Sympathie nicht gänzlich versagen, denn es heißt weiter: „Diesen Rath aber rathe ich Königen und Kirchen und Allem, was alters- und tugendschwach ist – lasst euch nur umstürzen! Dass ihr wieder zum Leben kommt, und zu euch – die Tugend! – " (KSA 4: 169). Die Botschaft dieser Art Umsturzapologetik ist klar: Zarathustra möchte die Tugend auch der Herrschenden ins Zentrum der Analyse gehoben wissen. Dieser Gesichtspunkt war für Hobbes eher nebensächlicher Natur.

Aber auch die Herrschaftskritiker selbst unterliegen dem damit errichteten Maßstab. Denn auch sie haben sich auf ihre Tugend hin kritisch befragen zu lassen. Daß der Feuerhund diesen Test nicht wird bestehen können, deutet Nietzsche im *Zarathustra* indirekt an, indem er ihn fragen läßt: „'Kirche? Was ist denn das?'" (KSA 4: 169) Diese scheinbar so naive Frage bezeugt für Zarathustra eher Heuchelei, womit sich im Rücken des Feuerhundes schon dessen dunkle Seite, der Heuchelhund, ankündigt – ein Bezug, den Marie-Luise Haase (1994: 521) in Richtung auf Richard Wagner und dessen späte Hinwendung zur Kirche hin ausdeutet. Tatsächlich hätte auch der späte Wagner noch verfügen können über das Wissen um das, was die Kirche der Sache nach prägt – und mithin über das schlechte Gewissen um das, was seiner *Parsifal*-Konversion an Selbsttäuschung unterlag. Noch 1851 nämlich hatte Wagner in *Oper und Drama* mit Nachdruck betont, daß die Religion die Sittlichkeit, die in der Gesellschaft noch etwas „Warmes, Lebendiges" gewesen sei, zu etwas „Gedachte(m), Gewünschte(m)" (GSD 4: 60) denaturiere, das einflußlos sei angesichts eines rein utilitaristisch orientierten Staates, der das religiöse Dogma allenfalls funktionalisiere, um den „gefährlichen Winkel des menschlichen Hirns", in welchen die Individualität des Menschen flüchten könne, „ebenfalls auszufegen" (GSD 4: 68). Den Staat las Wagner aus dieser Perspektive als „eine dogmatisch starre, fesselnde, gebieterische Macht, die dem Individuum vorausbestimmt, – so sollst Du denken und handeln!" (GSD 4: 68) Dieses Urteil besiegelte Wagner noch mit dem Befund, daß die christliche Kirche trotz der für sie nicht unproblematischen Helferrolle rasch zu erkennen in der Lage war, daß der Staat ihr eigentlicher Lebensquell sei: Sie „ward selbst zu einer politischen Macht, weil sie fühlte, daß sie nur in einer politischen Welt existiren könne" (GSD 4: 43). Als wolle der späte Nietzsche wenn schon nicht Wagner, so jedenfalls doch sich selbst an diese Einsicht erinnern, gibt er die Reaktion Zarathustras auf die Frage des Feuerhundes, was denn die Kirche sei, mit den Worten wieder: „Kirche? antwortete ich, das ist eine Art von Staat, und zwar die verlogenste. Doch schweig still, du Heuchelhund! Du kennst deine Art wohl am besten schon!" (KSA 4: 169f.)

Dies freilich läßt sich nicht nur als Kommentar zum 'Heuchelhund' Wagner lesen. Vielmehr haben wir es auch mit einer Exposition von Nietzsches Staatsbegriff zu tun, aus der sich zumindest soviel ableiten läßt: Nietzsche situiert diesen Begriff im Zusammenhang einer regelgeleiteten, institutionalisierten Überwachung von (Glaubens-)Grundsätzen; er überbietet dabei Hobbes, indem er für diese Form der Überwachung tugendhaftes Handeln in den Rang einer conditio sine qua non erhebt. Und: Zarathustra spricht keineswegs – und wiederum abweichend von Hobbes – sein Veto aus gegen Emanzipationsbestrebungen als solche, wohl aber gegen eine Strategie, die nicht durch Tugend angetrieben ist und die nicht auf Aufbau einer neuen Tugend zielt. Deswegen auch kann Zarathustra resümieren: „Nicht um die Erfinder von neuem Lärme: um die Erfinder von neuen Werthen dreht sich die Welt; *unhörbar* dreht sie sich" (KSA 4: 169).

Dieser Befund ist vielleicht sogar noch der wichtigste. Denn er hilft überhaupt erst, hinter der Maske des von bloßer Freiheitsrhetorik angetriebenen Feuerhundes den seinerseits von der Machtidee besessenen Heuchelhund sichtbar zu machen, dem nun allerdings ein Trost besonderer Art zuteil wird. „Gleich dir selbst", so fährt Zarathustra nämlich fort, „ist der Staat ein Heuchelhund; gleich dir redet er gern mit Rauch und Gebrülle, – dass er glauben mache, gleich dir, er rede aus dem Bauch der Dinge. Denn er will durchaus das wichtigste Thier auf Erden sein, der Staat; und man glaubt's ihm auch" (KSA 4: 170). Als Trost freilich will der so Angesprochene dieses Wort Zarathustras nicht gelten lassen, im Gegenteil: Er wird, wie Zarathustra berichtet, „unsinnig vor Neid" (KSA 4: 170). Diese Reaktion ist folgerichtig, weil sein eigenes Trachten, wenn es denn Erfolg haben will, dahin gehen muß, die Rolle des 'wichtigsten Tieres auf Erden' zu erobern und sich der Institutionen des lauthals gegeißelten Staates zu bemächtigen, um diese mittels des klugen Herstellens massenhafter Loyalität nun erneut dauerhaft zu sichern. Für die Argumentation Zarathustras ist also kennzeichnend, daß sie in den auf Errichtung eines starken, freiheits- wie gerechtigkeitsverbürgenden Staates drängenden Befreiungsrhetoriken sozialrevolutionärer Umstürzler Elemente sichtbar zu machen sucht, die auch den Argumentationsfiguren der von diesen an sich bekämpften staatserhaltenden Kräfte eigen sind: Elemente der Ideologie im Sinne einer Politik der Erzeugung des kritiklosen Glaubens an das durch den Staat verbürgte Gemeinwohl, wobei an einen Test auf die Zustimmung der je Beherrschten nicht mehr gedacht wird.

Damit ist zugleich auch eine etwas differenziertere Antwort gegeben auf die in anderen Teilen des *Zarathustra*, aber auch in anderen Werken

Nietzsches immer nur kursorisch aufgegriffene Frage nach dem Mörder des Volkes. Als Mörder in Betracht kommt zunächst – wenn man sich an den in dem Gespräch auftretenden Figuren orientiert – der Feuerhund. Dies gilt vor allem deshalb, weil er die Ressentiments gegenüber der bestehende Ordnung, auch gegenüber dem je gegebenen Staat, schürt, ohne dabei dem Volk die Wahrheit mitzuteilen über die insgeheimen Abgründe seiner eigenen Absichten. Als Mörder in Betracht kommt allerdings auch und nach wie vor – dies war die Perspektive, der Zarathustra im Abschnitt *Vom neuen Götzen* Vorrang verlieh – der Staat, aber auch, und dies nun ist neu, die Kirche. Denn der Staat, so darf man Zarathustras resp. Nietzsches Bedenken nun zusammenfassend interpretieren, entzieht dem Menschen mittels allmählich voranschreitender Verrechtlichung seine ursprüngliche, im vorstaatlichen Zusammenhang des Volkes noch gewährleistete Gemeinschaftsorientiertheit und Sozialbindung. Die staatsanalog organisierte Kirche hingegen unterwirft die Menschen dem Glauben und der Theologie und errichtet dort Frömmigkeit, wo bisher organisch gewachsene Lebenspraxis war und Zarathustra die Stimme vom 'Herzen der Erde' situierte. Entsprechend führt Zarathustra auf einer dritten Ebene seines Gesprächs mit dem Feuerhund einen neuen Typus von Feuerhund ein, der, jenseits aller Heuchelei, „wirklich aus dem Herzen der Erde" spricht. „Lachen flattert aus ihm wie ein buntes Gewölk", vor allem aber: „Gold haucht sein Atem und goldigen Regen: so will's das Herz ihm. Was ist ihm Asche und Rauch und heisser Schleim noch!" (KSA 4: 170) Der Schluß ist folglich zwingend: „das Herz der Erde ist von Gold" (KSA 4: 170). „Wo es noch Volk giebt, da versteht es den Staat nicht und hasst ihn als bösen Blick und Sünde an Sitten und Rechten" (KSA 4: 61), heißt es an anderer Stelle des *Zarathustra*, und die Ableitung, das Volk stünde für das Frühere, Undeformierte, Organische, dem 'Herzen der Erde' verhaftete, liegt nicht so fern und wäre auch mit anderen Sozialphilosophien vereinbar, etwa jener des stark durch Pestalozzi angeregten und sich von Hobbes absetzenden Sozialpädagogen Paul Natorp (vgl. Niemeyer 1989).

Zum Abschluß gebracht wird Nietzsches Staatskritik mit Zarathustras Abgesang auf die, die es zum Staatsdienst drängt, ohne daß sie dabei bedenken, was ihnen damit abverlangt wird: nämlich Selbstverleugnung und Handhabung von Klugheitsstrategien, in der offenkundig auf Sokrates Ende anspielenden Metaphorik des Zarathustra gesprochen: „Staat nenne ich's, wo Alle Gifttrinker sind, Gute und Schlimme: Staat, wo alle sich selber verlieren, Gute und Schlimme: Staat, wo der langsame Selbstmord Aller – 'das Leben' heisst" (KSA 4: 62). Dieses bewußt gewählte Wort vom 'Selbstmord aller' überlagert endgültig jenes andere vom 'Krieg aller gegen alle', dem angeblich, Hobbes' zufolge, nur die Staatsgründung in ihrer ordnungs- wie sozialpolitischen Zielsetzung abzuhelfen vermag.

Nietzsche machte also die Rechnung auf über die Folgen, die auch Hobbes schon hätte abschätzen können, wenn er gewollt hätte. Und er präsentierte, durch Zarathustras Umdrehung, daß der „Mensch, der nicht überflüssig ist“ (KSA 4: 63), erst dort beginne, wo der Staat aufhöre, eine Lösung, die den Menschen von seiner Instrumentalisierbarkeit für Staatszwecke oder für andere Zwecke außerhalb seiner selbst entband. Deutlicher noch macht dies Zarathustras Schlußwort aus *Vom neuen Götzen*: „Dort, wo der Staat aufhört, – so seht mir doch hin, meine Brüder! Seht ihr ihn nicht, den Regenbogen und die Brücken des Übermenschen? –“ (KSA 4: 64). Denn diese Passage paraphrasiert den Schluß des *Rheingold*, nur daß Wagner die „zum Untergang verurteilte Vertragswelt des Staates“ verkörpern wollte, wohingegen Nietzsches Ausblick auf den Übermenschen den Ausblick auf eine Welt eröffnet, in der es „die 'Verträge' nicht mehr geben (wird), in die sich Wotan verstrickt hat“ (Borchmeyer/Salaquarda 1994b: 1359).

Der Ausblick ist damit aber auch eröffnet auf eine vollkommene, von Staatszwecken ebenso wie von der Gottesidee freigesetzte Sozialordnung, eine, wie es mit jenem bereits erwähnten Nachlaßwort von 1880/81 heißt, „Gemeinschaft freier Einzelner“ (KSA 9: 395), der der (Über-)Mensch bedenkenlos „das Abbild der Ewigkeit“ aufdrücken kann und die ihn folglich nicht mehr nötigt, „nach fernen unbekannten Seligkeiten und Segnungen und Begnadigungen“ (KSA 9: 503) Ausschau zu halten. Nun erst ist auch die Bejahung möglich auf die an sich rhetorische Frage: „Oder wie müsstest du dir selber und dem Leben gut werden, um nach nichts mehr zu verlangen, als nach dieser letzten ewigen Bestätigung und Besiegelung?“ (KSA 3: 570) Der Gedanke der ewigen Wiederkunft, der dieser Frage innewohnt, kann also auch gefaßt werden als ethische Formel zur Beglaubigung eines vollkommenen Lebens in einer vom Reich der Fiktion ins Reich der Realität übergesprungenen Sozialutopie. Dies wird jedoch nur sichtbar, wenn man Nietzsche nicht nur als Freigeist liest, sondern ernst nimmt als einen Philosophen, der in seinem sozial- wie staatsphilosophischen Denken den Einklang suchte mit dem, was dem Bestand der Erde als eines empfindsamen, von Krankheiten bedrohten Organismus frommt.

8.4 Das Nachhutgefecht: Verbleibende Irritationen

Die vorstehende Interpretation hat von einer problematischen Wendung abgesehen, die der späte Nietzsche dem Problem gab. Gemeint ist eine Passage des *Antichrist*, in der Nietzsche, im offenkundigen Nachklang zu Dostojewski, das riskante Wort äußert: „Ein Volk, das noch an sich selbst glaubt, hat auch noch seinen eignen Gott“ (KSA 6: 182). Von hier aus ist es natürlich nicht mehr weit zu solchen Motiven, nach denen ohne einen derartigen neuen (Volks-)Gott der „Wille zur Macht“, „die aggressive und machtdurstige Seite eines Volkes“ (KSA 13: 523), Schaden nähme; in der etwas verständlicheren Langfassung gesprochen: „In der That, es giebt keine andre Alternative für Götter: entweder sind sie der Wille zur Macht – und so lange werden sie Volksgötter sein – oder aber die Ohnmacht zur Macht – und dann werden sie nothwendig gut ...“ (KSA 6: 183). Zwar läßt sich nach dem zu Nietzsches Deutschenbild Gesagten ausschließen, daß er hier dem deutschen Volk einen dessen ‘Willen zur Macht’ organisierenden Volksgott anempfehlen wollte. Aber daß Nietzsche nun überhaupt nachzudenken beginnt über die Frage, ob nicht „ganze Geschlechter, Stämme, Völker ... unter Umständen“ den Glücksfall des „grossen Gelingens“ (KSA 6: 171) verzeichnen könnten, der sich in der Entstehung des höheren Typus des Übermenschen bekunde, eröffnete eine gefährliche Perspektive. Denn in ihrer Logik war nicht nur an besonders günstige Bildungsbedingungen des Übermenschen zu denken, sondern auch an die ‘Heraufzucht’ eines bestimmten Volkes in Richtung eines Übervolkes.

Entsprechend ließe sich von hier aus auch die rückwärtige Lesart Zarathustras als eines neuen Volksgottes erproben. Dies gilt um so mehr, als Nietzsche nicht müde wird, die prophetische Dimension Zarathustras zu unterstreichen. Die Neuheit dieses Motivs verdeutlicht am ehesten noch ein den Jahren 1872/73 zugehörendes Nietzsche-Fragment, in dem es mit Bezug auf die griechischen Philosophen heißt, daß keiner auf das Volk zu wirken vermochte, außer Sokrates, der allerdings skeptisch beurteilt wird: „Der Erfolg sind Sektenstiftungen, also ein Gegenbeweis“ (KSA 7: 544). Nietzsche folgerte damals noch: „Es ist nicht möglich, eine Volkskultur auf Philosophie zu gründen. Also kann die Philosophie im Verhältniß zu einer Kultur nie fundamentale und immer nur eine Nebenbedeutung haben. Welches ist diese?“ (KSA 7: 544) Es sollte wohl ein Antwortversuch sein, wenn auf der nächsten Seite, gleichsam als hingeworfene Überschrift für ein Publikationsprojekt, steht: „Der Philosoph als Arzt der Cultur“ (KSA 7: 545). Zwar war damit zugleich gesagt, daß es etwas zu kurieren gab, insonderheit eine Kultur, die durch eine dekadente Art von Volksverfaßheit ihr Negativgepräge erfahre. So ruft denn auch Nietzsche in der *Geburt der Tragödie*, im Anschluß an seine Kritik der „unbefriedigten modernen Kultur“, die nichts anderes sei „als das gierige Zugreifen und Nach-Nahrung-Haschen des Hungernden“ (KSA 1: 146), mit Emphase aus: „Und gerade nur so viel ist ein Volk (...) werth, als es auf seine Erlebnisse den Stempel des Ewigen zu drücken vermag“ (KSA 1: 148). Aber gedacht war damit doch ‘nur’ an den Wiedergewinn „der metaphysischen Bedeutung des

Lebens“ (KSA 1: 148). Von einem volkskulturellen Motiv hingegen, das, so wie im *Antichrist*, den ‘Willen zur Macht’ als Vehikel einer bestimmten Spezies bindungswilliger Freigesetzter mitbedachte und in die Bestimmung des Sendungsbewußtseins eines ausgewählten Volkscharakters einband, war damals noch nicht die Rede.

Vorangetrieben hatte Nietzsche mithin im *Antichrist* Analyseschemata, in denen sich dokumentiert, daß er seine in Übereinstimmung mit der *Geburt der Tragödie* vorgenommene zurückhaltende Fixierung des Philosophen auf die Rolle eines Dekadenzdiagnostikers nun wenn nicht aufgegeben, so jedenfalls doch neu gewichtet hat. Nietzsche ist inzwischen, nach dem Desaster seiner Wagner-Euphorie, ungeduldiger geworden. Er möchte sich nicht noch einmal wiederfinden in der Rolle des Förderers eines Kunstverständnisses, das dann doch nur beschränkt blieb auf die Selbstverwirklichung jener Wenigen, die sich abseits des Getriebes der Welt ihre Genüsse zu verschaffen suchten. „Erziehung ist alles zu Hoffende, alles Tröstende heisst Kunst“ (KSA 8: 46), trug schon der Nietzsche des Jahres 1875 gleichsam klammheimlich in sein Fragment ein, deutlich ankündigend, daß ihm auf Dauer jedenfalls der Trost weniger wichtig sein wird als die Hoffnung. Der *Zarathustra* könnte insoweit einen Zwischenschritt auf dem Weg zum *Antichrist* markieren. Denn trotz aller Bedenken gegenüber allem Hierarchischen, sich auch bekundend in Zarathustras Ausruf, daß er „nicht zum Volke rede ..., sondern zu Gefährten“ (KSA 4: 26), daß er nur „ein Geländer am Strome“ sei, aber nicht eine „Krücke“ (KSA 4: 47) – es bleibt auffällig, daß Nietzsche Zarathustra mitunter, vermittelt über die Staatskritik, mit dem Gedanken spielen läßt, das Volk als Mythosersatz ins Kalkül zu ziehen. So gesehen ließe sich *Zarathustra* lesen als Sprachrohr der Absicht des späten Nietzsche, nicht länger, wie noch in seiner Wagner-Epoche, dem Durchsetzen eines neuen, tröstenden Hochkulturverständnisses das Wort zu reden, sondern eher eine neue volkserzieherisch ansetzende Volkskulturprogrammatik zu propagieren, deren Problematik kaum zu leugnen ist.

Irritierend wirkt angesichts der insgesamt eher positiven Nietzsche-Bewertung des vorstehenden Kapitels auch der Umstand, daß Nietzsche von Beginn der Wirkungsgeschichte an vielen sozialdemokratischen, aber auch soziologischen Rezipienten als „Philosoph ... des Kapitalismus“ (Tönnies 1893: 103) galt. Bestärken ließ sich die Tendenz derartiger Urteile durch wenig später angestellte Versuche aus Kreisen des Adels, den ‘Edelmenschen’ Nietzsche zu loben für die erst mit seiner Philosophie ausgelöste „Gegenwelle der Aristokratisierung“ gegen die „grosse ... Schlammwelle der Demokratisierung, die sich zu Anfang unseres Jahrhunderts in Bewegung gesetzt und zur Stunde Europa nahezu überfluthet hat“ (v. Salis-Marschlins 1897: 1). Inzwischen, nach einhundert Jahren Wirkungsgeschichte, ist die einschlägige Forschung zwar zu differenzierteren und materialreicher vorgetragenen Urteilen über Nietzsches politische Philosophie vorgedrungen (vgl. Ottmann 1987; Marti 1993; Kim 1995). Dennoch scheinen die Einfachst-Schemata der Frühzeit nicht gänzlich der Voraussetzungen zur Anwendbarkeit auf den Fall Nietzsche zu entbehren und dienen uns insoweit zumindest als Einstiegshilfe für die Diskussion verbleibender Irritationen.

Bedenklichkeiten sozialutopischer Visionen Nietzsches lassen sich auf den ersten Blick gar nicht abstreiten. „Das Beste gehört den Meinen und mir“, heißt es beispielsweise im *Zarathustra*, und: „giebt man's uns nicht, so nehmen wir's: – die beste Nahrung, den reinsten Himmel, die stärksten Gedanken, die schönsten Fraun!“ (KSA 4: 355) Dieses Wort klingt selbstherrlich, autoritär, frauenfeindlich, kurz: wie das Porträt einer Übermenschen-Herrenkultur, deren ewige Wiederkehr gewiß nur der ernsthaft wünschen würde, der sich seiner neurotischen Anteile noch nicht ledig weiß und als 'Philosoph des Kapitalismus' oder 'Edelmensch' einzurichten sucht. Damit scheint Nietzsche sogar noch hinter den Stand seiner mittleren Phase zurückzufallen. Denn in *Menschliches, Allzumenschliches I* findet sich noch die Formulierung: „Der Reichthum erzeugt nothwendig eine Aristokratie der Rasse, denn er gestattet die schönsten Weiber zu wählen, die besten Lehrer zu besolden (...) und vor Allem Abwendung von verdumpfender körperlicher Arbeit“ (KSA 2: 313). Die Differenz in der Behandlung des Themas ist evident und illustriert die ursprünglich von Lou Andreas-Salomé stammende These, wonach man zwischen einem empirischen mittleren Nietzsche und einem metaphysisch-mystischen späten Nietzsche unterscheiden müsse. Denn in *Menschliches, Allzumenschliches I* argumentiert Nietzsche noch deskriptiv, quasi-soziologisch und im Ganzen, wenn man so sagen darf, ideologiekritisch. Der Nietzsche des *Zarathustra* hingegen geht eher präskriptiv vor und scheint Reichtumsattribute weniger als Problem zu empfinden denn als positiv wahrgenommene Optionen einer zukünftigen Weltordnung. Ist dies schon irritierend genug, scheint man es auf den ersten Blick auch mit einem logischen Problem zu tun zu haben. Sich die 'beste Nahrung' und die 'schönsten Frauen' 'nehmen' zu können, will einem, jedenfalls bei Zurückstellung moralischer Bedenken, durchaus einleuchten, nicht aber: daß dem nämlichen Raubgelüst auch die 'stärksten Gedanken' zu Gebote stehen. Wenn Zarathustra gleichwohl diese Formulierung wählt, dann offenbar, weil er eine ganz besondere Befähigung herausstreichen möchte, die ihn und die Seinen von den gewöhnlichen Reichen unterscheidet und, im Gegensatz zu diesen, rechtfertigt. Welche Befähigung aber könnte dies sein, anders gefragt: Welcher umfänglichere Bedeutungshorizont verbirgt sich hinter der offenbar als Metapher zu lesenden Formel von den 'stärksten Gedanken' sowie hinter dem Ausdruck 'reinster Himmel'?

Hilfreich bei einer Antwort ist ein Abituraufsatz Nietzsches mit dem Thema: *In wie fern ist der Reichtum ein Glück und in wie fern hat er auch seine Gefahren?* Dabei sind namentlich die vom jungen Nietzsche aufgelisteten Gefahren von Interesse: Resümiert wird, daß der Reichtum ein „zweifelhaftes Gut" sei, sofern er „noch nicht mit einem reichen Gemüthsleben, mit einer inneren Ehrenhaftigkeit zu einer schönen Einheit verwachsen" (BAW 2: 419) ist. Ähnlich argumentierte Nietzsche vierzehn Jahre später, im Zusammenhang der strittigen Passage aus *Menschliches, Allzumenschliches I*. Denn seinem empirisch angelegten Beitrag zur Soziologie des Reichtums läßt Nietzsche, wie nun nachzutragen ist, die Hoffnung nachfolgen auf eine künftige Generation, die, durch solche Reichtumsbedingungen befördert, sich durch „grössere Freiheit des Gemüthes" und „Abwesenheit des Erbämlich-Kleinen" (KSA 2: 313) auszeichne – Möglichkeiten, die dem ums Überleben kämpfenden und insoweit zur Verstellung genötigten Armen nicht gegeben seien. Er nämlich lerne im Kampf ums Dasein vor allem, „gebückt sich in die Höhlengänge der Gunst einzuschleichen" (KSA 2: 314). Dieser Nachtrag macht klar, daß auch zur Seite der (aufstiegsorientierten) Armen Wahrheit, vor allem aber Redlichkeit, in aller Regel Fiktion bleibt. Der Konjunktivsatz des Jahres 1873 aber behält sein Recht: „Wenn einmal die Arbeiterstände dahinter kommen, dass sie uns durch Bildung und Tugend jetzt leicht übertreffen können, dann ist es mit uns vorbei" (KSA 7: 715). Der Nietzsche der *Geburt der Tragödie* noch verhängte angesichts dessen vorsichtshalber sein bildungs*politisches* Veto gegenüber Volksbildungsbestrebungen. Der Nietzsche des *Zarathustra* hingegen, inzwischen über ein weit ausdifferenziertes System seines ihm eigenen Wissens verfügend, hebt das ganze Thema auf die bildungs*philosophische* Ebene an, indem er nicht lediglich an materielle Reichtumsindikatoren ('beste Nahrung', 'schönste Frauen') denkt, sondern zugleich an Äquivalente für das, was Nietzsche noch 1864 mit Begriffen wie 'reiches Gemütsleben' und 'innere Ehrenhaftigkeit' und 1878 mit der Formel 'Freiheit des Gemüts' belegte und als Desiderat vermeldete. Das Zarathustra-Wort: 'Das Beste gehört den Meinen und mir' will so gesehen nichts anderes sein als die probeweise Auszeichnung eines sozialen Zustandes, in der zwar ein jeder an sich alles haben kann, in der aber zugleich doch auch nichts mehr so eigentlich begehrt wird, weil alle zu sich und folglich zu dem gefunden haben, was der Reiche gängigerweise im Prozeß seines Reichwerdens destruiert: Wahrheit ('stärkste Gedanken') und Redlichkeit ('reinster Himmel'), wie man nun den Bedeutungshorizont der strittigen Metaphern griffig bündeln könnte.

Stärken läßt sich diese Ableitung, wenn man Zarathustras Forderung einbezieht, daß es eines „neuen Adels" bedürfe, „der allem Pöbel und allem Gewalt-Herrischen Widersacher ist und auf neue Tafeln neu das

Wort schreibt 'edel'" (KSA 4: 254). Die diesem Zusammenhang zugehörige Forderung: „Vieler Edlen nämlich bedarf es und vielerlei Edlen, dass es Adel gebe!" (KSA 4: 254) ist dabei nichts anderes als eine Paraphrase der Nachlaßvariante: „Es muß viele Übermenschen geben: alle Güte entwickelt sich nur unter seines Gleichen" (KSA 11: 541). Nicht um Mehrung der Macht des Adels oder um Bestandserhalt des Kapitalismus war es Nietzsche also im *Zarathustra* zu tun, sondern um Mehrung des, wenn man so sagen darf, 'Seelenadels', den er in dem beheimatet glaubte, der, gleichsam als Übermensch, den Schatten des 'Erbärmlich-Kleinen' zu überspringen bereit war und sich in einem restituierten Volksganzen zu beheimaten trachtete. Aus dieser Vision heraus steht im übrigen nicht zu befürchten, daß der einzelne zur Verfügungsmasse Dritter wird, und sei es nur im Zuge sozialstaatlicher Fürsorge, die ihrerseits dann doch immer nur wieder das destruiert, was als Keim von Individualisierung zu gelten hat.

Was hiermit insgesamt vorliegt, ist jene „Gesundheitslehre des Lebens" (KSA 1: 331), die Nietzsche in *Vom Nutzen und Nachteil der Historie für das Leben* noch als Desiderat verzeichnet hatte. Wollte sie Nietzsche damals noch als Aggregat der „höheren Aufsicht und Ueberwachung" (KSA 1: 311) der das Leben überwuchernden (historischen) Wissenschaft verstanden wissen, so geht es dem Nietzsche des *Zarathustra* um die Verhinderung der Überwucherung des Lebens durch die, die sich im Weltlichen keinen eigengegebenen Sinn mehr zu setzen vermögen. Zumindest der dieses Therapeutikum beherzigende Übermensch ist damit der Dekadenz entzogen, die Nietzsche dem Teilhaber der historisch verbildeten Jetztzeit attribuierte. Und wenn es mit Blick auf diesen noch hieß: „Jetzt weiss er es: in allen Zeiten war es anders, es kommt nicht darauf an, wie du bist" (KSA 1: 299f.), so darf sich der Übermensch der Epoche des *Zarathustra* nun sagen, daß alles auf ihn ankommt und daß es nie wieder anders sein wird und sein kann. Darin wird auch ein Reflex auf Schopenhauer erkennbar. Denn schon dieser hatte seine Historismuskritik organisiert über den Hinweis darauf, daß die Geschichte lediglich zu lehren vermag, „daß zu jeder Zeit etwas Anderes gewesen ist"; die Philosophie hingegen sei bemüht, „uns zu der Einsicht zu verhelfen, daß zu allen Zeiten ganz das Selbe war, ist und seyn wird" (SW II: 513). Diese Philosophieauffassung suchte Nietzsche also zu radikalisieren, indem er sie von ihrem – bei Schopenhauer immer mitwirkenden – metaphysischen Hintergründen freisetzte und den Menschen zu begreifen suchte als den, der nur als Übermensch 'ist und sein wird'. Ob man die damit verknüpfte Vision als eine neoaristokratische bezeichnen darf, die man, wie Reinhart Maurer (1993) andeutet, der endgeschichtlichen Stimmungslage der Gegenwart guten Gewissens entgegenhalten kann, ist wegen des Nietzsches Intentionen verfehlenden Herrschafts- und Erlesenheitsimplikats des für sich stehenden Aristokratiebegriffs zu bezweifeln. Angemessener schon scheint der von Maurer gleichfalls angebotene und dem vorbenannten 'Seelenadel'-Motiv nahekommende Begriff „neue Vernunftaristokratie" (Maurer 1993: 430), zumal hiermit den bildungsphilosophischen Ansprüchen des Übermenschen-Konstrukts ebenso Rechnung getragen werden kann wie Nietzsches Programm einer 'neuen Aufklärung'.

Außer Frage aber steht wohl das gleichfalls von Maurer (1993: 425) herausgestellte 'Ende der Geschichte'. Denn daß, wie es in der *Genealogie der Moral* heißt, „der 'zahme Mensch', der Heillos-Mittelmässige und Unerquickliche bereits sich als Ziel und Spitze, als Sinn der Geschichte, als 'höheren Menschen' zu fühlen gelernt hat" (KSA 5: 277), galt Nietzsche immer als zentrales Ärgernis und als Impuls, in Gestalt des Übermenschen jene Maßstäbe vor Augen zu führen, die ein solches Reden allein rechtfertigungsfähig machen können. Nietzsches „Wir leugnen Schluß-Ziele: hätte das Dasein eins, so müßte es erreicht sein" (KSA 12: 213), ist dabei lediglich ein Warnschild. Es soll darauf hinweisen, daß das Attribut der Vollkommenheit nicht dem Dasein als solchem zukommt, sondern nur einer Ordnung der Dinge, deren Anforderungen gegenüber sich allein der Übermensch als kundig erweist. Er wird dabei nicht entlassen aus der Nötigung, sich in seiner Selbstauslegung jeweils auf diese in sich variable Ordnung zu beziehen, für die nur eine Konstante unverrückbar gilt: nämlich die, daß Gott tot ist. Die so zu verstehende Zeitlosigkeit der Sozialutopie Nietzsches könnte so gesehen Anlaß geben, den Assassinen-Wahlspruch „Nichts ist wahr, alles ist erlaubt" umzukehren in ein „Alles ist jetzt wahr, nichts anderes ist erlaubt".

8.5 Rückblick: Alles ist jetzt wahr, nichts anderes ist erlaubt?

Von hieraus nun noch einmal auf den frühen Nietzsche zurückblickend, scheint die Differenz zwischen diesem und dem späten Nietzsche augenfällig. Der Nietzsche der *Geburt der Tragödie* jedenfalls hegte keine dem Wiederkunftsgedanken innewohnende Weltordnungs- oder Vollkommenheitsvision. Sein Interesse galt vielmehr, wenn man einmal von der durch Wagners Deutschtumsvisionen geprägten Bildungs- und Kulturkritik absieht, der Kunst und der über sie beziehbaren ästhetischen Rechtfertigung des Daseins. Von hier aus wurde Nietzsche die Wissenschaft in ihrem Rechtfertigungspotential fraglich. Insbesondere sprach er ihr das Recht ab, den wissenschaftlichen Fortschritt zum Zweck der Weltverbesserung instrumentieren zu wollen. Dies lag an den fatalen Wirkungen, die er der (ersten) Aufklärung und der durch sie beförderten 'sokratischen Kultur' meinte attestieren zu müssen. Entsprechend war es Nietzsche auch eher um das Geltendmachen eines Kulturbegriffs zu tun, der weniger dem 'sokratischen' als dem 'tragischen Menschen' und mithin eher der Weisheit denn der Wissenschaft das Regiment überließ. Als Beispiel hierfür mag genügen, auf Nietzsches Lob einer Form der Weisheit hinzuweisen, „die sich, ungetäuscht durch die verführerischen Ablenkungen der Wissenschaften, mit unbewegtem Blicke dem Gesammtbilde der Welt zuwendet und in diesem das ewige Leiden mit sympathischer Liebesempfindung als das eigne Leiden zu ergreifen sucht" (KSA 1: 118). Nietzsches Absicht zielte hier darauf, deutlich zu machen, daß ein derartiger 'unbewegter Blick' not tue, wenn man verhindern wolle, daß ersatzweise ein von wissenschaftlicher Neugier angetriebenes kaltes Sezieren des je Gegebenen Platz griffe. Um es etwas moderner auszudrücken: Schon der frühe Nietzsche opponierte gegen ein technologieorientiertes Ursache/Wirkungs-Denken, und er wollte verhindern, daß die Probleme der Welt als lösbare aufbereitet werden, die man dann stellvertretend für die Betroffenen und diese somit gar nicht als bildsame Subjekte fordernd eskamotieren könne. Diese Absicht war gewiß rühmlich. Und doch scheint sie auf einen Quasi-Fatalismus zu verweisen, der sich quer verhält zu dem Bemühen des späten Nietzsche, den Wiederkunftsgedanken auf die Option einer änderbaren und geänderten Weltverfaßtheit zu beziehen.

Um hier allerdings nicht zu einem übereilten Urteil zu gelangen, ist zu differenzieren. Richard Rorty beispielsweise fügt Nietzsche einem von ihm mit großer Anstrengung konstruierten Paradigma für „ironistische Theorie" ein. Die Frage kann hier getrost vernachlässigt werden, was Rorty unter einem solchen Paradigma genau versteht – sogar unter Berufung auf den von ihm praktizierten postmodernen Stil des Argumentierens. Denn die Frage, warum er lieber von 'Theoretikern' rede statt von 'Philosophen', hat Rorty (1992: 162) damit beantwortet, daß die von ihm bevorzugte Redeweise die Konnotationen liefere, die er brauche, und manche umgehe, die er nicht brauchen könne. Entsprechend ist es wohl auch hier erlaubt, den Assoziationen nachzugehen, die das Wort 'Ironie' im Fall Nietzsche auslösen. So scheinen beispielsweise manche Formulierungen in *Vom Nutzen und Nachteil der Historie für das Leben* dafür zu sprechen, Nietzsche habe dem Lob der „ironische(n) Existenz" derer das Wort geredet, „welche die Ahnung eines Untergangs leitet und die dadurch gegen das fremde, ja gegen das eigene Wohl gleichgültig und lässlich werden" (KSA 1: 302). Ironie in diesem Sinne zu zeigen, mag postmodern sein. Allerdings sollte nicht übersehen werden, daß es keineswegs Nietzsches Anliegen war, das Wissen um die scheinbare Selbstläufigkeit des Geschichts- und Weltprozesses der fatalistischen Einsicht in das angebliche Unvermögen des Einzelsubjekts einzuverwandeln, und zwar, wie Nietzsche seinerseits bissig kommentierte, „nach dem cynischen Kanon: gerade so musste es kommen, wie es jetzt gerade geht“ (KSA 1: 312). Gerade weil die systematische Absicht des frühen Nietzsche-Textes, aus dem hier zitiert wurde, in dem Bemühen um Emanzipation der Moral von der Geschichte gründete, konnte gerade Nietzsche zum rhetorischen Befreiungsschlag von derlei – damals wohl spät-hegelianischen und heute postmodernen – Attitüden ausholen: „In das Wohlgefühl eines derartigen Cynismus flüchtet sich der, welcher es nicht in der Ironie aushalten kann“ (KSA 1: 312), lesen wir 1874 bei ihm, um vier Jahre später zusätzlich noch zu erfahren: „Die Gewöhnung an Ironie, ebenso wie die an Sarkasmus, verdirbt übrigens den Charakter, sie verleiht allmählich die Eigenschaft einer schadenfrohen Überlegenheit: man ist zuletzt einem bissigen Hunde gleich, der noch das Lachen gelernt hat, ausser dem Beissen“ (KSA 2: 260).

Daß Nietzsche Anlaß hatte, sich dies vor allem auch selbst zu bedenken zu geben, veranschaulichen schon die Worte, mit denen er in der *Götzen-Dämmerung* einen Abschnitt über die Arbeiterfrage ausklingen ließ: „Will man einen Zweck, muss man auch die Mittel wollen: will man Sklaven, so ist man ein Narr, wenn man sie zu Herren erzieht“ (KSA 6: 143). Und doch gibt es Anlaß zu der These, daß Nietzsche eine „soziale Mission“ vertrat, keineswegs „zufällig und idiosynkratisch“ (Rorty 1992: 167f.), sondern durchgängig und in systematischer Absicht. Dies gilt dem Ansatz nach selbst für ein Werk wie die *Geburt der Tragödie*, das über weite Strecken den Eindruck kunstmetaphysischer Weltabgewandtheit erweckt. So ist etwa Nietzsches dort vorgetragene Opposition gegen die „schönen Verführungs- und Beruhigungsworte von der ‘Würde des Menschen’ und der ‘Würde der Arbeit’“ (KSA 1: 117) keineswegs, wie Christoph Türcke suggeriert, von dem Interesse getragen gewesen, die je herrschende „verlogene Kollektivsklaverei“ zu ersetzen durch „eine ehrliche Sklaverei großen Stils, die zu ihrer Grausamkeit steht – und vor allem noch Herren kennt, nicht als Selbstzweck vor sich hinkränkelt, sondern als ‘Unterbau’ der Entfaltung eines starken, in der Moderne ausgestorbenen Menschenschlags dient“ (Türcke 1989: 116f.). Diese beeindruckende Assoziationskette Türckes mag zwar die Vorurteile derer bedienen, die nach wie vor meinen, den sozialpolitischen Absichten Nietzsches widerfahre mit Attributen wie ‘Herrenmoral’ oder ‘Sozialdarwinismus’ Gerechtigkeit; sie vermag aber kaum diejenigen zu überzeugen, die eher an Textexegese interessiert sind. Ihnen nämlich wäre zunächst doch wohl zu berichten, daß Nietzsches von Türcke zum Ausgangspunkt seiner Philippika genommenes Argument von dem Interesse bestimmt war, Einspruch gegen eine Form der Herrschaftsgestaltung einzulegen, die sich Täuschungen auferlegt über das tatsächliche Ausmaß der Gefährdung ihrer Bestandsvoraussetzungen durch jene, denen beides, 'Würde der Arbeit' und 'Würde des Menschen', vorenthalten wird. Insoweit ist Nietzsches Argument, geradezu gegenläufig zu der Auslegung Türckes, nicht vereinbar mit irgendeinem Projekt 'ehrlicher Sklaverei', sondern gehorcht vollständig den Anforderungen, die gegenüber den von Rorty ins Zentrum gerückten 'sozialen Missionen' ins Auge zu fassen sind.

Deutlicher gilt dies noch für jene – von Türcke nicht berücksichtigte – Stelle aus der *Genealogie der Moral*, an der Nietzsche erneut auf die von ihm fünfzehn Jahre zuvor demaskierten 'Verführungs- und Beruhigungsworte' eingeht und nun ohne Umschweife einwendet, daß das Hohe Lied auf „den Segen der Arbeit" lediglich einer Art gesamtgesellschaftlicher Depressionstherapie zugehöre, deren Kern darin gründe, „dass beständig ein Thun und wieder nur ein Thun in's Bewusstsein tritt und folglich wenig Platz darin für ein Leiden bleibt" (KSA 5: 382). Besonders profiliere sich hierbei, so Nietzsche weiter, der asketische Priester, der sich in seiner Arbeit mit Arbeitssklaven oder Gefangenen darauf verstehe, diese mittels „einer kleinen Kunst des Namenwechselns und der Umtaufung (...) in verhassten Dingen fürderhin eine Wohlthat, ein kleines Glück sehn zu machen: – die Unzufriedenheit des Sklaven mit seinem Loos ist jedenfalls *nicht* von den Priestern erfunden worden" (KSA 5: 382f.) Es ist dieser Hintergrund, der Nietzsche schon in der *Morgenröthe* seinen Einspruch erheben ließ gegen die Schande der „Fabrik-Sclaverei", dem der Arbeiter als „Lückenbüsser der menschlichen Erfindungskunst" unterliege, ein Einspruch, dem dann noch das bemerkenswerte Wort folgt: „Pfui! zu glauben, dass durch höhere Zahlung *das Wesentliche* ihres Elends, ich meine, ihre unpersönliche Verknechtung, gehoben werden könne!" (KSA 3: 183)

Insbesondere hier wird nun deutlich, daß für Nietzsche eine auf Sozialpolitik reduzierte Politik, die sich durch den „Glauben an das Erdenglück aller" (KSA 1: 117) antreiben läßt, nicht den Kern dessen erreicht, was eine 'soziale Mission' anzustreben hat. Dies hat mit begrifflichen Besonderheiten zu tun, die Nietzsche dem Ausdruck 'soziale Mission' beigegeben hätte. Denn das 'Soziale' an seiner 'Mission' gründete nicht etwa in sozialpolitischen Motiven, sondern in einer Sozialphilosophie, die ihrerseits sinnvoll nur unter dem Theorem der *Bindung* und mittels der die Idealform dieser Bindung markierenden Kategorie 'Gemeinschaft freier Einzelner' diskutierbar ist. Nietzsches 'Mission' hingegen lief in erster Linie auf *Freisetzung* hinaus, um die Voraussetzungen zu schaffen zur Rekrutierung jener dann erst wieder wahrhaft bindungsfähigen, zunächst aber durch christliche Moral, Gleichheitsdekadenz und 'unpersönliche Verknechtung' beschädigten 'freien Einzelnen'. Deswegen auch schließt Nietzsche seine eben erwähnte kapitalismuskritische Passage aus der *Morgenröthe* mit dem Vorschlag an die Arbeiter ab: „lieber auswandern, in wilden und frischen Gegenden der Welt *Herr* zu werden suchen und vor allem Herr über mich selber; den Ort so lange wechseln, als noch irgend ein Zeichen von Sklaverei mir winkt; dem Abenteuer und dem Kriege nicht aus dem Wege gehen und für die schlimmsten Zufälle den Tod in Bereitschaft halten: nur nicht länger diese unanständige Knechtschaft, nur nicht länger diess Sauer- und Giftig- und Verschwörerisch-werden!" (KSA 3: 184) Das war in der Hauptsache als Gedankenspiel gemeint, bezog sich in der Nebensache allerdings auf die zu dieser Zeit tatsächlich eklatanten Auswandererzahlen in den unteren Schichten und die dabei durchaus in ähnliche Richtungen gehenden Überlegungen, denen sich auch Nietzsche zu dieser Zeit auf seine Weise hingab, wenn er beispielsweise mit Rée den Plan entwickelte, eine „Colonie nach den Hochlanden Mexikos (zu) fuehren" (KSB 6: 174).

Das Freisetzungsmotiv ist also das systematisch vorrangige in Nietzsches Œuvre. In der Phase der *Geburt der Tragödie* steht es allerdings noch unter dem – maßgeblich durch die Wagner-Verehrung geprägten – Diktat einer genietheoretisch gefaßten Bildungs- und Kulturkonzeption. Diese trägt dafür Sorge, daß Nietzsche das Bindungsmotiv zunächst nur auf der Ebene der gemeinschaftsstiftenden Erhabenheit dionysischen Musikempfindens zu diskutieren weiß. Freisetzung hingegen bezieht er vor allem auf die mit dem 'tragischen' Menschen gesetzte Begrifflichkeit. Exemplarisch verdeutlicht dies der den Höhepunkt der *Geburt der Tragödie* markierende Ausruf: „Ja, meine Freunde, glaubt mit mir an das dionysische Leben und an die Wiedergeburt der Tragödie. Die Zeit des sokratischen Menschen ist vorüber (...). Jetzt wagt es nur, tragische Menschen zu sein: denn ihr sollt erlöst werden" (KSA 1: 132). Derlei quasi-missionarische Emphase, die schon damals mancherlei Karikatur nach sich zog, ist zwar anti-fatalistisch, aber sie ist gewiß noch nicht geeignet, eine Welt herbeizuführen, die auch über soziale Bindungsmächte verfügt und deren ewige Wiederkunft auch wirklich gewünscht werden kann und möglich ist. Dies liegt in der Hauptsache daran, daß sich Nietzsche hier noch mit einer Perspektive begnügt, in der der 'tragische' Mensch für sich sein Genügen findet. In einem – noch sehr weit entfernten – Fluchtpunkt verbirgt sich allerdings bereits die Vision des Übermenschen, dessen Auftrag dahin gehen wird, die von Gott zu verantwortende, aber nicht nach der Moral fragende Ignoranz des geschichtlichen Ablaufs mittels der vom Übermenschen zu verantwortenden Moral außer Kraft zu setzen. Als Vorbereitung hierzu ist das Argument aus *Vom Nutzen und Nachteil der Historie für das Leben* zu lesen, wonach das Faktum doch „immer dumm ist und zu allen Zeiten einem Kalbe ähnlicher gesehen hat als einem Gotte" (KSA 1: 310). Denn in dieser indirekten Verantwortungszuweisung an Gott als mißratenem Herrn der Fakten deutet sich zugleich auch an, daß derjenige, der den

Kampf gegen die „blinde Macht der Facta, gegen die Tyrannei des Wirklichen" (KSA 1: 311) aufzunehmen gedenkt, um eine Herausforderung Gottes und letztlich auch um Installierung seiner selbst als Gott-Ersatz nicht wird herumkommen können.

Sperrig zu diesem auf den frühen Nietzsche bezogenen Argumentgang mag sich nun allerdings eine Äußerung wie die folgende aus Nietzsches mittlerer Periode verhalten: „Wir klagen die Natur nicht als unmoralisch an, wenn sie uns ein Donnerwetter schickt und uns nass macht: warum nennen wir den schädigenden Menschen unmoralisch?" (KSA 2: 99) Edmund Heller, sich auf Äußerungen dieser Phase konzentrierend, sah sich veranlaßt, die daran angeschlossene Folgerung Nietzsches, wonach die „völlige Unverantwortlichkeit des Menschen für sein Handeln" der „bitterste Tropfen" sei, „welchen der Erkennende schlucken muss" (KSA 1: 103), gleichsam pars pro toto zu lesen: „Nietzsche verabreicht den bitteren Tropfen sein ganzes Werk hindurch" (Heller 1992: 12), lautet der Befund. Mit ihm gerät die hier vertretene Auslegung des Wiederkunftsgedankens als des Höhepunkts einer auf Änderung der Weltordnung abstellenden Programmatik in Gefahr, und zwar gleichsam mit Munition desselben Herren (Nietzsche), aber aus einer anderen Kammer (Nietzsches Psychologie). Denn es ist Nietzsches – von Heller allerdings nicht berücksichtigte – Psychologie gewesen, der die in der praktischen Philosophie offenbar unentbehrliche Verantwortungs- und Freiheitsrhetorik ihre Entmachtung zu danken hat. Aber Nietzsche ist, im Gegensatz zu vielen seiner Interpreten, bei diesem Befund nicht stehengeblieben. Er versuchte vielmehr, die Verantwortungskategorie einer über das Andere der Vernunft des Menschen belehrten Problemauffassung einzuverleiben, mit dem Resultat, daß er den Übermenschen zuletzt nur noch in psychologisierter Variante, eben als 'vornehmen Menschen', gelten ließ.

Aber auch unterhalb des hiermit zusammenfassend angedeuteten argumentativen Aufwandes liegt es nahe, gegen Heller beispielsweise die systematische Bedeutung der Drachentöter-Metaphorik ins Spiel zu bringen. So lesen wir etwa in der *Geburt der Tragödie* im Zusammenhang mit der Einführung dieser den Anschluß an Wagners Siegfriedgestalt suchenden Metaphorik etwas von Nietzsches Hoffnung, die Jugend werde „die stolze Verwegenheit" aufbringen, den „Schwächlichkeitsdoctrinen" (KSA 1: 119) zu entsagen. Im *Zarathustra* wird die jugendbewegte Emphase mitunter noch spürbar, etwa wenn es nun heißt: „Muth aber ist der beste Todtschläger, Muth, der angreift: der schlägt noch den Tod todt, denn er spricht: 'War *das* das Leben? Wohlan! Noch ein Mal!'" (KSA 4: 199) Die erste Satzhälfte hätte auch der Nietzsche der *Geburt der Tragödie* sprechen können, die zweite hingegen nur der des *Zarathustra*. Er erst gewinnt, wenn man so sagen darf, den Mut zur Wiederholung jenes Abklatsches der an sich so alten Drachentöter-Metaphorik, weil seine Perspektive nicht diejenige des irgendeinen fernen Tages Besseren ist, sondern weil er sich des Wiederkunftsgedankens mächtig weiß. Das nun meint: Nietzsche kann es infolge dieses Gedankens zur Voraussetzung all seines Theoretisierens erheben, daß die nach dem Tod Gottes von den Übermenschen gestaltete und gestaltbare Ordnung der Dinge eine ist, deren Kommen und – infolge der Schwächen der menschlichen Natur beispielsweise – Entgleisen ebenso wenig gefürchtet werden muß wie ihre ewige Wiederkehr. Insoweit ließe sich sagen, daß der Tendenz nach zwar die Schachfiguren im Weltgeschehen schon beim frühen Nietzsche getreu der Modi des späten sortiert sind: Der zunächst 'plumpe' und 'dumme' und dann, mit dem *Zarathustra*, für tot erklärte Gott steht gegen den 'moralischen' Übermenschen als besseren Gott-Ersatz. Der Übermensch aber, und dies ist der entscheidende Punkt, kann als ein solcher nun nur gedacht werden, weil ihm die Tiefe des Wiederkunftsgedankens, um den der frühe Nietzsche allenfalls geahnt haben mag, zur Verpflichtung geworden ist.

Dieser Befund könnte zwar jener *neuen* Generation von Lesern, die Nietzsche „als geistigen Vater des Sinnlosigkeitsverdachts gegenüber allen endgültigen Konstruktionen von Geschichte, Moral und Wahrheit wiederentdeckt" (Ries 1990: Klappentext) hat, nicht zusagen, und er dürfte ihr möglicherweise auch nichts zu sagen haben. Aber Gründe, dies zu vermeiden, sah ich nicht. Ob Nietzsches 'Philosophie *der* Zukunft' jedoch nun wenigstens einer *künftigen* Generation von Lesern als eine Philosophie *für* die Zukunft anvertraut werden darf, scheint eher fraglich. Denn da bisher so gut wie keine 'künftige' Generation auf die Ernennung Nietzsches zum Ahnherrn ihres Problembewußtseins verzichtete, und zwar mit zumeist fatalen Folgen auch für Nietzsche, wäre diese ewige Wiederkunft Nietzsches im Bewußtsein der jeweils nach Unzeitgemäßheit trachtenden allerneuesten Generation kein sonderlich ermutigendes Zeichen. Gäbe es andererseits aber nicht mehr die Hoffnung auf 'irgendein Genie von Nietzsche-Kenner' des 21. Jahrhunderts, bestünde der Preis vermutlich in dem Kontinuieren des sich in apokalyptischen Visionen aussprechenden Gegenwartsnihilismus, für den allerorten Nietzsche als Kronzeuge angerufen wird.

Die Aufgabe der vorliegenden Arbeit bestand allerdings nicht in dem Aufbereiten von Munition in einer Epoche posthistorischer, postmoderner, nachsozialistischer und nachmetaphysischer Ratlosigkeit, die zunehmend zu meinen scheint, sie dürfe sich ihre Rechtfertigungen für ihr endgeschichtliches Wohlbehagen bei Nietzsche beschaffen. Die Aufgabe bestand in der Rekonstruktion einer Philosophie, die das Andere der Vernunft lesen hilft – und darin dann allerdings mitunter noch die Spuren der anderen Vernunft ihres Autors aufweist. Der Wiederkunftsgedanke läßt sich dem ersten Teil dieser Aufgabenstellung nur in Grenzen einfügen. Dies gilt insofern, als er seine Erträglichkeit nur dort erlangt, wo der Ausblick auf den über das Andere seiner Vernunft belehrten Übermenschen eröffnet ist. Ansonsten aber läßt sich dieser Gedanke nicht den psychologischen Absichten Nietzsches einverleiben, trägt also nicht zu der eingangs dieses Kapitels aufgeworfenen Frage nach der gänzlichen Auflösbarkeit der Philosophie Nietzsches in Psychologie bei. Dabei beherbergt dieser Gedanke gewiß einen metaphysischen Rest in Nietzsches Denken, insofern die Formel von einem nach-christlichen Pantheismus auf einen Nachklang metaphysisch unterlegter Vollkommenheitsvisionen abzustellen scheint. Aber man sollte dabei nicht übersehen, daß derartige Visionen sozialphilosophisch rechtfertigungfähig sind, womit sie sozialwissenschaftlich anschlußfähig werden und jeden metaphysischen Bezug verlieren.

Etwas anders schon verhält es sich mit der Frage nach der anderen Vernunft Nietzsches, die sich im Wiederkunftsgedanken ausspricht. Denn hier scheint es so, als zeuge dieser Gedanke, seinen psychologischen Hintergründen nach, für ein hiermit zum Abschluß gebrachtes Vollkommenheitsverlangen speziell Nietzsches. Indiz dafür ist, daß Nietzsche im *Ecce homo* als den „tiefste(n) Einwand" gegen diesen Gedanken den Umstand anführt, mit einer Mutter und Schwester verwandt zu sein, an die zu denken ihm „unsägliches Grauen" (KSA 6: 268) einflöße und deren zu gedenken wohl auch Zarathustra „müde" (KSA 4: 274) gewesen wäre. Das meint nun nichts anderes als: Nietzsches Mutter und Schwester werden im *Ecce homo*, jedenfalls in verschlüsselter Form, als Repräsentanten jener von Zarathustra mißachteten 'kleinen Leute' vorgeführt, an die zu denken Nietzsche schlagartig klarmachte, daß er in der Konsequenz seiner Gedanken auf eine Ordnung hinarbeitete, in der für beide kein Platz mehr war – im Gegensatz, wie man nun festzuhalten hat, zum Vater, der im unmittelbaren Vorlauf zu der zitierten Stelle aus *Ecce homo* wieder einmal als „Engel" (KSA 4: 268) tituliert und damit jenseits der Vergänglichkeit angesiedelt wird, und dies meint zugleich indirekt auch: im Reich der ewigen Wiederkunft. Gewiß beruhigte sich Nietzsche mitunter mit diesem Ausblick auf eine zwar vom Vater besetzte, aber mutter- wie schwesterlose Ordnung, die dann eine vollkommenere Ordnung sein mochte, deren ewige Wiederkunft zu wünschen war. Aber es war auch eine Ordnung, die das Implikat in sich barg, nie geboren worden zu sein und die als Voraussetzung forderte, Abschied zu nehmen von denen, die Nietzsche, wie er allzuklar immer wieder hatte erfahren müssen, nicht nur haßte, sondern teilweise doch auch liebte.

Dies mochte Grund genug sein für Nietzsches 'tiefsten Einwand' gegen den Wiederkunftsgedanken. Grund genug indes, diesen Gedanken und die Vollkommenheitsvision aufzugeben, für die er steht, bestand für Nietzsche keineswegs. Davon hielten ihn aber nicht nur theoriearchitektonische Gründe ab, sondern auch, wie man nun vermuten kann, die Neigung, seinem Vater Rehabilitation angedeihen zu lassen für die fragwürdigen subjektiven Krankheitstheorien, mit denen er diesen befrachtete. Dabei war Nietzsche freilich gar nicht einmal der erste große Denker, der die Enttäuschung über ihm lebenslang versagt gebliebenes privates Glück und die Suche nach dem ihm versagt gebliebenen Elternteil durch eine gleichermaßen emphatisch wie verschlüsselt vorgetragene vormoderne Utopie unbeschädigten Lebens zu überformen suchte. Ein anderes Beispiel hinterließ der von ihm so sehr abgelehnte Rousseau, der seine Version einer Welt, deren ewige Wiederkunft zu wünschen sei, in seinem Briefroman *Julie ou La Nouvelle Héloïse* vortrug. Aber dies ist schon wieder ein ganz anderes Kapitel (vgl. Niemeyer 1992). Mit dem vorliegenden freilich ist jetzt Schluß.

Bibliographie und Siglenverzeichnis

Siglen der zitierten Nietzsche-Ausgaben

BAW = Friedrich Nietzsche: Frühe Schriften. Bde. 1–5, hrsg. v. Hans Joachim Mette. München 1994.
KGB = Friedrich Nietzsche: Kritische Gesamtausgabe. Briefwechsel, hrsg. v. Giorgio Colli u. Mazzino Montinari. Berlin, New York 1975 ff.
KSA = Friedrich Nietzsche: Sämtliche Werke. Kritische Studienausgabe in 15 Einzelbänden, hrsg. v. Giorgio Colli u. Mazzino Montinari. München 1988.
KSB = Friedrich Nietzsche: Sämtliche Briefe. Kritische Studienausgabe in 8 Bänden, hrsg. v. Giorgio Colli u. Mazzino Montinari. München 1986.
ÜF = Friedrich Nietzsche: Über die Frauen, hrsg. u. kommentiert v. Klaus Goch. Frankfurt a. M. u. Leipzig 1992.

Siglen sonstiger zitierter Werkausgaben

GSD = Richard Wagner: Gesammelte Schriften und Dichtungen. Bde. 1–10, Leipzig [4]1907; Bde. 11 u. 12, Leipzig [5]o. J.
GW = Sigmund Freud: Gesammelte Werke. London 1940 ff.
SW = Arthur Schopenhauer: Werke in fünf Bänden, hrsg. v. Ludger Lütkehaus, Zürich 1991.

Weitere Siglen

CLB = Cosima Wagner und Ludwig II. von Bayern. Briefe, hrsg. v. Martha Schad. Bergisch Gladbach 1996.
CT = Cosima Wagner: Die Tagebücher. Bde. 1–4, hrsg. u. kommentiert v. Martin Gregor-Dellin u. Dietrich Mack. München, Zürich 1976.
LWB = König Ludwig II. und Richard Wagner. Briefwechsel. Bde. I–IV, hrsg. v. Wittelsbacher Ausgleichs-Fonds u. v. Winifred Wagner. Bearb. v. Otto Strobel. Karlsruhe 1936.
SB = Richard Wagner: Briefe. Die Sammlung Burrell, hrsg. u. kommentiert v. John N. Burk. Frankfurt a. M. 1953.

Übrige zitierte Literatur

Achelis, Thomas: Friedrich Nietzsche. In: Westermanns Monatshefte 76 (1894): 99–111.

Adler, Alfred: Syphilidophobie (1911). In: Ders.: Praxis und Theorie der Individualpsychologie, hrsg. v. W. Metzger. Frankfurt a. M. 1974: 161–169.

Adler, Alfred: Der nervöse Charakter (1913). In: Ders./Furtmüller, C.: Heilen und Bilden, hrsg. v. W. Metzger. Frankfurt a. M. 1973: 123–133.

Adler, Alfred: Die Technik der Individualpsychologie. Zweiter Teil. Die Seele des schwererziehbaren Schulkindes (1930), hrsg. v. W. Metzger. Frankfurt a. M. 1974.

Adorno, Theodor W.: Versuch über Wagner (1952). In: Gesammelte Schriften, Bd. 13, hrsg. v. G. Adorno u. R. Tiedemann. Frankfurt a. M. 1971: 7–148.

Andreas-Salomé, Lou: Friedrich Nietzsche in seinen Werken. Dresden o. J.

Andreas-Salomé, Lou: Lebensrückblick. Frankfurt a. M. [5]1984.

Anglet, Kurt: Friedrich Nietzsches *Deus absconditus*. In: Nietzscheforschung 3 (1995): 317–328.

Bäumer, Gertrud: Lou Andreas-Salomé. In: Dies.: Gestalt und Wandel. Berlin 1939: 469–506.

Baeumer, Max L.: Das moderne Phänomen des Dionysischen und seine „Entdeckung" durch Nietzsche. In: Nietzsche-Studien 6 (1977): 123–153.

Baeumler, Alfred: Nietzsche der Philosoph und Politiker. Leipzig 1931.

Bäumler, Ernst: Amors vergifteter Pfeil. München 1989.

Bauer, Hans-Joachim: Richard-Wagner-Lexikon. Bergisch Gladbach 1988.

Behler, Ernst: Zur frühen sozialistischen Rezeption Nietzsches in Deutschland. In: Nietzsche-Studien 13 (1984): 503–520.

Behler, Ernst: Nietzsche jenseits der Dekonstruktion. In: Simon, J. (Hrsg.): Nietzsche und die philosophische Tradition. Band I. Würzburg 1985: 88–107.

Behler, Ernst: Derrida – Nietzsche, Nietzsche – Derrida. Paderborn 1988.

Benn, Gottfried: Züchtung II (1949). In: Gesammelte Werke. Bd. I. Wiesbaden 1959: 295–298.

Bernoulli, Carl Albrecht: Franz Overbeck und Friedrich Nietzsche. Eine Freundschaft. Erster Band. Jena 1908.

Bittner, Rüdiger: Nietzsches Begriff der Wahrheit. In: Nietzsche-Studien 16 (1987): 70–90.

Blaß, Josef Leonard: Modelle pädagogischer Theoriebildung. Bd. II. Stuttgart u. a. 1978.

Blondel, Eric: Vom Nutzen und Nachteil der Sprache für das Verständnis Nietzsches: Nietzsche und der französische Strukturalismus. In: Nietzsche-Studien 10/11 (1980/81): 518–537.

Böhme, Gernot: Über eine notwendige Veränderung im europäischen Denken. In: Ders.: Philosophieren mit Kant. Frankfurt a. M. 1986: 229–239.

Böhme, Gernot/Böhme, Hartmut: Das Andere der Vernunft. Zur Entwicklung von Rationalitätsstrukturen am Beispiel Kants. Frankfurt a. M. 1985.

Bohley, Reiner: Über die Landesschule zur Pforte. Materialien aus der Schulzeit Nietzsches. In: Nietzsche-Studien 5 (1976): 298–320.

Bohley, Reiner: Nietzsches Taufe. In: Nietzsche-Studien 9 (1980): 383–405.

Bohley, Reiner: Nietzsches christliche Erziehung. In: Nietzsche-Studien 16 (1987): 164–196.

Bohley, Reiner: Nietzsches christliche Erziehung. In: Nietzsche-Studien 18 (1989): 377–395.

Bölsche, Wilhelm: Das Geheimnis Friedrich Nietzsches. In: Neue Deutsche Rundschau (Freie Bühne) 5 (1894): 1026–1033.

Borchmeyer, Dieter/Salaquarda, Jörg (Hrsg.): Nietzsche und Wagner. Stationen einer epochalen Begegnung. Band 1. Band 2. Frankfurt a. M., Leipzig 1994 (1994a).

Borchmeyer, Dieter/Salaquarda, Jörg: Nachwort. Legende und Wirklichkeit einer epochalen Begegnung. In: Diess. (Hrsg.): Nietzsche und Wagner. Stationen einer epochalen Begegnung. Band 2. Frankfurt a. M., Leipzig 1994: 1271–1386 (1994b).

Bornmann, Fritz: Anekdota Nietzscheana aus dem philologischen Nachlaß der Basler Jahre (1869–1878). In: Borsche, T./Gerratana, F./Venturelli, A. (Hrsg.): 'Centauren-Geburten'. Wissenschaft, Kunst und Philosophie beim jungen Nietzsche. Berlin, New York 1994: 67–80.

Bräutigam, Bernd: Verwegene Kunststücke. Nietzsches ironischer Perspektivismus als schriftstellerisches Verfahren. In: Nietzsche-Studien 6 (1977): 45–63.

Brandt, Lewis W.: Psychoanalyse *versus* psychoanalysis: traduttore, traditore. In: Psyche 31 (1977): 1045–1051.

Brann, Hellmut Walther: Nietzsche und die Frauen. Leipzig 1931.

Broch, Hermann: Hofmannsthal und seine Zeit. Frankfurt a. M. 1974.

Bröcker, Walter: Nietzsches Narrentum. In: Nietzsche-Studien 1 (1972): 138–146.

Brotbeck, Stefan: Nietzsche Erraten. In: Nietzsche-Studien 19 (1990): 143–175.

Brusotti, Marco: Verkehrte Welt und Redlichkeit gegen sich. Rückblicke Nietzsches auf seine frühe Wagneranhängerschaft in den Aufzeichnungen 1880–1881. In: Borsche, T./Gerratana, F./Venturelli, A. (Hrsg.): 'Centauren-Geburten'. Wissenschaft, Kunst und Philosophie beim jungen Nietzsche. Berlin, New York 1994: 435–460.

Campioni, Giuliano: Von der Auflösung der Gemeinschaft zur Bejahung des 'Freigeistes'. In: Nietzsche-Studien 5 (1976): 83–112.

Campioni, Giuliano: Wagner als Histrio. Von der Philosophie der Illusion zur Physiologie der décadence. In: Borsche, T./Gerratana, F./Venturelli, A. (Hrsg.): 'Centauren-Geburten'. Wissenschaft, Kunst und Philosophie beim jungen Nietzsche. Berlin, New York 1994: 461–488.

Carrière, Ludwig: Wandlungen im Begriffe des Heldischen. In: Psyche 3 (1949/50): 120–129.

Caysa, Volker: „Richard Wagner in Bayreuth". Oder: Der Künstler-Philosoph als Gesamtkunstwerk. In: Nietzscheforschung 2 (1995): 167–191.

Conrad, Michael Georg: Jugend! In: Die Gesellschaft 11 (1895): 1–3.

Cornelius, Peter: Literarische Werke. I. Band. Ausgewählte Briefe. 1. Band, hrsg. v. C. M. Cornelius. Leipzig 1904.

Crawford, Claudia: Nietzsche's Mnemotechnics, the Theory of Ressentiment, and Freud's Topographies of the Psychical Apparatus. In: Nietzsche-Studien 14 (1985): 281–297.

Cremerius, Johannes: Arnold Zweig – Sigmund Freud. In: Psyche 27 (1973): 658–668.

Danto, Arthur C.: Nietzsche und der semantische Nihilismus. In: Guzzoni, A. (Hrsg.): 100 Jahre philosophische Nietzsche-Rezeption. Frankfurt a. M. 1991: 140–154.

Decher, Friedhelm: Nietzsches Metaphysik in der „Geburt der Tragödie"... im Verhältnis zur Philosophie Schopenhauers. In: Nietzsche-Studien 14 (1985): 110–125.

Deleuze, Gilles: Nietzsche und die Philosophie. Hamburg 1991.

Derrida, Jacques: Sporen. Die Stile Nietzsches (1973). In: Hamacher, W. (Hrsg.): Nietzsche aus Frankreich. Frankfurt a. M., Berlin 1986: 129–168.

Deussen, Paul: Erinnerungen an Friedrich Nietzsche. Leipzig 1901.

Dieckmann, Friedrich: Richard Wagner in Venedig. Leipzig 1983.

Dilthey, Wilhelm: Das Wesen der Philosophie. In: Hinneberg, P. (Hrsg.): Die Kultur der Gegenwart. Teil I. Abteilung VI. Systematische Philosophie. Berlin, Leipzig ^{3}1921: 1–67.

Djuric, Mihailo: Die antiken Quellen der Wiederkunftslehre. In: Nietzsche-Studien 8 (1979): 1–16.

Dostojewski, Fjodor M.: Die Dämonen. München 1977.

Dostojewski, Fjodor M.: Schuld und Sühne. München 1990.

Dostojewski, Fjodor M.: Aufzeichnungen aus einem Kellerloch. In: Ders.: Das Dorf Stepantschikowo. Kleine Romane und Erzählungen 1859–1865. Berlin o. J.: 504–658.

Duboc, Julius: Anti-Nietzsche. Dresden 1897.

Du Moulin Eckart, Richard Graf: Cosima Wagner. Ein Lebens- und Charakterbild. Berlin 1929.

Eger, Manfred: „Wenn ich Wagnern den Krieg mache ..." Der Fall Nietzsche und das Menschliche, Allzumenschliche. Wien 1988.

Ekstein, Rudolf: Das Residualtrauma. In: Psyche 33 (1979): 1077–1098.

Ellenberger, Henri Frédéric: Die Entdeckung des Unbewußten. Bern 1973.

Ernst, Paul: Friedrich Nietzsche. Seine Philosophie. In: Freie Bühne 1 (1890): 516–520.

Ferrari Zumbini, Massimo: Nietzsche in Bayreuth: Nietzsches Herausforderung, die Wagnerianer und die Gegenoffensive. In: Nietzsche-Studien 19 (1990): 246–291.

Ferrari Zumbini, Massimo: „Ich lasse eben alle Antisemiten erschießen". Anmerkungen zum Thema: Nietzsche und der real existierende Antisemitismus. In: Wagner – Nietzsche – Thomas Mann. Festschrift für Eckhard Heftrich, hrsg. v. H. Gockel u. a. Frankfurt a. M. 1993: 123–140.

Figl, Johann: Dialektik der Gewalt. Nietzsches hermeneutische Religionsphilosophie. Düsseldorf 1984.

Figl, Johann: Der junge Nietzsche. Deutung und Bedeutung von Biographie und Werk. In: Jahresschrift der Förder- und Forschungsgemeinschaft Friedrich Nietzsche e.V. Bd. II (1991/92): 7–16.

Figl, Johann: Biographie und Atheismus. In: Figl, J. u. a.: Ateismo e società. Perugia 1992: 201–235.

Figl, Johann: Biographisch orientierte Analysen eines Philosophen. Zu neueren Ansätzen in der Nietzsche-Deutung. In: Nietzsche-Studien 23 (1994): 273–284 (1994a).

Figl, Johann: Interpretationen der Jugendschriften Nietzsches. Zum Verhältnis von Biographie und Philosophie. In: Borsche, T./Gerratana, F./Venturelli, A. (Hrsg.): 'Centauren-Geburten'. Wissenschaft, Kunst und Philosophie beim jungen Nietzsche. Berlin, New York 1994: 309–325 (1994b).

Figl, Johann: Die Abteilung I im Kontext der Kritischen Gesamtausgabe der Werke Nietzsches. Ein Zwischenbericht. In: Nietzsche-Studien 24 (1995): 315–323 (1995a).

Figl, Johann: Geburtstagsfeier und Totenkult. Zur Religiosität des Kindes Nietzsche. In: Nietzscheforschung 2 (1995): 21–34 (1995b).

Fischer, Aloys: Die Problematik des Sozialbeamtentums (1925). In: Leben und Werk. Bd. 3/4. München 1954: 319–349.

Fischer, Kurt Rudolf: Nietzsche, Freud und die Humanistische Psychologie. In: Nietzsche-Studien 10/11 (1981/82): 482–499.

Fischer, Wilhelm: Friedrich Nietzsches Bild. München 1910.

Fleischer, Margot: Dionysos als Ding an sich. Der Anfang von Nietzsches Philosophie in der ästhetischen Metaphysik der „Geburt der Tragödie". In: Nietzsche-Studien 17 (1988): 74–90.

Fleischer, Margot: Der „Sinn der Erde" und die Entzauberung des Übermenschen. Darmstadt 1993.

Fleischer, Margot: Hume – Auch eine Quelle für Nietzsches Lehre der ewigen Wiederkunft des Gleichen? In: Nietzsche-Studien 25 (1996): 255–260.

Förster-Nietzsche, Elisabeth: Der junge Nietzsche. Leipzig 1912.

Forster-Nietzsche, Elisabeth: Der einsame Nietzsche. Leipzig 1914.

Förster-Nietzsche, Elisabeth: Wagner und Nietzsche zur Zeit ihrer Freundschaft. München 1915.

Förster-Nietzsche, Elisabeth (Hrsg.): Der werdende Nietzsche. München 1924.

Förster-Nietzsche, Elisabeth: Friedrich Nietzsche und die Frauen seiner Zeit. München 1935.

Foucault, Michel: Nietzsche, die Genealogie, die Historie. In: Ders.: Von der Subversion des Wissens. München 1974: 83–109.

Foucault, Michel: Der Gebrauch der Lüste. Frankfurt a. M. 1986.

Freud, Sigmund/Groddeck, Georg: Briefe über das Es, hrsg. v. M. Honegger. Frankfurt a. M. 1988.

Freud, Sigmund/Zweig, Arnold: Briefwechsel, hrsg. v. E. L. Freud. Frankfurt a. M. 1968.

Gabel, Gernot U./Jagenberg, Carl H. (Hrsg.): Der entmündigte Philosoph. Briefe von Franziska Nietzsche an Adalbert Oehler aus den Jahren 1889–1897. Hürth 1994.

Gadamer, Hans-Georg: Das Drama Zarathustras. In: Nietzsche-Studien 15 (1986): 1–15.

Gamm, Hans-Jochen: Standhalten im Dasein. Nietzsches Botschaft für die Gegenwart. München, Leipzig 1993.

Gasser, Peter: „Columbus Novus" – Zum rhetorischen Impetus von Nietzsches Philosophie. In: Nietzsche-Studien 24 (1995): 137–161.

Gasser, Reinhard: Nietzsche und Freud. Berlin, New York 1997.

Gentsch, Lutz: Wahnsinn oder Philosophie – Friedrich Nietzsche? Eine meistens methodologische Analyse. Frankfurt a. M. u. a. 1995.

Gerhardt, Volker: Macht und Metaphysik. Nietzsches Machtbegriff im Wandel der Interpretationen. In: Nietzsche-Studien 10/11 (1981/82): 193–209.

Gerhardt, Volker: Artisten-Metaphysik. Zu Nietzsches frühem Programm einer ästhetischen Rechtfertigung der Welt (1984). In: Ders.: Pathos und Distanz. Studien zur Philosophie Friedrich Nietzsches. Stuttgart 1988: 46–71 (1984a).

Gerhardt, Volker: Von der ästhetischen Metaphysik zur Physiologie der Kunst. In: Nietzsche-Studien 13 (1984): 374–393 (1984b).

Gerhardt, Volker: Die Metaphysik des Werdens. Über ein traditionelles Element in Nietzsches Lehre vom „Willen zur Macht". In: Simon, J. (Hrsg.): Nietzsche und die philosophische Tradition. Band I. Würzburg 1985: 9–33.

Gerhardt, Volker: Die Perspektive des Perspektivismus. In: Nietzsche-Studien 18 (1989): 260–281.

Gerhardt, Volker: Nietzsche und die Philosophie. In: Djuric, M. (Hrsg.): Nietzsches Begriff der Philosophie. Würzburg 1990: 151–171.

Gerhardt, Volker: Selbstbegründung. Nietzsches Moral der Individualität. In: Nietzsche-Studien 21 (1992): 28–49 (1992a).

Gerhardt, Volker: Friedrich Nietzsche. München 1992 (1992b).

Gerhardt, Volker: Vom Willen zur Macht. Anthropologie und Metaphysik der Macht am exemplarischen Fall Friedrich Nietzsches. Berlin, New York 1996.

Gerratana, Federico: „Jetzt zieht mich das Allgemein-Menschliche an". Ein Streifzug durch Nietzsches Aufzeichnungen zu einer „Geschichte der litterarischen Studien". In: Borsche, T./Gerratana, F./Venturelli, A. (Hrsg.): 'Centauren-Geburten'. Wissenschaft, Kunst und Philosophie beim jungen Nietzsche. Berlin, New York 1994: 326–350.

Giampieri Deutsch, Patricia: Alfred von Winterstein und die Rolle der Philosophie in den Diskussionen der Mittwoch-Gesellschaft. In: Federn, E./Wittenberg, G. (Hrsg.): Aus dem Kreis um Sigmund Freud. Zu den Protokollen der Wiener Psychoanalytischen Vereinigung. Frankfurt a. M. 1992: 69–95.

Gigante, Marcello: Friedrich Nietzsche und Diogenes Laertius. In: Borsche, T./Gerratana, F./Venturelli, A. (Hrsg.): 'Centauren-Geburten'. Wissenschaft, Kunst und Philosophie beim jungen Nietzsche. Berlin, New York 1994: 3–16.

Gilman, Sander L.: Pforta zur Zeit Nietzsches. In: Nietzsche-Studien 8 (1979): 398–426.

Gilman, Sander L. (Hrsg.): Begegnungen mit Nietzsche. Bonn ^{2}1985.

Goch, Klaus: Elisabeth Förster-Nietzsche. Ein biographisches Porträt. In: Pusch, L. F. (Hrsg.): Schwestern berühmter Männer. Frankfurt a. M. 1985: 363–413.

Goch, Klaus: Franziska Nietzsche. Eine Biographie. Frankfurt a. M., Leipzig 1994.

Gödde, Günter: Wandlungen des Menschenbildes durch Nietzsche und Freud. Eine vergleichende Interpretation aus philosophiegeschichtlicher Perspektive. In: Jahrbuch der Psychoanalyse Bd. 30. Stuttgart-Bad Cannstatt 1993: 119–166.

Gödde, Günter: Nietzsche und Freud. Übereinstimmungen und Differenzen zwischen „Entlarvungs-" und „Tiefenpsychologie". In: Figl, J. (Hrsg.): Von Nietzsche zu Freud: Übereinstimmungen und Differenzen von Denkmotiven. Wien 1996: 19–43.

Goedert, Georges: Nietzsche und Schopenhauer. In: Nietzsche-Studien 7 (1978): 1–15.

Goldmann, Stefan: Das zusammengefallene Kartenhaus. Zu Bernd Nitzschkes Aufsatz über die Herkunft des „Es". In: Psyche 39 (1985): 101–124.

Granier, Jean: Le statut de la philosophie selon Nietzsche et Freud. In: Nietzsche-Studien 8 (1979): 210–224.

Gregor-Dellin, Martin: Richard Wagner. Sein Leben. Sein Werk. Sein Jahrhundert (1980). Berlin 1984.

Groeben, Norbert/Scheele, Brigitte: Argumente für eine Psychologie des reflexiven Subjekts. Darmstadt 1977.

Gurlitt, Ludwig: Erziehungslehre. Berlin 1909.

Haase, Marie-Luise: Der Übermensch in *Also sprach Zarathustra* und im Zarathustra-Nachlaß 1882–1885. In: Nietzsche-Studien 13 (1984): 228–244.

Haase, Marie-Luise: Zarathustra auf den Spuren des Empedokles und eines gewissen Herrn Bootty. Ein Beitrag zur Quellenforschung. In: Borsche, T./Gerratana, F./Venturelli, A. (Hrsg.): 'Centauren-Geburten'. Wissenschaft, Kunst und Philosophie beim jungen Nietzsche. Berlin, New York 1994: 503–523.

Haase, Marie-Luise: Todesarten: „Wenn Götter sterben ...". Gottes Tod in Nietzsches „Also sprach Zarathustra". In: Golz, J. (Hrsg.): Das Goethe- und Schiller-Archiv 1896–1996. Beiträge aus dem ältesten deutschen Literaturarchiv. Weimar u. a. 1996: 395–414.

Habermas, Jürgen: Erkenntnis und Interesse. Frankfurt a. M. 1973.

Habermas, Jürgen: Der philosophische Diskurs der Moderne. Frankfurt a. M. 1988.

Harich, Wolfgang: „Revision des marxistischen Nietzschebildes?" In: Sinn und Form 39 (1987): 1018–1053.

Hart, Julius: Zukunftsland. Erster Band: Der neue Gott. Florenz, Leipzig 1899.

Hartleben, Otto F.: Tagebuch. Fragment eines Lebens. München 1906.

Haslinger, Reinhard: Nietzsche und die Anfänge der Tiefenpsychologie. Regensburg 1993.

Hebel, Kirsten/Porath, Erik: Philosophie der Bildung. Zum philosophischen Ort von Welt- und Selbstbildung bei Friedrich Nietzsche. In: Hansmann, O./Marotzki, W. (Hrsg.): Diskurs Bildungstheorie II: Problemgeschichtliche Orientierungen. Weinheim 1989: 208–249.

Heftrich, Eckhard: Die Grenzen der psychologischen Nietzsche-Erklärung (1964). In: Salaquarda, J. (Hrsg.): Nietzsche. Darmstadt 1980: 169–184.

Heftrich, Eckhard: Nietzsches 'Tristan'. In: Nietzsche-Studien 14 (1985): 22–34.

Heftrich, Eckhard: Die Geburt der Tragödie: Eine Präfiguration von Nietzsches Philosophie? In: Nietzsche-Studien 18 (1989): 103–126.

Heidegger, Martin: Wer ist Nietzsches Zarathustra? (1954). In: Guzzoni, A. (Hrsg.): 100 Jahre philosophische Nietzsche-Rezeption. Frankfurt a. M. 1991: 73–88.

Heidegger, Martin: Nietzsche. Erster Band (1961a). Zweiter Band (1961b). Pfullingen 1961.

Heider, Fritz: Psychologie der interpersonalen Beziehungen. Stuttgart 1977.

Heimsoeth, Heinz: Des jungen Nietzsche Weg zur Philosophie. In: Ders.: Studien zur Philosophiegeschichte (= Kantstudien, Ergänzungshefte 82), 1961: 152–179.

Heller, Edmund: Diesseits und Jenseits von Gut und Böse. Zu Nietzsches Moralkritik. In: Nietzsche-Studien 21 (1992): 10–27.

Heller, Peter: „Chemie der Begriffe und Empfindungen". Studie zum 1. Aphorismus von „Menschliches, Allzumenschliches I". In: Nietzsche-Studien 1 (1972): 210–233.

Heller, Peter: Nietzsche and the Jews. In: Bauschinger, S./Cocalis, S. L./Lennox, S. (Hrsg.): Nietzsche heute. Die Rezeption seines Werkes nach 1968. Bern, Stuttgart 1988: 149–160.

Hesse, Heidrun: Von Lämmern und Raubvögeln. Randbemerkungen zu Nietzsches „Genealogie der Moral". In: Dtsch. Z. Philos. 41 (1993): 895–904.

Hierl, E.: Die Entstehung der neuen Schule. Leipzig u. Berlin 1914.

Hildebrandt, Kurt: Gesundheit und Krankheit in Nietzsches Leben und Werk. Berlin 1926.

Hillebrand, Bruno: Literarische Aspekte des Nihilismus. In: Nietzsche-Studien 13 (1984), 80–100.

Himmelmann, Beatrix: Freiheit und Selbstbestimmung. Zu Nietzsches Philosophie der Subjektivität. Freiburg i. Br./München 1996.

Hirschmüller, A.: Sublimierung. Zu Geschichte und Bedeutung eines zentralen Begriffs der Psychoanalyse. In: Forum der Psychoanalyse 1 (1985): 250–264.

Hobbes, Thomas: Leviathan. Stuttgart 1970.

Hödl, Hans Gerald: Dichtung oder Wahrheit? Einige vorbereitende Anmerkungen zu Nietzsches erster Autobiographie und ihrer Analyse von H. J. Schmidt. In: Nietzsche-Studien 23 (1994): 285–306.

Horkheimer, Max/Adorno, Theodor W.: Dialektik der Aufklärung. Frankfurt a. M. 1981.

Howald, Ernst: Friedrich Nietzsche und die klassische Philologie. Gotha 1920.

Hudek, Franz-Peter: Die Tyrannei der Musik. Nietzsches Wertung des Wagnerischen Musikdramas. Würzburg 1989.

Hudek, Franz-Peter: Nietzsche im Lichte der Musik-Fachwelt. Eine rezeptionsgeschichtliche Studie. In: Nietzsche-Studien 19 (1990): 230–245.

Irion, Ulrich: Eros und Thanatos in der Moderne. Nietzsche und Freud als Vollender eines anti-christlichen Grundzugs im europäischen Denken. Würzburg 1992.

Janz, Curt Paul: Die „tödtliche Beleidigung". Ein Beitrag zur Wagner-Entfremdung Nietzsches. In: Nietzsche-Studien 4 (1975): 263–278.

Janz, Curt Paul: Friedrich Nietzsche. Biographie. Bd. 1 (1981a). Bd. 2 (1981b). Bd. 3 (1981c). München 1981.

Jaspers, Karl: Nietzsche. Einführung in das Verständnis seines Philosophierens. Berlin u. Leipzig 1936.

Jones, E. E., Davis, K. E.: From Acts to Dispositions. The Attribution Process in Person Perception. In: Berkowitz, L. (Ed.): Advances in Experimental Social Psychology. Vol. 2. New York, London 1965: 219–266.

Jordan, Lothar: Nietzsche: Dekonstruktionist oder Konstruktivist? In: Nietzsche-Studien 23 (1994): 226–240.

Jung, Carl Gustav: Zur Psychologie und Pathologie sogenannter okkulter Phänomene (1902). In: Ders.: Synchronizität, Akausalität und Okkultismus. München 1990: 165–249.

Jung, Carl Gustav: Wandlungen und Symbole der Libido (1912). München 1991.
Jung, Carl Gustav: Sigmund Freud als kulturhistorische Erscheinung (1931). In: Ders.: Wirklichkeit der Seele. München 1990: 59–66.
Jung, Carl Gustav: Symbole und Traumdeutung (1961). In: Ders.: Traum und Traumdeutung. München 1990: 7–87.
Kaiser-El-Safti, Margret: Der Nachdenker. Die Entstehung der Metapsychologie Freuds in ihrer Abhängigkeit von Schopenhauer und Nietzsche. Bonn 1987.
Kaufmann, Walter: Nietzsche als der erste große Psychologe. In: Nietzsche-Studien 7 (1978): 261–275.
Kaufmann, Walter: Nietzsche. Philosoph – Psychologe – Antichrist. Darmstadt ^{2}1988.
Kemper, Werner: Der Traum und seine Be-Deutung. Hamburg 1955.
Kerz, Joachim Ph.: Das wiedergefundene „Es". Zu Bernd Nitzschkes Aufsatz über die Herkunft des „Es". In: Psyche 39 (1985): 125–143.
Kim, Jyung-Hyun: Nietzsches Sozialphilosophie. Versuch einer Überwindung der Moderne im Mittelpunkt des Begriffes „Leib". Würzburg 1995.
Kjaer, Jørgen: Friedrich Nietzsche. Die Zerstörung der Humanität durch „Mutterliebe". Opladen 1990.
Kjaer, Jørgen: Nietzsches Naumburger Texte: synkretistische mythopoetische Theodizee oder antichristliche Theodizeekritik? In: Nietzscheforschung 2 (1995): 341–367.
Klages, Ludwig: Die psychologischen Errungenschaften Friedrich Nietzsches. Ein Selbstbericht (1920). In: Guzzoni, A. (Hrsg.): 100 Jahre philosophische Nietzsche-Rezeption. Frankfurt a. M. 1991: 29–33.
Klages, Ludwig: Die psychologischen Errungenschaften Nietzsches. Leipzig 1926.
Klossowski, Pierre: Nietzsche, Polytheismus und Parodie (1963). In: Hamacher, W. (Hrsg.): Nietzsche aus Frankreich. Frankfurt a. M., Berlin 1986: 15–45.
Koecke, Christian: Zeit des Ressentiments, Zeit der Erlösung. Nietzsches Typologie temporaler Interpretation und ihre Aufhebung in der Zeit. Berlin, New York 1994.
Köhler, Joachim: Zarathustras Geheimnis. Friedrich Nietzsche und seine verschlüsselte Botschaft: Eine Biographie (1989). Reinbek 1992.
Köhler, Joachim: Friedrich Nietzsche und Cosima Wagner. Die Schule der Unterwerfung. Berlin 1996.
Köhler, Joachim: Wagners Hitler. Der Prophet und sein Vollstrecker. München 1997.
Kositzke, Boris: Rhetorik und Erotik bei Nietzsche. In: Kopperschmidt, J./Schanze, H. (Hrsg.): Nietzsche oder „Die Sprache ist Rhetorik". München 1994: 183–195.
Kreis, Rudolf: Der gekreuzigte Dionysos. Kindheit *und* Genie Friedrich Nietzsches. Würzburg 1986.
Kreis, Rudolf: Der Nietzsche-Mythos vom Erdenreich. Frankfurt a. M. 1991.
Kreis, Rudolf: Nietzsche, Wagner und die Juden. Würzburg 1995.
Kropfinger, Klaus: Wagners Musikbegriff und Nietzsches 'Geist der Musik'. In: Nietzsche-Studien 14 (1985): 1–12.
Krummel, Richard Frank: Nietzsche und der deutsche Geist. Berlin, New York 1974.

Krummel, Richard Frank: Nietzsche und der deutsche Geist. Bd. II. Berlin, New York 1983.

Küchenhoff, Joachim: Groß Es oder klein es? Anmerkungen zu dem Artikel von Bernd Nitzschke über die „Herkunft des Es". In: Psyche 39 (1985): 144–149.

Kuhn, Elisabeth: Nietzsches Quelle des „Assassinenspruchs". In: Borsche, T./Gerratana, F./Venturelli, A. (Hrsg.): 'Centauren-Geburten'. Wissenschaft, Kunst und Philosophie beim jungen Nietzsche. Berlin, New York 1994: 268–275.

Kuiper, Pieter C.: Diltheys Psychologie und ihre Beziehung zur Psychoanalyse. In: Psyche 19 (1965): 241–249.

Landmann, Michael: Nietzsches Schopenhauer-Erlebnis. In: Ders.: Geist und Leben. Varia Nietzscheana. Bonn 1951: 9–39.

Lange-Eichbaum, Wilhelm: Nietzsche. Krankheit und Wirkung. Hamburg 1947.

Large, Duncan: Nietzsche and the Figure of Columbus. In: Nietzsche-Studien 24 (1995): 162–183.

Leavy, Stanley A.: Lou Andreas-Salomés Freud-Tagebuch. In: Psyche 19 (1965): 219–240.

Lehmann, Günther K.: Der Übermensch. Friedrich Nietzsche und das Scheitern der Utopie. Berlin u. a. 1993.

Lenzen, Dieter: Vaterschaft. Vom Patriarchat zur Alimentation. Reinbek 1991.

Lissmann, Christina M.: Der Traum bei Nietzsche und Freud. In: Figl, J. (Hrsg.): Von Nietzsche zu Freud: Übereinstimmungen und Differenzen von Denkmotiven. Wien 1996: 97–112.

Loch, Wolfgang: Der Analytiker als Gesetzgeber und Lehrer. In: Psyche 28 (1974): 431–460.

Löw, Reinhard: Nietzsche. Sophist und Erzieher. Philosophische Untersuchungen zum systematischen Ort von Friedrich Nietzsches Denken. Weinheim 1984.

Loewald, Hans W.: Über Verinnerlichung (1973). In: Ders.: Psychoanalyse. Aufsätze aus den Jahren 1951–1979. Stuttgart 1986.

Löwisch, Dieter-Jürgen: Friedrich Nietzsche. In: Fischer, W./Löwisch, D.-J. (Hrsg.): Pädagogisches Denken von den Anfängen bis zur Gegenwart. Darmstadt 1989: 212–226.

Löwith, Karl: Nietzsches Philosophie der ewigen Wiederkehr des Gleichen (1935/1955). In: Ders.: Sämtliche Schriften 6. Stuttgart 1987: 101–384.

Löwith, Karl: Nietzsches Vollendung des Atheismus. In: Steffen, H. (Hrsg.): Nietzsche. Werk und Wirkungen. Göttingen 1974: 7–18.

Lohberger, Hans: Friedrich Nietzsche und Resa v. Schirnhofer. In: Z. f. philosoph. Forschung 22 (1969): 250–260; 441–458.

Lonsbach, Richard Maximilian [= R. M. Cahen]: Friedrich Nietzsche und die Juden. Ein Versuch (1939), hrsg. v. H. R. Schlette. Bonn 1985.

Lukács, Georg: Die Zerstörung der Vernunft. Berlin 1954.

Lypp, Bernhard: Über drei verschiedene Arten Geschichte zu schreiben. (Bemerkungen zur Logik historischen Diskurses im Hinblick auf Nietzsche). In: Manthey, J. (Hrsg.): Literaturmagazin 12: Nietzsche. Reinbek 1980: 287–316.

Macintyre, Ben: Vergessenes Vaterland. Die Spuren der Elisabeth Nietzsche. Leipzig 1994.

Malorny, Heinz: Zur Philosophie Friedrich Nietzsches. Berlin 1989.

Mann, Heinrich: Nietzsche. In: Maß und Wert 2 (1939) 3: 277–304.

Mann, Thomas: Leiden und Größe Richard Wagners (1933). In: Gesammelte Werke. Bd. IX. Frankfurt a. M. 1990: 363–426.

Mann, Thomas: Nietzsche's Philosophie im Lichte unserer Erfahrung (1947). In: Gesammelte Werke. Bd. IX. Frankfurt a. M. 1990: 675–712.

Mann, Thomas: Briefe Richard Wagners. The Burrell Collection (1951). In: Gesammelte Werke. Bd. X. Frankfurt a. M. 1990: 791–801.

Mann, Thomas: Doktor Faustus. Frankfurt a. M. 1990.

Margreiter, Reinhard: Die Verwindung der Wahrheit und der Entzug des Göttlichen. Zur Rekonstruktion der Gottesbegriffe Nietzsches. In: Nietzsche-Studien 20 (1991): 48–67.

Maurer, Reinhart: Nietzsche und das Ende der Geschichte. In: Nipperdey, Th. u.a. (Hrsg.): Weltbürgerkrieg der Ideologien. Frankfurt a. M., Berlin 1993: 421–439.

Maurer, Reinhart: Thesen über Nietzsche als Theologen und Fundamentalkritiker. In: Nietzsche-Studien 23 (1994): 102–122.

Marti, Urs: „Der grosse Pöbel- und Sklavenaufstand". Nietzsches Auseinandersetzung mit Revolution und Demokratie. Stuttgart, Weimar 1993.

Martin, Nicholas: Nietzsche contra Wagner. „Wie ich von Wagner loskam". In: Nietzscheforschung 2 (1995): 267–273.

Meuthen, Erich: Vom Zerreißen der Larve und des Herzens. Nietzsches Lieder der „Höheren Menschen" und die „Dionysos-Dithyramben". In: Nietzsche-Studien 20 (1991): 152–185.

Meuthen, Erich: 'Pathos der Distanz'. Zur Struktur der ironischen Rede bei Nietzsche. In: Kopperschmidt, J./Schanze, H. (Hrsg.): Nietzsche oder „Die Sprache ist Rhetorik". München 1994: 127–135.

Meyer-Drawe, Käte: Das Ich im Spiegel des Nicht-Ich. In: Bildung und Erziehung 46 (1993): 195–205.

Miller, Alice: Der gemiedene Schlüssel. Frankfurt a. M. 1988.

Miller, Charles Anthony: Nietzsches „Soteriopsychologie" im Spiegel von Dostoevskijs Auseinandersetzung mit dem europäischen Nihilismus. In: Nietzsche-Studien 7 (1978): 130–149.

Möbius, Paul Julius: Nietzsche. Ausgewählte Werke. Bd. V. Leipzig 1909.

Montinari, Mazzino: Nietzsches Philosophie als „Leidenschaft der Erkenntnis" (1969). In: Ders.: Nietzsche lesen. Berlin, New York 1982: 64–78.

Montinari, Mazzino: Ein neuer Abschnitt in Nietzsches „Ecce homo". In: Nietzsche-Studien 1 (1972): 380–418.

Montinari, Mazzino: Die geschwärzten Stellen in C. A. Bernoulli: Friedrich Nietzsche und Franz Overbeck. Eine Freundschaft. In: Nietzsche-Studien 6 (1977): 300–328.

Montinari, Mazzino: Nietzsche und Wagner vor hundert Jahren. In: Nietzsche-Studien 7 (1978): 288–302.

Montinari, Mazzino: Zarathustra vor *Also sprach Zarathustra* (1981). In: Ders.: Nietzsche lesen. Berlin, New York 1982: 79–91.

Montinari, Mazzino: Nietzsche lesen (1981/82). In: Ders.: Nietzsche lesen. Berlin, New York 1982: 1–9.

Montinari, Mazzino: Nietzsche lesen: Die Götzen-Dämmerung. In: Nietzsche-Studien 13 (1984): 69–79.

Montinari, Mazzino: Nietzsche – Wagner im Sommer 1878. In: Nietzsche-Studien 14 (1985): 13–21.

Montinari, Mazzino: Friedrich Nietzsche. Eine Einführung. Berlin, New York 1991.

Mork, Andrea: Richard Wagner als politischer Schriftsteller. Weltanschauung und Wirkungsgeschichte. Frankfurt a. M., New York 1990.

Müller, Thomas: Die Poetik der Philosophie. Das Prinzip des Perspektivismus bei Nietzsche. Frankfurt a. M., New York 1995.

Müller-Buck, Renate: Heine oder Goethe? Zu Friedrich Nietzsches Auseinandersetzung mit der antisemitischen Literaturkritik des „Kunstwart". In: Nietzsche-Studien 15 (1986): 265–288.

Müller-Lauter, Wolfgang: Nietzsche. Seine Philosophie der Gegensätze und die Gegensätze seiner Philosophie. Berlin, New York 1971.

Müller-Lauter, Wolfgang: Das Willenswesen und der Übermensch. Ein Beitrag zu Heideggers Nietzsche-Interpretationen. In: Nietzsche-Studien 10/11 (1981/82): 132–177.

Naegele, Verena: Parsifals Mission. Der Einfluß Richard Wagners auf Ludwig II. und seine Politik. Köln 1995.

Natorp, Paul: Sozialpädagogik. Theorie der Willenserziehung auf der Grundlage der Gemeinschaft. Stuttgart ^{4}1920.

Natorp, Paul: 'Paul Natorp'. In: Schmidt, R. (Hrsg.): Die deutsche Philosophie der Gegenwart in Selbstdarstellungen. Erster Band. Leipzig 1921: 151–176.

Natorp, Paul: Der Deutsche und sein Staat. Erlangen 1924.

Nehamas, Alexander: Nietzsche: Leben als Literatur. Göttingen 1991.

Niemeyer, Christian: Zur Systematik und Aktualität der Sozialpädagogik Natorps vor dem Hintergrund ihrer ideengeschichtlichen Einlagerung. In: Oelkers, J./Schulz, W. K./Tenorth, H.-E. (Hrsg.): Neukantianismus. Kulturtheorie, Pädagogik und Philosophie. Weinheim 1989: 241–260.

Niemeyer, Christian: Der moderne Mensch und seine vormoderne Utopie: Zum Verhältnis von Autobiographie und literarischer Ausgestaltung bei Rousseau, dem Sozialpädagogen. In: Hoffmann, D./Langewand, A./Niemeyer, Ch. (Hrsg.): Begründungsformen der Pädagogik in der Moderne. Weinheim 1992: 155–192.

Niemeyer, Christian: Unzeitgemäße Sozialpädagogik. Erwägungen auf dem Weg zur Rephilosophierung einer Einzelwissenschaft unter Bezug auf Nietzsche. In: Z. f. Pädagogik 40 (1994): 627–645.

Niemeyer, Christian: Jenseits des Übermenschen: Nietzsches späte Psychologisierung eines bildungsphilosophischen Konstrukts. In: Viertelj. f. Wiss. Pädagogik. 71 (1995): 396–411.

Niemeyer, Christian: Nietzsches Wechsel von der Philologie zur Philosophie. Ein Problem auch für Pädagogik und Psychologie. In: Viertelj. f. Wiss. Pädagogik. 72 (1996): 59–86 (1996a).

Niemeyer, Christian: „Erziehung ist Umtaufen-lernen oder Anders-fühlen lernen." Nietzsches pädagogische Erfahrung als Hintergrund seiner Muttersuche. In: Neue Sammlung 36 (1996): 223–243 (1996b).

Niemeyer, Christian: Die Fabel von der Welt als Fabel oder Nietzsches andere Ver-

nunft. Irrtümer um eine Geschichte? In: Nietzscheforschung 3 (1995): 233–245 (1996c).
Niemeyer, Christian: Nietzsches rhetorischer Antisemitismus. In: Nietzsche-Studien 26 (1997): 139–162.
Nitzschke, Bernd: Zur Herkunft des „Es“: Freud, Groddeck, Nietzsche – Schopenhauer und E. v. Hartmann. In: Psyche 37 (1983): 769–804.
Nitzschke, Bernd: Zur Herkunft des „Es“ (II). Einsprüche gegen die Fortschreibung einer Legende. In: Psyche 39 (1985): 1102–1132.
Nitzschke, Bernd: Nachtrag zur Debatte um die Herkunft des „Es“. In: Psyche 41 (1987): 357–359.
Nohl, Herman: Eine historische Quelle zu Nietzsches Perspektivismus: Gustav Teichmüller, die wirkliche und die scheinbare Welt. Z. f. Philosophie u. philosoph. Forschung, Bd. 149 (1913): 106–115.
Nohl, Herman: Die pädagogische Bewegung in Deutschland und ihre Theorie (1933). Frankfurt a. M. ^{10}1988.
Nunberg, Herbert/Federn, Ernst (Hrsg.): Protokolle der Wiener Psychoanalytischen Vereinigung. Bd. I (1906–1908). Frankfurt a. M. 1976.
Nunberg, Herbert/Federn, Ernst (Hrsg.): Protokolle der Wiener Psychoanalytischen Vereinigung. Bd. II (1908–1910). Frankfurt a. M. 1977.
Oehler, Adalbert: Nietzsches Mutter. München 1940.
Oelkers, Jürgen: Reformpädagogik. Weinheim u. München ^{3}1996.
Oesterreich, Traugott K.: Die philosophischen Strömungen der Gegenwart. In: Hinneberg, P. (Hrsg.): Die Kultur der Gegenwart. Teil I. Abteilung VI. Systematische Philosophie. Berlin, Leipzig ^{3}1921: 352–395.
Ôkôchi, Ryogi: Nietzsches Amor fati im Lichte von Karma des Buddhismus. In: Nietzsche-Studien 1 (1972): 36–94.
Ottmann, Henning: Nietzsches Stellung zur modernen und antiken Aufklärung. In: Simon, J. (Hrsg.): Nietzsche und die philosophische Tradition. Band II. Würzburg 1985: 9–34.
Ottmann, Henning: Philosophie und Politik bei Nietzsche. Berlin, New York 1987.
Ottmann, Henning: Nietzsche und die deutsche Politik. In: Jahresschrift der Förder- und Forschungsgemeinschaft Friedrich Nietzsche e.V. Bd. II (1991/92): 17–30.
Otto, Rainer: Der Vater, die Söhne, das Gesetz. Was Nietzsche und Freud mit Moses verbindet. In: Nietzscheforschung 1 (1994): 191–206.
Patzer, Andreas: Erwin Rohde in Bayreuth. Sieben ungedruckte Briefe an die Braut. In: Nietzsche-Studien 20 (1991): 359–384.
Pautrat, Bernard: Nietzsche, medusiert (1973). In: Hamacher, W. (Hrsg.): Nietzsche aus Frankreich. Frankfurt a. M., Berlin 1986: 111–128.
Pepperle, Heinz: Revision des marxistischen Nietzschebildes? Vom inneren Zusammenhang einer fragmentarischen Philosophie. In: Sinn und Form 38 (1986): 934–969.
Pernet, Martin: Friedrich Nietzsche über Gustav Krug, seinen „ältesten Freund und Bruder in arte musica“. In: Nietzsche-Studien 19 (1990): 488–518.
Peters, Heinz Frederick: Zarathustras Schwester. Fritz und Lieschen Nietzsche – ein deutsches Trauerspiel. München 1983.

Pfeiffer, Ernst (Hrsg.): Friedrich Nietzsche, Paul Rée, Lou von Salomé. Die Dokumente ihrer Begegnung. Frankfurt a. M. 1970.

Pfister, O.: Karl Jaspers als Sigmund Freuds Widersacher. In: Psyche 6 (1952/53): 241–275.

Pfotenhauer, Helmut: Physiologie der Kunst als Kunst der Physiologie? In: Nietzsche-Studien 13 (1984): 399–411.

Picht, Georg: Nietzsche. Vorlesungen und Schriften, hrsg. v. C. Eisenbart in Zus. m. E. Rudolph. Stuttgart 1988.

Podach, Erich Friedrich: Nietzsches Zusammenbruch. Heidelberg 1930.

Podach, Erich Friedrich: Gestalten um Nietzsche. Weimar 1932.

Podach, Erich Friedrich: Friedrich Nietzsche und Lou v. Salomé. Ihre Begegnung 1882. Zürich, Leipzig o. J. [1938].

Podach, Erich Friedrich: Ein Blick in Notizbücher Nietzsches. Heidelberg 1963.

Podach, Erich Friedrich (Hrsg.): Der kranke Nietzsche. Briefe seiner Mutter an Franz Overbeck. Wien 1937.

Polin, Raymond: Nietzsche und der Staat oder Die Politik eines Einsamen. In: Steffen, H. (Hrsg.): Nietzsche. Werk und Wirkungen. Göttingen 1974: 27–44.

Prinzhorn, Hans: Nietzsches Begründung einer neuen Psychologie. In: Ders.: Nietzsche und das XX. Jahrhundert. Heidelberg 1928: 79–137.

Pross, Helge (Hrsg.): Die Zerstörung der deutschen Politik. Dokumente 1871–1933. Frankfurt a. M. 1959.

Raffay, Anita v.: Die Macht der Liebe – Die Liebe zur Macht. Psychoanalytische Studien zu Liebe/Macht-Verhältnissen in Dramen Wagners und Ibsens. Frankfurt a. M. u. a. 1995.

Reble, Albert: Geschichte der Pädagogik. Frankfurt a. M. ^{12}1975.

Reibnitz, Barbara v.: Ein Kommentar zu Friedrich Nietzsche „Die Geburt der Tragödie aus dem Geiste der Musik“ (Kap. 1–12). Stuttgart, Weimar 1992.

Reifenrath, Bruno H.: Die Nietzsche-Rezeption der nationalsozialistischen Pädagogik. In: Viertelj. f. Wiss. Pädagogik 56 (1980): 245–269.

Reschke, Renate: Der Lärm der grossen Stadt, der Tod Gottes und die Misere vom Ende des Menschen. Zu Nietzsches Kulturkritik der Moderne. In: Nietzscheforschung 1 (1994): 79–97.

Reschke, Renate: Ein Zustand ohne Kunst ist nicht zu imaginieren. Friedrich Nietzsches frühe Skizze zu einer Ästhetik der Moderne. In: Nietzsche-Studien 24 (1995): 1–16.

Ribbeck, Otto: Friedrich Wilhelm Ritschl. Ein Beitrag zur Geschichte der Philologie. Erster Band (1879). Zweiter Band (1881). Leipzig 1879, 1881.

Riedmann, Max: Friedrich Nietzsche als Psychologe. Leipzig 1911.

Riehl, Alois: Friedrich Nietzsche. Der Künstler und der Denker. Stuttgart ^{4}1901.

Ries, Wiebrecht: Nietzsche zur Einführung. Frankfurt a. M. ^{4}1990.

Ries, Wiebrecht: Nietzsches Beiträge zu einer „Phänomenologie der Liebe“ (1996). In: Nietzscheforschung 3 (1995): 221–232.

Rorty, Richard: Solidarität oder Objektivität? (1986). In: Ders.: Solidarität oder Objektivität. Drei philosophische Essays. Stuttgart 1988: 11–37.

Rorty, Richard: Kontingenz, Ironie und Solidarität. Frankfurt a. M. 1992.

Rosenow, Eliyahu: Nietzsche und das Autoritätsproblem. In: Z. f. Pädagogik 38 (1992): 3–16.

Ross, Werner: Der ängstliche Adler. Friedrich Nietzsches Leben. München 1984.
Roth, Florian: Nietzsches Wahrheitsbegriff in seiner selbstwidersprüchlichen Problematik. In: Nietzsche-Studien 22 (1993): 94–114.
Safranski, Rüdiger: Schopenhauer und die wilden Jahre der Philosophie: eine Biographie. Reinbek 1990.
Salaquarda, Jörg: Rezension: 'Friedrich Nietzsche: Der Fall Wagner, hrsg. v. D. Borchmeyer'. In: Nietzsche-Studien 14 (1985): 363–369.
Salaquarda, Jörg: Der ungeheure Augenblick. In: Nietzsche-Studien 18 (1989): 317–337.
Salaquarda, Jörg: Noch einmal *Ariadne*. Die Rolle Cosima Wagners in Nietzsches literarischem Rollenspiel. In: Nietzsche-Studien 25 (1996): 99–125.
Salis-Marschlins, Meta v.: Philosoph und Edelmensch. Leipzig 1897.
Sandvoss, Eugen: Hitler und Nietzsche. Göttingen 1969.
Schellong, Dieter: „Nietzsche und Wagner. Stationen einer epochalen Begegnung". In: Nietzscheforschung 2 (1995): 319–329.
Schlechta, Karl (Hrsg.): Die Briefe des Freiherrn Carl v. Gersdorff an Friedrich Nietzsche. III. Teil. Weimar 1936.
Schlechta, Karl: Der Fall Nietzsche. München 1959.
Schlesier, Renate: „Umwertung aller psychischen Werte". Freud als Leser von Nietzsche. Vortrag auf der Tagung „Grundlinien der Vernunftkritik II" in Bad Homburg im September 1994.
Schmid, Wilhelm: Uns selbst gestalten. Zur Philosophie der Lebenskunst bei Nietzsche. In: Nietzsche-Studien 21 (1992): 50–62.
Schmidbauer, Wolfgang: Die hilflosen Helfer. Reinbek 1977.
Schmidt, Hermann Josef: Nietzsche und Sokrates. Philosophische Untersuchungen zu Nietzsches Sokratesbild. Meisenheim 1969.
Schmidt, Hermann Josef: Friedrich Nietzsche: Philosophie als Tragödie. In: Speck, J. (Hrsg.): Grundprobleme der großen Philosophen. Philosophie der Neuzeit III. Göttingen 1983: 198–241.
Schmidt, Hermann Josef: Nietzsche absconditus oder Spurenlesen bei Nietzsche. Kindheit. Teil I/II. Teil III. Berlin, Aschaffenburg 1991.
Schmidt, Hermann Josef: Nietzsche absconditus oder Spurenlesen bei Nietzsche II. Jugend. 1. Teilband 1858–1861. Berlin, Aschaffenburg 1993.
Schmidt, Hermann Josef: Nietzsche absconditus oder Spurenlesen bei Nietzsche II. Jugend. 2. Teilband 1862–1864. Berlin, Aschaffenburg 1994 (1994a).
Schmidt, Hermann Josef: Naumburg oder Pforta? – Eine Pförtner Verlust- und Gewinnbilanz. In: Nietzscheforschung 1 (1994): 291–311 (1994b).
Schmidt, Hermann Josef: Friedrich Nietzsche aus Röcken. In: Nietzscheforschung 2 (1995): 35–60 (1995a).
Schmidt, Hermann Josef: „dergleichen drechselt man als Gymnasiast auf Bestellung." Nietzsches Naumburger Texte, eine Replik auf Jørgen Kjaers „andere Interpretation" nebst einigen prinzipiellen Anmerkungen. In: Nietzscheforschung 2 (1995): 369–380 (1995b).
Schneider, Jörg: Nietzsches Basler Vorträge „Über die Zukunft unserer Bildungsanstalten" im Lichte seiner Lektüre pädagogischer Schriften. In: Nietzsche-Studien 21 (1992): 308–325.

Schneider, Manfred: Der Fall Nietzsche. Aus den Akten der letzten Jahre. In: Merkur 49 (1995): 983–994.

Scholz, Dieter David: Richard Wagners Antisemitismus. Würzburg 1993.

Schüler, Winfried: Der Bayreuther Kreis von seiner Entstehung bis zum Ausgang der Wilhelminischen Ära. Wagnerkult und Kulturreform im Geiste völkischer Weltanschauung. Münster 1971.

Schweppenhäuser, Gerhard: Nietzsches Überwindung der Moral. Zur Dialektik der Moralkritik in *Jenseits von Gut und Böse* und in der *Genealogie der Moral*. Würzburg 1988.

Schweppenhäuser, Hermann: Nietzsche – Eingedenken der Natur im Subjekt. In: Manthey, J. (Hrsg.): Literaturmagazin 12: Nietzsche. Reinbek 1980: 235–261.

Seidmann, Peter: Die perspektivische Psychologie Nietzsches. In: Die Psychologie des 20. Jahrhunderts. Bd. I. Die europäische Tradition, hrsg. v. H. Balmer. Zürich 1976: 382–445.

Seif, Leonhard: Über Eigenliebe und Eitelkeit (1928). In: Adler, A./Furtmüller, C.: Heilen und Bilden, hrsg. v. W. Metzger. Frankfurt a. M. 1973: 252–258.

Simon, Josef: Grammatik und Wahrheit. Über das Verhältnis Nietzsches zur spekulativen Satzgrammatik der metaphysischen Tradition. In: Nietzsche-Studien 1 (1972): 1–26.

Simon, Josef: Die Krise des Wahrheitsbegriffs als Krise der Metaphysik. Nietzsches Alethiologie auf dem Hintergrund der Kantischen Kritik. In: Nietzsche-Studien 18 (1989): 242–259.

Simon, Josef: Das neue Nietzsche-Bild. In: Nietzsche-Studien 21 (1992): 1–9.

Sonderegger, Stefan: Friedrich Nietzsche und die Sprache. Eine sprachwissenschaftliche Skizze. In: Nietzsche-Studien 2 (1973): 1–30.

Spiekermann, Klaus: Nietzsches Beweise für die Ewige Wiederkehr. In: Nietzsche-Studien 17 (1988): 496–538.

Spindler, Josef: Nietzsches Persönlichkeit und Lehre im Lichte seines „Ecce homo". Stuttgart u. Berlin 1913.

Spranger, Eduard: Der geborene Erzieher (1958). In: Gesammelte Schriften I. Heidelberg 1969: 280–338.

Stegmaier, Werner: Nietzsches Neubestimmung der Wahrheit. In: Nietzsche-Studien 14 (1985): 69–95.

Steilberg, Hays Alan: Rezension von G. J. Stack: Nietzsche and Emerson: An Elective Affinity. In: Nietzsche-Studien 25 (1996): 431–435.

Stekel, Wilhelm: Nietzsche und Wagner. Eine sexualpsychologische Studie zur Psychogenese des Freundschaftsgefühles und des Freundschaftsverrates. In: Z. f. Sexualwissenschaft IV (1917/18): 22–28; 58–65.

Stern, William: Allgemeine Psychologie auf personalistischer Grundlage. Haag ^{2}1950.

Strunz, Franz: Der Erlösungstraum Richard Wagners. In: Psyche 40 (1986): 557–562.

Sturm, Karl Friedrich: Die pädagogische Reformbewegung. Osterwieck 1930.

Taureck, Bernhard: Nietzsche und der Faschismus. Eine Studie über Nietzsches politische Philosophie und deren Folgen. Hamburg 1989.

Thönges, Bernd: Das Genie des Herzens. Über das Verhältnis von aphoristischem Stil und dionysischer Philosophie in Nietzsches Werken. Stuttgart 1993.

Tönnies, Ferdinand: Nietzsche-Narren (1893). In: Ders.: Der Nietzsche-Kultus. Eine Kritik, hrsg. v. G. Rudolph. Berlin 1990: 98–104.

Treiber, Hubert: Zur „Logik des Traumes“ bei Nietzsche. Anmerkungen zu den Traum-Aphorismen aus *Menschliches, Allzumenschliches*. In: Nietzsche-Studien 23 (1994): 1–41.

Treptow, Rainer: Bewegung als Erlebnis und Gestaltung. Zum Wandel jugendlicher Selbstbehauptung und Prinzipien moderner Jugendkulturarbeit. Weinheim u. München 1993.

Türcke, Christoph: Der tolle Mensch. Nietzsche und der Wahnsinn der Vernunft. Frankfurt a. M. 1989.

Uhlhorn, Gerhard: Die christliche Liebestätigkeit (1895). Darmstadt 1959.

Ungeheuer, Gerold: Nietzsche über Sprache und Sprechen, über Wahrheit und Traum. In: Nietzsche-Studien 12 (1983): 134–213.

Vattimo, Gianni: Nihilismus und Postmoderne in der Philosophie (1984). In: Welsch, W. (Hrsg.): Wege aus der Moderne. Schlüsseltexte der Postmoderne-Diskussion. Berlin ^{2}1994: 233–246.

Vattimo, Gianni: Nietzsche. Eine Einführung. Stuttgart, Weimar 1992.

Venturelli, Aldo: Nietzsche in der Berggasse 19. Über die erste Nietzsche-Rezeption in Wien. In: Nietzsche-Studien 13 (1984): 448–480.

Venturelli, Aldo: Asketismus und Wille zur Macht. Nietzsches Auseinandersetzung mit Eugen Dühring. In: Nietzsche-Studien 15 (1986): 107–139.

Verrecchia, Anacleto: Zarathustras Ende. Die Katastrophe Nietzsches in Turin. Wien u. a. 1986.

Vickers, Brian: Nietzsche im Zerrspiegel de Mans: Rhetorik gegen die Rhetorik. In: Kopperschmidt, J./Schanze, H. (Hrsg.): Nietzsche oder „Die Sprache ist Rhetorik“. München 1994: 219–240.

Vivarelli, Vivetta: Das Nietzsche-Bild in der Presse der deutschen Sozialdemokratie um die Jahrhundertwende. In: Nietzsche-Studien 13 (1984): 521–569.

Vogel, Martin: Nietzsche und Wagner. Ein deutsches Lesebuch. Bonn 1984.

Volkmann-Schluck, Karl-Heinz: Die Philosophie Nietzsches. Der Untergang der abendländischen Metaphysik, hrsg. v. B. Heimbüchel. Würzburg 1991.

Volz, Pia Daniela: Nietzsche im Labyrinth seiner Krankheit. Würzburg 1990.

Volz, Pia Daniela: Vom „Alchemisten-Kunststück, aus Koth Gold zu machen“. Vignette zur Schreib-Metaphorik Nietzsches. In: Nietzscheforschung 2 (1995): 303–315.

Vorberg, Gaston: Über Friedrich Nietzsches Krankheit und Zusammenbruch. Berlin u.a. o.J. [1933].

Wagner, Cosima: Das zweite Leben. Briefe und Aufzeichnungen 1883–1930, hrsg. v. D. Mack. München, Zürich 1980.

Wagner, Friedelind: Nacht über Bayreuth (1945). Köln 1994.

Wagner, Richard: Offener Brief in der Norddeutschen Allgemeinen Zeitung vom 23. Juni 1872. In: Der Streit um Nietzsches „Geburt der Tragödie“. Zusammengest. u. eingel. v. K. Gründer. Hildesheim u. a. 1989: 57–64.

Wagner, Richard: Mein Leben. Erster Band. Zweiter Band. München 1911.

Wagner, Richard: Das Braune Buch. Tagebuchaufzeichnungen 1865 bis 1882. Vorgelegt u. komment. v. J. Bergfeld. Zürich u. Freiburg i. Br. 1975.

Wapnewski, Peter: Nietzsche und Wagner. Stationen einer Beziehung. In: Nietzsche-Studien 18 (1989): 401–423.

Wehr, Gerhard: Friedrich Nietzsche als Tiefenpsychologe. Oberwil b. Zug 1987.

Weigand, Wilhelm: Friedrich Nietzsche. Ein psychologischer Versuch. München 1893.

Welsch, Wolfgang: Zur Aktualität ästhetischen Denkens (1989). In: Ders.: Ästhetisches Denken. Stuttgart ^{3}1993: 41–78.

Welsch, Wolfgang: Ästhetisierungsprozesse. Phänomene, Unterscheidungen, Perspektiven. In: Dtsch. Z. Philos. 41 (1993): 7–29.

Welsch, Wolfgang: Einleitung. In: Ders. (Hrsg.): Wege aus der Moderne. Schlüsseltexte der Postmoderne-Diskussion. Berlin ^{2}1994: 1–43.

Weniger, Erich: Neue Erziehung und philosophische Bewegung in Deutschland (1929). In: Ders.: Ausgewählte Schriften zur geisteswissenschaftlichen Pädagogik. Ausgew. u. m. ein. edit. Notiz vers. v. B. Schonig. Weinheim u. Basel 1990: 45–50.

Wichern, Johann Hinrich: Die Behandlung der Verbrecher in den Gefängnissen und der entlassenen Sträflinge (1852). In: Ausgewählte Schriften, hrsg. v. K. Janssen u. a. Bd. 2. Gütersloh 1979: 27–45.

Wiehl, Reiner: Ressentiment und Reflexion. Versuchung oder Wahrheit eines Theorems von Nietzsche. In: Nietzsche-Studien 2 (1973): 61–90.

Wilamowitz-Moellendorff, Ulrich v.: Zukunftsphilologie! (1872). In: Der Streit um Nietzsches „Geburt der Tragödie". Zusammengest. u. eingel. v. K. Gründer. Hildesheim u. a. 1989: 27–55.

Wilde, Oscar: Das Bildnis des Dorian Gray (1891). In: Sämtliche Werke 1, hrsg. v. N. Kohl. Frankfurt a. M 1982.

Will, Herbert: Freud, Groddeck und die Geschichte des „Es". In: Psyche 39 (1985): 150–169.

Willers, Ulrich: Friedrich Nietzsches antichristliche Christologie. Innsbruck, Wien 1988.

Wollkopf, Roswitha: Elisabeth Nietzsche – Nora wider Willen? Ein bisher unentdecktes Manuskript. In: Nietzscheforschung 1 (1994): 261–266.

Wucherer-Huldenfeld, Augustinus Karl: Sigmund Freud als Philosoph. In: Wissenschaft und Weltbild 21 (1968): 171–188.

Wucherer-Huldenfeld, Augustinus Karl: Zur Genealogie der Moral bei Sigmund Freud. In: Z. f. Klin. Psych. u. Psychotherapie 22 (1974): 132–146.

Wurmser, Léon: Denken aus dem Konflikt – Zerbrechen am Konflikt. Nietzsche und die Folgen. In: Rohde-Dachser, Chr. (Hrsg.): Beschädigungen: psychoanalytische Zeitdiagnosen. Göttingen 1992: 13–32.

Zweig, Stefan: Verwirrung der Gefühle (1926). In: Ders.: Verwirrung der Gefühle. Frankfurt a. M. 1984: 182–279.

Zwick, Jochen: Nietzsches Leben als Werk. Ein systematischer Versuch über die Symbolik der Biographie bei Nietzsche. Bielefeld 1995.

Personenregister